닐센아치교의 설계와 시공

Design and Construction of Nielsen Arch Bridges

최인덕 이원철 편저

도서출판 반석기술

책을 발간하며

아치교는 기원전 1800년경부터 축조된 형식으로서 교량형식 중에서 가장 오랜 역사를 가지고 있습니다. 자연친화적 형상으로서 보는 이로 하여금 아름다움을 느끼게 하는 경관과 자연의 힘을 효율적으로 활용할 수 있는 구조특성 때문에 동서양을 막론하고 지속적으로 사랑을 받아온 교량입니다. 지금은 많은 아치교량이 세계문화유산으로 지정되어 역사의 한 모퉁이를 차지하고 있습니다.

이러한 아치교는 20세기에 접어들면서 재료의 발달, 설계 및 건설 기술의 발달과 문화적 인식 향상으로 인해 더욱 세련된 조형미와 장대 아치교가 시도되었으며 그 중의 하나가 1922년 스웨덴의 O.F. Nielsen에 의해 개발된 닐센아치교라고 할 수 있습니다.

닐센아치교는 세장한 케이블을 격자형태로 배치하기 때문에 아치조형미가 더욱 미려해지고 진동, 처짐이 훨씬 감소하는 구조적 장점이 있기 때문에 80m~300m 범위의 지간에서 경쟁력이 매우 우수한 형식이라고 할 수 있습니다.

따라서 유럽 및 일본에서는 기존의 고전적인 아치교를 대신하여 수많은 닐센아치교가 건설되었으며 특히 일본에서는 1968년 아키대교 건설이래 약 40년 동안 200여개 이상의 교량이 건설되어 왔습니다. 이러한 과정에서 많은 연구를 바탕으로 설계, 가설분야의 기술축적이 이어져 왔습니다.

국내에서는 1996년에 한강상의 서강대교가 건설되기 전까지는 대부분의 기술자들에게는 생소한 아치형식으로서 이제 10여년의 짧은 역사를 가지고 있습니다. 그러나 서강대교 이후 저도연육고, 남도대교, 백야대교 등 지간 150m 이상의 장대 닐센아치교가 건설되었고 현재는 압해대교, 탄금대교, 가조연육교 등이 건설 중에 있는 등 본격적으로 국내교량에 적용되고 있는 추세입니다.

본 책자는 지난 15년전 서강대교 설계를 준비한 단계부터 수집된 자료를 시작으로 최근의 설계,시공사례까지 결코 짧지 않은 기간동안 모은 자료를 엮은 결실입니다. 산발적으로 흩어져 있는 국내 닐센아치교의 설계 및 시공사례를 모아 기술자들이 공유할 수 있는 장을 만들고 이를 발판으로 국내 기술 역량을 보다 업그레이드 하고자 하는 취지에서 출간하게 되었습니다.

아울러 일본과 유럽의 주요 닐센아치교에 대한 자료를 수록하여 기본적인 배경지식과 설계, 시공단계에서의 비교검증자료로 활용할 수 있도록 하였습니다.

Ⅲ편에 수록된 서강대교는 국내 최초의 닐센아치교이자, '대선식 일괄가설공법'을 적용한 교량입니다. 이제 10여년이 경과하였기 때문에 다소 진부한 내용도 있고 현재는 보다 발전된 시공방법도 있으나 당시로서는 모든 공정이 어려움의 연속이었기 때문에 국내 여타의 교량에서 반복적인 오류가 일어나지 않도록 하는 노파심에서 나름대로 세부과정을 기록하였으며 이러한 일련의 과정이 관련 기술자에게 참조가 되었으면 합니다.

1990년부터 아치교는 Hybrid 아치교, Unbraced 아치교, 충복식 아치교 등 경관, 기능, 구조측면에서 새로운 패러다임을 형성한 아치교가 등장하고 최근 들어 국내에서도 이러한 형식이 차츰 적용되고 있습니다. 새로운 아치교는 닐센교와 조화가 되어 향후 닐센형 Hybrid 아치고, 닐센형 Unbraced 아치교 등으로 발전될 수 있을 것이며 본서가 미진하나마 아치교량 발전의 단초가 되었으면 합니다.

본 책자가 '도시미관 창출'과 '교량의 사회적 역할'에 대해 고민하는 교량관련 전문가들에게 도움을 줄 수 있고 젊은 기술자에게 비젼을 가다듬는데 조금이라도 기여하기를 바랍니다. 마지막으로 본서 출간에 있어 아낌없이 협조를 해 주신 (전)서강대교감리단의 남광헌 단장님께 감사드립니다. 또한 그 동안 이 책을 발간하기까지 격려와 자료 지원을 아끼지 않은 모든 분의 노고에 감사드리며 특히 어려운 여건 속에서도 이 책의 출간을 기꺼이 허락하시고 애써주신 반석기술의 황광문 사장님께 감사드립니다.

2006년 8월

저자 일동

목 차

제 I 편 닐센아치교의 역사와 특성

제 II 편 일본의 설계 및 시공사례

제Ⅲ편 서강대교의 설계 및 시공

제Ⅳ편 국내의 닐센아치교 사례

제 I 편 닐센아치교의 역사와 특성

History and Specific Character of
Nielsen Arch Bridges

1
닐센아치교의 개요와 역사

1.1 개 요

종래 아치교에서는 행거에 수직재가 사용되어 왔다. 그것은 미관을 위한 것보다도 오히려 설계계산이 간편하다는 것이 주된 이유라고 생각된다. 수직재 대신에 사재를 사용하면 트러스교의 경우와 마찬가지로 강성이 큰 폭으로 향상되는 것은 당연하다. 랭거거더의 수직재 대신에 사재를 사용한 교량은 일찍이 1922년 스웨덴의 O.F.Nielsen에 의해 제안된 교량형식으로서 로드(Rod) 또는 케이블 사재를 네트웍(Network) 형식으로 만든 것으로서 1929년에 스웨덴에서 특허권을 얻었다.

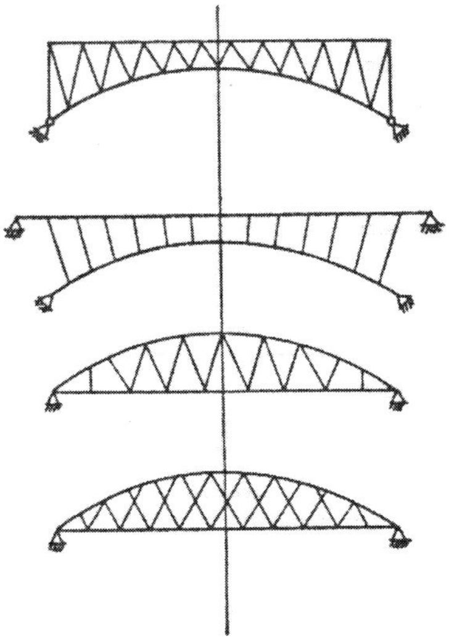

그림 1-1 사재를 이용한 아치교

그러나 그것은 스웨덴 등의 스칸디나비아 지방에서 1년에 1~2개의 교량만 적용되었으며 광범위하게 보급되지 못하였다.

일반아치교에서는 아치작용 때문에 그 자체가 부정정 구조물이 되고, 이것에 다시 사재를 사용하면 설계계산이 너무나도 복잡하게 되어 특별한 기술자밖에 설계할 수 없고, 또한 특허권 등의 문제로 인하여 일반기술자와는 멀어지게 된 것이 큰 이유라고 생각된다.

그 이후 독일의 Fehmarnsund교(1963년), 네덜란드의 Van Brienenoord교(1965년) 및 Lower Merwede교(1987년), 일본의 아키대교(1967년) 등이 사재를 이용한 타이아치교 및 로제 거더교로서 계속 건설되었는데 이것은 교량의 구조해석에 전자계산

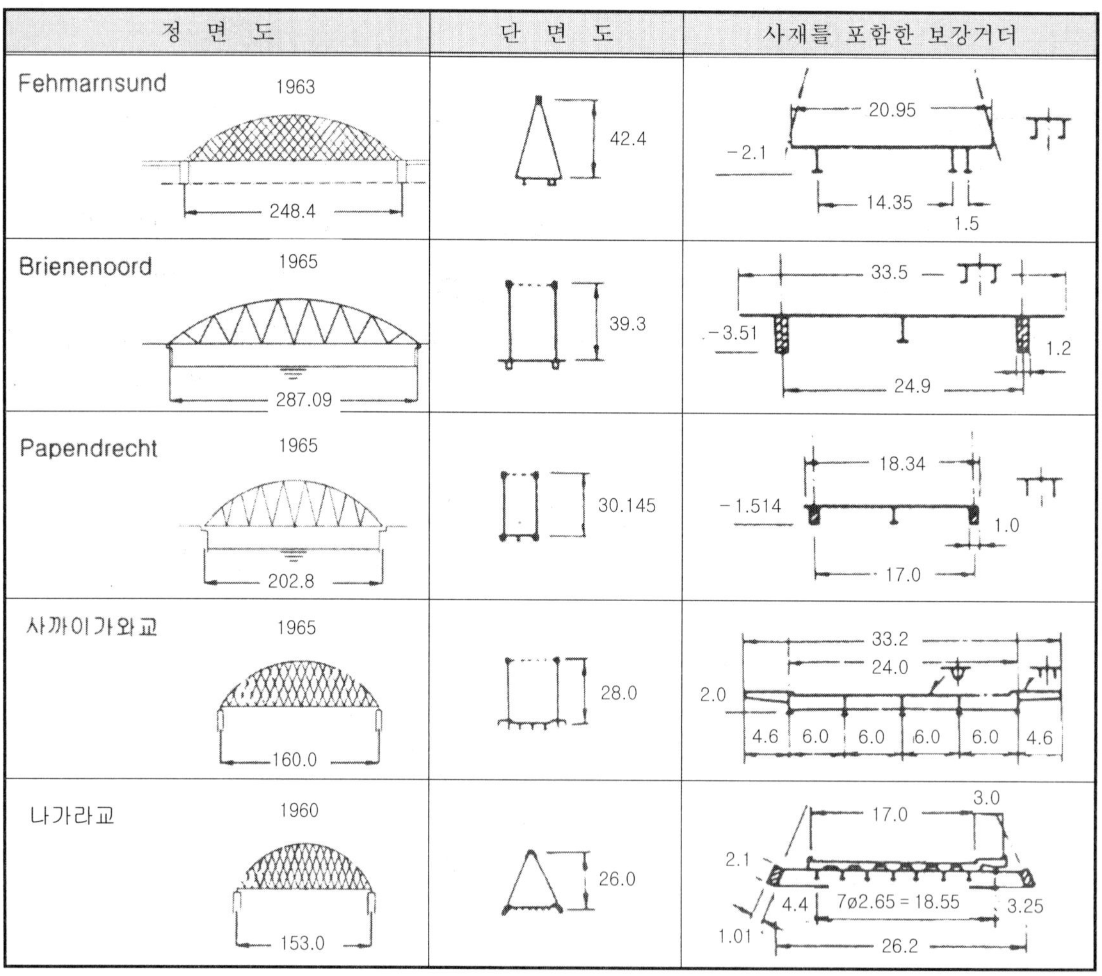

그림 1-2 주요 닐센아치교 개요

기를 이용할 수 있도록 되어 고차부정정 구조물의 계산이 용이하게 되었기 때문이다.

특히 Fehmarnsund교 및 아키대교는 응력법으로 설계, 계산되었으며 아키대교에서는 모형실험, 실교에 대한 재하시험, 가진동실험을 하여 설계와 동적 특성을 비교 확인하였다.

사재를 이용한 아치계 교량으로서는 그림 1-1에 나타낸 여러가지 형식이 있다.

그림 1-1의 (a)와 (b)는 상로교, (c)와 (d)는 하로교에 대한 적용 예이다. 그러나 상로교의 실적은 적으므로 여기서는 하로교만을 대상으로 하여 서술하고자 한다. 또한 그림 1-1(c)에서 와렌트러스의 하현재가 휨강도를 가진 구조물, 즉 종래 랭거거더의 수직재를 사재로 한 것을 트러스랭거거더라고 칭하고 있었다.

이에 대해 스웨덴에서는 타이 아치, 랭거거더 및 로제거더 등 아치교량형식의 수직 행거를 와렌트러스형으로 배치하고 유연한 행거재(Rod, Cable)로 치환한 교량이 닐센계(Nielsen System) 교량이라고 정의되었다. 보통의 아치계 교량에 트러스구조계의 하중분배기능을 확보하고 있는 구조로서 사재가 아치교의 전단변형에 대해서 유효하게 거동하고 활하중의 처짐은 일반적인 아치교에 비해서 40~70%로 작다. 아치리브의 축력은 일반적인 아치교에 비해서 큰 차이가 없으나, 휨모멘트는 크게 감소한다. 그러므로 축력이 지배적으로 되고, 지간장을 증가시키는 것이 용이해진다. 그림 1-2에서는 초기의 주요 장대닐센아치교에 대해 개요를 정리하였다.

1.2 닐센아치교 적용사례

(1) 스웨덴 (1920~1930년대 초창기의 닐센 아치교)

스웨덴은 O.F.Nielsen이 닐센아치를 최초로 제안했던 국가로서 1920년대 초창기교량인 Hammer교, Edskylka교가 있고 1930년대의 Ottentrask교, Hanptjarnkammen교가 있다(사진 1-1, 사진 1-2, 사진 1-3, 사진 1-4).

(2) 독 일

1963년에 준공된 독일의 Fehmarnsund교(사진 1-5)는 지간장이 248m로서 독일

사진 1-1 Hammer교
(Angermanälv강 횡단, 지간:85m)

사진 1-2 Edskyrka교
(Angermanälv강 횡단, 지간:121m)

사진 1-3 Ottentrask교
(Umeälv강 횡단, 지간:54m, 1932년)

사진 1-4 Hanptjarnkammen.교
(Umeälv강 횡단, 지간:106m, 1932년)

(a) 측면전경 (b) 정면전경

사진 1-5 Fehmarnsund교 전경

최초의 닐센아치교이다. 도로와 철도가 병용되는 교량으로서 사재를 케이블로 사용한 본격적인 닐센아치교로서 케이블 배치가 중복되는 와렌시스템이 적용되었다.

(3) 프랑스

프랑스에는 2개의 장대 닐센아치교가 있다. Christiani와 Nielsen에 의해 건설된 Castelmoron교(사진 1-7)는 Lot강을 횡단하는 교량으로서 지간장은 143m이며, 3-

힌지 아치교이다(1933년). 또한 Gave강을 횡단하는 Coudette교(사진 1-6)는 지간장이 111m이며 1943년에 건설되었다.

사진 1-6 Coudette교 전경

(a) 측면전경 (b) 정면 전경

사진 1-7 Castelmoron교 전경

(4) 벨기에

벨기에의 남동부 지방에 위치하고 있는 리에쥬(Liege)의 도심 주변에는 4개의 닐센아치교가 건설되어 있다. 본 교량들은 앨버트(Albert) 운하를 횡단하는 것으로서 Milsaucy교, Marexhe교, Hermalle교, Haccourt교이며 1980년 이후에 건설된 교량이다.

벨기에의 닐센아치교의 특징은 행거의 간격이 넓게 되어 있는 것이다.

그림 1-3 교량위치도

① Haccourt교

Lanaye에 위치하고 있는 Haccourt교는 1981년~1985년에 걸쳐 건설되었다. 아치 형상은 스트럿이 없는 Unbraced 구조이며 행거는 12개가 설치되어 있다. 아치 지간은 139.5m, 교량 폭원은 23.3m(4차로 도보 + 보도)이며 바닥판은 강바닥판으로 되어 있다.

사진 1-8 Haccourt교의 조감 전경

사진 1-9 Haccourt교의 투시 전경

② Hermalle교

본교는 Argenteau에 위치하는 교량으로서 아치 형상은 바스켓 핸틀형을 적용하였다. 1981년에 착공하여 1985년에 개통되었으며 전체교량연장 183.1m 중에서 닐센아치교의 지간은 138.0m이다. 아치 라이즈는 22.0m, 교량 폭원은 15.6m이다.

사진 1-10 Hermalle교의 측면 전경

사진 1-11 Hermalle교의 투시 전경

사진 1-12 Milsaucy교의 측면 전경

사진 1-13 Milsaucy교의 정면 전경

③ Milsaucy교

Wandre에 위치하고 있는 Milsaucy교는 1990년 11월에 개통되었다. 아치 지간은 144.6m로서 본교의 특징은 아치를 연결하는 X형 브레이싱이 2개소에 설치되어 있고, 정착구 위치가 바닥면에서 비교적 높게 설치되었다는 것이다. 벨기에도 동절기에 염분살포가 일반적으로 시행되며 주행 차량의 바퀴에 의해 염분이 튀어오르는 것을 방지하기 위한 것이다.

④ Marexhe교

리에쥬(Liege) 인근의 동부에 위치하는 Marexhe교는 지간 100m의 아치교로서 스트럿을 2개소에만 설치하여 상부개방감을 최대한 확보하도록 하였다.

사진 1-14 Marexhe교의 측면 전경

(5) 네덜란드

- 교량명 : Van Brienenoord교
- 소재지 : 오란다,
  노틀담(네덜란드)
- 지간장 : 267.09m
- 아치라이즈 : 39.23m
- 유효폭원 : 차도 21.5m,
  보도 7m
- 준공년도 : 1965년 1월

사진 1-15 Van Brienenoord교 전경

본교는 지간 267m, 차도폭원 10.75m×2=21.5m, 중앙분리대 1.0m, 보도 3.5m×2=7.0m이다. 경사행거가 설치된 보차도 분리대는 2.0m×2=4.0m로서 전체폭원은 33.5m의 강바닥판을 지지하는 닐센로제형식의 도로교이다.

케이블형상은 사재를 교차시켜 싱글 와렌(Single Warren)형식으로 되어 있다. 그러므로 교차점 길이는 평균 267m/8=33.4m로서 상당히 길게 되어 있다. 또 주구조의 강재중량은 4,791tonf으로서, 교량면적당 487kgf/㎡의 경량구조로 되어 있다.

1965년 완성당시 이 교량은 세계최대의 지간장을 기록한 닐센교이었다. 또 당시 일본에서는 닐센랭거형식으로서 아호교(지간 59m, 효고현, 1964년 완성)가 가설되고,

닐센로제형식으로서는 아키대교(지간 110m, 히로시마, 1968년 완성)가 계획중에 있는 상황이었다. 이 교량은 일본의 교량기술개발에 큰 영향을 미쳤던 교량이 되었다.

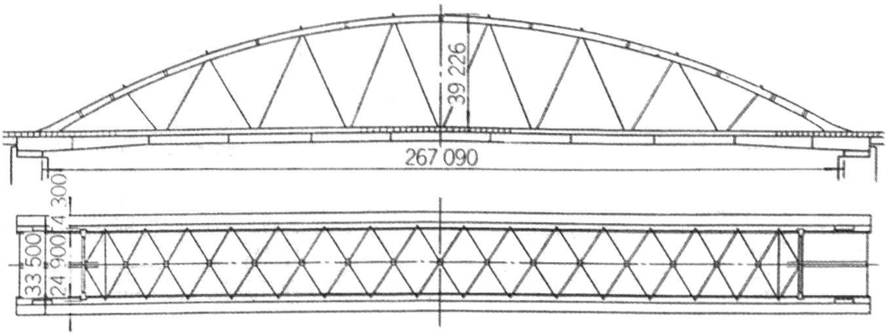

그림 1-4 Van Brienenoord교 일반도

(6) 일 본

일본에서는 히로시마에 설치된 최초의 닐센아치교(1964년 7월~1968년 3월)를 필두로 하여 도로교, 보도교 등에 200여개 이상의 닐센교를 가설하였다. 약 40년 동안에 다양한 형식으로 발전, 변천을 거듭하여 왔는데, 콘크리트 바닥판에서 강바닥판으로의 변화, 일면아치교의 적용, 중로형 닐센아치교, 케이블재질의 변화, 아치리브의 입면각도변화, 철도교에서의 적용 뿐만 아니라, 구조해석 및 단면설계, 상세설계, 제작 및 가설분야에서 수많은 실적을 쌓아왔다. 특히 닐센아치교의 구조거동 및 미관의 우수함으로 인해 중규모의 교량(80~300m)에서 그 적용성이 일반화되었다.

여기서는 일본에서의 주요 닐센아치교 현황을 나타내었고 제2편에서 주요 닐센교에 대한 설계, 제작, 가설의 요점을 옮겨 놓았다.

표 1-1 일본에서의 닐센아치 시공실적표

교량명	준공년도 (년)	지간장 (m)	아치 라이즈 (m)	폭원 (m)	주구간격		강중 (tonf)	단위강중 (kgf/㎡)	가설공법	케이블 형식
					받침부 (m)	정점부 (m)				
기츠가와신교	1993	305.0	57.0	11.25	25.0	5.4	6,138	1,021	FC에 의한 일괄가설	PWS
신하마데라교	1991	254.0	36.0	20.25	26.4	3.5	3,878	754	DV에 의한 일괄가설	PWS

표 1-1 일본에서의 닐센아치 시공실적표(계속)

교량명	준공년도(년)	지간장(m)	아치라이즈(m)	폭원(m)	주구간격		강중(tonf)	단위강중(kgf/㎡)	가설공법	케이블형식
					받침부(m)	정점부(m)				
기와시다대교		255.0	50.0	21.750~27.869	24.8~30.8	5.0	9,620		BENT공법+CABLE ERECTION 공법	
오노우라대교	1973	195.0	28.0	8.25	11.0	2.0	823	512	DV에 의한 일괄가설	PWS
가마세가와대교		198.2	30.0	7.0	10.0	10.0	1,311.6	845	CABLE ERECTION 공법	LCR
나다대교(서교)	1983	186.25	30.0	30.5	36.0	18.0	4,300	757	FC에 의한 일괄가설	LCR
나다대교(동교)	1983	176.3	29.0	18.0	24.0	12.6	3,280	1,034	FC에 의한 일괄가설	LCR
나이카이대교(북측항로)	1988	219.6	34.0	8.0	12.5	2.0	1,372	781	FC에 의한 일괄가설	PWS
나이카이대교(남측항로)		184.8	28.0	8.0			999.5		FC에 의한 일괄가설	PWS
사까이가와교		180.0	28.0	30.5	24.0	24.0	2,398	756	BENT 공법	LCR
토모에가와교	1974	171.0	28.0	8.0	10.0	10.0	859 (R.C Slab)	628	CABLE ERECTION 공법	LCR
모토가와대교		170.0	25.0	6.0	8.0	8.0	540	529	CABLE ERECTION 공법	LCR
아오기시교	1987	163.4	28.4	10.25	15.0	2.0			FC에 의한 일괄가설	LCR
아이모토교	1972	128.4	19.0	8.5	11.5	2.0	528 R.C Slab	478	CABLE ERECTION 공법	PWS
이와구찌교	1973	113.9 (2경간)	18.5	7.5	9.0	9.0	635 R.C Slab	372	CABLE ERECTION 공법	LCR
나까쥬가와교		180.6	25.0	6.5	10.0	10.0				PWS
이시모리교	1980	77.6	12.0	20.0	14.0	14.0	630	406	DV에 의한 일괄가설	LCR
즈이코오지호	1972	147.2	24.0	10.0			726 R.C Slab	493		LCR

표 1-1 일본에서의 닐센아치 시공실적표(계속)

교량명	준공년도(년)	지간장(m)	아치라이즈(m)	폭원(m)	주구간격		강중(tonf)	단위강중(kgf/㎡)	가설공법	케이블형식
					받침부(m)	정점부(m)				
쇼오다이라교	1978	61.0	11.0	6.5	8.0	8.0	265 R.C Slab	668	BENT 공법	
다세대교	1974	118.8	18.5	9.5	10.4	10.4	439 R.C Slab	389	CABLE ERECTION 공법	ROD
이마쯔교		155.4	22.0	8.6	9.8	9.8	742 R.C Slab	500		
아라까와교 (복층교)	1993	142.0	32.0	16.8	21.9	21.9	2,900		DV에 의한 일괄가설	PWS
마쯔노1호교	1992	185.0	33.0	6.5	12.0	3.0	765 R.C Slab	636		
다쯔미신교	1994	118.8	22.0	15.8	20.0	일체형	1,584	844	(전면용접) BENT 공법	NEW- PWS
온네도우교		140.0	21.0	15.8	15.3	2.5	1,232 R.C Slab	606	BENT 공법	
나루제교	1995	140.0	25.0	22.0	26.0	10.0	2,127 R.C Slab	800	BENT 공법	
오 토 교	1994	170.0	24.5	5.0	8.0	2.0	718 R.C Slab	845	CABLE ERECTION 공법	SWPC
니세코대교	1994	140.0	20.771	13.0	17.0	2.5	1,083 R.C Slab	645	CABLE ERECTION 공법	
푸코대교	1988	98.0	15.0	12.5	15.4	15.4	644 R.C Slab	526	DV에 의한 일괄가설	PWS
오까무라대교	1999	184.0	28.0	9.0	11.5	2.0				
아시가라교	1999	123.6	18.0	11.0					CABLE ERECTION 공법	
오사까교	1999	147.7	27.0	24.9					BENT 공법	
시마곤교	1998	82.0	16.0	11.5			442	469		
다까하라교	1998	133.2	23.0	9.55			719	422	CABLE ERECTION 공법	

표 1-1 일본에서의 닐센아치 시공실적표(계속)

교량명	준공년도(년)	지간장(m)	아치 라이즈(m)	폭원(m)	주구간격		강중(tonf)	단위강중(kgf/㎡)	가설공법	케이블 형식
					받침부(m)	정점부(m)				
오가타야마교(시험선)	1996	136.5	23.0	12.8	15.25	9.6	1,510 R.C Slab	664	BENT 공법 +회전가설공법	PWS
니시가와라 신교	1998	78.8	8.0~13.0	16.4			620	480	BENT 공법	
미토우교	1970	130.0	19.0	9.5	14.0	2.0	458 R.C Slab	364	CABLE ERECTION 공법	PWS
하라모토교	1972	128.4	19.0	7.0	11.5	2.0	528	587	CABLE ERECTION 공법	PWS
야오쓰교		185.0	25.0	7.5	11.0	2.0	873 R.C Slab	753		
토요미1호교	1979	153.0	23.0	8.0	11.1	11.1	738 R.C Slab	603	CABLE ERECTION 공법	LCR
아키대교	1967	110.0	17.0	6.0	7.45	7.45	226	342		LCR
코멘교		183.4	28.0	9.0	12.5	2.0	1,248	851	CABLE ENRECTION공법	
데라시마대교	1988	160.5	25.845	8.0	10.6	10.6	922	718	FC에 의한 일괄가설	LCR
헤이세이기념교		158.0	26.0	31.6	22.0	8.0	1,887	543	TRUCK CRANE + BENT 공법	
아시노꼬대교		154.7	24.0	9.5	12.0	12.0	942	641	FC에 의한 일괄가설	SPWC
야나이주교	1971	154.0	25.0	10.0	10.0	10.0	747	485	CABLE ERECTION 공법	LCR
나가라교	1978	153.0	26.0	20.0	26.2	2.7	1,475	482	BENT 공법	PWS
간자끼가와교	1989	147.7	30.0	27.260~30.375	35.7	13.0	2,989	656	FC에 의한 일괄가설	SWPR
신시게이와교		140.0	21.383	11.0	16.0	2.0	798	518		LCR
세소코대교	1985	139.5	20.0	9.75	14.8	2.0	738	543	FC에 의한 일괄가설	LCR

표 1-1 일본에서의 닐센아치 시공실적표(계속)

교량명	준공년도(년)	지간장(m)	아치 라이즈(m)	폭원(m)	주구간격		강중(tonf)	단위강중(kgf/㎡)	가설공법	케이블 형식
					받침부(m)	정점부(m)				
쯔루미가와교	1997	118.2	19.0	12.0			847	597	FC+BENT 공법	
우 쥬 교	1994	178.0	27.7	10.25			1,274	698	CABLE ERECTION 공법	
신미쿠니교	1998	5@137.0		10.5			4,751 R.C Slab	661	BENT 공법	
문(Moon)교	1993	58.9+160 +58.9	20.44	11.5			2,134	668	DV에 의한 일괄가설	

(a) 헤이세이 기념교 (b) 신미쿠니교

(c) 기츠가와교 (d) Moon Bridge

사진 1-16 일본의 닐센아치교

(e) 요리이교

(f) 우쥬교

(g) 시마곤교

(h) 다까하라교

(i) 오가타야마교(시험선)

(j) 나루세 오쿠마쭈시마교

(k) 쯔루미가와교

(l) 다쯔미교

사진 1-16 일본의 닐센아치교 (계속)

(m) 오사까교

(n) 니시가와라 신교

(o) 신가와즈교

(p) 사다가와교

사진 1-16 일본의 닐센아치교(계속)

(7) 미 국

Alsea Bay교는 Oregon주 Waldport에 건설된 교량으로서 전체교량연장은 880m 이며 주교량부인 닐센아치교는 107m의 지간을 가지고 있다.

교각은 접속부의 PSC 박스거더교의 형태와 동일한 Y자형 교각 위에 지지되고 아치상부 구조는 강재로 되어 있다(개통년도 : 1991년).

사진 1-17 Alsea Bay교 전경

(8) 타이완의 Mei-Shywe 교

- 주지간장 : 210m
- 교량폭원 : 16m
- 개통년도 : 1996년
- 설계 : T.Y.Lin

사진 1-18 Mei-Shywe교 전경

(9) 루마니아의 Cernavoda 교 (다뉴브강 횡단)

- 주지간장 : 172.5m
- 교량폭원 : 26.2m
- 개통년도 : 2002년
- 설계 : Eurometudes

사진 1-19 Cernavoda교 전경

(10) Dongtiaoxi Bridge(중국)

닐센형 타이드 아치교가 Xuancheng-Hangzhou연결 철도구간의 Dongtiaoxi교의 주경간 위치에 적용되었다. 철도노선은 Dongtiaoxi강을 횡단하며 평면선형은 직선, 복선철도교이다. 아치교의 지간길이는 116m, 지간-라이즈비는 1/5이다.

콘크리트로 충진된 덤벨형태의 아치리브는 일정한 단면의 강재 튜브로서 아치리브가 내측으로 13° 기울어진 바스켓 핸들(Basket-Handle)형태로서 크라운부에서 교차한다.

주거더는 3셀구조의 PS박스구조로서 상부플랜지의 폭원은 15m이고 높이는 2.5m이다. 가로보는 케이블의 교차부분에 배치하였으며, 행거를 관리하기 위해 각 셀별로 맨홀을 설치하였다.

주거더 박스는 사용단계에서 완전 프리스트레싱 구조이고, 시공단계에서는 RC구조이다. 우각부 위치의 콘크리트는 지지점에서 타설하였다. 아치리브의 강튜브를 폐합하기 전에 임시조인트가 설치되었다. 행거의 배치는 닐센형태이며 두 개의 행거는 1회 교차하는 구조이다. 행거와 주거더사이의 각도는 종방향으로 49.631°에서 61.183°로 변화하고 횡방향 기울기는 77°이다. 행거의 최대응력은 1,495kgf/cm^{2}이다. 타이바는 외부 긴장텐던으로 구성되며 6-다발을 2회에 걸쳐 긴장하여야 한다. 주거더와 타이바는 밀착되지 않는 구조이다. 두개의 아치리브 사이에는 5개의 브레이싱이 설치되며 형태는 K자를 나타내고 있다. 단면은 직경 300mm, 500mm의 강재튜브로서 내부에 콘크리트는 충진되지 않는다.

복선의 열차하중 재하시에 주거더의 최대처짐은 2.55cm로서 처짐비는 1:4390이다.

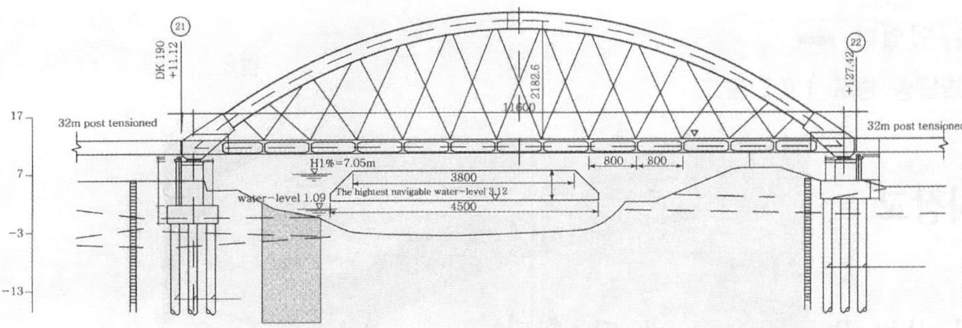

그림 1-5 교량 종단면도

(11) 한 국

한국에서는 한강에 설치된 서강대교(1996년 12월)가 차도교로서는 최초의 닐센아치교이고 보도교로서는 전라남도 광양에 세워진 '광양 백운아트홀 조형 육교'가 1996년 6월에 가설되었다. 이러한 닐센아치교는 아치리브가 바스켓 핸들(Basket Handle)형태로 경사져 있고 사재가 케이블로 형성되어 있어 독특한 미관을 표출하기 때문에 경관배려가 필요한 곳이나 상징성이 요구되는 곳에 다수 적용되고 있다.

최근에 전남 구례와 경남 하동을 연결하는 남도대교(2003년 개통), 마산의 저도연육교(2004년 개통), 여수의 백야대교(2005년 개통)가 건설되었고 목포 앞바다의 압해대교, 거제시의 가조연육교, 충주의 탄금대교가 시공단계에 있다.

철도교로서는 성남~여주 복선전철구간중에서 이천시의 국도3호선을 횡단하는 부발교가 있다. 본교는 2005년에 설계된 국내최초의 닐센아치교량으로서 지간 80m, 폭원 10.9m이다.

사진 1-20 강북에서 바라본 서강대교 전경

그림 1-6 부발교 예상전경

보도교로서는 상암월드컵경기장 앞에 가설된 "성미다리", 충남 태안 안면도에 "꽃다리" 등 다수의 보도교가 가설되었다.

① 서강대교

본교는 서울 영등포구 여의도와 마포구 신수동을 연결하는 한강횡단교량으로서 닐센아치교는 밤섬북단의 유심부에 150m의 지간장으로 가설되었다. 교량폭원은 29.0m(왕복 6차로)이며, 아치리브가 양측 시점에서 34m, 정부(Crown)에서 4m인 바스켓 핸들형태로서 아치라이즈는 30m, 케이블은 60° 경사, 케이블 간격이 10m로 배치되어 있다.

가설은 공장제작 후 한강고수부지에서 일괄조립하여 4대의 바지선으로 운반가설하였다.

② 남도대교

본교는 영・호남의 경계선을 이루는 섬진강을 횡단하는 교량으로서 두 지방의 인적・물적 교류는 물론, 지역적 화합을 촉진하고 교통편익증진과 농수산물의 원활한 수송을 이룰 목적으로 건설되었다. 지간장 160m, 폭원 13.5m의 본교량은 3차원으로 변하는 바스켓 핸들형 아치리브(라이즈 : 32m)를 하천 위에서 가설벤트를 세워 가설하고, 바닥판 위에 다시 가설벤트를 설치, 아치리브를 블록가설하도록 하였다.

그림 1-7 남도대교 전경(컴퓨터그래픽)

③ 압해대교

본교는 전남 목포시와 신안군 압해도를 연결하는 연륙교이다. 교량폭원은 25.4m (4차로)이고, 3개의 아치가 각각 95m, 165m, 95m로 구성되어 있으며, 아치의 라이즈비는 1/5이다. 공사는 2000년 8월에 착공하여 현재 시공 중에 있으며, 중앙경간의 닐센아치교는 플로팅크레인에 의해 일괄가설할 예정이다.

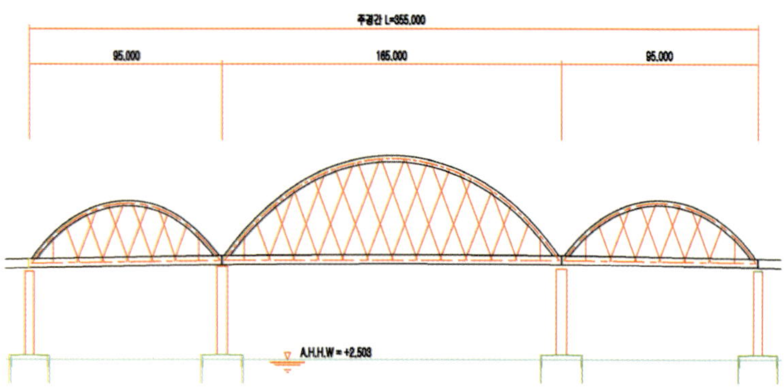

(a) 종단면도

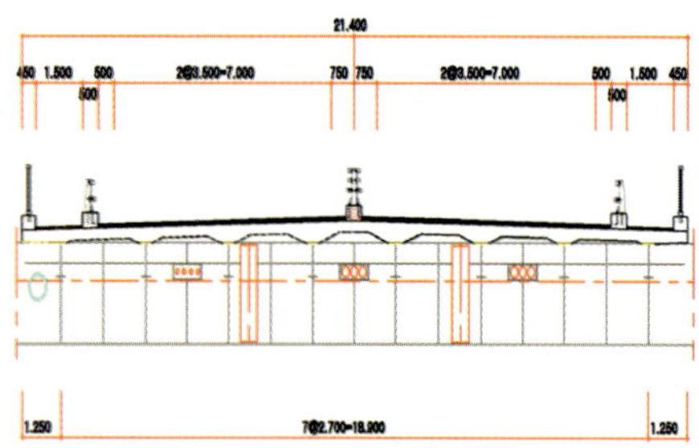

(b) 상부거더 횡단면도

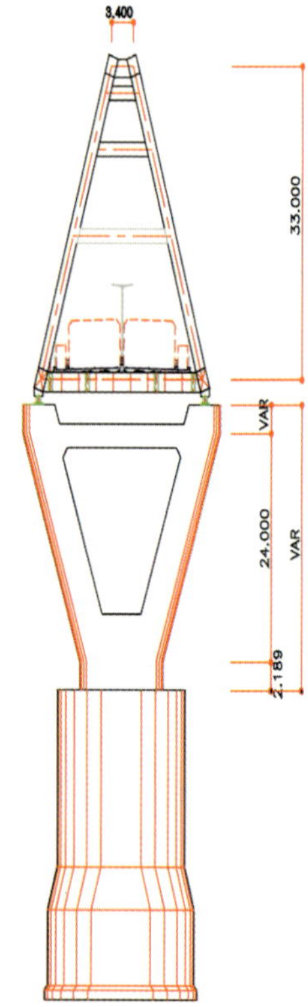

(c) 교량 횡단면도

그림 1-8 압해대교 개요도

그림 1-9 압해대교 전경(컴퓨터그래픽)

④ 광양 백운아트홀 조형 육교

본교는 광양제철소 진입부에 위치한 육교로서 연장 44.0m, 아치높이 15.0m, 폭원 8.0m의 중로아치교이다. 수평강성을 높이기 위해 아치리브에는 12.31°의 경사를 주어 바스켓 핸들형으로 만들었다. 사용 강재량은 160.4tonf이 소요되었으며, 설치공법은 교각사이에 가설벤트를 설치한 다음 지상에서 아치를 직접 조립하는 동바리 공법을 채택하였다.

특기사항으로는 일반적인 육교와 달리 루프(Loop)형 계단을 두어 일반인, 장애자, 자전거 이용자 등 모두가 편리하게 통과할 수 있도록 배려하였다.

사진 1-21 광양 백운아트홀 조형 육교 전경

⑤ 꽃다리

본교는 충남 안면도의 방포해수욕장과 꽃지해수욕장 사이에 있는 작은 해안만을 넘어가는 보행자 전용교량이다. 공사기간은 2001년 5월에서 2001년 8월까지 4개월이 소요되었으며, 교량연장 57.5m, 폭원 2.5m로서 보도하중은 500kgf/㎡을 적용하였다. 특징으로는 아치리브에 강관을 적용하여 보다 미려한 형상이 되도록 하였다.

⑥ 성미다리

본교는 서울 상암동의 월드컵경기장 앞에 흐르는 불광천을 횡단하는 보도교이다. 사재는 와렌트러스 형태로 배치하여 전통적인 바스켓 핸들형 닐센로제아치교의 구조적 기본개념을 충실히 따른 교량이라고 할 수 있다. 지간장 61.4m, 폭원 4.0m로서 공사기간은 2000. 3월～2001. 12월이었다.

사진 1-22 꽃다리 전경

사진 1-23 성미다리 전경

2
닐센아치교의 구조적 특성

본장은 "小西一朗"編, "慶甲秀"譯의 "鋼橋 설계편"에서 주요 내용을 발췌한 것입니다.

2.1 구조적 특성

① 로제아치형식의 교량에서 연직재를 사재(Cable, Rope)로 변경하여 데크, 아치리브 등의 부재단면을 크게 하고 접합점을 강결하여 아치부재가 휨모멘트, 전단력을 부담할 수 있도록 한 고차 부정정 구조물이다.

② 설계시의 구조해석에서는 3차원 탄소성해석에 의한 아치부재의 내하력 검토, 3차원 유한요소법에 의한 거더단부 및 사재 접합부의 해석, 지진 및 동하중 등의 동적 해석에 의한 내하력 확인 등 세부적인 사항에 대해서도 상세한 검토를 시행하며, 구조의 안전성을 명확하게 하고 있다.

③ 닐센아치교 중에는 풍하중과 좌굴(Buckling)에 저항할 수 있도록 상부리브에 Strut를 설치한 형식이 있고, 좀 더 시원한 감각을 주기 위해 Strut를 제거한 Unbraced 형식이 있다. 후자의 경우 아치의 폭을 넓힘으로써 횡방향으로의 충분한 강성을 얻어 구조적으로 안전한 형태가 된다.

④ 일반적으로 닐센 아치교는 장지간의 교량에 유리하며, 데크 및 아치리브가 조화를 이루어 교량미가 있을 뿐 아니라, 케이블의 Truss 작용에 의해 휨모멘트가 감소되고, 풍하중과 좌굴(Buckling)에 대해 더욱 안전한 것이 닐센아치이다.

2.2 부재별 역학적 특성

(1) 상 · 하현재

상하현재의 축방향력은 수직 사재를 가진 아치교(이하 편의상 '관용 아치교'라 약칭)의 그것과 큰 차이가 없고, 등분포 하중 w에 의한 그 수평분력은 근사적으로 $H = w\ell^2/8f$(ℓ:지간, f:아치라이즈)가 된다. 축방향력의 영향선 종거는 닐센계 교량 쪽이 약간 크지만 설계용 축방향력으로서는 큰 차이가 없다.

상 · 하현재의 휨모멘트는 관용 아치교와 비교하여 큰 폭으로 감소한다. 따라서 축방향력(압축력의 경우에는 탄성 안정을 고려)이 지배가 되어 경제적인 단면이 얻어진다. 또한, P. Tveit가 제안하고 있는 Network Arch(와렌트러스 닐센계 교량과 유사)로 하면 하현재를 콘크리트 구조로 하는 것도 가능하다.

(2) 사 재

사재의 간격, 경사각을 적절히 구성함으로써 사재가 인장력만 작용하도록 할 수가 있다. 따라서 사재는 통행자의 시야를 방해하지 않는 로프 · 로드 등의 순인장재를 사용할 수도 있다. 단부 사재에 작은 압축력이 생기는 경우에는 I형 · 파이프 · 박스형 등의 슬랜더한 부재를 사용하는 것이 적당하다고 생각된다. 그러나 이와 같은 경우에도 Fehmarnsund교의 예와 같이 콘크리트 블록을 추가 고정하중으로서 설치하고 사재를 순인장재로서 설계할 수도 있다.

또한 사재의 설계 부재력은 교량 길이 방향의 설치 위치에 관계없이 거의 같은 크기가 되므로 전체 교량을 통하여 동일 단면으로 할 수가 있다.

(3) 처 짐

휨모멘트와 마찬가지로 닐센계 교량의 최대 처짐은 관용 아치교의 그것과 비교하여 상당히 작다. 또, 관용 아치교에서는 면적이 거의 같은 정(+), 부(-)의 영향면을 가지는데 닐센계 교량에서는 정(+)의 영향면 뿐이다. 이것은 사재가 아치교의 전단변형에 크게 기여하기 때문으로 닐센계 교량은 이동 하중에 의한 처짐 변동이 적은 구조이다.

(4) 진동모드와 고유 진동수

관용 아치교의 휨 진동이 1차(2차) 진동모드가 역대칭형(대칭형)이 되는 데에 비해 닐센계 교량의 그것은 1차(2차) 진동모드가 대칭형(역대칭형)이 되어 완전히 반대이다. 또, 1차 고유 진동수는 관용 아치교의 1.5배~4.0배이고, 진동에 대한 강성비는 진동수 비의 2승이므로 일반적으로 동적 강성은 정적 강성보다도 크다. 따라서 닐센계 교량은 진동면에서도 유리한 교형이라고 할 수 있다. 관용 랭거거더가 진동에 의해 문제가 되었던 경우가 있는데 닐센계 교량에서는 이러한 염려는 적다. 여러가지 형식의 교량에 대한 고유 진동 주기와 대수 감쇄율을 표 2-1 및 표 2-2에

표 2-1 교량의 고유 진동 주기

구 분				대칭 진동 주기(s)		역대칭 진동 주기(s)	
교 량 명	형 식	ℓ(m)	f(m)	실측치	계산치	실측치	계산치
승 천 교	랭거 거더	64.0	9.2	0.380	0.392	0.494	0.555
자 사 교	〃	57.2	9.0	0.344	0.346	0.432	0.500
은 좌 교	〃	62.0	10.0	0.347	0.353	0.445	0.524
성산대교	〃	63.0	11.0	0.394	0.439	0.625	0.802
사까이가와교	트러스 랭거 거더	98.0	15.0	0.536	0.554	0.408	0.408
아 호 교	〃	59.0	9.6	0.392	0.388	0.203	0.200
아키대교	닐센계 로제 거더	111.0	17.0	0.540	0.559	0.453	0.467
야나이쥬교	〃	154.0	25.0	0.824	0.735	0.585	0.588

표 2-2 각 고유 진동 차수에 대한 대수 감쇠율

교량명	1차	2차	3차	4차	비 고	
자 사 교	0.07~	0.09			랭거 거더	ℓ=57.2m
호 기 교	0.081		0.0115	0.0127	〃	ℓ=139.2m
산성대교	0.028	0.038			〃	ℓ=63.0m
아 호 교	0.168	0.0689	0.0548	0.0359	트러스 랭거 거더	ℓ=59.0m
신복기교	0.259	0.150	0.109	0.0654	〃	ℓ=56.8m
사까이가와교	0.109	0.093	0.141	0.125	〃	ℓ=98.0m
야마시다교	0.09	0.041	0.099	0.206	〃	ℓ=89.0m
아키대교	0.171	0.070	0.141	0.112	닐센계 로제 거더	ℓ=111.0m
야나이쥬교	0.077	0.046	0.064	0.025	〃	ℓ=154.0m

나타내었다.

2.3 닐센아치교의 분류 및 특성비교

(1) 개　요

닐센아치교는 아치리브의 형상, 사재의 배치방법, 보강재 배치형상에 따라 분류될 수 있으며, 여기서는 분류에 따른 특성을 비교 검토하고자 한다.

① 와렌 배치에 따른 분류
- 싱글 와렌 트러스식 닐센아치교
- 더블 와렌 트러스식 닐센아치교
- 중복 와렌 트러스식 닐센아치교

② 아치리브의 경사에 의한 분류
- 바스켓 핸들형 방식
- 평행현 방식

(2) 와렌 배치에 의한 분류

① 싱글 와렌 트러스식 닐센계 교량

그림 2-1에 나타낸 싱글 와렌 트러스식 랭거 거더(이하 '트러스 랭거 거더'라고 약기)와 보통 랭거 거더(그림 2-2 참조)에 대해서 영향선을 비교하면 그림 2-3과 같다. 또한 두 거더의 형상비교를 그림 2-2에 나타내었다. 보강거더의 휨모멘트 영향선(그림 2-3(a))은 트러스 랭거 거더의 경우 대단히 작아지고, 더구나 부(-)영향선 면적도 감소하고 있다는 것을 알 수 있다. 보강 거더의 축방향력 영향선(그림 2-3(b))은 랭거 거더보다 약간 크며 설계 축방향력은 거의 같다. 또, 그림 2-3(c)의 상현재의 축방향력 영향선에서는 두 교량 사이에 거의 차이가 없다는 것을 알 수 있다.

사재의 축방향력 영향선은 그림 2-3(d)와 같으며, 지간중앙부의 사재는 트러스교의 사재 영향선과 유사한 형태이며, 단부의 사재 $D_{2\ell}$에서는 격점 1의 사재를 수직재로 하고 있으므로 정(+, 인장)의 영향 면적이 크게 되었다. 랭거 거더와 비

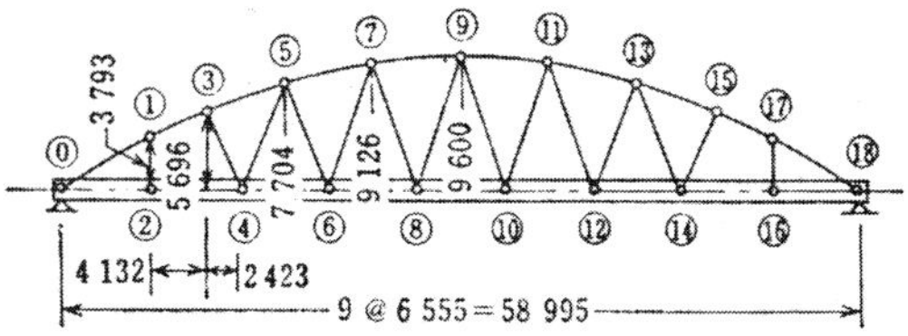

그림 2-1 아호교의 골조 치수도

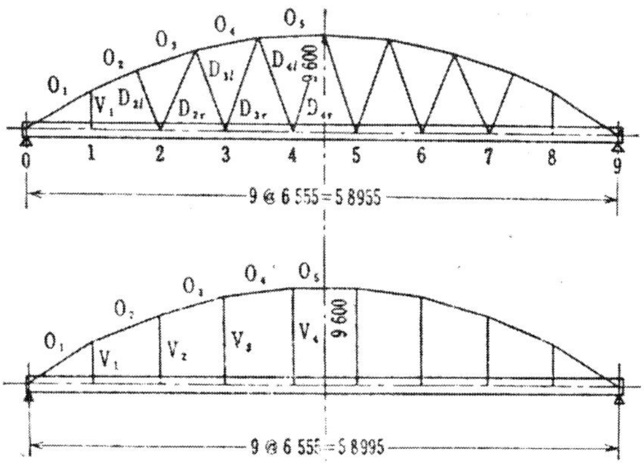

그림 2-2 트러스 랭거 거더와 랭거 거더의 비교

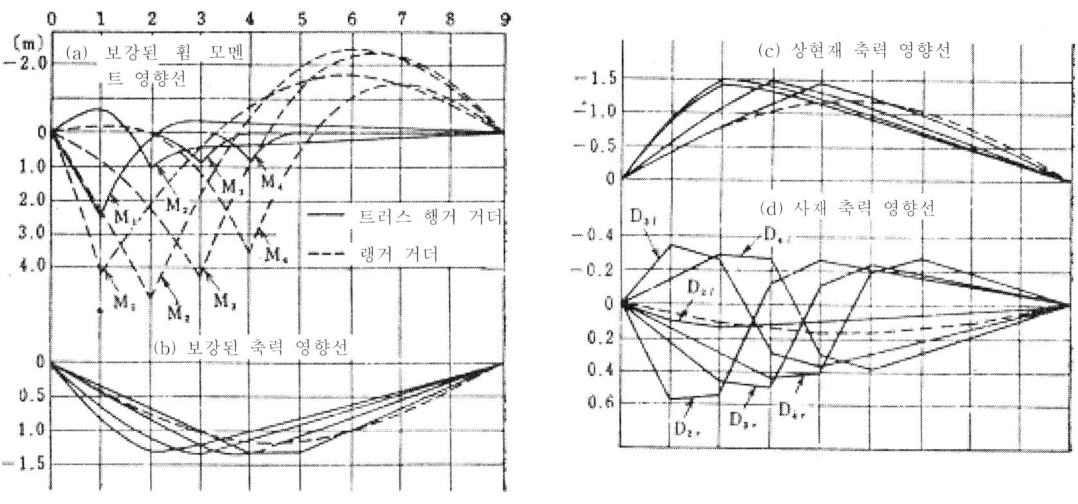

그림 2-3 트러스 랭거 거더와 랭거 거더의 영향선

교하면 트러스 랭거 거더 쪽이 큰 영향선 종거를 가지나 고정하중에 대해서는 정(+), 부(-)의 영향면적이 상쇄되기 때문에 설계 부재력에서는 큰 차이가 없다.

다음에 보강 거더의 최대 휨모멘트와 그와 같은 재하 상태에서의 축방향력을 나타내면 그림 2-4와 같이 된다. 이 그림에서 랭거 거더와 비교하여 보강거더의 축방향력에는 큰 차이가 없지만 휨모멘트는 사재를 이용함으로써 큰 폭으로 감소되고 있다는 것을 알 수 있다.

지간 중앙과 격점 2에 대한 처짐 영향선을 대비하면 그림 2-5와 같다. 어떠한 경우라도 트러스 랭거 거더의 영향선 종거는 랭거 거더보다도 작아 부(-)의 영역

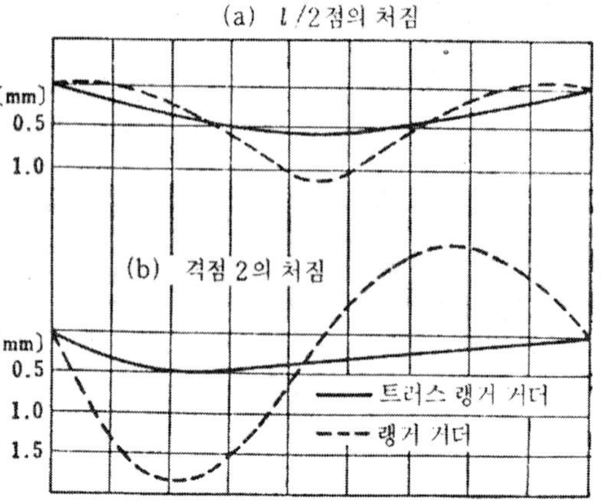

그림 2-4 보강거더의 최대 단면력

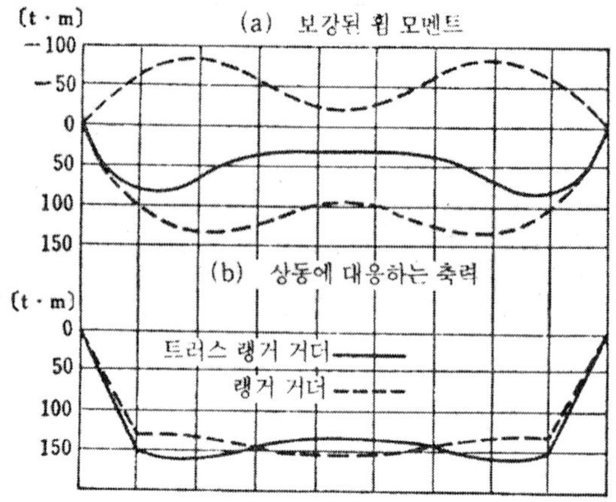

그림 2-5 처짐 영향선

이 없다. 설계 하중에 의한 처짐은 표 2-3과 같으며, 고정하중에서는 큰 차이는 없지만 활하중에서는 트러스 랭거 거더의 처짐은 랭거 거더인 경우의 35~70%가 되고 있다. 이 사실로부터 일반적으로 트러스 랭거 거더의 휨 강성이 보통 랭거 거더의 그것보다도 상당히 크다는 것을 알 수 있다.

고유 진동수의 계산치(참고로 실측치를 병기)는 표 2-4와 같다. 이것으로부터 트러스 랭거 거더는 보통 랭거 거더와 비교하여 제1차~제3차 진동에서 50~100%의 진동수 증가를 보이고 동적 강성도 상당히 높다는 것을 알 수 있다. 트러스 랭거 거더에서는 제1차 진동이 대칭 모드를, 제2차 진동이 역대칭 모드이나 랭거 거더의 진동 모드는 그 반대이다.

이와 같은 특성이 아호교의 실험을 통해서 분명하게 되었다. 이 교량은 순수한 닐센계 교량은 아니지만 닐센계 교량의 발전에 기여한 공은 크다고 생각된다.

② 더블 와렌 트러스식 닐센계 교량

사재가 더블 와렌 트러스식으로 배열된 닐센계 교량의 역학적 특성을 나타내기 위해 그림 2-6에 나타낸 지간 120m의 2종류 로제계 교량을 예로 들어 그들의 영향선, 진동수 등을 대비하기로 한다.

그림 2-7(a)와 (b)에서의 Pt.1, 2 및 3은 로제 거더의 경우에는 각각 그림 2-6(a)의 절점 3, 7 및 11에 대응하고, 또 닐센계 교량의 경우에는 각각 그림 2-6(b)의 절점 3, 9 및 14에 대응한다. 이 그림 2-7(a)와 (b)는 하현재의 처짐 영향선(단위 :

표 2-3 처짐의 비교 (단위 : cm)

구 분	고 정 하 중		활 하 중	
	ℓ/2	②	ℓ/2	②
트러스 랭거 거더	4.90	3.77	1.96	1.57
랭거 거더	5.79	3.57	2.77	4.49(-2.68)

표 2-4 고유진동수 (cps)

구 분 / 진동수	아 호 교			랭거 거더	
	측 정 치	계 산 치		계 산 치	
1차 진동수	2.55	2.58	횡진동	1.63	횡진동
2차 진동수	4.92	5.00	〃	2.42	〃
3차 진동수	6.92	7.59	〃	3.82	〃
4차 진동수	8.75	9.88	〃	7.69	종진동
5차 진동수	9.10	8.23	종진동	6.43	횡진동
6차 진동수	-	13.20	횡진동	9.82	〃

mm/t)과 휨모멘트 영향선(단위 : m)이다. 실선은 닐센계 교량이고 점선은 로제 거더에 대한 것이다.

그림 2-7(c)는 상현재의 축방향력 및 휨모멘트의 영향선이며, 선 구분은 주기와 같다. 또한 Pt.1, 2 및 3의 주영향 부재는 닐센계 교량의 경우에는 각각 2-4재, 8-10재 및 15-16재이며, 또 로제 거더의 경우에는 각각 2-4재, 6-8재 및 10-12재이다.

또 그림 2-7(d)는 사재의 축력 영향선을 나타낸 것이다. 닐센계 교량의 경우에는 그림 2-6(b)를 보면 Pt.1에서는 2-3재와 3-5재, Pt.2에서는 7-9재와 9-11재, 또 Pt.3

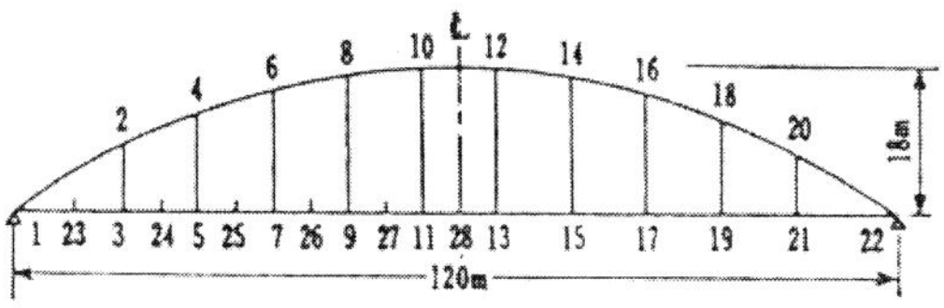

(a) 로제 거더

상현재 : 단면적 A=0.04m^2,
단면 2차 모멘트 I=0.008m^4
하현재 : A=0/05m^2, I=0.01m^4
행 거 : 단면적 A=0.01m^2

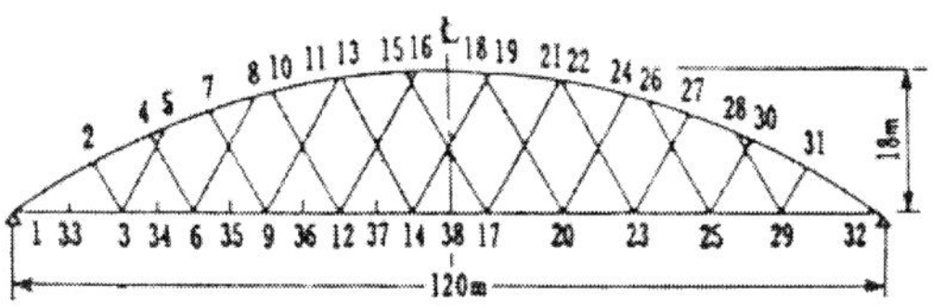

(b) 닐센계 로제 거더

상현재 : 단면적 A=0.04m^2,
단면 2차 모멘트 I=0.008m^4
하현재 : A=0.05m^2, I=0.01m^4
행거(케이블) : A=0.02m^2

그림 2-6 로제계 교량의 비교 예

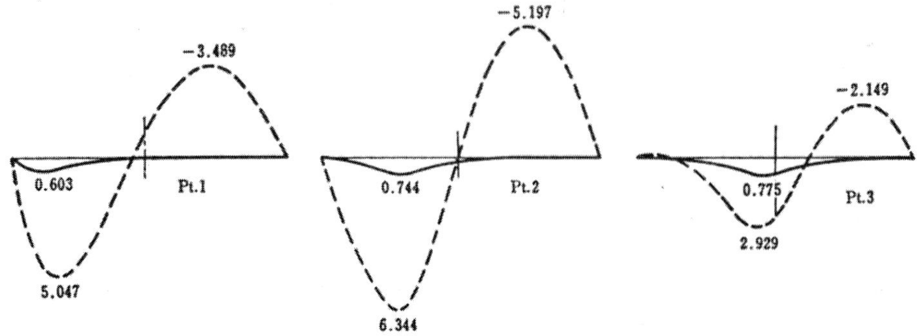

(a) 하현재의 처짐 영향선[mm/t]

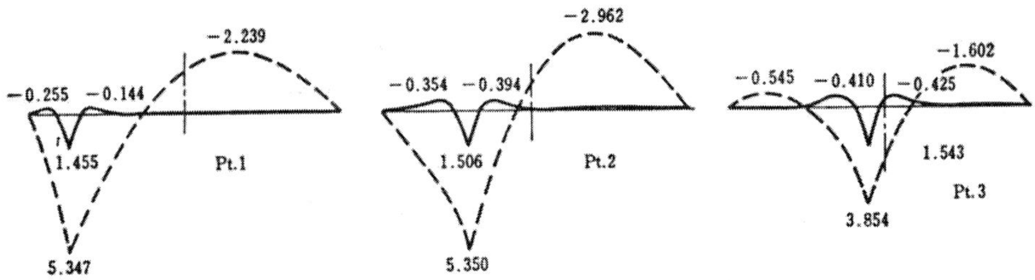

(b) 하현재의 휨 모멘트 영향선[m]

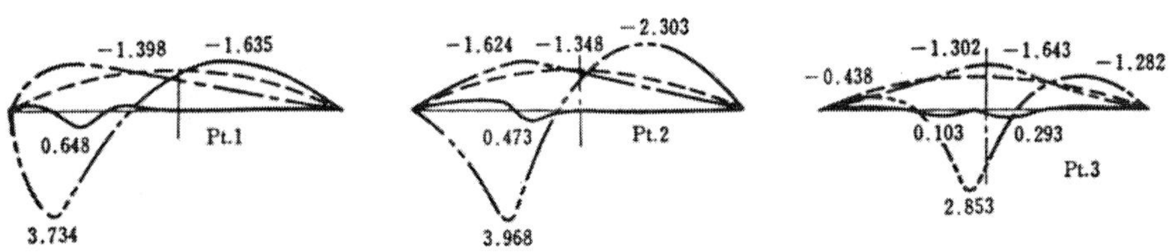

(c) 상현재의 휨 모멘트와 축력 영향선

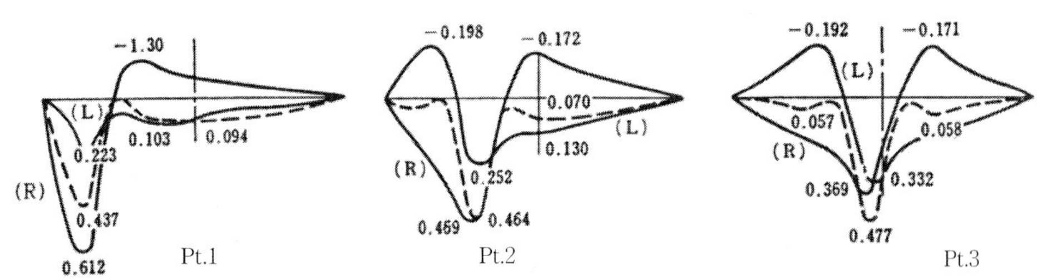

(d) 행거의 축력 영향선

(a), (b) (하현재) 및
(d) (행거)에 대한 선 구분
——— 닐센계
- - - - 로제 거더

(c) 상현재에 대한 선의 구분
——— 닐센계의 모멘트
—·—·— 닐센계의 축력
—··— 로제 거더의 모멘트
- - - - 로제 거더의 축력

그림 2-7 로제계 교량의 영향선

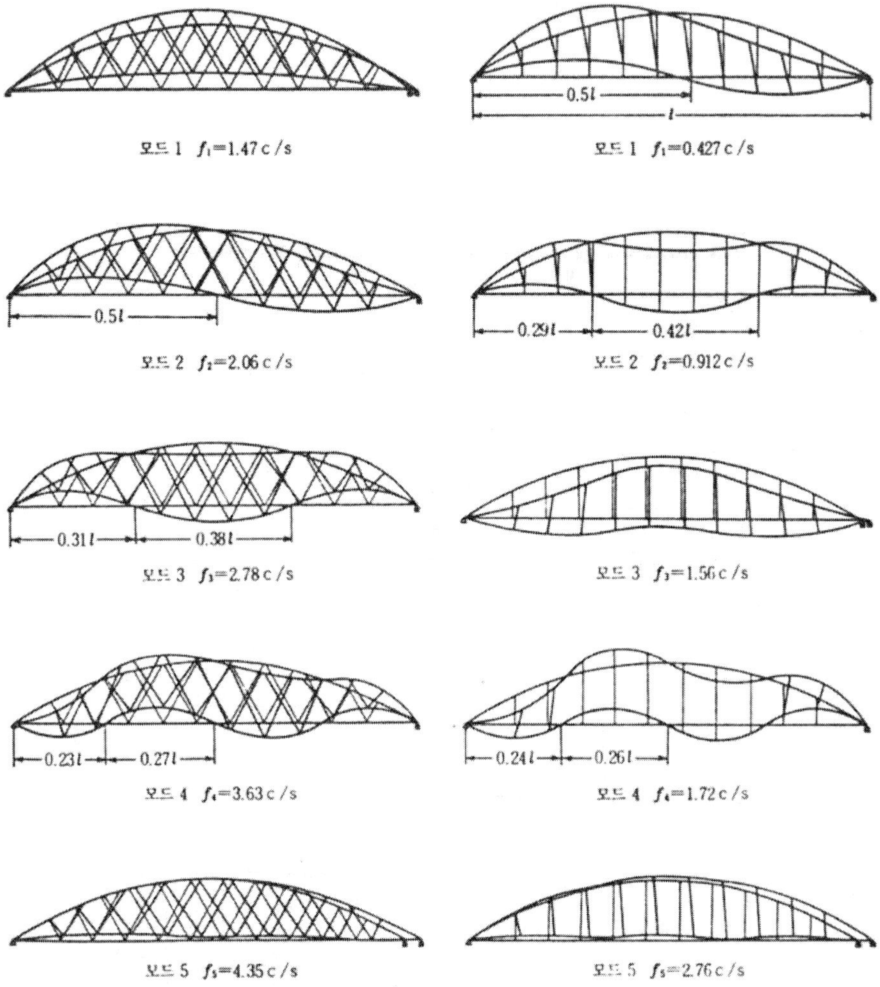

(a) 닐센계 교량 (b) 로제 거더

그림 2-8 닐센계 교량과 로제계 교량의 고유 진동수 및 모드

에서는 13-14재와 14-19재가 있으므로 이 그림에서는 각각 앞의 부재를 (L), 뒤의 부재를 (R)이라는 기호로 구분하고 있다.

로제 거더인 경우의 Pt.1, 2 및 3 위치의 사재는 각각 2-3재, 6-7재 및 10-11재이다.

앞에서 언급한 트러스 랭거 거더의 영향선과 여기서 나타낸 닐센계 로제 거더교의 그것을 비교하면 양자 사이에 명백한 유사성이 인지된다. 즉, 처짐에 관한 그림 2-5와 그림 2-7(a)를, 하현재의 휨모멘트에 관한 그림 2-3(a)와 그림 2-7(b)를, 또 상현재의 축방향력에 관한 그림 2-3(c)와 그림 2-7(c)를 대비하면 이 로제계 교량의 경우에도 트러스 랭거 거더 부분에서 서술한 특성이 거의 그대로 일치한다는 것을 알 수 있다. 단, 사재가 더블 와렌 트러스 형식으로 되어 있으므로 로제 거더에 대한 휨모멘트의 감소율이 특히 현저하다. 그림 2-7(c)에서 밝힌 바와 같이 닐센계 로제 거더교의 아치 부재의 휨모멘트는 상당히 작아지므로 랭거 거더의 상현재와 마찬가지로 축방향력이 단면 결정을 위한 주요 단면력이 된다.

다음에 닐센계 로제 거더와 보통 로제 거더에 대한 고유 진동수를 비교하기 위해 앞에서 언급한 그림 2-6의 거더에 대해 계산한 결과는 그림 2-8과 같다. 이 경우에도 앞에서 언급한 트러스 랭거 거더의 경우와 마찬가지로 1차 진동모드는 닐센계 로제 거더가 대칭형인 반면 거더교는 지간 중앙에 절점(node)을 가진 비대칭형이며, 그 고유 진동수의 비가 3.4(=1.47/0.427)이고 상하현재에 동일 단면을 사용하고 있는데도 불구하고 그 진동에 대한 강성비는 11.8(=3.42)배가 되었다. 또한 그림 2-7(a)의 Pt.1과 2에 대한 처짐비는 약 8.5로 동적 강성비가 정적인 그것보다도 크다.

③ 중복 와렌 트러스식 닐센계 교량

사재가 중복 와렌 트러스식으로 조립된 닐센계 타이 아치교의 영향선으로서 Fehmarnsund교에 대해 나타내면 그림 2-9와 같다. 이 교량의 지간은 248.4m, 라이즈는 43.47m, 골조형은 그림 2-9(a)와 같으며, 편측에 철도 궤도가 있기 때문에 주구는 좌우 비대칭이다. 그림 A는 차도측, B는 궤도측의 영향선이다. 그림 2-9(b)에서 실선은 그림 2-9(a)에 나타낸 계의 $\ell/4$점의 휨모멘트 영향선이고, 점선은 경사 사재 대신에 수직 사재를 이용한 경우이다. 그림 2-9(c), (d)는 각각 그림 2-9(a)의 사재 R6과 D6의 축력 영향선이고, 선 구분은 그림 2-9(b)의 경우와 같다.

이 경우 영향선의 일반적 경향은 앞에서 비교한 2종류의 닐센계 교량과 완전히 같다. 즉, 경사 사재 랭거 거더, 로제 거더 및 타이 아치에 대해서 거의 같은 역학적 작용을 미치는 것으로 생각된다.

(3) 아치리브의 경사에 의한 분류

닐센아치의 아치리브 배치는 2개의 주구면을 연직방향으로 배치한 평행현 방식과

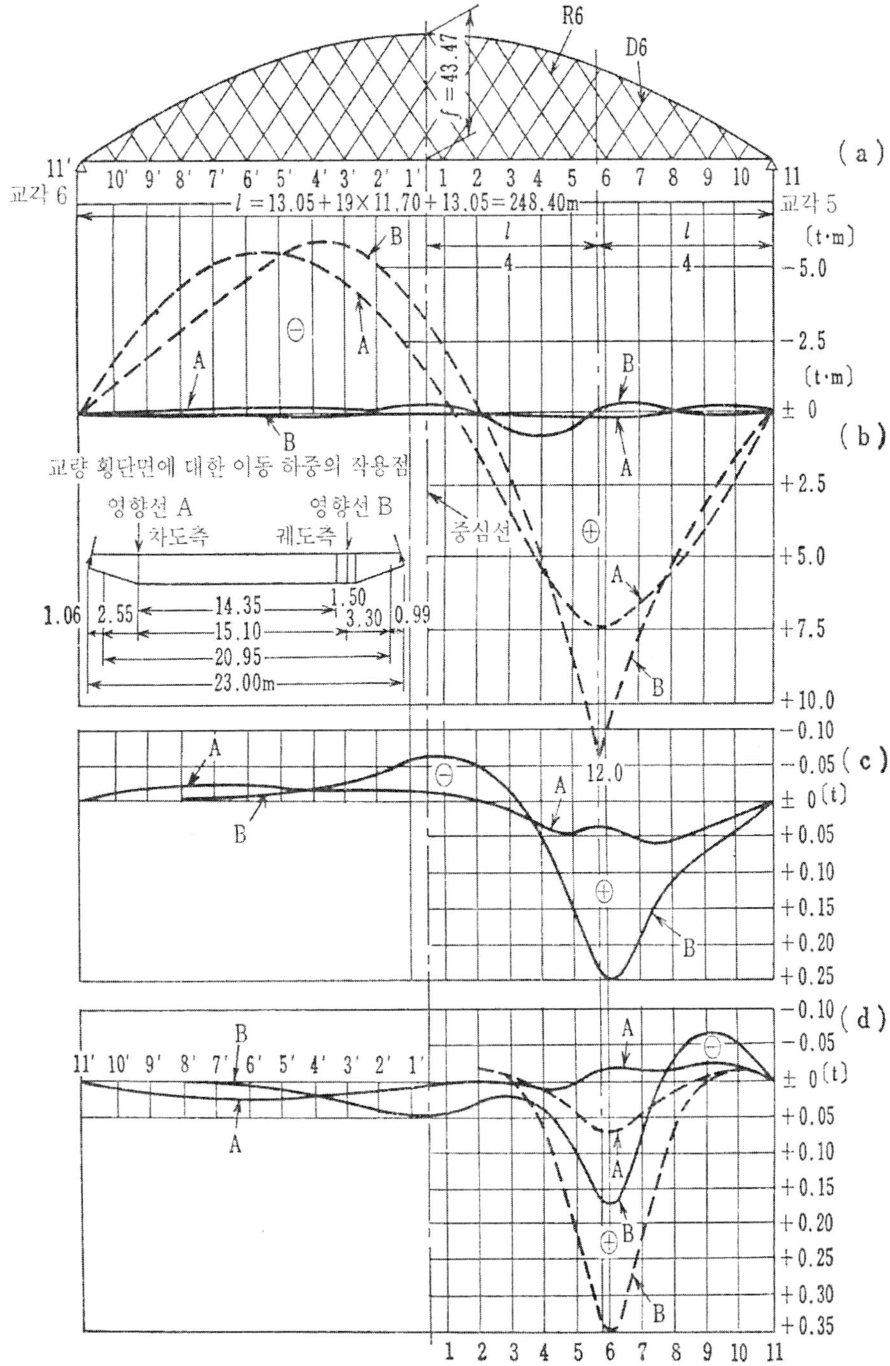

그림 2-9 궤도측 아치의 ℓ/4점에서의 휨모멘트와 사재 축력의 영향선 (Fehmarnsund교의 경우)

정면에서 경사지게 한 바스켓 핸들(Basket-Handle)형이 있다.

두 형식은 각각 장단점이 있는데 바스켓 핸들형은 편심하중에 의한 2개 아치리브의 교축방향 상호 엇갈림을 구속하여 입체구조로서의 기능을 발휘할 수 있는 측면에서 2개 아치리브를 교차하여 결합하는 것이 유리하나, 지간 중앙부근에서 아치의 간격이 좁아지게 되고, 따라서 제작·가설이 평행한 구조에 비해서 다소 복잡하다고 볼 수 있다.

특히 바스켓 핸들형은 면외강성이 크므로 풍하중 및 지진하중과 같은 수평하중에 대해 안정된 거동형상을 갖는다.

그러나 케이블이 측면 및 정면에서 경사진 형태이므로 케이블의 처짐(Sag)이 커지고 정착구 설치시에도 3차원의 각도 관리가 중요해진다.

따라서 아치리브의 배치각도를 선정할 때는 교폭, 건축한계, 교량의 지간장 등을 전반적으로 비교검토하여 구조적 안전성, 기능성, 시공성, 미관 등 여러 측면에서 우수한 형식을 선정하여야 한다.

바스켓 핸들형은 아치리브의 경사에 준해 주거더의 경사도 동일하게 처리하는 것이 바람직하며, 따라서 제작·가설시에는 미소하나마 3차원 캠버를 고려하여야 한다. 가설시에는 정면 경사에 따라 가설벤트에 수평력이 작용하게 되므로 이에 대한 수평하중을 설계하중에 반영하여야 한다.

2.4 모형실험

닐센계 교량과 같은 새로운 형식의 교량을 설계할 경우 확립된 해석법이 발표되어 있지 않은 경우에는 모형 실험에 의해 적용하고자 하는 해석법이 신뢰할 수 있는지 여부를 조사하는 것이 보통이다. Fehmarnsund교의 계획을 알고 일본에서도 연구할 필요가 인지되어 우선 모형 실험이 실시되었다.

그림 2-10은 지간 5.0m의 닐센계 로제 거더의 모형을 나타낸 것이다. 하현재의 각 절점에 집중하중을 재하하여 각 부재의 응력을 측정하고 이것을 응력의 영향선 형상으로 정리하여 계산치와 비교한 것인데 이것이 그림 2-11, 2-12, 2-13이다. 이

것에 의하면 이론치와 실험치는 비교적 잘 일치하고 있다.

그림 2-14의 계산 예, 즉 지간 150m의 랭거 거더와 닐센계 로제 거더의 ℓ/4 및 ℓ/2점에서의 상·하현재의 휨모멘트 M, 축방향력 N 및 처짐의 비교를 그림 2-15, 2-16, 2-17에 나타낸다. 이들을 앞에서 기술한 랭거 거더의 영향선 형상과 비교하면 현저한 차이가 있다는 것을 알 수 있다.

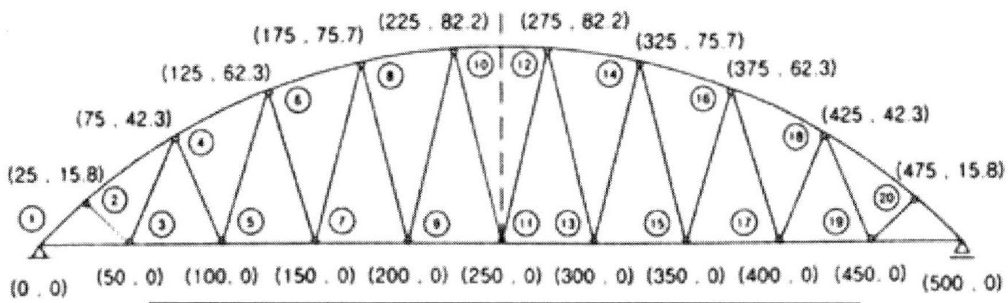

구 분	단면적 (cm^2)	단면 2차 모멘트 (cm^4)
상 현 재	4.42	16.4
하 현 재	4.42	16.4
사 재	0.55	0

그림 2-10 모형의 제원

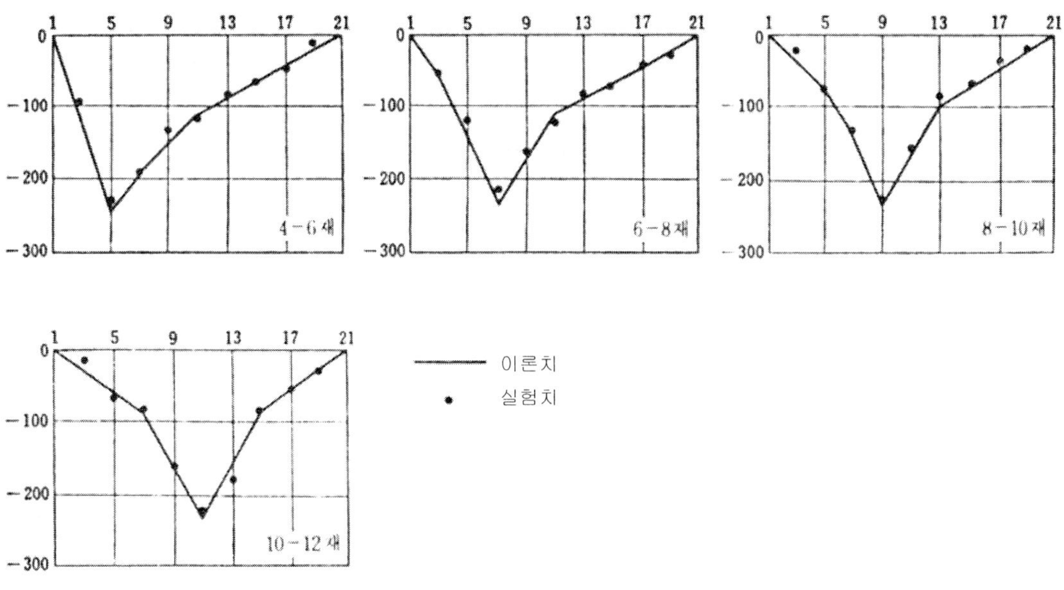

그림 2-11 상현재 응력의 계산치와 실험치(영향선)

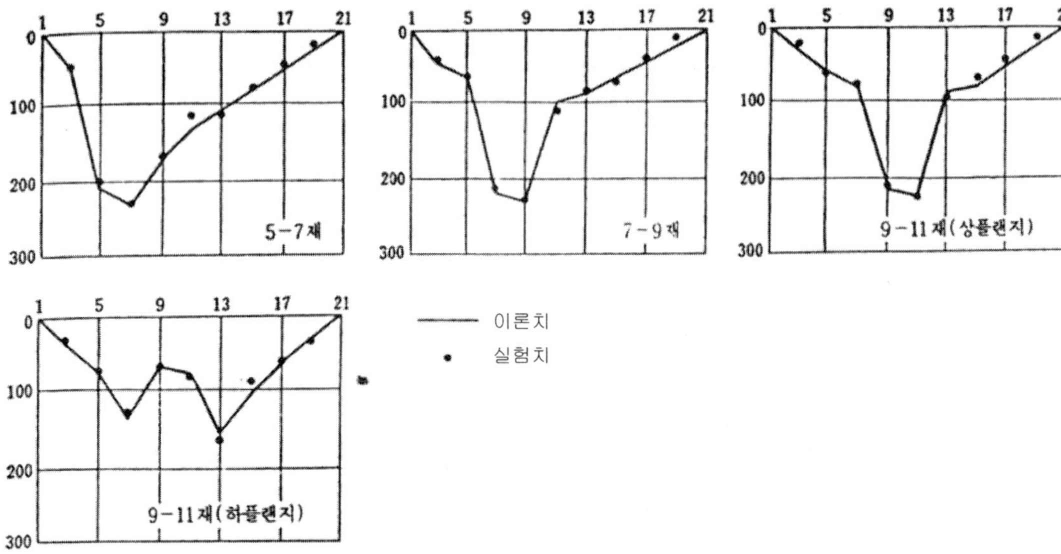

그림 2-12　하현재 응력의 계산치와 실험치(영향선)

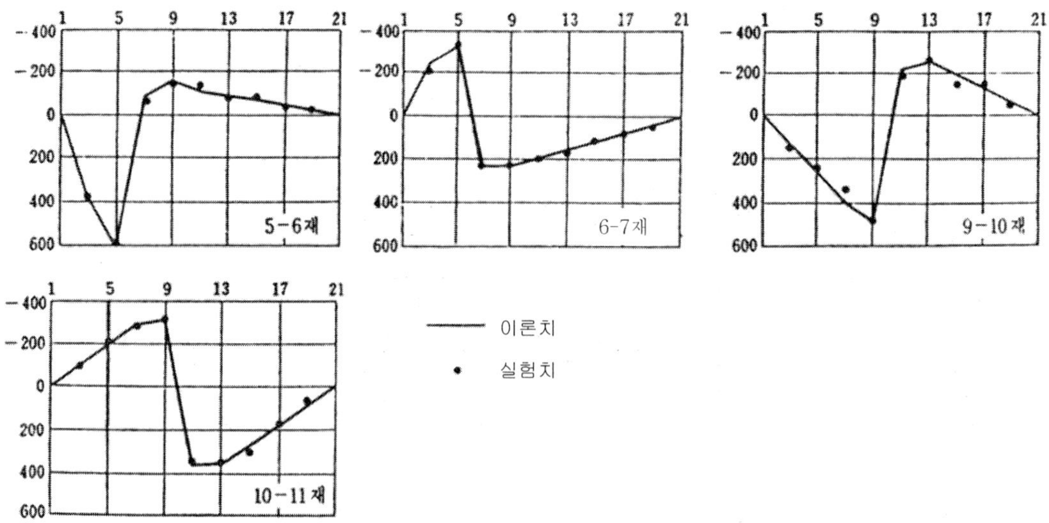

그림 2-13　사재 응력의 계산치와 실험치(영향선)

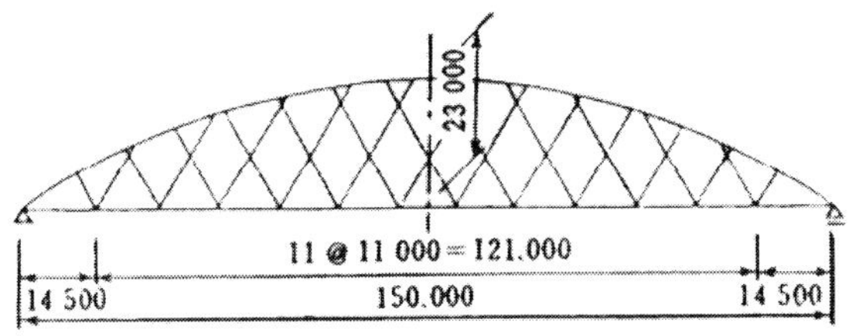

상현재 단면적 510.0cm² 단면 2차 모멘트 737,000cm⁴
하현재 699.4 1,312,000
사 재 13.3

(a) 닐센계

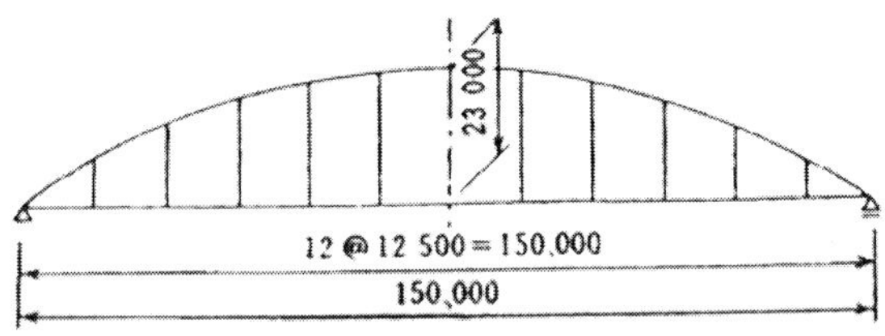

상현재 단면적 360.0cm² 단면 2차 모멘트 -
하현재 540.0 7,000,000cm⁴
사 재 120.0 -

(b) 랭거 거더

그림 2-14 비교 계산 예

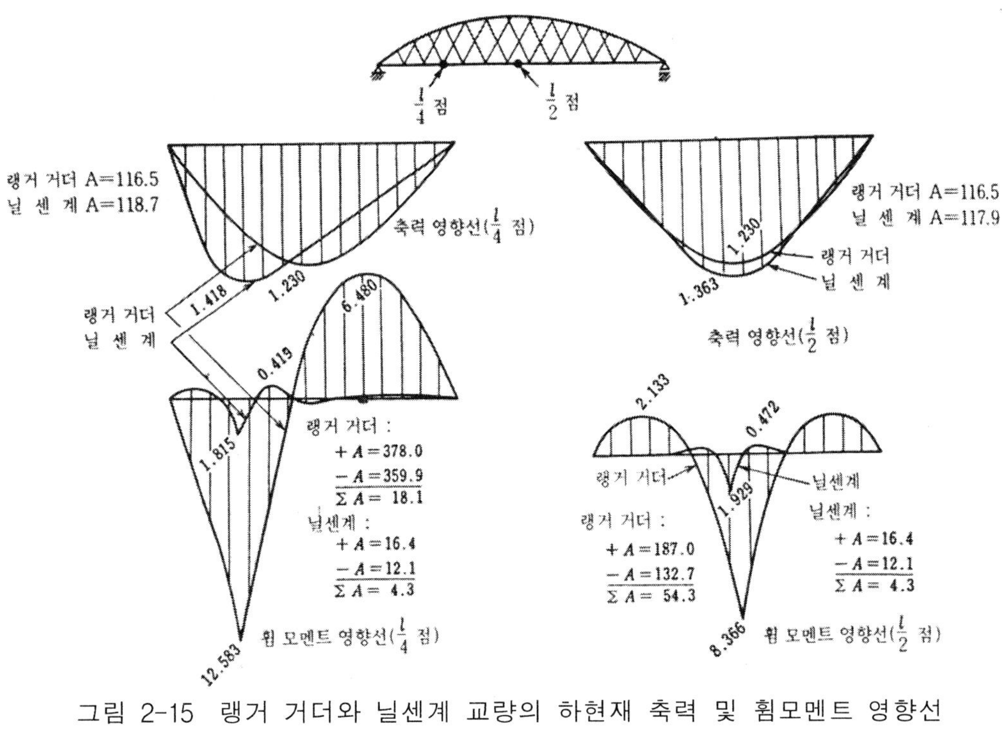

그림 2-15 랭거 거더와 닐센계 교량의 하현재 축력 및 휨모멘트 영향선

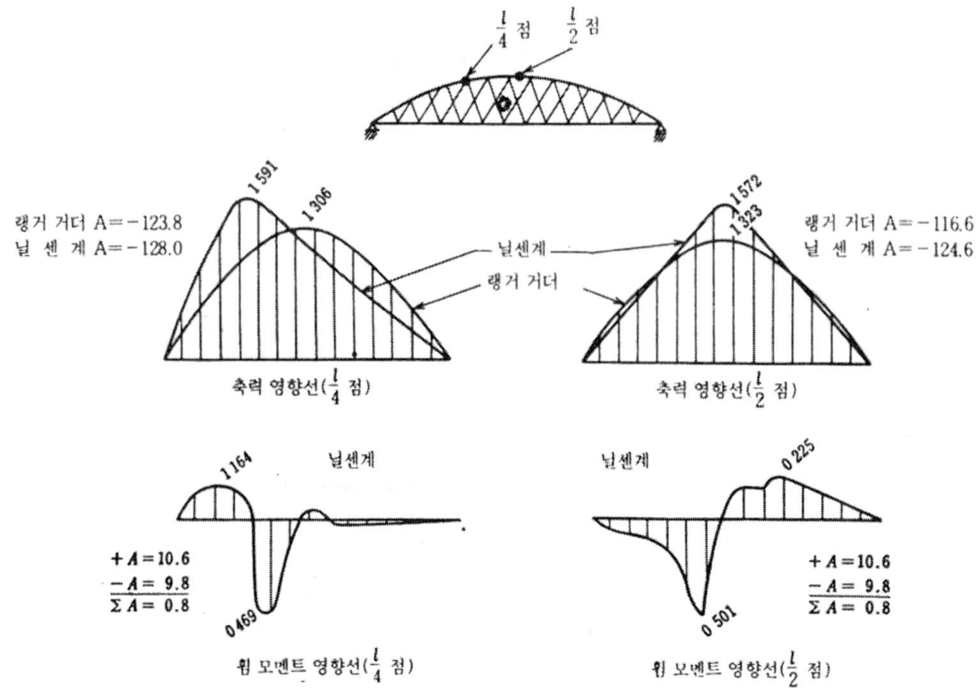

그림 2-16 랭거 거더와 닐센계 교량의 상현재 축력 및 휨모멘트 영향선

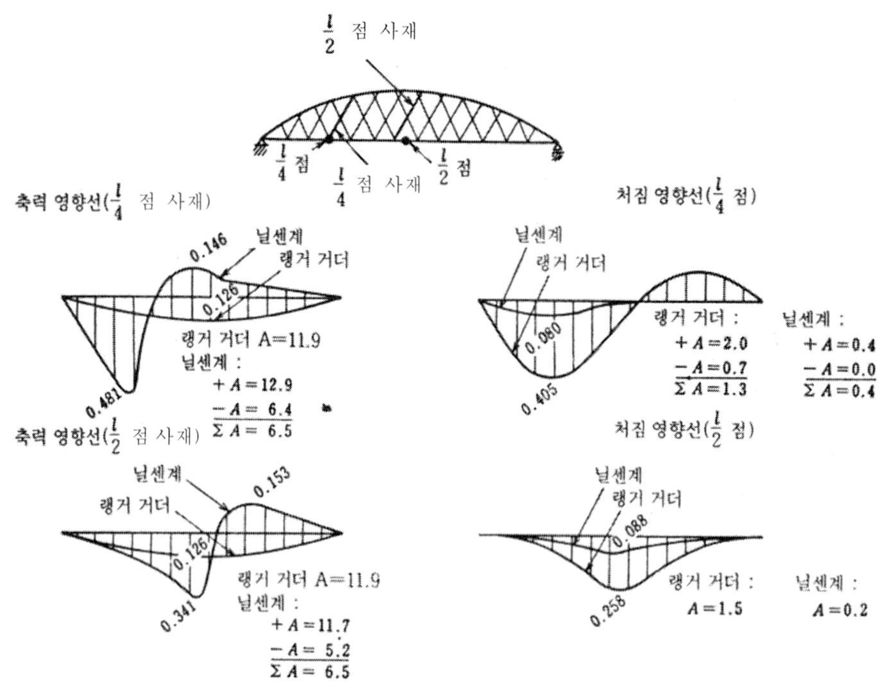

그림 2-17 랭거 거더와 닐센계 교량의 사재 축력 및 휨모멘트 영향선

2.5 적용 지간장과 강재중량의 비교분석

1967년말까지 완성된 교량, 예비설계의 데이터와 Fehmarnsund교의 실적 등으로부터 닐센계 교량의 적용 지간은 80~300m 정도라고 볼 수 있다. 관용 아치교와 그 소요 강중을 비교할 경우 앞 절에서 서술한 바와 같이 상·하현재의 휨모멘트가 큰 폭으로 감소하므로 지간이 클수록 닐센계 교량이 유리하게 된다.

예를 들면 지간 150m, 폭 5.5~6.0m의 트러스 랭거 거더와 랭거 거더(어느 것이나 실적 교량)의 상·하현재 강중비(단위 교량 면적당)는 1.00:1.28이므로 전체 강중의 약 60%를 차지하는 상·하현재 강중이 28%나 절감되고 있다.

1967년까지 건설된 일본의 닐센계 교량, 예비설계 등의 데이터로부터 지간과 단위 강중의 관계를 구하면 그림 2-18과 같다.

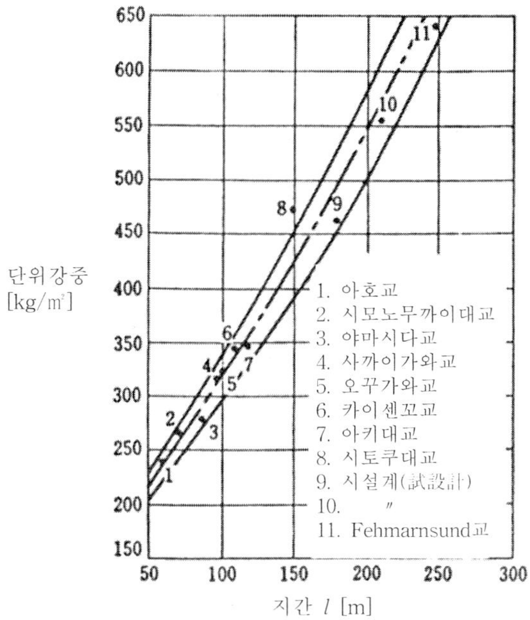

그림 2-18 닐센계 교량의 지간과 단위 강중의 관계

2.6 보강 압축사재의 배치

케이블 1본의 장력은 전체에 비해 실제적인 문제가 없다고 생각할 수 있으나, 내적으로 고차부정정 구조로서 케이블의 장력 및 구조계가 변하고, 상하현재에 큰 휨모멘트가 작용하는 것으로 된다. 케이블이 이완됨으로서 구조계 전체가 불연속으로 단절되고, 활하중 및 바람에 의해 피로 등의 문제가 발생한다. 실제교량에서는 설계시에 전체 케이블의 거동은 파악하나 부재력을 추정하는 것은 곤란하다. 케이블의 이완에 대해 다음과 같은 방지대책을 소개한다.

① 케이블의 경사각도, 장력방향, 아치각도(Basket-Handle) 등의 검토

② 추가 고정하중에 의한 케이블의 인장력을 측정

③ 압축력이 발생하는 케이블에 직접 인장을 도입

④ 케이블의 일부를 저항압축재로 하여 케이블을 당기는 힘에 대해서 교량구조체의 강성을 증대시킨다.

③에서 제시한 방안이 가장 일반적이며, 여기서는 ④의 케이블 일부를 저항압축재로 적용하여 교량구조체의 강성을 높이는 방안을 소개한다.

그림 2-19(a)는 경사 케이블을 스트럿의 일부와 연결하여 지점부근에 있는 케이블의 이완을 방지하고, 상·하현재와 함께 횡방향 강성을 증가시키는 방법이다.

그림 2-19(b)는 저항압축재를 본체부재로 하여 설계하는 것으로서, 사재의 이완방지와 본형식의 약점으로 있는 가조립시, 운반시, 가설시의 작업을 용이하도록 하는 보강재 역할을 겸할 수 있다. 그림 2-19(c)는 V자 경사재가 있는 닐센로제형으로서, 한국의 저도연육교와 일본의 사다가와교에서 적용되었다.

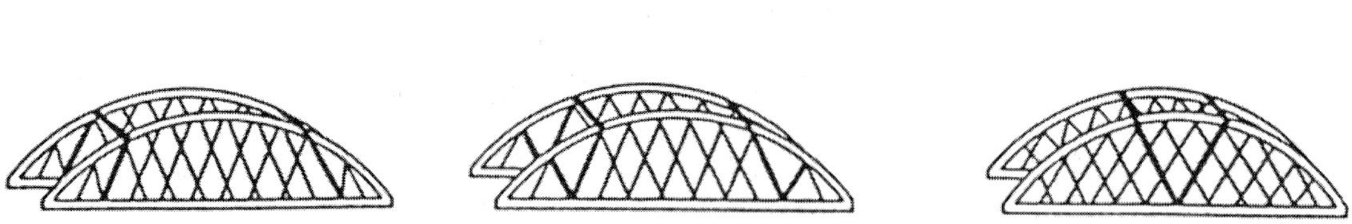

(a) (b) (c)

그림 2-19 보강 압축사재의 배치방법

3
설계 주요검토 사항

3.1 닐센계 교량의 형식과 라이즈비

닐센계 교량에는 상하현재의 단면 강성에 따라 랭거 거더·로제 거더·타이 아치 등의 기본 형식이 적용된다. 상하현재를 경사행거로 연결함으로써 트러스로서의 거동을 구현하고, 이러한 형식이 모두 유사한 역학적 특성을 나타내는 것은 이미 서술한 바와 같다. 장지간의 교량에서는 아치의 수평력이 증가하여 상현재의 단면을 크게 하지 않으면 안되며 그 휨 강성을 무시할 수가 없다.

이와 같은 경우에는 로제 거더 또는 타이 아치 형식이 적당하다고 생각된다. 이러한 형식을 적용하더라도 닐센교의 경사사재 효과에 의해 상현재의 휨모멘트가 너무 커지지 않도록 하는 이점이 생긴다.

아치 라이즈는 지간의 1/6~1/8정도로 취하는 것이 보통이다. 라이즈를 크게 취하면 수평 분력이 감소하고 상하현재 단면을 작게 할 수가 있는데 사재가 길어져 비경제적으로 되는 경우가 있다. 지간이 큰 교량에서는 내풍 안정성에 특별한 고려가 필요한데 바람의 항력을 감소시키기 위해 라이즈를 작게 하는 편이 유리하다고 생각된다. 상현재를 2-힌지(Hinge) 아치로 하고, 외적으로는 부정정 구조로 한 닐센로제 응용형식의 미토우교(도쿄도)가 1969년 당시로서는 130m의 장지간으로서 시공되었다(2편 13장 참조).

본교는 일반 닐센교와 같이 상하현재가 접합되지 않았기 때문에 종래의 구조와는 다르고 주거더 단부에 스프링장치 및 댐퍼를 병용해서 지진시의 수평이동을 구속하고 충격력을 흡수하고 있다.

본형식은 지간장을 증대시킨 하나의 방향을 시사하고 있다.

한편으로는 측경간과 아치를 일체로 하고 매달린 케이블을 연직으로 한 기와시다교(한신공단)가 있다. 형식은 3경간 연속의 중로아치이고, 아치부는 바스켓 핸들형의 로제형식이다. 닐센교에서는 아치리브에 초점을 맞추어 설계하면 주거더의 형고가 낮게 되나 경관을 고려하는 경우 필요 이상의 강성이 있게 되므로 일반적인 로제형 및 랭거형보다 균형미가 저하된다. 이러한 관점에서 기와시다교는 주거더와 아치리브의 힘의 분담, 측경간과의 관계를 고려해서 사재를 닐센형식으로 하고, 연직 행거로 한 새로운 아치의 응용형식이다. 설계자의 판단에 따라 휨과 축력의 분배가 가능하여 설계폭이 넓어진다.

3.2 패널 분할과 사재형식

패널길이는 종래의 트러스교보다 다소 큰 10~15m가 적당하다고 생각된다. 그러나 긴 지간의 경우에는 이것을 더욱 크게 하는 편이 좋으며 네델란드의 Van Brienenoord교(지간 287m), Lower Merwede교(지간 202.8m)에서는 패널길이를 각각 약 36m 및 24~29m로 하였다. 또한 이 두 교량은 장지간임에도 불구하고 모두 싱글 와렌 트러스식 사재를 사용하였으며 Fehmarnsund교(지간 248.4m)와 같은 중복 와렌 트러스 형식은 아니다.

싱글 와렌 트러스식 사재를 사용할 경우에는 일반적으로 지간의 1/4점의 사재 경사각이 약 45°가 되도록 패널 분할을 한다. 또 닐센계 교량에서는 상기와 같이 패널간격을 크게 하더라도 일반적으로 상하현재 단면은 별로 크게 되지 않고 사재의 축력만 증가할 뿐이다. 또 사재의 전체길이가 짧게 끝나므로 결국 바닥틀 구조와 하현재의 관계를 고려하여 가급적 패널의 길이를 길게 하는 편이 유리하다. 그러나 사재의 축방향력이 너무 커지면 사재와 상하현재의 접합 구조가 복잡하게 되므로 이와 같은 경우에는 더블 와렌 트러스식과 같은 교차 사재가 바람직하다.

사재 배열, 지간, 자중, 부재 단면의 크기 등에 의해서 단부 사재에 압축력이 생기는 경우가 있다. 이와 같은 경우 단부의 1~2 패널은 그림 3-1에 나타낸 바와 같이 수직 행거를 사용하여 모든 사재를 순수인장 부재로 할 수가 있다. 그리고 재료로서 로프 또는 로드가 사용된다.

그러나 사재의 혼용 형식이 미관상 좋지 않은 경우에는 사재의 조립 방식 변경, 프리스트레스의 도입, 카운터웨이트(Counterweight)의 적용 등에 의해 압축력 부재를 피할 수도 있다. 물론, 사재에 파이프, I형 혹은 박스형 단면 부재를 사용할 경우에는 압축력에도 저항하므로 사재의 조립 방법에 제약을 받지 않는다.

그림 3-1 트러스 랭거 거더의 단부

3.3 주구와 바닥틀

보통 랭거 거더교와 마찬가지로 2개의 수직 주구를 사용하는 경우가 많은데 양 주구면을 중앙부 쪽으로 경사시켜 연결하여 교량 전체의 비틀림 강성을 높이는 구조도 고려되었는데, 대표적 사례가 앞서 언급한 Fehmarnsund교(궤도 하중 때문에 큰 편심 하중을 받는다)이며, 그 일반도를 그림 3-2에 나타내었다.

일반 랭거 거더와 같이 보강 거더(하현재)와 바닥틀이 독립된 작용을 하는 구조 형식이 흔히 이용되고, 격자 거더의 구조로 하여 바닥틀에 하현재의 일부로서의 기능을 겸하게 하는 경우도 있으며 Fehmarnsund교는 이러한 사례이다. 이런 종류의 구조에서 하현재는 아치 작용 이외에 바닥틀의 구조 요소, 주구의 연결 요소, 횡하중에 대한 저항 요소 등으로서의 응력을 받으므로 입체적인 응력 해석이 필요하다.

닐센교 교량에서는 모든 사재를 인장부재로 할 수 있으므로 전술한 바와 같이 사재에 유연한 거동을 하는 케이블을 사용할 수 있다. 따라서 강결한 부재와 유연한 부재의 혼용 구조물이 되므로 좌굴에 대한 검토가 중요하다. Fehmarnsund교의 경우에는 Hannover 공과 대학의 Pflüger 교수가 모형 실험을 하였다.

또, 사재로서 로프를 이용할 경우에는 현수교에 적용하는 로프와 달리 로프의 하한 응력이 낮고 응력 진폭이 상당히 크므로 로프의 피로 강도와 그것에 대응하는 하중 조건이 중요하다. Fehmarnsund교의 보고자료에 의하면 사재의 로프 단면은 피로 강도에 의해 결정되고, 계산 파괴강도에 대한 안전율을 4.5로 하고 있다.

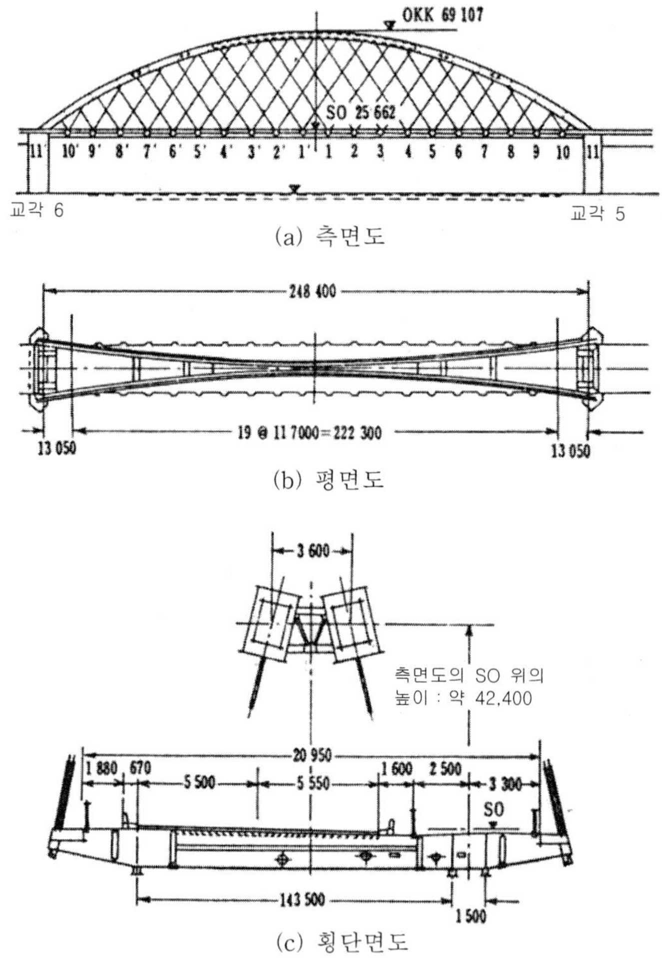

(a) 측면도

(b) 평면도

(c) 횡단면도

그림 3-2 Fehmarnsund교의 일반도

3.4 아치리브의 유효좌굴장

일반적인 아치교는 행거, 수평 브레이싱, 스트럿 등에 의해 아치리브의 변형 형상이 거의 유사한 형상을 나타내므로 유효좌굴장이 일반화되어 있으나 닐센 아치교는 유연한 사재의 교차되는 부정정 배치에 의해 그 변형이 특이한 형상을 나타낸다. 여기서는 일본의 닐센 아치교의 유효좌굴장 적용과정에 대해 기술하고 적정성을 확인하였다.

(1) 신하마데라교

아치의 면내좌굴에 대해서는 케이블 간격, 면외 좌굴에 대해서는 스트럿간격의 70%로 하였다. 이것은 FEM해석에 의해 탄·소성 유한변위 해석을 이용한 파라메타 해석을 하여 결정한 것이며 기존의 닐센로제교와 비교하여 작은 값이다.

이 유효좌굴장의 적정성 검증은 실교 1/30 모형에 의해 내하력 실험 및 모형에 대한 탄·소성 유한변위 해석에 의해 내하력 해석을 행하였다.

① 내하력 실험

i) 모 형

축척 1/30의 전체 모형을 2개 제작하고, 연직하중재하용(공시체 No.1)과 수평하중재하용(공시체 No.2)으로 하였다. 모형제작에서 아치리브강도에 미치는 영향이 크므로 아치리브 세장비, 아치리브와 하현재의 단면적비, 아치리브와 스트럿의 단면 2차 모멘트비를 무차원 파라메타로 하여 실제교량과 유사하도록 하였다.

ii) 재하하중

공시체(No.1)에 대해서는 그림 3-3(a)에 나타난 바와 같이 하현재에 유압잭(18대)으로서 등분포 연직하중을 점진적으로 증가시켜 파괴에 이르도록 하였다.

공시체(No.2)에 대해서는 고정하중 강도의 1.3배에 상당하는 등분포하중을 일정하게 유지하고 별도로 풍하중에 해당하는 수평하중을 그림 3-3(b)와 같이 유압잭(5대)에 의해 아치리브의 스트럿 위치에 재하시켜서 파괴에 이르도록 하였다.

$$R^{\circ} = \sqrt{P_V^{\circ 2} + P_H^{\circ 2}}, \quad R = \sqrt{P_V^2 + P_H^2}$$

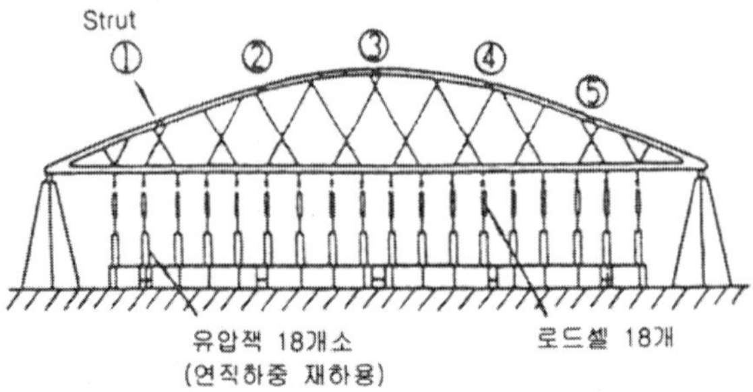

(a) 측면도

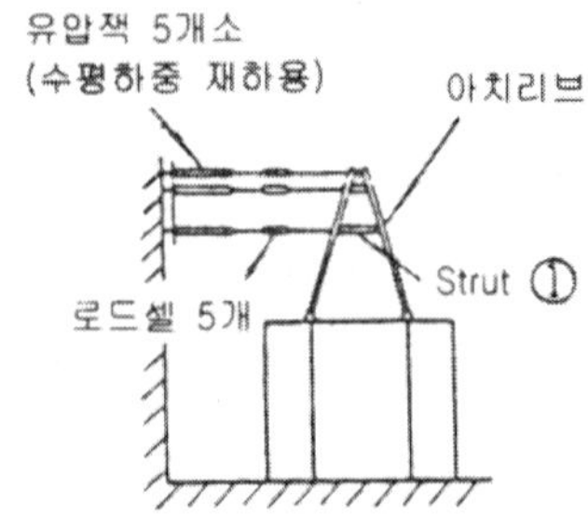

(b) 단면도

그림 3-3 실험장치의 개요도

$$P_V = \sum_{i=1}^{18} P_{Vi}, \quad P_H = \sum_{j=1}^{5} P_{Hj}$$

P_{Vi}, ,P_{Hj} : 각각의 재하점에 작용하는 연직하중 및 수평하중

iii) 극한하중

실험치와 탄소성 유한변위 해석에 의한 해석치와의 비교를 표 3-1에 나타내었다. 이것으로부터 합력(R)은 해석치와 잘 일치하고 있는 것을 알 수 있다.

iv) 붕괴상황

공시체(No.1, 2) 모두 제1 스트럿부근 및 주거더부근의 아치리브에서 소성힌지가 발생하고, 수평방향으로 좌굴붕괴하고 있다. 그림 3-4에 붕괴모드의 스케치, 그림 3-5에 공시체 No.1의 붕괴상황을 나타내었다.

v) 유효좌굴장의 검토

실험결과에 기초하여 유효좌굴장의 타당성에 대해 검토하였다.

도로교시방서(이하 '도시'라 함)의 좌굴조사식을 극한한계 상태에서의 단면력을 이용한다면 다음과 같이 된다.

표 3-1 극한 하중의 정리

공시체	실측치			해석치			실측치 해석치 R°/R
	연직하중 P_V°	수평하중 P_H°	합 력 R°	연직하중 P_V	수평하중 P_H	합 력 R	
No.1	36.8	-	36.8	36.1	-	36.1	1.03
No.2	18.0	5.39	18.79	18.0	2.75	18.21	1.03

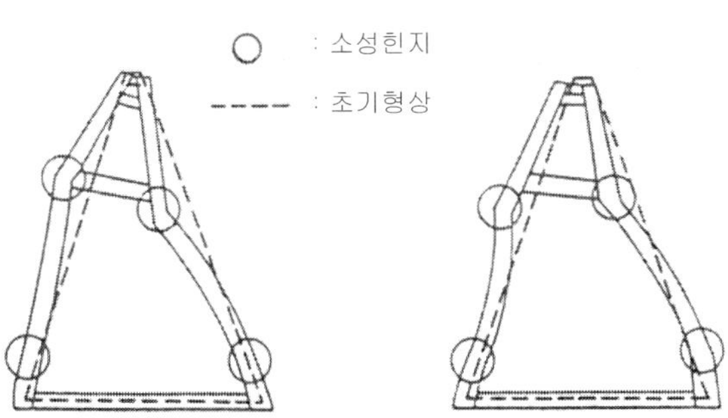

(a) 공시체 No.1　　(b) 공시체 No.2

그림 3-4 공시체의 붕괴모드

사진 3-1 공시체의 붕괴상황

$$\frac{P}{P_{CU}} + \frac{M_Y}{M_{YCU}(1 - P/P_{YCR})} + \frac{M_Z}{M_{ZCU}(1 - P/P_{ZCR})} \leqq 1.0$$

여기서

$P = \alpha P_1$　　P_1 :'도시'에서 정해진 설계하중에 의한 축방항력

$M_Y = \alpha M_{Y1}$　　M_{Y1} :'도시'에서 정해진 설계하중에 의한 면내 휨모멘트

$M_Z = \alpha M_{Z1}$　　M_{Z1} :'도시'에서 정해진 설계하중에 의한 면외 휨모멘트

P_{CU} :'도시'에서 정해진 기둥의 기준 압축강도

P_{YCR}, P_{ZCR} : Y축, Z축 둘레의 Euler-좌굴하중

α : 하중계수

공시체 No.1 및 No.2에 대해서 전술된 유효좌굴장을 이용해서 식의 상관도와 실

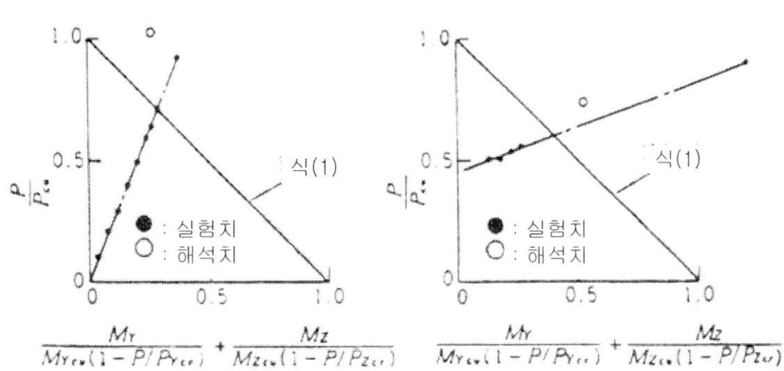

(a) 공시체 No.1　　(b) 공시체 No.2

그림 3-5 내하력의 상관도

험치, 해석치를 나타낸 것이 그림 3-5에 있다. 이 그림으로부터 실험치, 해석치 모두 식에 의한 결과보다 크고 식의 좌변은 1.0보다 크게 되며, 앞의 유효좌굴장을 이용하여 아치리브를 설계하여도 충분히 안전하다는 것이 실험적으로 확인되었다.

(2) 기타교량

교량명	면내좌굴장	면외좌굴장
다쯔미 신교	케이블간격 2배	스트럿 간격
기츠가와 신교	케이블간격	스트럿 간격
나까지마 가와교	케이블간격	스트럿 간격의 70%
간자끼 가와교	케이블간격 2배	스트럿 간격
서강대교(한국)	케이블간격 2배	스트럿 간격

3.5 사재케이블 및 정착구

3.5.1 개 요

닐센 아치교의 정착구 및 케이블 시스템은 기본적으로 사장교와 대동소이하다. 그러나 닐센교 케이블은 일반적으로 케이블수가 많고, 스트럿의 수는 비교적 적으

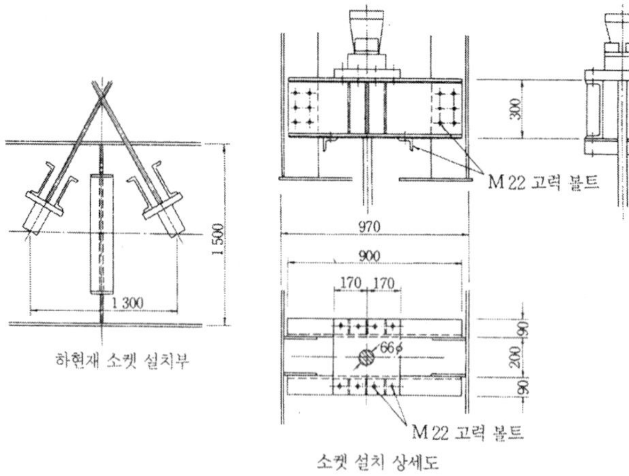

그림 3-6 羽衣崎橋의 케이블 정착부

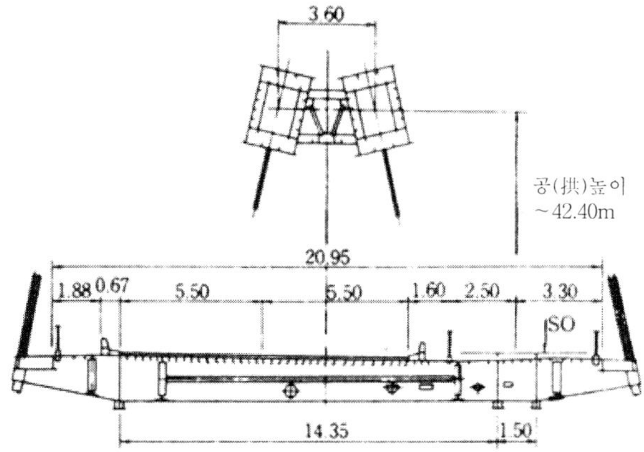

그림 3-7 Fehmarnsund교의 케이블 정착부

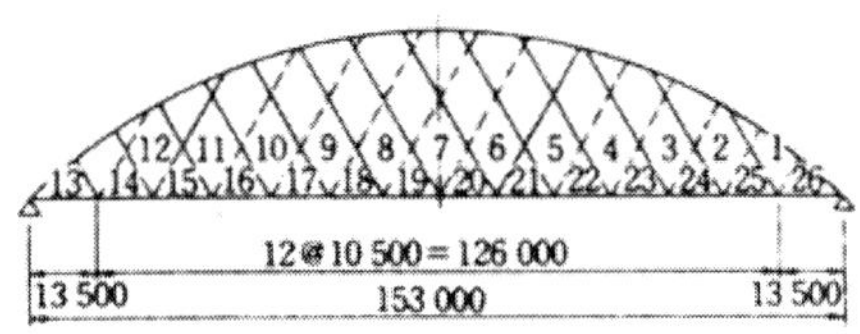

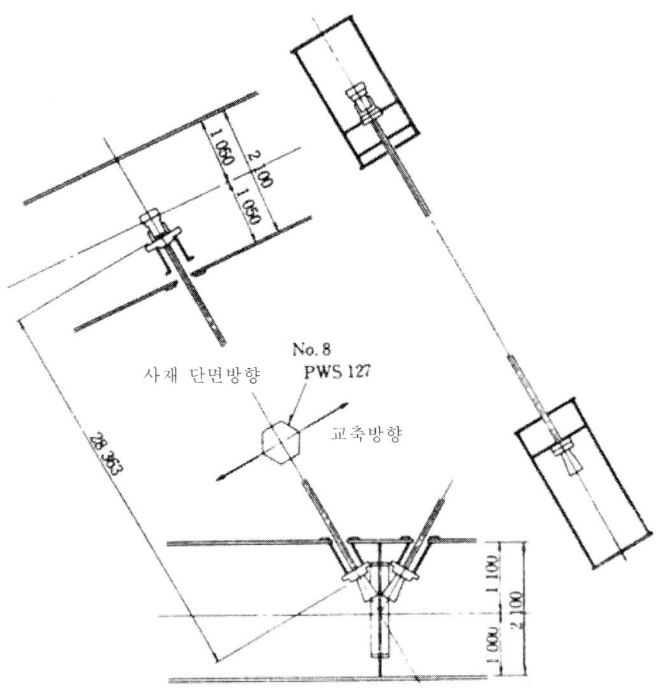

그림 3-8 나가라교의 케이블 정착부

므로 정착부에 작용하는 케이블의 집중하중은 사장교에 비해 상당히 낮은 편이며, 특별한 경우가 아닌 한 프리스트레스를 가하지 않는다는 점이다.

게다가 케이블의 경사가 수직에 가까우므로 케이블 장력의 수평분력은 작고, 따라서 거더와 아치부재의 케이블 정착부 구조는 간단하므로 사장교보다는 시공설치가 비교적 용이하다고 볼 수 있다.

정착구는 연결되는 케이블의 종류 및 규격에 따라 형식이 정해져야 하며, 일반적인 하중전달시스템은 정착구 → 지압판 지지거더 → 박스거더에 부착된 수직 보강재 및 복부판의 순서가 된다.

본 장에서는 특정 형태의 정착구에 대해 사례별로 기술하고, 최근의 적용시스템을 소개 하고자 한다. 케이블의 연결 및 정착에 대한 일반적인 필요조건은 다음과 같다.

i) 하중이 전달되는 과정이 명확해야 한다.
ii) 검사 및 조사가 용이해야 한다.
iii) 주변의 환경영향에 대해 저항할 수 있어야 한다.
iv) 반복하중에 대한 피로 저항성이 우수하여야 한다.
v) 케이블의 긴장 및 유지관리시의 재긴장이 가능한 시스템이고 작업공간이 확보되어야 한다.
vi) 가능한 한 표준화가 도모되도록 한다.
vii) 형태와 연결방법에 따라 긴장방법이 고려되어야 한다.

3.5.2 아연주물 정착구

주물형 아연소켓은 케이블과 정착구 접합의 한 방법으로서, 이때 케이블에 유해응력이 발생되지 않도록 주의가 요망된다. 제작방법은 주물부의 정리 및 청소를 하며, 아연과 접착이 잘 되도록 용액처리를 한다. 이와 같은 공정이 끝나면 용융된 아연을 부어 주형을 뜨는 방법이 사용된다. ASTM A586, A603의 케이블을, 로프에는 ASTM B6의 아연을 사용하는 것이 보통이다. 이 방법으로 제조된 정착구의 단부는 케이블이 충분한 파괴강도를 발현할 수 있도록 접착이 확실히 되어야 한다.

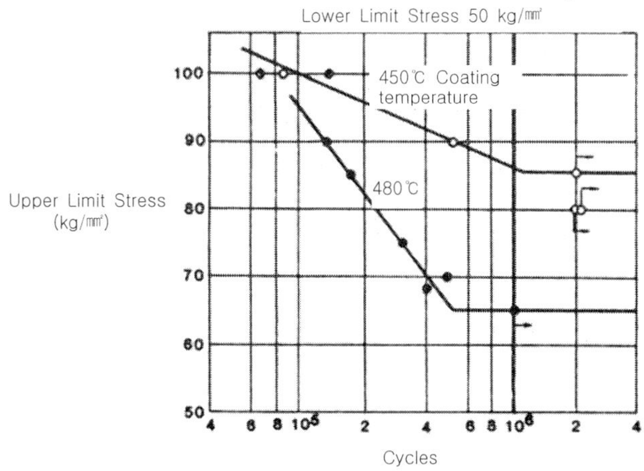

그림 3-9 아연과 구리합금 주형 소켓의 피로시험(5㎜내 직경의 케이블)

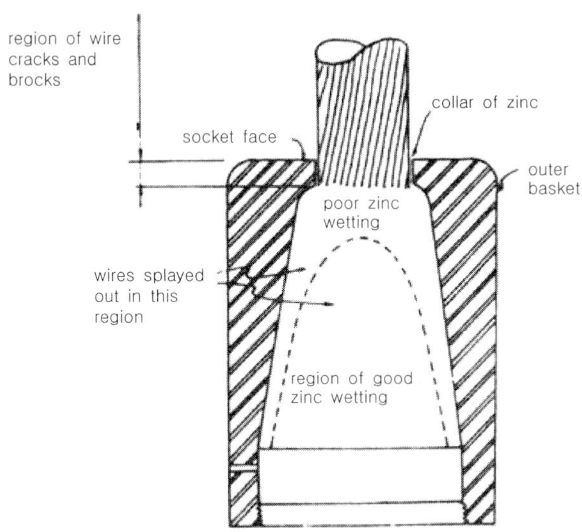

그림 3-10 주물 아연 소켓의 잔류응력 영향

일본의 연구에 의하면 아연합금 용융액의 온도는 케이블의 피로강도에 영향을 미치며, 이러한 영향을 그림으로 나타내면 그림 3-9와 같다. 그림에서 보면 주물제작으로 450℃가 480℃보다는 피로강도가 큰 것으로 나타나고 있다.

주물제작 소켓의 또다른 문제점은 그림 3-10과 같이 대규모 소켓은 열의 잔류가 발생할 수 있다. 이러한 형태의 소켓에서 피로파괴에 대한 연구 결과 열의 잔류영향으로 코아보다는 바깥쪽이 더 빨리 냉각되어 와이어와 아연주물과의 정착이 코아

쪽 보다는 바깥쪽이 유리한 결과를 낳는다.

추가적인 문제점은 슬립이며 용융된 아연은 냉각된 아연보다 부피가 더 크기 때문에 제작된 소켓은 부피감소로 틈새이완이 발생할 수 있다. 이러한 틈새를 압박하여 감소시켜야 하며 응고 수축량이 0.5~1.0㎜ 정도로 나타난다. 그러나 이러한 노력에도 불구하고 크립(Creep)에 의한 슬립이 공용하중 재하영향으로 발생할 수 있다. 이러한 방식의 정착구는 초기의 일본 닐센아치교와 국내 엑스포교에서 적용된 사례가 있다. 케이블의 피로강도 저하로 인해 최근에는 거의 적용되지 않고 있다.

3.5.3 PWS 시스템

(1) 개 요

PWS(Parallel Wire Strand)란 5mm 또는 7mm소선을 평행하게 엮어서 만든 케이블을 뜻하며 공장에서 케이블과 정착구를 완전히 결합하여 릴(Reel)에 감긴 상태로 현장에 반입하여 행거로 설치하게 된다.

릴이 반입되면 정착구를 들어올려 고정측 소켓을 정착하고 조정측 소켓을 인입하여 정착한다.

본케이블 시스템은 무응력 상태로 케이블을 임시 거치한 후 아치의 보강거더 밑에 설치된 가설벤트를 제거함으로써 장력이 도입되기 때문에 매우 효과적이라고 볼수 있다.

또한 현장조립과정이 생략되므로 공기단축효과가 있고 케이블 단면이 감소하므로 내풍에 유리하며 케이블 꼬임현상이 없으므로 하중분포측면에서 우수하다. 본 시스템은 국내의 저도연육교, 백야대교에 적용되었고 사장교로써 제2진도대교에 적용된 사례가 있다.

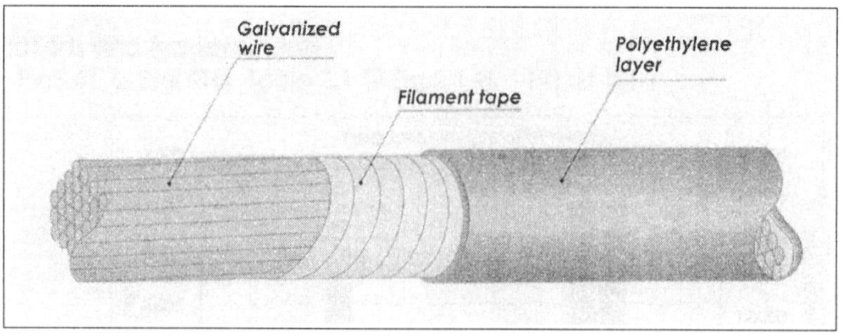

그림 3-11 케이블 구성개요도

표 3-2 케이블 주요제원

ø7 소선수	단면적(㎟)	파단하중(tonf)
19	731	132
31	1193	215
61	2348	381
91	3502	630
121	4657	838

사진 3-2 릴(Reel)에 감긴 PWS전경

(2) 케이블

케이블의 소선은 5mm 또는 7mm를 평행하게 엮어서 조립되며 최근에는 유럽이나 일본에서 7mm적용이 확대되는 추세이다.

공장에서 소선을 모아 묶고 표면을 폴리에틸렌층으로 피복하며 그라우팅을 하지 않는 형태이다.

인장강도는 1,570N/㎟, 1,670N/㎟, 1,770N/㎟의 세 종류가 있으며, 탄성계수는 196KN/㎟이고 피로강도는 200~245N/㎟를 확보하고 있다.

소선수는 19가닥에서 최대 499 또는 511가닥까지 제작, 조립이 가능하다.

(3) 정착구

주물정착구는 피로저항이 감소된다는 문제점이 제기되면서 1968년에 Bureau BBR

Ltd.의 Fritz Leonhardt가 그림 3-12 형태의 소켓을 평행강선 케이블의 정착구로 사용하기 위해 개발되었다. 7㎜ 직경의 평행강선 케이블이 정착플레이트의 버튼헤드 소켓에 의하여 정착된다. 그림 3-12의 앵커 플레이트는 구형 판으로서 방사형 동일 길이로 절단된 와이어를 버튼헤드로 정착한 형태이다.

최근에는 원주형 판보다는 이러한 기능을 평면플레이트로 대체시키고 있다. 정착 소켓은 강재 베어링과 에폭시계 접착재로 충진되며 이러한 방식의 정착은 주물형보다 2배정도의 피로저항성을 갖는다. 정착구에서의 와이어는 폴리에틸렌 필름으로 코팅되어 있고 방사형 배치정착으로 인한 공간은 부식 방지용 그라우팅으로 채워진다.

정착구 채움재료는 상온 주입되고 100℃ 이하에서 양생한다. 따라서 케이블은 고온을 받지 않으므로 피로응력의 감소가 없게 된다.

소켓 정착시 필러(Filler)로 사용된 재료에 의해 충분히 마찰력이 발휘되므로 기존의 아연 주물형 정착구보다 규격이 작아지는 장점이 있다. 콘(Cone)과 강재소켓과의 마찰계수는 0.45 정도로 주물형의 0.2 보다는 유리하다. 이러한 영향은 소켓내에서 후프(Hoop) 응력을 감소시켜 정착구 콘의 각도를 작게 할 수 있고 결과적으로 직경이 줄어든다.

정착소켓은 상온에서 조립되므로 주물형처럼 열에 대한 취약점이 없으며 재료가 매우 견고하고, 크리프 및 슬립에 대한 저항성이 크다. 소켓의 슬립량과 설계 및 동적하중에 대한 관계는 그림 3-13과 같다.

케이블이 완전히 조립되면 주하중에 대한 슬립의 영향은 무시할 수 있다. 케이블의 고정단은 긴장력이 도입되는 가동단과 비교하면 수명이 짧은 것이 일반적이며 임시 거치 되었을 경우에도 부식방지처리를 하여야 하고, 완전 조립된 후에는 그라우팅으로 케이블을 밀폐해서 보호한다. 일반적으로 정착구는 공장에서 케이블과 함께 일체로 제작되어 릴에 감겨진 상태로 현장에 반입되며 박스단면의 아치리브, 주거더를 통과하여 정착된다.

긴장은 잭(현장여건에 따라 Center-Hole Jack 또는 Flat Jack 적용)에 의해 나사선이 있는 정착구 단부를 회전시켜 장력조절이 된다.

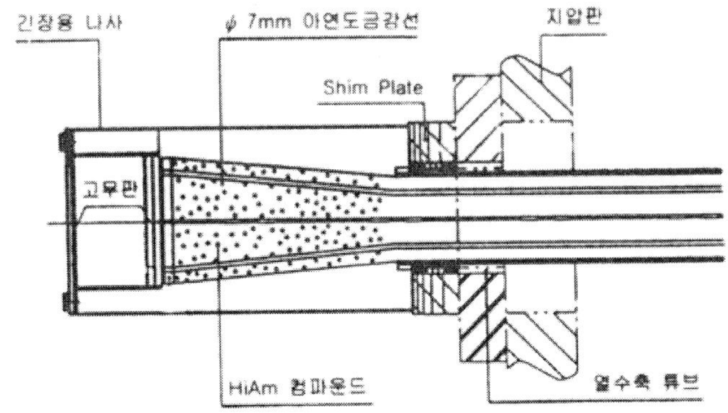

그림 3-12 정착구(Socket) 구조

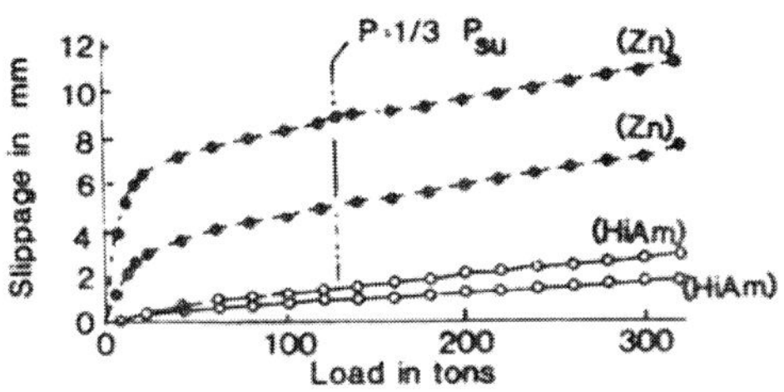

(a) 정하중에 의한 슬립

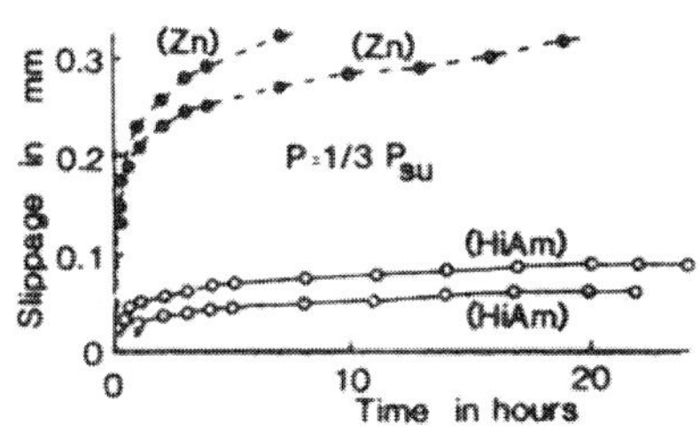

(b) 인장하중 상태에서의 크립, 슬립

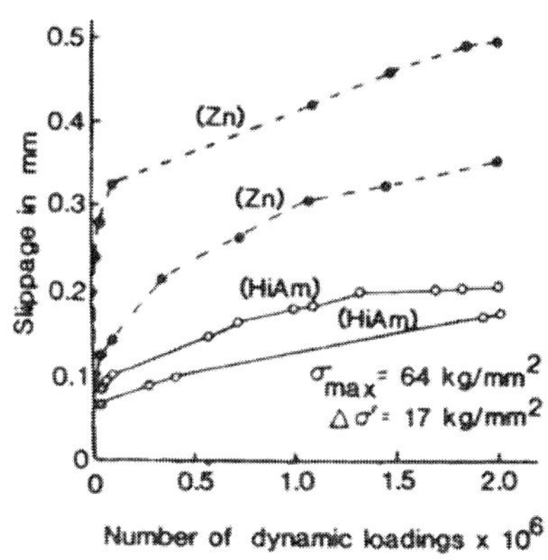

(c) 동적하중에 의한 크립, 슬립

그림 3-13 앵커콘의 슬립 실험 결과

3.5.4 평형스트랜드 + 쐐기(Wedge)형 정착구

서구 유럽에서의 사장교에서 주로 적용하는 시스템으로서 7가닥으로 구성된 1개의 PS스트랜드를 기본으로 정착구 단부에 있는 쐐기(Wedge)에 의해 정착구에 고정시키는 방법이다.

(1) 케이블

스트랜드는 직경에 따라 12.7㎜(0.5″), 15.2㎜(0.6″)로 분류되며 품질규격은 다음과 같다.

표 3-3 케이블의 품질규격

구 분	적용규격	스트랜드 직경 (㎜)	단면적 (㎟)	단위중량 (kgf/㎞)	절단하중 (kgf)	항복하중 (kgf)	연신율 (%)	Relaxation
12.7㎜	ASTM A416 270 Grade (저릴렉세이션)	12.7 +0.66 / -0.15	98.71	775	Min 18733	16,860	Min 3.5 (G/L=610㎜)	Max 3.5 (1000Hr)
	KSD 7002 SWPC 7B (릴렉세이션 2종)	12.7 +0.4 / -0.2	98.71	774	Min 18700	15,900	Min 3.5 (G/L=600㎜)	Max 2.5 (1000Hr)
15.7㎜	BS 5896 Super Grade (Relax Class2)	15.7 +0.4 / -0.2	150	1180	Min 27025	Min 23,760	Min 3.5 (G/L=500㎜)	Max 2.5 (1000Hr)
15.2㎜	KSD 7002 SWPC 7B (릴렉세이션 2종)	15.2 +0.4 / -0.2	138.7	1101	Min 26,600	Min 22,600	Min 3.5 (G/L=600㎜)	Max 2.5 (1000Hr)

케이블은 표 3-3의 품질규격에 적합한 스트랜드의 묶음에 의해 형성되며 방식방법에 따라 시대적인 변천을 거듭하여 왔다. 초창기에는 나선상태의 케이블을 HDPE관으로 둘러싸고 그 내부에 시멘트 몰탈 그라우팅을 하는 방법에서부터 최근의 이중방식 구조로까지 발전을 하였다.

아래는 이러한 방식 방법에 준한 변천과정을 기술하며 스트랜드 자체의 품질은 동일하다.

① 나선 케이블 + 시멘트 몰탈 그라우팅 + HDPE 관

본 케이블 시스템이 닐센 아치교에 적용한 사례는 보고되지 않고 있으나 사장교에서는 그 적용실적이 다수 있다. 시공순서로는 HDPE관을 우선 설치하고 스트랜드를 한 개씩 HDPE관 내부로 설치하여 정착구의 쐐기에 고정시키며 장력 조절이 완료된 후에 시멘트 몰탈을 주입하여 완성시킨다.

이러한 방법은 국내 올림픽대교, 엑스포교에서 적용된 실적이 있는데, 최근에는 국내·외에서는 거의 적용되지 않고 있다.

이 시스템은 공사비가 저렴하다는 장점이 있으나 시멘트 그라우팅의 중량으로 인해 사장재의 중량이 증가하고, 그라우팅의 품질을 좋게 하기 위하여 직경이 큰 HDPE관을 사용하게 되며, 이로 인해 풍하중이 증가하게 되고 강연선 한가닥에 부식이 진행하면 같은 케이블 내의 다른 강연선에도 부식을 전염시키는 'Group Effect' 발생 가능성이 있다.

또한 그라우팅 주입시 시공성이 저하되고 매우 정밀한 시공관리가 요구되며, 공용 중에 강연선 내부 공극에 있는 산소와 주입몰탈에 생기는 모세관을 타고 침투한 물에 의해 온도의 변화가 발생시 강연선의 내부에 녹이 발생하여 손상된다는 보고(일본 오사까대학; S.MATUSI, Y.FUKUMOTO)가 있었으며, 실제로 사장교에서 이 방법을 적용한 교량에서 단기간내에 케이블이 손상된 사례가 있다.

이 현상을 오사카대학의 S.MATUSI, Y.FUKUMOTO는 몰탈의 물-시멘트비, 강선의 최초 피복의 종류, 몰탈의 부실정도, HDPE관의 결함에 대해서 여러 가지로 변화시켜 실험하였으며 실험결과를 종합하여 보면 부식에 미치는 주요한 영향은 다음과 같다.

i) 온도 순환변화 회수에 의한 영향

180회보다 370회시의 부식량이 크다.(변화회수가 증가하면 부식량이 크다.) 부식발생은 직선 변화로는 진행되지 않으며 초기에는 진행이 완만하다.

ii) 물-시멘트 비의 영향

W/C비가 30%시에 가장 심하게 부식되었다. W/C가 50%로 높아진 경우에는 예측했던 것처럼 부식이 이루어지지 않았는데, 이는 물-시멘트비가 낮아지는 경우에 잔류 공기량이 많아지기 때문이다. 그러나 물-시멘트비가 높아지면 블리딩(Bleeding)이 많아지기 때문에 커다란 공극이 발생할 가능성이 높아지며, 이로 인해 다른 문제를 야기시킨다.

iii) 그라우트의 부실에 대한 영향

그라우트 내에 커다란 공극이 있을 경우에는 이 공극 위치에 부식이 집중적으로 심하게 일어났다. 그 이유는 공극속에 잔류한 공기 때문이다. 그라우트를 하지 않은 시편은 전 길이에 걸쳐 고르게 부식이 진행하였다. 이는 파이프내에 남아있는 공기량에 따라서 부식이 달라지게 됨을 알 수 있다.

ⅳ) 파이프 손상에 의한 영향

파이프에 구멍이 있거나 뚜껑으로 막혀있지 않은 경우에 부식상황은 정상적인 그라우트 시편과 차이가 없었다.

이는 손상의 영향이 강선내부에 미치지 않았기 때문이며 만약 강선에 미치게 되면 부식은 가속화 될 것이다.

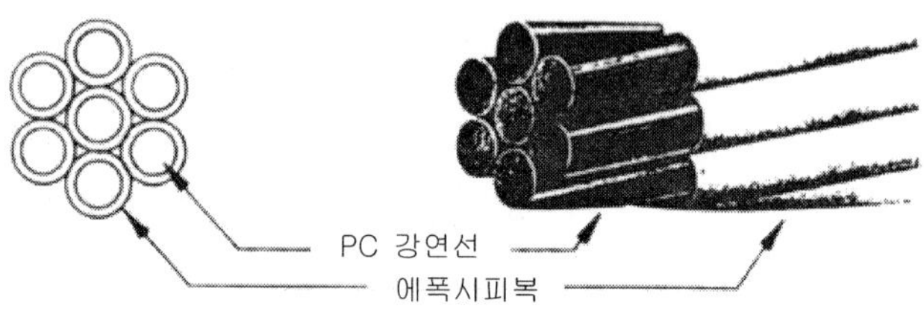

그림 3-14 에폭시코팅 케이블

② 에폭시코팅 케이블 + 시멘트 몰탈 그라우팅 + HDPE 관

나선상태의 강연선에 에폭시수지 피복을 하여 시공단계 및 공용중에 방식을 하게 되며 HDPE관 내부에는 시멘트 그라우팅에 의해 둘러 쌓이게 된다. 강연선을 피복함에 의해 나선 케이블에서 문제되었던 부식의 'Group Effect'를 방지할 수 있다.

강연선의 이완에 따른 에폭시 도막의 손상여부는 인장시험에 의해 그 연속성이 유지되고 있음을 확인하였으며, 강연선의 파단후에도 도막은 강연선과 일체로 부착되어 거동한다. 또한 케이블의 피로강도에도 큰 변화가 없는 것으로 나타났다.

그러나 에폭시도막은 건조양생 단계에서 강연선의 둘레에 걸쳐 균일하게 양생이 어려우므로 직선도 확보가 필요하며, 현장에서 설치중에 피복이 손상되거나 벗겨지지 않도록 신중한 관리가 요구된다.

이러한 형식의 케이블 사용은 제한적으로 사용되었으며 국내에서는 신행주대교의 사장재 케이블에 시공된 실적이 있다.

③ 나선케이블(아연도금케이블) + 왁스(Wax)충진 + HDPE관

케이블은 고장력 상태로 설치되어 있으므로 일반강재에 비하여 부식성이 다소 높은 편이며 아연도금에 의해 방식처리된 강연선은 왁스 또는 유연충진재에 의해 채워지게 된다. 아연도금은 미국에서 A, B, C급으로 도금형태를 분류하며 B, C가

A보다는 두꺼운 도금이 된 것을 의미한다. A급 코팅 도금량이 122~305g/㎡를 의미하고 B급은 A급 도금을 2번시행, C급은 3번 도금한 것을 의미한다.

케이블의 도금에 대해서는 “Manual for Structural Applications of Steel Cable for Building"에 규정하고 있다.

아연은 고온상태에서 강연선에 부착되기 때문에 인장강도가 8%정도 감소되는 것을 고려하여야 한다. 그러나 ①, ② 시스템과 마찬가지로 사용중에는 점검이 어렵고 강연선의 교체 등 유지관리가 불편하므로 본 시스템은 서구 유럽에서 1984~1988년경에 주로 적용되고 그 이후에는 사용 실적이 거의 없다.

④ 비부착 P.C 강연선 + HDPE관

아연도 P.C 강연선과 고밀도 폴리에틸렌관 사이에 윤활재(Grease)를 충진하여 방식하는 강연선으로서 HDPE관 내부에는 별도로 주입되는 충진재가 없다(그림 3-15).

아연도금과 고밀도 폴리에틸렌관에 의하여 이중방식이 되므로 방식성능이 우수하고, 부식에 대해 ‘Group Effect’가 발생되지 않으며 케이블 충진재가 없으므로 케이블 단면이 작아져서 풍하중에 대해 유리하게 되며 공용중에 강연선을 교체하는 것이 가능해진다.

그러나 본 케이블도 시공설치과정 단계에서 윤활재의 미끌림 현상이 발생하여 고밀도 폴리에틸렌관이 유동하게 되는 단점이 있다.

이러한 케이블은 1988년 이후에 서구 유럽에서 주로 시공되었으며 국내에서는 서강대교 닐센 아치교의 케이블에 적용되었다.

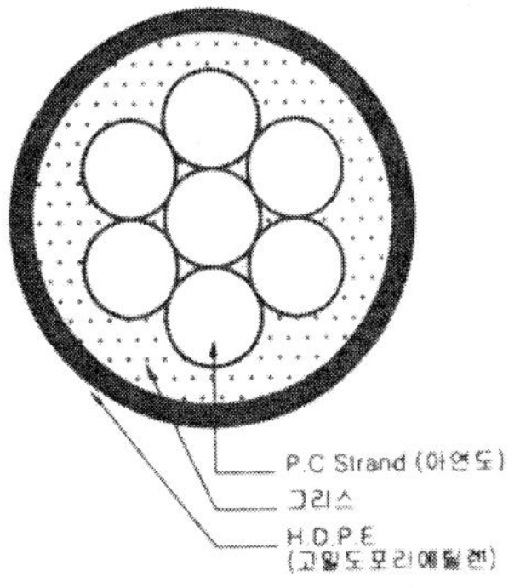

그림 3-15 비부착P.C 강연선 단면

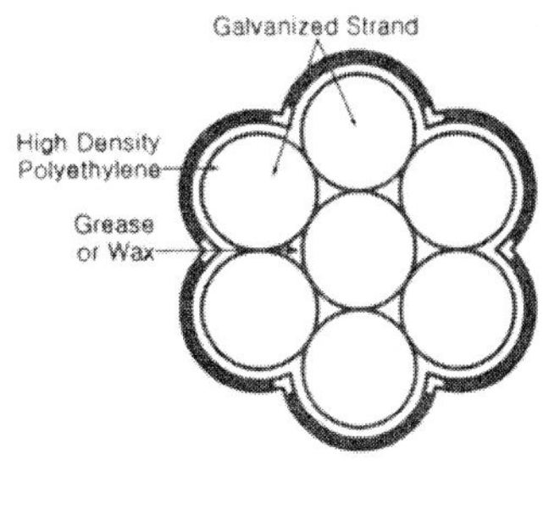

그림 3-16 Helix Type의 Unbonded Cable 단면

⑤ 비부착 P.C 강연선(Helix Type) + HDPE관

본 시스템은 ④와 거의 유사하나 고밀도 폴리에틸렌관을 압착시키는 것이 차이가 난다. 기존의 방법은 기제작된 고밀도 폴리에틸렌관을 삽입시키는 형식이나 여기서는 압착시키기 때문에 외형상으로 나선형 단면형상이 그대로 드러나는 Helix 형태가 된다.

이러한 형식은 윤활재에 의해 유동이 발생하여도 미끌림이 작으므로 시공 설치가 용이해진다.

본 강연선에 대한 품질규격은 표 3-4와 같으며 국내에서는 서해대교 사장교 케이블에 적용되었다.

표 3-4 HDPE 코팅(Coating)의 시공규격

구 분	단 위	12.7㎜	15.2㎜	15.7㎜
직 경	㎜	14.9	17.4	18.9
직경 허용오차	㎜	+0.4/-0.3	+1.0/-0.3	+1.0/-0.3
HDPE관의 두께	㎜	1.0	1.0	1.5
윤활재 중량	g/㎡	Min. 8	Min. 8	Min. 8

(2) 정착구

정착구 선정시에 주의할 사항으로는 방식처리가 양호하고 교체 및 보수작업이 가능하며 강선의 재긴장이 유리한 형식이어야 한다. 아연 주물형 정착구나 HiAm 정착구는 강선 자체를 긴장 할 수는 없으나 정착구 자체를 조정하여 긴장량을 조절하는 형식이다.

강연선에서는 그라우팅이나 왁스에 의해 충진된 케이블은 재긴장 작업이 불가하나 그라우팅이 되지 않은 케이블은 강연선 자체를 긴장 조절할 수도 있고, 케이블을 긴장조절 할 수도 있다. 일반적으로 긴장 조절 할 경우에는 정착구의 링-너트(Ring-Nut)를 회전시켜서 플레이트를 삽입하는 방법을 적용한다.

정착구는 고정단과 가동단 2종류가 있으며 닐센 아치교에서 가동단을 아치리브측으로 설치하여 잭의 조정을 원활히 하는 것이 바람직하다.

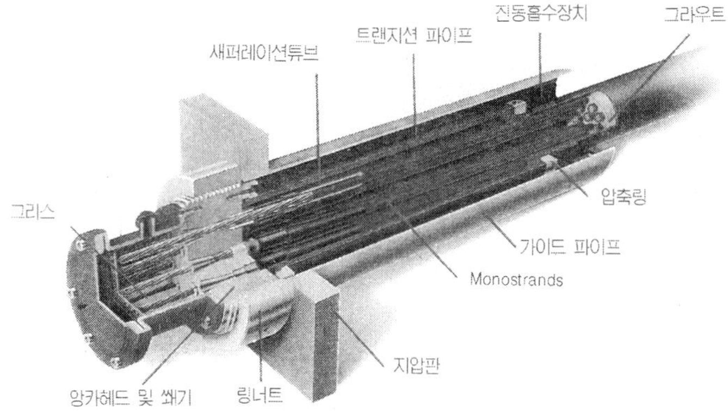

그림 3-17 VSL 정착구

여기서는 최근에 주로 적용되는 전문회사 제품의 정착구에 대해 그 개요를 설명한다.

① VSL 정착구

잭에 의해 소정의 길이로 긴장된 강연선은 절단되어 쐐기에 의해 앵카헤드에 고정된다. 앵카헤드는 너트와 연결되어 장래 장력조절시에 너트를 회전시켜 케이블의 길이를 조절하고 플레이트를 삽입하게 된다.

쐐기 뒷 부분의 강연선은 그라우트캡(Grout Cap) 내부에 있는 부식방지재로 밀폐시키게 되며 강연선 여유장의 모든 공간, 쐐기, 정착구 및 강연선 슬리브를 채워주는 겔(Gel)형으로 온도가 상승하여도 녹아 흐르지 않고, 영하 50℃에서도 응고되지 않는 특수재료이다.

공용 중에 개개의 강연선을 조정할 필요가 있을 경우에는 그라우트캡을 열고 부식방지재를 제거한 후에 재긴장 할 수 있는 시스템이다.

시공방법으로는 현장에서 정착구 및 케이블을 완전히 조립한 후에 크레인으로 들어올려 설치하는 방법이 있고 정착구 및 HDPE관을 우선 설치한 후에 강연선을 순차적으로 윈치에 의해 당겨 올려 고정시키는 방법이 있다.

② Freyssinet 정착구

Freyssinet 정착구는 쐐기식 정착구와 Fork식 정착구가 있다.

쐐기식 정착구는 원추형 구멍이 뚫린 앵커리지 블록에 고피로 저항 Wedge에 의해 독립적으로 고정한다. 정착구 내부의 stuffing box(스터핑 박스)에 설치된 응력 저감필터에 의해 강선 꺾임응력을 감소하여 강선의 피로수명을 증진시키며, 추가적인 Deviator가 필요없다. 또한 외부에서 유입되는 수분을 stuffing box에서 차단하여 완벽한 방수기능을 유지하고, stuffing box와 injection cap은 강선 긴장이 완료된 후에 wax로 충진된다.

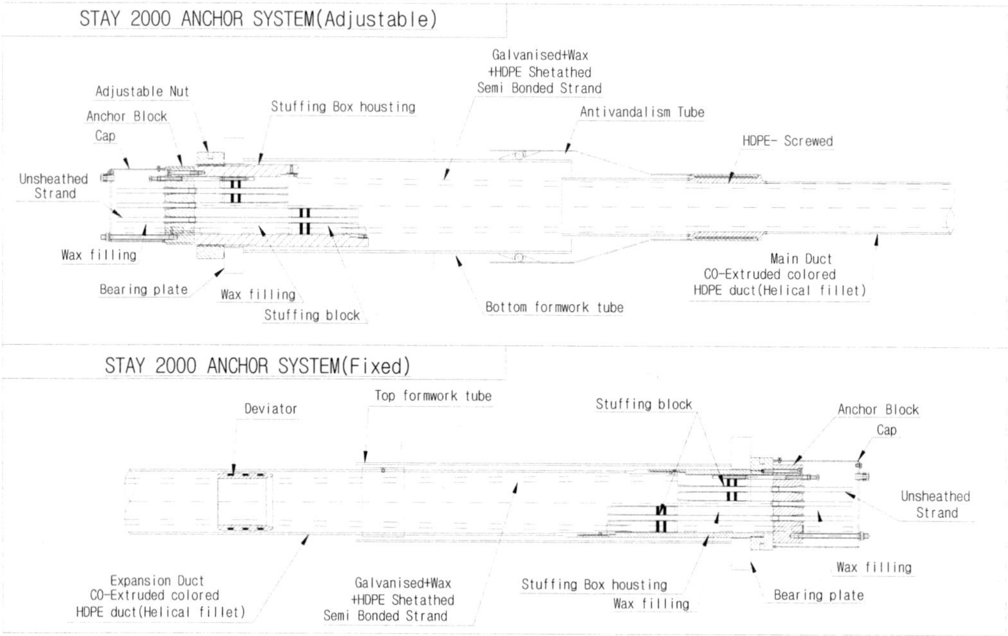

그림 3-18 Freyssinet 쐐기식 정착구

FORK TERMINAL ANCHORAGE(정착구)는 pin 형식의 정착구로서 정착구가 구조물의 외측으로 정착되는 구조로 시공 및 유지관리가 매우 용이하며 STRAND와 정착구를 사전 조립하여 일괄거치 하므로 공기를 단축할 수 있고, ANCHORAGE HEAD와 보호 CAP내에 WAX가 충진 되므로 STRAND의 외피가 벗겨진 부분이 공기와 수분으로 완벽하게 차단되며, ADJUSTABLE ANCHORAGE는 케이블 길이조절을 위한 ADJUSTING SCREW가 있어 장력조정이 용이한 구조로 되어 있다

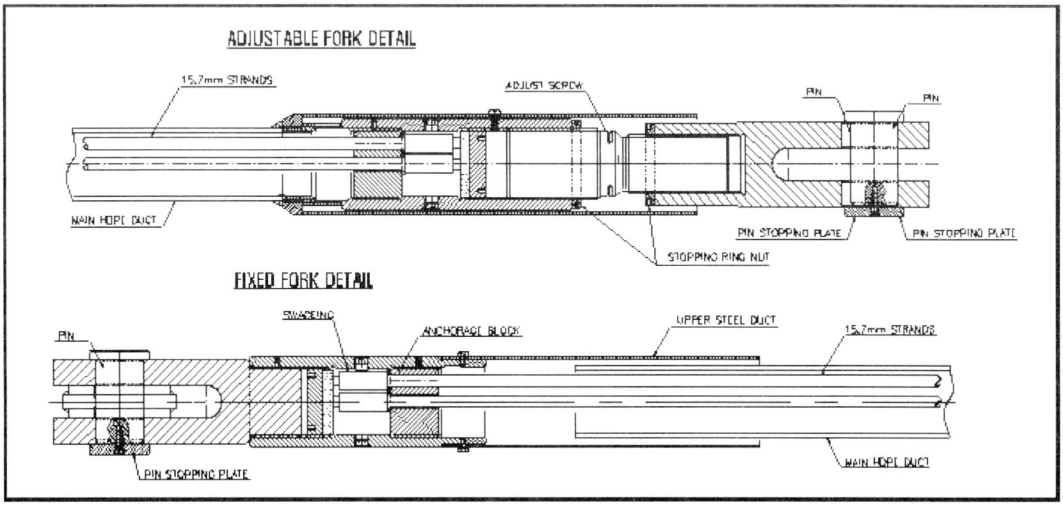

그림 3-19 Freyssinet Fork Terminal 정착구

4
제작 및 가설

4.1 제 작

닐센 아치교의 제작과정에서 일반 아치교와의 차이점은 사재가 케이블로 시공됨으로 인해 정착구 주변의 지지거더 및 보강상세가 달라진다는 것에 있다. 또한 바스켓 핸들(Basket-Handle)형이 적용될 경우에는 아치리브가 3차원 형상을 가지게 되고 따라서 캠버를 2방향으로 관리해야 된다는 점이다. 본서에서는 일반적인 하로아치교 및 닐센 아치교의 전반적인 제작과 관련하여 기술하였다.

4.1.1 제작 일반사항

아치교의 구성은 보강거더와 아치리브로 구성된 주구, 보강거더간을 연결하면서 바닥판을 지지하는 가로보와 단부가로보, 아치리브를 연결하는 스트럿, 아치와 보강거더를 연결하는 사재케이블, 강바닥판(바닥판 하부에 세로리브, 가로리브, 세로보가 부착됨)으로 연결되어 있다.

설계 단계에서 보강거더, 아치리브, 단부가로보는 주로 박스로 계획되어 가설이 용이하도록 10~15m 정도의 블록으로 분할되어 있고, 강바닥판은 폭 2.5~3.5m, 길이 10~15m 범위에서 분할되어 있다. 이러한 블록에 대해 공장에서 제작을 하고 가조립(케이블 미설치, 벤트지지), 도장 과정을 거쳐 현장에 반입하게 된다.

닐센 아치의 초기 적용단계에서는 격자보 위에 콘크리트 바닥판을 비합성으로 설치하였으나 1980년대 이후에는 중량이 가볍고, 구조물의 거동이 명확하며, 포장재료의 발전 등에 힘입어 강바닥판(THK : 12㎜, 14㎜)으로 적용하는 추세이다.

제작과 관련하여 블록에 대한 치수관리는 제Ⅱ편의 신하마데라교에 준해 관리하는 것이 적정하다.

4.1.2 제작단계에서의 중점 관리사항

(1) 주요 용접부의 관리

① 보강거더와 강바닥판의 용접 : 바닥판의 힘이 전달되는 구간이며, 바닥판의 형상관리에 중요한 지점으로서 바스켓 핸들형일 경우에는 자연 개선각이 발생한다. 따라서 용입이 용이하도록 용접하고 강바닥판의 상향변위 관리를 하여야 하며 가능한 전체 길이에 걸쳐 초음파 탐상 검사를 하여야 한다.

② 아치리브와 스트럿의 용접 : 기 시공된 교량에서 용접부의 피로 균열이 발생된 부위로서, 아치리브의 복부판과 스트럿은 완전 용입용접을 하여야 하며 초음파 탐상검사로서 확인한다. 특히 아치리브 내부의 보강재와 스트럿 부재가 동일선상에 위치해야 하고, 양 아치리브를 연결하므로 전체 구조물 형상의 누적오차가 여기서 발생하는 것이다.

(2) 박스거더 플랜지 관통구간의 여유량 확보

주거더의 상부 플랜지와 아치리브의 하부플랜지는 사재 케이블이 관통하므로 개구부를 두게 된다. 이 관통홀은 보통 설계단계에서 케이블이 직선임을 가정하고 위치하게 되는데 실제적으로 케이블은 처짐(Sag)이 발생하여 그 위치가 다소 어긋나게 된다.

따라서 공장제작에서 처짐을 감안하여 관통홀 위치를 선정, 제작하여야 한다.

(3) 우각부 보강재(Round부)의 제작

아치리브와 주거더가 교차하는 우각부 및 주거더 최외측 단부는 후판(30㎜ 이상)으로서 곡면형상을 띄고 있다. 그러므로 프레스에 의한 냉간가공을 한다.

(4) 강바닥판과 U-Rib의 용접

U-Rib와 강바닥판의 교차는 경사형태로 접합되며 따라서 미소한 자연 개선각이 발생한다. 이 용접부위는 차량의 바퀴하중이 직접 재하되고, 반복하중 빈도가 높은 구간으로 초기단계의 강바닥판 적용시 용입용접량이 부족한 곳에서 용접부 균열이 다수 발생하였다(일본, 유럽). 따라서 추가개선각 확보에 의해 용입량(U-rib 두께의 75%)을 증가시키거나, 자연개선 상태에서 용입할 수 있는 용접법이 필요하다.

(5) 정착부 주변의 시공관리

정착구의 지압판이 부착되는 정착구 지지거더는 복부판에 부착된 수직보강재에 연결된다. 우선적으로 수직보강재가 케이블의 각도와 일치되도록 취부되어야 하고 용접(주로, 필렛용접)이 양호하여야 한다. 지지거더의 길이(Span)와 박스폭원이 거의 일치하므로 박스거더 제작 단계에서 박스내부에 넣어서 연결하며, 장래 케이블 설치시 오차량을 흡수할 수 있도록 수직 보강재와의 최종적인 볼트체결은 지상조립시에 한다.

4.1.3 가조립

(1) 개 요

가조립은 제작된 블록을 조립하여 전체 형상의 정확도를 검증하게 되고 필요에 따라 블록의 수정을 하게 된다. 특히 닐센 아치교에서는 케이블이 설치되고 3차원 형상의 바스켓 핸들형으로서 가조립이 매우 중요한 공정이 되며, 가조립단계에서 정착구간의 거리를 측정하여 최종 케이블 길이를 결정하게 된다.

(2) 가조립 방법

일본에서는 가조립 공정을 매우 중요한 사항으로 판단하여 가조립장도 넓고 크레인 등의 기계설비도 우수하나 국내에서는 가조립장의 면적, 설비 등 전반적으로 여건이 불리한 상태로서 일본에서는 다양한 방법의 가조립을 시행하고 있다.

가조립은 크게 전체구조물을 가조립하는 방법과 부분 가조립 방법으로 대별할 수 있으며, 공장여건 및 자체보유기술에 따라 다양한 부분 가조립 방법이 시행되고 최근에는 컴퓨터 시뮬레이션에 의한 CATS(Computer Assembling Test Sysetm) 방법도 적용되고 있다.

사진 4-1 데크부의 가조립 전경

사진 4-2 아치리브의 가조립 전경

① 전체구조의 가조립 방법

케이블을 제외한 전체 구조물을 3차원 입체조립하는 것으로서 공기가 증가되고 중소규모의 닐센아치교에서 주로 적용된다.

② 강바닥판과 아치리브를 분리한 부분가조립 방법

강바닥판, 주거더, 우각부 아치리브를 일체시킨 부분과 아치리브, 스트럿을 일체시킨 부분으로 크게 구분하여 가조립을 하게 된다. 이러한 부분 가조립으로 인해 공기 및 공사비가 다소 절약되는 장점이 있으나, 정밀도는 다소 저하된다. 이 방법은 우각부를 매개체로 하여 전체 구조를 검증하는 것이다. 이때 강바닥판 부분은 전체 좌표계를 이용하고 아치리브는 국부좌표계를 이용한다(사진 4-1, 사진 4-2).

③ 강바닥판(Deck부)과 주구부를 분리한 부분 가조립 방법

주구부(아치리브와 주거더)를 일체화시킨 부분과 강바닥판 부분을 일체화시킨 부분으로 가조립하게 되는데 이때 주거더 박스는 강바닥판 부분과 우선 결합하여 가조립을 하고 아치리브와 재차 가조립하므로 중간매개체 역할을 하게 된다.

④ CATS(Computer Assembling Test System) 방법

교량의 조립형상을 시뮬레이션에 의해서 검사하고자 하는 것으로 일본 건설성의 인정을 받은 것이다. CATS는 종래의 가조립을 하지 않는 방법으로 제작완료될 부재의 현장이음부 볼트구멍이나 격점위치 등을 CCD카메라에 의해 3차원 측정하는 '부재계측시스템'과 CAD/CAM으로 작성한 설계데이터를 바탕으로 가조립형상을 시뮬레이션해서 전체의 가조립형상이나 부재접합의 적합성을 확인하는 '데이타 처리 시스템'으로 구분한다. 이 공법은 경제성이나 공기 측면에서 우수하므로 그 적용성이 확대 추세에 있다.

4.2 가 설

4.2.1 개 요

닐센아치교의 가설공법을 결정하는데 있어서는 수행해서는 안되는 금지조건, 충족해야만 하는 필요조건 및 가능성의 유·무에 따른 적합조건 등의 각종 제약조건이 따르며, 이 조건에 따라 가설공법의 선정이 이루어진다. 공법의 선정은 각종 제약조건의 가·부 판정을 하면 되지만 이것만으로는 불충분하므로 통상 여러 종류의 적용가능 공법에 대해 비교검토를 행한 후 선정되며 비교검토 단계에서 가설공법 선정은 플로우 차트를 작성하여 그 흐름을 이용하면 편리하게 공법을 선정할 수 있다.

가설공법 선정시의 각종제약 조건인 금지조건, 필요조건, 적합조건은 다음과 같다.

- 각종 법적규제
- 환경 보전
- 교통규제
- 가설 체계상 품질의 확보
  (응력, 형상, 정확도 등)
- 시공시기(시기, 시간 등)
- 안정상의 규제(인적, 물적)
- 환경·주민의 영향도
- 설계상의 규제
- 가설지점의 지리적, 물리적 조건
  (장애물, 작업용지, 형하공간 등)
- 부재의 수송, 반입조건, 부재의 분할

• 가설장비의 입수조건(신규, 기존, 구입, 수송, 반출입 등)

닐센아치는 구조적으로 종래의 수직 행거 대신에 경사 케이블을 이용한 것에 불과한데 제작·가설 측면에서 관용 아치교와 본질적으로 다른점은 없다고 생각된다.

다만, 유연한 사재를 적용하기 때문에 가설의 여러단계 중에서 인장재료만 고려되었던 케이블이 구조계의 변경에 의해 항복응력을 초과할 수 있는 단계가 발생할 수 있는데 이러한 점이 닐센 아치교 가설에서 유의해야 할 것으로 본다.

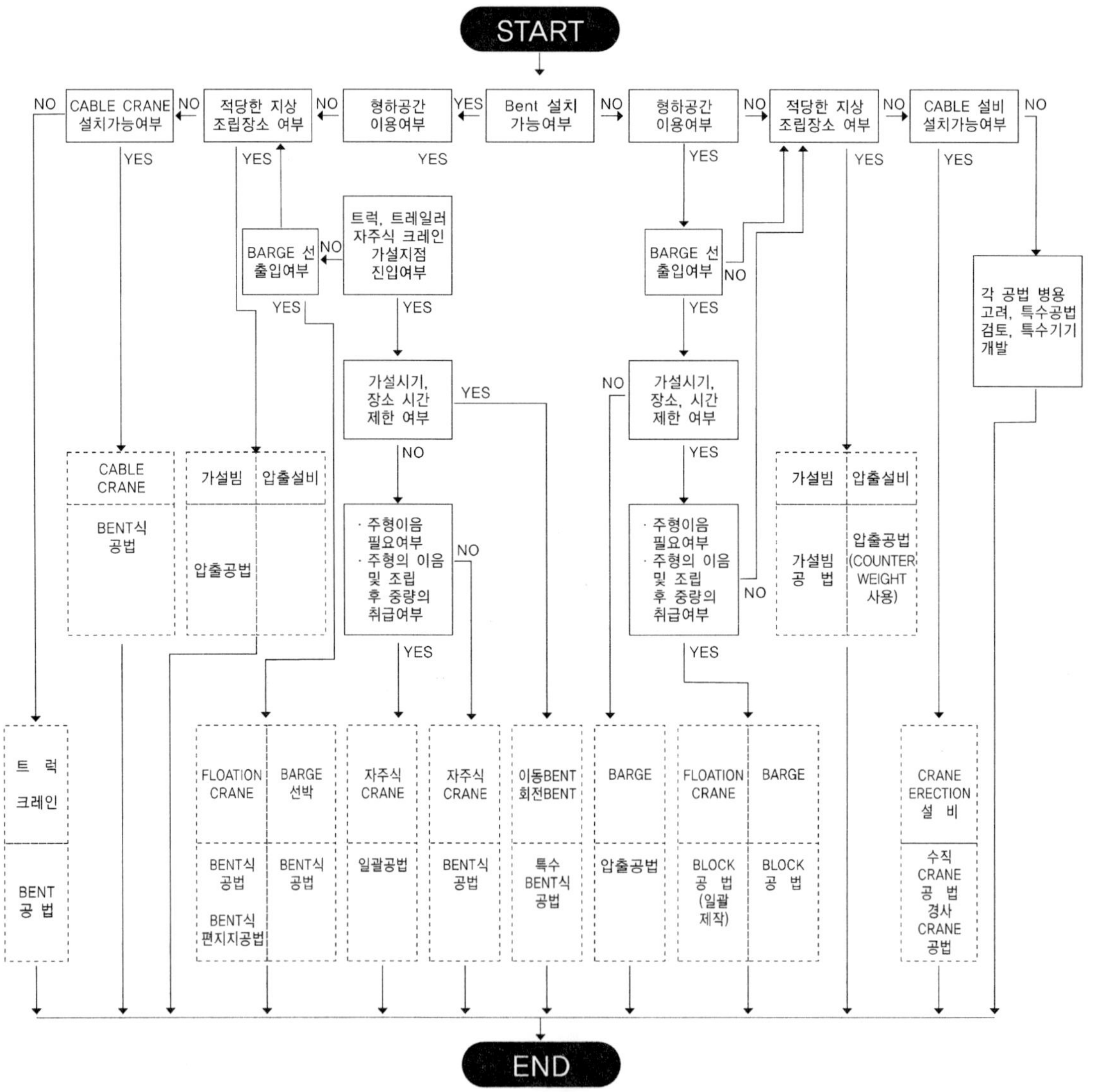

그림 4-1 가설공법 선정흐름도

가설 공법으로는 플로팅 크레인(Floating Crane)에 의한 일괄가설공법, 바지선(Barge)에 의한 일괄가설공법, 벤트(Bent)공법, 케이블 가설(Cable Erection)공법으로 크게 분류할 수 있는데 여기서는 공법의 특징, 가설시의 주요검토사항 등에 대해서 기술하였다.

4.2.2 벤트(Bent) 공법

(1) 개 요

본 공법은 가설벤트와 가설 크레인(주로 크롤러 크레인)의 조합에 의해 순차적으로 개개의 블록을 조립하는 공법으로서, 가설 위치가 육상이거나 수심이 얕고, 유속이 느린 하천상에서 주로 적용될 수 있다.

일반적인 아치교의 가설공법과 큰 차이가 없으며, 가설 단계에서 교량 구조체의 구조계는 연속지점 형태가 되기 때문에 부재별 단면력이 완성계보다 안전측의 값을 나타내며 따라서 별도의 구조해석을 할 필요는 없다. 벤트공법의 구조계는 대선에 의한 일괄가설공법 또는 F.C에 의한 일괄가설공법 적용시 호안안벽의 지상조립장에서도 동일하게 이루어지는 구조계이다.

• 가설시의 주요한 계산사항

① 벤트 강도

② 벤트 기초 말뚝의 계산

③ 크레인, 작업반경의 확인 및 위치

④ 크레인의 안정계산 및 안전율

⑤ 크레인 지지대에 작용하는 반력의 계산 등

• 닐센아치교의 특수성으로 인해 가설시 주의할 사항

① 지반의 침하는 캠버관리 및 케이블 장력 변동의 요인이 되므로 적정지지력이 확보되어야 한다.

② 아치리브가 바스켓 핸들형일 경우 폐합부 아치리브 블록의 작업반경이 커지므로 크레인의 용량을 신중히 재검토 하여야 하며, 아치리브가 경사져 있어 가설

(a) 아치리브의 폐합

(b) 아치가설 전경

사진 4-3 Bent 공법에 의한 토요타교의 가설 전경

c) 아치리브 형상

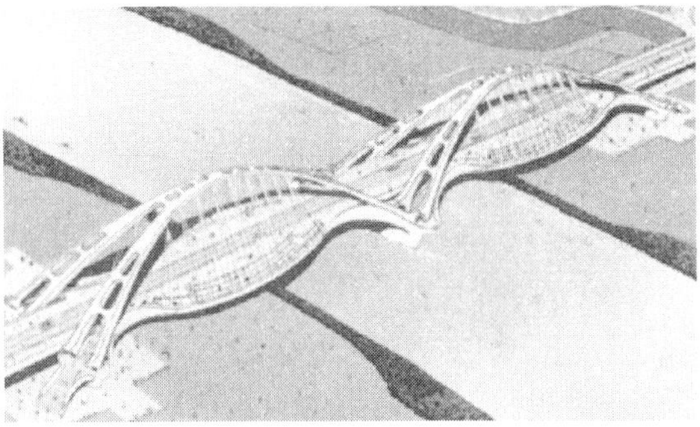

d) 교량 스케치

사진 4-3 Bent 공법에 의한 토요타교의 가설 전경(계속)

사진 4-4 야시마교의 가설 전경

벤트에는 수평력이 작용하게 되므로 이 하중을 고려하여 가설벤트를 검토한다.

본 공법은 가장 안전한 가설공법이고, 품질관리는 비교적 용이하나 가설 강재량이 증대되어 공사비가 고가이며, 주변의 가설 환경(하부도로, 하천홍수, 가축도, 부재운반로, 기초 말뚝시공 등)이 여의치 않은 경우가 많으므로 사전에 다양한 검토가 필요하다.

• 토요타교(豊田大橋), 1996년 완성

본교의 전체연장은 474.5m로서, 토요타시의 야하기강을 가로지르는 곳에 위치한다. 137.5m의 닐센아치교는 미려한 곡선을 가지며, 동물의 형상에 유사한 형태이다(설계자 : Kisho Kurokawa).

사진 4-3에서와 같이 본교는 벤트공법에 의해 가설되었다.

4.2.3 F.C(Floating Crane)에 의한 일괄가설공법

F.C에 의한 일괄가설 공법은 해상 또는 수심이 깊은 하천에서 대형 해상 크레인에 의해 일괄가설하는 공법으로 개략적인 가설순서는 다음과 같다.

① 가설지점과 인접한 위치(해상 안벽)에 지상조립장 형성(기초말뚝, 벤트 등)

② 육상 또는 해상으로 블록을 운송하여 지상조립장에서 교량구조체의 조립(케이블 장력 조정 포함)

③ 해상 안벽으로 F.C가 최대한 근접하여 교량구조체의 인양(Lifting)

④ 예인선(Tug Boat)에 의해 F.C(인양한 상태)를 가교지점까지 인양

⑤ 윈치에 의해 F.C의 정위치 계류 작업

⑥ 교량구조체를 하강시켜 받침에 고정

⑦ F.C의 이동에 의해 가설 완료

본 공법은 가설 공정이 비교적 단순하고 지상조립장에서 교량 구조체의 조립이 이루어지므로 품질관리가 용이하고 공기가 단축되며, 전반적으로 공사비가 저렴하다.

그러나 F.C의 해상운송에서 바람 및 파도의 영향에 의한 안전성 확보가 가장 중요한 관건이며, 인양된 상태에서 경우에 따라 상당히 긴 거리를 운항할 수 있으므로 교량 구조물 자체의 요동 및 변형 형상에도 신중한 관리가 필요하다.

또한 가설시점에 맞추어 주변의 선박을 통제해야 하므로 사전에 해상교통량, 해상선박의 통제가능성 여부등을 파악해 둘 필요가 있다.

본 공법의 적용에 따른 주요 검토 및 관리사항은 다음과 같다.

① 시공 시간계획(Time Schedule)과 F.C의 투입가능시기를 사전에 검토한다.

② 투입 가능한 F.C에 대해 인양(Lifting)시의 작업반경, 가설계획고에 준한 적정

흘수 가능여부를 확인하고 운송로의 수심, 예인선(Tug-Boat) 선단을 사전에 계획한다.

③ 교량 구조체의 인양점(Lifting Point)을 설정하고 이러한 지점경계조건에 준해 교량의 구조해석을 실시하여 안전성을 검토하고 하중 집중부는 보강재를 설치한다.

④ F.C의 하중계, 양정관리를 하며 교량구조체의 처짐관리, F.C의 흘수관리, 기울기(Trim)관리를 지속적으로 수행한다.

본 공법은 제Ⅱ편의 간자끼가와교에서 비교적 상세히 기술되었으며 국내에서는 저도연육교, 백야대교 및 통영대교(트러스 아치교)에서 실시된 적이 있다.

사진 4-5 F.C 및 바지선에 의한 일괄가설(신하마데라교)

4.2.4 대선(Barge)에 의한 일괄가설공법

(1) 공법개요

본 공법은 교량의 가설 위치가 해상 또는 하천인 경우로서 다음과 같은 이유에 의해 대형 해상크레인에 의한 일괄 가설작업이 불가능한 경우에 주로 적용한다.

① 대형 해상크레인의 진입이 불가능한 경우

② 대형 해상크레인의 용량이 부족하거나 일정상 투입이 불가능한 경우

③ 경제적으로 불리한 경우

전체적인 시공법으로는 우선 가설지점에 가장 인접한 해상 안벽 등에 지상조립장을 형성하여 교량 구조체(케이블 포함)의 조립을 완성한다.

그 후 해상안벽의 근접된 위치에 대선을 대기시켜 놓고, 해상 크레인에 의해 일괄적으로 들어올려 대선에 탑재시키거나 압출거더위로 밀어서 대선에 탑재시킨다.

압출시에는 윈치 또는 수평잭에 의해서 이동하게 되며, 대선에는 거치교각의 높이에 맞춘 대선 가설벤트가 설치되어 있다.

대선에 탑재된 이후에는 교량 구조체의 높이조절이 불가능해지므로 대선 가설벤트의 높이는 구조물의 중량, 대선의 용량, 대선 탱크의 주수(Water Ballasting) 가능량, 조위차 등을 감안하여 상세한 계산이 사전에 이루어져야 한다.

교량이 탑재된 대선은 예인선에 의해 가교지점까지 이동하며 가교지점에서는 정밀한 평면위치 조정을 위해 6개소 이상의 윈치에 의해 정밀조정하게 된다.

이때 교각에서는 받침의 하단부가 설치되어 있고, 교량의 지점부에는 받침 상단부가 약 30~60㎝ 정도의 여유고를 가지고 위치하게 되며, 교량 구조체의 하강은 조위차 및 대선내부의 탱크에 물을 주입(Water Ballasting)함에 의해서 이루어진다.

하천 또는 해상에서 하강 조위를 이용하기 위해 각 공정에 대한 세부적인 시간계획이 작성되어야 한다. 특히 이 공법에서는 가설단계별로 구조계가 상이하므로 가설시의 지점부 경계조건에 준해 부재를 재검토하여야 한다. 본 공법은 국내 서강대교에서 적용되었고 제Ⅱ편의 니시노미야교, 신하마데라교에서 비교적 상세히 언급되어 있으며, 여기서는 오노우라대교 중심으로 그 내용을 기술하였다.

(2) 오노우라대교에서의 대선에 의한 일괄가설

이 교량은 1973년 미에현 요리이만에 가설된 지간 195m, 폭원 8.25m, 강재무게 약 823tonf의 닐센아치교이다. 가설방법으로서는 사전에 도쿄만 내의 안벽에서 현장조립한 교량구조체를 12,000DWT 바지선에 적재하여 가설지점까지 해상 수송을 하고, 해면의 조위차를 이용하여 교량을 설치하는 공법을 적용하고 있다. 그림 4-2에는 가설요령을 나타내고 있다.

이 가설공법도 수송 및 가설시와 완성시에는 구조계가 다르므로 설계시점에서 교량 전체의 응력 검토를 하고, 필요한 곳을 보강하여 거더의 안전성을 확인하고 있다.

주요내용으로는 인양점에서의 보강, 수송 중인 대선 가설벤트의 설치와 임시지점부 하현재의 보강이다. 보강법은 다음과 같다.

① 바지선에 적재할 때 플로팅 크레인의 인양점 위치는 완성시의 지점위치와 일치시키고 있으므로 교량 구조체의 응력에 대해서는 문제가 없지만 국부적인 응력집중을 방지하기 위해 그림 4-3과 같은 구조로 하고 있다.

② 바지선과 교량구조체의 길이 관계에서 수송 중에는 하현재의 중간부가 임시 지점이 되지만 거더 변형방지를 위해 임시 지점 위치에 그림 4-2에 나타난 바

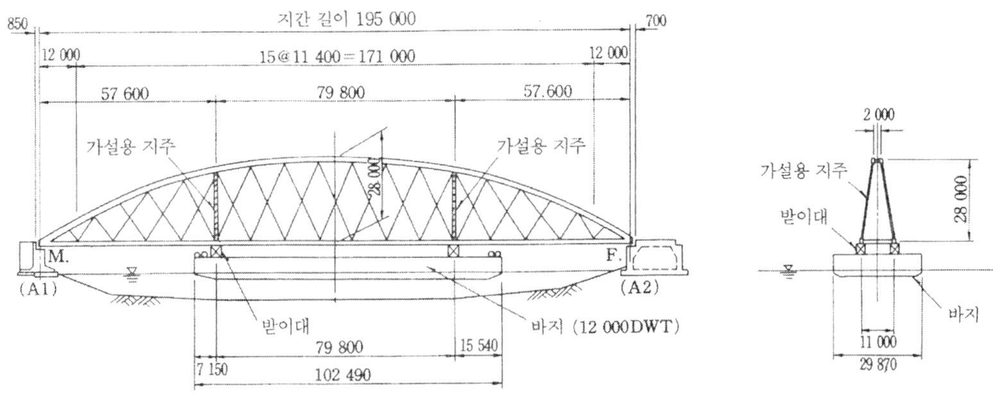

(a) 종단면도　　　　(b) 횡단면도

그림 4-2 오노우라대교 일괄가설 개요도

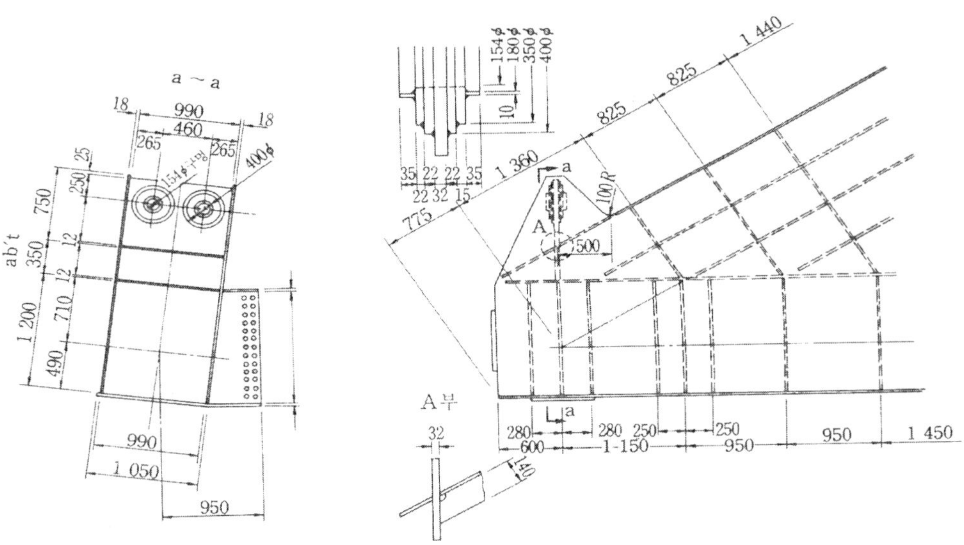

그림 4-3 인양점 부근의 보강상세

와 같은 가설용 지주를 설치함과 동시에 임시 지점부 하현재의 두께를 늘리거나 다이아프램 등으로 보강하여 수송과 가설시의 구조계에 대처하고 있다.

4.2.5 케이블 가설(Cable Erection) 공법

현장 여건 등의 이유로 벤트 설치가 불가능하고 형하공간을 이용할 수 없는 계곡 등에서 주로 이용되는 공법으로 교량 외측구간에 가설주탑을 세워 놓고, 케이블에 의해 기가설된 블록의 지지 및 가설 블록의 운송을 하여 단부측에서 중앙부로 순차 가설한다.

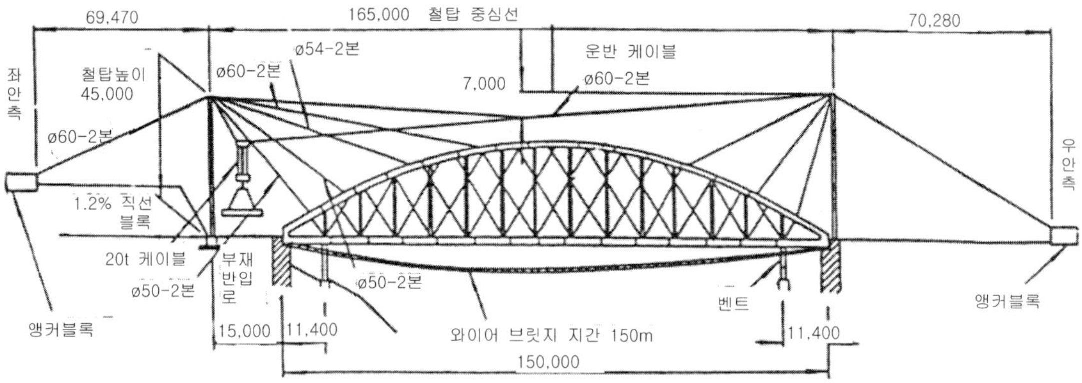

그림 4-4 닐센로제교의 케이블 가설공법 개요

가설방법은 수직케이블 방법과 경사케이블 방법이 있다.

① 수직케이블 방법 : 하로형 아치교에 대부분 사용되며(닐센교 별도) 수직케이블로 부재를 지지하는 공법으로 경사 케이블방법보다 가설 기자재가 많아지나 중앙부의 폐합작업은 용이하다.

② 경사케이블 방법 : 상로, 중로 아치교에 주로 사용되며, 부재를 경사케이블에 의하여 지지하는 공법으로 가설단계에서 수평반력 처리가 가능하므로 이 공법이 사용된다.

본 공법은 작업상 가설기계에 대해 충분한 계획, 계산을 필요로 하고, 작업원의 고도숙련을 요한다. 기존의 사고사례를 보면 와이어의 파단, 앵커 프레임 및 앵커

블록의 불안정, 가설주탑 부재의 파단, 가설주탑의 부등침하 등을 꼽을 수 있다.

그러나 닐센 아치교에서는 본 공법의 적용성이 저하되는데, 정밀한 캠버관리가 어렵고 사재 케이블 설치시 크레인이 데크에 위치하는 점 때문에 장력오차가 다소 크게 나타나며 아치리브가 바스켓 핸들형일 경우에 부재 각도를 정확히 유지하기가 어렵다. 또한 소단위 블록으로 이동가설하므로 가설시 다양한 구조계에 대한 구조 검토가 필요하며, 풍하중에 대한 거동을 충분히 평가해야 한다.

③ 시공사례(오도교)

- 지간장 : 170.0m
- 유효폭원 : 5.0m
- 아치라이즈 : 24.5m
- 바닥판 : 철근콘크리트 구조(포장 : 60㎜)

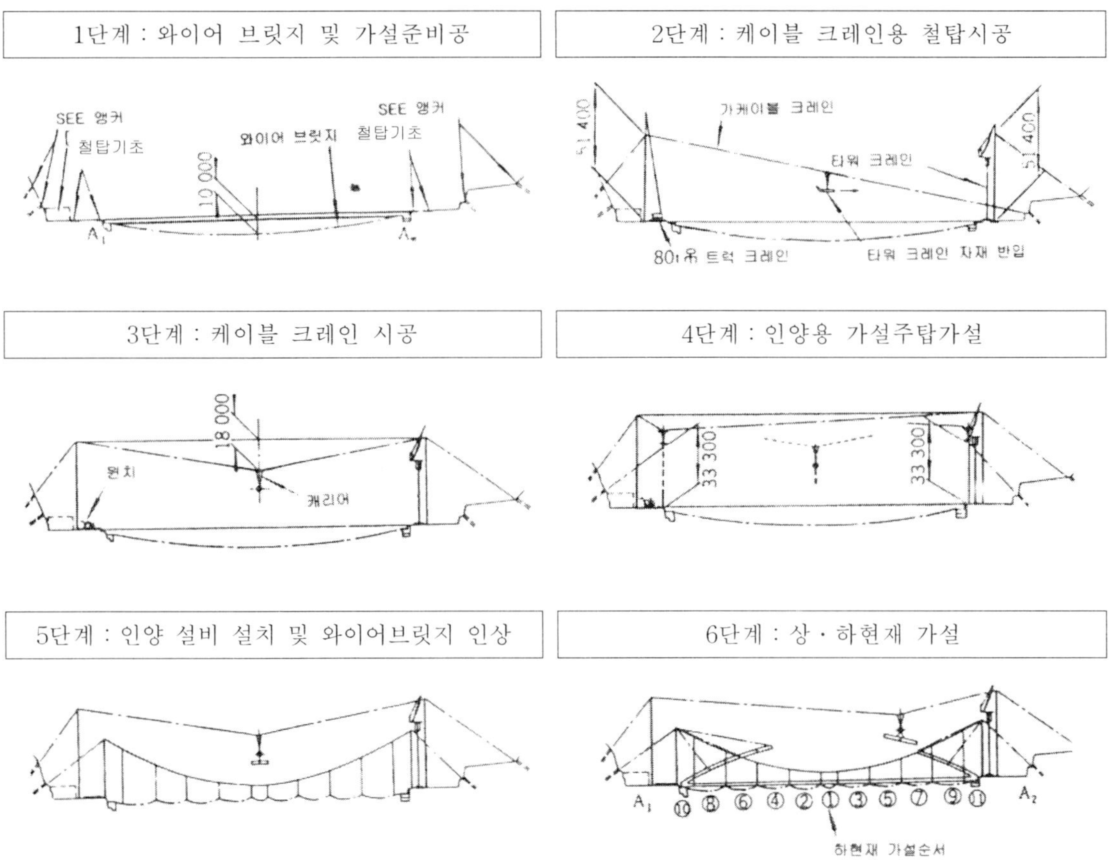

그림 4-5 오도교 시공순서도

7단계 : 상현재 폐합

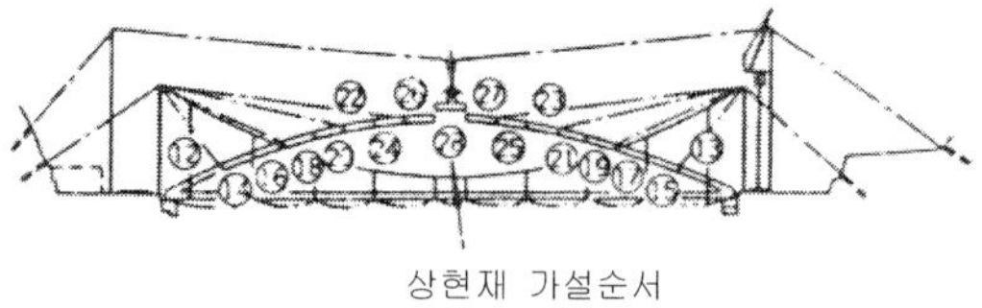

8단계 : 사재 케이블 설치

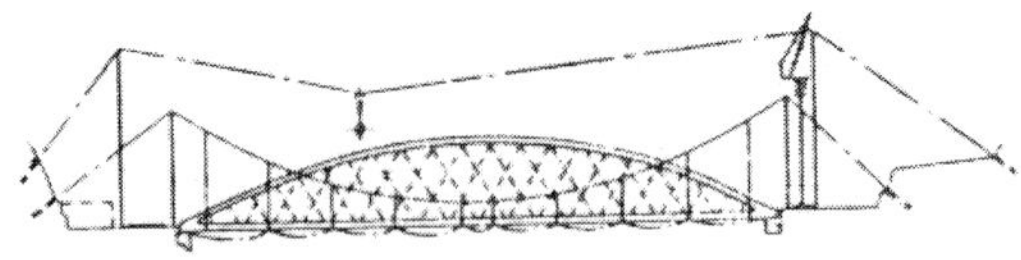

9단계 : 인양설비의 해체

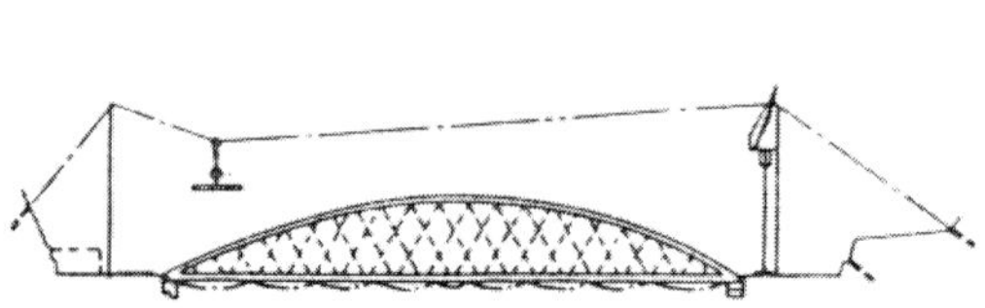

10단계 : 가케이블 철거 및 우안철탑 해체

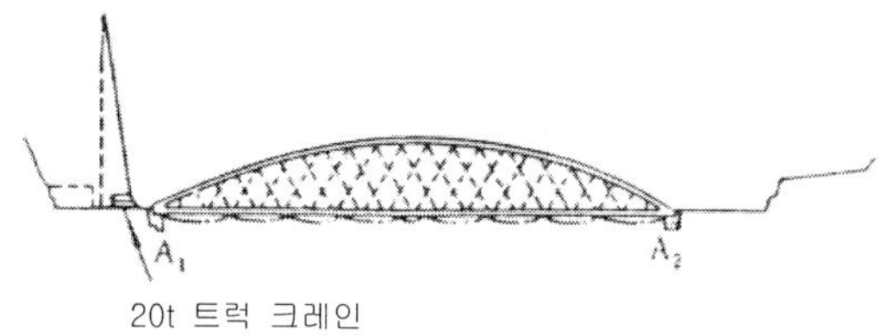

그림 4-5 오도교 시공순서도(계속)

참 고 문 헌

1. 小西一郎, “鋼橋” 설계편 II
2. Walter Podolny, John B. Scalzi, “Construction and Design Calbe-Stayed bridges”
3. 日本土木學會, “鋼床版の疲勞”
4. “鋼構造の補剛設計”, 日本森北出版
5. 日本土木學會, “BRIDGES IN JAPAN”, 1993-1994, 1994-1995, 1997-1998, 1998-1999, 1999-2000
6. Shibo ZHANG, Qiao Li : Design of Nielsen System A Shaped Tied Arch Bridge, IABSE SYMPOSIUM SHANGHAI 2004
7. 서울특별시종합건설본부, 서강대교건설공사실시설계 종합보고서, 1992. 8
8. TROYANO, BRIDGE ENGINEERING

제 II 편 일본의 설계 및 시공사례

Nielsen Arch Bridges of Japan

1
간자끼가와교

본 교량은 한신고속도로 연안선이 간자끼강 하구부를 횡단하는 구간에 가설되는 길이 150m, 라이즈 30m의 바스켓 핸들형의 닐센로제교이다. 간자끼 하천은 대형선박의 통행이 있고, 항로한계(수로폭 : 110m, 높이 : 20.3m)에 대한 제한이 있다. 따라서 본교는 수면으로부터 21m 높이에 설치되도록 설계되었다. 가설은 4,100Ton Floating Crane(이하 FC라 함)에 의해 전체중량 3,200tonf을 일괄 가설하였다.

1.1 개 요

1.1.1 교량개요

- 설계속도 : 80km/h
- 교량등급 : 1등교(TL-20, TT-43)
- 형　　식 : 바스켓 핸들형 닐센로제
- 교량연장 : 150m
- 강재중량 : 2,986tonf(702kgf/㎡)
- 아치라이즈 : R=30m(라이즈비 R/L=1/5)
- 폭　　원 : 27.260~30.375m
- 케이블간격 : 9.375m(경사 60°)
- 주 요 강 재 : SM58, SM50Y, SS41
- 케 이 블 : SWPR 7B(Ø15.2-19본)

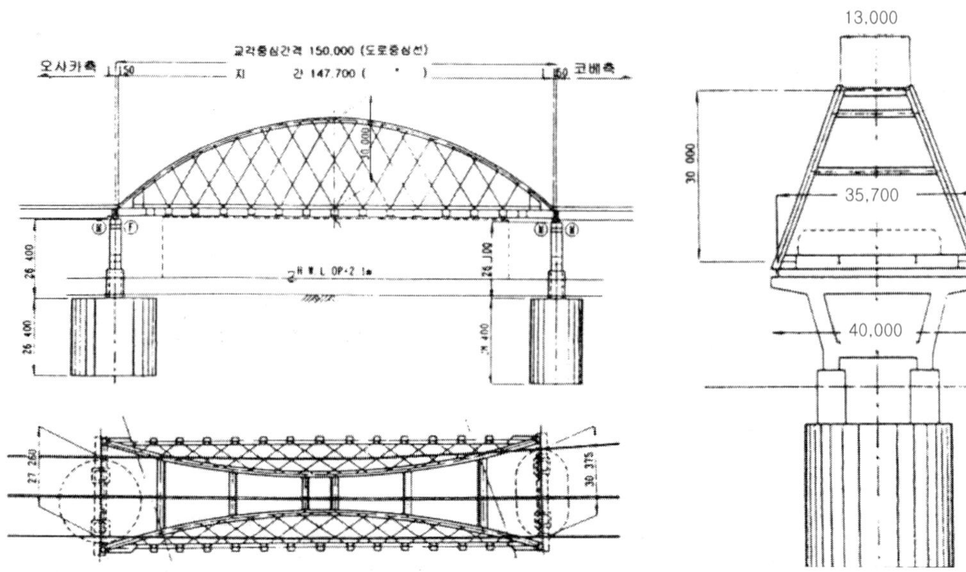

그림 1-1 간자끼가와교 일반도

1.1.2 구조 개요

본교는 주구조가 로제형식으로 되어 있다. 그러나 아치리브와 보강거더가 동일 평면에 있지 않고, 완성시에 축방향 인장력이 지배적으로 되며 휨모멘트에 대해서 강바닥판이 유효하게 거동되는 점과 경제성을 고려하여 I 형 단면으로 계획한 특징이 있다. 또 케이블 정착부는 주거더에서 브라켓이 캔틸레버 형식으로 되어 있다.

아치리브는 면외방향 강성을 높이기 위해서 양측의 주구를 경사지게 한 바스켓 핸들형으로 되어 있다. 아치리브의 간격은 도로건축한계 및 하부공 형태에 맞추어 받침부에서는 35.7m 크라운부에서는 13m이다. 아치라이즈는 경제성 및 경관을 고려해서 30m(라이즈비 1/5)로 되어 있고, 아치주구의 입면경사는 69° 16′36″가 된다.

아치리브 축선은 2차포물선을 적용하였으나, 보강거더 축선은 케이블 정착부가 강바닥판에 있으므로 노선의 종단경사에 따라 적용했다. 단, 강바닥판과 보강거더의 연결에 따른 축선의 편심에 대해서는 고려하고 있다.

아치리브의 단면에 대해서는 운전자의 압박감, 경관을 고려하여 박스단면을 작게

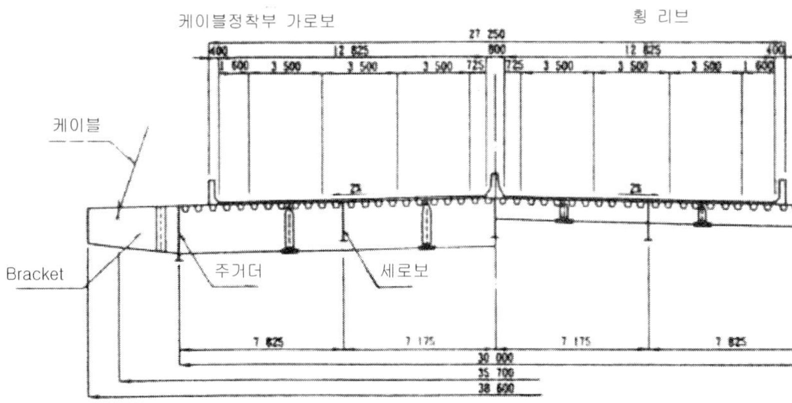

그림 1-2 바닥판 표준단면도

하였으므로 아치리브 폭원을 넓혀서 면외방향의 강성을 증대시켰다.

바닥판은 U-Rib가 부착된 강바닥판으로 하고, 케이블 간격의 $\frac{1}{2}$마다 가로보를, 그 사이에 가로리브를 배치했으며, 세로보에 있어서는 보강거더가 판형으로 되어 있음에 따라 하중분배작용을 향상시키기 위해 3개소에 설치하였다.

케이블 배치에 있어서는 본교의 규모를 고려하여 케이블의 네트웍(Network) 효과가 충분히 발휘되고, 장력의 변동이 너무 크지 않도록 일정한 경사각(60°)의 Double-Warren형식을 적용하였다. 또한, 단부 케이블재는 상시에도 압축력이 생기지 않도록 연직으로 하였다.

1.2 완성계에 대한 설계

1.2.1 설계하중

(1) 완성계의 설계하중

본교의 완성계 설계하중으로서는 도로교시방서에 준한 설계하중 이외에 다음의 것을 고려하였다.

① 풍하중

본교와 같은 아치교의 경우 아치리브의 면외좌굴조사에 대해서는 풍하중에 대한 평가가 중요하다. 그러나 제반기준이 주로 거더교를 대상으로 하고 있고, 높이에 대한 규정도 40m까지 설정되어 있으므로 신하마데라교 설계지침(한신공단)에 근거해서 풍하중 강도를 설정했다. 그 결과 아치리브의 설계풍속은 69m/sec, 풍하중은 590kgf/㎡로 되었다.

② 가설오차

가설 후 케이블에는 설계 장력이 그대로 도입되는 것은 아니며, 과거의 실적을 고려해보면 완벽한 장력관리를 행할 수 없다. 그 경우 오차를 고려하고 「고정하중+프리스트레스」에 의한 장력의 10%를 케이블에 작용시키게 하고, 이것을 하중으로 고려하였다.

③ 지점이동의 영향

지점이동의 영향으로는 각 교각의 교축직각방향의 회전을 고려하였으며, 회전량은 주구조간격의 $\frac{1}{1000}$로 하였다.

(2) 가설시의 설계하중

본교의 예항에 따른 대블록가설계의 설계하중으로는 다음과 같다.

① 기본연직하중

가설시 고정하중, 가설 설비중량 및 가설 기자재중량을 고려했다.

② 온도차하중

보강거더의 상부플랜지와 하부플랜지의 온도차로서는 복부판의 상부 300mm까지 삼각형 분포로 하고, 그 온도차로서는 15℃를 적용하였다.

③ 충격하중

FC의 요동을 고려하여 충격하중으로서 충격계수 0.15를 적용하였다.

④ 불균등하중

FC의 Hook부하는 하중계에 의해 정밀하게 관리하는 것이 가능하다. 또 각

Hook의 연결부 작용력은 Equalizer를 사용하여 균일하게 한다. 그러나 교량구조체의 중심오차 및 와이어마찰에 의한 불균형은 무시할 수가 없다. 그러한 이유로 할증계수로서 0.10을 고려했다.

⑤ 특수하중

본교의 가설순서는 케이블의 장력조정을 지상조립상태에서는 하지 않고, 현장 가설 후에 시행하는 계획으로 하였다. 따라서 가설시에는 케이블장력오차가 남은 상태이고, 이것을 특수하중으로 고려하였다. 할증계수로서 하현재 0.25, 상현재 0.10, 케이블은 0.15로 하였다.

1.2.2 해석모델

본교의 해석은 완성계 및 가설계에 입체해석모델을 사용하고, 면내와 면외하중을 동시에 적용하였다. 그림 1-4에는 설계과정을 제시하였다.

본 교량은 평면선형이 곡선구간에 위치하고, 지지점이 되는 4개소의 높이가 다르므로 양주구의 아치라이즈를 각각 30m로 하게 되면 설계·시공에서 대단히 복잡한 선형을 가진 아치리브가 된다. 그러므로 그림 1-3에 제시한 것처럼 아치리브구조 4개 기준점의 높이를 동일한 높이로 하고, 아치리브는 L측, R측 동일한 골조선으로 했다.

또, 보강거더에 있어서, 지간중앙부가 I 형, 지점부근은 박스형으로 변화하고 있다. 그러므로 구조축 중심위치가 보강거더내에서 변화하게 된다. 그림 1-3에 제시한

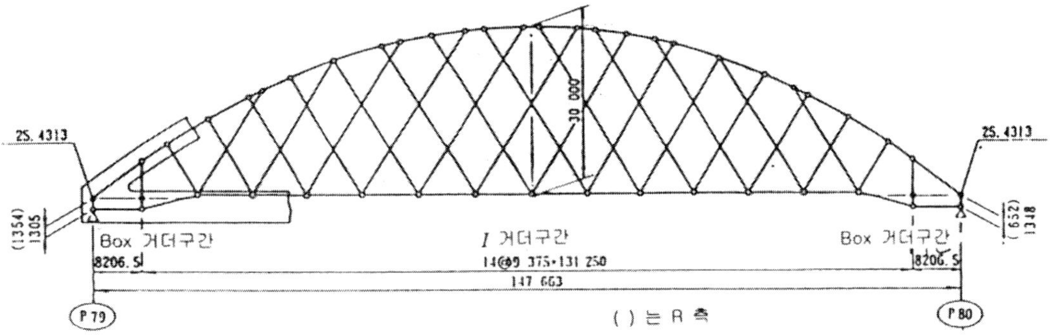

그림 1-3 해석 모델링도

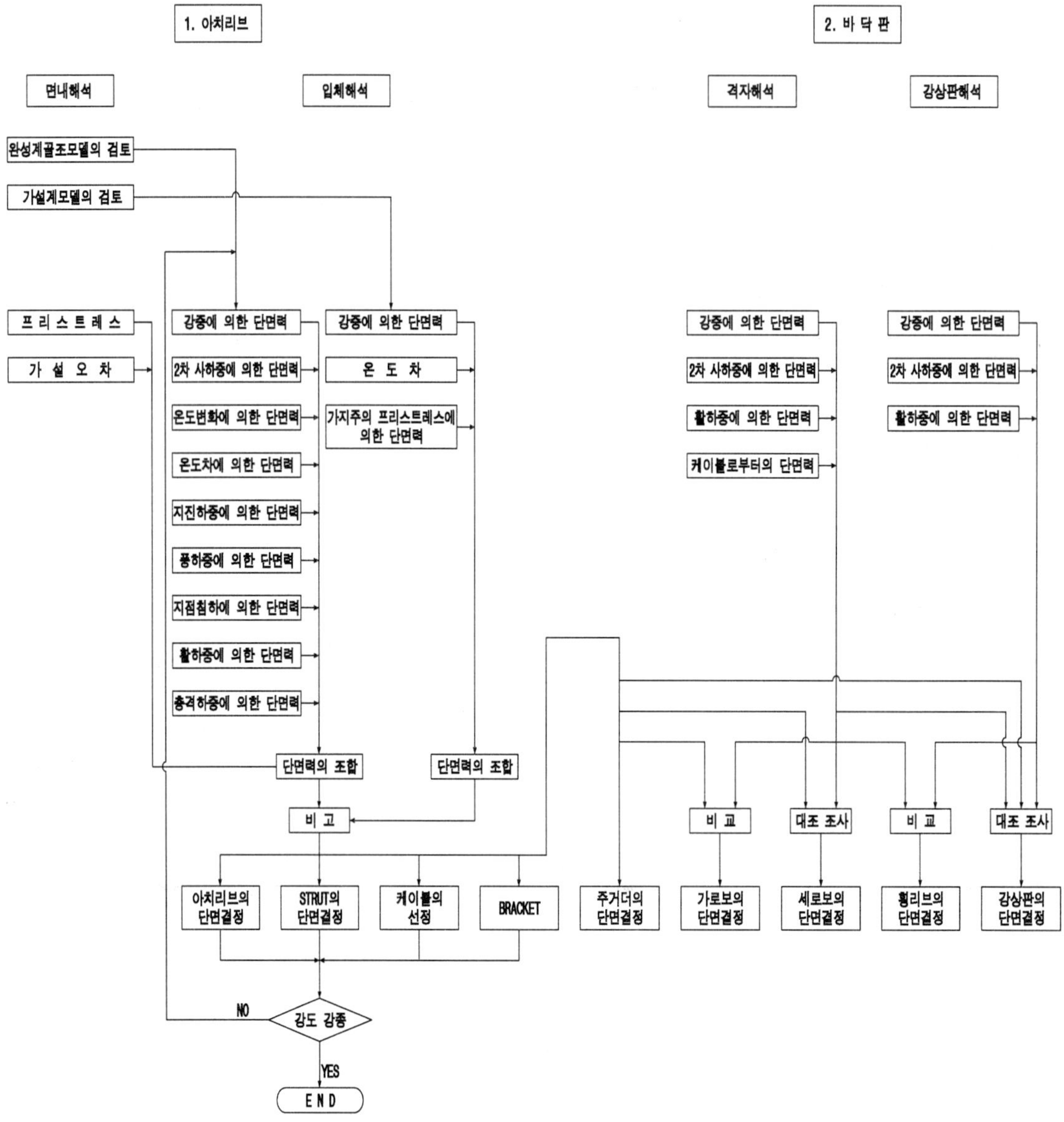

그림 1-4 설계 FLOWCHART

것처럼 보강거더 축선을 각각의 구조축심위치에 설치하고, 편심에 따른 휨모멘트는 아치리브에서 분담하도록 계획하였다.

1.2.3 바닥판 유효폭

본교의 설계에서 다음 3가지 해석을 행하였다.

i) 주구조의 평면해석

ii) 전체구조의 입체해석

iii) 바닥판의 격자해석

각각의 경우에 대해 축력과 휨모멘트에 대한 유효폭을 고려하였다.

(1) 주구조의 평면해석

주구조의 평면해석에 대해서는 경사진 아치 주구조를 면내로 하고, 하중은 아치 면내의 경사각도에 상당하는 할증을 주어 해석하였다.

본교의 강바닥판은 보강거더와 합성구조로 된 것을 고려하고, 축력에 대한 유효폭과 휨에 대한 유효폭을 고려하였다. 휨모멘트에 대한 유효폭은 평면해석에 따라 산출된 휨모멘트 형상에 의해 Ⓐ구간을 삼각형 분포, Ⓑ구간은 포물선 분포로 하고 플랜지 편측 돌출폭은 그림 1-5와 같이 산출하였다.

또 축력에 대한 유효폭에서는 단부 부근에서 강바닥판의 전단면이 유효하게 거동하고 있다고 할 수 없다. 그러므로 유한요소해석에 의해 단부부근의 응력분포를 조사하였다.

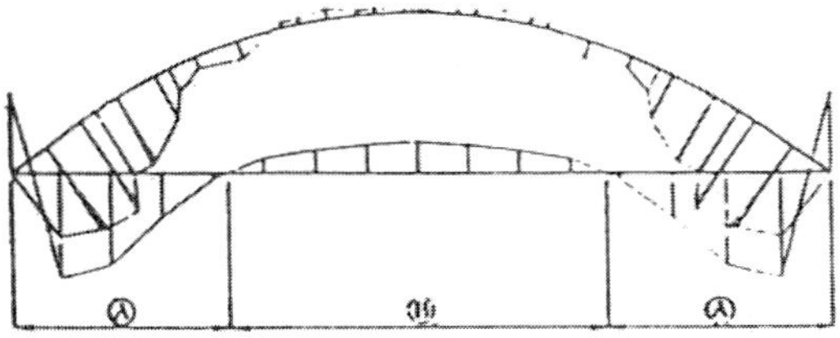

그림 1-5 평면해석에 의한 휨모멘트

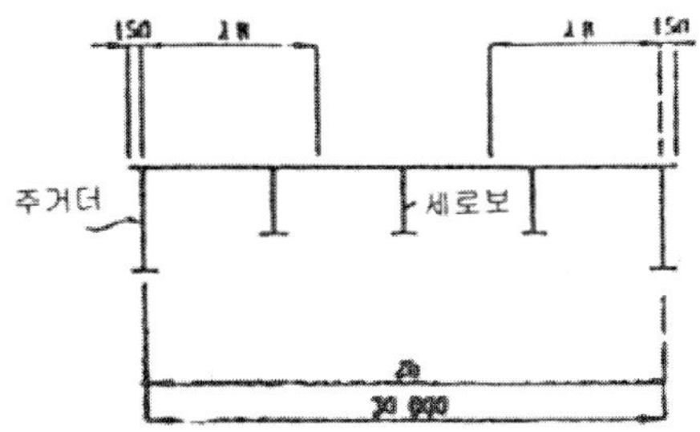

그림 1-6 평면해석의 유효폭

그 결과 단부로부터 30°의 각도를 갖고, 점차 증가하는 유효폭을 설정하였다(그림 1-7 참조).

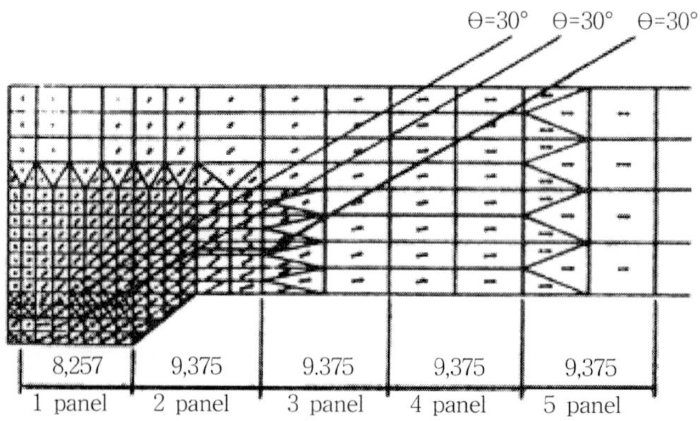

그림 1-7 축인장력에 대한 강바닥판의 응력분포

(2) 전체구조의 입체해석

입체해석의 모델에서는 보강거더와 세로보를 구별하였다. 그러므로 강바닥판에 있어서 보강거더 및 세로보의 유효폭을 각각 고려할 필요가 있다. 해석결과 단면력은 평면해석결과와 거의 동일하다고 생각되기 때문에 휨에 대한 등가지간장은 평면해석과 같은 형상으로 하지만, 편측 플랜지 돌출폭에 있어서는 보강거더와 세로보에 각각의 강성을 갖도록 설정하였다. 또, 축력에 대해서는 평면해석과 동일한 것을 적용하고, 해석에 따라서 가정단면적은 주거더만을 고려하기로 하였다.

1.2.4 2방향 면내력을 받는 보강판의 좌굴검토

본교 최대의 특징은 강바닥판을 보강거더와 함께 작용하게 한 합성구조로서 광폭원을 갖는 닐센로제형식에 있다. 그러므로 강바닥판에는 주거더작용으로 인해 교축방향으로 최대 500kgf/㎠의 인장응력이 발생한다. 또 종래의 닐센교에 비해 주구간격이 30m로 넓고, 이러한 이유로 인해 바닥판 작용으로서 교축직각방향으로는 가로보의 압축플랜지에 900kgf/㎠ 정도의 압축력이 발생한다.

그렇지만 계획단계에서 강바닥판의 U-Rib는 교축방향으로만 배치되어 있고, 교축직각방향으로도 큰 압축력이 발생함에도 불구하고, 데크플레이트는 무보강상태로 놓여있다. 그러므로 2방향 면내력을 받는 보강판으로서의 좌굴안정조사가 필요하다.

본교에 있어서는 오사까시립대학의 中井교수, 北田교수의 자문과 참고문헌에 따라 강바닥판의 좌굴조사를 하였으며, 경제적인 바닥판 구조에 대해 검토를 하였다. 또, 결정된 바닥판 구조에 대해서 유한요소해석을 하고 강바닥판에 발생하는 응력특성에 대해서 검토를 하였다. 추가로 탄소성 유한변위해석에 의해 2방향 면내력을 받는 보강판으로서의 좌굴강도를 파악하였다.

2방향 면내력을 받는 보강판의 내하력에 대해서는 한신고속도로공단의 위탁에 따라 오사까시립대학에서 검증실험이 시행되었다.

1.2.5 부재의 설계

(1) 아치리브

아치리브는 유효좌굴장을 이용하여 압축과 휨을 받는 기둥으로서 설계하였다.

유효좌굴장에 있어서는 「신하마데라교」의 설계를 참조로 하여 면내의 유효좌굴장은 1개의 케이블 간격, 면외에 대해서는 스트럿 간격의 70%를 적용하였다.

아치리브의 설계에 있어서 부재 격점간의 휨에 의한 부가응력 외에도 플랜지의 휨에 의한 부가응력를 고려하였다. 아치리브의 단면치수 및 단면구성을 그림 1-8에 나타내었다.

(2) 보강거더 · 세로보

보강거더 · 세로보는 주로 인장부재로 설계되나, 가설시 복부판에 압축력이 작용하므로 압축보강판으로서의 조사를 행하였다. 또 본교는 강바닥판과 합성구조로 되므로 축력에 대한 유효폭이 단부 부근에서 강바닥판의 전단면이 합성작용에 기여한다고는 생각하지 않는다. 따라서 단부 부근의 응력분포는 FEM해석을 이용해서 해석한 결과, 단부로부터 30°의 각도에서 점차 증가하는 유효폭을 설정하였다.

(3) 스트럿

스트럿은 아치리브의 좌굴방지 역할 뿐만 아니라 면외방향의 풍 · 지진하중작용시의 면외 휨모멘트를 분담하는 부재로서 설계하였다. 또 아치리브가 바스켓 핸들형으로 경사져 있으므로 아치리브와 브라켓은 통상적인 라멘 우각부와는 상이한 응력분포를 나타낸다고 생각된다. 따라서 FEM을 이용한 해석에 의해 단면의 안전성을 조사하였다.

(4) 케이블

케이블은 내후성·경관을 고려하여 폴리에틸렌 피복된 PC강연선을 알미늄 커버로서 덮은 케이블을 적용하였다. PC강연선의 정착은 압착클립과 정착판에 의해 고정되고 정착구 내부에는 에폭시수지(APS 콤파운드)가 충진되고 있다. 그림 1-10에 케이블의 단면 및 앵커의 일부 구조를 나타내었다.

금번에 사용된 케이블재(APS 콤파운드)는 시공실적이 거의 없으므로 피로실험에 의해 피로강도를 확인하였다. 또 알미늄 커버를 장착하여 가설실험을 시행하였다.

(5) 바닥판

본교는 보강거더간격이 30m, 케이블 정착부 간격이 35.7m로서 매우 넓은 폭원을 가진 닐센로제교로서 강바닥판과 보강거더가 합성된 구조이다. 따라서 강바닥판에는 주거더작용에 의해 교축방향으로는 인장응력, 또 주구간격이 30m로서 넓기 때문에 바닥판 작용으로 인해 교축직각방향에 압축응력이 발생한다.

당초의 설계단계에서 강바닥판의 U-Rib는 통상적인 방법에 따라 교축방향만으로 배치하고 교축직각방향으로는 보강이 없었다. 그러나 교축직각방향으로 큰 압축력이 발생하기 때문에 2방향면내력을 받는 보강판으로서의 좌굴안정조사를 할 필요가 있고, 강바닥판의 좌굴조사를 함과 동시에 경제적인 바닥판 구조에 대해서 검토를 하였다.

(6) 단부 가로보

단부 가로보는 완성계, 가설계에 따른 입체해석결과 및 장래의 지점 침하대책으로서 잭업시의 단면력을 고려하여 결정하였다.

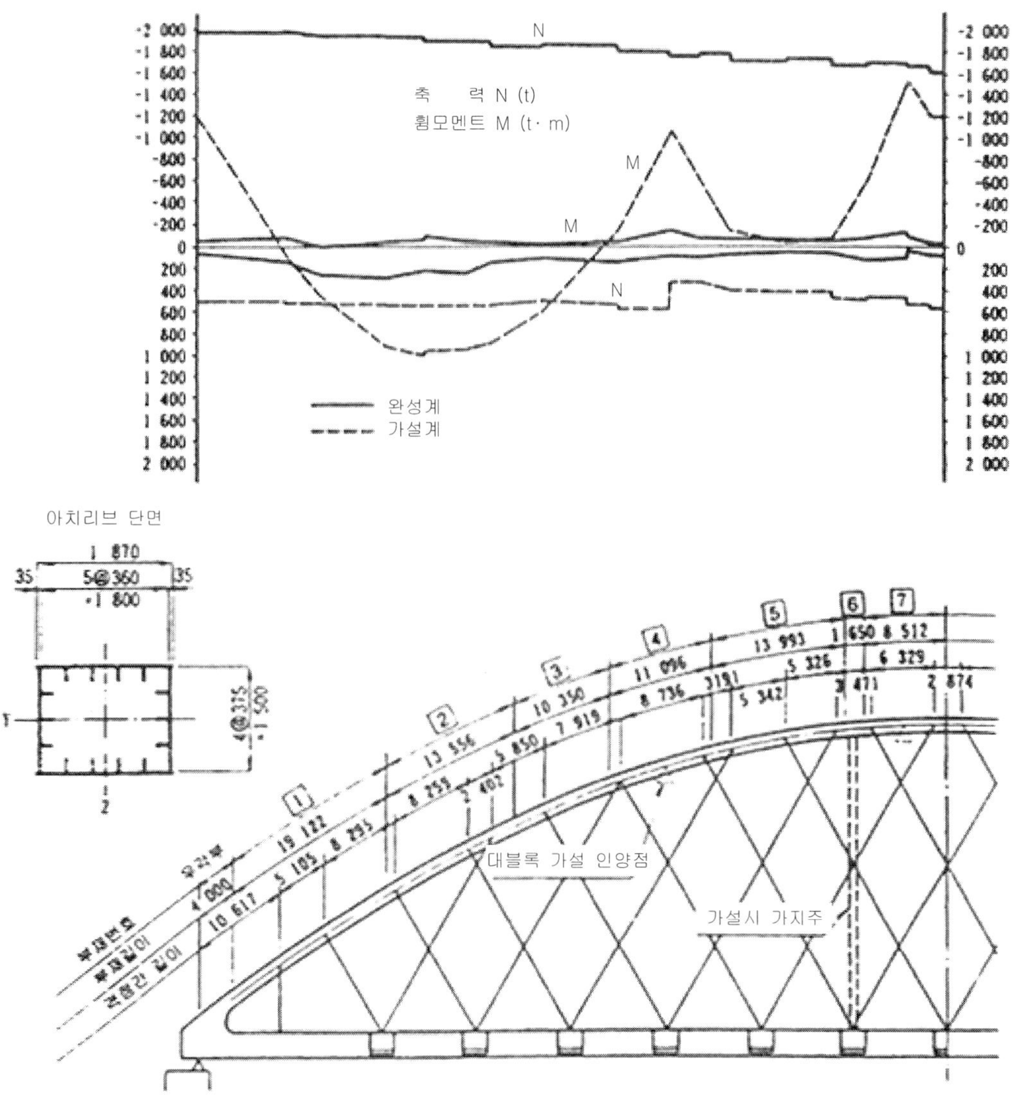

그림 1-8 아치리브 단면 구성도

부재번호	우각부	1	2	3	4	5	6	7
	완성계	완성계	가설계	완성계	가설계	완성계	가설계	가설계
재 질	SM58	SM50Y	SM50Y	SM50Y	SM50Y	SM50Y	SM50Y	SM50Y
U Fig Pl mm	32	16	22	16	22	14	22	22
Web Pl mm	38	16	16	14	19	14	14	22
L Flg Pl mm	32	16	22	16	22	14	22	32
Rib Pl mm	200×25	200×19	200×19	200×19	200×19	170×16	170×16	220×23

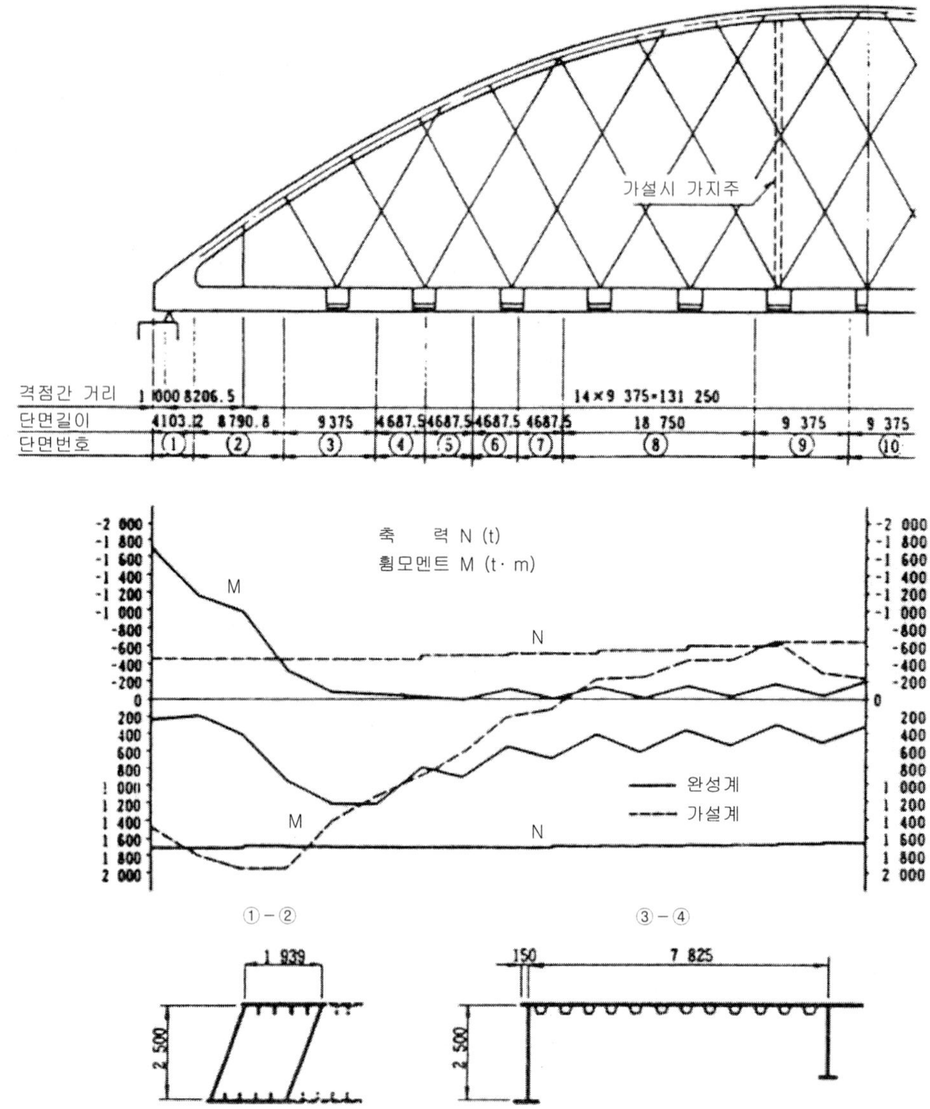

단면번호	①	②	③	④	⑤	⑥	⑦	⑧	⑨	⑩
단면결정계	완성계	완성계	완성계	완성계	완성계	완성계	완성계	완성계	가설계	완성계
Deck Pl ㎜	32	19	19	19	16	16	14	14	14	14
(재질)	(SM58)	(SM50Y)	(SM50Y)	(SM50Y)	(SM50Y)	(SM50Y)	(SM50Y)	(SM50Y)	(SM50Y)	(SM50Y)
Web Pl ㎜	38	23	23	16	16	12	12	12	12	12
(재질)	(SM58)	(SM58)	(SM58)	(SM58)	(SM58)	(SM50Y)	(SM50Y)	(SM50Y)	(SM50Y)	(SM50Y)
L Fig Pl	32	32	700×34	700×30	700×30	600×25	600×25	450×22	570×25	450×22
(재질)	(SM58)	(SM58)	(SM58)	(SM58)	(SM58)	(SM50Y)	(SM50Y)	(SM50Y)	(SM50Y)	(SM50Y)

그림 1-9 보강거더 단면 구성도

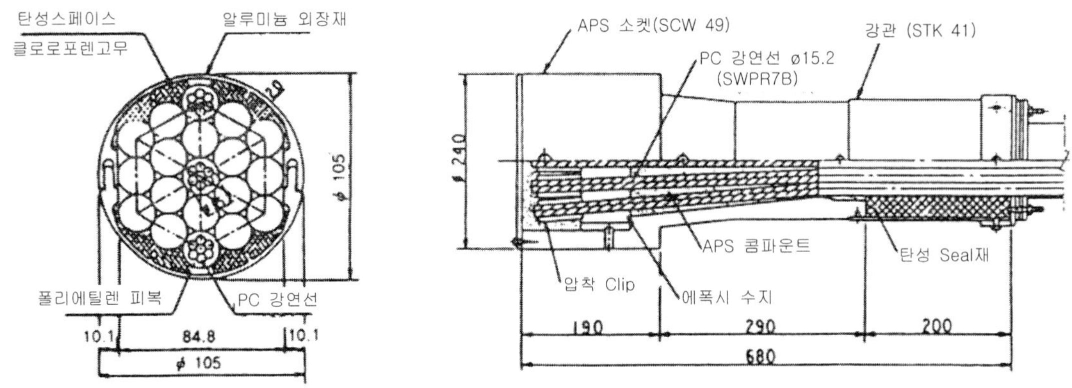

그림 1-10 케이블단면 및 앵커 구조도

표 1-1 케이블의 특성

인장강도	190kgf/㎟ 이상(SWPR 7B)
피로강도	20kgf/㎟ 이상
탄성계수	19,500kgf/㎟ 이상
콤파운드의 열변형계수	70℃ 이상
방식방법	PC강연선의 폴리에틸렌피복+알미늄 커버

(7) 거더단부 우각부

거더단부 구조는 아치리브, 보강거더, 강바닥판 단부 가로보가 교차하는 구조로 되어 있고, 부재간의 응력전달상태는 복잡해진다. 따라서 거더단부 우각부의 설계에 있어서는 FEM해석을 하여 각 부재의 응력상황을 분석하고, 우각부 구조의 안전성을 확인하였다.

(8) 부대공

받침은 모든 방향에 걸쳐 회전이 자유로운 Pivot 받침을 적용하였다. 신축이음장치는 비배수형의 강핑거 조인트를 적용하였다.

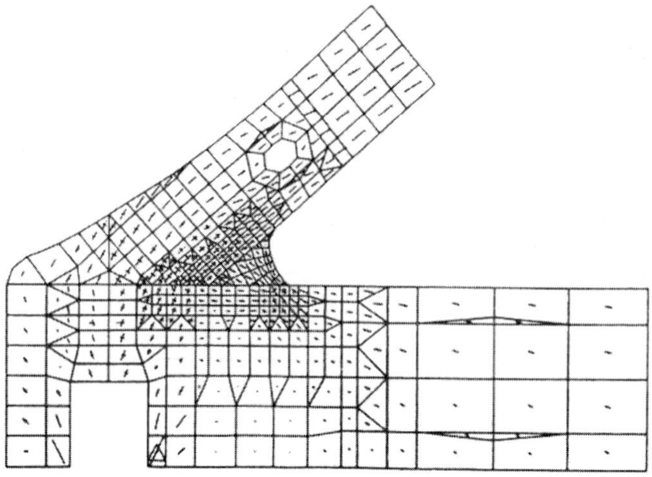

그림 1-11 우각부의 FEM해석

1.3 가설단계 설계

1.3.1 동적해석 검토

운반 및 가설시에는 FC의 요동에 따라 교량구조에 동적하중이 작용한다. 동적해석에 따른 본교의 구조특성 및 블록가설시의 특성을 아래에 제시한다.

① 본 닐센교는 그 중량이 크고, 강바닥판의 폭원이 크기 때문에 전체중량에서 보강거더측이 차지하는 비율이 크다. 또 보강거더는 I형 단면이고 그 강성은 작다.

② 일반적으로 아치계 교량은 완성계(지점 지지계)에서 아치리브가 축력 부재이기 때문에 처짐이 작은 구조물이다. 그러나 이러한 교량에서는 아치리브에 인양점(Lifting Point)을 설치하는 대블록 가설계가 되고, 아치리브는 휨부재가 되며 처지기 쉬운 구조물이 된다. 따라서 완성계와 비교해서 가설계의 교량 고유주기는 크다고 할 수 있다.

③ 사재는 압축저항성이 없는 케이블이고, 케이블은 압축하는 변동하중에는 저항하지 않는다.

이상과 같이 본교는 트러스교와 비교하면 전체적으로 유연한 구조물이고, 가설시 동하중에 대해서는 응답이 민감할 가능성이 있다. 따라서 본 검토에 있어서 동적해석에 의해 가설안전성을 조사한다.

해석은 평면모델을 사용하고, 가설시에 압축이 되는 사재는 제외하였다. 지점은 대블록 가설시의 인양점으로 한다. 동적하중으로서는 FC요동에 따른 교량구조물의 가속도 계산을 하고, 그 값은 0.10g로 하였다. 1~20차의 진동모드에서 고유치 및 주파수 0.05~15.0Hz(이 사이에 40종의 주파수를 설정)에 대한 응답치(축력, 전단력, 휨모멘트)를 계산하였다.

대블록 가설계의 고유치 및 해석결과는 1차모드:주기 2.7초, 2차모드:주기 0.71초, 3차모드:주기 0.54초였다.

FC의 요동주기는 6~7초로 예상되고, 교량구조와 고유주기 차이가 크기 때문에 공진현상은 일어날 수 없다고 생각된다. FC의 요동주기를 6초로 가정한 경우의 교

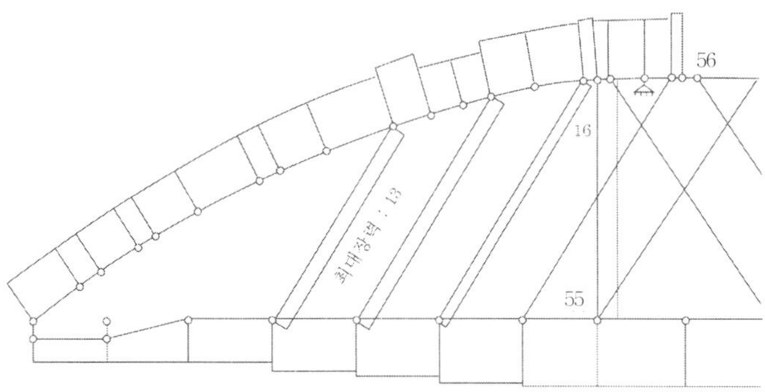

그림 1-12 주기 6초시의 응답 축력도(단위 : tonf)

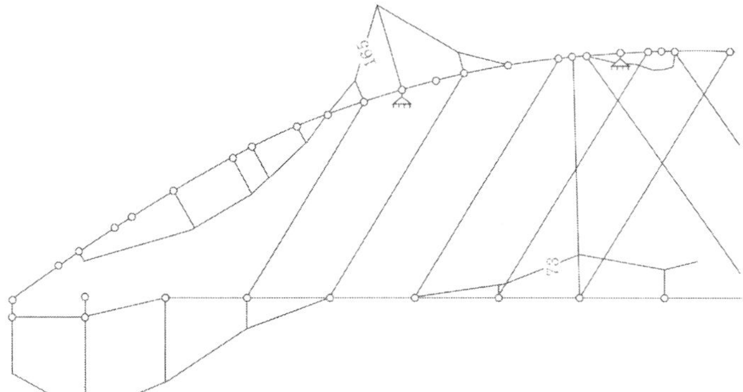

그림 1-13 주기 6초시의 응답 모멘트(단위 : t · m)

량구조체 응답을 그림 1-12, 13에 제시하였다. 응답치는 정하중에 의한 단면력의 10% 정도이고, 가속도 0.10g와 일치한다.

따라서, 교량구조체는 FC의 요동에 대하여 강체운동을 하고 있다고 생각된다. 가설계의 교량구조체 조사 및 가설지주 설계에 대한 하중으로서 충격계수 0.15로 하고 있지만 상기결과로 볼 때 적절한 안전율이라고 볼 수 있다.

1.3.2 가설시 특수하중의 검토

케이블 장력조정을 현장가설 후에 하는 경우, 케이블 장력오차가 가설시에 남아 있는 상태로서 가설시 단면력에 영향을 준다. 케이블 장력에 영향을 주는 오차로서 다음과 같은 것이 있다.

① 해석오차

- 하중오차 : 가정 강재중량과 실제 강재중량의 차이
  용융도금, 용접, 도장, 홀(HOLE), 강판두께 등에 의한 오차
- 강도오차
- 골조형상오차

② 계측오차

- 계측오차 : 지상조립시 케이블 정착점간 거리의 측량오차
- 온도오차 : 계측시간 중 본체구조물의 온도변화
  계측시의 교량구조체 각 부분의 온도차

③ 캠버오차(무응력 지상조립시에 내부응력으로 잔류되는 오차)

- 조립오차
- 강바닥판 현장용접에 따른 변형량의 오차

④ 케이블의 오차

- 케이블 탄성계수의 오차
- 무응력장의 측량 오차

이러한 오차에 대해 정량적인 예상을 하여 각 부재의 단면력을 산출하고 그 변화율을 표 1-2에 나타내었다.

표 1-2 오차에 의한 단면력 변화율

오 차		오차원인	허용오차	대상부재	변화율α	비 고
해석 오차	하중오차	가정하중과 실하중의 오차	+ 2.5%		+ 0.025	
	강도오차	하현재의 강도오차	강바닥판 전폭 유효	하현재 상현재 케이블	+ 0.043 − 0.077 − 0.055	
		상현재 케이블 설치 지점의 강도오차	플랜지 전폭 유효	하현재 상현재 케이블	− 0.055 − 0.000 − 0.068	
	골조오차	해석모델과 실모델의 오차		하현재 상현재 케이블		제작가설시 골조형상오차에 대해서는 단면력에 주는 영향이 작으므로 무시한다.
케이블 정착 구간의 거리 오차	계측오차	케이블 정착구간의 거리측정 오차	± 5mm	하현재 상현재 케이블	± 0.091 ± 0.044 ± 0.079	
	온도오차	케이블 정착구간의 거리측정시 온도에 의한 오차	± 5℃	하현재 상현재 케이블	± 0.035 ± 0.015 ± 0.015	
캠버 오차	조립오차	상현재 조립시 벤트 반력의 오차	10t	하현재 상현재 케이블	± 0.030	
	강바닥판 조립에서 캠버오차	강바닥판 용접시 수축에 의한 오차	± 50mm	하현재 상현재 케이블	± 0.151 ± 0.014 ± 0.000	
케이블 오차	탄성계수 오차	케이블 탄성계수의 오차	1.95×10^6kgf/㎠ ~1.97×10^6kgf/㎠		± 0.010	
	무응력장의 계측오차	케이블 무응력장의 계측오차	± 5mm	하현재 상현재 케이블	± 0.091 ± 0.044 ± 0.079	

이상의 오차에 따른 단면력 변화율을 구하고 각 부재로의 특수하중에 대한 할증계수로서 설정하였다.

- 하현재 : $\sqrt{a_1^2 + a_2^2 + a_3^2 \cdots} = 0.208 \rightarrow 0.25$
- 상현재 : $\sqrt{a_1^2 + a_2^2 + a_3^2 \cdots} = 0.077 \rightarrow 0.10$
- 케이블 : $\sqrt{a_1^2 + a_2^2 + a_3^2 \cdots} = 0.116 \rightarrow 0.15$

1.4 가 설

지상조립 장소는 매립지이므로 지내력이 작아 400H 말뚝으로 기초를 설치했다. 말뚝은 N치 20~30까지 관입시키고 본당 80tonf의 지지력을 확보하였다.

거더의 조립은 89년 1월 하순에 시작하여 아치조립을 5월 중순에 완성하였다. 그 후 케이블가설, 이음판 도장, 부속물의 부착 및 가설이동준비를 하였다. 6월 25일 해상압출을 예상했으나 태풍의 영향으로 인해 허용기준을 초과하는 파랑이 발생하므로 중지하였으며, 7월 9일 해상압출에 의해 가설을 실시하였다.

가설지점은 간자끼하천 항로상이고, 선박의 통행이 많기 때문에 휴일날 항로를 전면 폐쇄하고, FC에 의한 대블록 일괄가설을 하였다.

1.4.1 교량구조의 지상조립

(1) 지상조립

공장제작된 블록을 해상수송에 의해 지상조립장으로 운반해 전체 조립을 하였다. 보강거더, 강바닥판, 브라켓의 조립은 150tonf 크롤러크레인에 의해 중앙에서 단부를 향해 순차적으로 대칭조립하였다. 또한 옥외용접에 따른 거더의 수축영향을 고려하여 캠버를 주었다. 그 후 고장력볼트 체결을 하고, 아치조립을 하였다. 300tonf 크롤러크레인을 이용하여 강바닥판 위에 벤트 8조, 가설지주 4조를 조립하고, 단부로부터 중앙을 향해 조립하고 아치를 폐합하였다.

벤트를 해체·철거 후 케이블의 설치길이를 측량하고, 케이블 가설을 하였다. 케이블 설치길이의 실측은 피아노선을 케이블 소켓 정착면에 걸쳐 연결하고, 10kgf의 장력을 도입한 상태에서 미리 마킹해둔 점으로부터 하현재 정착면과의 거리를 실측했다.

교량본체의 온도가 안정된 이른 아침에 케이블 56본의 측량을 하고, 3일간의 측량평균길이를 사용하여 필러 플레이트 두께를 결정하고 케이블 설치를 하였다.

(2) 현장용접

지상조립시 강바닥판의 이음은 현장용접으로 시행하였다.

교축방향이음이 4열, 교축직각방향 이음이 10열로서, 용접은 SAW(Submerged Arc Welding)에 의해 중앙에서 단부를 향해 대칭시공하였다. 용접검사에서 용접선의 단부 및 교차부는 X-선 검사를 하고, 중간부는 용접선 1m마다 초음파탐상에 의해 검사했다.

1.4.2 가설공법의 선정

가설공법으로서 벤트공법, 대선공법, FC공법에 대해 비교검토하였다. 교량형식, 구조물 중량(3,200tonf), 가설지점의 조건 및 공기, 작업성, 경제성을 비교하여 공법 선정을 하였다. 그 결과 주된 요인으로서 가설지점은 간자끼하천의 항로이므로 항로의 전면폐쇄를 위해 가장 단기간에 가설이 가능한 'FC공법에 의한 대블록 일괄가설공법'을 적용하였다. 현지 수심은 공사착수를 하자마자 수심측량을 하고 사용할 FC의 선정조건을 검토하였다.

1.4.3 인양기구

교량 구조물의 일괄 인양에 대해 상현재에 인양점(Lifting Point)을 설치하는 경우와 하현재에 인양점을 설치하는 경우에 대해 표 1-3과 같이 비교검토를 하고, 상현재 인양을 적용하였다.

인양기자재는 16개소에서 아치단면과 일체구조로 하고 가설완료후 절단 해체 · 철거하였다.

가설지주는 아치 지상조립시의 벤트 역할 및 가설시 구체의 형상 유지를 하기 위해 2가지 상태를 고려하여 설계하였다.

가설지주는 일괄가설 완료 후 지점 지지상태에서 1본당 120tonf의 인장력이 작용한다. 그러므로 가설지주의 해체를 용이하게 하기 위해 지상조립시에 프리스트레스로서 약 60tonf의 압축력을 도입하였다. 가설지주의 해체시 4개의 지주에는 미리 잭을 설치하여 4개소가 연동으로 인장력을 풀고, 지주해체를 하였다.

표 1-3 인양 방법의 비교

구 분		아치 인양		하현재 인양	
개요도		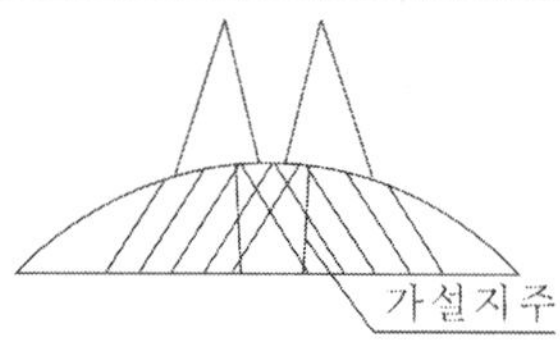		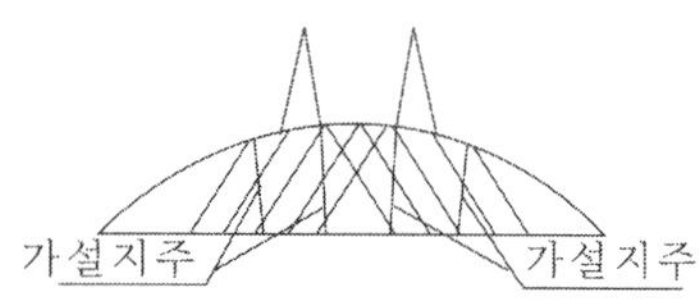	
가설지주		작용력(N)=60t(인장) 프리스트레스 63t(압축) 50% 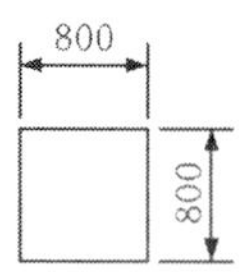 자주중량 : 90t	○	작용력(N)=390t(압축) 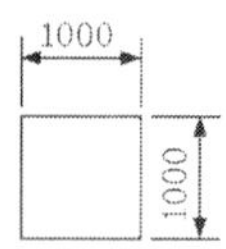 자주중량 : 250t	×
본체의 보강		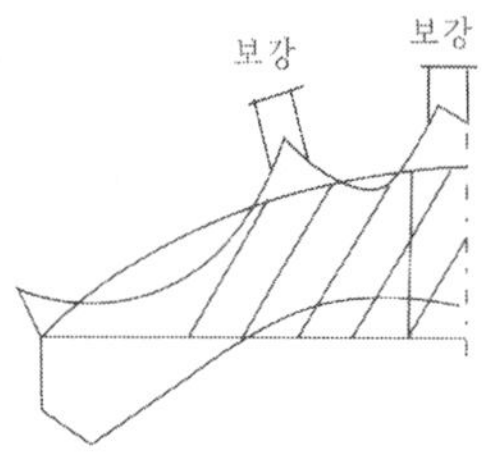 1) 아치리브의 강성이 크다. 2) 하현재의 보강은 부모멘트부에서 수평보강만 추가	△	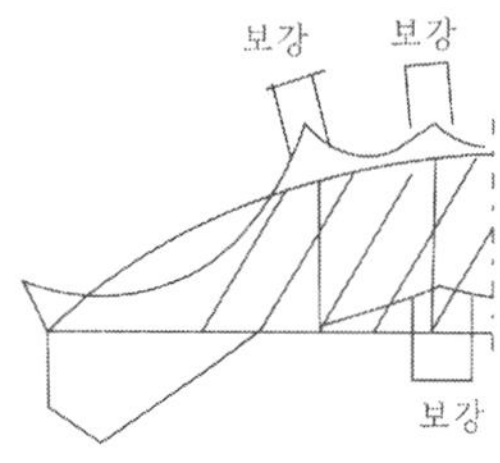 1) 아치리브의 강성이 비교적 작다. 2) 하현재의 보강 필요 3) 인양점의 보강증대	△
작업성	작업대	아치 인양이므로 아치리브면에 와이어 설치 작업대가 필요	△	강바닥판에서 와이어 연결이 되므로 특별한 작업대는 필요없음	○
	와이어링	고소작업이나 와이어의 연결작업에 대한 문제가 적음	△	사재케이블과 인양와이어가 교차하므로 대단히 복잡	×
평 가		○		△	

1.4.4 케이블 구조 및 가설

(1) 케이블 구조

폴리에틸렌으로 피복한 PC강연선(ø15.2mm)을 19본 묶고, 탄성스페이스를 끼워서 두께 2mm의 알미늄 커버를 사용하고 있다. 따라서 폴리에틸렌 피복과 알미늄 커버에 의한 2중방식을 기대할 수 있다. 소켓내에 충진되어 있는 에폭시 수지는 피로강도의 증대에 기여할 수 있다. 또 소켓 단부에는 내부로 물의 침투를 방지하기 위해 씰(Seal)재를 충진하고 있다. 이 케이블의 기본적인 역학적 특성, 설계법 등에 대해서 문헌에 정리되어 있으나, 닐센교에 적합하도록 정착부 구조가 변경되어 있고 시공실적이 적기 때문에 다양한 실험이나 검토를 하여 설계·시공을 진행하였다.

본 케이블의 역학적 특성에 관하여 한신고속도로공단으로부터 교토대학에 피로강도의 확인 및 크립 릴렉세이션 특성파악 연구를 위탁하였다.

그 결과 소정의 성능을 확보하고 있음을 확인하였다. 또 기업체에서도 케이블의 진동실험, 에폭시 수지의 열변형실험, 다음 항에 제시하는 케이블의 가설실험을 행하고, 케이블로서의 실용성을 확인 후에 시공하였다.

(2) 케이블의 가설

일반적인 케이블가설과 같이 케이블가설 후에 알미늄 커버를 설치하는 방법을 적용하면 알미늄 커버의 구조 때문에 별도의 작업대가 필요해지고, 공정상으로도 대단히 긴 공기가 필요해진다.

따라서 본교에서는 알미늄 커버가 부착된 상태로 가설하는 방법을 적용하였다. 그러므로 케이블은 알미늄 커버에 의해 로드에 가까운 상태가 되고, 케이블에 절곡이 생기면 외부도장재가 파손하게 된다.

그러므로 알미늄 커버에 손상이 생기지 않도록 연구되었다. 특수한 케이블 홀더를 사용해서 케이블가설을 하게 되었으며, 작업성확인을 위해 시공실험을 하였다.

실험에 사용한 케이블은 길이 21m로서 편측단부의 일부를 제거한 알미늄 커버를 취부해서 실교와 동일조건의 작업공간을 설치해서 가설 및 끌어올리는 실험을 하였다.

36m의 케이블에 대해서는 케이블 홀더만으로 작업성 확인실험을 하였다.

실험결과로부터 케이블 홀더에 의해 알미늄 커버에 손상됨이 없이 가설 가능함이 확인되었다. 작업성 측면에서 20m 이상의 케이블은 2대의 크레인에서 2개의 리프트에 의해 가설함으로 작업성에 지장이 없음을 확인하였다.

1.4.5 운반 및 가설

(1) 받침의 설치

받침구조로서는 Pivot형, Pivot-Roller형을 적용하였으나, 일괄가설시 주거더와 받침의 연결이 용이하도록 상부받침의 돌기 부위를 크게 하여 설치가 용이하도록 하였다.

준비작업으로서 지상조립시 지지점간의 실측 및 인양 단계에서 지점이동을 고려하여 받침의 가거치를 하였다. 받침주변의 4변에는 미세조정용으로 고정반력대를 교각에 용접하고, 받침사이에는 유압잭(50tonf)을 8대 설치하였다.

가설당일은 약간의 비가 있었고 받침에 거치될 때의 구조물 온도는 25℃였다.

상부받침과 솔 플레이트의 간격이 100mm 정도까지 교량구조체를 하강시킨 단계에서 상부받침의 방향 조정과 셋팅볼트의 삽입을 하였다.

사진 1-1 케이블의 가설

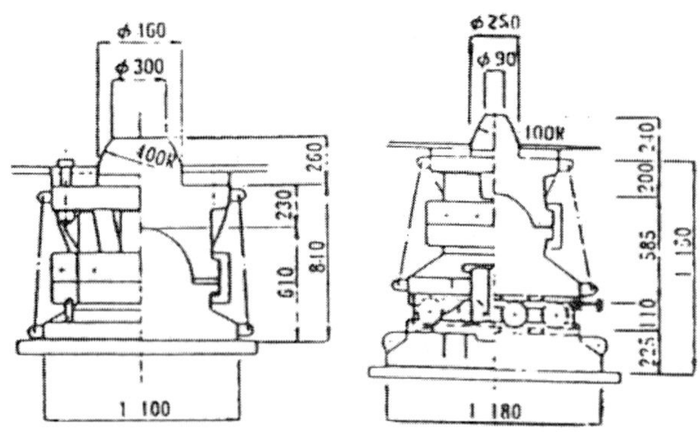

(a) 고정단 (b) 가동단

그림 1-14 받침형식

교축방향에 대해서는 인양하였을 때 지점이동 및 온도변화를 산출하고, 가동받침의 상부받침을 중립위치에서 고정측으로 45mm 밀어서 받침에 거치시켰다.

교축직각방향의 가설은 교량구조체와 하부공 사이에는 5℃의 온도차가 있었다. 그 온도차를 제거하기 위해 유압잭을 사용하고 교량구조체와 하부공과의 온도가 같아지는 야간에 미세조정을 하였다.

(2) 해상압출 및 운반

① FC의 선정 : 가설지점의 수심은 만조시 4.9m로 하였다.

일본에 있는 3,500tonf급의 FC에서는 3,200tonf의 인양하중에 대해 6.0m 전후의 흘수가 된다. 그러므로 현지 진입에는 3,200tonf의 인양중량이지만 흘수가 4.4m 정도 되는 4,100tonf의 FC를 사용하였다.

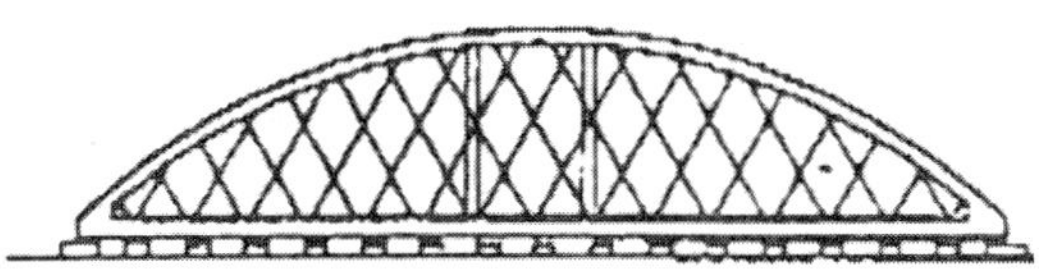

그림 1-15 지상조립 완성 상태

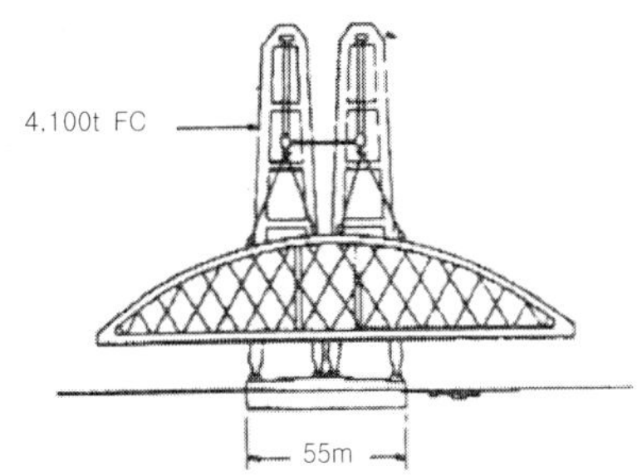

그림 1-16 4,100tonf FC에 의한 해상압출

② 일괄인양 해상압출

인양에 앞서 와이어링의 평균화 및 체크를 위해 50% 부하의 시험인양을 하고, 시공안전성을 확인하였다.

③ 운 반

교량구조체는 지상조립장에서 간자끼하천 입구까지 약 18km를 들어올린 상태에서 예항하였다. 이때 소요시간은 3시간, 예항선으로는 주예항선 6,000ps과 3,000ps의 보조예항선 4척으로 예항하고, 하구부근에서 주예항선 6,000ps를 3,000ps 2척으로 교환해서 가설지점까지 진입하였다. 운반선단배치를 그림 1-17에 제시하였다.

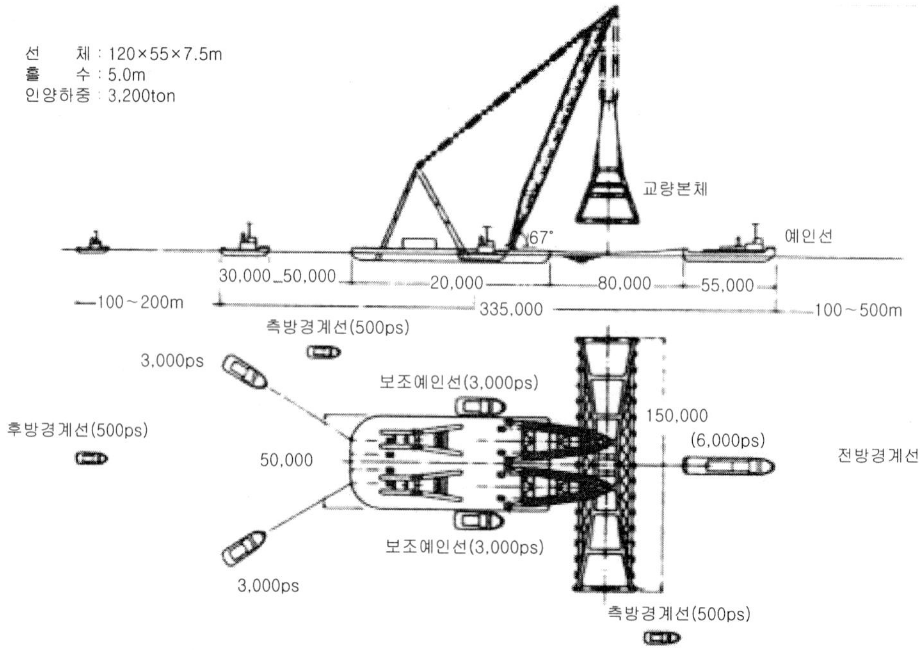

그림 1-17 아치운반 선단도

④ 일괄가설

가설시의 작업은 다음 항목에 유의하여 관리를 하였다.

i) FC의 하중계에 의한 하중관리

ii) 양정관리

iii) 교량구조체의 처짐관리

iv) 흘수관리(Ballast 조정관리)

v) 트림(Trim)에 따른 리치관리

vi) 시간공정관리

이상의 작업관리에 따라 교량을 들어올린 FC가 현지진입을 개시하여 가설위치를 맞추고, 계류시 단시간안에 교량을 교각에 설치한 후 하중제거, 와이어링의 해체, 계류와이어의 하중제거, FC의 철수 등 일련의 공정을 연속된 시간으로 하여 무사히 종료할 수 있었다.

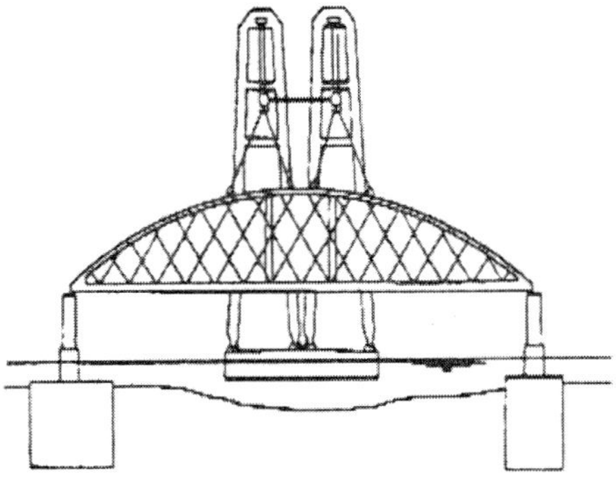

그림 1-18 아치일괄가설 상황도

사진 1-2 거치전경

⑤ 실시공정

지상조립장에서 일괄가설까지 날씨 등으로 인해 가설일시의 변경이 생겼으나, 최종적으로는 무사히 끝낼 수가 있었다.

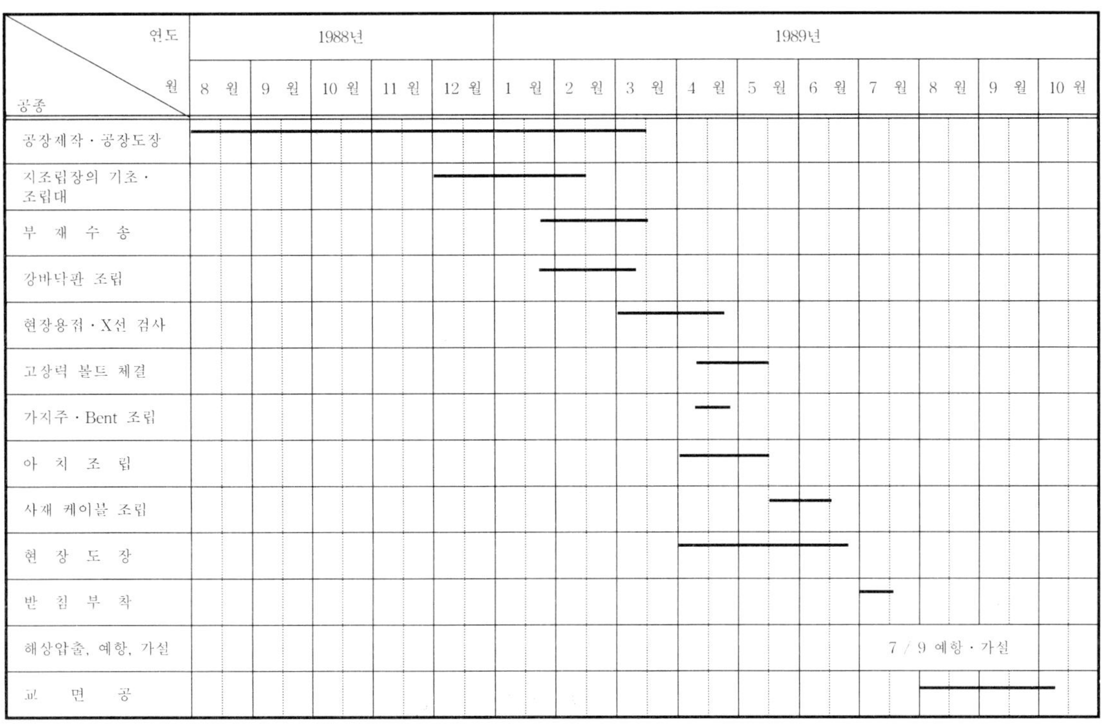

그림 1-19 제작·가설 실시공정도

1.5 케이블의 장력조정

1.5.1 장력조정 개요

닐센아치교에 있어서 케이블장력조정은 가설정밀도의 향상을 도모하는 일이나, 구조물에 작용하는 여러가지의 단면력 및 형상을 극한설계치에 근접하는 상태까지 극히 중요한 작업의 하나이다.

본교에서는 교량형식 및 과거의 실적 등을 고려하여 그림 1-20에 제시한 바와 같이 케이블장력에 우선한 경우의 장력조정량과, 노면계획고에 우선한 경우의 캠버조정량방법이 있으며 독립한 2개의 Shim 조정량에 기초하여 최적의 Shim 조정량을 결정하는 방법을 사용하기로 하고, 케이블의 장력조정은 교량구조체의 일괄가설 직후와 연석 · 난간 · 중앙분리대 시공 후 2회에 걸쳐 하기로 하였다.

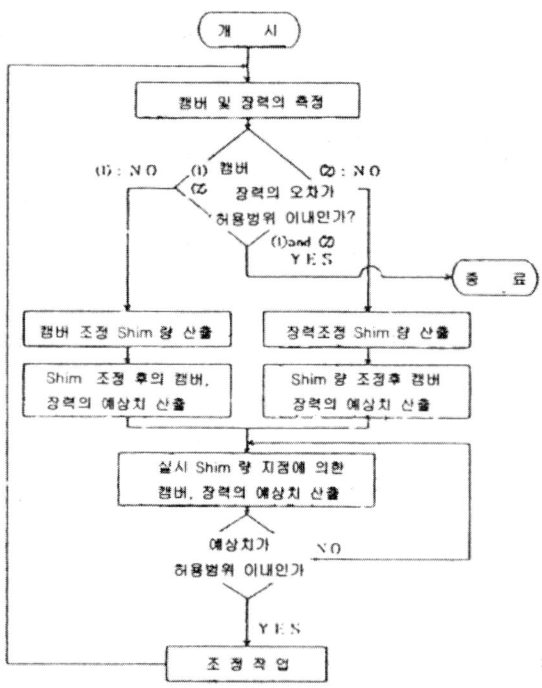

그림 1-20 장력조정 순서도

1.5.2 장력측정

장력측정 목표값의 오차에 있어서 설계시에는 「고정하중+프리스트레스」에 의한 장력의 10%를 고려하고 있다. 케이블 목표장력과 측정장력의 차이는 고정하중, 단면정수, 골조형상, 케이블의 정착구간 거리, 온도차, 장력계측방법의 오차에 따라서 생기는 것으로 생각할 수 있다. 그러므로 미리 이러한 오차요인과 영향을 가능한 한 정량적으로 파악하고, 그러한 요인의 영향을 고려해서 측정시 관리목표를 설정하였다.

전술한 오차 중에서 Shim에 의해 조정가능한 오차로서는 케이블정착구간의 거리이고, 고정하중강도, 단면정수는 정량적으로 파악하는 것이 곤란하며 그것은 오차로서 남아 있다. 또 측정된 장력도 측정기기내의 유효숫자 사사오입, 부재간의 온도차에 의해 오차가 생기고 있다. 따라서 본교에 있어서 각 부재간의 온도가 작아지는 야간에 계측하기로 하고, 이때 허용온도차를 3℃로 하였다.

온도차 및 측정기기에 의한 오차는 독립해 있기 때문에 2개 오차로서 설계에서 고려된 장력오차 ±10%를 적용하지 않고, 장력관리 목표값을 ±5%로 하였다.

온도관리를 위해 구조물 각 부재에 온도센서를 설치하고, 장력측정 전후에 온도를 계측했다. 케이블의 장력측정은 케이블을 인력에 의해 가진시켜 고유진동수를 측정하고, 사전에 공장제작시 검증된 장력-고유진동수 변환식을 이용하여 작용장력을 구하였다.

일반적으로 케이블장력과 고유진동수 사이에는 대단히 높은 상관성이 있고, 많은 논문들도 발표되고 있다. 그렇지만 본교의 케이블은 알루미늄 HDPE관을 적용하고 있기 때문에 알미늄 커버의 질량이나 강성이 케이블의 장력-고유진동수에 적지 않은 영향을 미친다고 생각되며, 지금까지 일반적으로 사용되고 있는 현의 진동식에 의해서는 산출할 수 없는 것으로 생각된다. 그러므로 케이블의 공장제작에 앞서, 진동실험을 하여 그 상관성에 대해 조사하였다. 그 결과로는

① 알미늄 커버를 장착한 경우와 장착하지 않은 경우에 장력-고유진동수 관계에 차이가 있었다. 따라서 알미늄 커버의 유무의 영향은 무시할 수 없음을 알 수 있다.

② 알미늄 커버를 장착하지 않은 경우에는 실험치와 이론치는 비교적 일치한다는 것을 알 수 있다.

③ 알미늄 커버를 설치한 경우의 실험치와 알미늄 커버의 휨강성을 고려한 이론치 사이에는 상당한 차이가 있었다.

④ 알미늄 커버를 설치한 경우에도 장력-고유진동수의 관계에서는 상당한 상관성이 있음이 확인되었다.

이상에 의해 케이블의 장력측정은 진동법으로 하기로 하고 공장제작단계에서 알미늄 커버를 장력-고유진동수 특성을 조사하기로 했다.

그림 1-21에서는 장력측정위치, 그림 1-22에서는 사용한 계측기기를 나타내었다.

1.5.3 Shim 조정량의 산출

Shim 조정량의 산출은 우선 입체골조구조해석에 의해 장력영향 매트릭스 및 변위영향 매트릭스를 구했다. 다음에 최적 Shim량 계산에서는 비선형계획법을 사용하여 최적화를 하였다.

1.5.4 장력조정결과

표 1-4에는 케이블장력의 조정결과를 나타낸다. 우선 강구조의 가설이후 제1회 조정에서는 계산장력과 계측장력과의 비교한 것을 고려하여 미세조정을 하였다. 그 결과 전체케이블의 40%(24개소)에서 6~13mm의 Shim을 삽입 또는 제거하였다. 제

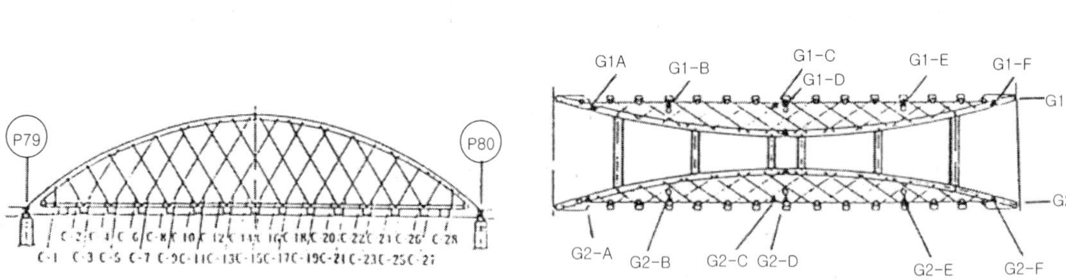

그림 1-21 계측 위치

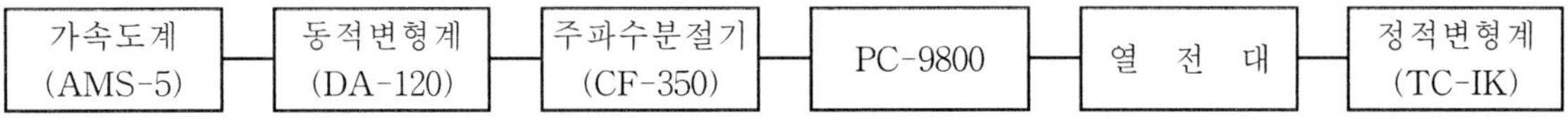

그림 1-22 계측 시스템

1회의 Shim 조정 후 계산장력과 계측장력이 잘 일치하고 있음을 확인하였다. 제2회의 Shim 조정에서는 전체케이블의 80%(45개소)를 조정했다. 그 결과 전체의 약 90%가 5% 정도의 장력오차범위에 있었다. 그래서 최종적으로 3회 조정은 6개의 케이블에 대해서만 시행하였다.

이상의 결과로서

① 각 케이블의 목표장력에 대한 오차는 5% 정도의 범위내로 되었다.

② 단부의 짧은 케이블은 목표장력과의 오차가 10% 정도이지만 다음의 판단에 의해 현상태 그대로 두었다.

i) 목표장력이 다른 케이블과 비교해서 작고, 장력차이가 2.5tonf 정도이며 다른 케이블의 장력오차값과 비슷한 정도로 되어 있다.

ii) 단부 케이블은 길이가 짧기 때문에(7m 정도) 단위 Shim(1mm)에 대한 장력변동이 5tonf 정도이고, 조정작업을 하더라도 5% 정도 범위내에 들어가는 것은 곤란하다.

iii) 노면계획고의 오차도 허용범위 이내에 있다.

또 보도부, 난간, 중앙분리대 시공이후의 실측에 있어서도 약간의 오차변화가 있었으나 허용범위 이내이므로 Shim 조정은 하지 않았다.

이상의 결과로부터 Shim에 의한 장력조정에 따라 본교의 케이블장력은 거의 조정된 것으로 볼 수 있다(표 1-4 참조).

표 1-4 케이블의 장력조정결과

케이블 NO.	강 교 가 설 후												2차 고정하중 재하		
	목표 장력 T_0 (t)	Shim 조정전		제1회 Shim 조정			제2회 Shim 조정			제3회 Shim 조정			목표 장력 T_0 (t)	실측치 T (t)	오차 (%)
		실측치 T (t)	오차 (%)	Shim △ (mm)	실측치 T (t)	오차 (%)	Shim △ (mm)	실측치 T (t)	오차 (%)	Shim △ (mm)	실측치 T (t)	오차 (%)			
G1-C 1	22.10	7.24	67.2	6.0	31.87	-44.2	-2.0	22.50	-1.8	0.0	22.88	-3.5	26.80	25.22	5.9
G1-C 2	46.00	32.66	29.0	9.0	44.34	3.6	0.0	46.73	-1.6	0.0	46.73	-1.6	55.30	52.58	4.9
G1-C 3	33.70	37.57	-11.5	0.0	40.77	-21.0	-3.0	34.43	-2.2	0.0	34.43	-2.2	37.90	39.16	-3.3

표 1-4 케이블의 장력조정결과(계속)

케이블 NO.	강 교 가 설 후													2차 고정하중 재하		
	목표 장력 T_0 (t)	Shim 조정전		제1회 Shim 조정			제2회 Shim 조정			제3회 Shim 조정			목표 장력 T_0 (t)	실측치 T (t)	오차 (%)
		실측치 T (t)	오차 (%)	Shim △ (mm)	실측치 T (t)	오차 (%)	Shim △ (mm)	실측치 T (t)	오차 (%)	Shim △ (mm)	실측치 T (t)	오차 (%)			
G1-C 4	36.80	23.89	35.1	10.0	36.98	-0.5	0.0	38.14	-3.6	-1.0	35.83	2.6	45.30	44.10	2.7
G1-C 5	28.10	36.79	-30.9	-10.0	20.00	28.8	5.0	28.20	-0.4	0.0	28.20	-0.4	34.50	36.79	-6.6
G1-C 6	33.30	33.94	-1.9	0.0	28.63	14.0	2.0	27.38	17.8	3.0	31.23	6.2	41.40	39.71	4.1
G1-C 7	36.10	39.39	-9.1	0.0	41.97	-18.0	-4.0	34.35	4.8	0.0	34.35	4.8	43.90	41.97	4.4
G1-C 8	33.10	31.49	4.0	0.0	31.49	4.9	1.0	31.49	4.9	1.0	31.49	4.9	40.90	39.36	2.5
G1-C 9	37.40	35.26	5.7	0.0	35.26	5.7	2.0	35.26	5.7	0.0	35.26	5.7	45.60	46.49	-1.9
G1-C10	33.50	35.33	-5.5	0.0	35.33	-5.5	0.0	33.28	0.7	0.0	33.28	0.7	41.10	43.97	-7.0
G1-C11	36.90	24.54	33.5	9.0	33.53	9.1	5.0	36.54	1.0	0.0	36.54	1.0	45.30	48.65	-7.4
G1-C12	35.50	31.88	10.2	0.0	31.88	10.2	4.0	34.23	3.6	0.0	34.23	3.6	43.30	44.03	-1.7
G1-C13	36.70	33.26	9.4	0.0	30.39	17.2	8.0	36.15	1.5	0.0	36.15	1.5	45.00	44.85	0.3
G1-C14	36.70	37.51	-2.2	0.0	37.51	-2.2	1.0	34.85	5.0	0.0	34.85	5.0	44.40	42.95	3.3
G1-C15	36.30	32.67	10.0	0.0	32.67	10.0	6.0	35.32	2.7	0.0	35.32	2.7	44.40	43.44	2.2
G1-C16	37.20	33.01	11.0	0.0	33.01	11.3	5.0	35.74	3.9	0.0	35.74	3.9	44.90	44.22	1.5
G1-C17	35.20	31.86	10.0	0.0	36.45	-3.6	2.0	31.68	10.0	2.0	34.05	3.3	43.20	43.87	-1.5
G1-C18	37.60	24.86	33.9	7.0	33.59	10.7	4.0	36.54	2.8	0.0	36.54	2.8	45.20	45.55	-0.8
G1-C19	33.40	42.05	-25.9	-8.0	28.97	13.3	6.0	33.20	0.6	0.0	33.20	0.6	41.00	42.05	-2.6
G1-C20	38.10	37.37	1.9	0.0	37.37	1.9	0.0	37.37	1.9	0.0	87.37	1.9	45.50	42.76	6.0
G1-C21	33.10	32.47	1.0	0.0	32.47	1.9	3.0	30.74	7.1	1.0	32.47	1.9	40.80	41.52	-1.8
G1-C22	36.80	42.45	-15.4	0.0	42.45	-15.4	-4.0	37.13	-0.9	0.0	37.13	-0.9	43.60	42.45	2.6
G1-C23	33.30	25.06	24.7	8.0	32.81	1.5	3.0	32.81	1.5	0.0	32.81	1.5	41.00	41.44	-1.1
G1-C24	28.50	25.68	9.9	0.0	25.68	9.9	2.0	27.84	2.3	0.0	27.84	2.3	34.00	34.43	-1.3
G1-C25	36.70	34.34	6.4	9.0	28.63	22.0	5.0	34.34	6.4	0.0	34.34	6.4	44.70	41.86	6.4
G1-C26	33.70	27.57	18.2	6.0	33.87	-0.5	0.0	32.26	4.3	0.0	32.26	4.3	37.40	35.49	5.1
G1-C27	45.80	25.51	44.3	13.0	47.01	-2.6	0.0	43.53	5.0	0.0	43.53	5.0	54.60	50.59	7.4
G1-C28	22.40	7.77	65.3	7.0	30.36	-35.5	-1.0	23.24	-3.7	0.0	23.59	5.3	27.00	28.04	-3.8
G2-C 1	21.80	7.03	67.8	7.0	29.13	-33.6	-2.0	19.27	11.6	0.0	19.27	11.6	26.20	23.13	11.7
G2-C 2	45.50	27.84	38.8	13.0	43.73	3.9	0.0	46.17	-1.5	0.0	47.00	-3.3	54.40	53.89	0.9
G2-C 3	31.60	43.48	-37.6	0.0	38.57	-22.1	-4.0	32.26	-2.1	0.0	32.26	-2.1	34.70	35.38	-2.0
G2-C 4	37.00	32.55	12.0	10.0	35.82	3.2	0.0	35.82	3.2	0.0	35.82	3.2	45.30	43.92	3.1
G2-C 5	26.20	27.52	-5.0	0.0	27.52	-5.0	-2.0	25.38	3.1	0.0	27.52	-5.0	31.20	31.86	-2.1
G2-C 6	34.00	25.91	23.8	8.0	30.26	11.0	3.0	34.72	-2.1	0.0	34.72	-2.1	42.20	43.99	-4.2
G2-C 7	34.70	38.48	-10.9	0.0	38.48	-10.9	-3.0	35.87	-3.4	0.0	35.87	-3.4	41.20	43.81	-6.3
G2-C 8	34.00	33.20	2.4	0.0	29.81	12.3	4.0	33.20	2.4	0.0	33.20	2.4	42.20	42.18	0.1
G2-C 9	36.30	42.62	-17.4	0.0	42.62	-17.4	-5.0	34.61	4.7	0.0	34.61	4.7	43.50	45.38	-4.3

표 1-4 케이블의 장력조정결과(계속)

케이블 NO.	강 교 가 설 후												2차 고정하중 재하		
	목표장력 T_0 (t)	Shim 조정전		제1회 Shim 조정			제2회 Shim 조정			제3회 Shim 조정			목표장력 T_0 (t)	실측치 T (t)	오차 (%)
		실측치 T (t)	오차 (%)	Shim △ (mm)	실측치 T (t)	오차 (%)	Shim △ (mm)	실측치 T (t)	오차 (%)	Shim △ (mm)	실측치 T (t)	오차 (%)			
G2-C10	34.40	34.74	-1.0	0.0	34.74	-1.0	3.0	32.78	4.7	0.0	32.78	4.7	42.70	43.04	-0.8
G2-C11	36.00	27.66	23.2	0.0	27.66	23.2	7.0	35.61	1.1	0.0	35.61	1.1	43.60	44.02	-1.0
G2-C12	36.50	38.26	-4.8	-8.0	30.87	15.4	7.0	35.77	2.0	0.0	35.77	2.0	45.00	45.83	-1.9
G2-C13	35.90	28.32	21.1	0.0	31.04	13.5	6.0	33.81	5.8	0.0	33.81	5.8	43.70	42.43	2.9
G2-C14	37.80	36.22	4.2	0.0	33.55	11.2	5.0	36.22	4.2	0.0	36.22	4.2	46.50	47.14	-1.4
G2-C15	35.70	31.07	13.0	0.0	33.89	5.1	3.0	33.89	5.1	0.0	33.89	5.1	43.60	45.26	-3.8
G2-C16	38.00	20.63	23.2	8.0	37.77	2.2	0.0	35.03	9.2	2.0	37.77	2.2	47.50	49.03	-3.2
G2-C17	34.90	37.66	7.9	0.0	37.66	-7.9	-1.0	33.16	5.0	0.0	33.16	5.0	43.00	42.34	1.5
G2-C18	39.50	29.42	25.5	8.0	37.53	5.0	1.0	37.53	5.0	0.0	37.53	5.0	43.50	48.92	-0.9
G2-C19	33.20	34.28	-3.3	0.0	34.28	-3.3	1.0	32.19	3.0	0.0	32.19	3.0	41.10	42.86	-4.3
G2-C20	40.30	43.87	-8.9	0.0	43.87	-8.9	-3.0	38.42	4.7	0.0	38.42	4.7	49.10	49.49	-0.8
G2-C21	32.90	28.83	12.4	0.0	27.06	17.8	6.0	32.44	1.4	0.0	32.44	1.4	41.00	41.88	-2.2
G2-C22	39.50	42.61	-7.9	0.0	45.15	-14.3	-4.0	40.13	-1.6	0.0	40.12	1.6	47.90	50.35	-5.1
G2-C23	32.70	28.32	13.4	6.0	26.99	17.5	6.0	32.41	0.9	0.0	32.41	0.9	41.10	40.97	0.3
G2-C24	32.30	38.96	-20.6	-7.0	30.42	5.8	0.0	32.52	-0.7	0.0	35.52	0.7	39.30	38.96	0.9
G2-C25	35.57	30.76	13.8	7.0	36.50	-2.2	2.0	34.51	3.3	0.0	35.49	0.6	44.20	44.10	0.2
G2-C26	39.10	38.85	0.6	0.0	38.85	0.6	0.0	37.27	4.7	0.0	37.27	4.7	44.00	42.06	4.4
G2-C27	43.90	29.52	32.8	9.0	41.49	5.5	1.0	42.21	3.8	0.0	43.66	0.5	53.10	49.01	7.7
G2-C28	20.80	4.82	76.8	6.0	24.74	-18.9	-1.0	19.07	8.3	0.0	19.97	4.0	25.40	22.14	12.8

2
신하마데라교

오사까연안도로는 관서국제공항에서 아카시해협대교 연락부까지 약 80km를 연결하는 광역간선도로로서 신하마데라교는 거의 중앙에 위치하며 시경계의 하마데라수로를 횡단하는 지간 254m의 닐센로제교이다. 본교는 동일형식에서는 일본최대이고 바스켓 핸들형으로서는 세계최대규모가 된다. 본 지역에서는 40년전의 白砂靑松의 해안선 절경이 아직 남아 있으며, 이러한 주변지역의 경관을 고려해서 본 형식을 채택하게 되었다.

교량계획 주안점으로는 수로에 폭 137m, 높이 20m의 항로한계를 확보해야 하고, 교각기초에서는 기설치된 구조물의 영향을 고려하여 지간장이 254m로 되었다.

본교는 한신고속도로공단에서 발주되고 상부공 공사는 요코가와, 마쯔오사가 공동기업체가 수주하고 1991년 7월 폰툰공법에 의해 대블록 일괄가설을 완료하였다(공사비 : 460억).

2.1 구조개요

본교의 일반도를 그림 2-1, 강재중량을 표 2-1에 나타내었다. 그림에서 알 수 있듯이 주구면은 연직투영면에서 17° 경사진 바스켓 핸들형으로 하고, 주구간격은 아치 받침부에서는 25.5m, 크라운부에서는 3.5m로 했다. 이것은 경관 및 횡방향 내하력을 도모하기 위한 것이다. 아치라이즈는 경관, 경제성, 항공법에 따라 36m(라이즈비 : 1/7)로 하였다.

케이블재는 연직투영면상에서 경사각이 일정(60°)하게 되고 간격은 12m로 배치되었으며, 압축력이 작용하지 않도록 일부 케이블에는 프리스트레스를 도입하였다.

스트럿은 경관을 고려하여 원형 또는 타원형을 사용하였다. 배치방법에서는 좌굴특성, 미관을 배려하였으며 바닥판은 강바닥판, 하현재와 합성구조가 되게 하여 경제성을 도모하였다.

표 2-1 강재중량

부 재		강재중량(tonf)
상부공	아 치 리 브	1,390
	하 현 재	810
	Strut	140
	바 닥 판	1,450
	케 이 블	80
	기 타	300
	소 계	4,170
대 선 지 주		920
임 시 지 주		210
합 계		5,300

2.2 설계조건

본교의 설계는 「신하마데라대교 설계지침」에 기초하고 설계조건 및 설계하중을 표 2-2에 나타내었다. 본교에 있어서 일반적인 하중이외에 케이블재 장력오차, 케이블의 프리스트레스 및 가설시의 대선요동력을 고려하였다.

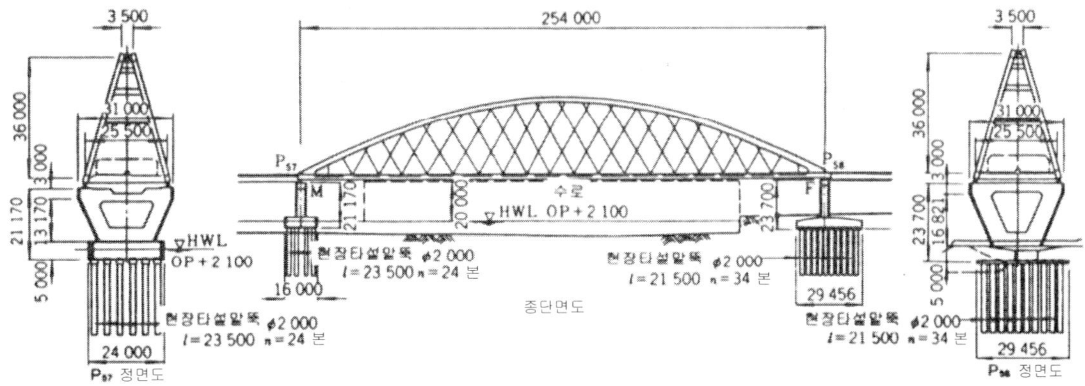

그림 2-1 신하마데라교의 일반도

표 2-2 설계조건 및 설계하중

도로구조규격	제2종 제1급	케 이 블	PWS Ø7mm×55, 61, 73본
설계속도	80km/h	온도변화	전체의 온도승강 : ±35℃ 아치와 하현재의 온도차 : ±20℃ 강바닥판, 하현재의 상하온도차 : 15℃
교량등급	1등교(TL-20, TT-43)		
폭 원	20.250m	설계풍속	아치리브, 케이블 : 64m/s 하현재 : 57m/s
선 형	평면 : 직선, 종단 : 1.50～(-)1.32%		
포 장	아스팔트포장 65mm 두께	케이블장력오차	「고정하중+프리스트레스」 장력의 ±10%
바 닥 판	강바닥판 12mm 두께(U-rib)	지점침하	대각선 2지점에서 3cm

2.3 구조해석

본교는 주구면이 연직면에 대해서 17° 경사로 된 구조이므로 주구에는 수평하중 작용시는 물론이고, 연직하중 작용에 대해서도 복잡한 응력이 발생한다. 그러나 대부분의 해석을 입체모델로서 한다면 대단히 복잡해지므로 여러가지 모델에 대해서 검토를 하게 되고, 상세설계에 있어서는 고려해야 하는 하중에 다음과 같은 구조모델을 적용하였다.

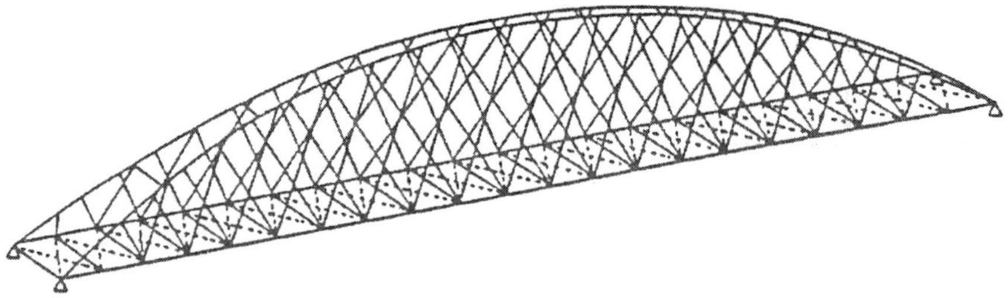

그림 2-2 입체모델

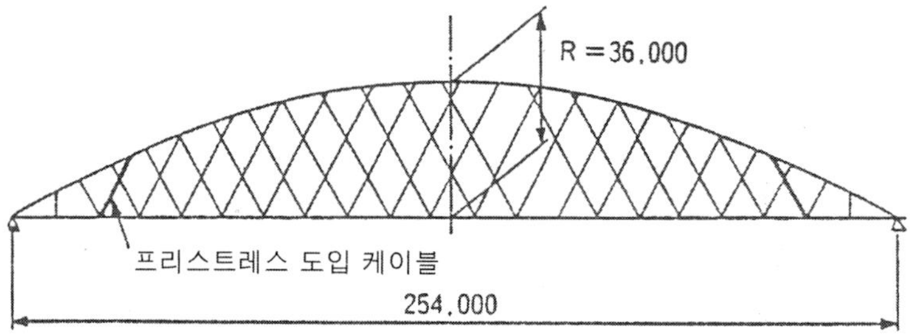

그림 2-3 평면모델

연직하중에 있어서는 연직투영면에 대한 라이즈 36m를 전개시킨 평면모델을 적용했다. 평면모델에서 산출할 수 없는 면외 휨모멘트 영향은 아치리브단면 결정시에 별도로 고려했다. 한편, 하현재는 강바닥판과 일체구조로 되어 있으므로 면외 휨모멘트 영향은 고려하지 않았다. 수평하중(교축직각방향의 바람, 지진하중)에 대해서는 입체모델을 사용하여 해석하였다. 이 경우에 수평하중에 대한 강바닥판의 전단강성은 등가트러스부재로 환산하고, 수평 휨강성의 평가는 휨강성이 같게 되도록 세로리브를 포함하여 강바닥판 단면적의 1/6을 하현재에 가산하였으며, 미소변위이론에 따랐다.

그림 2-2의 입체모델, 그림 2-3의 평면모델을 나타내었으며, 대부분의 케이블에는 모든 하중상태에서 장력이 남아 있으나 그림 2-3의 단부케이블에는 프리스트레스(15tonf)를 도입하였다.

2.4 주구의 설계

2.4.1 아치리브

본교에서 아치부재 설계특징은 설계에 이용한 유효좌굴장으로서 아치면내 좌굴에는 케이블의 간격, 면외좌굴에 대해서는 스트럿 간격의 70%로 하였다. 이것은 FEM 해석으로 탄소성유한변위해석을 이용한 파라메타해석을 하여 결정된 것으로서 기존 닐센로제교와 비교하면 작은 값이다. 이러한 유효좌굴장의 타당성은 실물교량의 1/30 모형에 의해 내하력 실험을 하고, 모형에 대한 탄소성 유효변위해석에 의해 확인하였다.

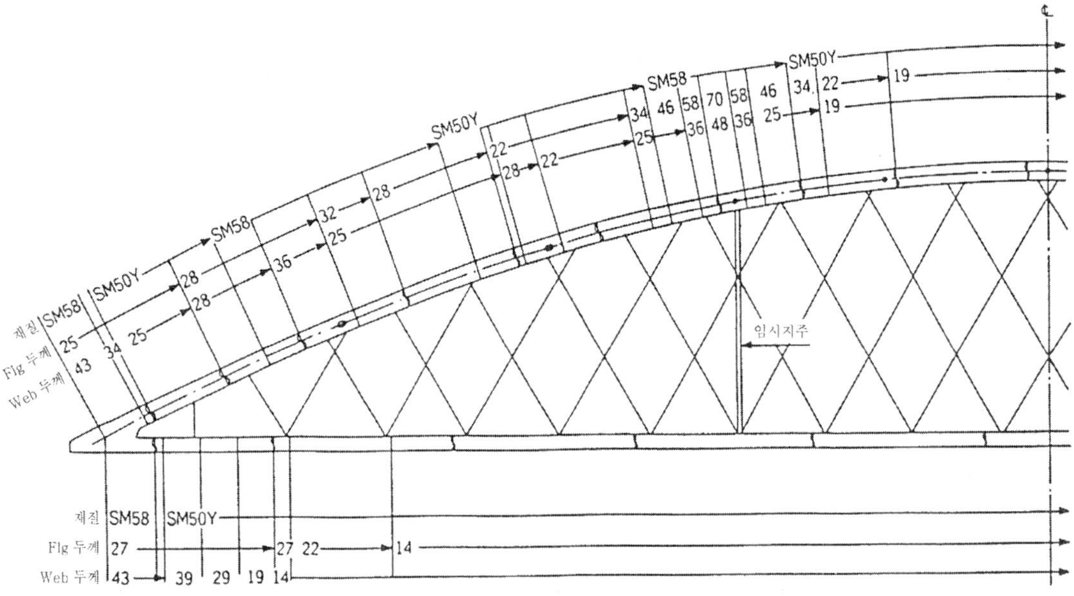

그림 2-4 가설단계에서의 변경단면 위치도

설계최종단면에 대해서도 탄소성 유한변위해석을 하고, 실교의 안전성을 확인하였다. 그러나 이 유효좌굴장 산정방법은 본교와 같은 바스켓 핸들형의 닐센교에만 대한 것이다. 앞서의 유효좌굴장에 따라 도로교시방서에 기초한 응력 및 안정성검토를 하고, 단면을 결정하였다. 최대단면은 가설단계의 대선탑재시에 임시지지점이 되어, 큰 휨모멘트가 발생하게 되는 제3스트럿 부근 위치로서 플랜지 두께 70mm, 복부판 두께 48mm(SM570)로 되었다. 완성구조계만으로 단면이 결정된 경우에는 플랜지 두께 28mm, 복부판 36mm (SM570)로 되었었다. 아치부재의 단면치수 및 가설단계에서의 변경단면 위치도를 그림 2-4, 그림 2-5에 나타내었다. 또 현장연결은 고장력볼트 접합을 하고 접합위치는 공장제작 및 지상조립시의 크레인 등을 고려해서 블록길이는 16m, 중량은 60tonf을 넘지 않도록 결정하였다.

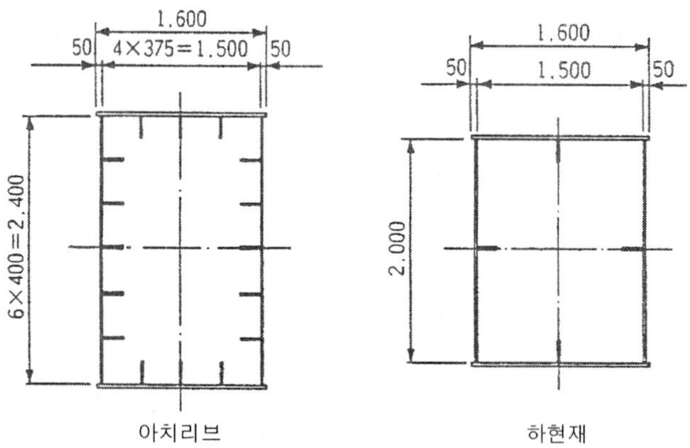

그림 2-5 아치리브 및 하현재 단면

2.4.2 하현재

하현재는 '도로교시방서'에 따른 축방향력과 휨모멘트를 받는 부재로 설계하였다. 축력은 완성계에서 인장력, 가설계(대선탑재시)에서는 압축력이 된다. 하현재에 작용하는 교면하중은 가로보로부터의 것은 골조해석에 고려되고 있으나, 가로리브의 것은 고려되지 않으므로 별도의 단면력을 구하여 가산하였다.

단면결정은 우선 완성계의 단면력에 대해서 구하고, 다음으로 가설계의 단면력으로 검토를 하였다. 그 결과 보강리브의 추가, 일부단면이 변경되었다. 하현재의 단면치수 및 가설계에서의 변경단면 위치도를 그림 2-4, 2-5에 나타내었다.

또 강바닥판이 하현재의 축력에 대해서 유효하므로 주거더 작용과 바닥판 작용과의 중첩효과를 고려하였다. 단면은 거더단부 부근을 대부분이 플랜지 두께, 복부판 두께가 14mm (SM490Y)로 되고, 합성 강바닥판으로 거동됨에 의해 단면의 경제화를 도모하였다.

하현재의 현장접합은 아치부재와 마찬가지로 고장력 볼트접합으로 하였다.

2.4.3 우각부

우각부의 구조는 아치부재, 하현재 및 단부 가로보가 각도를 갖고 교차되고, 그것에 강바닥판이 합성되고 있기 때문에 복잡한 응력상태가 되고 있는 것으로 생각할 수 있다. 그러므로 우선 하현재에 작용하는 대부분의 단면력을 우각부의 복부판 부재가 부담하는 것으로 생각되며, 필요한 부재 두께를 결정하였다. 그 다음 그 단면에 대하여 FEM입체해석을 하고, 응력상태를 파악하여 안전성을 확인하였다. 해석결과 강바닥판의 일부에서 최대전단 응력도가 '도로교시방서'의 허용값을 초과하는 부분이 있으므로 SM490 재질의 강판을 SM570으로 재질을 변경하였다.

2.4.4 케이블재

케이블재에는 표 2-3에 표시한 3종류의 비그라우트형 평행선케이블(NEW-PWS)을 사용하고 안전율은 3.0으로 하였다. 정착구에서는 그림 2-6과 같은 내피로성의 정착구를 사용하고, 재질은 S35C로 했다. 그런데, 케이블 및 정착구는 점탄성적 특성을 가지고 있으나 크립, 릴렉세이션 시험에 의하면 그림 2-7과 같이 본교에 사용

표 2-3 사용된 케이블재

단 면	단 면 적	허용장력
PWS Ø7×55	2,117㎟	112.2tonf
PWS Ø7×71	2,348㎟	124.4tonf
PWS Ø7×73	2,809㎟	148.9tonf

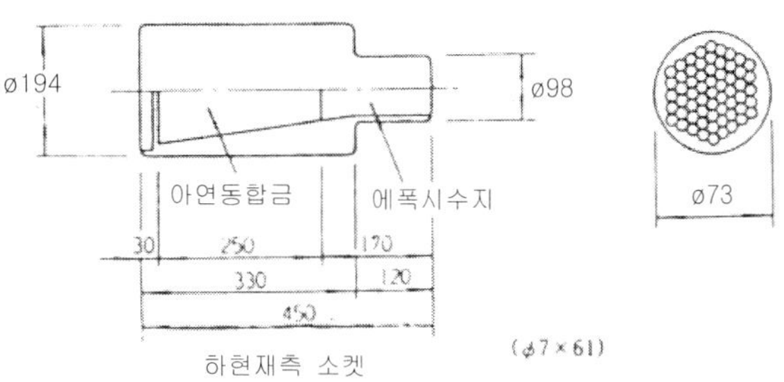

그림 2-6 케이블재 단면 및 정착구

된 케이블 및 정착구에 대해서는 그 영향이 미소하며 단시간에 수축되므로 상세설계에서는 무시했다.

2.4.5 스트럿

아치계 구조물에서 횡방향 연결재는 형상 및 강성을 유지하기 위해 대단히 중요한 부재이다. 본교에서는 경관을 고려하여 비렌디일구조로 하고, 부재단면은 그림 2-8과 같이 제1, 2부재는 타원형을, 제3~5부재는 원형단면을 사용하였다. 아치부재와 스트럿의 우각부는 박스형 단면과 타원형(원형) 부재간을 강결하는 것으로서, 지

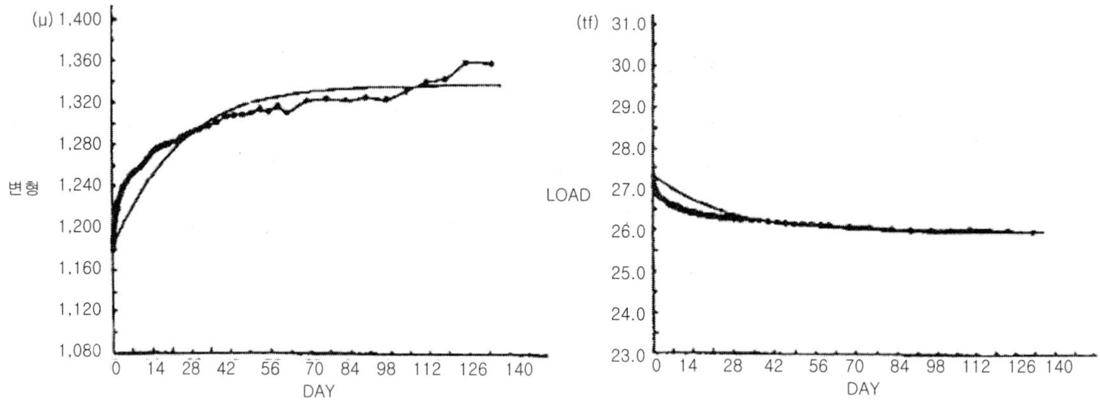

그림 2-7 케이블의 크립 및 릴렉세이션

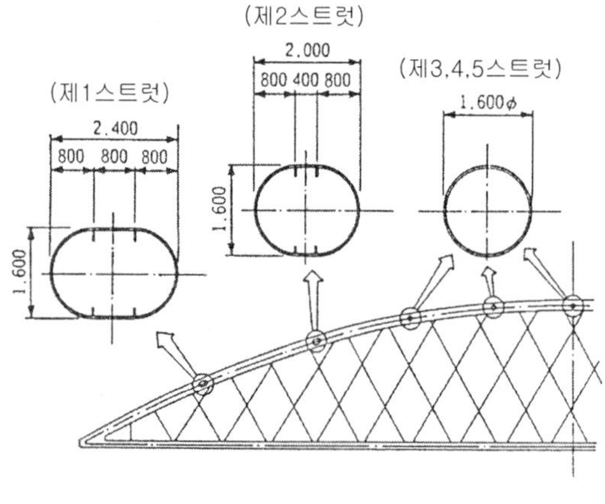

그림 2-8 Strut의 단면형상

금까지 거의 적용예가 없는 구조이기 때문에 응력전달 모양, 국부적인 응력 및 전단지연상황을 입체모델로서 FEM해석을 하고, 단면결정 및 보강구조를 결정하였다.

스트럿 일반부(우각부 이외) 단면에는 비렌디일구조로서의 면내 휨모멘트 최대시(풍하중 재하)에 결정되고, 제1스트럿은 32mm(SM490Y), 제2, 3스트럿은 25mm(SM490Y), 제4, 5스트럿은 22mm(SS400)로 되었다.

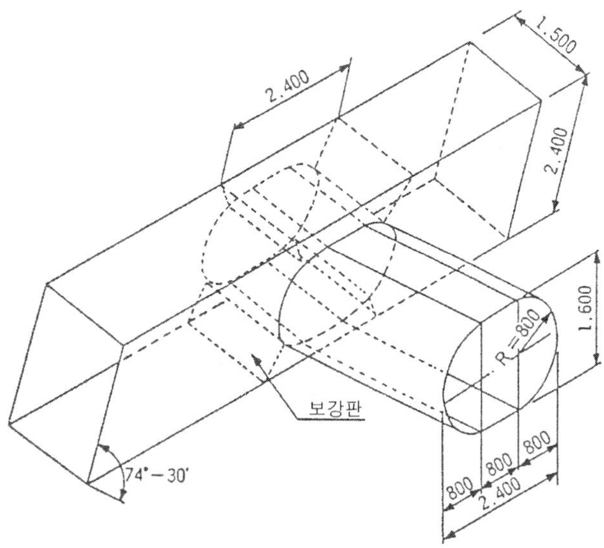

그림 2-9 제1 Strut의 우각부 구조

현장연결에는 고장력볼트에 의한 마찰접합을 이용하고, 다음 사항에 주의하였다.

① 스트럿의 곡률반경은 800mm로 작기 때문에 미끌림시험을 하고, 마찰계수와 볼트축력의 측정과 동시에 시공의 문제점에 대해서 검토하고, 소정의 안전율을 확보하고 있는 것을 확인하였다. 시험은 곡률반경 600mm, 800mm 2종류로 하고, 볼트구멍은 볼트직경 M22(T/S형)에 대해 24.5mm, 26.5mm 2종류에 대해서 각각 3종류로 합계 12세트를 시험했다. 시험결과에서 미끌림계수는 그림 2-10, 축력의 감쇄곡선은 그림 2-11에 나타내었다.

② 접합위치는 우각부로 된 응력이 복잡한 범위는 피하였다.

③ 제작시 조작이 용이하도록 아치부재의 돌출되는 길이는 그다지 크게 하지 않았다.

④ 제4, 5스트럿은 부재길이가 짧으므로 중앙 1개소에서 연결하였다. 그러나 역으로는 지상조립 때는 상당한 정밀도가 요구된다.

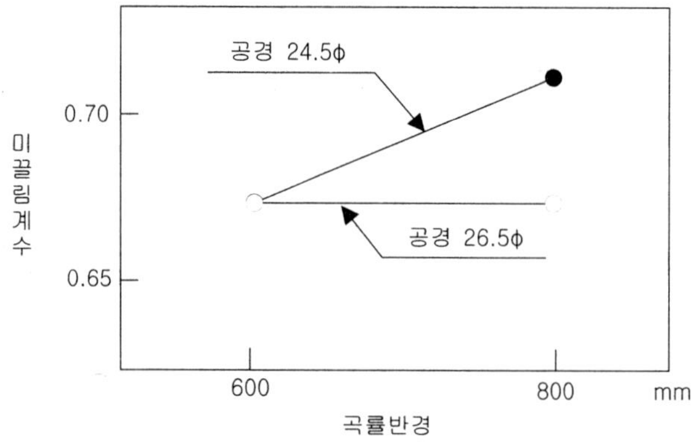

그림 2-10 미끌림계수와 곡률반경의 관계

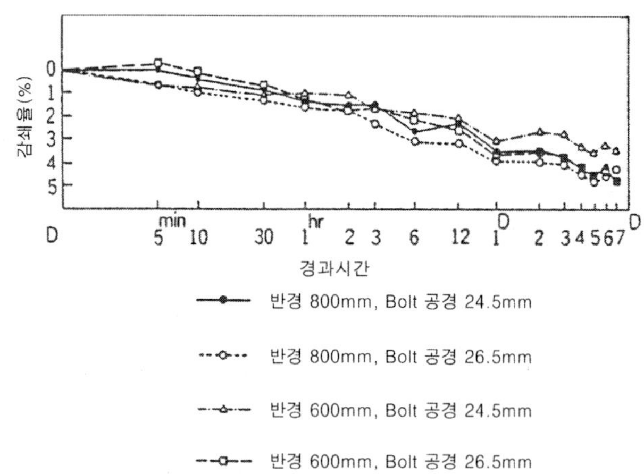

그림 2-11 축력감쇄곡선

보강재의 설계에서 제3~5 스트럿의 원형단면은 '도로교시방서'에 따라 검토하고 종방향 보강재는 설치하지 않았다. 제1,2 스트럿은 타원형으로서 다음 순서에 따랐다.

① 그림 2-12와 같은 압축보강판으로 하고, '도로교시방서' 규정에 의해 종방향 보강재단면을 결정했다.

② 압축을 받는 L형 기둥으로서 응력검토를 했다.

③ 원호부 내의 보강재에 대해서는 내하력 실험을 하고, 원호부에 보강재를 배치하는 것이 내하력 20% 정도가 향상되는 것을 알 수 있으므로 작용응력이 큰 우각부 부근에 그림 2-13과 같이 설치하였다.

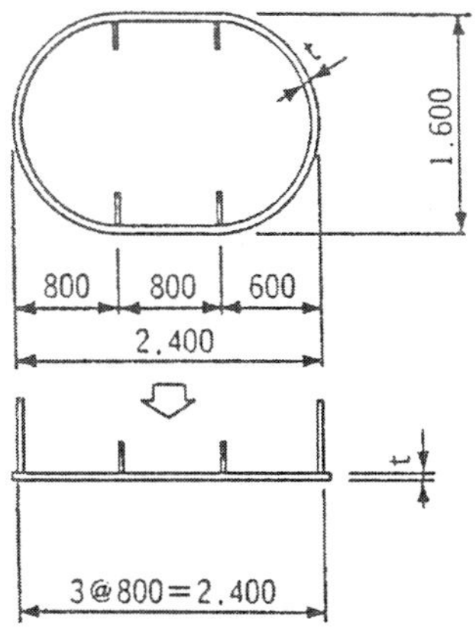

그림 2-12 Strut 보강재의 모델화

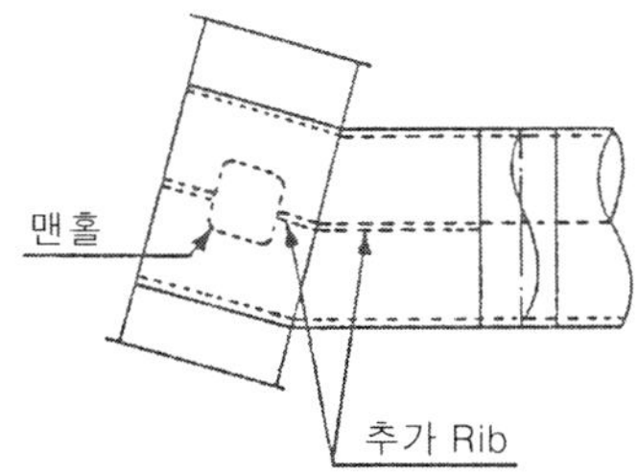

그림 2-13 Strut 우각부(원형)의 보강재 추가

그렇지만 아치부재의 복부판과 스트럿의 교차부는 그림 2-14에서와 같이 아치부재의 복부판에 스트럿을 용접하는 구조로 하였다.

이와 같은 구조의 경우, 압축강재로 있는 아치부재 복부판이 판두께 방향으로 큰 구속력을 받고, 할렬(라멜라티아)이 발생할 염려가 있다. 본교에서는 복부판 두께가 크고 작용 인장응력도가 큰 제1~3 스트럿 위치의 아치부재 내측 복부판에는 내-라멜라티아 강재를 사용하였다.

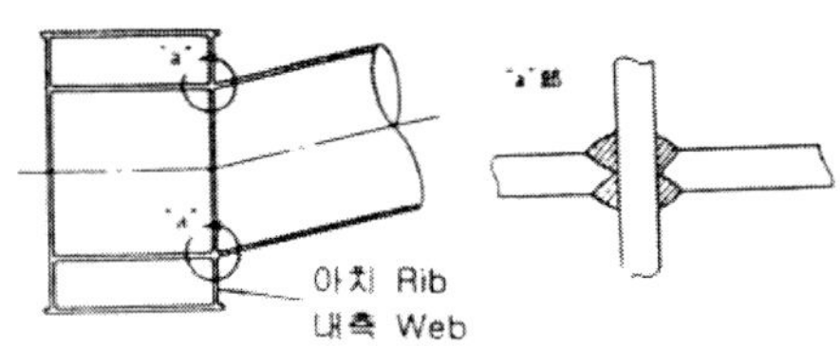

그림 2-14 아치부재와 Strut의 교차부

2.4.6 단부 가로보

단부 가로보에는 일반적인 바닥판으로서의 단면력 외에 다음의 4종류의 단면력을 고려했다.

① 바스켓 핸들형이기 때문에 주구면의 경사에 따라 아치부재축력의 수평방향(교축직각방향) 성분이 축력으로서 작용하기 때문에 발생하는 단면력

② 강바닥판을 포함하여 하현재에 작용하는 교축방향의 축력에 의해 단부 가로보 면외방향으로 작용하는 단면력

③ 장래 잭업에 의한 단면력

④ 가설시에 가로보 위치를 FC에 의해 들어올림에 따른 단면력

이상의 단면력과 각각 하중에서의 허용응력할증을 고려해서 단면결정을 한 결과, 단부가로보의 중앙부는 FC에 의해 들어올릴 때 그리고 단부는 잭업시에 단면이 결정되고, 복부판 두께가 38mm(SM570)로 되었다.

현장접합부는 고장력볼트를 적용하였으나, 상부플랜지에서 접합 위치가 차도부분으로 되면 포장두께가 크게 되는 것을 피하기 위해 강바닥판과 동일하게 용접접합을 적용하였다.

2.5 바닥틀의 설계

바닥틀 형상은 표준구간에서 가로보를 12m 간격으로 배치하고, 가로보 사이를 4등분하여 3m 간격으로 가로리브를 3본 배치하였다. 세로보는 폭원중앙에 1본 배치하고, 세로리브는 차도부에 U-rib, 차도부 이외에는 Bulb-rib를 사용하였다.

접합방법은 차도부에서 현장용접으로 하고, 용접에 의한 변형을 피하기 위해서 하현재측의 종방향 접합만 고장력볼트접합으로 하였다.

바닥틀 구조의 특징은 다음과 같다.

① 하현재는 비틀림강성을 가지며, 가로보 위치에서 케이블에 의해 탄성지지되고 있다.

② 중앙에 세로보가 1본 배치되므로 가로리브반력은 세로보를 경유해서 가로보에 전달된다.

③ 가로보, 가로리브의 지간이 길고, L하중에 의해 단면이 결정된다.

이와같은 특징을 구조모델로 정확히 반영시키기 위해서 해석은 변형법에 의한 격자해석을 이용하였다. 고려된 하중으로는 일반적인 고정하중, 활하중 이외에도 검사차하중을 고려하였다. 해석모델과 하중은 표 2-4와 같다.

표 2-4 바닥틀 해석모델과 하중

하 중	재하방법	해석대상부재	해석모델
L하중(L-20, TT-43)	영향선재하	세로리브, 가로보, 세로보	그림 2-16, U-rib 본수를 $\frac{1}{3}$ 표현
T하중(T-20, TT-43)	고정하중	가로리브, 가로보, 세로리브, 세로보	그림 2-17 U-rib 전체표현

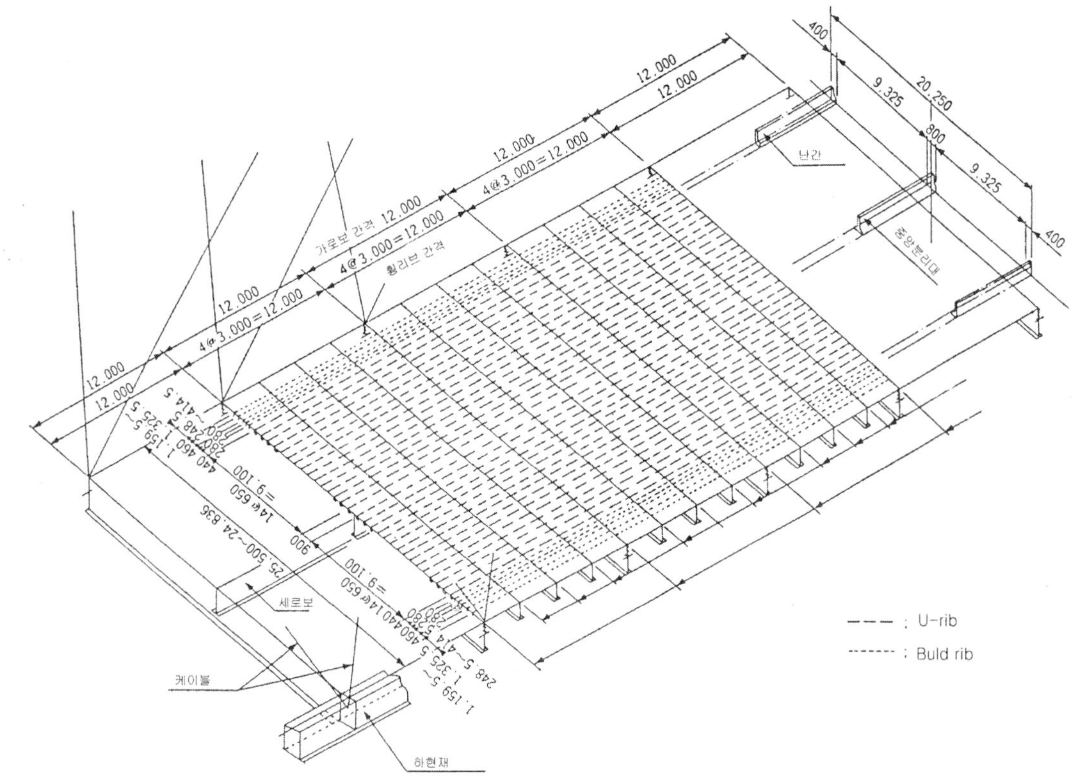

그림 2-15 바닥틀 형상

세로리브는 작용응력만으로는 U-rib 320×240×6 (SM490Y)로서 허용응력을 만족하나 강바닥판의 교축직각방향의 좌굴때문에 U-rib 320×260×6(SM490Y)를 사용하였다.

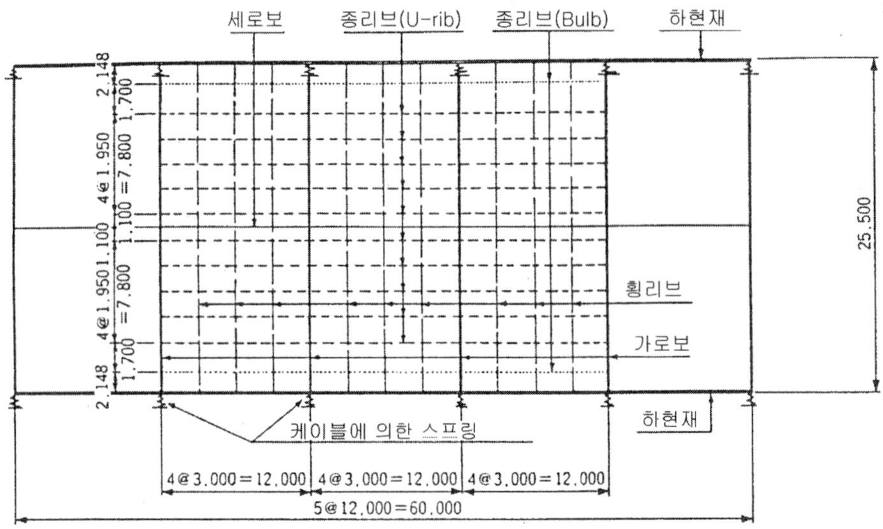

그림 2-16 L하중에 의한 격자해석모델

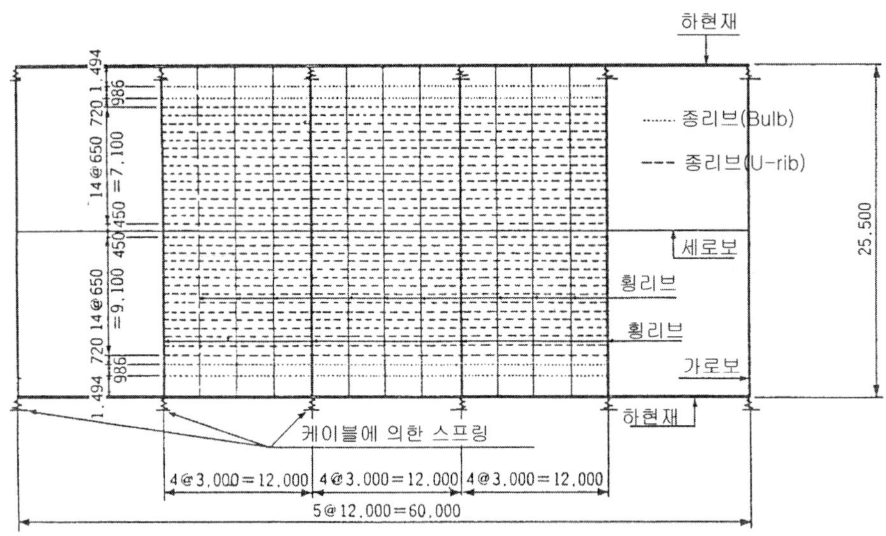

그림 2-17 T하중에 의한 격자해석모델

2.6 받 침

받침형식으로서 고정측은 Pivot형 받침, Pivot-Roller 받침을 사용하고 재질은 SCMn1A를 사용하였다. 또 가설시공성을 고려하여 그림 2-18과 같이 받침아래에 베이스 플레이트를 설치하고, 현장용접에 의해서 연결하였다.

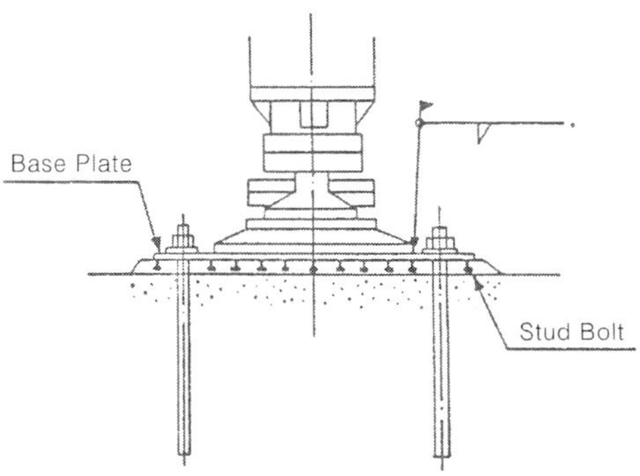

그림 2-18 고정받침 베이스플레이트와 하부공의 연결

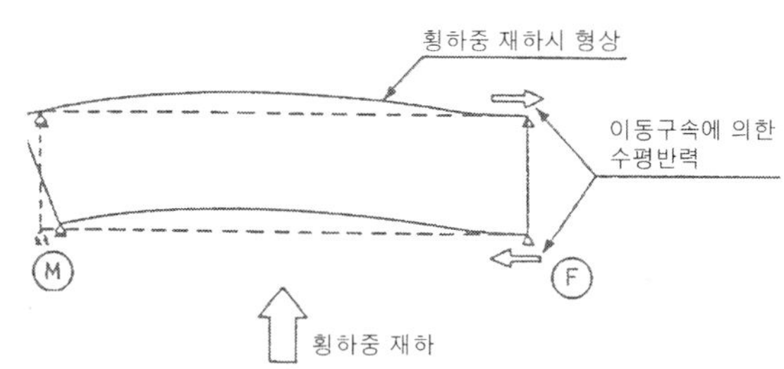

그림 2-19 횡하중 재하시의 교량변형형상

그렇지만 교축직각방향의 하중이 작용하는 경우 전체교량은 그림 2-19와 같이 교축직각방향으로 변형하고, 고정받침은 교축방향의 이동을 구속하고 있으므로 교축방향의 수평반력이 발생한다.

이와 같은 현상은 본교에 한정된 것은 아니며, 일반적으로는 비교적 작지만 본교와 같이 폭원에 비해 연장이 긴 경우에는 무시할 수 없는 값이 된다.

이러한 힘을 무리하지 않고 하부교각에 전달시키는 방법으로서 다음과 같은 방법을 생각할 수 있다.

① 4개소의 받침 중 1개소만을 고정한다.

② 4개소를 모두 가동시키고, 수평반력받침을 별도로 설치한다(설치사례 : 泉大津대교).

③ 고정받침에 댐퍼를 설치한다.

④ 받침조건은 변경시키고, 하부공의 탄성변형을 고려하고 수평력을 감소시킨다.

본교에서는 ④의 방법을 채택하여 산출된 수평력을 받침의 설계에 반영하였다. 또 단부가로보와 하부공의 온도차이에 의해 교축직각방향에도 수평력이 발생한다.

그렇지만 통상적인 바람, 지진시의 수평력 외에 이러한 수평력을 원활히 하부공에 전달할 수 있도록 앵커볼트(Ø180, 재질 S35C, 8본)외에 베이스플레이트 하면에 스터드를 배치하였다.

2.7 부대시설

2.7.1 신축이음장치

신축이음장치는 비배수형 강재 Finger형식을 적용하였다.

가동측(P57)의 신축량은 349mm로서 크고, Finger Plate 두께는 78mm (SMA400 C)로 되었다. 또 비배수 구조에 있어 일반적인 스테인레스형식과 신축이음장치 복부판 사이에 직접 Seal재를 충진시킨 형식에 대해 비교실험을 하고 Seal재의 변형거동에도 양호한 지수효과로서 문제가 없는 것으로 확인되어 후자 형식을 적용하게 되었다.

(* : 공용 중에 Finger 단차에 따른 문제가 발생한 것으로 추후에 확인됨)

2.7.2 도장용 달비계고리

한신공단기준에 따라 아치부재, 하현재, Strut, 바닥틀 등에 설치하였다. 특히 아치부재와 하현재에 대해서는 미관에 미치는 영향이 크기 때문에 그림 2-20 및 그림 2-21과 같은 형상으로 하여 눈에 잘 띄지 않도록 했다.

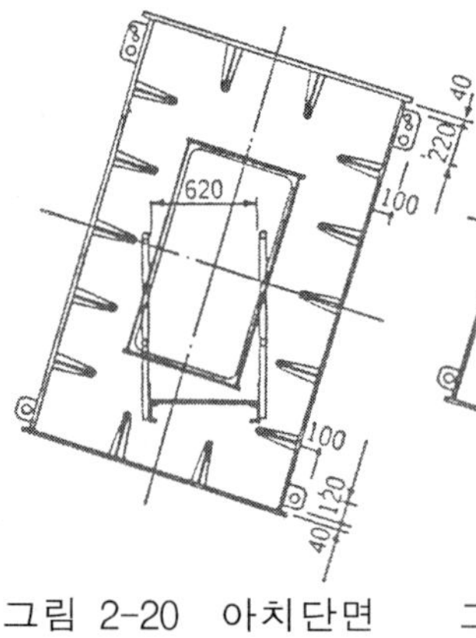

그림 2-20 아치단면

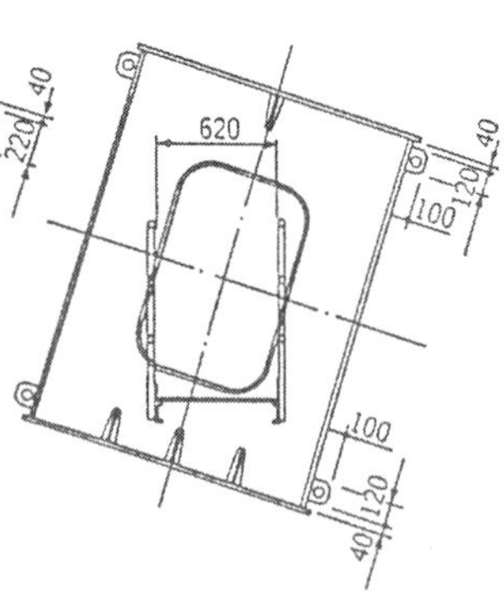

그림 2-21 하현재 단면

2.7.3 검사로

Basket-Handle형에 의해 주구가 경사져 있으므로 아치부재, 하현재 내부에 검사로를 설치하였다. 아치부재에 있어 구배가 큰 거더단부에서 제2Strut까지는 계단형식으로 하였다. 또 강바닥판 하면에는 한신공단기준의 병용로를 설치하였다.

2.7.4 케이블 부대시설

케이블 부대시설로는 케이블재의 방진을 위해 교차부를 연결하는 고정고리, 주구 내부로의 우수침입을 방지하기 위해 방호커버를 설치하였다.

2.7.5 배수장치

배수계획은 한신공단기준을 적용하였다. 우수의 최종처리는 교각부근의 안벽 위 및 기초공 위에서는 횡배수관으로 교각에 유도시키고, 해상부에서는 거더의 종단경사가 작고 거더높이도 낮아 횡방향 유도를 할 수 없으므로 직접낙하방식을 하였다. 그러나 항로로 우수의 집중적인 낙하를 방지하기 위해 배수관의 끝단에는 분산살수장치를 설치하였다. 그 장치의 설계에서 여러가지 형태의 시험제작·실험을 하였다.

2.7.6 검사차 레일

검사차는 본교 및 해상부에 있는 인접공구(P39～P57 구간의 박스거더교)의 거더하부, 바닥판 하면의 유지, 점검 및 도장 터치-업의 보수를 위해 계획되었다. 따라서 대블록 일괄가설시에 4세트의 검사차 레일(I 형강 : 400×150×12.5×25)을 설치하였다.

검사차 레일은 그림 2-22와 같이 가로보간격 12m를 하나의 부재로 하고, 그 사이를 4등분하는 횡리브 위치에서 지지하였다.

가로보 위치에서는 주구 하현재의 축력이 레일에 작용하지 않도록 가동구조로 했다. 또, 레일단면의 결정에 있어서 다음의 응력을 고려하였다.

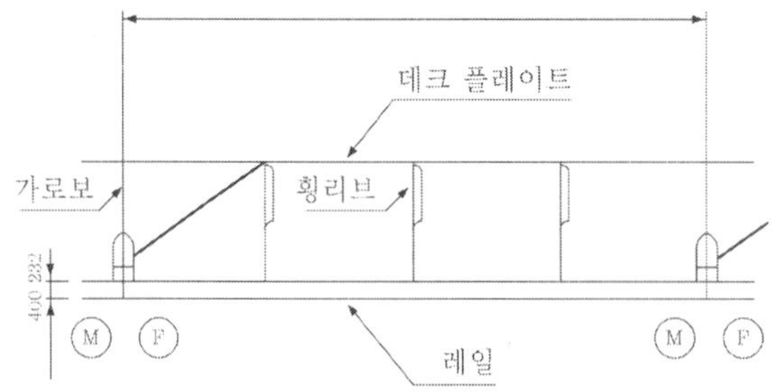

그림 2-22 검사차의 레일형상

① 가로보 · 횡리브 위치에서 탄성지지 되는 4경간 연속보로서의 연직반력에 의한 휨응력
② 차륜이 하부플랜지 위에 재하되므로 하부플랜지 레일방향의 휨응력
③ 차륜반력에 의한 하부플랜지의 레일직각방향 휨응력
④ 검사차의 수평력에 의한 레일 면외방향의 휨응력
⑤ 본교에서는 지상조립시(무응력시)에 레일을 설치하므로 가로보와 가로리브간에 완성시 고정하중 처짐 차이에 의한 부가응력
⑥ 바닥틀에서 활하중 처짐에 의한 부가응력
⑦ ①~⑥의 응력에 의한 조합응력 및 2축응력의 검토

2.8 공장제작

2.8.1 제작 기본조건

본교는 특수형상을 가지는 장대교량으로서, 가설조건에 따라 부재제작방법이 달라지게 된다. 따라서 공장제작에 앞서 가설조건의 기본개념을 검토하고, 거의 완성형태에 가까운 형상에서 지상조립을 하는 것으로 하고, 지상조립 단계에서 정밀도관리가 양호하게 실시된다고 고려하여 다음을 기본으로 하였다.

① 지상조립의 작업성, 공장제작의 경제성을 고려하여 부재치수를 가능한 범위내에서 대형화시키고, 부재수도 저감한다.

② 하현재는 13부재, 아치리브는 19부재로 분할하고, 주요부재인 하현재, 아치리브, 스트럿 및 단부가로보 단부는 변형직후 절삭에 의해 기준내의 정밀도를 확보한다.

③ 부재의 접합은 용접접합을 기본으로 하고, 가능한 한 공장접합을 적용한다.

④ 아치부재 내부의 보강재도 같은 형상으로서 접합면은 복잡한 구조가 되기 때문에 아치부재에 붙이는 보강재 및 스트럿의 보강재는 동시에 일체화하여 제작하고, 접합면의 연속성 정렬을 확보한다. 스트럿의 접합면은 공중에서 하게 되어 현장용접을 적용하기 어려우므로 고장력볼트접합을 적용한다.

⑤ 주요부재의 접합부는 대부분 3차원으로 치수관리를 하고, 기계가공에 의해 단품의 정밀도를 확보하였다.

⑥ 계측오차를 최소로 하기 위해 계측에 사용하는 테이프(50m)는 기준장력 5kgf인 공단의 테이프에 맞추어 장력을 보정한다.

2.8.2 주구부재의 제작

주구부재로 되는 아치리브, 하현재, 단부가로보 및 스트럿은 그림 2-23과 같이 복잡한 3차원적 접합이 된다. 이러한 부재제작 정밀도의 확보가 교량전체의 형상을 결정하는 기본요소가 된다. 이러한 점에 유의하여 부재제작에서 치수관리를 부재단품의 가공, 조립단계에서 반복적으로 하고 정밀도 확보에 노력하였다.

(1) 아치리브의 제작

아치리브는 2차포물선 형상으로 되기 때문에 박스거더 내외면에 기준선을 표기한 후 부재의 변형조정을 종료하고, 그 양단부를 절삭하여 부재정밀도 및 형상을 확보하였다. 절삭시 위치결정은 定規, 레벨, 연직추를 이용해서 제작지지대 위의 부재를 ±1mm의 정밀도로서 검측하였다. 절삭 후의 부재정밀도는 부재길이에서 ±2mm 이내, 단부면 경사도로서 1/8000 이하를 확보하였다.

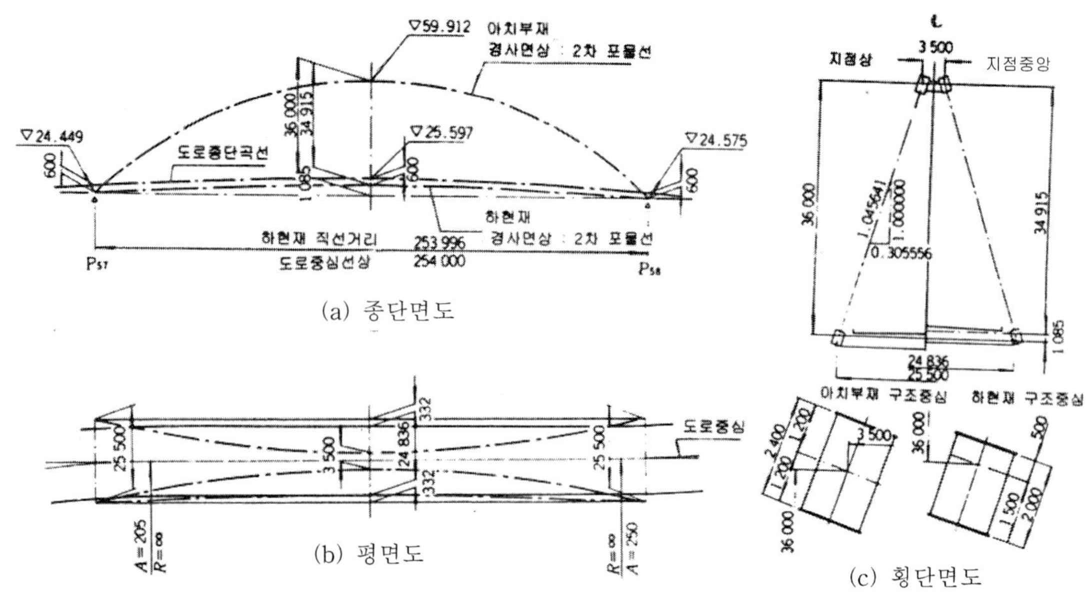

그림 2-23　주구부재의 기준선 요소

(2) 스트럿의 제작

스트럿은 프레스에 의해 냉간가공을 하며 원형 노는 타원형으로 하였다. 경사진 아치부에 붙여지는 스트럿의 단부면은 특수한 타원형상이 되므로 가공 성형시에 원치수 필름에 의한 型定規를 만들고 타원의 국부곡률 계산은 근사적 휨반경을 구하였다. 근사치를 기준으로 하여 휨가공을 진행하고, 25mm 피치로 곡률점을 구하여 차츰 型定規로서 그 형상을 확인하여 작업을 진행하였다. 아치리브와 스트럿의 접합에서는 그림 2-24에서와 같이 3차원의 각도를 가지고 있고, 보강재를 포함하여 복잡한 형상이 되고 있다. 또 이 접합부 부재는 교량의 전체형상을 결정하는 기본부재이기 때문에 부재의 정밀도 관리를 유념해서 제작하였다.

아치리브 내측보강재의 관길이 차이는 ±0.5mm 이하로 관리하였다.

(3) 하현재, 단부가로보의 제작

하현재는 강바닥판과 일체가 되어 노면의 형상을 결정하는데 기본이 되는 부재로서 24m의 긴 길이로 인해 곡면가공 강바닥판(그림 2-25)과 동일한 단면에서 고장력볼트로서 마찰접합하는 것으로 하였다. 강바닥판은 교축직각방향으로 3분할하여

표 2-5 부재정밀도 및 관리목표치

공 종	정밀도 대상	항 목		정밀도	목표 관리치
주구부재	부재 정밀도	부재높이	H≦1m	±2	±1
			H>1m	±3	±2
		플랜지폭	W≦1m	±2	±1
			W>1m	±4	±2
		부재길이	L≦10m	±2	±1
			L>10m	±3	±2
		판의 평면도		$\frac{W}{150}$ W:용접선 간격(mm)	
		압축부재의 곡률		$\delta \leqq \frac{L}{1,000}$	$\frac{L}{2,000}$
		강관의 곡률		$\delta \leqq 0.005R$ R : 강관의 반경	0.003R
아 치	절삭 정도	절삭면의 경사			±1

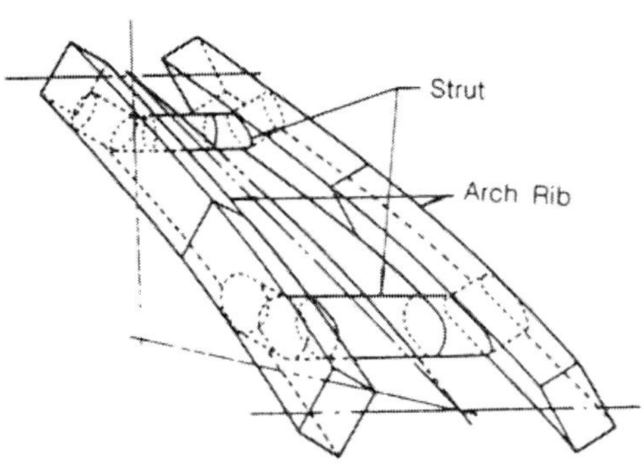

그림 2-24 아치와 스트럿의 접합부

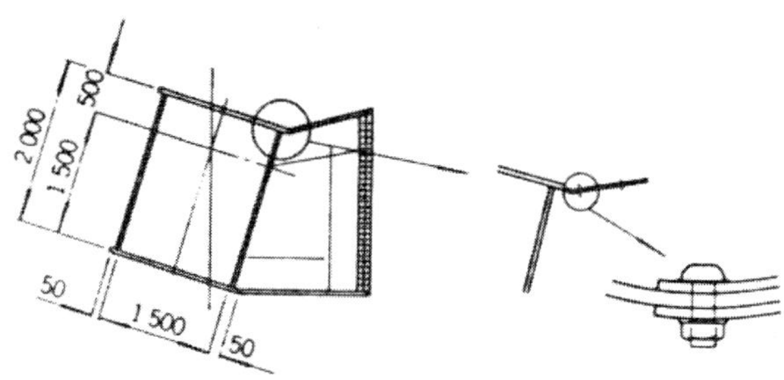

그림 2-25 하현재와 강바닥판의 접합

1개부재의 길이는 12m, 폭 7m이고, 각 부재간에는 교축·교축직각방향으로 용접접합하였다. 교량단부는 아치리브, 하현재, 단부가로보 등의 부재가 집중하고 있고, 본교제작에서 가장 정밀도가 요구되므로 각 부재의 정밀도 관리를 엄밀하게 실시하였다.

(4) 케이블의 제작

케이블은 직경 7mm의 아연도금강선(피아노선 재료)을 평행으로 묶으면서 인장강도 및 탄성계수를 저하시키지 않는 범위로 하여 공장에서 케이블표면에 직접 폴리에틸렌 피복가공을 시행하였다. 케이블 제작길이의 설정은 롤러 위의 게이지와이어(50kgf의 장력부하)에 마킹하여 ±2mm 이내의 정밀도를 확보하였다. 소켓, 너트는 JIS G4051(S45C)에 의해 기계가공을 하였다.

표 2-6 케이블 제작 제원

형식	Ø7mm×55본	Ø7mm×61본	Ø7mm×73본
단면도	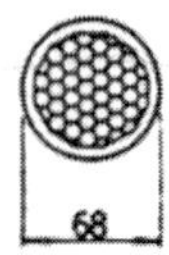	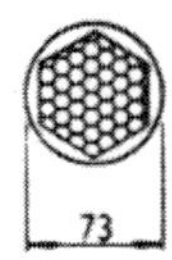	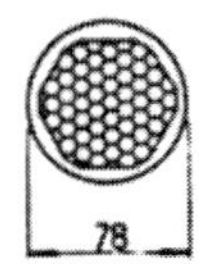
단면적	2,117㎟	2,347㎟	2,809㎟
표준중량	17.5kgf/m	19.9kgf/m	23.1kgf/m
절단하중	338tonf	376tonf	449tonf
탄성계수	20,000kgf/㎟ 이상	20,000kgf/㎟ 이상	20,000kgf/㎟ 이상

2.9 조 립

2.9.1 개 요

조립에서 조립부지(45m폭×270m길이)의 지내력 및 가설·운송시의 지점 지지조건을 고려하여 완성계와는 다른 다점지지(44점 지지)로 하였다. 3,500tonf급의 FC 2대에 의한 해상견인을 조건으로 하여 가설지점에서 2km 떨어져 있으며 조립 완료 후 FC로 들어올릴 때까지 케이블에 장력을 도입하지 않는 구조계로 하였다. 그림 2-27의 조립 순서, 그림 2-26에 각각의 작업시 지점반력을 나타내었고, 조립시 벤트 제거 후에 큰 반력이 생기는 지점부 및 임시지주는 말뚝 기초로 하였다.

임시지주는 대선에 의해 교량을 가설지점으로 운송함에 있어 전체형상유지를 위

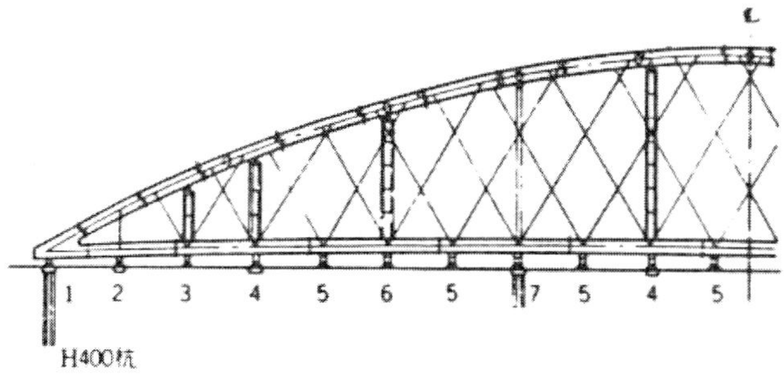

(단위 tf)

	1	2	3	4	5	6	7
조립 완료	137.0	105.3	42.9	191.9	51.5	118.4	191.3
벤트 분리	254.6	190.5	18.2	66.0	52.0	52.2	241.5
가설지주 분리	420.1	127.9	48.0	63.8	61.1	58.5	115.1
허용지지력	496.6	194.4	120.0	194.4	120.0	120.0	270.8

그림 2-26 조립단계에서의 지지반력의 변화

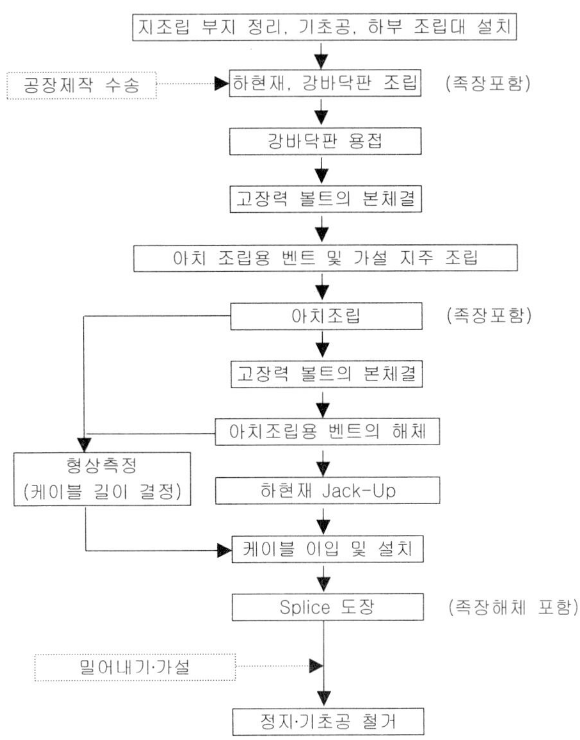

그림 2-27 조립 작업순서

해 아치리브를 지지하는 가설재로서 조립에서는 벤트의 일부로서도 사용되고 있다.

2.9.2 하현재 · 강바닥판의 조립

바닥틀을 구성하는 하현재와 강바닥판의 조립에서는 부재를 각 블록의 공사진척에 맞추어 조립현장까지 해상 수송하고 150톤의 크롤러크레인을 이용하여 적정위치로 이동했다. 앞서 호안상에는 주구와 평행한 기준선을 설정하고, 양하현재의 축선을 유지하기 위해 트랜싯, 강제권척, 레벨을 이용하여 오차관리를 하였다. 바닥틀이 5블록 정리된 단계에서 강바닥판의 현장용접을 시행하였다. 용접에 앞서, 변형영향을 고려해서 교축직각방향의 중앙부에서 13mm의 캠버를 주고 형상유지를 도모하였다. 하현재와 강바닥판의 고장력볼트접합은 강바닥판의 용접에 의한 수축변형(최대 2mm를 고려)에 대응하기 위해서 용접완료될 때까지 볼트수를 제한하고, 임시볼트상태를 유지하도록 관리하였다.

바닥틀의 조립에서는 접합종류, 자세 등을 고려하여 다음 4종의 용접을 활용하고, 맞대기 용접부는 전체길이의 30%에 대해 방사선투과시험으로 품질을 확인하였다.

- 단부가로보 상부플랜지의 CO_2 반자동용접+서브머지드 아크용접(하향자세)
- 단부가로보 웨브의 CO_2 반자동용접(입향자세)
- 강바닥판 상면(편면)의 서브머지드 아크용접(하향자세)
- 강바닥판 U-rib의 수동용접(입향자세, 상향자세)

강바닥판의 용접이 거의 완료된 시점에서 하현재와 강바닥판과의 연결구멍을 확대하고 고장력볼트를 본체결하였다.

2.9.3 아치리브의 조립

아치리브는 양지점부로부터 벤트지지에 의해 450톤의 크롤러크레인에 의해 들어올리고, 크라운부의 부재를 내려 삽입시키면서 폐합하였다.

폐합부재는 양측의 아치리브가 3.5m로 근접되어 있으므로, 아치리브와 스트럿을 일체로 제작하고, 3개소의 이음부를 동시에 맞출 수 있는 정밀도 관리를 하였다.

이음부의 조립에서 허용오차는 하현재와 같은 기준으로 하고, 이른 새벽 강바닥판 위에 아치리브 접합위치, 좌우의 이음부간 수평거리를 측정하고 이것을 조립에서 정밀도 관리기준선으로 설정하였다.

폐합부재의 조립전에 미세각도를 조정하고 아치리브 조립의 정밀도를 실측하고 허용값 이하인 것을 확인 후 이음판 구멍을 맞춰 조립하는 것으로 하였다. 관리결과 조립정밀도는 최대시에는 허용값의 80% 이하로서 양호하였다.

2.9.4 케이블의 설치

케이블의 길이 및 장력은 완성계의 지점지지상태로 설정되어 있다. 다점지지상태에서 케이블을 설계길이로 정착하면 지간중앙부의 정착간 거리가 길어져 조정용 너트의 최대조정량을 초과하고 케이블의 허용장력을 만족시킬 수 없는 상태가 된다. 따라서 케이블의 정착은 하현재의 필요부분을 케이블의 조정량내로 잭업하고 장력조정은 가설완료후에 실시하는 것으로 하였다.

케이블은 감지 않은 상태로 보호하고, 케이블 그립을 부착하여서 유압크레인으로 당겨 매달아올리고 선단에는 Bar-lock을 부착하여 거더안으로 끌어넣는다. 케이블

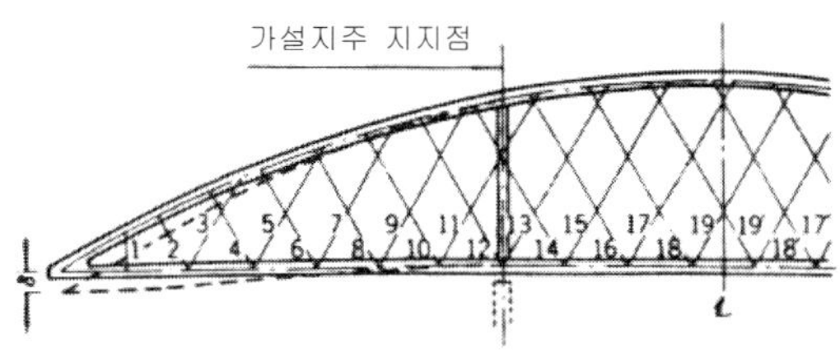

(단위 tf, mm)

		기준 ± 0	-30mm	+30mm	허용 장력
케이블	7	84.6	98.7	63.9	155.5
	9	133.2	144.1	108.9	186.1
	11	109.7	127.7	79.3	186.1
δmm		397	400	395	-

그림 2-28 케이블길이와 장력과의 관계

의 장력은 교량의 해상압출단계, 대선탑재단계, 가설, 완성단계에서 제각각 다르다. 대선탑재시는 거더단부의 처짐에 의해 임시지점부 주변의 케이블(12본)에 큰 장력이 작용한다. 이들 케이블을 중심으로 하여 케이블 기준 길이의 ±30mm 또는 케이블 길이의 ±10% 범위의 여러가지 경우에 대하여 장력의 변동 및 변형량을 산정하였다.

그 결과는 그림 2-28에 나타내는 바와 같고 30mm의 오차를 예상하더라도 장력, 처짐 모두 문제가 없다는 것이 확인되었다. 조립용벤트를 해체하고, 하현재를 잭업하여 캠버를 상향조정한 후 케이블을 정착하였다. 그 후에 각 작업마다 벤트반력과 처짐량을 유압잭으로 관리하면서 조립을 7개월만에 완료했다.

2.10 가 설

2.10.1 개 요

가설은 수로폭이 좁고, 대형FC작업이 불가능한 여건이므로, 앞서 육상에서 조립하여 완성상태로 된 상부공을 만조시에 대선에 의해 가설현장으로 진입하고 간조를 기다리다가 대선 내부에 물을 주입하고, 조위차를 이용하여 교각에 거치시켰다.

2.10.2 해상압출

본체중량 4,200tonf, 임시지주 200tonf, 총중량 4,400tonf을 3,500tonf과 3,600tonf 2대의 FC로 끌어올려 FC의 Arm(팔거리)내에 접안된 대선의 상단부 임시받침에 탑재했다. 끌어올릴 때에는 FC 2대 서로간의 균형이 유지되도록 하중계의 확인 및 와이어길이를 5% 증감과 함께 트랜싯에 의해 상·하 및 회전조작을 무선으로 확인하면서 신중히 FC를 유도관리하였다.

해상견인용 Lug는 단부가로보 위에 용접에 의해 설치되고 있다. 들어올릴 때의 교량은 완성구조계에 가까운 형상으로 변형하고, 임시지주와 아치리브 사이에는 간극이 발생한다. 마찬가지로 대선탑재시에는 하중이 대선으로 이동됨에 따라 대선갑판의 처짐변형에 의해 임시지주 천단부에 라이너를 삽입해서 조정하였다.

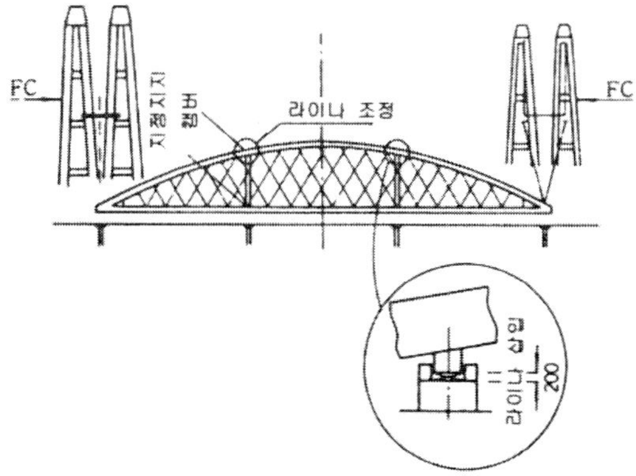

가설지주위치 격점의 변화량

(단위 mm)

	상현재	하현재	가설지주 천단간격
제작캠버	0 (기준)	0 (기준)	291
가설지주 분리	-72	0	219
하현재 Jack-Up	-73	140	78
대블록 인양	-188	-97	200

그림 2-29 해상이동시의 격점부 변형

교량을 들어올릴 때 임시지주의 라이너 조정량은 그림 2-29에서와 같이 예측되었고, 실제에는 부재의 강성오차 등도 더해져 185mm로 형상을 유지하는 것이 가능하였다. 가설지점까지의 수송은 적재능력 16,000DWT의 잠수식대선을 사용하고, 선체에 해수를 주입하여 흘수심 및 갑판의 처짐량을 조정하였다.

2.10.3 운 송

대선위에 탑재한 교량을 이미 완성된 교각보다 높은 위치로 유지해서 대선조작에 의해 교각으로 운송(예인선 6대로 예항)하고, 이것을 하강시키는 것으로 하였다.

이 공사에서 고저차는 자연조위의 변동을 활용하였다. 본교의 가설에 필요한 고저차는 그림 2-30에 나타내었듯이 제작캠버를 기준으로 해서 각 상태의 변형량을 작업공간을 고려하여 설정하였다. 바꾸어 말하면 ① 대선탑재시 대선지주보다 외측의 하현재 처짐량 397mm ② 가설완료후 대선임시 받침위치에서의 처짐량 97mm ③ 시공상 필요한 작업공간 500mm 최저 1.0m 이상 필요로 한다.

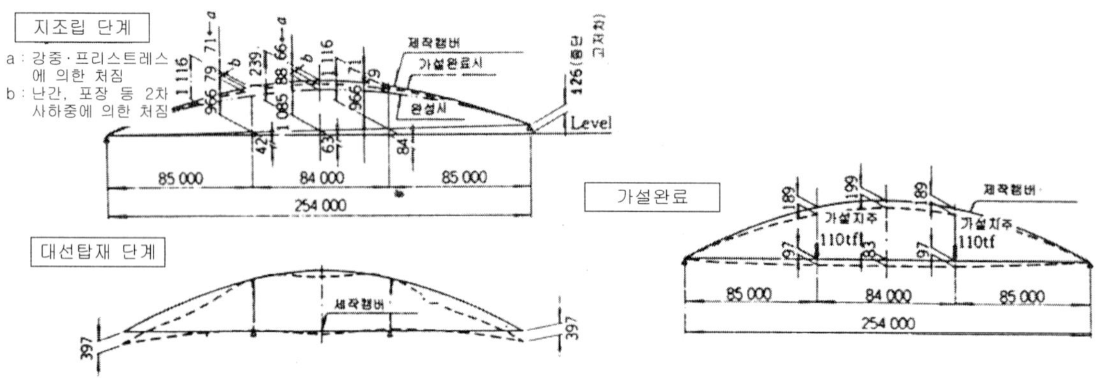

그림 2-30 가설단계별 교량의 변형상태

2.10.4 가설공정

가설시기는 1.0m 이상의 조위차가 있고, 바람이 없는 한낮이어야 하며 추가적으로 가설작업시에는 수역을 점용하는 항로의 항행이 불편하지 않도록 기업 및 레저용 선박의 영향이 적은 시기에 할 필요가 있었다. 1주일 전부터 가설 당일까지 확실히 조위표대로 조위가 되고 있는 것인지 간만의 시간에 오차가 발생하고 있는지를 가설지점에서 10분 단위로 확인하였다. 당초에 예정하고 있던 7월 13일 아침 일찍, 대선계류 해제시에 돌풍이 일어나서 가설은 다음날 14일에 실시하였다.

조위가 최고로 되는 시간에 맞춰 가설지점에 예항하여 대선에 물을 주입하고, 교량의 밸런스를 재조정한 후 앞서 바다에 설치되어 있던 Sinker 및 대선의 윈치로서 와이어 조작에 의해 교각 바로 위로 진입하였다. 교량 및 교각상단에 설치한 와이어에 의해 미세조정하고, 조위의 하강에 맞추어 받침을 연결고정하였다.

받침이 교각상단에 올려지고, 하중이 대선지주에서 교각으로의 이동을 시작하게 되면, 부력에 의해 대선은 하강하지 않는다. 따라서 대선의 흘수를 3.3m 해당 하중의 이동분에 상당하는 물을 대선에 주입하여 하강시켰다. 대선의 하강에 따라 대선지주는 교량과 분리된 후에는 800㎥을 주입하여 흘수 3.6m로 하여 대선을 철수시켰다.

표 2-7 운송·가설의 실시공정

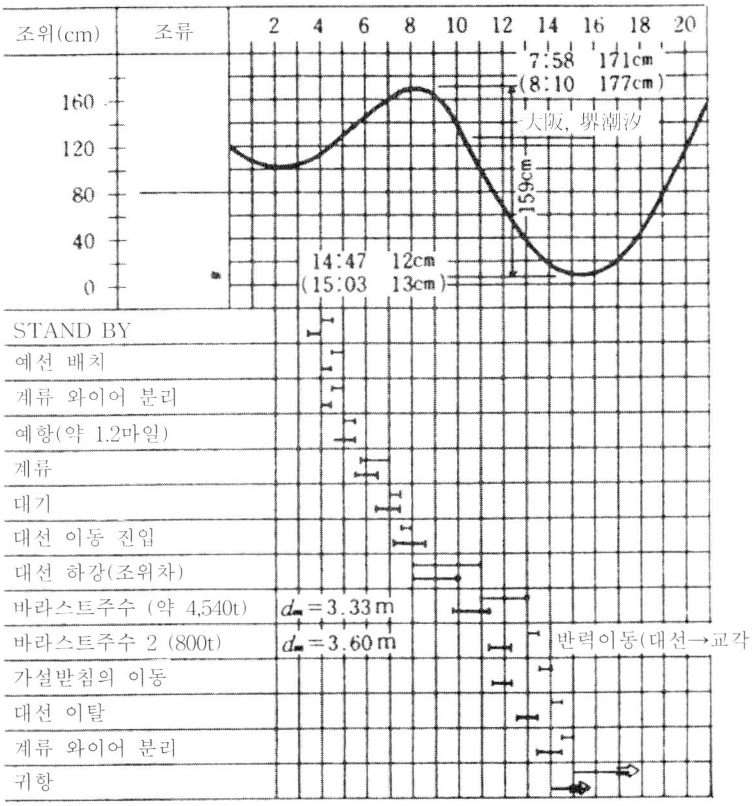

2.11 케이블의 응력조정

임시지주를 회전에 의해 해체하고 1주구당 38본, 전체 76본의 케이블장력조정을 하였다. 케이블의 장력측정법에는 ① 로드셀(Load-Cell) 방법 ② 게이지 방법 ③ 진동법이 있으며 본 교량에서는 케이블의 구조특성 때문에 진동법을 적용하는 것으로 하였다. 케이블의 휨강성을 확실히 파악하기 위해 먼저 길이 및 굵기가 다른 19본의 케이블의 조정(Calibration)을 하고 실물의 장력 및 고유진동수 관계를 파악해서

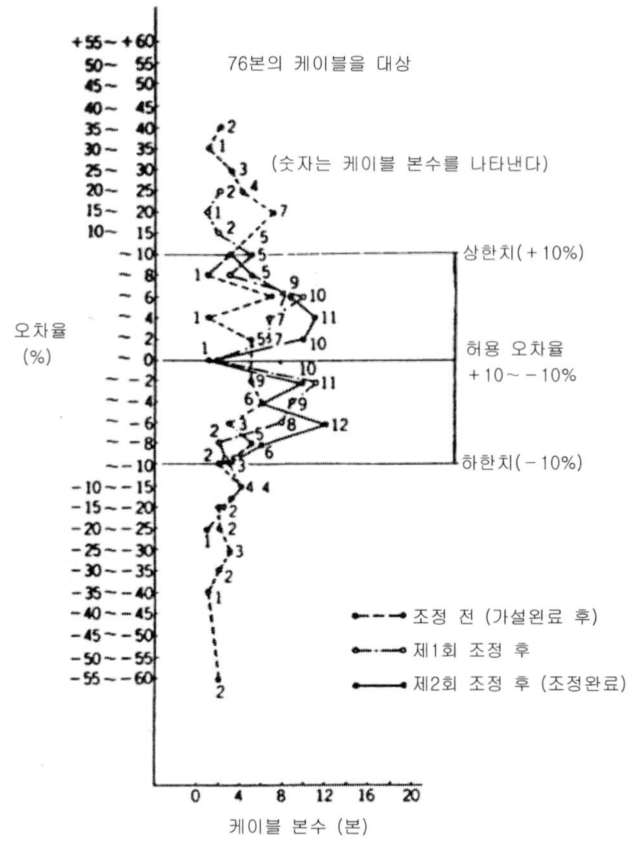

그림 2-31 케이블의 응력조정

실용산정식을 1차보정한 진동법에 따라 장력측정의 신뢰성을 높이는 것으로 하였다.

최초의 장력측정 후 조정량을 구하고 케이블을 아치리브에서 정착하고 있는 너트를 회전시켜 조정하고, 다시 한번 장력측정에 의해 장력을 관리하였다. 설계에서 케이블의 장력허용오차를 RC난간, 포장, 부대공 등의 전체하중이 재하된 상태에서 10%로 설정하였고, 가설직후 상태의 케이블장력을 산정해서 허용값 이내에 들어오도록 관리하고 조정작업은 부재간의 온도차이가 적은 야간에 실시하였다.

조정작업 이전 상태의 계산값에 대해서 −58.3%에서 +36.1%로서 ±10%를 초과하고 있는 케이블이 38본 발생하였다. 제1회의 조정에서 10%를 초과하는 것은 10본으로 되고, 제2회의 조정에서 전체수 6% 이내에 들어오는 것이 가능하였다고 추정하고 있다. 이후 고정하중 재하 후에 또 다시 장력을 측정하고 확인하였다.

본교는 고차부정정 구조물이고, 케이블장력을 변화시킴에 따라, 거더의 형상을 다소 수정하는 것이 가능하다.

그러나, 본교량의 가설에서는 케이블의 장력 정밀도 확보를 최우선으로 하고 거더의 형상에 있어서는 조립 및 가설시의 관리기준치(표 2-8) 내에 들어오도록 주의를 기하였다.

표 2-8 형상유지를 위한 관리기준치

항	목	관리목표치	관리기준치
조립시의 거더캠버	거더캠버	-5 ~ +25mm	-5 ~ +25mm
가설완료시 및 완성시	거더캠버	±100mm	±{25+(L-40)} = ±239mm*
	케이블장력	$\pm 0.1T_d$	$\pm 0.1T_d$

주) 케이블장력, 캠버는 도로공단의 관리기준을 적용하였다.
T_d: 고정하중 장력

신하마데라교의 제작 및 조립

1) 스트럿 부재의 휨가공

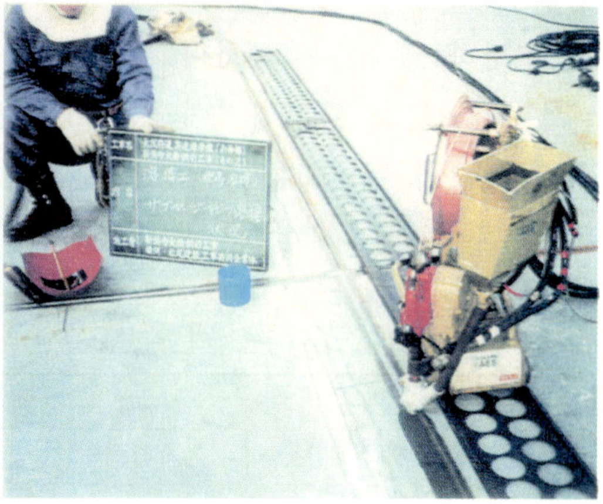

4) 강바닥판의 현장용접

2) 우각부의 조립

3) 아치리브의 가조립

5) 아치리브의 조립

신하마데라교의 가설

1) 하현재의 조립

2) 가설지주의 조립

3) 아치부의 조립

4) 아치폐합

5) 케이블 정착구의 설치

6) 지상조립의 완료

신하마데라교의 가설(계속)

7) 인양 및 바지선 탑재

8) 운　송

9) 가설거치

10) 받침의 위치조정

11) 가설지주의 해체

3
기츠가와교

오사까항 일대는 「테크노포트 오사까」 계획하에 국제무역, 첨단기술개발, 정보통신 등 3개의 기능을 중심으로 문화, 스포츠, 레크리에이션, 주거기능 등을 갖춘 도시정비를 추진 하고 있다. 기츠가와교는 이러한 오사까항 개수사업의 일환으로서 임해부에 순환도로망을 형성하여 물자유통 및 지구간 교통의 원활한 처리를 위해 계획되었다.

본 교량은 오사까 시내를 흐르고 있는 기츠천의 하구부에 위치하며 길어질 수 밖에 없어 연장이 약 2.41km에 이르는 장대교량이 되었다.

본교는 기츠강을 횡단하는 주교량과 양안의 접속교로 구성되었다. 주교량은 경제성, 시공성 외에 경관측면도 고려하여 중로(Balanced-Arch)교를 적용하였고, 우안측 접속교는 3층 루프구조의 17경간연속 입체라멘강박스를 적용하였다.

주교량의 지간장 305m는 오오미시마교의 297m를 능가하는 일본 최대의 아치교이고, 미관 측면에서도 오사까항의 대표적인 교량에 해당된다.

사진 3-1 기츠가와교 전경

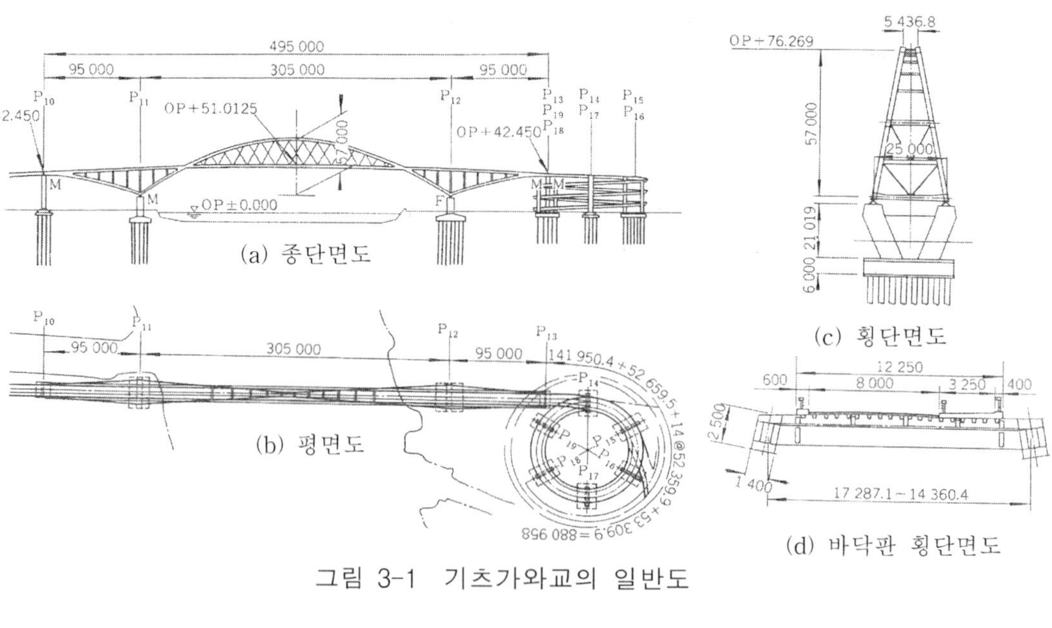

그림 3-1 기츠가와교의 일반도

3.1 계 획

3.1.1 교량형식의 선정

(1) 상부공 형식

기츠강을 횡단하는 주교량부의 상부공 형식 선정시 다음 사항이 고려되어야 한다.

① 300m 이상의 지간장 확보가 가능한 형식

② 항로조건으로서 하천내에 폭 150m, 높이 46m의 공간이 확보되어야 하고

③ 계획고가 매우 높고, 지간장에 비해 폭원이 좁기 때문에 지진 및 바람 등의 횡하중에 대해 안정성이 높아야 하며

④ 표층지반은 충적점토층이 약 30m이고 매우 연약한 점

⑤ 가설시 항로폐쇄기간은 가능한 짧아야 하는 점

⑥ 오사까항의 랜드마크(Land Mark)가 되고, 대규모 교량의 하나로서 우수한 경관을 확보해야 한다는 것이다.

앞의 조건을 만족하는 아치교, 트러스교, 사장교 및 현수교를 대상으로 하여 구조특성, 경제성, 경관 등을 위주로 하여 종합적인 비교검토를 하였다.(그림 3-2)

그 결과로서 3경간연속 중로아치교를 적용하는 것으로 하였다.

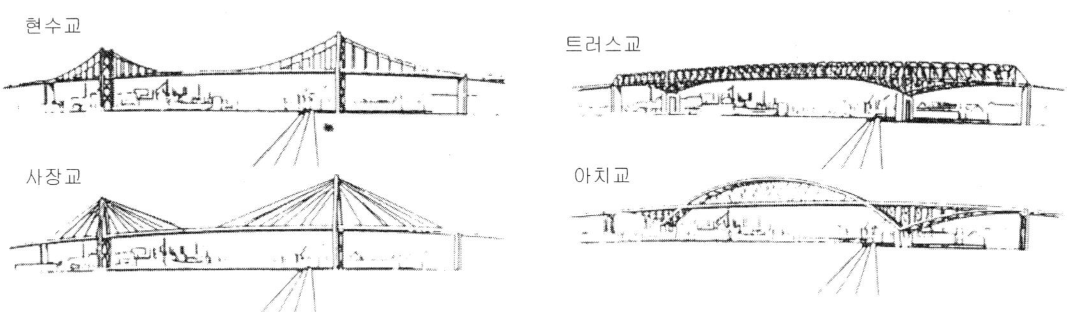

그림 3-2 교량형식의 비교

(2) 하부공 형식

하부공 형식에 있어서도 강관연결 우물통, 뉴메틱케이슨, 오픈케이슨 및 말뚝기초에 대해서 경제성 및 시공성 비교검토를 하였다. 그 결과 중간교각은 깊이 50~60m의 제2사력층을 지지지반으로 하는 RC현장타설 말뚝기초(φ2.0m, 리버스공법)를 적용하였다.

3.1.2 기본구조의 검토

아치구조에서 주요부의 구조형식 및 제원을 결정하기 위해 다음과 같은 비교검토를 하고 결정하였다.

(1) 아치형식

교각설치위치의 조건에서 305m의 지간이 필요하고, 또 지반조건이 연약하기 때문에 중간교각에 큰 수평력이 작용하지 않는 중로아치형식으로 하였다.

또한 중앙경간의 강재중량 경감을 도모하고, 대블록일괄가설이 가능하도록 아치하로부는 가설시에 외적 정정구조계가 되는 닐센구조로 하였다.

이러한 중로식아치교는 항로조건과 경관을 동시에 만족하는 최적의 형태이다.

(2) 지점조건

고정하중에 대해서는 하부구조에 아치거동(Arch-Action)을 피하도록 했으나 2개의 중간지점을 고정으로 하면 활하중과 온도변화에 의해 하부구조에는 큰 수평력이 작용하게 된다.

연약한 지반에 대해서 이러한 큰 수평력이 작용하지 않도록 우안측의 중간지점을 고정단받침, 좌안측은 가동단받침으로 하였다.

(3) 지간분할

중앙지간장을 일정하게 하고, 측경간부의 지간장을 변화시켜서 지간비(중앙경간부/측경간부)의 변화에 따라 구조특성의 변화를 검토하였다. 중앙경간부에서는 단면력

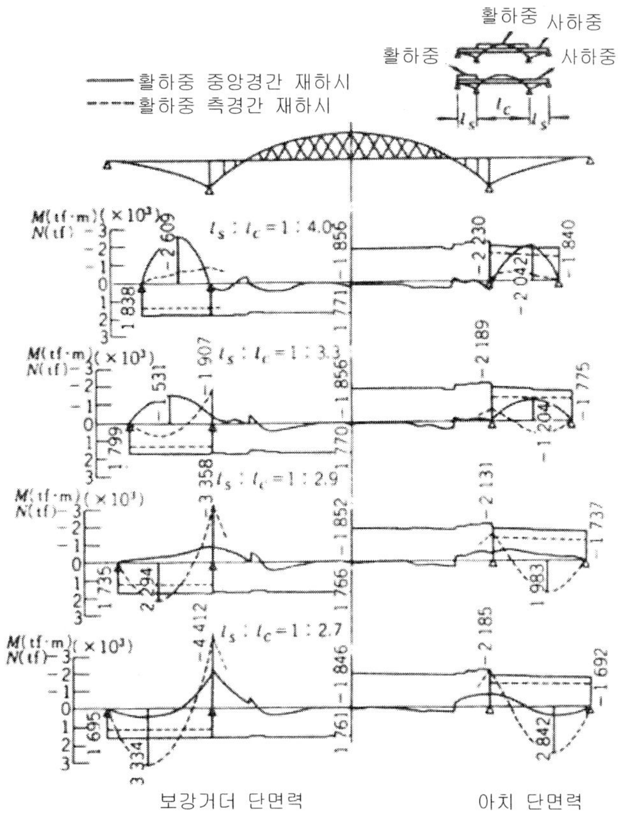

그림 3-3 지간비에 따른 단면력 비교

의 큰 차이를 볼 수 없었으나 측경간부 및 중간지점에서의 휨모멘트 분포는 크게 차이난다.(그림 3-3)

각 부재의 필요단면을 구하고, 이것과 지간비와의 관계를 표시하면 그림 3-4와 같이 된다. 이 그림으로부터 지간비는 3.3 정도가 최적인 것을 알 수 있다.

(4) 아치라이즈

중앙경간부의 라이즈 또한 주거더 위치의 상·하에 따른 닐센부의 라이즈 변화에 대해서 단면력 및 처짐형상이 어떤 영향을 받는지 검토하였다. 비교검토한 중에서 현저한 차이는 나타나지 않았지만 강재중량 및 횡하중에 대한 유리한 아치라이즈로서 f=57m를 적용하고, 라이즈비는 교각기준으로 f/ℓ=1/5.4, 닐센 구간에서는 f/ℓ=1/8.2로 하였다.

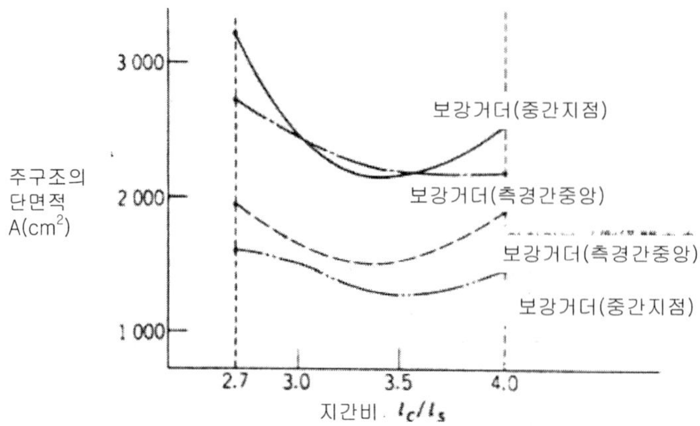

그림 3-4 지간비와 주구단면적의 비교

(5) 주구의 경사

아치의 높이는 수면에서부터 약 80m에 있고, 바람과 지진에 의해 교량구조에는 큰 전도모멘트가 발생한다. 이러한 전도모멘트에 의한 중간지점의 부반력을 작게 하기 위해, 주구를 9°44′ 기울어진 바스켓 핸들형식(받침간격 : 25m)으로 하였다.

(6) 중앙경간의 케이블 구성

중앙경간부의 케이블에 있어서, 닐센계는 연직케이블 형식에 비교해서 구조계 전체의 강성을 높이는 효과가 있으며 또 가설시의 시공성을 고려하여 닐센계를 적용하는 것으로 하였다.

또한 케이블의 각도, 간격에 대해서도 계산하였으며 현저한 차이는 없으므로 케이블의 각도 60°, 간격은 14m로 하였다.

(7) 측경간부의 부재 구성

측경간부의 부재 구성에 있어서는 연직재만으로 구성된 비렌디일 형식과 사재 및 하부브레이싱을 추가시킨 트러스형식에 대해서 동적 특성을 비교검토한 결과 비렌디일 형식은 강성이 약간 열세이나(그림 3-5) 경관적인 배려를 위해 매우 간결한 비렌디일 형식을 적용하였다. 이것에 대해 내진 및 내풍검토를 시행하였다.

이 동적해석의 결과, 사재를 생략한 구조가 가능하며 내진성능 및 간결한 외관을

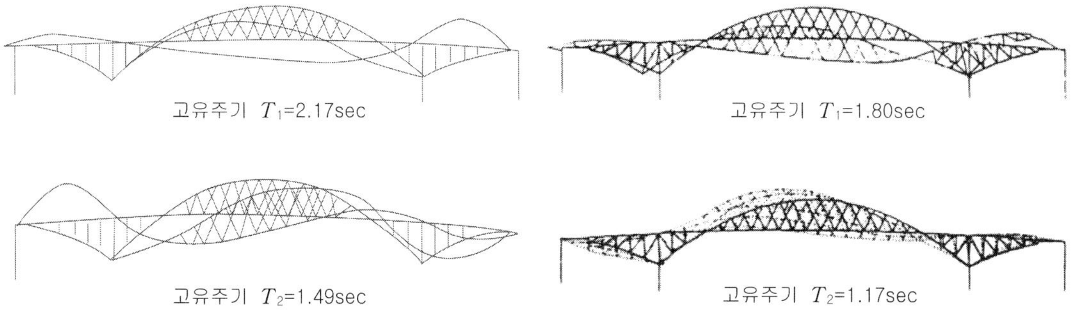

(a) 측경간부를 비렌디일 형식으로 한 경우 (b) 측경간부를 트러스 형식으로 한 경우

그림 3-5 측경간 부재배치에 따른 고유주기와 진동모드

추구함이 가능해졌다.

(8) 바닥판 형식

지간장이 길어지게 되면 설계하중 중에서 고정하중이 차지하는 비율이 크므로 본교에서는 강바닥판을 적용하였다. 계산에 의하면 강바닥판을 적용한 경우 R.C 바닥판에 비해 25% 정도의 고정하중이 경감되고, 하부구조의 설계에 유리한 것은 물론이며, 강바닥판을 주거더 단면의 일부로서 유효하게 이용할 수 있는 이점이 있다.

3.2 설 계

3.2.1 교량개요

본교의 주요제원을 표 3-1에 나타내었다. 본교에서는 측경간 비렌디일 구간을 Floating Crane(FC)에 의해 대블록 일괄가설과 부분블록 가설을 병용하여 가설한 후 중앙닐센부의 대블록을 FC에 의해 일괄 가설한다.

표 3-1 주요제원

교량형식	중로아치교(Balanced Arch)	바닥판형식	강바닥판(t=12~19mm)
규　　격	1등교	케 이 블	PWS $\phi7\times37$, $\phi7\times55$
설계속도	60km/h	수 평 진 도	K_h=0.24×1.25=0.3
지간구성	94.3+305.0+94.3m	풍 하 중	혼슈-시코쿠 내풍설계기준
유효폭원	11.25m(차도:8.0m, 보도:3.25m)	지 점 침 하	각 지점에서 100mm 적용
종단경사	중앙부:2.5%(포물선), 측경간:5%	강 재 중 량	강재 : 6,138tonf, 받침 : 207tonf 신축이음장치 : 28tonf, 케이블:26tonf
횡단경사	차도부:1.5%(포물선), 보도부:2%(직선)		

3.2.2 구조해석

단면력 산출은 미소변위이론에 의해 입체골조구조해석을 하였다. 해석모델은 그림 3-7에 나타내었다. 해석에 앞서 평면모델로서 미소변위이론해석과 유한변위이론해석의 비교를 하고, 유한변위의 영향이 거의 없는 것을 확인하였다.

강바닥판이 상부플랜지로서 합성된 주거더에 대해서는 그림 3-6(2)에 표시된 바와 같이 2개의 주거더와 1개의 가상거더 및 가로보로 구성되는 격자구조로 모델화하였다.

이 격자모델에서는 부재 GL, GR의 단면적, 비틀림강도, 또한 면외 휨강도에 대해서는 주거더 박스단면에 $\frac{1}{2}$폭원의 강바닥판을 합성시킨 단면에 대한 값으로 하였다.

부재 GC에 대해서는 강바닥판만의 단면적과 면외 휨강도만을 고려하고, 비틀림강도 및 면내 휨강도는 고려하지 않는 것으로 하였다. 따라서 바람, 지진 등의 면외하중에 대해서 부재 GL과 GR이 일체로 저항할 수 있도록 이러한 부재들을 강한 가로보 GF에 의해 결합하는 것으로 하였다. 또한 가설단계를 고려하여 2개의 구조계를 중첩시켜 설계단면력을 산출하였다(그림 3-7).

케이블은 비저항 압축부재이므로 케이블에 압축력이 발생하지 않도록 단부 케이블에는 프리스트레스를 도입하였다.

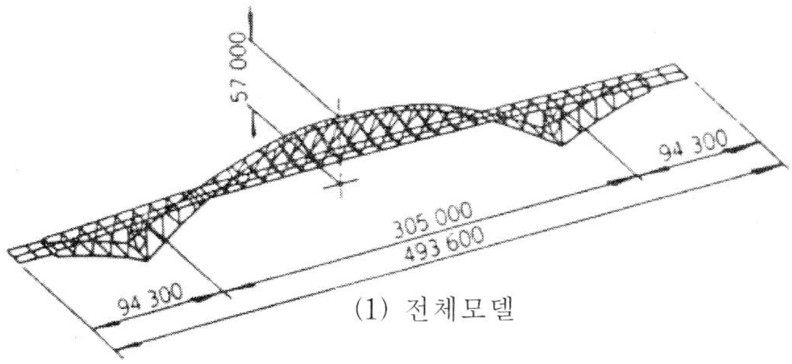

(1) 전체모델

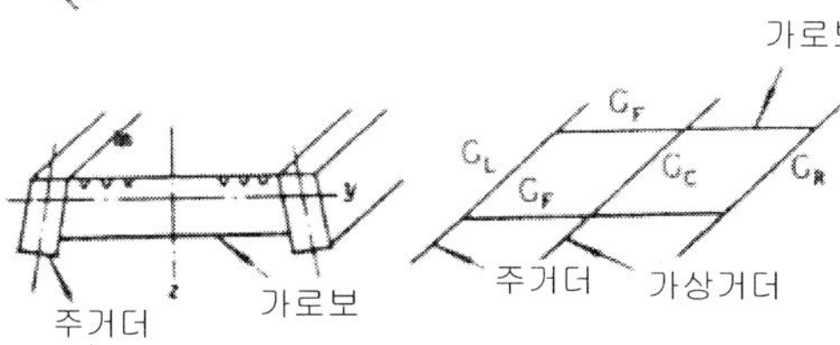

(a) 실교의 주거더, 강바닥판　(b) 해석모델의 격자구조

(2) 주거더, 강바닥판의 모델화

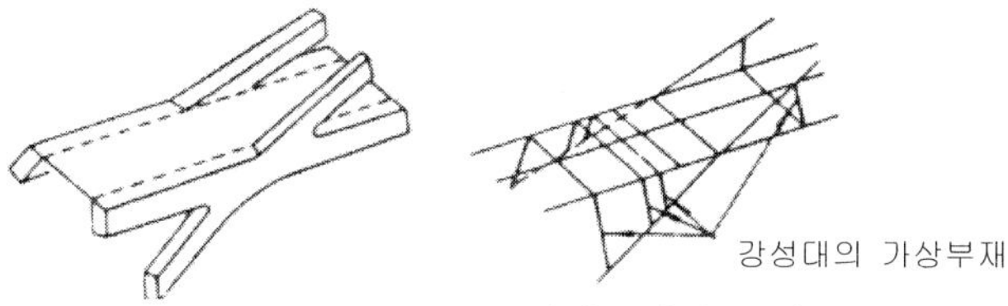

(a) 실교의 교차부　(b) 해석모델의 교차부

(3) 아치리브와 주거더 교차부의 모델화

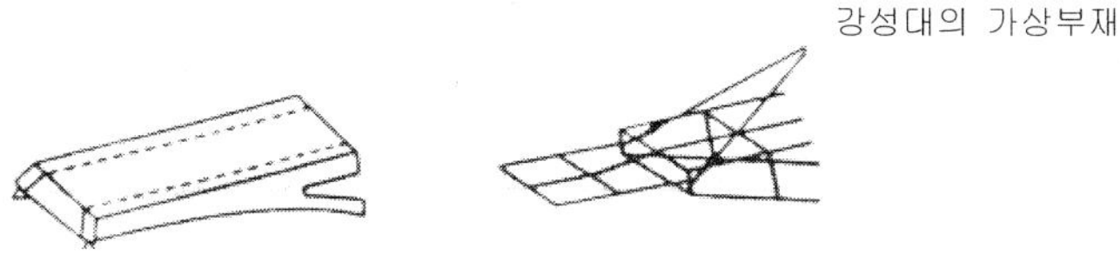

(a) 실교의 거더단부　(b) 해석모델의 거더단부

(4) 거더단부의 모델화

그림 3-6 입체골조해석 모델

3.2.3 주거더의 설계

주거더의 단면결정은 좌우의 박스거더와 강바닥판이 일체로서 단면력에 저항하는 것으로 하여 다음 방법에 의해 설계하였다.

면내 휨모멘트 M_y에 의한 응력도는 M_y가 좌 · 우의 박스거더에만 작용하기 때문에 각각의 단면계수 W_y를 이용하여

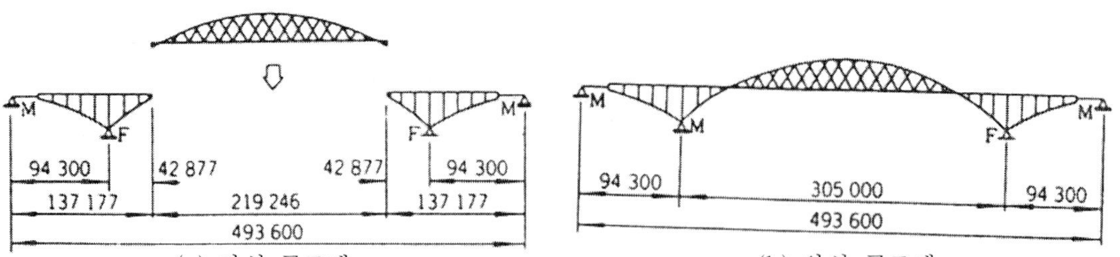

(a) 가설 구조계 (b) 완성 구조계

그림 3-7 해석 구조계

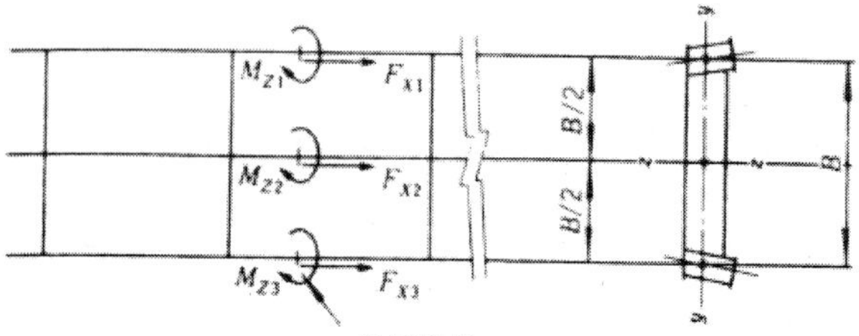

그림 3-8 주거더의 단면력

$$\sigma_{(1)} = M_y/W_y \tag{1}$$

로 하였다.

축력 F_x 및 면외 휨모멘트 M_z에 대해서는 이것을 중앙에 집중시켜 합성단면의 단면적 및 단면계수를 이용하여 응력도를 산출하였다(그림 3-8).

$$\Sigma F_x = F_{x1} + F_{x2} + F_{x3} \tag{2}$$

$$\Sigma M_z = (F_{x1} - F_{x3}) \times (B/2) + (M_{z1} + M_{z2} + M_{z3}) \tag{3}$$

$$\sigma_{(2)} = \frac{\Sigma F_x}{\Sigma A} + \frac{\Sigma M_z}{\Sigma I_z} \cdot y \tag{4}$$

따라서 수직응력도는 $\sigma = \sigma_{(1)} + \sigma_{(2)}$ (5)

로 산출된다.

보강거더의 단면은 아치리브와 주거더의 교차부 부근에서 재질 SM570, 최대판 두께 36mm로 되고, 그 이외의 부분에서는 재질 490Y, 최대판 두께 16mm로 하였다.

단면이 결정되는 하중은 거더단부가 지진시이고(교축방향), 중간지점 및 교차부는 풍하중이 작용할 경우이고, 그 이외의 부분에서는 상시인 경우이다.

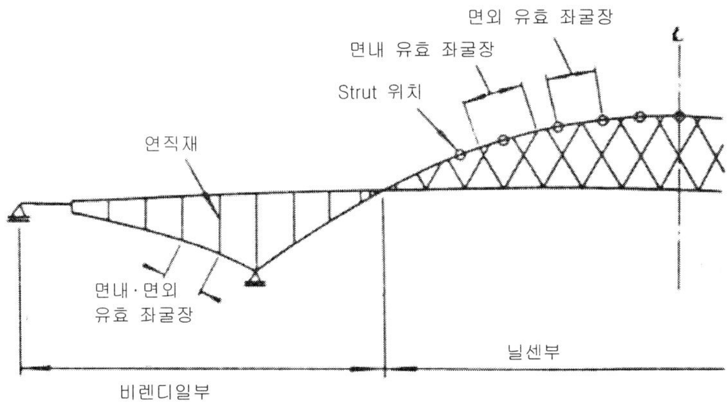

그림 3-9 아치리브 유효좌굴장

3.2.4 아치리브의 설계

아치리브는 도로교시방서에 따라 축방향 압축력과 면내, 면외 휨모멘트를 받는 부재로서 설계하였다. 휨모멘트에 대해서는 플랜지의 유효폭을 고려하고, 축력에 대해서는 전체단면이 유효한 것으로 하였다.

유효좌굴장은 그림 3-9에 표기한 것처럼 비렌디일 구간에서는 면내·면외 모두 축선을 따라 격점간격으로 하고, 닐센 구간에서는 면내좌굴에 대해서 케이블 설치간격, 면외좌굴에 대해서는 스트럿간격으로 하였다.

아치리브의 단면은 재질 SM570, 최대판 두께 34mm이다. 단면이 결정되는 하중은 Springing부가 교축방향 지진하중 작용시이고, 중간지점 및 닐센 단부는 풍하중이며, 그 이외의 구간은 상시하중이다.

3.2.5 입체FEM해석

부재가 복잡하게 교차된 구조부위에는 복잡한 응력흐름 및 응력집중현상이 예상되므로 안전하고 합리적인 설계를 필요로 한다. 따라서 강결구조가 되는 다음의 3개소는 응력상태를 정확히 파악하기 위해 입체FEM해석을 실시하였다.

i) 아치리브와 보강거더의 교차부

ii) 아치리브의 중간지점부

iii) 보강거더 단부

아래에 아치리브와 보강거더의 교차부, 아치리브의 중간지점부에 대해서 상세히 기술하였다.

(1) 아치리브와 보강거더의 교차부

보강거더 축력에 있어 교차부 부근에서는 보강거더 박스단면만이 부담하고, 교차부에서 멀어짐에 따라 강바닥판이 유효하게 축력에 거동할 것으로 예상된다.

따라서 축력에 대한 강바닥판의 유효폭은 30°의 각도로서 직선증가한다고 가정하여 1차 설계를 하고, 결정된 단면을 FEM해석에 의해 검증하였다.

입체골조해석과 마찬가지로 FEM해석에서도 2개의 구조계를 중첩시켰다.

하중재하상태는 1차설계의 단면결정시 지배하중이었던 다음의 3가지로 하였다.

i) 축방향력 최대

ii) 면내 휨모멘트 최대

iii) 면외 휨모멘트 최대

요소분할은 그림 3-10과 같다. FEM해석결과로부터 강바닥판, 복부판, 플랜지 등

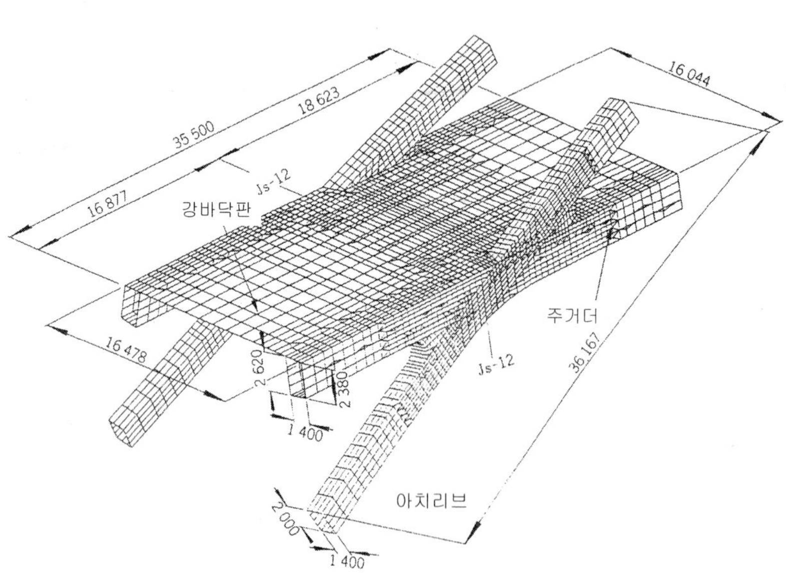

그림 3-10 요소분할(교차부)

에서 응력교란이 발생하지 않고 현저한 응력집중현상이 나타나지 않으며 원활한 응력흐름과 부재의 안정성을 확인할 수 있었다.

(2) 아치리브의 중간지점부

아치리브의 중간지점부는 연직재, 횡방향 스트럿이 아치리브와 강결된다. 이 부분은 연직재, 횡방향 스트럿으로부터 휨모멘트, 축방향력, 전단력을 아치리브 및 받침에 전달하는 중요한 기능을 가지고 있고 이 전달기구는 매우 복잡하다.

따라서 아치리브, 연직재, 횡방향 스트럿을 일반단면으로서의 설계나 지점상 기둥으로서 설계를 하고 단면을 1차 결정하였다. 또 아치리브의 복부판은 2방향 압축만으로 하여 좌굴검토를 하였다.

이렇게 해서 결정된 단면을 FEM해석에 의해 검증하였다. 요소분할은 그림 3-11에 나타나 있다. 하중재하상태는 1차 설계시의 단면결정에서 지배적이었던 다음의 3가지로 하였다.

i) 아치리브의 축방향력 최대

ii) 아치리브의 면외 휨모멘트 최대

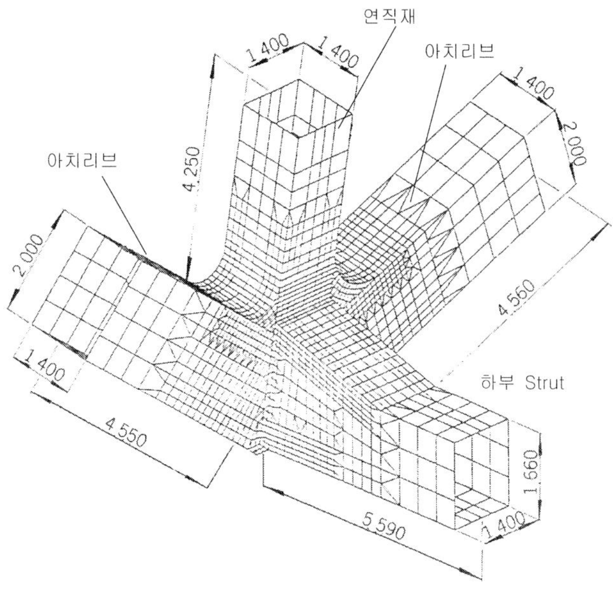

그림 3-11 요소분할(중간지점부)

iii) 연직재의 축방향력 최대

아치리브의 면외휨모멘트가 최대로 되는 풍하중 재하상태에서의 아치리브 복부판의 주응력도를 그림 3-12에 나타내었다. 해석결과로부터 받침상단의 아치리브 복부판에서 3%, 하부플랜지에서 5% 정도로 주응력이 허용응력을 초과하였다.

이러한 것은 국부적인 응력집중이고 Von-Mises에 상당하는 응력은 0.6 σ_y 정도에 있으므로 특별한 문제가 없는 것으로 판단하였다. 또 횡방향 스트럿은 SM490Y로 단면이 결정되었으나 FEM응력도를 보면 아치리브와의 연결부에서 허용응력을 초과하고 있다. 이것은 연결부가 접해 있는 아치리브(SM570)와 변형이 동일하기 때문이다. 그러므로 횡방향 스트럿의 연결부는 재질을 SM570으로 변경하였다.

3.2.6 케이블의 설계

닐센부의 케이블은 소선(ϕ7mm)을 아연도금한 HiAm 앵커케이블(Non-Grout Type)을 사용하고, 단면은 HiAm55, HiAm35의 2종류로 하였다. 안전율은 V=3.0(σ_a

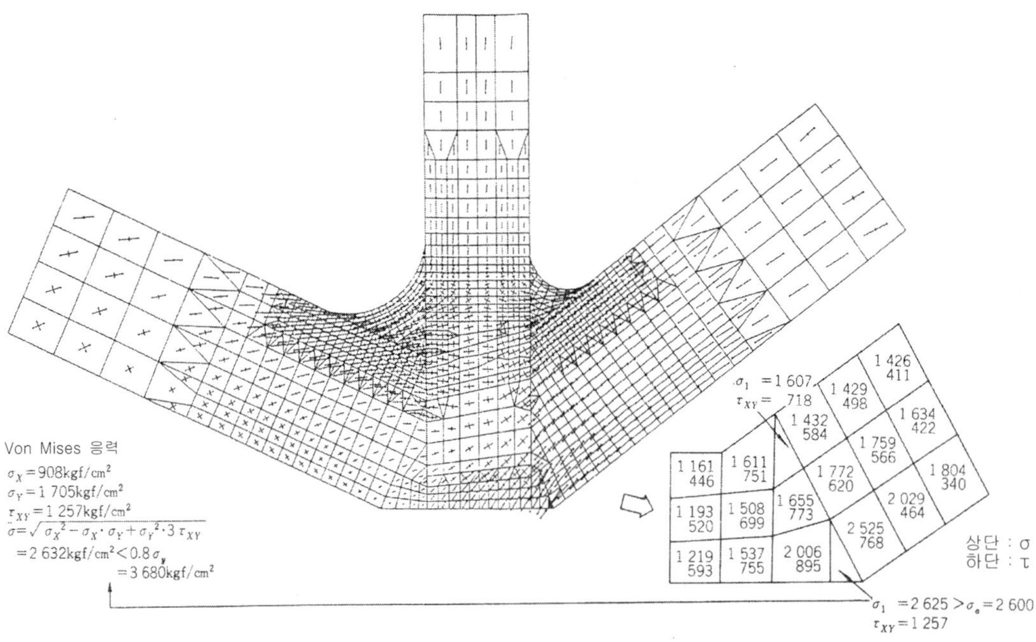

그림 3-12 아치리브 복부판의 주응력도(풍하중 재하상태)

표 3-2 케이블 장력

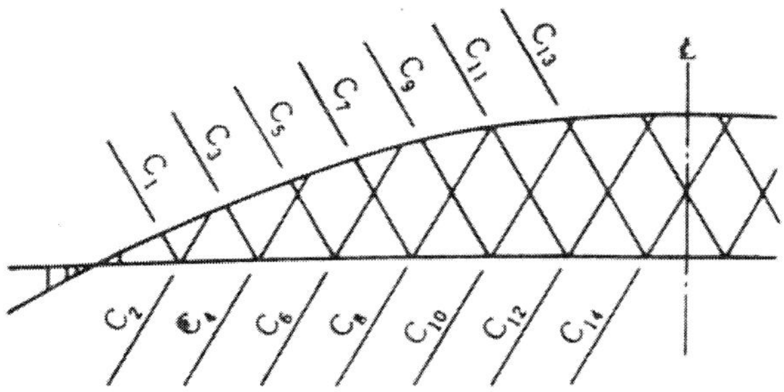

(단위 : tonf)

케이블 No.	케이블단면	인장하중 T_u	허용장력 T_a	케이블 장력			
				고정하중 T_d	프리스트레스 T_{ps}	활하중 T_L	합 계 ΣT
C_1	HiAm37	227.0	75.7	8.4	5.5	14.1	28.0
C_2	HiAm37	227.0	75.7	29.0	-0.5	15.1	43.6
C_3	HiAm37	227.0	75.7	23.5	-0.7	23.5	46.3
C_4	HiAm55	338.0	112.7	71.1	-0.1	28.0	99.0
C_5	HiAm37	227.0	75.7	25.6	-0.1	25.2	50.7
C_6	HiAm55	338.0	112.7	71.8	0.0	34.9	106.7
C_7	HiAm37	227.0	75.7	25.7	0.0	27.1	52.8
C_8	HiAm55	338.0	112.7	63.4	0.0	37.3	100.7
C_9	HiAm37	227.0	75.7	24.8	0.0	29.4	54.2
C_{10}	HiAm55	338.0	112.7	55.3	0.0	37.4	92.7
C_{11}	HiAm55	338.0	112.7	35.2	0.0	31.4	66.6
C_{12}	HiAm55	338.0	112.7	48.1	0.0	36.6	84.7
C_{13}	HiAm55	338.0	112.7	37.2	0.0	33.5	70.7
C_{14}	HiAm55	338.0	112.7	42.1	0.0	35.2	77.3

=160/3.0= 53.3kgf/㎟)로 하고 있다. 케이블의 장력을 표 3-2에 나타내었다.

장력오차에 대한 여유를 확보하기 위해서 고정하중장력의 10% 및 5tonf 중에서 큰 값을 고려하여 단면을 결정하였다. 피로에 대한 조사는 혼슈-시코쿠 기준에 따랐고, 응력변동은 활하중의 50%를 고려하였다.

케이블의 폴리에칠렌 피복은 아치리브와 동일색상의 불소수지 도장을 하여 경관과 내후성의 향상을 도모하였다.

3.2.7 내진설계

수정진도법을 이용한 정적설계(설계수평진도 Kh=0.3)를 적용하고, 동적인 지진응답은 응답스펙트럼법과 시간이력응답해석에 의해 평가하여 정적설계의 적정성을 확인하였다. 동적해석의 결과를 요약하면 아래와 같다.

① 본교는 고유주기가 약 2초(면내 1차)로서 비교적 장주기 구조물이다.

② 아치 크라운부의 변위에 대해 정적해석과의 비교를 표 3-3에 나타내었다. 정적해석변위에 대한 동적해석변위의 비율은 연직변위가 46%, 수평변위는 77%이다.

③ 가속도는 비교적 고차까지 일어나며, 동적해석의 최대응답가속도는 정적해석값(0.3g)에 비해서 10～20% 정도로 크게 나타나고 있다.

④ 단면력에 대해 많은 부재에서 동적해석결과가 정적해석을 초과하는 결과를 나타내고 있으나 거더단부를 제외하고 상시 또는 풍하중 작용시가 지배적이므로 단면이 증가하지는 않았다.

표 3-3 아치 정점부 변위비교

(단위 : mm)

구 분	정적해석	동적해석
연 직 변 위	150	69
수 평 변 위	318	245

3.2.8 내풍설계

(1) 정적설계

정적인 공기력을 산정하기 위해 닐센부, 비렌디일부에 대해서 축척 1/300, 전체교량에 대해서는 축척 1/315의 3차원 강체모형을 대상으로 하여 풍동시험을 실시하고 항력계수를 결정하였다. 항력계수는 주거더 1.6, 아치리브 2.4, 연직재는 2.4를 적용하였다.

설계풍속은 혼슈-시코쿠공단 내풍설계기준에 따라 기본풍속에 고도, 수평길이, 연직높이에 따라 보정하였다. 또한 구조물의 수평길이, 연직길이에 의한 풍하중의 보정을 하고 설계풍하중(W_D)을 산출하였다. 이렇게 해서 산출된 풍하중을 각각의 부재에 가장 불리한 응력을 발생시키도록 재하하고 설계단면력을 산출하였다. 아치리브와 보강거더의 일부분에서 풍하중이 지배하중으로 되었다.

(2) 동적설계

일반적으로 아치교는 현수교나 사장교에 비해 상대적으로 강성이 큰 구조물이다. 본교에서는 전체길이가 495m이고, 대규모 교량 특유의 유연한 변형거동을 나타내므로 동적인 내풍안정성 검토를 하였다.

예상이 되는 진동으로서는 주거더의 와려진, 아치의 와려진 및 Galloping, 케이블 진동, Buffeting 등이 발생될 수 있고, 그림 3-5에 나타난 진동모드로부터 보강거더와 아치리브가 일체로 되어 진동하는(진동수가 낮으면 내풍설계상 문제가 되므로) 처짐진동과 처짐 와려진에 대해 검토하는 것으로 했다.

주거더에 대해 1/35 축척의 2차원 부분 모형을 대상으로 하여 풍동시험을 실시하고, 동적응답특성을 파악하였다. 또 아치리브와 보강거더의 상대적인 위치관계를 재현한 모형을 대상으로 하여 아치리브가 전체응답에 어떠한 영향을 미치는지 조사하였다.

현장에서 지배적인 서풍의 시험결과를 그림 3-13에 나타내었다. 이 그림으로부터

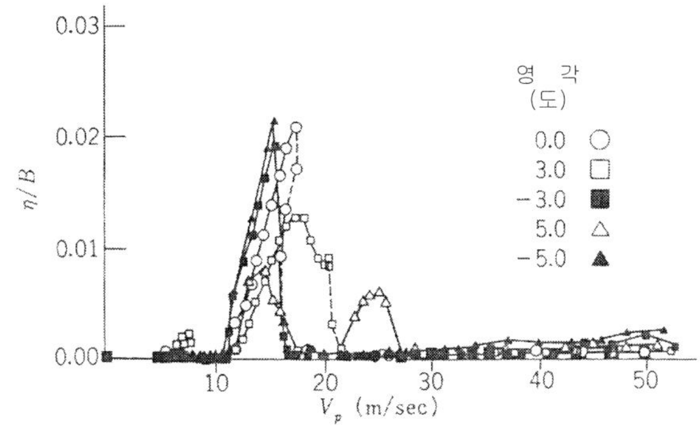

그림 3-13 진폭응답

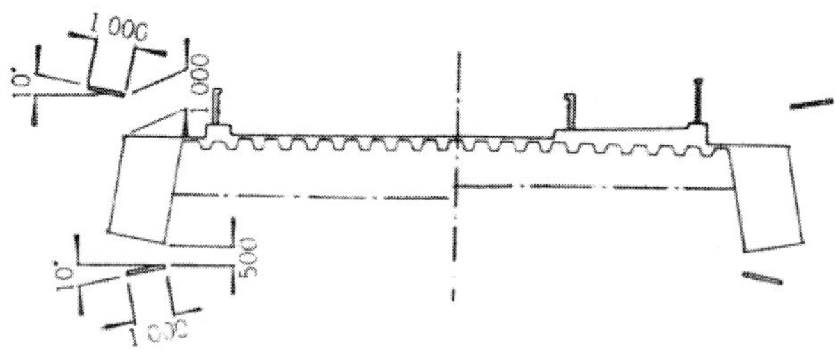

그림 3-14 내풍안정화대책

15m/sec의 풍속에서 큰 진폭의 와려진이 나타나고, Galloping에 대해서는 영각이 0° 인 경우 풍속 95m/sec까지는 안정함이 확인되었다.

이 와려진을 제어하기 위해서 각종 내풍안정화대책을 검토한 결과 가장 효과가 있는 내풍안정화대책을 그림 3-14에 표시하였다. 이러한 풍동실험결과는 2차원 상태의 결과이므로, 아치리브 존재를 고려한 상태에서의 시험결과는 Strip-theory에 의해 전체교량의 응답을 추정하였다. 또한 3차원 응답해석결과를 근간으로 하여 현지에서 예상되는 풍속·풍향빈도분포 특성을 이용해서 피로조사를 실시하고, 바람에 대한 안전성을 검증하였다. 이러한 결과를 종합적으로 판단하였으며 내풍안정화대책은 가설완료 후 일정기간동안 바람에 의한 교량의 진동을 추적조사하는 것으로 하였다.

그러나 유해한 진동이 발생할 경우에는 내풍안정화대책이 가능하도록 고리부착을 초기에 시행하여 바람에 의한 진동발생을 대비하였다. 가설완료 후 9개월이 경과한 단계에서 15m/sec 정도의 바람이 작용하였으나 바람에 의한 진동은 확인되지 않았다.

3.3 극한 내하력 해석

3.3.1 해석목적

일반적으로 보강아치교에서 아치리브의 좌굴이 교량전체의 극한강도를 지배한다. 본교의 아치리브는 '도로교시방서'에 따라 축력과 휨모멘트를 받는 부재로서 유효좌굴장의 개념을 이용해서 설계되었다. 그러나 이 설계법은 아치리브의 전체좌굴에 대한 안전성을 보증하는 것은 아니다. 따라서 이렇게 설계된 아치리브는 작용하중에 대해 충분한 안전율이 확보되어 있는지를 조사하기 위해서 초기변형을 고려한 탄소성유한변위해석을 실시하였다.

3.3.2 해석모델

아치리브의 내하력에 초점을 맞춰 해석하기 때문에 아치리브는 탄소성 유한변위거동을 고려할 수 있는 박스형 단면요소로서 모델화하고, 보강거더를 포함하여 그 이외의 부재는 유한변위거동만을 고려할 수 있는 탄성 보-기둥요소로서 모델화하였다.

또 케이블은 탄·소성 봉요소(탄소성 유한변위거동을 고려할 수 있는 트러스요소)로 모델화하였다. 본 해석에 사용된 모델을 그림 3-15에 나타내었다.

3.3.3 고려하중

다음 하중을 고려하였다.

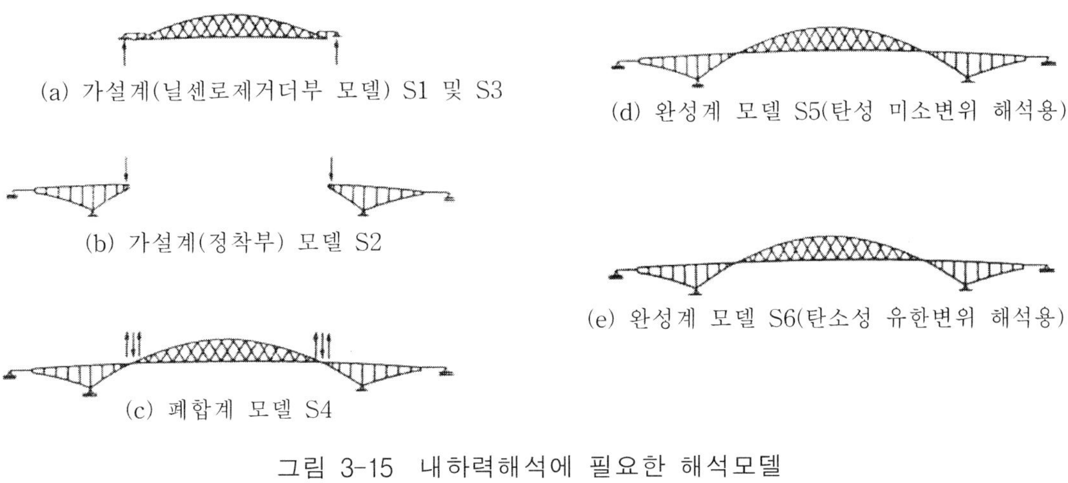

(a) 가설계(닐센로제거더부 모델) S1 및 S3
(b) 가설계(정착부) 모델 S2
(c) 폐합계 모델 S4
(d) 완성계 모델 S5(탄성 미소변위 해석용)
(e) 완성계 모델 S6(탄소성 유한변위 해석용)

그림 3-15 내하력해석에 필요한 해석모델

① D_1 : 폐합 전 고정하중
② P_S : 프리스트레스
③ D_2 : 폐합시 하중
④ D_3 : 폐합 후 고정하중
⑤ T : 온도변화
⑥ W_D, W_L : 풍하중
⑦ E_Q : 지진하중

3.3.4 해 석

해석에서는 실제 가설순서를 고려하여 예비해석을 한다. 초기단면력과 초기형상을 가진 모델을 재현하고 이 모델에 대해서 증분고정하중(하중계수가 곱해진 고정하중에서 실제의 고정하중을 뺀 하중), 활하중, 풍하중, 지진하중을 작용시켜서 탄소성 유한변위해석을 하였다. 바꾸어 말하면 예비설계단계에서 작용하는 하중 D_1, D_2, P_S 및 D_3에 대해 제각각 해석모델의 차이가 있으므로, 우선 $1.0(D_1+P_S+D_2+D_3)$ 만의 하중에 대해서 소정의 완성계를 실현시키고, 그 다음 완성계에 일정한 증분고정하중 $0.7(D_1+D_3)$을 작용시키고 점증시킨 활하중 α_L(α : 하중 Parameter)를 재하시키고 극한상태에서의 하중파라메터를 구하였다. 온도하중, 풍하중, 지진하중을 고려한 경우 '도로교시방서'의 하중조합에 따라 허용응력의 할증을 고려하였다.

3.3.5 해석결과

하중조합 및 극한상태에서의 하중파라메타를 표 3-4에 나타내고, 하중파라메타와 변위곡선과의 관계를 그림 3-17에 나타내었다.

표 3-4로부터 가장 위험한 하중조합 Case-3에서도 하중파라메터(α_u)=7.0으로 되고, 교량 전체적으로 충분한 내하력을 확보하고 있음이 확인되었다. 또 그림 3-17로부터 극한상태에서는 면내 좌굴모드가 탁월함이 확인되었다.

3.3.6 추가검토

앞에 기술된 해석결과에서 극한상태에서의 하중은 $1.7D+7.0L$로 되나 설계하중

표 3-4 하중조합 case 및 극한상태에서의 파라메터(α_u)

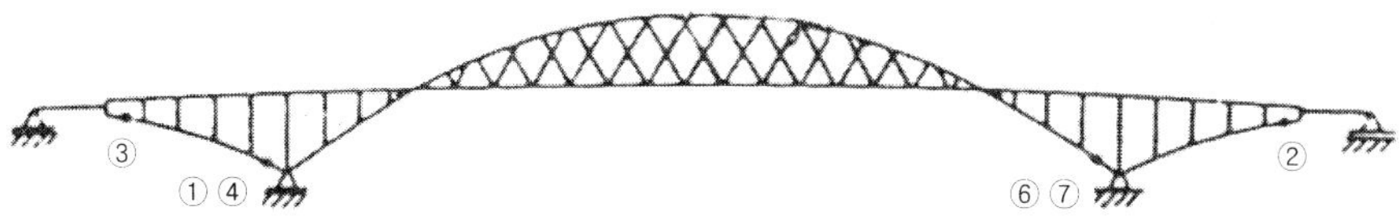

하중조합 case	하 중 조 건	α_{req}	α_u	$\frac{\alpha_u}{\alpha_{req}}$	극한상태를 결정한 단면
1	$1.00(D_1+P_S+D_2+D_3)+0.70(D_1+D_3)+\alpha L_1$	1.70	8.2	4.82	①
2	$1.00(D_1+P_S+D_2+D_3)+0.70(D_1+D_3)+\alpha L_2$	1.70	7.6	4.47	②
3	$1.00(D_1+P_S+D_2+D_3)+0.70(D_1+D_3)+\alpha L_3$	1.70	7.0	4.12	③
4	$1.00(D_1+P_S+D_2+D_3)+0.70(D_1+D_3)+\alpha L_4$	1.70	8.3	4.88	④
5	$1.00(D_1+P_S+D_2+D_3+T)+0.26(D_1+D_3)+\alpha(L_3/2+W_L)$	1.26	12.4	9.84	⑤
6	$1.00(D_1+P_S+D_2+D_3+T)+\alpha(L_3/2+E_Q)$	1.00	6.0	6.00	⑥
7	$1.00(D_1+P_S+D_2+D_3)+0.13(D_1+D_3)+\alpha(L_3/2+E_Q)$	1.13	5.3	4.69	⑦

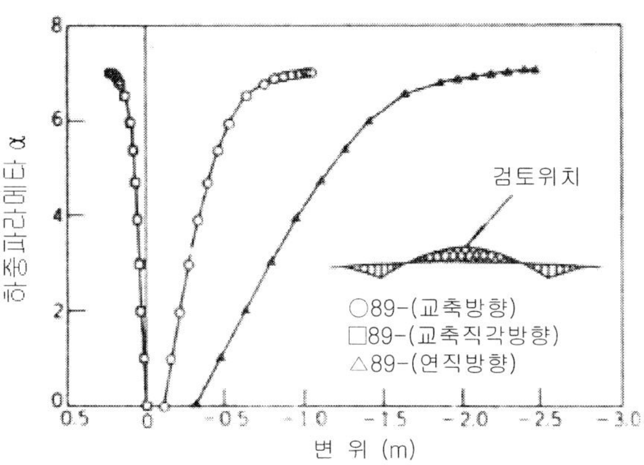

그림 3-16 아치 Crown에서의 하중파라메타와 변위곡선(하중조합 case-3)

$(D+L)$에 대해서 몇 배의 안전율이 있는지 판단해보자.

따라서 가장 위험한 하중조합 Case 3개에 대해 추가검토를 실시하였다.

대상하중은 고정하중(D), 프리스트레스(P_S), 활하중(L)으로 하여 우선 탄성미소

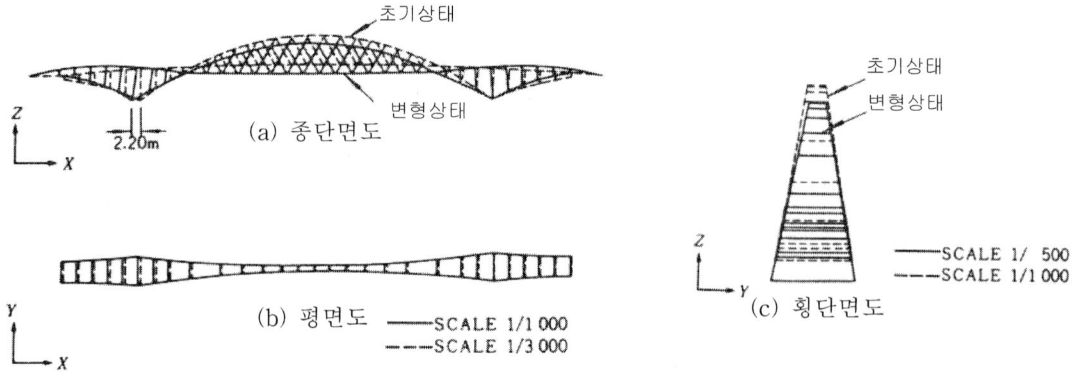

그림 3-17 극한상태에서의 변형모드(하중조합 Case-3, α=7.0)

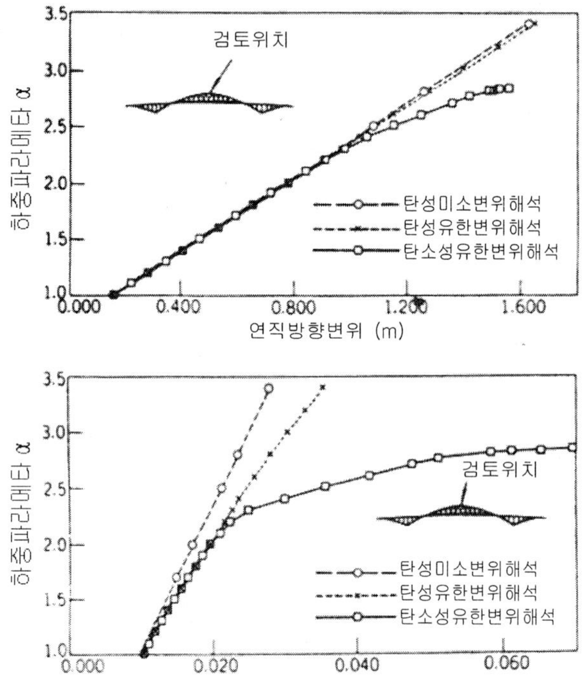

그림 3-18 아치 크라운에서의 하중파라메타-변위곡선

변위해석으로서 고정하중 및 프리스트레스에 대한 단면력을 산출하고, 초기단면력 및 초기형상을 가지는 모델을 재현한 후 증분하중$(\alpha-1)\times(D+P_S+L)$을 작용시키고 탄소성 유한변위해석을 하였다. 또한 탄성미소변위해석 및 탄성유한변위해석도 병행하여 실시하였다. 그 결과를 그림 3-18에 나타내었다.

그림 3-18로부터 교축직각방향변위에 대해서는 기하학적 비선형성의 영향이 낮은 하중단계부터 나타나고 있는 것을 알 수 있다. 그러나 재료 비선형성의 영향은 하중파라메타가 α=2.0부근까지는 나타나지 않는 것을 알 수 있다.

극한한계상태에서의 하중파라메타(V_u)는 2.83으로 되고 있다. 기하학적 비선형성에 의한 변위의 증가량은 연직변위에 대해서는 α=1.0(설계하중레벨)에서 0.5%, α=1.7에서 0.6%로 되고, 교축직각방향변위에 대해서는 α=1.0일 때 12.7%, α=1.7에서 15.4%로 되고 있다. 한편 응력도에서는 α=1.0에서 0.4% 증가, α=1.7에서 1.3% 증가되고 있다.

본교에서는 그림 3-17로부터 알 수 있는 바와 같이 면내좌굴모드가 탁월하다. 앞에서 기술한 바와 같이 기하학적 비선형성의 영향은 교축직각방향변위에 대해서는 약간 있고, 지배적으로 되는 연직변위 및 응력도에 있어서는 거의 없기 때문에 본교에서는 전체로서 기하학적 비선형성의 영향은 거의 없다고 본다.

3.4 가설공법의 개요

가설순서는 그림 3-19에 나타낸 바와 같이 우선 측경간의 비렌디일부의 가설을 하고 그 후에 중앙경간부의 닐센계 아치거더를 대형 플로팅크레인(이하, FC)에 의해 반입거치하였다.

가교지점은 기츠강의 하구에 위치하고 있으므로 FC에 의해 일괄가설이 가능하다. 오사까항의 입구에는 한신고속도로 연안선의 미나토교가 있으므로 사용가능한 FC는 교량의 거더하부로 통행이 가능한 3,600tonf 이하의 FC가 된다. P_{11}의 교각은 하천수면과 접해 있으므로 항로관계상 하천측에 벤트 설치는 불가능하다.

또한 수심이 얕기 때문에 FC에 의한 일괄가설은 인양능력과 작업반경을 검토하고, 측경간 블록과 중앙경간측으로 내민 블록으로 2개 분할해서 가설하는 것으로 하였다. 한편 P_{12} 교각은 호안으로부터 약 60m 떨어진 위치에 있으므로 FC의 인양능력에 준해서 P_{12} 교각부근의 5개 블록을 일괄가설하고, P_{13} 교각부근은 크롤러크

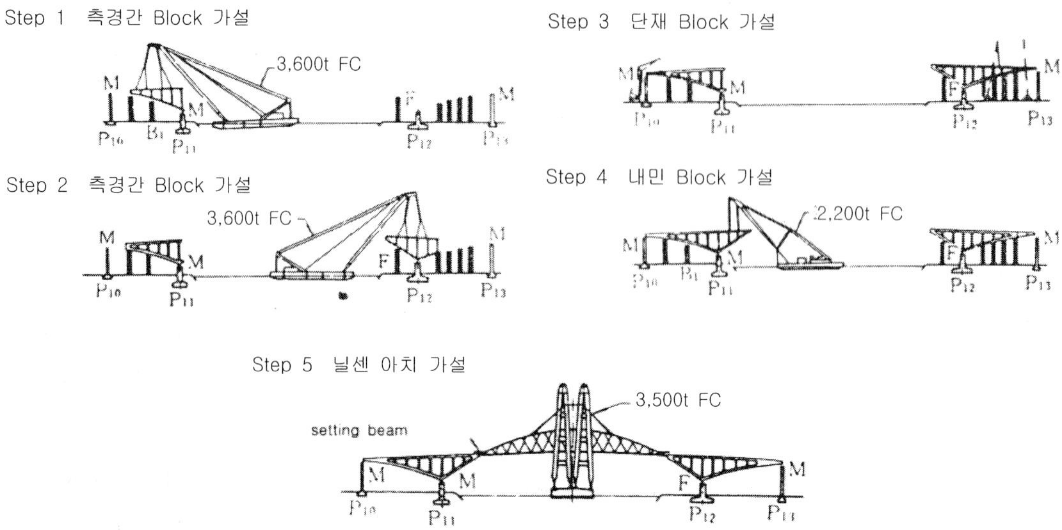

그림 3-19 가설순서

레인에 의해 벤트공법으로 하였다.

3.5 공장제작

3.5.1 제작캠버

중앙부의 닐센계 아치거더의 가설에 있어서는 폐합시 셋팅-빔을 이용해서 비렌디일거더의 내밀어진 선단에 설치된 받침대와 임시고정한다.

그림 3-20과 같이 받침대와 보강거더는 교축직각방향으로 스치고 있기 때문에 받침대에 하중이 전달되는 동시, 닐센 아치측의 보강거더와 내밀어진 블록 측의 주거더는 상호반대방향으로 비틀어진다. 이러한 상태에서 보강거더 교축둘레로의 회전방향 연결부가 일치하여 고장력볼트의 시공이 가능하도록 사전에 비틀림캠버를 주어 제작하였다.

비틀림크기는 입체골조해석에서 정밀하게 산출할 수 없으므로 입체FEM해석에 의해 산출하고, 비틀림크기는 양측으로 각각 1블록 내에서 부가되도록 하였다.

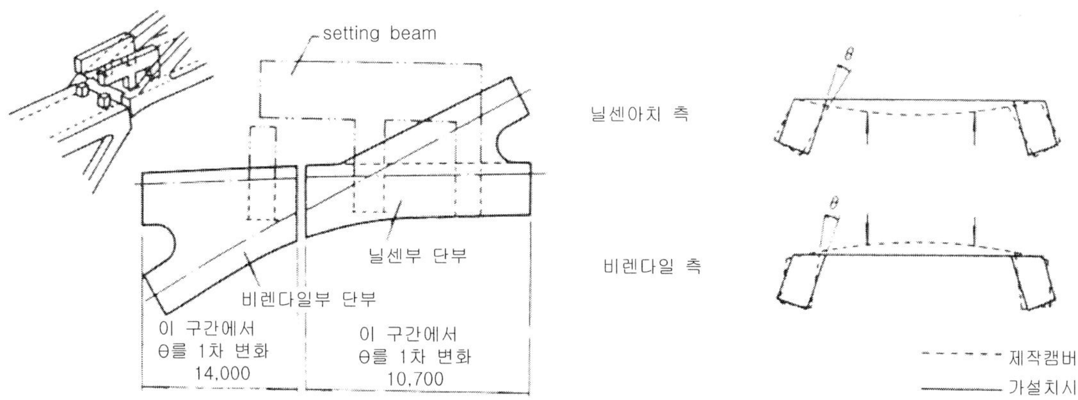

그림 3-20 비틀림캠버

3.5.2 용접시공시험

그림 3-21에 아치리브와 보강거더의 교차부구조를 나타내었다. 아치리브와 보강거더의 복부판을 겸한 하나의 판을 사용하여 응력의 연속성을 도모하고 있다.

또한 23°의 각도로 교차하는 각각의 플랜지는 두께 132mm의 극후강판에 맞대기 용접을 함으로서 연속시키고 있다. 따라서 교차부의 제작에 앞서 SM570재의 극후강판과 아치리브, 주거더 플랜지플레이트의 맞대기 용접시공시험을 하고 연결부 성

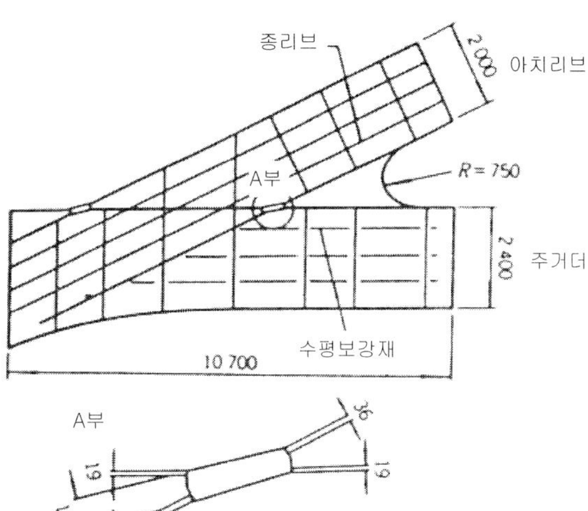

그림 3-21 보강거더와 아치리브의 교차부

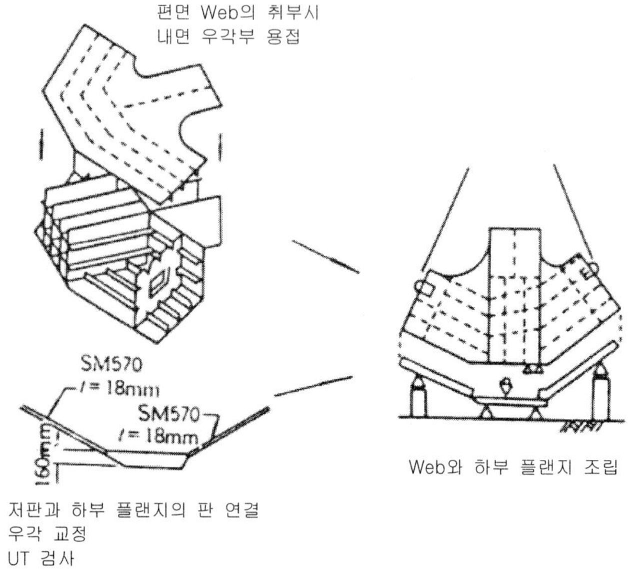

그림 3-22 중간지점부의 블록조립

능을 확인하였다.

그림 3-22에 중간지점부의 아치리브, 연직재, 횡방향 스트럿이 교차하는 블록의 조립상황을 나타내었다.

각 부재로부터 하중이 집중하는 이 블록 단면내에는 세로리브, 다이아프램 등의 보강재가 종횡으로 배치되고 있기 때문에 1/2의 목형모형을 제작하여 조립순서, 용접방법 등의 검토를 하였다.

복부판으로부터 저판으로의 지압력을 확실히 하기 위해서 복부판의 조립 후 하부 연단면에는 기계절삭을 하였다. 또한 저판과 일체로 한 후 상부공으로부터 하중을 원활히 전달하기 위해서 저판하면을 기계절삭하여 평탄성을 증대시켰다.

3.5.3 가조립

비렌디일부의 가조립에서는 주거더, 아치리브, 연직재로 구성되는 주구면과 주거더, 강바닥판으로 구성되는 강바닥면으로 2개 분리해서 평면가조립을 하였다.

P_{11}측의 내민 블록은 캔틸레버로 가설되기 때문에 측경간 블록과의 고장력볼트

연결부는 가조립에서 설치기준이 되는 확대공만큼 동일직경의 Drift Pin을 연결함으로서 가설시 연결부 정밀도와 캠버관리를 하는 것으로 하였다.

3.5.4 도 장

도장작업은 가조립 이후 단품상태에서 상도까지 하였다. 일반구간의 외부도장에는 폴리우레탄계를 사용하고 박스거더의 내부에는 타르에폭시를 사용하였다. 상부플랜지가 데크 플레이트를 겸한 가로보부재(박스단면) 내부에는 내열성이 있는 변성에폭시 수지도료를 사용하였다. 강바닥판의 상부면은 가설이후 포장되기까지의 기간이 길기 때문에 30㎛의 징크리치페인트로 도포하였다. 케이블에는 공장제작시에 아연도금강선 다발위에 직접 두께 6.5mm의 고밀도폴리에틸렌을 라미네이트가공으로서 방식하고 그 위에 불수수지도료를 2층으로 나누어서 도장 착색하였다.

3.5.5 조 립

중앙경간의 닐센아치거더는 가교지점의 상류의 안벽에서 조립을 하였다. 아치리브 가설벤트의 철거후에는 강재중량반력이 보강거더를 지지하는 벤트중에서 특히 양단의 벤트에 집중되기 때문에 평판재하시험을 실시하고 지내력이 부족한 곳은 말뚝기초 위에 벤트를 설치하는 것으로 하였다. 조립에서는 우선 보강거더와 바닥틀부재의 조립을 하고 그 이후 강바닥판의 용접 및 고장력볼트의 체결을 하였다.

특히 측경간 블록과 연결이 되는 닐센아치거더의 양단부에는 3차원계측을 실시하였다. 거더의 형상, 비틀림각을 계측하여 측경간 블록연결부의 정밀도에 주의를 기하였다.

그후 강바닥판 위에 벤트를 설치하여 다점지지상태의 조립을 하였다. 아치리브는 블록의 양단부에서 중앙을 향하여 조립하고, 아치 크라운부에 설치되는 조정부재를 최종적으로 내려 끼워서 폐합하였다. 사진 3-2에 조립상황을 나타내었다.

고장력볼트의 연결시공후 아치리브 벤트를 전부 철거하고, 강재로 된 보도판, 셋팅빔(Setting Beam), 케이블을 설치하였다. FC에 의한 인양단계에서 발생하는 보강

사진 3-2 아치부의 육상조립전경

거더의 변형에 의해 강재보도에는 국부적인 좌굴이 생길 것으로 예상되므로 강재보도판과 강바닥판과의 필렛용접부는 닐센아치거더의 가설이후에 시행하였다.

3.6 가 설

3.6.1 받침설치

P_{11} 교각의 가동받침은 300tonf급의 FC, P_{12} 교각의 고정받침은 트럭크레인에 의해 가설하였다. 가설작업에서는 상부받침의 상면에 설치되는 직경 460mm의 돌기를 가이드로 하여 본체 블록의 저판을 접합시키는 구조로 되어 있으므로 공장에서 조립된 교량저판의 구멍간격을 확인한 후 받침설치 위치의 조정을 하였다.

3.6.2 P_{11}측의 블록

사진 3-3과 같이 길이 72.4m, 전체중량 1,080tonf의 측경간 블록을 10,000DWT의 바지선에 탑재하고 가설 전날에 현지로 해상 수송하였다.

사진 3-3 크롤러크레인에 의한 블록 가설

가설은 1992년 11월 1일에 항로가 전면폐쇄된 상태에서 3,600tonf의 FC에 의해 P_{11} 교각 위로 가설하였다. 그 후에 P_{10} 교각까지의 부재를 육상에서 트럭크레인으로서 가설하였다.

3.6.3 P_{12}측의 블록

12,000DWT의 바지선에 싣고, 벤트에 의해 다점지지된 상태로 해상수송하였다. P_{12}측 블록이 가설되고 2일 후인 11월 3일, 동일하게 3,600tonf의 FC에 의해 길이 72.4m, 전체중량 1,180tonf의 블록을 P_{12} 교각 위에 가설하였다. 계속해서 P_{13} 교각까지의 부재를 300tonf의 크롤러크레인에 의해 가설하였다.

3.6.4 캔틸레버블록의 가설

FC에 의해 들어올려진 상태에서 보강거더와 아치리브 4개소의 연결부를 고장력볼트로서 접합하였다. B_1벤트 두부에는 유압잭을 설치하여 보강거더와 아치리브의 상대적인 연결부 각도를 조정할 수 있도록 하였다.

1993년 3월 14일, 2,000tonf의 FC를 사용하여 중량 580tonf의 내민 블록을 가설하였다. 내민 블록의 강재중량을 지지하기 위해 필요한 1,328본의 볼트(전체볼트본수의 약 30%)의 체결이 끝난 다음에 FC의 와이어를 풀었다.

3.6.5 닐센아치거더의 가설

가설지점의 100m 하류측에는 고압송전선이 하천을 횡단하고 있기 때문에 FC에 의한 가설은 상류측으로부터 가설된다. 닐센아치 가설후에는 본교의 거더하단을 통과해서 귀항하기 때문에 통행이 가능한 3,500tonf의 FC를 사용하였다.

준비단계에서 P_{11} 교각 위에 설치된 Set-Back 설비에 의해 측경간의 비렌디일거더 전체를 P_{10} 교각방향으로 100mm 이동시키고, 받침을 임시고정하였다.

그림 3-23과 같이 셋팅빔(Setting Beam)이 받침대에 실리기 전에 양측조인트에서 각각 250mm씩 여유량을 주고 하중의 이동과 함께 거더가 변형하여 받침대에 완전히 전달된 상태에서는 각각 50mm가 되도록 여유량을 정하였다. 그림 3-24에서 연직방향 조정용의 500tonf 잭 4대, 교축직각방향 조정용의 300tonf 잭 2대, 닐센아치거더를 P_{12} 교축방향으로 끌어당기는 용도의 잭(Center-Hole-Jack: 300tonf)이 설치된다.

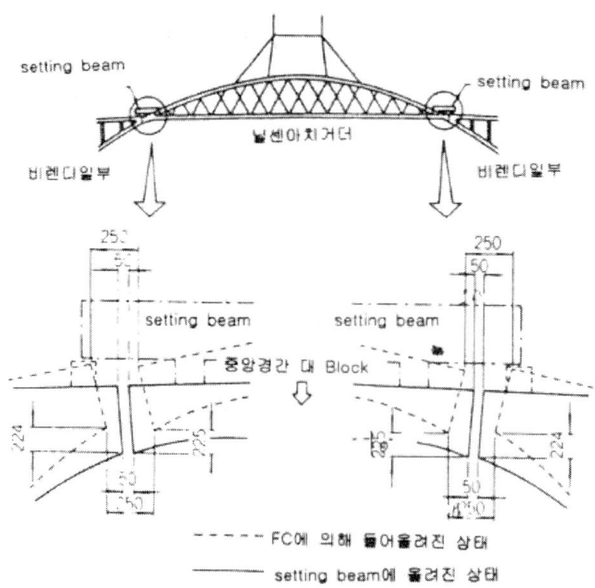

그림 3-23 연결부 형상변화

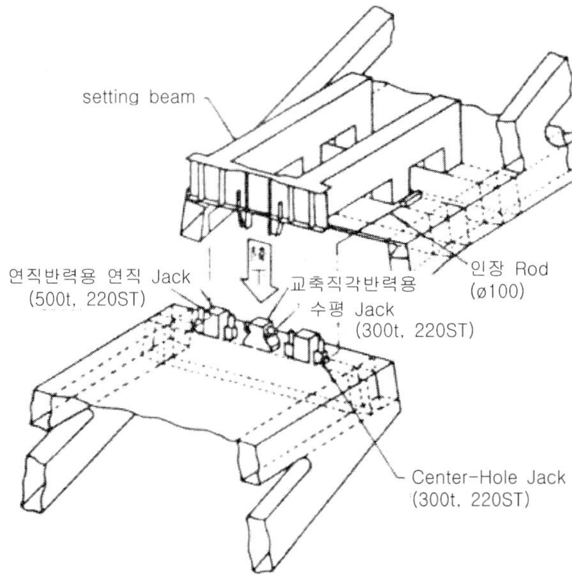

그림 3-24 가설받침대 설비

1993년 3월 20일 가설지점의 상류안벽에서 육상조립된 길이 217m, 전체중량 2,450tonf의 닐센아치를 FC로 들어올리고, 바로 회전시켜서 상류측으로부터 해상 49m 소정의 위치에 가설하였다.

일반적으로 조립에서 제작장과 가교지점이 떨어져 있어 아치교가 바지선으로 수송하지 않으면 안되는 경우 아치리브와 보강거더 사이에 가설지주가 설치되는 경우가 많다. 그러나 본교의 닐센아치 가설에서는 바지선에 의한 거더의 수송단계가 없기 때문에 가설지주는 설치하지 않고, 인양고리(Lifting Lug)를 아치리브 상부에 설치하고, 거더전체를 인양하는 것으로 하였다. 들어올리는 순간부터 셋팅빔 받침대에 강재중량을 내려놓기까지 닐센아치거더의 변형과 케이블장력의 변화를 그림 3-25에 나타내었다.

FC로 인양할 때 닐센아치 전체의 안전성을 확인하기 위해 맨 처음에 케이블정착부에 설치한 하중계(Loadcell)에 의해 장력을 계측하면서 서서히 들어올렸다. 단면이 가설시의 장력으로 결정되고 있는 케이블에 대해서 그 장력의 변화를 그림 3-26에 나타내었다.

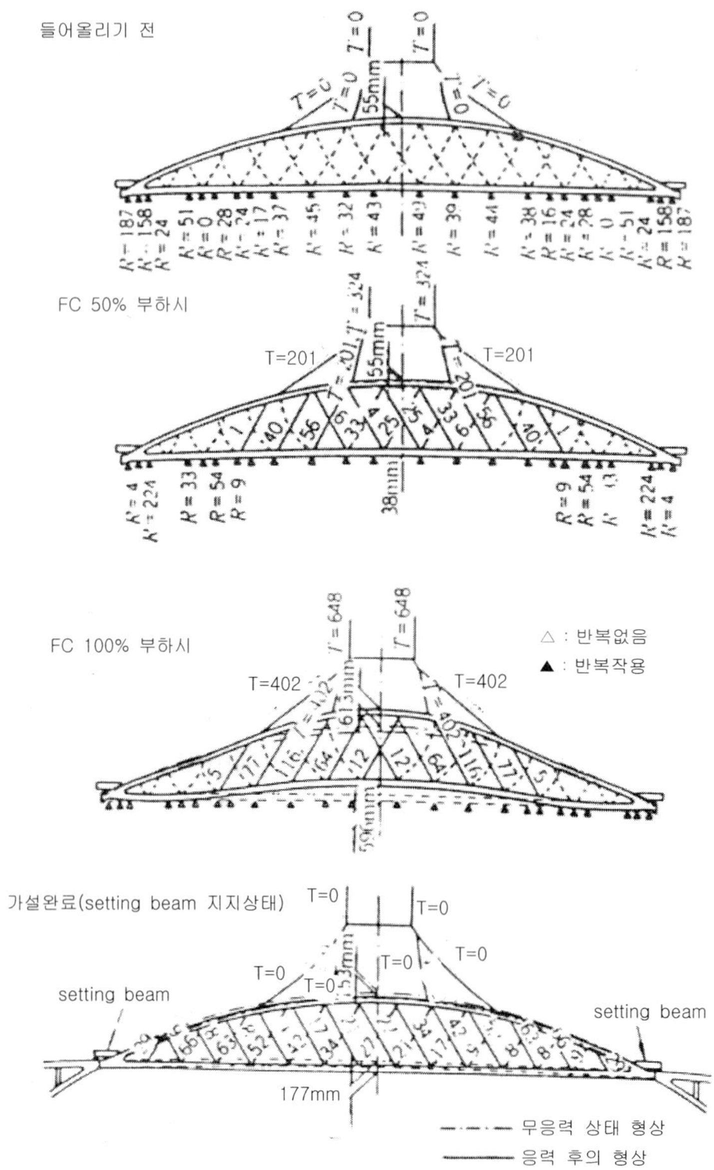

그림 3-25 가설시의 변형과 케이블 장력

가설시 케이블장력의 안전율 2.4(3.0/1.25)을 충분히 확보하고 있는 것으로 확인되었다. 닐센아치거더의 거치완료 후 캔틸레버부에 내려놓여진 상태에서 폐합연결부의 각도가 일치하도록 제작캠버가 주어진다. 그러나 제작오차, 강성오차 등의 영향에 의해 연결부의 각도가 일치하지 않을 것으로 판단되므로 고장력볼트 연결부에는 제1번째 볼트구멍부터 부재연단까지 거리를 50mm로 크게 하고, 닐센아치거더의 복부판 하단으로부터 $\frac{2}{3}$범위의 볼트구멍은 가설 후에 현장에서 이음판에 의해 구멍위치를 확정하였다.

사진 3-4 중앙경간부 아치의 가설전경

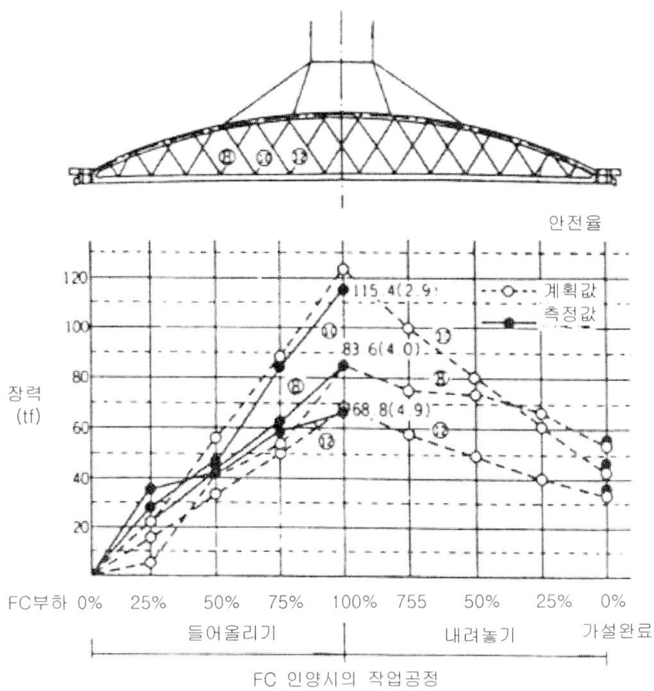

그림 3-26 케이블장력의 변화

게다가 큰 연결부 각도를 조정할 필요가 있는 경우 셋팅빔에 의한 임시지지상태의 단지점 위에서 거더단부를 상·하로 Up-Down시키고, 비렌디일부가 강체변위할 수 있는 장치를 준비하였다.

닐센아치가 내려질 때 발생하는 1주구면당 90tonf의 부반력은 부반력 받침에 의해 지지하였다. 실제적으로 시공결과는 아치주구면에서의 정밀도는 양호하고 거더단부를 Up-Down시켜 비렌디일부를 강체변위시킬 필요는 발생하지 않았다. 보강거더의 면외방향 연결부 오차도 최대 4mm로서 필러 플레이트를 삽입하는 것으로 처리하였다.

3.7 케이블의 장력조정

닐센아치거더의 가설 후 가정강도 및 고정하중의 오차, 제작오차 등에 의해 발생된 케이블장력오차를 수정하기 위해 보강거더측의 케이블정착구 Shim Plate를 조정하였다. Shim Plate 조정량의 산출에는 관리항목의 오차를 최소로 하는 최적화 기법을 적용하였다.

본교에서는 관리한계치로서 케이블장력의 오차는 고정하중에 의한 장력의 10% 이내 또는 5tonf 이하를 만족하는 것으로 하고, 보강거더의 캠버오차는 100mm 이내로 설정하였다.

Shim Plate 두께 변화에 대한 케이블장력과 보강거더의 캠버 영향값은 전체계의 입체해석에 의해 구하였다.

케이블의 장력은 케이블의 고유진동수로부터 장력을 추정하는 진동법에 따랐다. 고유진동수로부터 장력을 추정하는 방법은 현이론에 따라 케이블 휨강성을 고려해서 제안된 대칭 1차 진동의 실용산정식을 이용하였다.

$$T=\frac{4w}{g}(f_1\cdot\ell)^2\left\{1-2.2\frac{c}{f_1}\right\}\ (17\leqq\xi)$$

여기서, $C=\sqrt{\frac{EIg}{w\ell^4}}$ $\xi:\sqrt{\frac{I}{EI}}\cdot\ell$

T : 케이블장력

w : 1본길이당 중량

f_1 : 케이블 1차 고유진동수

ℓ: 케이블현의 길이

EI : 케이블 휨강성 g : 중력가속도(9.8m/sec^2)

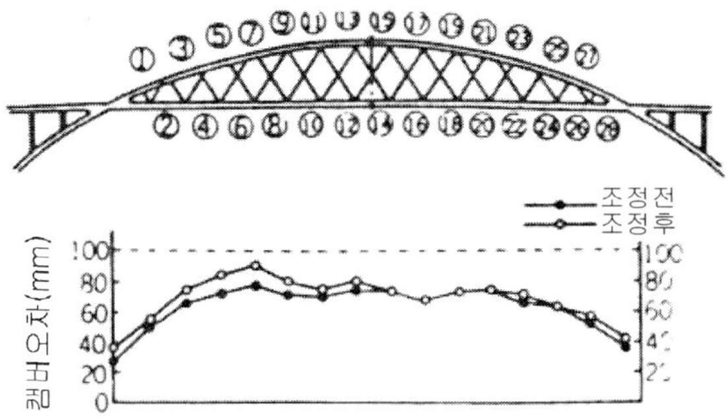

(a) 캠버오차

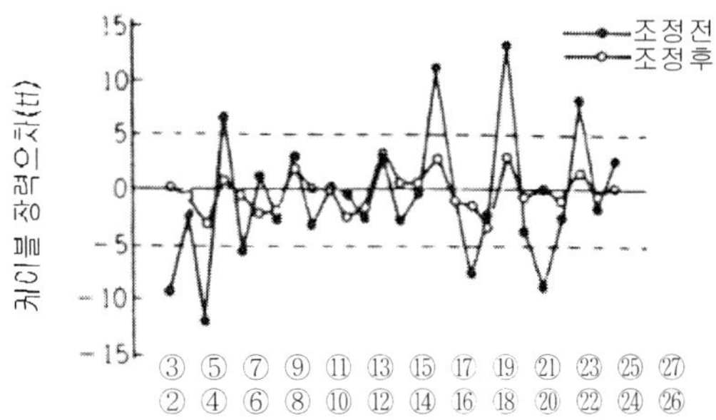

(b) 케이블 장력

그림 3-27 캠버오차와 장력오차

일반적으로 평행선 케이블의 휨강성은 소선 상호간의 미끌림에 의해 합성단면으로서 계산한 휨강성보다도 작은 값을 보인다. 또 케이블의 정착구조가 소켓형식인 경우에 케이블 양단의 경계조건은 강결로 가정해서 계산되었고, 소켓부에서 약간의 진동이 발생하는 것 때문에 케이블 길이의 보정을 하기 위해 등가케이블 길이를 보정할 필요가 있다. 따라서 위 식의 케이블 휨강성에는 케이블과 동일단면적의 강봉 휨강성 I에 계수 a를 곱한 aI를, 또한 등가케이블 길이에는 소켓간의 순거리 ℓ에 계수 b를 곱한 bℓ를 넣는 것으로 하였다.

계수 a, b에 대해서는 닐센아치거더의 폐합후의 케이블을 이용해서, 잭에 의해 측정된 케이블장력과 진동법으로서 구해진 대칭 1차 고유진동수를 이용해서 계수 a, b를 구하고 고유진동수와 케이블장력의 관계식을 구하였다. 대상으로 한 케이블에는 1주구면의 약 $\frac{2}{3}$인 13본에서 2종류의 단면과, 길이 11.8m로부터 31.4m까지의 케이블로 구성되고 있다.

캘리브레이션의 결과로서 계수 a, b의 값은 각각 0.9, 1.02로 되고, 케이블휨강성으로서 케이블의 단면적과 동일한 강봉휨강성 90%를 보이고, 케이블 단부의 경계조건은 강결로 해서 정착거더 사이를 케이블길이로 하는 것이 좋다는 것을 알았다.

Shim Plate의 조정량을 구하기 위해 고유진동수와 주거더의 캠버계측은 부재 온도의 변화가 적은 야간을 택해 시행하였다. 이 경우의 부재 온도는 케이블, 아치리브, 보강거더 모두 24℃였다. 닐센아치거더의 양단부는 케이블길이가 짧아 조정이 곤란하므로 양단부의 케이블(양 주구면에서 4본)을 제외한 52본에 대해 조정을 하는 것으로 하였다.

앞에 기술한 최적화기법으로부터 얻어진 Shim Plate 두께에 의해 조정을 한 후 케이블장력과 보강거더캠버의 오차를 그림 3-27에 나타내었다.

조정전의 케이블의 장력오차는 52본 중에서 17본이 12.1tonf~13.3tonf으로서 관리한계치인 ±5tonf을 초과하고 있고, 1회의 조정작업에서 ±4tonf 이내로 흡수하는 것이 가능하였다. 보강거더의 캠버오차는 최대 72mm에서 90mm로 높으나 관리한계치 100mm 이하에 있으므로 1회의 조정작업으로서 종료하였다. 포장공사 완료 후 다시 한 번 케이블 장력을 측정할 필요에 따라 Shim Plate 두께를 조정하였다.

4 나까지마가와교

(아치 우각부의 설계법 및 주구 내하력의 조사를 위주로 기술함)

널센교에 있어 아치 우각부는 응력형상이 가장 복잡한 구조 부분으로 특히 바스켓 핸들형의 경우는 각각의 구조부재가 입체적으로 연결되고 복잡한 응력전달 흐름을 가진다. 한편 '도로교시방서'에서는 아치형식의 교량주거더에 축력이 발생하는 경우의 극한강도조사를 규정하고 있지 않으나, 본교에서는 아치 우각부를 포함한 전체골조구조 내하력 검증과 이런 관점에서 극한강도상황을 평가하였다.

여기서 나까지마가와교의 개요를 우선 소개하고, 아치 우각부 실용설계법과 그의 검증, 주구의 극한강도를 평가한 탄소성내하력 해석결과에 대해 기술하였다.

4.1 개 요

4.1.1 교량제원

• 규격 · 설계속도 : 제2종제1급, 80㎞/h • 교 량 규 격 : 1등교(TL-20, TT-43)
• 연장 · 지 간 장 : 160.114m, 156.800m • 주구경사각 : 연직선에 대해 20.6°

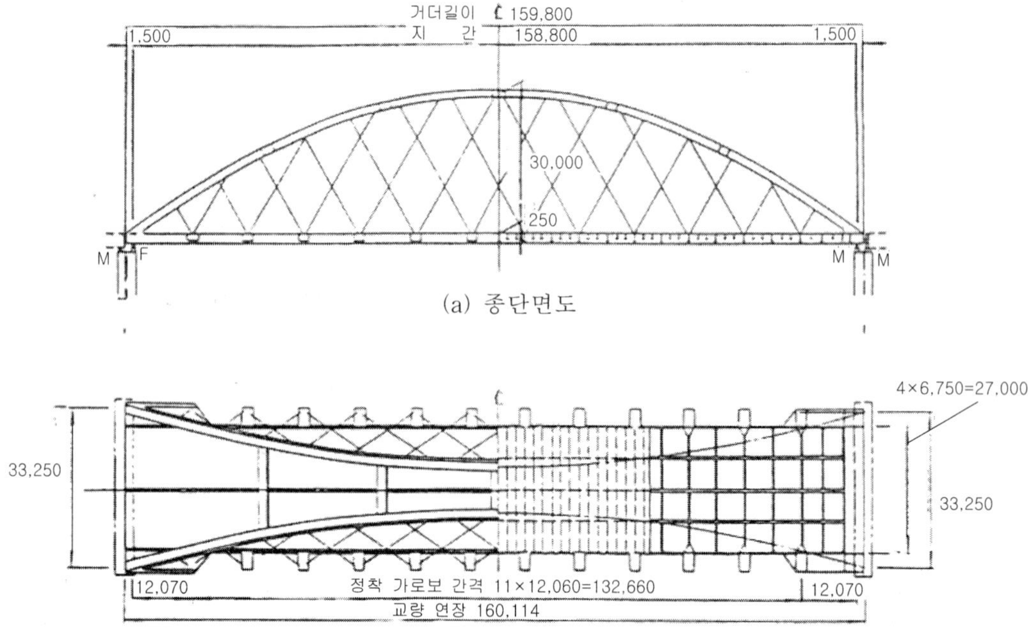

(a) 종단면도

(b) 평면도

그림 4-1 일반도

- 폭 원 : 2×12.825m
- 설계풍속 : 아치리브, 케이블 70m/sec
  보강거더 66m/sec
- 바닥판, 포장 : 강바닥판, 아스팔트포장 65mm
- 공 사 기 간 : 1989년 1월～1991년 7월

4.1.2 교량개요

본교의 구조 및 시공개요는 다음과 같이 나타낸다.

① 아치는 지간 156.8m, 라이즈 30m로서 그 간격은 약 33m(지점)에서 10m(지간 중앙)까지 변화하고, 연직선에 대해서 20.6° 경사를 주고 있다. 아치를 스트럿에 의해 6분할하는 형태로서 약 25m 등간격으로 배치하고 있다. 보강거더는 강바닥판 데크와 일체구조의 I 단면이며, 아치기저부 근처의 단부 보강거더는 경사웨브가 있는 2실 박스단면을 하고 있다. 강바닥판은 교축직각방향으로 27m 폭원이고, 그 사이에 3본의 세로보로서 탄성지지되고 있다. 또 단부가로보는 3실 박스단면으로서 보강거더의 단부에서 아치기저부와 결합하고 있다.

케이블은 48본을 사용하고 보강거더를 12m 간격으로 지지하고 있다. 또 PWS를 피복한 비그라우트형 폴리에틸렌관 위에 착색불소수지를 사출피복한 케이블을 도로교로서는 최초로 적용하였다.

② 시공단계에서 그림 4-2에서와 같이 공장에서 전체를 지상조립하고, 인양(Lifting), 운송설치와 같이 3회의 구조계 변화를 거쳐 완성계가 된다.

인양단계에서 인양점 및 운송시의 지지점이 되는 지간중앙부 및 단부에 임시지주를 설치하고, 특히 중앙부 임시지주에는 조립단계에서 선행압축력 100tonf을 도입하여 인양 단계에서의 단면력 감소를 유도하였다.

4.1.3 설계개요

본교의 설계에서 광폭 강바닥판을 가지는 케이블계 구조물로서의 입체거동특성을 고려하고, 가설단계를 포함해서 4종류의 구조계 변화에 대처할 필요가 있다. 따라서 구조계에 대응할 수 있도록 압축 비저항재인 케이블의 해석적 취급을 포함한 구조해석요령을 설정, 2방향면내력을 받는 보강판으로서의 강바닥판 및 보강거더의 설계, 아치기저부를 포함한 거더단부구조의 보강설계 등에 유의하였다.

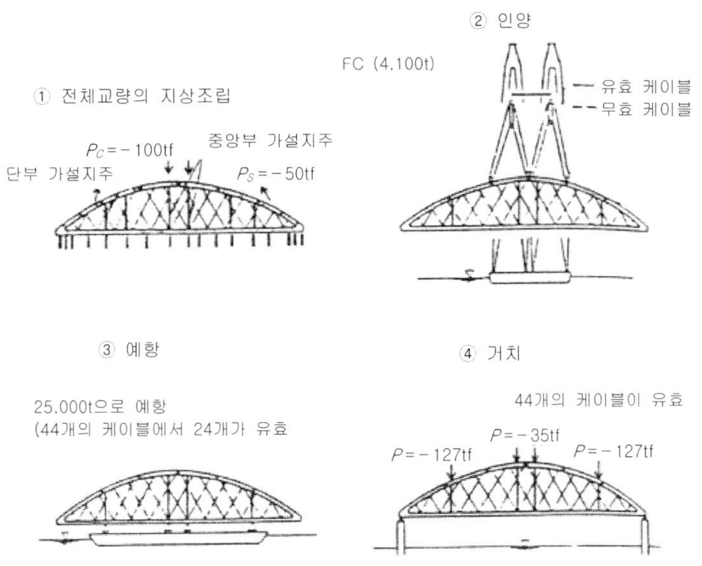

그림 4-2 시공순서와 구조계의 변화

주요 구조설계에 대해 그 주요골자를 다음에 기술한다.

① 주구의 구조해석은 완성계, 인양단계, 예항단계(운반시), 설치단계 4종류의 구조계에 대해 행하였다(그림 4-2). 또 주구가 바스켓 핸들형이므로 입체해석모델을 이용해서 면내·면외하중을 동시에 고려하였다. 케이블의 구조해석은 다음 3가지에 유의하였다.

ⓐ 완성시 압축으로 되는 케이블에는 프리스트레스를 도입하였다.

ⓑ 가설시 압축이 되는 케이블은 해석에서 무시하였다.

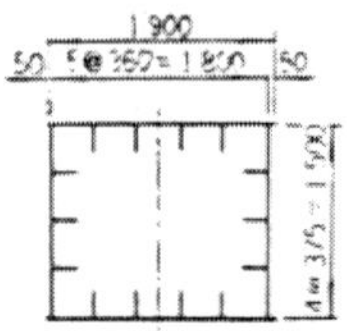

단 면	1	2	3	4	5	6	7
재 질	SM50Y	SM50Y	SM50Y	SM50Y	SM50Y	SM50Y	SM50Y
1-U. Flg PL	19	19	22	14	16	25	25
4-U. Rib PL	190×19	190×19	190×19	190×19	190×19	200×22	190×19
2-Web. PL	19	19	19	14	16	25	25
6-Web. Rib. PL	190×19	190×19	190×19	190×19	190×19	200×22	190×19
4-L. Rib. PL	190×19	190×19	190×19	190×19	190×19	200×22	190×19
1-L. Flg. PL	19	19	22	14	16	25	25

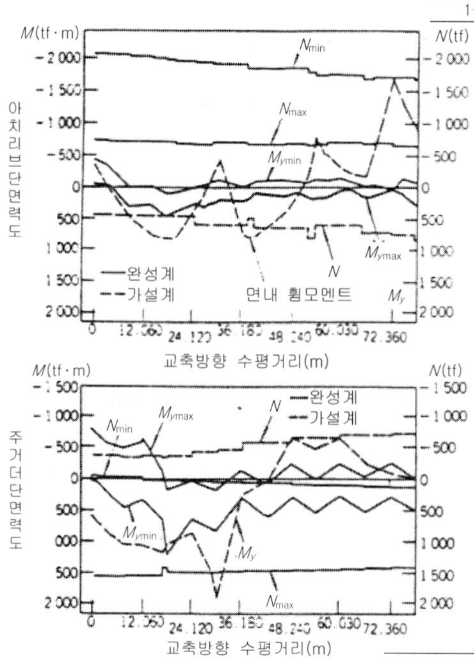

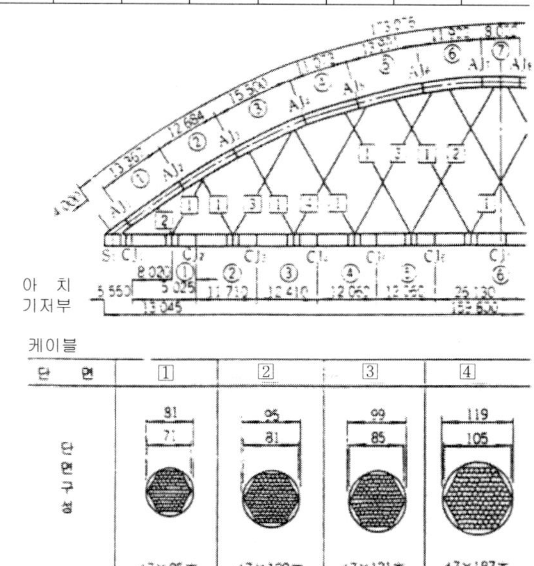

케이블

단 면	1	2	3	4
단면구성	81 / 71 φ7×85本	95 / 81 φ7×109本	99 / 85 φ7×121本	119 / 105 φ7×187本
설계장력(tf)	145	157	213	288

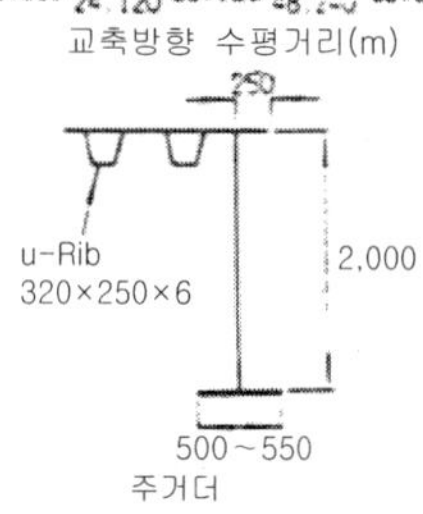

단 면	①	②	③	④	⑤	⑥
재 질	SM50Y	SM50Y	SM50Y	SM50Y	SM50Y	SM50Y
재질(보강거더)	SM50Y	SM58	SM58	SM58	SM58	SM50Y
1-Deck. PL	22	22	19	14	14	14
40-U. Rib. PL	320×260×6					
1-Web. PL	19	19	19	13	13	13
1-L. Flg. PL	650×25	650×32	650×42	550×28	550×28	500×22

그림 4-3 주구의 단면구성

ⓒ 케이블의 장력오차 영향에서 케이블장력 그 자체에 들어가는 오차와 장력 조정 후 각 케이블에 남아있는 장력오차가 아치리브, 보강거더에 미칠 수 있는 영향을 고려한다.

② 아치리브의 유효좌굴장으로서 완성계 면내는 케이블 간격, 면외는 스트럿간격의 70%로 하고, 가설계 면내는 유효한 케이블과 임시지주간격, 면외는 완성계와 동일하다.

③ 보강거더는 강바닥판과 합성구조이므로 데크부에서는 주구작용으로서의 교축방향 인장응력, 바닥틀 작용에 의한 교축직각방향 압축응력이 작용한다. 따라서 2방향면내력을 받는 보강판으로서 北田, 中井의 극한강도설계법에 기초하여 조사를 하고 단면을 결정하였다.

④ 아치기저부는 아치리브가 경사지면서 보강거더, 단부가로보와 입체적으로 결합하는 구조이므로 부재간의 응력전달상황은 복잡하다.

따라서 응력전달경로 및 설계유효단면을 먼저 설정하는 설계를 하고, 그 이후에 3차원 FEM해석에 의해 그 설계법의 타당성을 검증하였다. 이에 따라 결정된 주구의 단면구성을 그림 4-3에 나타내었다.

4.2 우각부의 설계

4.2.1 응력흐름 및 실용설계식

아치 우각부의 구조는 이하와 같다(그림 4-4).

① 아치리브는 경사지면서 단부가로보와 결합되고, 복부판은 단부 보강거더의 복부판과 일체가 된다.

② 단부보강거더는 경사진 복부판이 있는 2실 박스단면이 되고, I 단면의 일반부 보강거더와 연결되고 있다.

③ 단부가로보는 아치리브의 단면력에 대해서 원활한 응력분포와 충분한 강성확보를 시키기 위한 이유로 3실 박스단면으로 하고 있다.

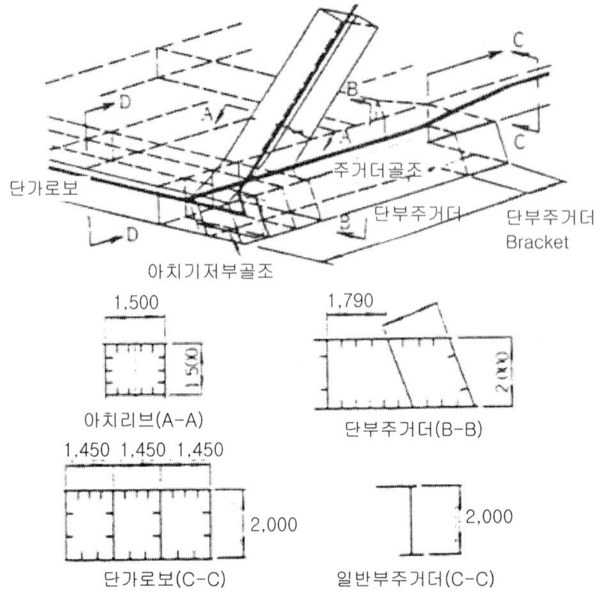

그림 4-4　우각부의 구조 및 해석골조

이상과 같은 구조해석상 골조와의 관계를 나타낸다면 그림 4-4와 같이 아치리브, 단부가로보의 각 골조는 1점에서 결합하지 않게 된다. 이러므로 골조해석에 의한 단면력은 아치리브에서 우각부를 거쳐 보강거더와 단부가로보로 전달하게 된다.

여기서 보강거더에 전달되는 단면력은 2실 박스단면의 단부보강거더를 경유해서 I 단면의 일반부 보강거더에 전달된다. 따라서 아치기저부의 설계에서 아치기저부, 단부보강거더, 단부가로보에서는 이하의 전달경로와 설계유효단면을 설정하였다.

① 아치리브에서의 축력 N, 면내휨모멘트 M_y, 면외휨모멘트 M_z는 아치기저부에서 복부판에 의해서만 전달시키는 것으로 하고, 그 유효폭은 그림 4-5와 같이 아치기저부의 필렛단부 a점(b점)보다 30° 확대된 A-A단면의 폭 Bea(B-B단면의 폭 Beb)로 한다.

② 단부보강거더에 도입된 축력 N은 강바닥판 데크와 복부판 및 하부플랜지의 단면적비에 맞추어 보강거더 전체에 전달되는 것으로 가정하였다. 강바닥판 데크부는 데크 단부로부터 30°의 분포각이며 복부판 및 하부플랜지에 있어서는 그림 4-6에서의 A, B, C 구간 설계유효단면으로 전달시키고 있는 것으로 하였다.

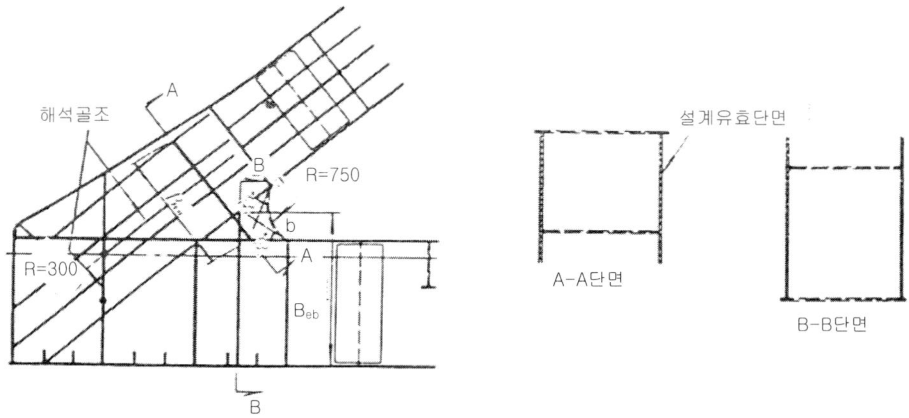

그림 4-5 아치기저부의 저항단면

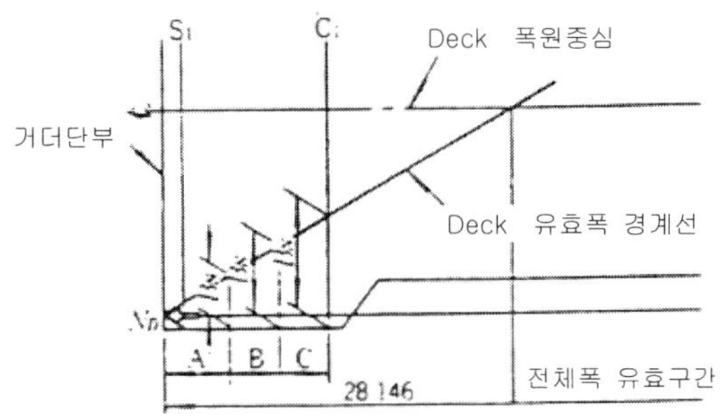

(a) 강바닥판 Deck의 축력 N_B에 대한 유효폭

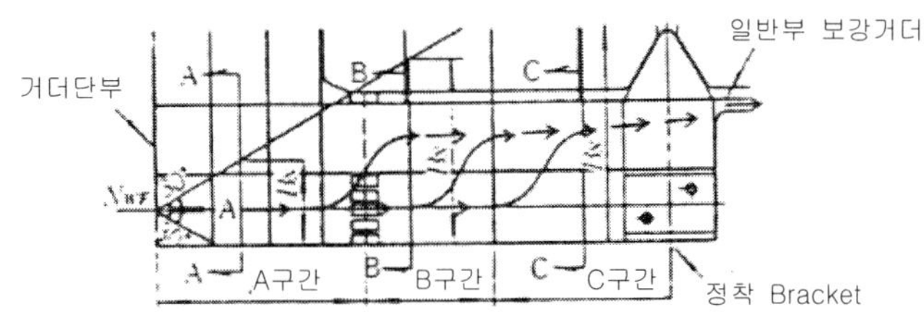

(b) Web, 하부 플랜지의 축력 N_{WF}의 전달경로

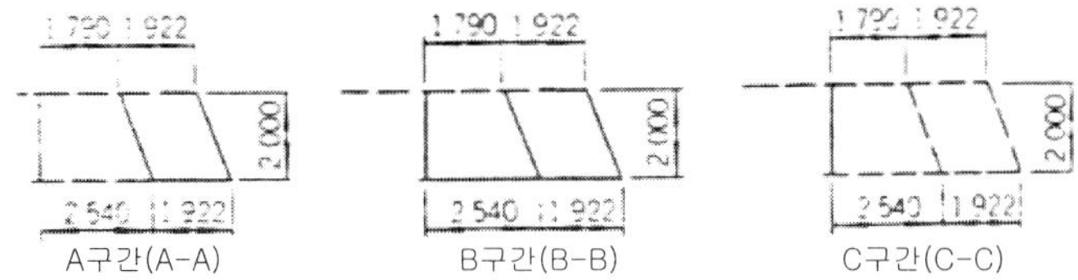

(c) Web, 하부 플랜지의 축력 N_{WF}에 유효폭

그림 4-6 축력에 대한 단부 보강거더의 응력전달 및 저항단면

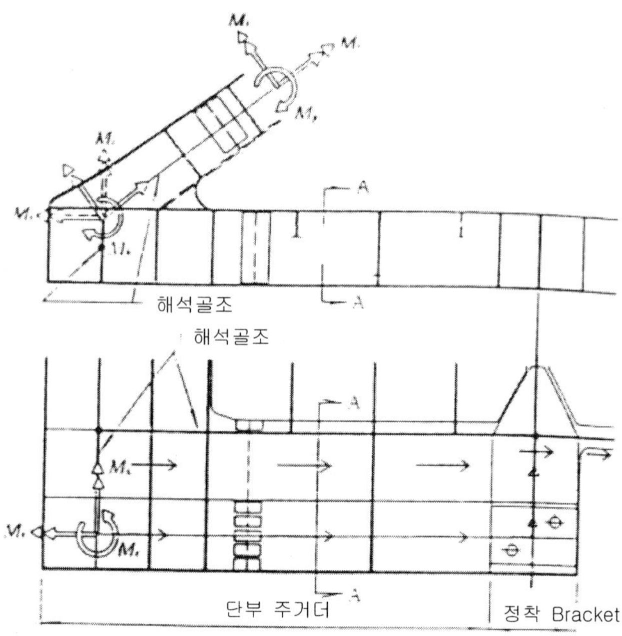

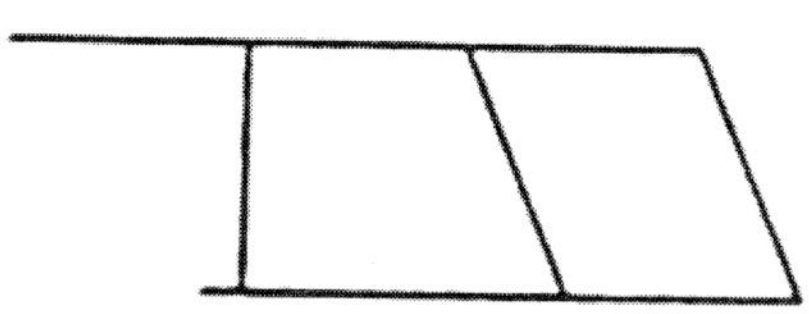

설계유효단면(A-A)

그림 4-7 휨모멘트에 대한 단부 보강거더의 응력전달 및 설계유효단면

③ 면내휨모멘트 M_y, 면외휨모멘트 M_z, 비틀림모멘트 M_x는 그림 4-7에서와 같이 아치기저부와 단부가로보가 일체로 된 구조부분을 경유해서 단부보강거더에 전달되고 있는 것으로 한다. 일반부 보강거더의 전달은 2실 박스단면과 I 단면의 접합부에 있는 단부정착 브라켓을 거치고 M_y, M_z는 일반부 보강거더의 M_y, M_z로 하고, M_x는 정착가로보의 면내휨모멘트로 전달된다. 단부가로보에 대해서는 M_y는 비틀림모멘트, M_z는 면내휨모멘트, M_x는 면내휨모멘트로서 전달된다.

이상과 같은 응력전달경로와 설계유효단면을 기본적으로 설정한 아치기저부의 실용설계식을 그림 4-8에, 설계결과를 표 4-1에 나타내었다.

		실용설계식	저 항 단 면
아치 기저부		$\sigma = \frac{N}{2B_e \cdot t} + \frac{6M_y}{2B_e^2 \cdot t} + \frac{M_z}{B_e \cdot h \cdot t}$ 또는 $\sigma = \frac{N}{2B_{eb} \cdot t} + \frac{6M_y}{2B_{eb}^2 \cdot t} + \frac{M_z}{B_{eb} \cdot h \cdot t}$	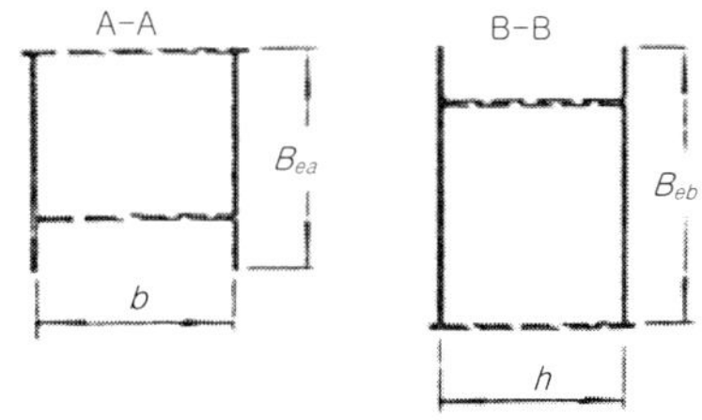
단부 주거더	축력에 대해서	$\sigma_D = \frac{N_D}{A_D}$ $\sigma_{WF} = \frac{N_{WF}}{A_{WF}}$ σ_D : 강바닥판의 응력도 σ_{WF} : 웨브, 하부플랜지의 응력도 N_D : 강바닥판이 부담하는 축력 N_{WF} : 웨브, 하부플랜지가 부담하는 축력	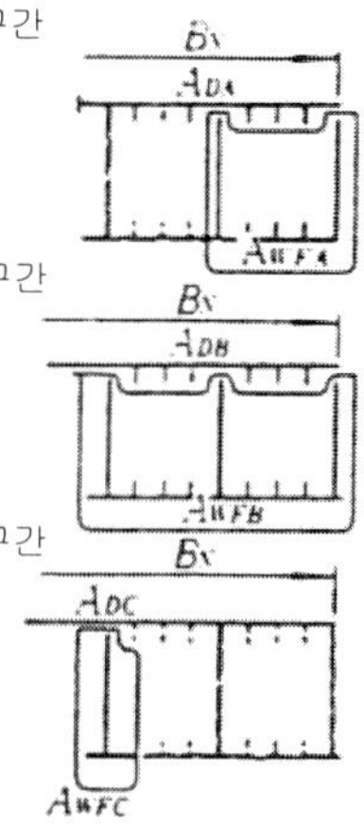
	면내・면외 휨모멘트에 대해서	면내휨응력 $\sigma = \frac{M_y}{I_y} \cdot z$ 면외휨응력 $\sigma = \frac{M_y}{I_y} \cdot y$	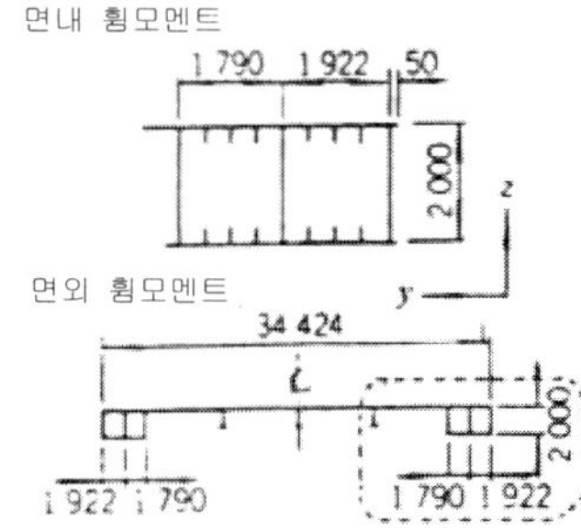

그림 4-8 아치기저부의 실용설계식

4.2.2 FEM해석에 의한 검증

(1) 해석요령

아치기저부의 FEM해석모델은 아치리브, 단부보강거더, 단부가로보 및 강바닥판으로 구성되는 입체 구조부분을 3차원 탄성해석모델로 하였다.

표 4-1 아치기저부의 설계단면 및 응력도

		판 두 께	재 질	응력도(kgf/㎠)
아치기저부	2-Flg PL	19	SM58	수직응력도 σ = 2,541
	8-Flg Rib PL	210×22	SM58	
	2-Web PL	35	SM58	전단응력도 τ = 883
	6-Web Rib PL	210×22	Sm58	
단부보강거더		A구간	B구간	C구간
	재질(Deck)	SM50Y	SM50Y	SM50Y
	재질(Web, Flg)	SM50Y, SM58	SM50Y	SM50Y
	1-Deck PL	22	22	22
	Deck Rib PL	210×22	210×22	210×22
	2-Web PL	35(SM58)	22	16
	1-Web PL	16(SM50Y)	16	19
	1-L Flg PL	34(SM58)	22	22
	L.Fig Rib PL	210×22(SM58)	210×22	210×22
	수직응력도	713	1,219	605
	전단응력도	883	1,064	304
	합성응력도	0.42	0.80	0.11

해석구조요소는 아치리브, 단부가로보, 강바닥판 데크부는 판요소로 하고 세로보, 가로보, U-rib 및 하부플랜지 리브는 중심간격을 고려한 off-set Beam 요소를 적용하였다.

하중은 아치리브와 단부보강거더의 접합점에 작용하는 골조단면력(설계단면력)을 아치리브 경계선 단부의 절점외력으로서 재하시켰다(그림 4-9).

(2) 해석결과 및 평가

① 아치기저부 구조의 안전성

설계단면력에 대한 응력레벨을 Von-Mises 등가응력도로서 나타내면 그림 4-10과 같다.

하중 \ Case		1	2	3	4	5	6	7
축력	N : −2,147tf	○						○
면내 휨모멘트	M : 256tf · m		○					○
면외 휨모멘트	M : −325tf · m			○				○
면내 전단력	S : −23tf				○			○
면외 전단력	S : 10tf					○		○
비틀림 모멘트	M : −401tf · m						○	○

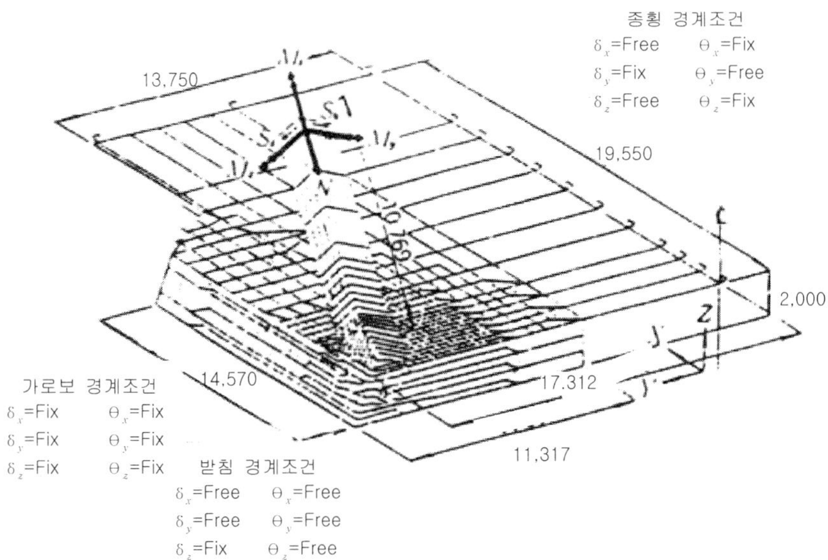

그림 4-9 아치우각부의 FEM해석모델과 재하하중 단계

필렛용접 지단부 등의 국부적 위치에서 허용응력도(2,600kgf/㎠)를 초과하고 있지만 비례제한응력도(0.8 σy=3,680kgf/㎠) 이내에 들어 있다. 또한 다른 요소응력도 허용응력 이내에 있고, 실용설계식에 의한 아치기저부 단면이 필요한 안전성을 확보하고 있는 것을 확인할 수 있었다.

② 아치기저부 실용설계식의 타당성 FEM해석결과와 실용설계식의 관계에 있어서 다음과 같은 것이 있다.

i) 아치기저부 복부판의 응력분포는 그림 4-11과 같이 양 복부판에서의 평균응력도 $\bar{\sigma}$FEM이 거의 동일하게 되고, 각 복부판은 균등히 응력을 분담하고 있다.

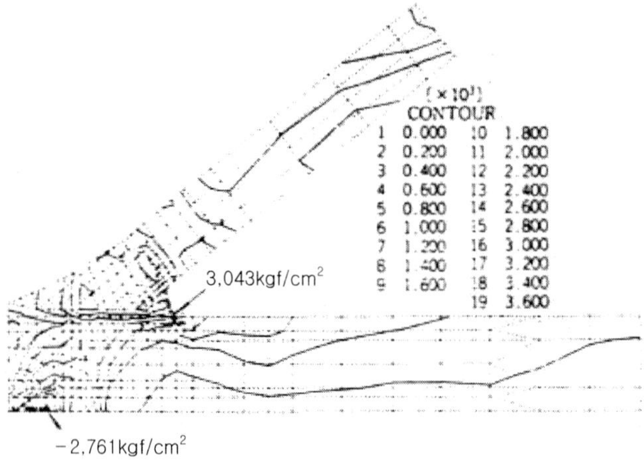

그림 4-10 아치우각부 복부판의 Mises 등가응력(Case 7)

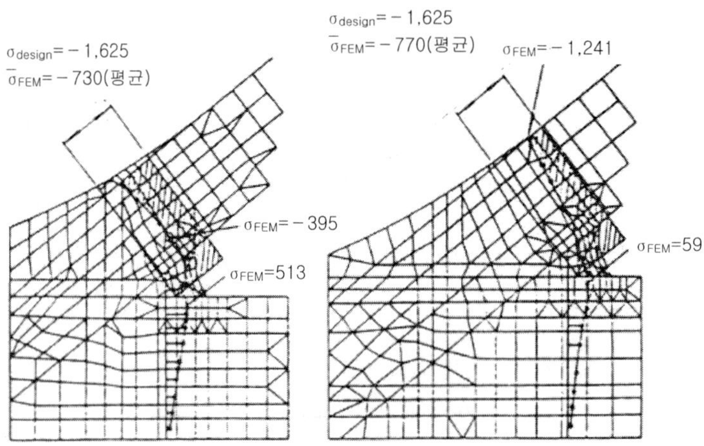

(a) 외측 복부판 (b) 내측 복부판

그림 4-11 아치기저부 복부판의 연직응력분포(Case1)

ii) 강바닥판 데크의 주응력(그림 4-12)으로 판단해서 볼때 응력전달형상은 실용설계식에서 설정한 경향을 나타내고 있다. 바꿔 말하면 FEM해석으로부터 계산한 유효폭은 그림 4-13과 같게 되고 A, B-Line에 있어서 FEM해석에 의한 값이 큰 값을 보여주는 것으로서 대부분의 실용설계식에서 유효폭으로 되고 있다.

iii) 단부보강거더 3개 복부판의 응력을 축응력과 휨응력 성분으로 분리해보면 그림 4-14와 같게 된다. A, B, C 각각의 Line에서 복부판의 축응력을 확인

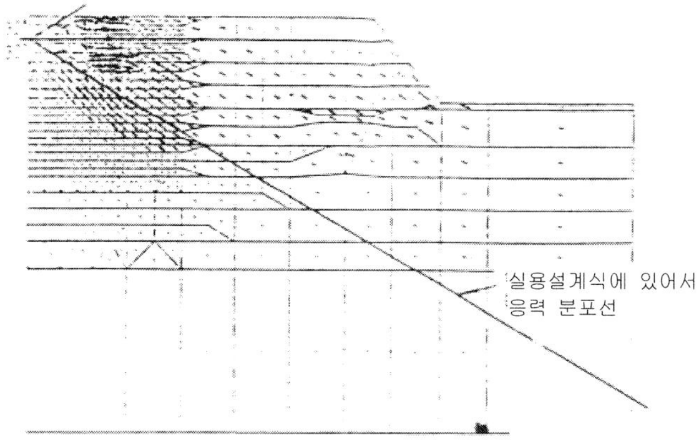

그림 4-12 강바닥판 데크의 최대주응력 분포 (Case1)

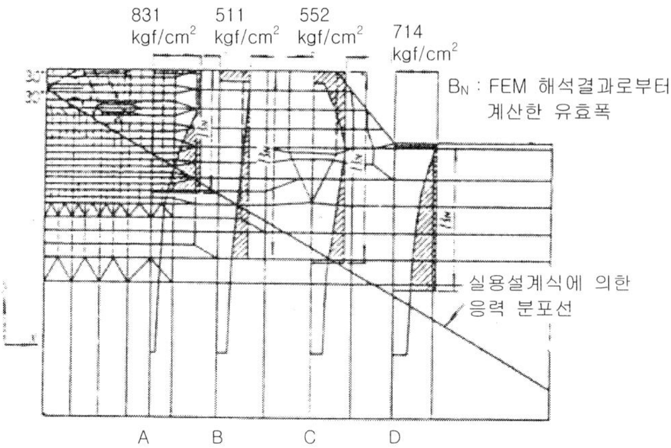

그림 4-13 강바닥판 데크의 연직응력(σ_x)분포와 유효폭(Case1)

해보면 실용설계식에서 설정했던 설계유효단면(그림 4-6(c))에 맞게 잘 일치되고 복부판 1개에서 복부판 3개로 응력이 전달되고 있음을 알 수 있다.

이상과 같이 설계에서 설정한 응력전달에 근거하여 실용설계식의 타당성을 확인하는 것이 가능하였다.

축응력 성분과 휨응력 성분의 분리(kgf/cm²)

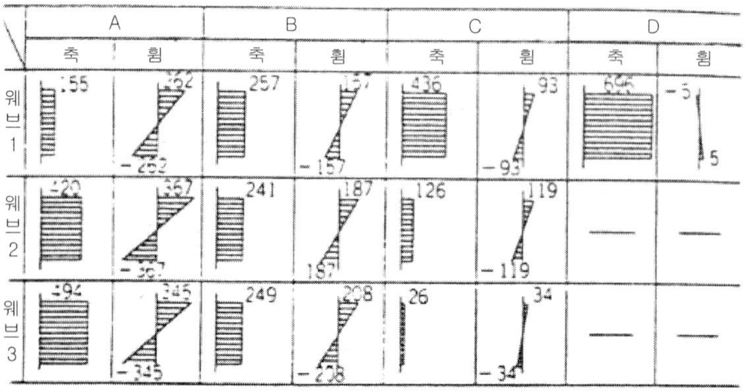

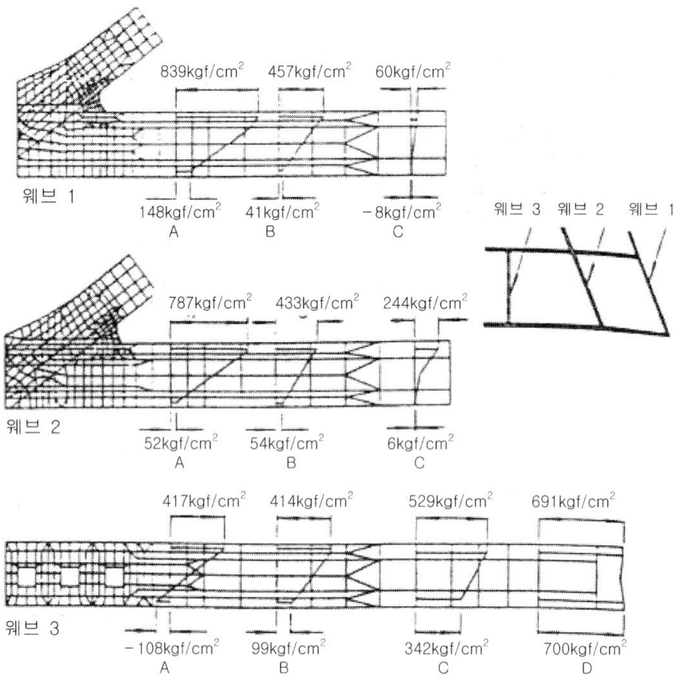

그림 4-14 단부보강 복부판의 연직응력(σx)분포(Case 1)

4.3 주구내하력의 조사

아치리브, 스트럿으로 구성된 주구아치의 3차원 탄소성 유한변위거동에 관점을 두고 연직응력으로서 활하중, 횡하중으로서는 교축직각방향의 풍하중을 재하시켜 극한한계 하중배율을 조사하였다.

초기부정(형상부정, 잔류응력)의 유무, 케이블 파단이 내하력에 미칠 수 있는 영향에 대해서도 검토하였다.

4.3.1 내하력 해석요령

(1) 해석프로그램의 개요

본 내하력해석에 이용된 해석프로그램은 케이블 부재 및 박스단면 부재로 되는 입체골조 구조물의 탄소성 유한변위거동을 구현할 수 있고, 교량 강구조물의 내하력을 검토할 목적으로서 개발된 것이다. 본 해석프로그램은 이하의 가정에 기초해서 기본식의 정형화를 이행하고 있다.

① 박스형 단면부재를 대상으로서 탄소성 유한변위거동을 취한다.(이하, 이 부재를 '탄소성 박스단면요소'로 한다.)

② 재료는 균일한 등방성으로서 완전탄소성체로 한다. 또 Von-Mises의 항복조건식이 성립하고, 항복영역에서는 Prantl-Reuss의 증분형 응력-처짐관계가 성립하는 것으로 한다.

③ 단면은 변형 후에도 평면을 유지하고, 평면유지법칙이 성립하는 것으로 한다.

④ 단면이 부분적으로 항복하여도 전단중심위치는 변화하지 않는 것으로 한다.

⑤ 휨에 대한 전단응력은 무시할 수 있는 것으로 한다.

⑥ 비틀림각은 미소하고, 비틀림에 대한 비선형성은 무시할 수 있는 것으로 한다. 또, 단면의 판두께는 그 폭에 비례해서 극히 작으므로 비틀림에 관해서는 박육이론이 적용할 수 있는 것으로 한다.

⑦ 단면이 부분적으로 항복하여도 단면내 비틀림에 의한 전단류는 불변하는 것으로 한다.

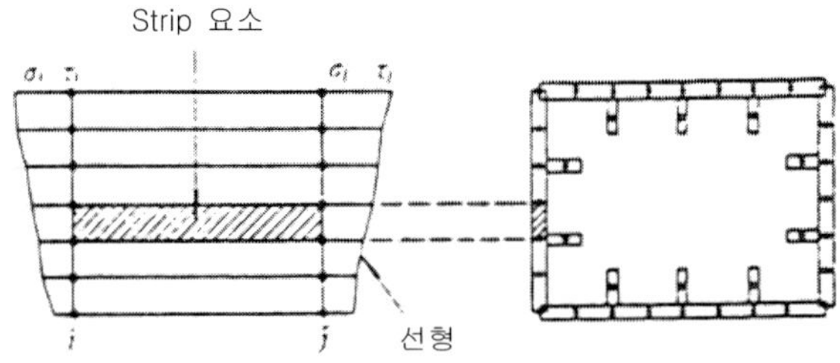

(a) Strip 요소 응력분포　　　(b) 응력평가점(·)

그림 4-15 Strip 요소

⑧ 역비틀림에 의한 역응력은 무시할 수 있는 것으로 한다.

⑨ 단면을 구성하는 판요소는 국부좌굴이 발생하지 않는 것으로 한다.

탄소성 박스형 단면요소의 항복영역 진전상황은 그림 4-15에 나타낸 횡단면방향의 요소(이하 'Strip 요소'라 한다)로 분할해서 다음과 같이 평가하였다.

응력은 각 Strip 요소의 좌・우경계 i, j단 4점에서 평가한다. 그러나, 보강리브는 도심에서의 응력을 합계 2점에서 기억한다. i단 또는 j단 단면내에서 응력을 수치적분하면, Strip 요소의 폭 사이에서 응력은 선형인 것으로 가정한다. 또 보강리브의 경우,

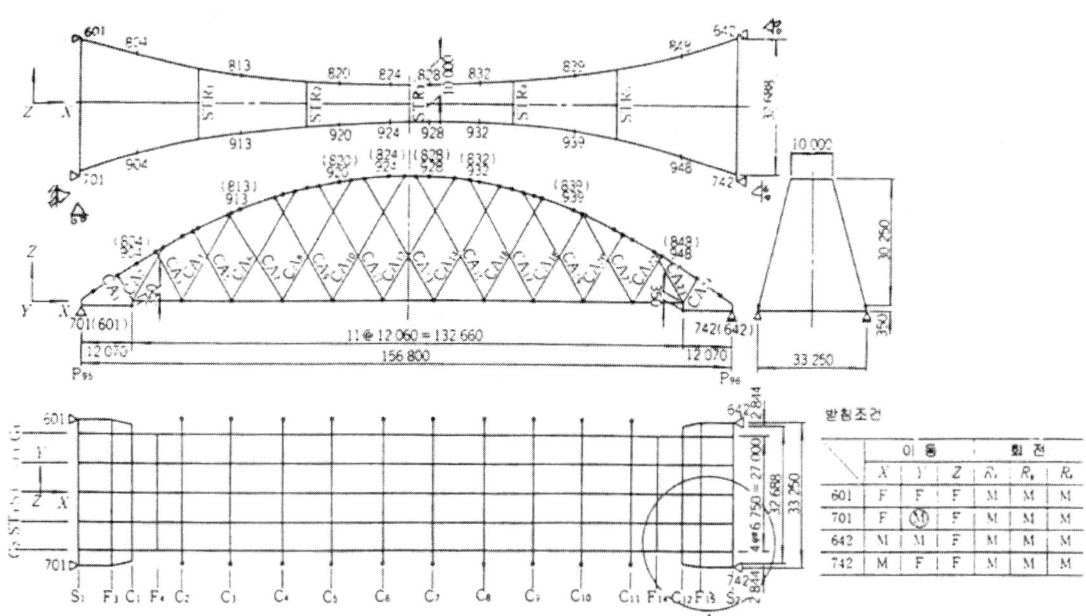

	이동			회전		
	X	Y	Z	R_x	R_y	R_z
601	F	F	F	M	M	M
701	F	Ⓜ	F	M	M	M
642	M	M	F	M	M	M
742	M	F	F	M	M	M

그림 4-16 내하력 해석모델

연직응력은 단면내에서 일정하고, 전단응력은 같지 않은 것으로 가정한다.

각각의 Strip 요소는 4개의 응력평가점, 보강리브는 2개의 응력평가점의 응력이 거의 항복하는 경우, 그 요소는 소성상태에 달한 것으로 한다. 항복판정은 Von-Mises의 항복조건식을 이용하는 것으로 한다.

(2) 해석모델

해석모델은 그림 4-16에 있고, 주구극한강도를 지배할 것으로 예상되는 아치리브, 스트럿 단부보강거더를 탄소성박스형 단면요소로서 모델화하고, 또한 아치리브에

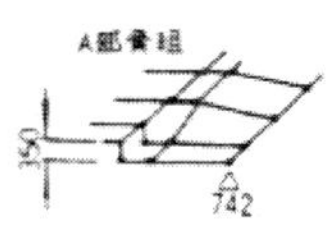

해석모델 Size

총 절점수	요소수				합계
	탄소성 Box 단면	탄성 보	탄성 스프링	강 요소	
220	101	169	48	12	350

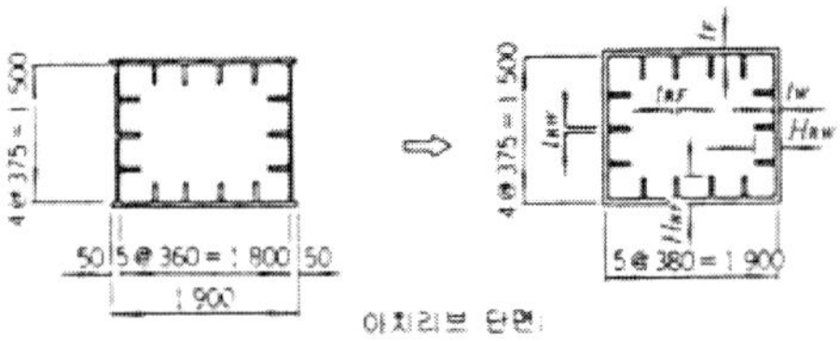

아치리브 단면

단면\구성	t_F	t_W	H_{RF}	t_{RF}	H_{RW}	t_{RW}	材質
A_0	19	35	210	22	210	22	SM58
A_1	19	19	190	19	190	19	SM50Y
A_2	19	19	190	19	190	19	SM50Y
A_3	22	19	190	19	190	19	SM50Y
A_4	14	14	190	19	190	19	SM50Y
A_5	16	16	190	19	190	19	SM50Y
A_6	25	25	200	22	200	22	SM58
A_7	25	25	190	19	190	19	SM50Y

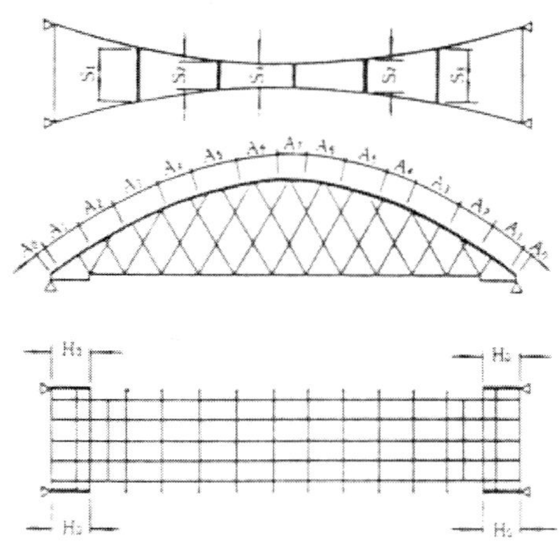

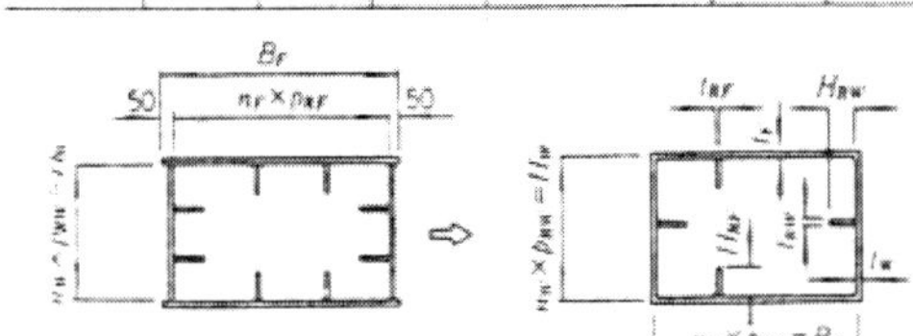

Strut 단면

단면\구성	B_F	n_F	p_{RF}	H_W	n_W	p_{RW}
S_1	2 300	5	460	1 425	3	475
S_2	2 300	5	460	1 410	3	470
S_3	3 100	6	516.7	1 404	3	468

단면\구성	t_F	t_W	H_{RF}	t_{RF}	H_{RW}	t_{RW}	材質
S_1	16	16	160	14	160	14	SS41
S_2	14	12	150	12	150	12	SS41
S_3	11	11	150	12	150	12	SS41

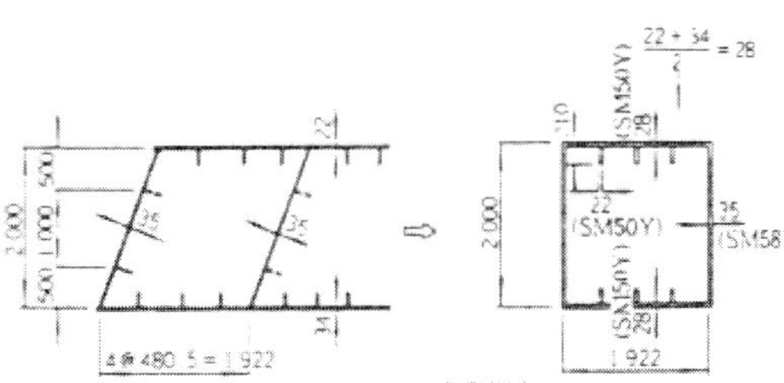

단부주거더 단면(H_0)

그림 4-17 탄소성 박스형 단면요소의 제원

대해서는 초기부정으로서 형상부정, 잔류응력을 고려하여 초기부정의 유·무가 극한강도에 미칠 수 있는 영향에 대해서도 검토하였다(표 4-4).

케이블 부재는 고정하중 상태에서 대부분 인장축력이 작용하고 있는 것을 고려하여 탄성스프링요소로서 모델화하였다. 또 가장 여유가 작은 중앙부의 케이블이 양주구와 함께 파단된 상태도 고려하였다.

아치리브에 고려한 초기형상부정은 1주구당 13블록 각각 $\delta_i = L_i/1{,}000$의 휨이 생기는 것으로 가정하고(L_i는 각 블록 길이) 이 δ_i가 다음 식에서와 같이 누적되는 것을 고려하여 δ_o = 32mm로 하였다.

$$\delta_o = \sqrt{\Sigma\, \delta_i^2} = 32\text{mm}$$

δ_o의 분포는 아치크라운부를 나누는 2sin 파형으로 하고, 또한 양주구 역대칭 분포형상으로 하였다.(그림 4-18)

아치리브의 잔류응력은 플랜지, 복부판 및 보강리브에 대해서 고려하였다(표 4-2). 분포폭 b_c, b_i는 잔류응력이 Self-Balance 하는 것으로 결정하였다.

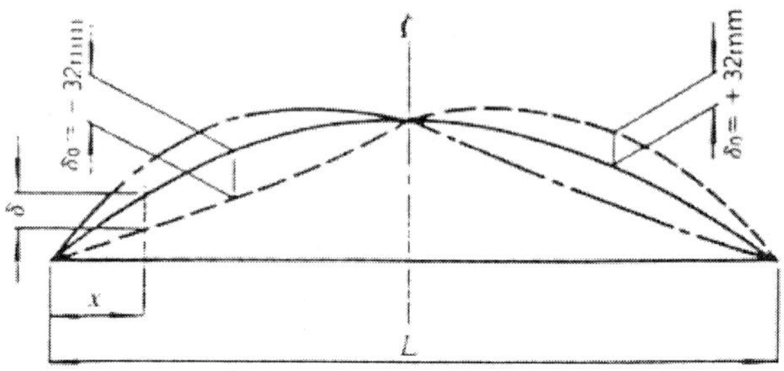

$$\delta = \delta_0 \cdot \sin\frac{2\pi x}{L}$$

그림 4-18 아치리브 초기형상오차

(3) 조사하중 검토

조사대상하중, 하중조합 및 극한한계상태의 소요배율을 표 4-3과 같이 하였다. 조사하중의 재하에 있어, 우선 초기상태를 재현하기 위해서 고정하중 D 및 프리스트레스 P_s를 재하된 경우에 발생한 단면력을 미소변위해석에 의해 구하고, 그 단면력

표 4-2 아치리브의 잔류응력분포

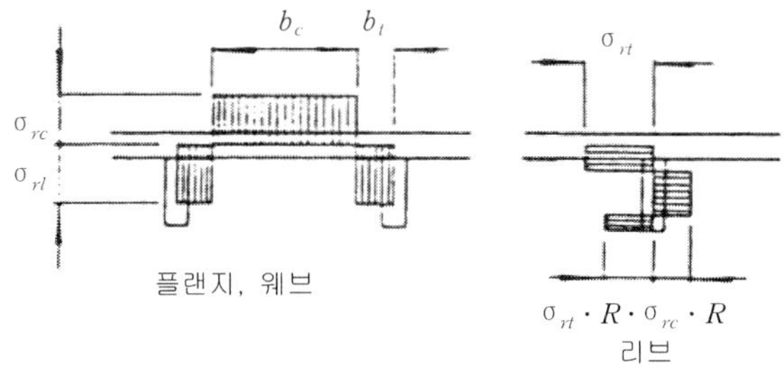

재질	항복강도 σ_y (kgf/㎠)	플랜지, 웨브		리 브	
		σ_{rc} (압축)	σ_{rt} (인장)	$\sigma_{rc} \cdot R$ (압축)	$\sigma_{rt} \cdot R$ (인장)
SM50Y	3,200	0.25 σ_y	1.0 σ_y	0.17 σ_y	-
SM58	4,400	0.20 σ_y	0.9 σ_y	0.15 σ_y	-

을 초기내력으로 하는 유한변위해석모델을 설정하였다.

다음에 고정하중의 0.3배를 재하한 상태에서 활하중 L 또는 풍하중 W를 극한한계상태에 이를 때까지 증분하중으로서 축차 재하하였다.

그림 4-19에 활하중 재하 및 풍하중 강도를 나타내었다.

조사 Case(표 4-4)의 Case 4, 5, 6으로서는 활하중 전 재하상태 L_i로서 형상부정, 잔류응력의 유무, 또한 케이블파단의 영향을 조사하였다. 동일하게 Case 8, 9, 10은 풍하중 재하상태에 있어서 이러한 영향을 조사하는 것에 있다.

표 4-3 조사대상하중 및 조합

조사하중의 종류	D : 강중+교면고정하중 L : 등가L하중(L-20+TT-43) W : 무재하시 풍하중	P_s : 케이블 프리스트레스 I_P : 형상오차, 잔류응력
조사하중의 조합	$D+P_S+0.3D+\alpha \cdot L+(I_P)$	$D+P_S+0.3D+\alpha \cdot W+(I_P)$
극한한계하중요소배율	α_{rcq} = 2.17	α_{rcq} = 1.30

α : 하중배율

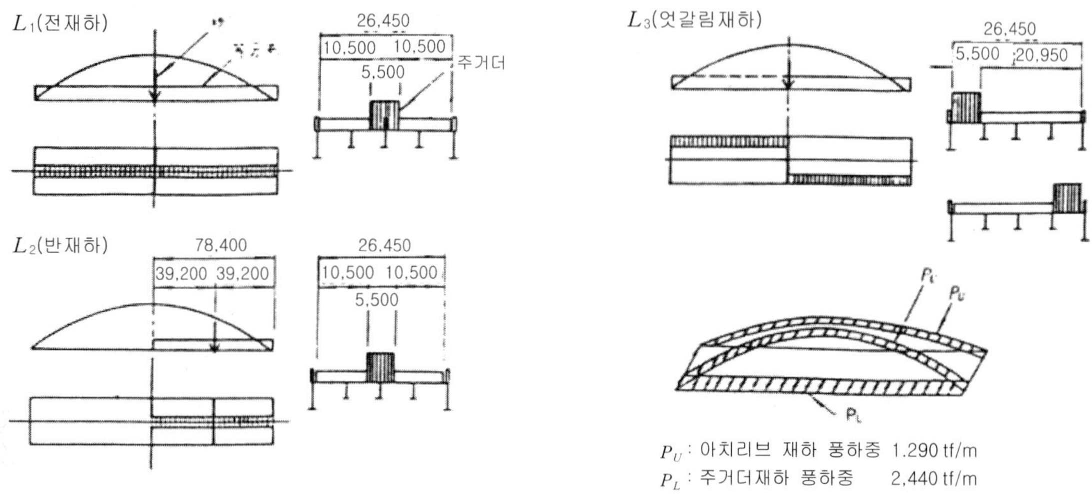

그림 4-19 활하중, 풍하중의 재하

표 4-4 조사 Case 및 조사결과

조사 Case	조사하중			초기오차의 유무		케이블 손상유무	조사결과	
	D	L	W	형상오차	잔류응력		하중배율α	소요배율
1	○	전재 L_1	×	○	○	×	8.2	2.17
2	○	반재 L_2	×	○	○	×	11.0	
3	○	엇갈림재하 L_3	×	○	○	×	7.7	
4	○	전재 L_1	×	×	○	×	8.3	
5	○	전재 L_1	×	○	×	×	8.1	
6	○	전재 L_1	×	○	○	G_1 주구 CA_{12} G_2 주구 CA_{13}	7.5	
7	○	×	무재,풍 W	○	○	×	3.65	1.30
8	○	×	무재,풍 W	×	○	×	3.60	
9	○	×	무재,풍 W	○	×	×	3.70	
10	○	×	무재,풍 W	○	○	G_1 주구 CA_{12} G_2 주구 CA_{13}	3.25	

4.3.2 내하력 해석결과 및 평가

극한한계하중배율(표 4-4)은 활하중에 대해 7.5~11.0, 풍하중에 대해서는 3.25~

3.70이라는 결과를 얻었다. Case 6, 10에서 하중~변위관계를 그림 4-20에 극한한계시의 측방변위모드를 그림 4-21에 나타내었다. 작용점번호는 해석모델도(그림 4-16)에 표시한 것과 같다.

활하중 전체 재하상태에서 극한한계하중의 초기부정 영향에 대해서는 형상부정 및 잔류응력과 함께 지배적인 것이 아닌 것으로 생각할 수 있다(표 4-4, Case 1, 4, 5).

횡하중에 대해서도 같다(표 4-4, Case 7, 8, 9).

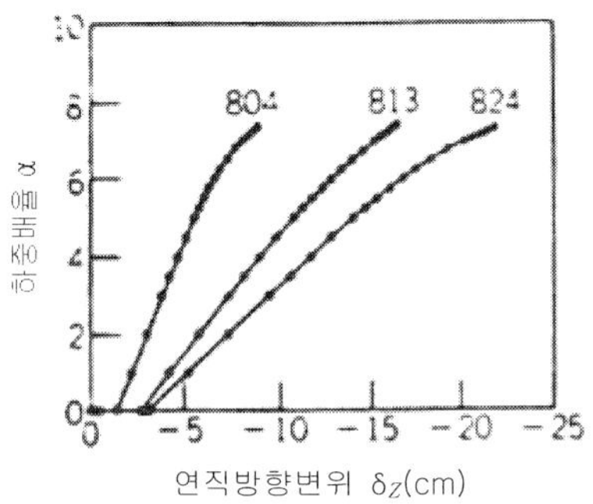

(a) Case 6

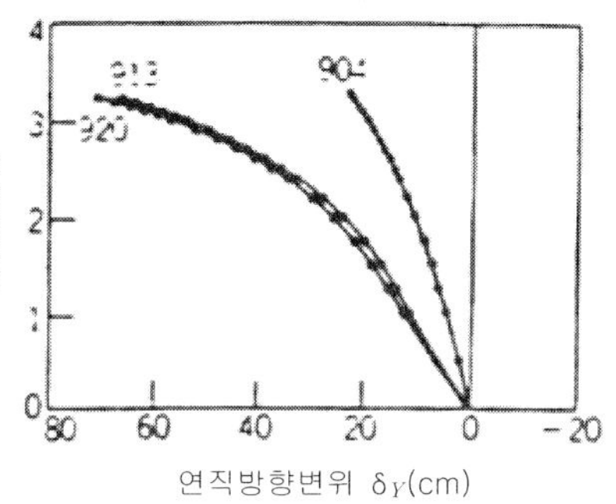

(a) Case 6

그림 4-20 하중배율과 변위와의 관계

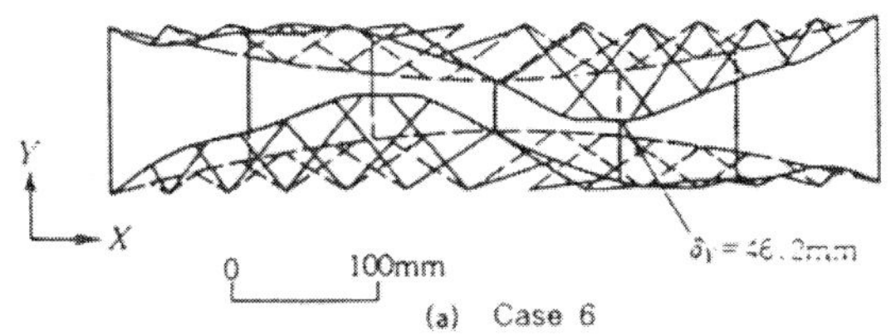

(a) Case 6

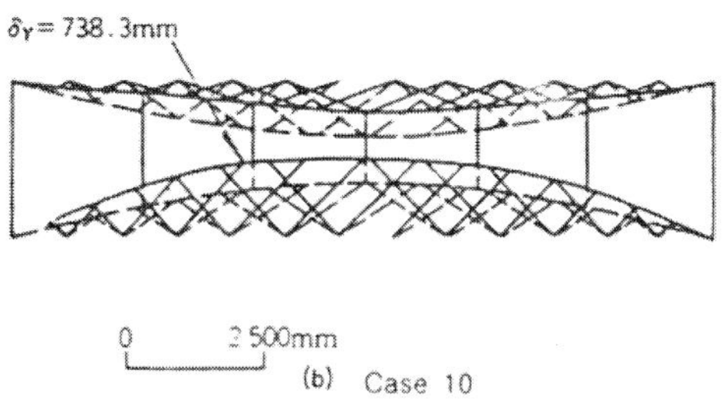

(b) Case 10

그림 4-21 극한한계상태에서의 측방변위모드

5
고오도대교

태평양 연안의 복도현 이와끼시에서 니카타시에 이르는 전체연장 213km의 신설고속도로 중에서 시점부 이와끼JCT로부터 8km 서측에 위치하고 있다.

주요특징으로는 고속도로계획고와 호간천 하천계획의 조정으로 L=138m 단경간으로 횡단하도록 계획하였으며 하로형의 닐센로제거더 강 단순합성거더를 적용하였다.

본교는 주행성 향상을 위해서 닐센로제거더와 합성거더를 연결하는 신축이음장치를 생략하고 바닥판은 연속화하도록 하였다.

5.1 개 요

고오도교는 교량연장 178.5m 중에서 닐센로제거더교는 137.9m, 폭원 23.6m이다.

- 도로규격 : 제1종 제3급 B
- 설계속도 : 80km/h
- 유효폭원 : 17.0m
- 주구간격 : 22.5m
- 총 중 량 : 1,703tonf(650kgf/㎡)
- 하 중 : TL-20/TT-43
- 연 장 : 178.5m(닐센지간장 : 137.9m)
- 아치라이즈 : 22.5m(아치라이즈비 = 1/5.5)
- 케이블간격 : 11.5m(경사각 60°)
- 케 이 블 : ø7mm×91본

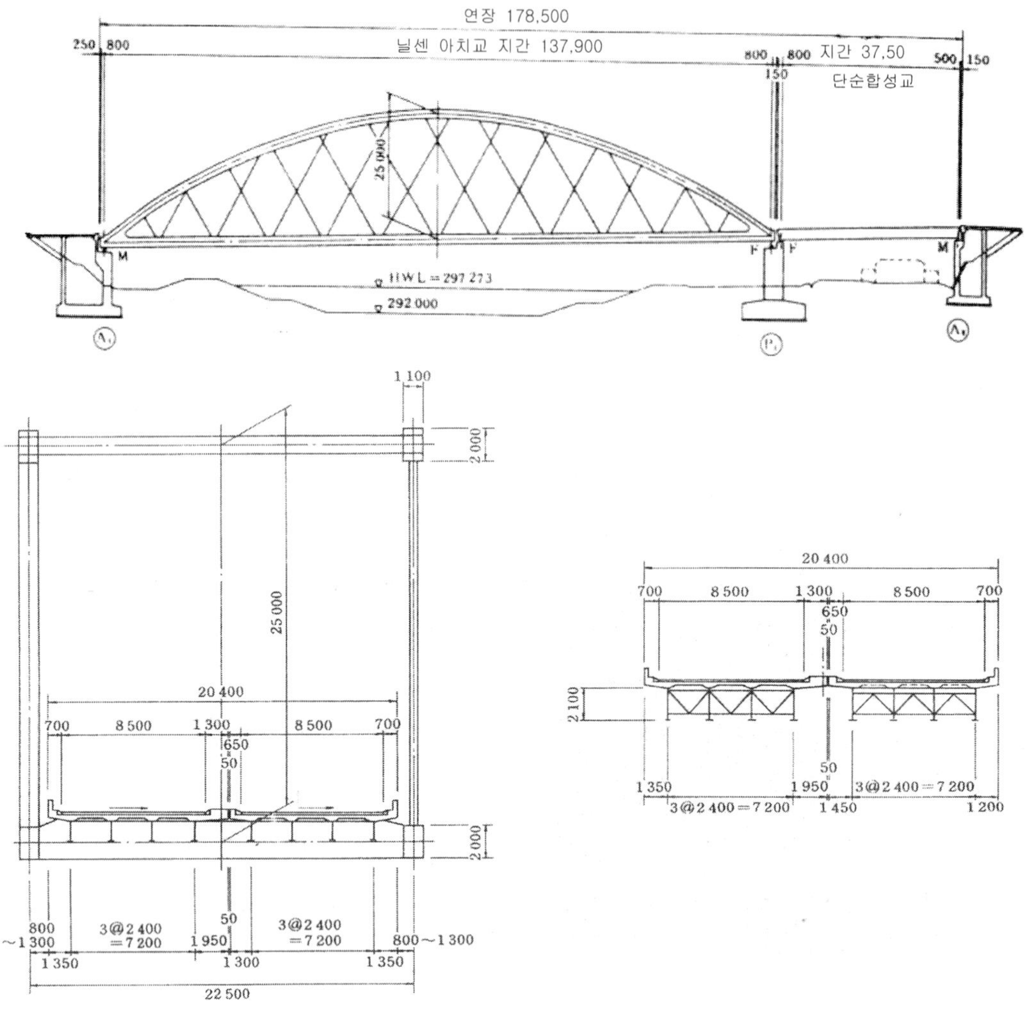

그림 5-1 고오도대교의 일반도

가설은 하천에 벤트를 설치하고 150tonf의 크롤러크레인을 사용하였으며 바닥판은 철근콘크리트 구조이다. 강재도장은 'C'도장계로서 전체를 공장도장으로 하고 볼트는 방청처리된 고장력볼트를 사용하였다. 케이블의 색상도 강교부분과 동일색상을 적용하였으며 받침은 가로보의 지간이 22.5m로서 교축직각방향의 회전, 이동을 고려하여 Pivot 형식을 채택하였다.

닐센로제 거더와 강단순 거더와의 접속부분은 신축이음장치를 생략하고 거더와 상판을 연속화시켰으며 FEM해석에 의해 슬래브의 철근보강을 하였다.

5.2 설 계

5.2.1 단면력의 산출

전체 구조계의 단면력은 다음 각각의 평면골조모델(그림 5-2)로부터 구하고 각 부재마다 단면력을 산출하였다. 표 5-1에는 하중의 종류 및 조합을 나타내었다.

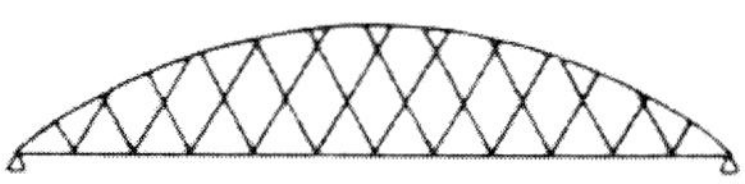

(a) 구조계-1 : 면내하중에 의한 닐센계 주구단 면력

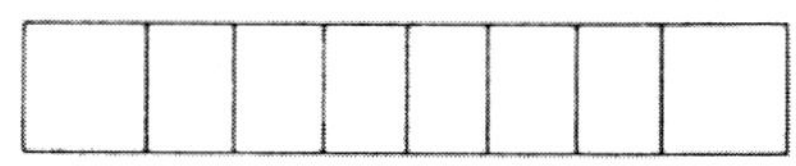

(c) 구조계-3 : 아치리브와 단부가로보, Strut으로 구성된 골조의 횡하중에 의한 단면력

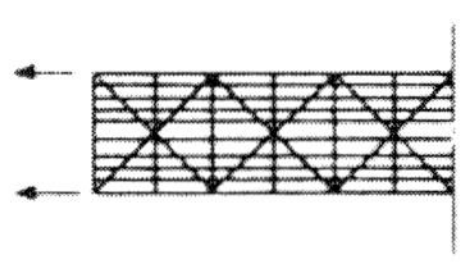

(b) 구조계-2 : 주구의 신축에 의한 단면력

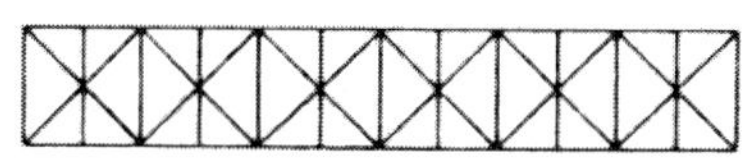

(d) 구조계-4 : 주거더, 가로보, 브레이싱으로 된 골조의 횡하중에 의한 단면력

그림 5-2 단면력 산출에 이용한 평면골조모델

5.2.2 바닥판

본교의 바닥판은 콘크리트슬래브이며 설계는 JH설계요령 II집에 따랐다. 배력철근은

① 통상적으로 바닥판작용에 의한 응력

② 바닥틀작용(종거더의 (-)휨모멘트)에 의한 합성작용의 응력

③ 주구의 신축에 의한 응력도(교면 고정하중+활하중)

이상 3종류의 응력이 항상 작용하는 것으로 검토되어, 필요한 부분은 보강처리하였다.

표 5-1 하중의 종류 및 조합

	하 중 종 류				기 호	할증계수	적 용 부 재
제 1 주구 단면	기본하중	1	고정하중	강 중	D_1		아치리브 케이블
				상 판	D_2		
				교 면	D_3		
				합 계	D		
		2	활 하 중		L		
		3	온도변화		T		
	조합하중	4	1+2		$D+L$	1.0	
		5	1+2+3		$D+L+T$	1.15	
제 2 주구 단면	기본하중	6	주구의 신축		EL		세로보, 가로보, 바닥판
	조합하중	7	1+2+6		$D+L+EL$	1.0	보강거더
제 3 스트럿면	기본하중	8	풍 하 중		WA		아치리브 스트럿
		9	지진하중		EQA		
	조합하중	10	1+8		$D+WA$	1.25	
		11	1+9		$D+EQA$	1.5	
		12	1+2+8/2		$D+L+WA/2$	1.25	
제 4 하횡 구면	기본하중	13	풍 하 중		WG		
		14	지진하중		EG		
	조합하중	15	6+13		$EL+WG$	1.25	하 횡 구
		16	6+14		$EL+EQG$	1.5	
		17	1+6+13		$D+EL+WG$	1.25	주 거 더
		18	1+6+14		$D+EL+EQG$	1.5	
		19	1+2+6+13/2		$D+L+EL+WG/2$	1.25	
	조합하중	20	1+6+8+13		$D+EL+WA+WG$	1.25	단부가로보
		21	1+6+9+14		$D+EL+EQA+EAG$	1.5	

5.2.3 세로보, 가로보

(1) 세로보

본교에서 주구작용에 의해 보강거더가 인장력을 받고, 동시에 세로보도 그 영향을 받는다. 특히 보강거더에 가장 가까운 측의 세로보는 그 영향이 크다. 그 영향을 완화하기 위해서 가로보와의 연결부 일부분에 확대공(φ26.5)을 이용하여 전체가설 완료 후 그 부분을 최종 체결하므로 도입된 축력의 일부를 약간 느슨하게 하는 것으로 하였다.

(2) 가로보

가로보는 바닥판이 콘크리트이므로 고정하중이 크고, 또 아치리브 간격이 22.5m로 길기 때문에 박스형 단면으로 하였다. 또한 도로 평면선형이 S자 형태로 되어 있기 때문에 횡단경사변화는 가로보 높이를 변화시켜 대처하였다.

바닥틀작용에 의한 단면력의 산출은 보강거더의 뒤틀림 강성을 고려해서 검토한 결과

① 보강거더의 뒤틀림 강성을 무시하고 보강거더 위치에서 단순지지되는 구조로 하여 단면력을 구하고 가로보의 단면을 검토한다.
② 지점부의 단면은 보강거더의 뒤틀림 강성을 고려해서 ①에서 구한 지간중앙모멘트의 30%에 해당하는 부 휨모멘트로 단면을 검토하였다.

5.2.4 아치리브, 보강거더의 설계

본교는 주구면을 평행하게 하는 평행현 형식으로서 주구면을 경사시킨 바스켓 핸들형도 아울러 검토하였다. 바스켓 핸들형은 폭원이 넓은만큼 지간이 약 6m 길어지기 때문에 평행현 형식이 약 8% 강재중량을 절약하게 되므로 경제적이고 따라서 본교에서는 평행현 형식을 채택하였다.

(1) 아치라이즈

지금까지 건설된 닐센로제 등 아치계 교량의 지간(ℓ)과 라이즈(f)의 비를 보면 대개 5~7 정도의 범위에 있다. 본교에서는 강교중량과 라이즈비 관계를 검토하였는 바, 중량이 최소가 될 때의 라이즈는 25m로 검토되었다(ℓ / f = 1/5.5).

(2) 단면구성

아치리브, 보강거더는 동일하게 거더높이 2.0m, 플랜지폭 1.2m의 박스형단면으로 설계하였다. 보강거더는 축인장력이 지배하며, 전체 단면에 인장력만 작용하기 때문에 플랜지, 복부판에도 종리브를 설치하지 않았다.

(3) 케이블

케이블로는 LCR(Locked Coil Rope)과 Semi-Parallel케이블, 평행선케이블이 고려될 수 있다. 본교에서는 최근 들어 사장교나 닐센로제교에 적용실적이 증가하는 Semi-Parallel 케이블(Non-Grout Type)이 공사비 측면에서 유리하고 방청성능도 우수하므로 적용하였다. 이 케이블은 아연도금강선을 폴리에틸렌 피복한 것으로 본교에서는 케이블 외표면을 교량강재도장과 같은 색으로 불소수지계 도장을 적용하였다.

케이블에 대해서는 주구에 대한 영향, 강재중량 등의 증감 등을 고려해서 간격을 11.5m, 경사각은 60°로 하였다. 케이블의 최대인장력은 152tonf으로서 직경 φ7mm 아연도금강선을 91본 사용한 것이며, 케이블 파단에 대한 안전율은 지금까지의 닐센로제교의 케이블 안전율을 참고로 하여 3.5를 적용했다.

또한, 활하중에 대한 케이블의 장력이완현상이 발생하지 않기 때문에 프리스트레스는 도입하지 않았다.

5.3 무조인트(Jointless)의 적용

5.3.1 개 요

고오도교는 강 닐센로제거더+강 단순합성교로 설계되었으나 상부공의 공사시점단계에서 신축이음장치에 대해 재검토하였다. P_1 부근에 민가가 있기 때문에 무조인트에 의해 바닥판을 연속화시켜 소음과 진동을 감소시키고 주행성을 향상시키는 것을 고려하였다.

또한, P_1 교각에서 닐센로제, 합성형 모두 고정받침이 설치되고 활하중에 의한 양측보의 회전각도 적기 때문에 비교적 무조인트 구조가 용이한 편이었다. 공사비 측면에서도 슬래브콘크리트, 철근중량이 증가되었으나 신축이음장치가 생략되기 때문에 유리하였다.

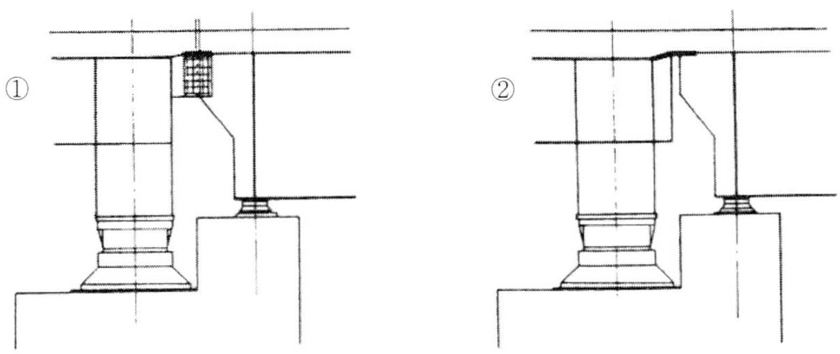

그림 5-3 무조인트 구조 검토안

5.3.2 무조인트의 적용방법

닐센로제형과 단순합성형의 무조인트 방법으로는

① 닐센로제형과 합성형의 상부플랜지와 복부판을 연결하고 바닥판을 연결시킨다.

② ①경우에서 플랜지만 연결시킨다.

③ 구조형식을 바꾸어 보강거더를 연속화한다.

④ 포장만의 연속화(매설 조인트)도 생각할 수 있지만 상부·하부공을 포함하여 재설계를 해야 하고 경제성이 떨어진다. ④는 거더단부의 캔틸레버길이가 50mm로 제약되어 지간분할의 변경이 생겨 부적절하다.

②에서는 상부플랜지만으로 연결하게 되어 구조적으로는 단순거더로서의 양단 휨각에 의한 전단력을 슬래브가 받게 되는 구조가 되어 좋지 않다.

①은 거더를 연결함에 의해 연속거더의 성질을 현저하게 나타내게 되어 합성거더 지점 반력이 크게 되지만 연결부의 강도를 조정함으로서 지점반력을 경감시킬 수 있다.

또한, 양 거더 단부의 휨각에 의한 전단력을 슬래브만이 아닌 거더에도 받게 할 수 있다. 이와 같은 이유로 플랜지와 복부판을 연결하는 ①의 방법을 채택하였다. 또한 거더 연결부는 연속 거더로 거동하는 범위에서 휨모멘트 강성을 작게 하여 합성형의 P_1 지점 반력이 극단적으로 크게 되지 않도록 설계가 진행되었다.

5.3.3 거더연결부의 설계

(1) 거더연결부의 구조

5.3.2절에서 검토한 바와 같이 금번에 적용한 닐센로제형과 합성형의 연결부 구조를 그림 5-4에 나타내고 거더와 바닥판은 비합성으로 하였다.

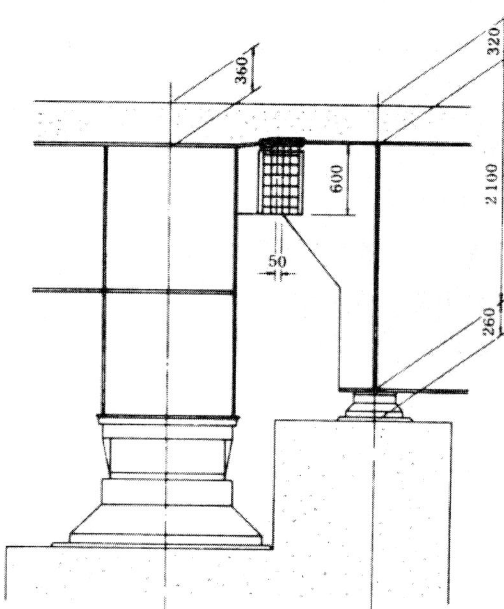

그림 5-4 거더연결부의 구조

(2) P_1의 고정받침

본교의 닐센로제 거더의 단부가로보는 강성이 크기 때문에 거더를 연결하면 합성형의 P_1 받침부는 회전변형에 의한 휨각을 구속시킨 고정단으로서 거동한다(그림

5-5).

따라서, 합성형의 P_1 받침부는 회전변형에 의한 수평이동량만큼 이동가능한 구조로 하였다. 이 때문에 지진시 합성형의 교축방향수평력은 슬래브거더 연결부를 지나 닐센로제 받침으로부터 P_1 교각에 전달시키도록 하였다. 내진설계 구조계는 크게 달라진 것이 없고 P_1 교각에서 교축방향의 지진시 수평력에는 저항하는 것은 변화가 없다. 또한, 닐센로제거더의 P_1받침에 대해서는 합성형의 교축방향수평력에 대해서도 추가하여 설계했다.

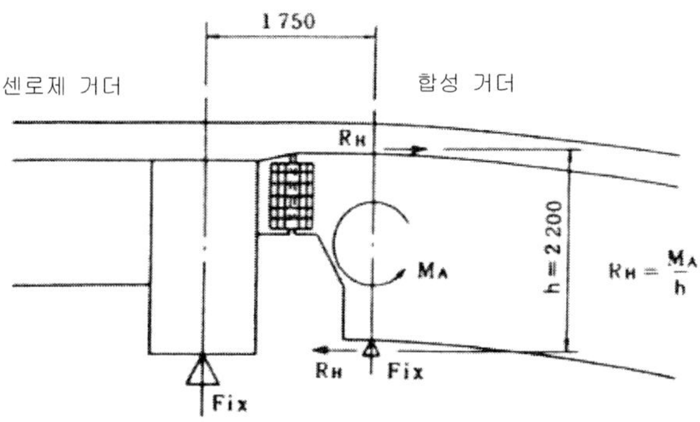

그림 5-5 P_1 받침부의 거동개념도

5.3.4 FEM에 의한 연결부의 해석

거더연결부의 강재단면크기는 닐센로제형과 합성형의 연결부를 빔요소로 모델화해서 골조해석에 의해 산출한 단면력을 기본으로 결정하였다. 이때 연속부의 강도평가가 명확하게 될 수 없기 때문에 슬래브와의 합성은 고려하지 않고 강재만으로 전단력을 전달하며, 슬래브에 휨이 생기지 않도록 강성을 갖게 하였다.

그러나, 다음과 같은 이유에 의해 슬래브를 포함한 연결부의 응력전달상태나 국부응력의 파악을 위해 FEM해석을 하였다.

① 거더연결부의 강재단면은 급격한 변화가 있어서 국부적인 응력파악을 할 수 없다.

② 거더연결부의 강재강성에 비해 슬래브의 강성도 크기 때문에 슬래브를 통한 응력전달도 생기는 것으로 생각할 수 있다.

이 결과 전체적으로는 강재의 강성을 약간 증가시키기 때문에 국부응력을 제외하고 강재의 응력은 크지 않으며, 또한 슬래브의 응력분담이 크게 되고 있는 경향을 볼 수 있다. 연결부 슬래브 상부면의 인장응력은 국부적으로 최대 66kgf/㎠가 되었다. 바닥판에 작용하는 인장력은 철근만으로 저항하도록 하고 연결부 상부면의 배력철근은 최대 D22의 철근을 100mm 간격으로 배치하여 보강하였다. 강거더의 국부응력에는 문제가 없으므로 특별한 보강은 하지 않았다.

5.4 시 공

본교의 시공은 150tonf 크롤러크레인 2대를 사용한 벤트공법을 적용하였다. 그림 5-6에 가설시스템을 나타내었다.

5.4.1 보강거더의 가설

보강거더의 가설은 A_1측부터 시작했다. 보강거더 벤트는 7기 설치되었으며, 보강거더의 2개 Block에 1기의 벤트를 설치한 것이다. 보강거더의 가설에 준해 순차적으로 가로보도 가설을 하였다. 가로보의 벤트수를 최대한 줄이기 위해 우선 육상조립이 이루어졌고 상행선, 하행선의 외측에 각각 설치된 2대의 크레인으로 들어올려 가설하였다.

5.4.2 아치리브의 가설

아치리브의 가설은 P_1측에서 시작했다. 아치리브 벤트도 보강거더와 같이 6기 설치하였다. 아치리브 벤트의 반력에 의한 보강거더 변형을 최소화하기 위해서 보강거더 벤트 위치와 아치리브 벤트의 위치를 가능한 일치시켰다. 아치리브의 가설에 맞춰 순차적으로 벤트의 가설을 하였다. 스트럿의 가설은 가로보와 같이 먼저 육상조립을 하여 가설거치하였다.

닐센로제거더의 시공문제점으로서 아치리브를 폐합해서 케이블을 가설할 동안 형상관리와 구조적 불안정에 주의해야 할 필요가 있다.

아치리브의 가설 중에는 각 단계에서의 벤트반력, 특히 수평반력의 방향과 크기가 변화하고 국부적으로 반력이 크게 될 수가 있다. 따라서, 가설단계별로 벤트반력과 아치리브의 변위를 산출하고, 형상관리를 하였다. 또한, 폐합부의 블록가설은 폐합전의 아치리브 높이를 계측해서 잭업에 의해 형상을 확보하고 가설하였다.

STEP 1 벤트 설치

STEP 2 주거더 벤트 설치

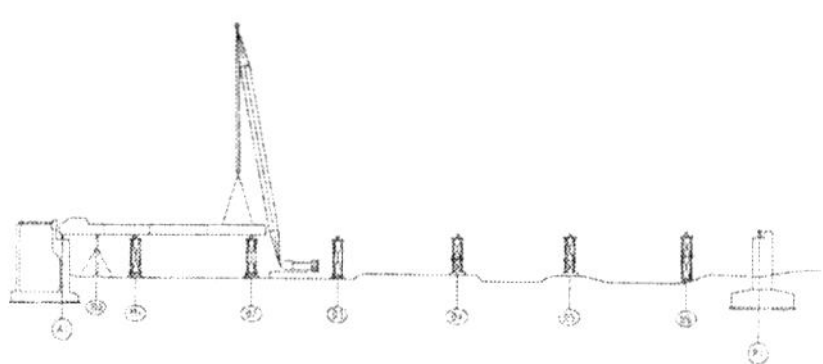

STEP 3 주거더부 가설

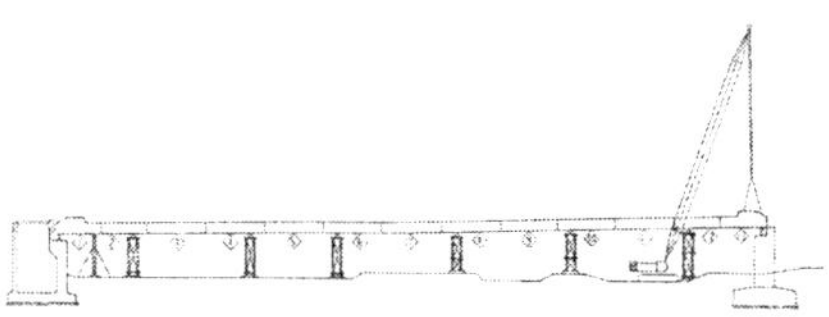

STEP 4 아치벤트 설치, 아치리브 가설

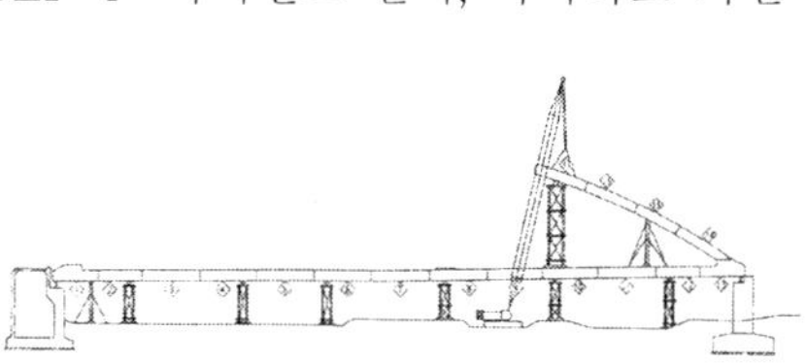

STEP 5 벤트 설치

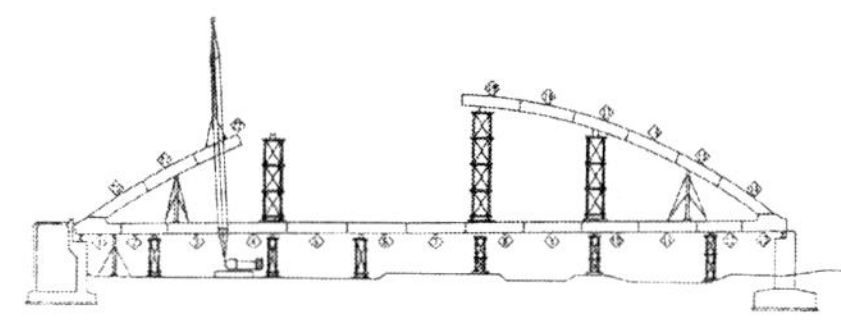

STEP 6 아치리브 가설

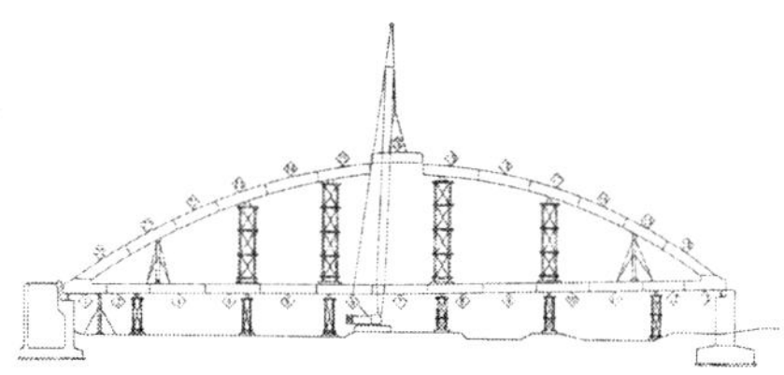

STEP 7 케이블 가설

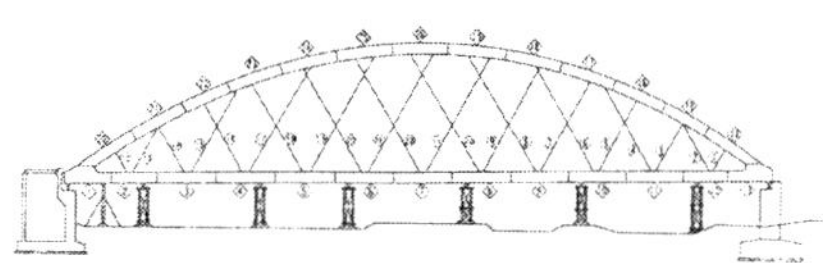

그림 5-6 닐센로제의 가설순서도

5.4.3 케이블 가설

케이블의 가설은 아치리브의 가설이 끝나고, 아치리브 벤트를 해체한 후에 시행하였다. Shim Plate조정은 아치리브측에서 하였기 때문에 케이블가설은 150tonf 크롤러크레인과 보조크레인을 이용하여 보강거더측의 정착구를 먼저 정착하고, 아치리브측으로 케이블을 끌어당겨서 정착시키는 가설방법을 적용하였다.

5.4.4 장력조절

본교의 케이블장력은 각 가설단계에서 자중에 의해서 발생하는 장력을 도입시키는 계획으로 되어 있기 때문에 가설도중 케이블장력의 계측은 장력관리와 보강거더의 형상관리를 목적으로 하여 이루어졌다. 따라서 케이블장력계측과 조정은 강재가설 완료단계와 바닥슬래브 타설완료시의 2회에 걸쳐 시행되었다.

케이블장력의 계측은 진동법에 의해 이루어졌다. 장력산출에는 아래와 같은 산출식을 사용하였다.

· 케이블장력 산출실용식

$T = 4wf^2L^2K_s/g$

$K_s = 0.857-10.89(C/F)^2$; $3 \leq \xi \leq 17$

$K_s = 1.000-2.20(C/F)-2.00(C/F)^2$; $17 < \xi$

$\xi = \sqrt{T/EI} \cdot L$

$C = \sqrt{EIg/(WL^4)}$

T = 케이블장력

w : 케이블단위중량

f : 고유진동수

L : 케이블길이

g : 중력가속도

본교의 케이블길이는 6.5m~28.9m 범위로서, 상기의 산출식은 케이블길이가 짧은 경우에는 보정이 필요하게 된다. 따라서 보정계수를 결정하기 위해 캘리브레이션을 실시했다. 계측장력과 보강거더높이의 계측결과를 이용하여 케이블장력을 조정하였다.

장력조정은 Shim량에 의해 조정을 하였고, 본교는 종래 영향선에 의한 반복계산에 따라 최적 Shim량을 산출했던 것과는 달리, 새로운 시도로서 사장교 등에 실적이 있는 해체계산을 이용한 최적제어해석을 사용하여 최적 Shim량을 산출하였다. 시스템구성은 그림 5-7과 같다.

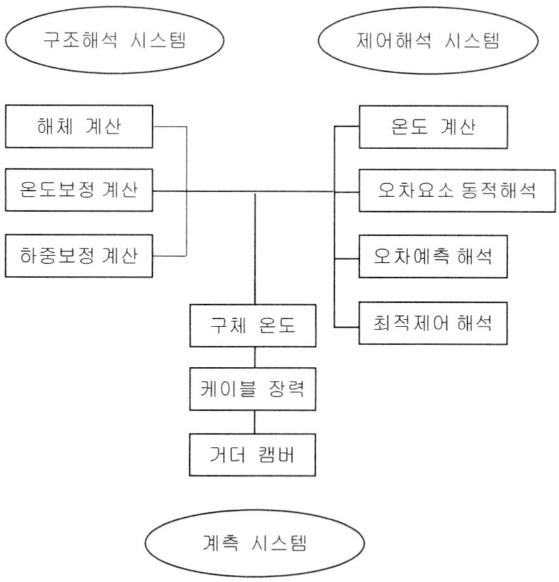

그림 5-7 최적 Shim량 산출시스템 구성도

6 오가타야마가도교

(시험선)

6.1 서 론

시속 500㎞로 질주하는 리니아 모터카 - 이 꿈의 열차는 강력한 초전도 자석의 흡인·반발에 의해 부상주행하고 고속성, 대량성, 저공해 등의 특성이 있으며 21세기 일본의 수송기관으로서 기대되고 있다.

리니아 모터카 - 초전도 자기부상방식철도(이하 'MAGLEV : MAGnetic LEVitation'이라 한다)의 개발은 도카이도 신간선의 영업개시에 앞서 1962년에 (구)국철철도기술연구소에서 시작되고, 1977년에 미야자끼에 실험선이 설치되고 차량주행시험이 개시되었다.

그렇지만 그 후 MAGLEV 기술의 발전에 따라 미야자끼 실험선은 연장이 7㎞로 짧고 더구나 단선이므로 MAGLEV 실용화에 필요한 장거리를 달리는 고속주행 시험, 차량 등의 내구성시험, 고속의 교행시험을 하기 위해서는 새로운 실험선이 필요하게 되었다. 그러므로 운수성은 1988년「초전도 자기부상방식철도 검토위원회」를 설치하고, 신실험선 규모 등의 검토에 의해 1989년에 건설 최적지로서 야마니시현을 선정하였다. 그 후 1990년 6월에 사업을 착수하였고 연장 42.8㎞의 노선이며 약 80%는 터널구간으로 되어 있다.

금회에 소개하는 오가타야마가도교는 실험선이 중앙자동차도 후지요시다선과 교차하는 실험선 기점 27㎞750m 부근에 위치하고, 실험선 중에서 가장 긴 지간의 교량이다.

본교의 가설지점 인근에는 중앙통제센터, 시험승강장, 변전소 등의 중요시설이 집중되어 있으므로 시험선의 중요한 거점이 된다. 본 교량은 시험선의 대표적 구조물이며 시험선의 랜드마크적인 상징성을 확보하고 있다. 본 교량은 철도교로서 최초로 닐센·로제형식을 적용한 것이며 선정경위, 설계, 시공계획에 대해 아래에서 기술하고자 한다.

6.2 형식 선정

본교의 구조형식 선정에서는 경제성, 공기보다 랜드마크로서의 위치를 우선적으로 감안하여 검토를 진행하였다.

6.2.1 교량 연장

우선적으로 교량연장은

① 교각이 중앙자동차도로, 용수로 및 지하차도에 장애가 없어야 하고

② MAGLEV의 특수설비인 Guideway의 패널, 빔의 길이와 정배수로 되어야 하는 것을 고려하여 138.6m로 결정하였다. 여기서 패널, 빔은 지상코일을 감은 Guideway의 종류로서, 그것의 단위길이는 지상코일 배치에 따라 12.6m를 표준으로 하고 있고, 본교는 패널, 빔의 11블록으로 구성되었다. MAGLEV의 고속안정주행을 위해 시험선의 허용처짐은 통상적인 철도교보다도 엄격하게 되어 있으며, 본교량에서도 단선 재하시에 46㎜(L/3000)로 되어 있다.

6.2.2 강구조냐? PC구조냐?

교량 연장, 처짐규정의 관점에서 강구조와 PC구조에 대해 비교 검토를 하였다. 강구조로서는 트러스계 구조와 아치계 구조, PC구조는 3경간 연속거더교와 사장교를 비교대상으로 하였다.

일반적으로 강구조의 장점은 다음과 같은 사항이 있다.

① 하로형식으로 한다면 도로 위에서 거더하부의 공간을 확보하기가 쉽고, 또 전후의 구조물 높이를 낮게 조절할 수 있다.

② 거더가 공장제작되므로 하부공사와 동시에 진행할 수 있고, 공기단축이 가능하게 된다. 또 PC거더와 같이 도로 위에서 콘크리트 타설작업을 피할 수 있다.

③ 콘크리트 거더에 비해 고정하중이 작게 되므로 하부구조를 경제적으로 할 수 있다.

④ 도로위의 구조물 관점에서 보면 강구조는 자동차 운전자에게 압박감이 비교적 작다. 또 PC구조의 장점으로는 다음과 같은 사항이 있을 수 있다.

- 도장 등의 유지관리를 할 필요가 없다.
- 강구조에 비해서 소음레벨(구조음)을 낮게 할 수 있다.
- 강구조에 비해서 처짐량, 신축량이 작다.

이상과 같은 점을 비교한 결과, 전후의 구조물 높이를 낮게 할 수 있고 공기단축이 가능하며 도로위에서 작업기간이 짧으며 게다가 전체적 측면에서 경제성이 우수한 강구조를 적용하는 것으로 하였다. 그 다음으로 트러스계와 아치계의 선정에 있어서는 처짐량이 비교적 작고, 경관이 우월하며 랜드마크기능을 가지고 있는 아치계로 접근하여 심도있게 검토하였다.

6.2.3 아치계 구조형식의 비교검토

아치계 구조검토는 로제, 랭거, 닐센로제 3개형식에 대해서 하였다. 검토결과 경제성에 있어서 3형식의 큰 차이는 볼 수 없으나, 경관의 관점에서 경쾌감이 있고, 미려한 원경을 창출하는 닐센형식을 채택하였다(표 6-1).

표 6-1 구조형식의 비교

	활하중 처짐	강 재 중 량
닐 센 아 치	L / 9800	1374tonf
로 제 아 치	L / 3600	1448tonf
랭 거 아 치	L / 3180	1390tonf

6.2.4 철도에서의 닐센교 적용

왜 철도교에서 시공사례가 없을까? 이것은 닐센형식에 한하며, 케이블을 사재로 적용하는 것에는 문제가 없지 않았던 것으로 생각된다. 바꾸어 말하면 케이블을 사재로 이용함에 의해 다음과 같은 문제점이 발생한 것으로 생각된다.

① 케이블의 이완이 발생할 염려가 있다.

② 케이블 본체 및 정착부의 방수, 방청에 어려움이 있다.

③ 케이블 정착부의 피로강도가 낮다.

④ 와려진동 및 Rain-Vibration 발생 염려가 있다.

이상의 문제점에 대해서 검증을 해보면

①에 대해서는 하중조건이 비교적 엄격한 도로교에서도 발생한 사례가 없고, 반대로 발생한다고 해도 장력 조정이 가능하다. ②는 과거에 문제된 사례가 몇 개 있으나 피복재료를 코팅함에 의해 고도의 방수, 방청성을 가지는 소재가 개발되고 있다. ③에 있어서는 정착부를 상온에서 주입함에 의해 피로강도가 몇단계 향상된 소재의 개발이 되어지고 있다. ④에 대해서는 케이블 길이가 짧으므로 이러한 형상은 발생하기 어렵고, 게다가 케이블 교차점에서 강결됨으로 인해 진동을 경감시키는 것이 가능하다.

이상으로부터 철도교에 닐센교를 도입하는 것이 문제 없는 것으로 판단되었다.

6.3 설계개요

설계에 있어서 MAGLEV 특유의 조건을 명확하게 할 필요가 있다. 그것은 MAGLEV 초전도자석과 지상코일에 의해 부상주행하는 것에 기인한다. 바꾸어 말하면 지상코일의 근방에 자성을 가진 물체가 있고, 이것이 자기저항으로 되어 MAGLEV 주행을 저해하는 것이 된다. 따라서 코일중심에서 1.5m이내에는 보통강재를 배치하지 않는 것으로 하였다. 본 교량은 강구조이며 이 점을 주의하여 설계할 필요가 있다. 이하에 설계개요를 나타내었다.

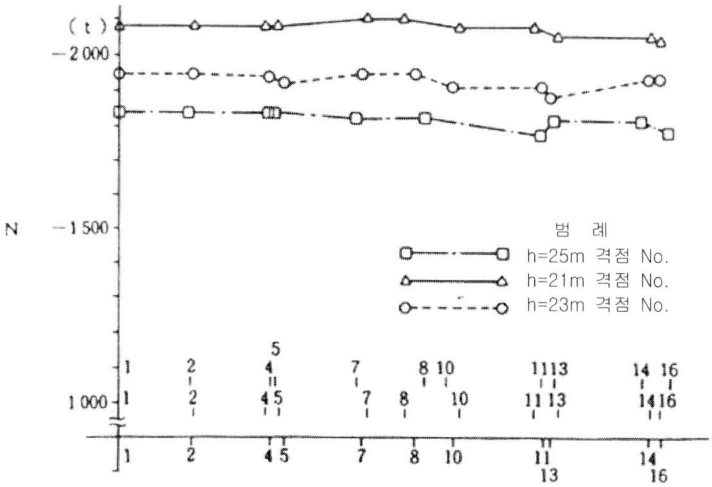

그림 6-1 아치라이즈에 의한 아치리브단면력(고정하중)

6.3.1 아치라이즈

f=21, 23, 25m의 3개안에 대해서 비교검토를 하였다. 역학적으로는 라이즈가 높은 편이 유리하나 경제성에서 본다면 라이즈가 낮은 것이 케이블 길이가 짧게 된다. 그렇지만 라이즈가 낮게 되면 역학적으로 불리한 것을 보강하기 위해 강재중량이 증가하게 되므로 *f*=23이 가장 유리하게 된다. 또 일반적인 지간과 라이즈비(1/8~1/6)가 거의 일치하기 때문에 본교의 아치라이즈는 *f*=23m로 결정되었다.

6.3.2 주구의 경사

본 교량에 있어서 중앙자동차도로로 인해 교량직각방향 폭의 제한을 받게 되는 점, 보강거더는 저자성강재의 사용범위에 배치하는 점, 처짐 제한 등으로 인해 가로보가 큰 단면구성으로 되는 점을 고려하여 보강거더 중심간격을 15m로 하고, 교면의 유지보수통로에 지장이 없는 범위에서 바스켓 핸들형을 채택하였다. 바스켓 핸들방식에서는 주구를 경사시켜서 아치 크라운부에서 주구를 강결시키는 방식으로서, 이것에 의해 강성이 높게 되고 안정성이 향상되는 등의 역학적 장점이 생기고 강재량도 작아지기 때문에 경제성이 우수하다.

단면도

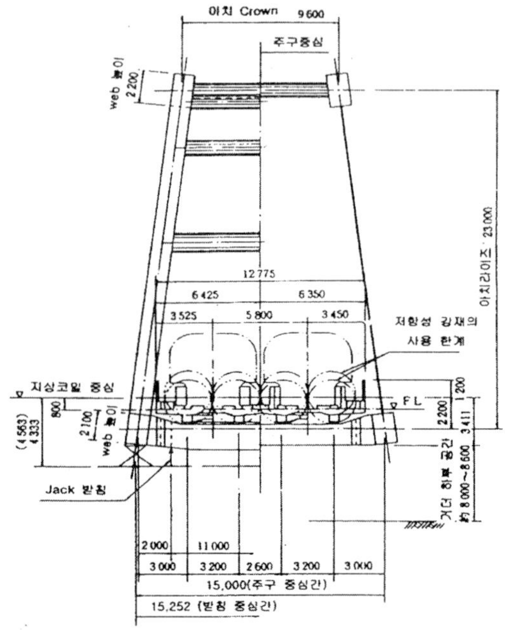

측면도

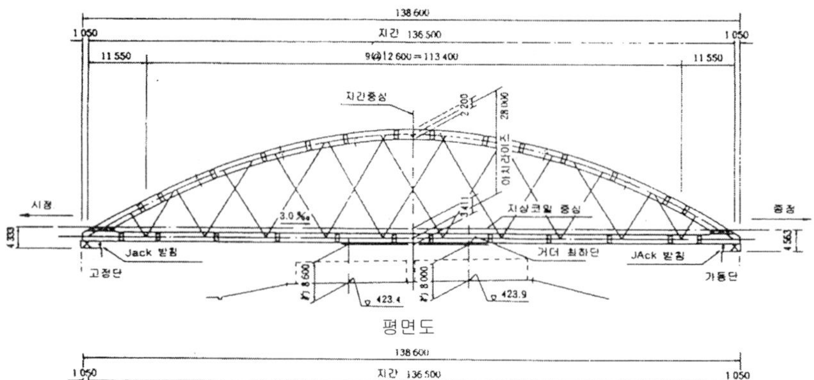

평면도

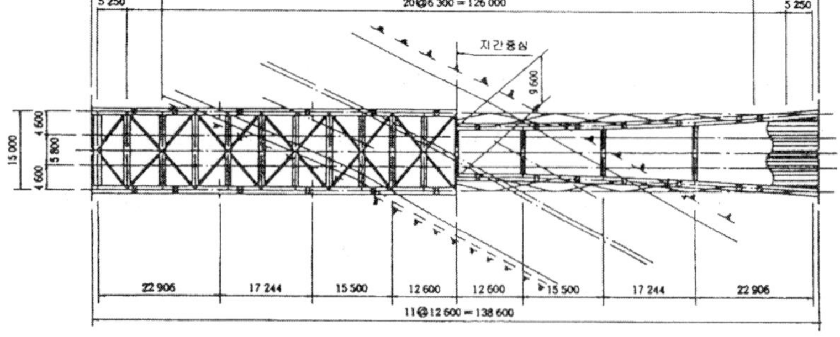

그림 6-2 오가타야마가도교 일반도

6.3.3 주구의 선형

주구 선형은 포물선과 원곡선을 비교 검토하였다. 역학적으로는 큰 차이는 없으나 사재가 짧고, 경제적으로도 유리한 포물선을 적용하는 것으로 하였다.

6.3.4 사재(케이블)

(1) 배치방법

사재의 배치방법으로는 싱글 와렌형식과 더블 와렌형식이 있다. 싱글 와렌형식은 비교적 큰 처짐이 발생하기 때문에 경관상 우수한 더블 와렌형식으로 하였다.

(2) 설치각도

설치각도 Θ=50°, 60°, 70°에 대해 비교검토를 하였다. 경제적으로는 각도가 큰 편이 케이블 길이가 짧아지므로 유리하나 Θ=70°의 경우에는 상향의 활하중 처짐이 발생하고, MAGLEV 차량의 주행에 불리한 처짐 형상이 된다. 따라서 60°로 결정하였다.

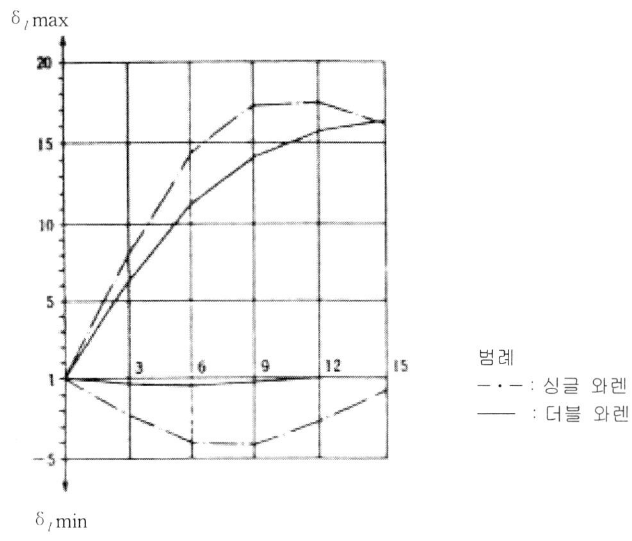

그림 6-3 케이블 배치방법에 따른 보강거더의 활하중 처짐

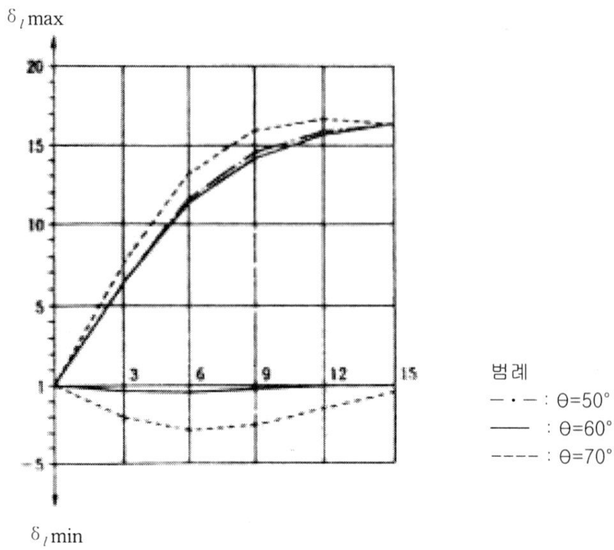

그림 6-4 케이블경사에 따른 보강거더의 활하중처짐

(3) 재 질

케이블 선정에 있어 정착부의 피로, 방수, 방청에 우선하여 검토하였다. 종래의 닐센교에서는 LCR(Lock Coil Rope)계, PWS(Parallel Wire Strand)계의 케이블을 이용하는 것이 일반적이며 이것은 도로교에서 많은 실적이 쌓여져 있다. 이러한

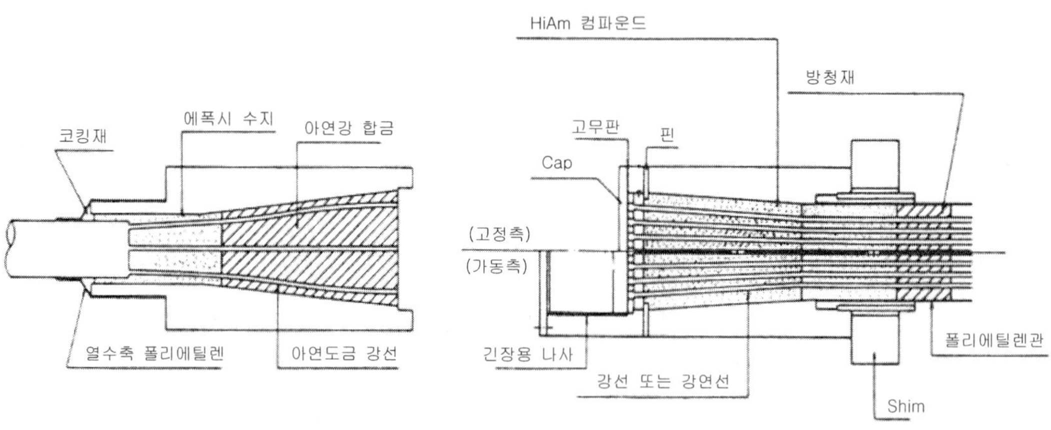

(a) NS 소켓 (NEW-PWS계) (b) HiAm 앵커 (HiAm-SPWC계)

그림 6-5 케이블 소켓부 단면도

LCR계, PWS계의 케이블은 당초 방수, 방청공사가 가설 후에 시공되고 소켓정착부를 고온으로 주입하므로 피로강도의 확보가 어렵다는 것이 문제점이 되어 왔다. 그 후로 New-PWS계, HiAm-SPWC계의 케이블이 개발되었다. 본교의 케이블재료로서는 New-PWS계, HiAm-SPWC계 중에서 적용하는 것으로 되었다.

6.3.5 가로보

가로보의 상부는 저자성강재의 사용범위를 벗어나는 위치까지 내리고, 이 위에 저자성철근을 사용한 콘크리트거더를 올려놓는 것으로 하였다. 바닥판 하면과의 공간에는 바닥판 거더의 세로보를 배치하여 확보하는 것으로 하였다. 또 가로보하단은 미관을 고려하여 보강거더 하단부와 일치시키는 것으로 하였다.

6.3.6 스트럿, 단부브레이싱

스트럿은 경관을 고려하여 브레이싱이 없는 비렌디일 구조로 하였고 경관상 산뜻한 구조가 되게 하였다. 스트럿의 형상도 경관구성의 하나의 요소가 되므로 원형 및 타원형 형상을 적용하였다.

6.4 가설계획

6.4.1 가설방법의 검토

본 교량의 가설은 중앙자동차도로 상부에 낙하방지막을 필요로 하지 않는 다음의 4가지 안에 대해서 비교검토 하였다.

① 추진코(Nose) 사용에 의한 압출공법

② 공사용거더 사용에 의한 종방향 설치공법

③ 횡방향 설치공법

④ 회전에 의한 횡방향 설치공법

이 가운데서 ①, ②는 거더제작을 하기 때문에 본선구간에 장기간 지장을 주므로 공기면에서 불리하며, 또 ③, ④는 본선옆에서 제작하므로 공기의 문제는 없으나 ③은 인접한 변전소 공사와 중복되는 기간이 길어진다. 따라서 ④공법을 적용하기로 했다.

닐센교는 하천, 항만 등에 가설된 사례가 많고 가설공법은 대선방식, 케이블가설방법이 일반적으로 채택되고 있다. 금번의 '회전에 의한 횡방향 설치공법'은 아치계 교량으로서 드문 사례가 된다.

6.4.2 가설순서

오가타야마가도교가 교차되는 중앙자동차도로의 교통은 가능한 한 지장이 되지 않도록 가설순서를 검토하였다. 우선 중앙자동차도로와 평행하여 구조물 제작장을 조성하고, 회전가설용 공사거더를 중앙자동차도로위에서 야간에 전면적으로 교통이 통제된 상태에서 가설한다. 그 후에 공장에서 제작된 교량구조물 본체를 현장에서 조립하고 케이블의 일차긴장을 한다. 주요부재가 조립된 시점에 P_1을 지점으로 하여 회전 가설한다.(야간에 전면교통 통제됨)

회전 종료 후 중앙자동차도로위의 공사용 거더를 철거한다. 회전 가설 후에는 바닥판 설치작업등의 교면작업을 행하고 마무리에 들어간다. 회전가설시에는 지지점의 위치가 공용단계 구조계와 상이하기 때문에 케이블에 압축력이 작용하게 된다. 케이블에서는 압축력을 지지하지 못하므로 임시보강재를 삽입하는 것으로 하고 있다.

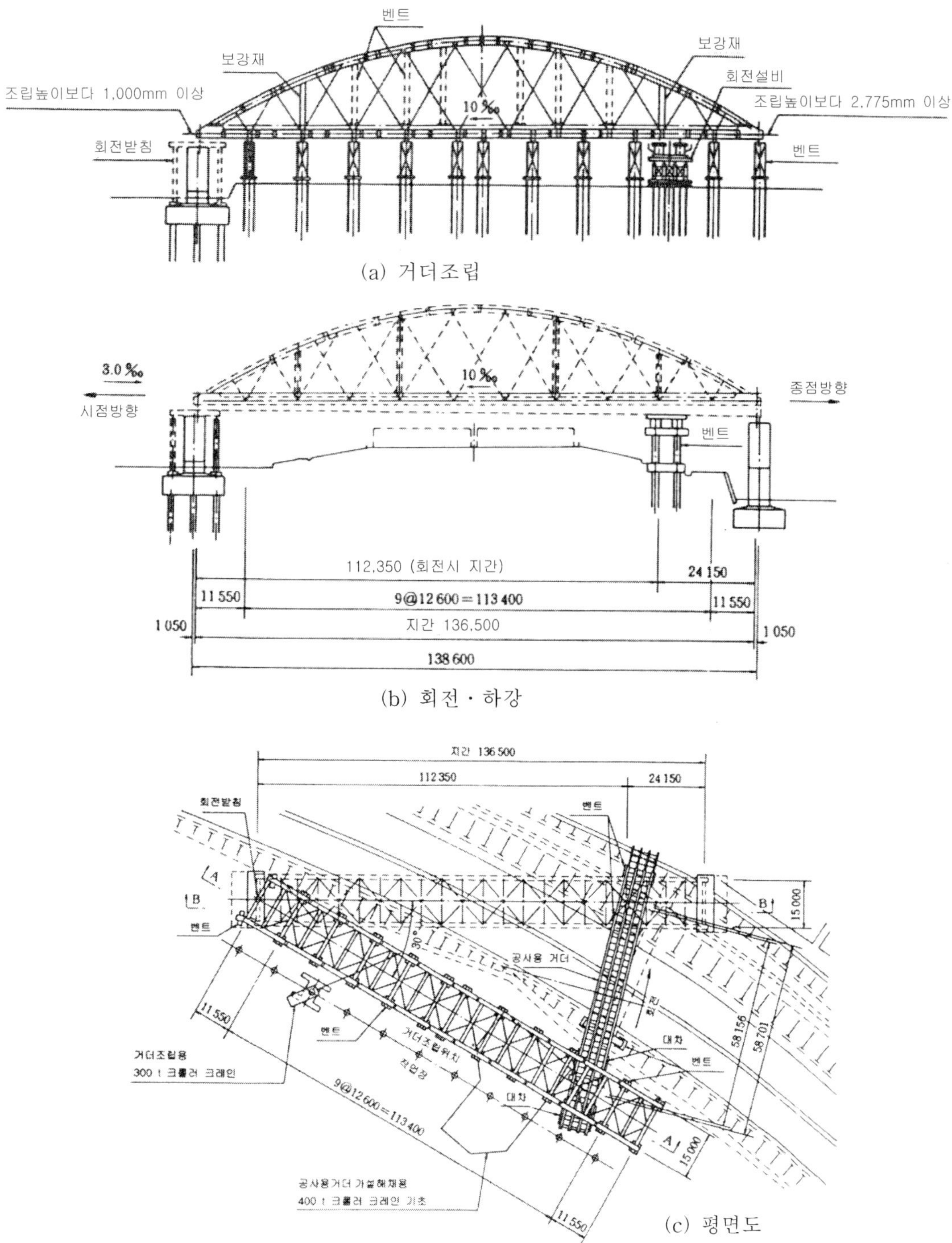

(a) 거더조립

(b) 회전 · 하강

(c) 평면도

그림 6-6 회전공법에 의한 교량가설개요도

사진 6-1 교량의 전경

사진 6-2 열차교행시의 교량전경

7 사다가와교

본교는 중국(中國)지방 미자선 미자 I/C 부근의 사다강을 횡단하는 교량으로서 랜드마크 의미를 부여하고, 백로부사로서 유명한 「대산」을 배경으로 하는 경관을 배려하여 닐센로제교로 하였다. 본교의 구조 특징은 아치리브의 스트럿을 가능한 작게 하고 2본으로 한 것에 있다. 이것은 적설지역임을 감안하여 동결된 눈이 교면으로의 낙하를 방지하기 위한 것이다. 또 구조적으로 닐센교로서는 드문 강V형 사재를 설치하고 동시에 단부의 지지조건이 고정으로 되는 것 같은 형식을 적용하여 면외강성을 확보하고 있다.

공사는 1988년 11월에 착공하여 1989년 6월에 케이블의 장력조정을 완료·준공하였다.

7.1 공사개요

- 공 사 명 : 중국횡단자동차도 사다강교 가설공사
- 교량등급 : 1등교
- 형　　식 : V형 강사재가 있는 닐센로제
- 강재중량 : 588.7tonf (579kgf/m²)
- 도로규격 : 1종3급 B
- 지 간 장 : 107.0m
- 폭　　원 : 9.5m
- 포　　장 : Asp. 75mm

• 선 형 : 평면 R=500~5000m
종단 : 0.92%, 횡단 : 6.0~2.0%
• 공사기간 : 1987.6.30~1989.6.18

• 바 닥 판 : 철근콘크리트 22㎝
• 케 이 블 : HiAm-SPWC
ϕ7×31, 37, 55의 3종

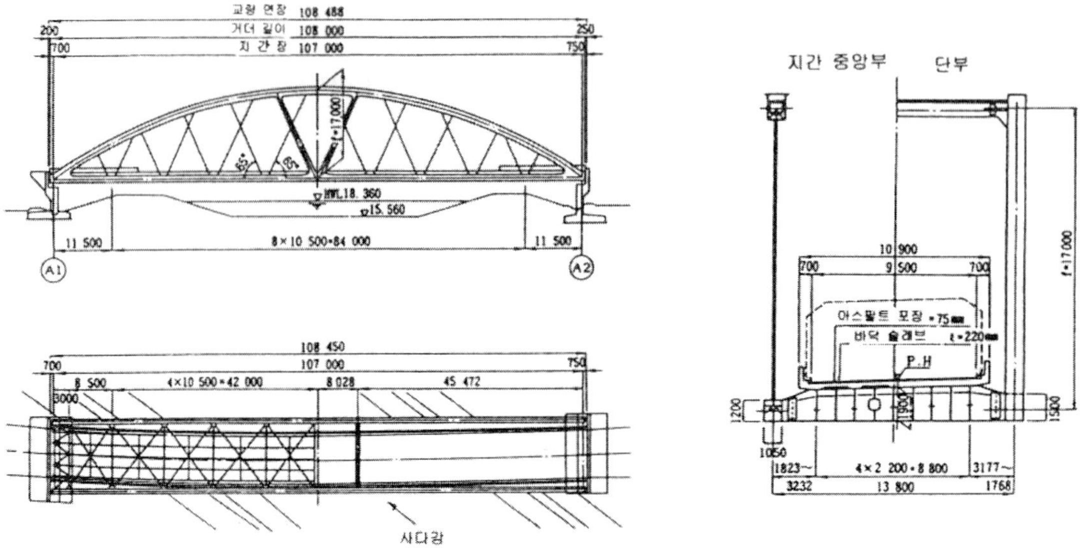

그림 7-1 사다가와교 일반도

7.2 가 설

7.2.1 가설개요

가설지점은 하천이므로 하천내부로 진입로 및 가축도를 설치한 후 벤트, 가교를 설치했다. 교량의 가설은 150tonf의 크롤러크레인, 160tonf의 유압크레인을 이용한 가설공법을 적용하고, 케이블설치는 45tonf 유압크레인 및 위치를 사용하였다.

또, 케이블의 장력관리는 강교가설 완료시점과 바닥판 타설 완료 이후 2회 행하고, 미진동법에 의한 장력계측, Shim조정을 실시하였다. 그림 7-2에 이러한 시공순서 및 계측 순서도를 나타내고 그림 7-3에 가설비 배치도를 나타내었다.

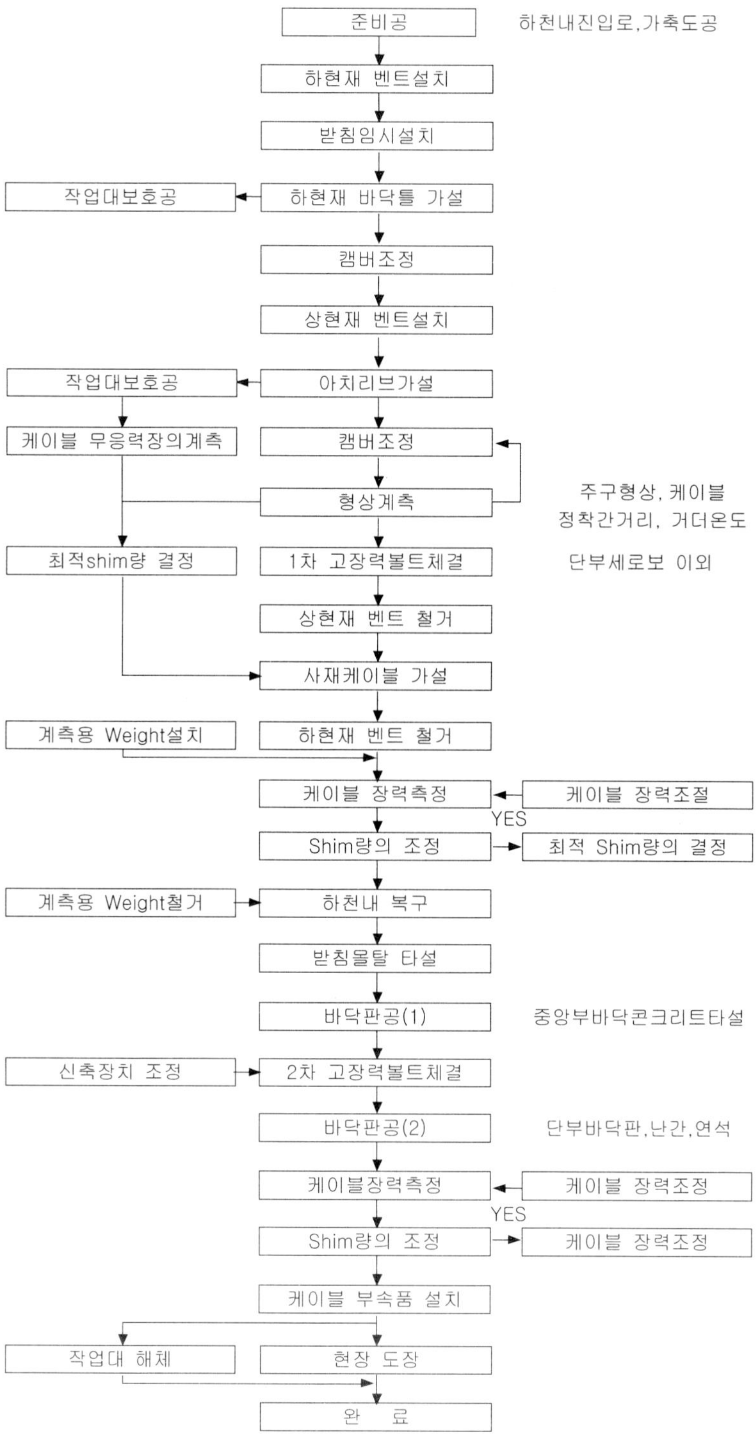

그림 7-2 가설순서 및 계측 순서도

7.2.2 가설비

(1) 작업장

가설지점은 이미 하천개수가 완료되어 있고, 하천내의 진입로 설치는 긴 블록조립을 충분히 할 수 있도록 가축도의 시공을 하였다. 이 진입로를 이용해서 교량부재의 반입 및 크롤러크레인 이동을 하였다.

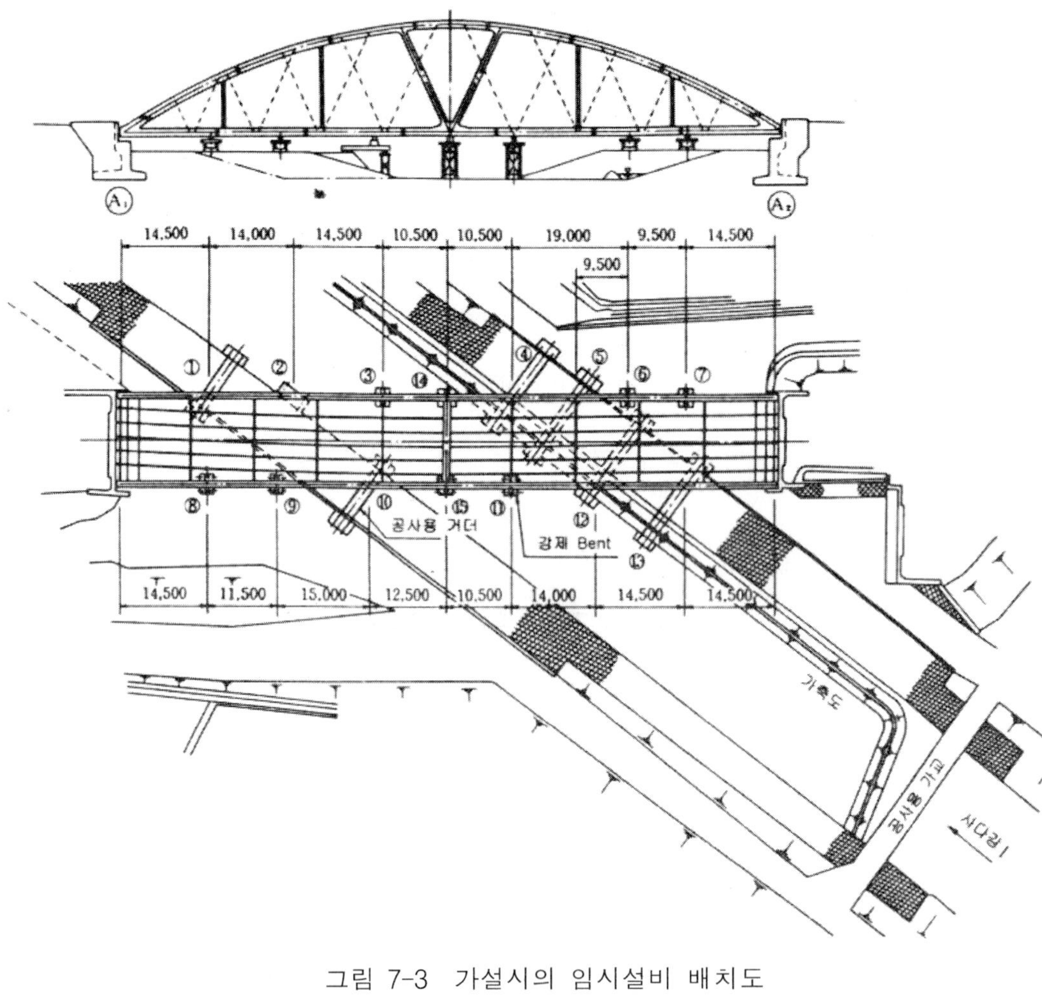

그림 7-3 가설시의 임시설비 배치도

(2) 벤트 설비

그림 7-3에 나타난 바와 같이 하현재용으로 15기, 아치리브용으로 8기의 벤트를

설치하였다. 또 블록이 긴 구간은 벤트위에 공사용거더를 연결하여 지지점으로 하였다.

(3) 작업대 보호공

하현재, 바닥판 하면에는 전체면적의 가설 작업대, 상현재에는 가설 작업대 및 통로를 설치하였다.

7.2.3 강거더의 가설

(1) 가설순서

하현재 벤트 설치후 A_1측(고정단)으로부터 하현재, 가로보, 세로보, 검사로의 순서로 연속가설 하였다. 하현재, 바닥판의 가설완료후 캠버조정을 하지 않고 아치리브의 조립을 하였다. 가설지점은 강풍이 간혹 발생하므로 불안정한 상태를 짧게 하고 공기단축을 도모하기 위해 아치리브의 가설을 양측에서 진행하였으며 하류·상류순으로 폐합하였다.

사진 7-1 아치리브 가설전경

(2) 캠버조정

강재의 가설완료 후 캠버값, 케이블 정착부간의 거리를 계측하고 캠버조정을 실시하였다. 캠버측정은 광파기 및 고정 프리즘을 이용하였으며 그 데이터는 계측기와 연동된 데이터 터미널, 컴퓨터로서 자동계산 처리하였다. 또 동시에 열전대에 의해 거더 온도계측(48개소)을 하고, 형상계측시의 거더온도 모니터 및 온도변형 보정용으로 데이터수집 및 자동기록을 하였다. 한편, 케이블 정착부간의 거리는 공장에서 캘리브레이션된 피아노선(φ0.8㎜ SWP-A)을 10kgf장력으로 당기고, 정점과 고정기구간의 거리를 측정하였다. 이러한 계측은 거더온도가 일정한 새벽에 실시하였다.

(3) 고장력 볼트의 체결

캠버조정 완료 후 단부구간 세로보의 연결부를 제외하고 볼트체결을 하였다.

단부 세로보의 볼트는 하현재축력이 바닥판에 경감되어 분포할 수 있도록 중앙부 바닥판의 콘크리트타설 이후에 체결하였다.

7.2.4 케이블의 가설

(1) 가설순서

고장력볼트를 체결하고, 아치리브의 벤트를 철거한 후 케이블 가설을 하였다. 전항에서 계측된 교량형상과 케이블의 제작실거리로부터 1차 Shim량을 조절하고, 가동측 정착구의 조정위치를 결정하였다. 케이블은 우선 45tonf 트럭크레인에 의해 릴

사진 7-2 케이블 가설

사진 7-3 가동단정착구 설치

(Reel) 및 파렛트로부터 케이블을 전개하고, 거더위의 작업대에 임시거치 하였다.

그리고 아치리브내부에 배치된 인입용 와이어를 윈치에 의해 감아올리고 트럭크레인에 의해 하단 고정측 정착구를 정위치에 삽입하였다.

다음에 하단 정착구 고정후 인입용 레바블록으로 정착 너트를 취부하였다. 전체 케이블의 인입 완료 후 아치리브 상면에 설치된 잭(Center-Hole Jack)에 의해 소정의 위치까지 조정너트를 회전시키고, 각 케이블에 1차 Shim량의 도입을 완료하였다.

(2) 장력조정

케이블은 케이블 시공시에 강거더 정착부간의 거리와 제작케이블 실거리로부터 1차 Shim 조정되고 있다. 여기서는 강거더 가설 완료시와 바닥 콘크리트타설 완료시의 2회에 걸쳐 실시한 장력계측, Shim조정공에 대해 기술한다.

케이블의 장력관리는 그림 7-4에 나타난 조정요령 흐름도에 따라 하였다. 계측은 장력, 형상, 거더온도를 같은 시간대에 할 수 있고 또 단시간에 계측할 수 있는 기

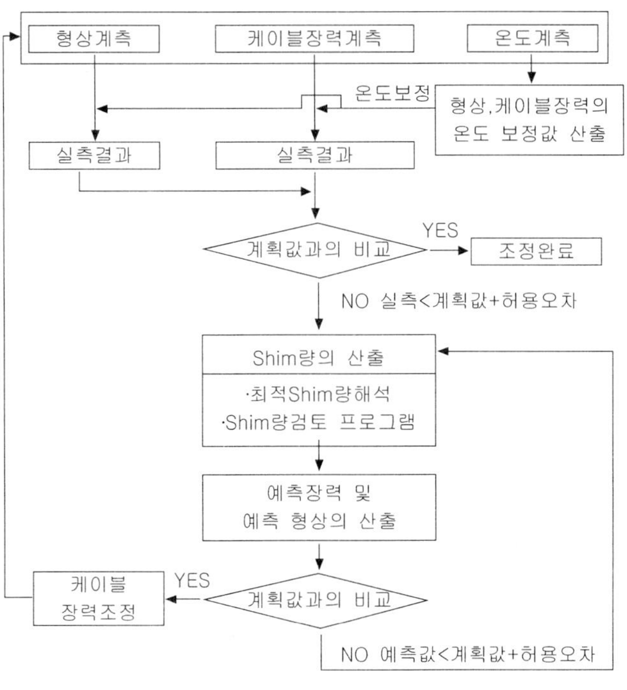

그림 7-4 장력조정요령 흐름도

표 7-1 장력조정 시간계획

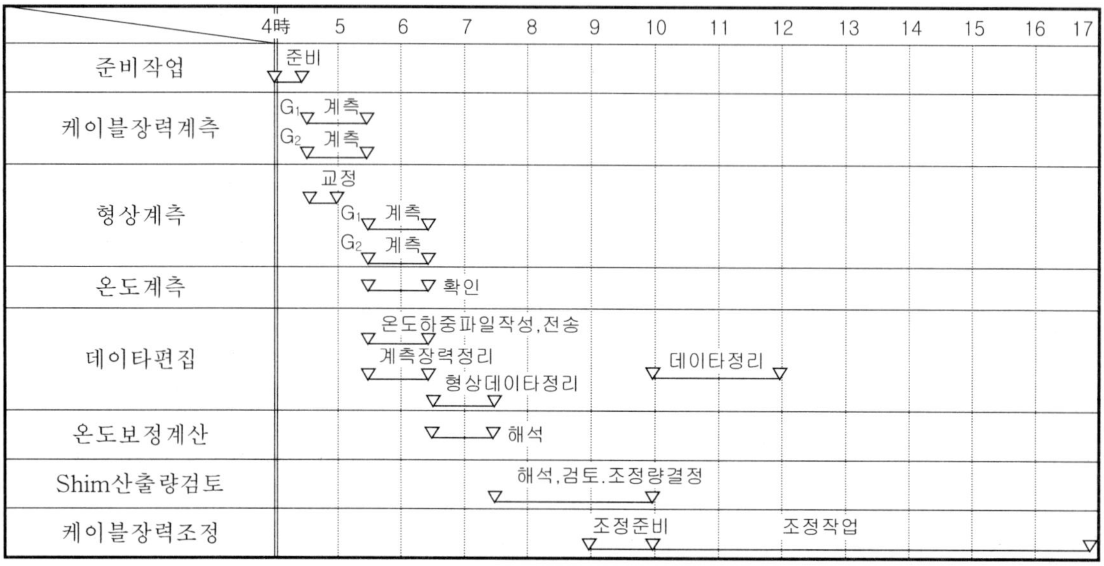

기 시스템과 체제로 하고, 최적 Shim해석 산정과 당일 Shim조정을 완료하는 체제로 하였다. 그 결과 표 7-1의 시간계획과 같이 1회조정은 오전 4시 계측개시로부터 Shim조정량의 최적계산 결정을 거쳐 조정착수까지 소요시간은 4시간이며 대개 정오전에 조정작업을 시작하여 그날 안으로 작업완료함이 가능하였다.

① 관리목표값의 설정

설계검토로부터 케이블의 장력관리 목표값은 설계시의 응력여유량(100kgf/㎠)과 케이블정착부간의 거리오차 ±10㎜와의 합한 값으로서, 고정하중 장력의 ±5% 이내로 설정하였다.

② 장력의 측정

케이블의 장력은 앞절에 나타난 계측시스템을 이용하여 미진동법을 사용하였다. 강거더 가설완료시와 바닥콘크리트 타설 완료시 2회, 현장계측은 온도영향을 받지 않는 이른 새벽에 하였다. 또 현장계측에 앞서, 케이블은 장력과 진동수의 캘리브레이션시험을 공장에서 하고 있다. 아래에 개요를 기술한다.

i) 캘리브레이션

캘리브레이션은 1988년 11월3일~9일에 공장에서 하였다. 공시체는 실케이블의 직경 길이를 고려해서 4종류로 하였다. 장력산출식으로부터 장력과 연관되는 휨강성보정계수를 도입산정하고 각 직경마다 장력산정식을 확인하였다. 각 케이블의 캘리브레이션값은 산정식에서 길이에 대한 파라메터를 변화시켜서 산출하였다.

ii) 장력조정법

장력의 조정은 그림 7-5에 나타난 것처럼 케이블 정착구 상단에 인장로드를 연결용 커플러로 고정시키고 아치리브 상면에서 잭킹을 하였다.

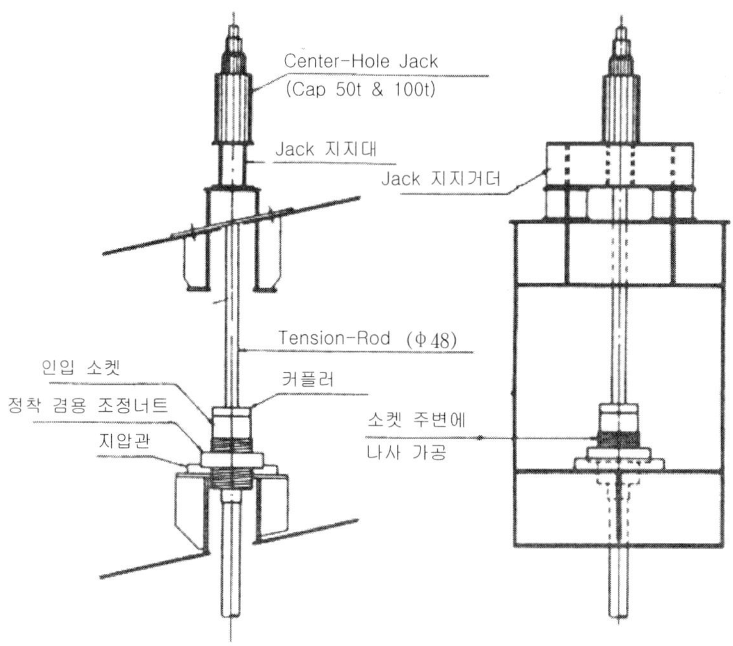

그림 7-5 케이블 장력 도입요령

따라서 조정인입시에는 잭펌프에 유압센서를 설치하고, 디지털-미터를 연결한 후 장력을 모니터링하면서 조정을 하였다.

Shim조정은 아치리브 내부에 있는 가동측 정착부 너트의 회전(10㎜/회전)으로 하고 각각의 조정시 시공관리는 지압판에 미리 각도 확인판을 고정시켜 너트의 회전량을 관리하였다.

iii) 강거더가설 완료시

1차 Shim량 도입 후 하현재 벤트를 철거하고, 케이블 장력의 계측 및 조정을 하였다. 본교는 V형 강사재가 있는 닐센교이므로 구조특성으로는 케이블 장력이 일반적인 닐센교보다 작다. 특히 강재자중만 작용할 때에는 장력이 작아 3kgf/㎟이하가 되는 케이블이 있고 계측정밀도가 저하한다. 그렇지만 사진 7-4와 같이 계측용 Counterweight를 하현재의 4개소(계 36.6^{tonf})에 재하시켜 케이블장력을 증가시킨 상태에서 계측·조정을 하였다. Shim조정은 너트회전법으로 하고, 표 7-2에 나타난 바와 같이 5회에 걸쳐 조정하고, 약 5%의 정밀도로 관리하였다. 또 조정량은 장력이 작아 Shim량도 작은 이 단계에서의 최종조정량은 0.4㎜이다(너트 회전량은 약 15°).

사진 7-4 계측용 Counterweight의 설치

iv) 바닥판 콘크리트 타설 완료 후

장력 조정경과 및 결과는 표 7-3과 같이 2회의 조정에서 소정의 5%관리 정밀도로 하였다. 이것은 강거더가설 완료시 엄밀하게 관리하였기 때문이다. 2회의 Shim조정량은 거의 모든 케이블이 2.3㎜로서 바닥판 균열도 없었다.

표 7-2 강형가설 완료후의 조정경과 · 결과(G_1 주구)

케이블번호		1	2	3	4	5	6	7	8	11	12	13	14	15	16	17	18
관리장력(t)		9.7	13.3	13.1	7.3	14.8	8.7	6.3	3.6	3.7	6.2	8.6	14.7	7.2	13.1	13.7	9.0
1회	계측장력(t)	13.0	3.4	13.3	8.8	21.1	5.9	4.8	5.1	3.5	3.6	21.4	7.1	7.7	18.1	1.0	20.3
	조정량(mm)	……	5.0	……	-5.0	……	……	……	……	……	4.0	-12.0	4.0	……	……	5.0	-2.0
2회	계측장력(t)	9.1	13.0	14.8	8.1	14.7	6.6	5.8	4.6	4.8	5.5	7.5	12.8	13.3	14.8	6.0	10.3
	조정량(mm)	……	……	-1.0	……	……	2.0	……	……	……	……	……	……	-4.0	-1.0	3.0	……
3회	계측장력(t)	8.7	13.5	13.0	8.0	14.7	8.4	6.1	4.0	5.1	6.1	8.9	14.7	7.0	13.3	13.6	8.8
	조정량(mm)	……	……	……	……	……	……	……	-0.5	-1.5	……	……	……	……	……	……	……
4회	계측장력(t)	10.2	11.5	10.6	8.1	14.2	8.4	5.8	4.0	4.0	5.8	9.4	13.7	7.0	11.4	12.5	9.1
	조정량(mm)	1.0	1.8	2.5	1.0	1.4	……	……	-0.5	……	1.0	……	2.0	1.2	2.2	1.0	0.6
5회	계측장력(t)	10.2	14.4	12.3	8.1	14.7	8.9	5.8	3.8	4.0	6.1	8.9	14.7	7.3	13.3	14.1	9.1
	조정량(mm)	……	……	……	-0.4	……	……	……	……	……	……	……	……	……	……	……	……
6회	계측장력(t)	10.2	14.4	12.6	7.7	14.7	8.9	5.8	3.8	4.1	6.1	8.9	14.7	7.3	13.3	14.1	9.1
	조정량(mm)	……	……	……	……	……	……	……	……	……	……	……	……	……	……	……	……
오차량(%)		5.7	8.2	4.1	6.0	0.4	2.0	7.3	6.7	7.2	1.7	3.3	0.0	1.8	1.4	2.9	1.2

표 7-3 바닥판 타설 완료후의 조정경과 · 결과(G_1 주구)

케이블번호		1	2	3	4	5	6	7	8	11	12	13	14	15	16	17	18
관리장력(t)		35.0	24.0	35.0	27.9	36.3	28.1	16.2	11.7	12.1	16.4	28.6	37.1	27.2	35.3	23.4	35.0
1회	계측장력(t)	37.1	25.1	39.1	28.0	40.6	27.6	16.2	9.8	11.0	17.1	29.2	39.9	29.4	39.7	25.4	35.5
	조정량(mm)	-3.0	-3.0	-6.5	-2.5	-6.5	……	-2.0	2.0	1.0	-2.5	-1.0	-6.0	-4.5	-7.0	-3.5	-2.5
2회	계측장력(t)	34.2	24.4	37.5	28.7	38.4	28.4	16.6	11.4	11.8	17.1	29.2	40.6	28.0	36.9	24.4	35.8
	조정량(mm)	……	……	-0.8	……	-0.8	……	……			-1.0	……	-2.2	……	-0.9	-0.2	……
3회	계측장력(t)	33.6	25.1	35.8	29.0	37.7	28.4	16.6	11.4	11.8	17.1	29.2	37.7	28.0	35.8	24.4	34.9
	조정량(mm)	……	……	……	……	……	……	……	……	……	……	……	……	……	……	……	……
오차량(%)		4.9	4.6	2.3	4.0	3.9	1.0	2.5	3.3	22.7	4.3	1.9	1.7	2.8	1.4	4.1	0.2

7.3 현장시공관리 시스템

온도계측, 형상계측, 케이블장력계측을 거의 동시에 하고 이러한 계측치로부터 형상계측치 및 케이블장력계측치의 온도에 의한 보정량의 산출, 관리목표치와의 비교, Shim조정량의 산출이 원활히 될 수 있는 계측관리시스템을 구축하였다. 계측 및 관리는 현장의 계측기기와 연계된 휴대용 컴퓨터를 이용하였다. 또 현장과 공장간의 데이터전송은 통신회선(RS232C 2400BPS)을 이용하고 있다. 시스템 개요를 그림 7-6에 나타내고 그림 7-7에는 계측 시스템 기기배치도를 나타내었다.

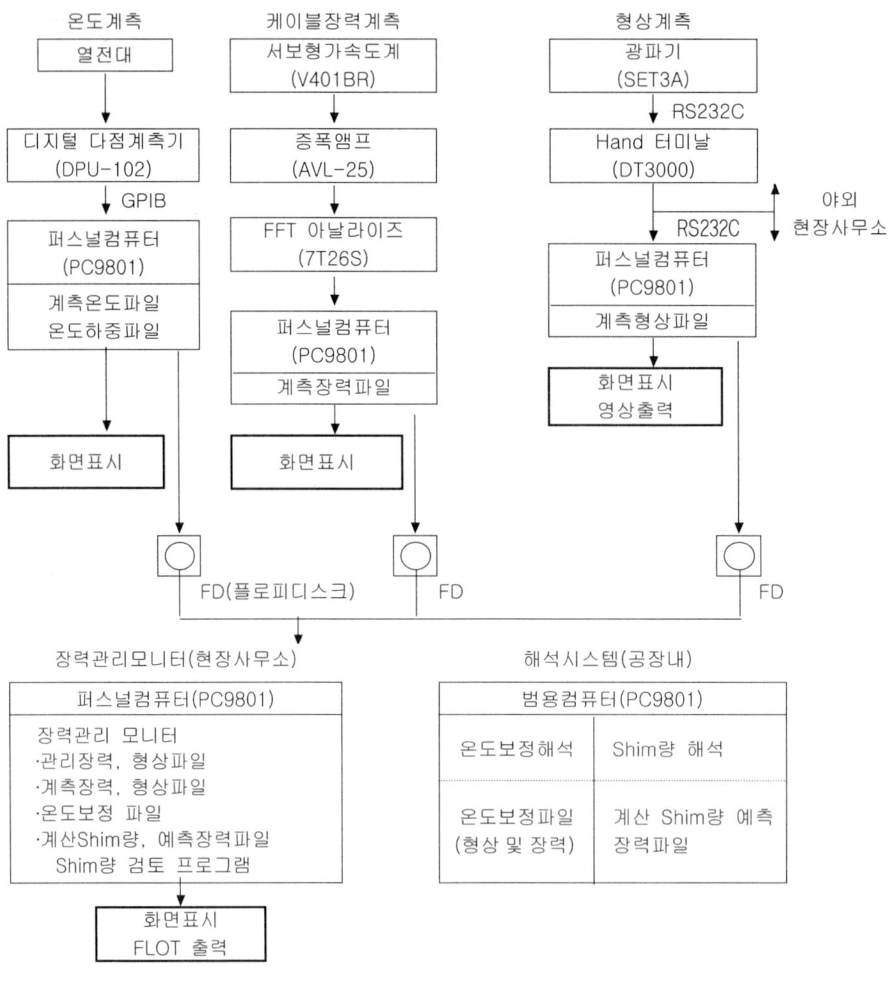

그림 7-6 계측시스템 요령도

7.3.1 온도계측시스템

거더온도계측은 교량 각부분에 접속된 열전대, 디지털 다점계측기 및 퍼스날 컴퓨터를 접속시켜서 하고, 퍼스날 컴퓨터로서 데이터수집, 화면표시에 의한 모니터 및 해석용 온도하중 데이터의 작성을 한다.

7.3.2 형상계측 시스템

광파기에 의한 계측값을 Hand-Terminal에 수집, 계측 종료 후에 전체 데이터를 퍼스날 컴퓨터에 전송하고 캠버 등의 계산처리를 한다.

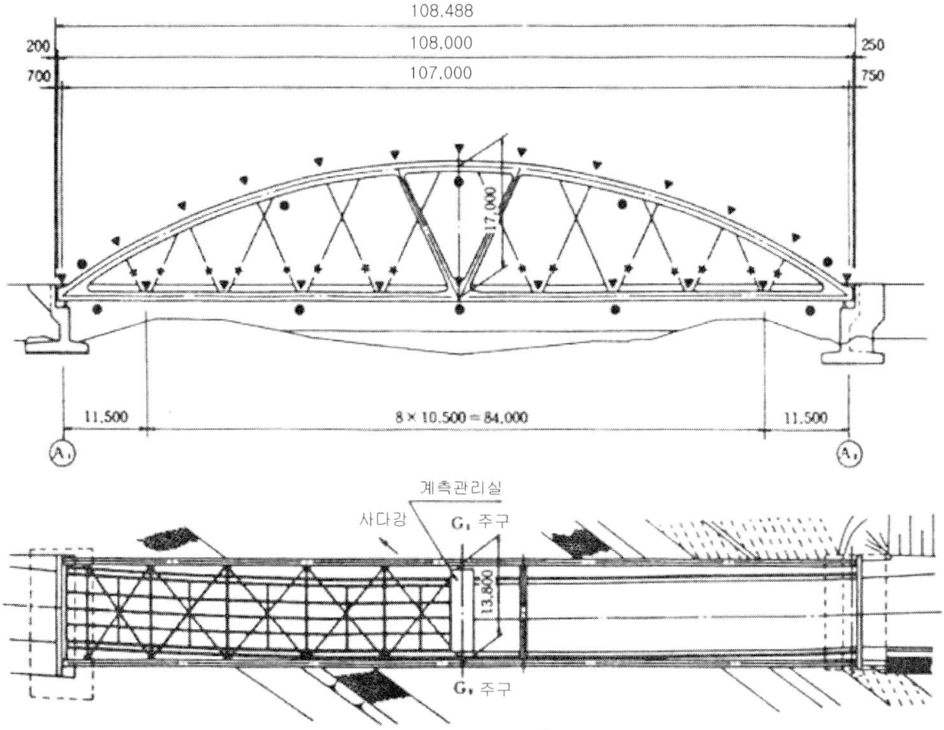

범례 ★ : 케이블 장력 계측위치 (가속도계) ● : 온도 계측위치 (열전대) ▼ : 반사 프리즘

그림 7-7 계측시스템 기기 배치도

7.3.3 케이블 장력시스템

케이블 장력시스템은 서브형 가속도계, 증폭앰프, FFT 아날러지 및 퍼스날 컴퓨터에 의해 구성되고 있다. FFT 아날러지의 데이터는 퍼스날 컴퓨터로부터의 조작에 의해 선택하고 퍼스날 컴퓨터에 입력한다. 또 지배주파수의 선택과 진동차수를 입력하는 것에 의해 케이블 장력이 순식간에 산출된다.

7.3.4 해석 시스템

현장으로부터의 계측데이타는 통신회선을 거쳐 공장내의 범용 컴퓨터에 전송된다. 해석한 후 해석데이타를 현장에 재전송한다. 사용한 해석프로그램은 아래와 같다.

① 온도 보정 해석용 : 범용 입체 해석 프로그램(ISAP)

사진 7-5 완성된 사다가와교 전경

② Shim량 해석용 : Shim량 해석 프로그램(SHIM)

7.3.5 장력관리 모니타

케이블 장력(계측값, 관리값, Shim 조정에 의한 예측값)을 퍼스날 컴퓨터 화면에서 모니터, 출력을 한다. 앞의 프로그램 이외에 퍼스날 컴퓨터에서 케이블장력 영향값을 이용하여 Shim량의 검토가 시행착오법에 의해 행해지는 프로그램(Shim량 검토 프로그램)을 작성하였다.

Shim의 결정은 Shim량 산출프로그램과 Shim량 검토프로그램의 결과를 비교 검토한 상태에서 하였다.

8
니시노미야대교

니시노미야대교는 효고현도 고속연안선 6기(약 6.8㎞)의 거의 중앙에 위치하여 니시노미야 해변의 매립지와 갑자원 해변의 매립지를 연결하는 바스켓 핸들형의 닐센 로제교로서 교각위치는 항로폭(200m) 및 기초규모, 항만 호안과 연관되어 결정되었는데 그 지간장은 252m에 이른다.

8.1 교량개요

8.1.1 교량형식의 선정

상부공형식으로서는 매립지 사이의 수로(200m)를 단경간으로 횡단하는 형식으로서 경제성, 구조성, 경관 등을 종합적으로 평가한 결과 단순교형식의 하로아치교가 가장 적합한 형식으로 평가되었다. 아치부재는 경사진 바스켓 핸들형으로 하고, 아치교의 우아함과 경쾌함을 표출함과 함께 첫 번째 스트럿을 최대한 윗쪽으로 배치하고 스트럿을 원형단면으로 적용함에 의해 운전자의 압박감, 복잡함 느낌이 없는 단순한 구조로 하고 있다. 또 바닥판 형식에 있어서는 장지간 아치교량이므로 U-rib를 이용한 강바닥판형식으로 하고 하현재와 합성구조로서 단면이 유효하도록 하여 경제성을 높이고 있다.

8.1.2 구조 특징

본교의 일반도를 그림 8-1, 구조제원을 표 8-1에 나타내었다. 본교의 구조특징으로서 다음의 점을 나타낼 수 있다.

① 교면은 본선 6차선 + 램프 확폭 1차선(폭원 : 31.00~27.25m)으로서 광폭원이고, 변화가 있는 연안선본선에 붙어, 산측으로는 효고현 2차선 + 보도(폭원 : 10.65m)가 하현재에서 브라켓방식으로 구성된다. 그러므로 본교는 동일한 형식의 타교량에 비해 하현재간격이 넓고 양측 아치리브의 하중분담 비율이 크게 차이나므로 강성차이가 현저하다.

산측 하현재 거더높이는 해안측 도로의 종단선형에 일치하도록 계획되어 있기 때문에 전체교량에 걸쳐 거더높이가 변화하고 있다.

따라서 본교는 교축방향, 교축직각방향의 양측방향에 걸쳐 비대칭구조가 되고 닐센아치교로서는 전례가 없는 형상이 되고 있다.

표 8-1 구 조 제 원

• 주요구조제원

	본선부	측도부
노선명	효고현 고속연안선	효고현 연안측도 1호선
설계속도	80㎞/h	80㎞/h
도로폭원	31.000~27.250m	10.650m
형식	바스켓 핸들형 닐센로제거더교	
지간장	252m(아치라이즈 : 42m, 라이즈비=1/6)	
주구간격	받침부 : 39.9m, 기저부 : 37.5m, 크라운부 : 6.0m	
주구경사각	69° 26′38″	
케이블	간격 : 12m, 경사 : 60° 재질 : PWS(φ7)-4종	

• 개략강재중량

부 재		중량(tonf)
주구부	아치리브	2,120
	스트럿	170
	하현재	1,825
	바닥틀	3,370
	케이블	125
부속물	Pivot받침 : 100 검사설비 : 245 연석·난간 : 95 기타 : 100	540
합 계		8,150
가설재	가지주 : 425, 가받침 : 20 바지기둥 : 1,210	1,655

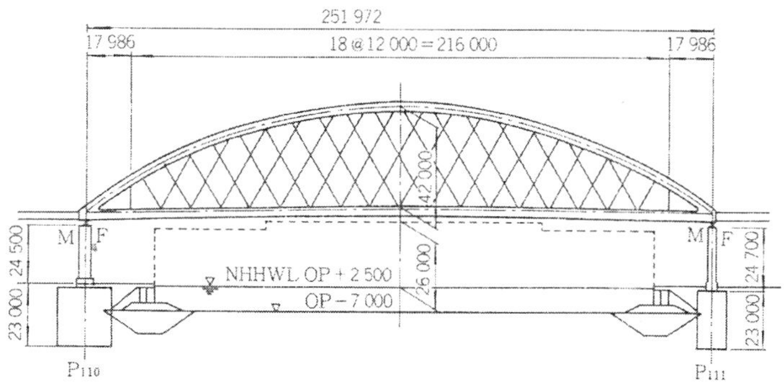

(a) 종단면도

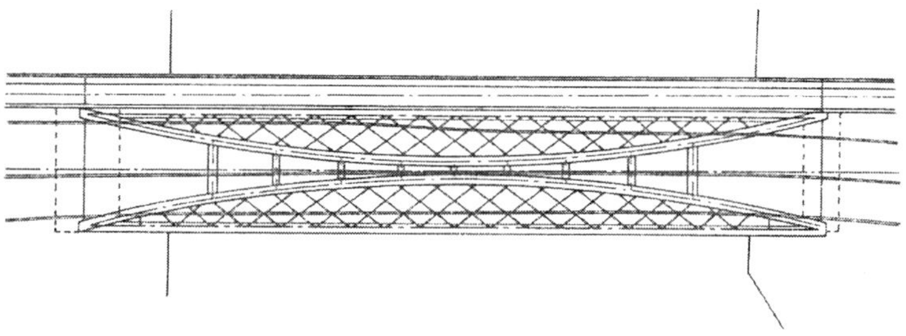

(b) 평면도

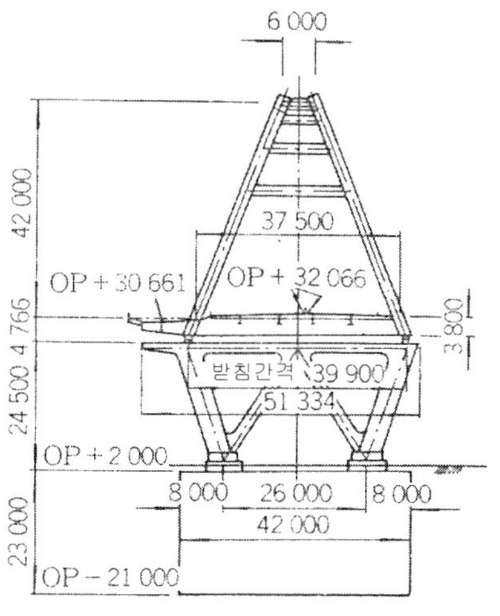

(c) 횡단면도

그림 8-1 니시노미야대교 일반도

② 경관측면에서는 아치리브면을 경사로 한 바스켓 핸들형식을 적용하고 아치교의 아름다움, 경쾌함을 도출하고, 제1스트럿을 제일 위쪽에 배치하고 전체 스트럿를 원형단면을 적용하므로써 운전자의 압박감, 번잡감을 주지 않는 간결한 구조로 하였다.

③ 하현재의 상부플랜지에서 측면도로부의 바닥 구조가 브라켓방식으로 설치되어 있으므로 하현재 형상은 사용전례가 없는 평행사변형으로 하였다.

④ 바닥판은 Trough-Rib를 이용한 강바닥판으로서 하현재와는 합성구조로 하여 단면의 유효한 활용을 도모하고 있다. 가로보를 높게 하여 바닥판작용에 의한 데크 플레이트의 교축직각방향 압축응력을 조절하므로서 좌굴방지에 기여하고 있다.

⑤ 케이블은 HiAm앵커를 이용한 평행선 케이블(PWS)을 적용하였다.
케이블배치는 네트웍(Net Work)효과를 최대한 활용하였고, 장력변동이 크게 발생하지 않도록 60°로 일정하게 하였다.

8.1.3 시공 특징

본교의 전체공정을 표 8-2, 시공단계를 그림 8-2에 나타내었다.
본교의 제작, 지상조립, 가설공법의 특징으로서 다음과 같은 내용이 있다

① P.110의 G1측 우각부에서 도로선형의 관계로 인해 하현재 형고가 낮은 특이한 형상이므로 해당 우각부의 복부판은 HT690재질을 사용하였다.

② 지상조립장은 가설현지부근의 효고현 공공용지를 임대하였고, 현지에서의 제약조건에 의해 JV(공동도급사)의 각사 공장에서 200~450tonf정도의 중블록(최대치수 : 71m×21m×4m)으로 조립하고 1,200tonf F/C를 이용하여 일체화하는 중블록 지상조립공법을 적용하였다.

③ 일괄가설시 가설계획중량은 가설재를 포함하여 각각 8,740tonf, 8,560tonf이며, 이는 기존의 실적을 대폭 초과하는 규모로서, 인양압출시에는 일본에서 상위3대의 F/C(4,100tonf, 3,600tonf, 3,500tonf)에 의해 들어올리는 공법을 적용하였다.

표 8-2 전체공정

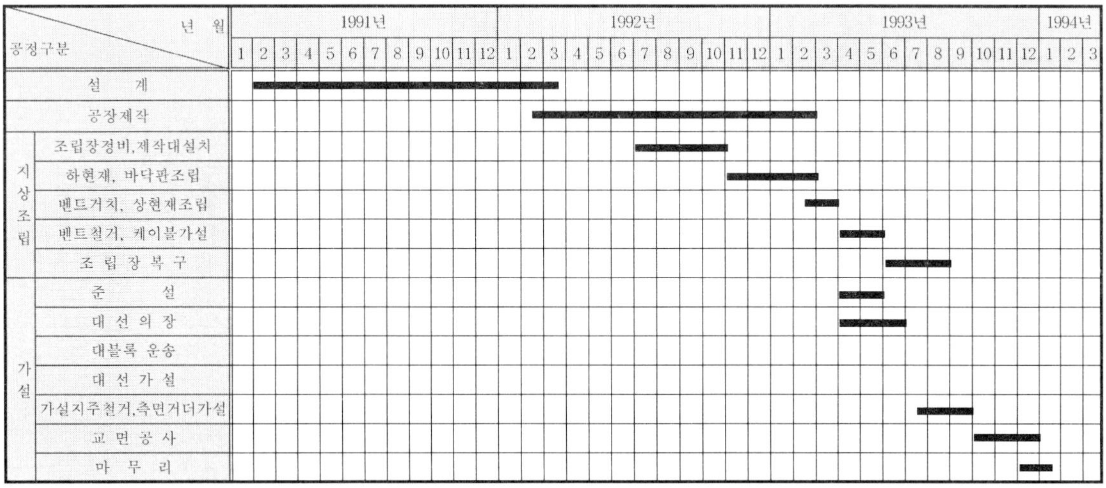

가설은 각종선박의 항행조건을 고려해서 35,000DWT급 대형대선(치수 : 150m ×44m×8.5m)과 높이 약 23m의 대선지주 3기를 이용한 「대선공법」을 적용하였다

④ 대선공법의 실시에 있어 조위차 1.1m와 대선에 해수 13,500tonf을 주수하는 방법(Water-Ballasting)을 동시에 적용하였다.

주수를 위해 35대의 수중펌프, 배관연장 약 900m의 대선설비를 보완하였다.

⑤ 구조상의 비대칭성(교축직각방향의 중심위치 편차 : 약 1.3m)을 보정하기 위해 G2하현재 위에 철판을 이용한 Counter Weight를 약 560tonf 탑재하여 중심보정을 실시함과 아울러 인양압출시 F/C Hook 반력의 균등화를 도모하였다.

⑥ F/C Hook하중, 교량 인양 양정, 대선지주반력을 모니터링 시스템에 의해 일원적으로 관리하였다.

⑦ 대선지주와 대선의 접합구조는 대선보강을 최소로 하면서, 종래 적용되어 왔던 구조형상을 보완하고, 대선지주기초부, 분배거더 단부 다이아프램으로부터 대선의 종방향격벽(L.BHD), 선측외판(Side Shell)으로 직접 힘이 전달되는 구조를 적용하였다.

대선 종방향 휨강도 및 교량의 경제적 설계 관점에서 3기의 대선기둥을 이용하는 것으로 하고 3기의 대선 반력이 균등해지도록 중앙부 대선지주 높이를 조절하였다.

① 조립장 정비, 조립지지대 배치

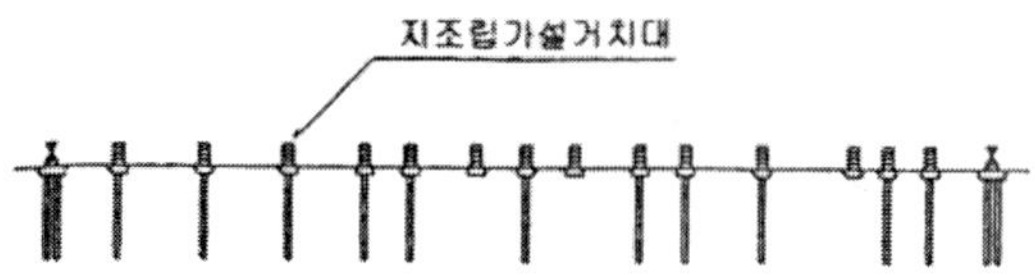

② 하현재, 바닥판 지상조립

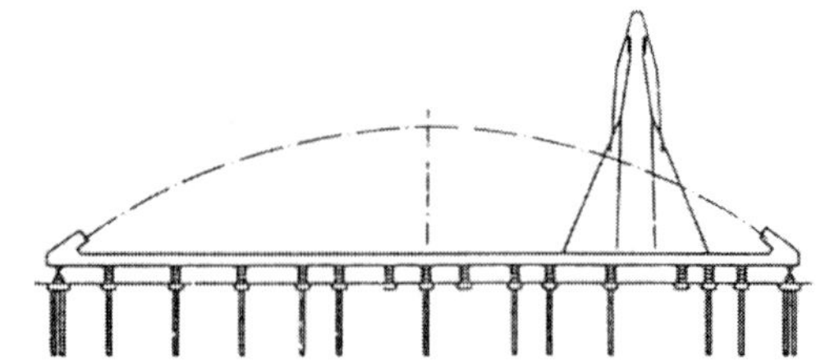

③ 벤트설치, 아치리브 조립
· 1200t의 FC이용하여 중블록 조립공법을 적용

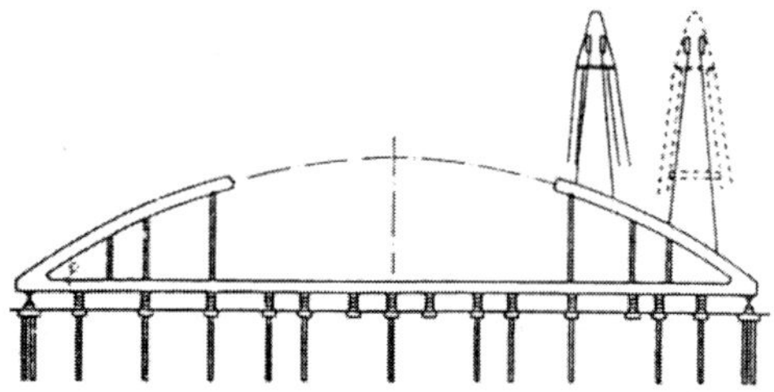

④ 벤트철거, 가설지주 분리, 케이블가설
· 케이블가설이 용이하도록 가설지주 상부이격, 아치리브의 처짐유도

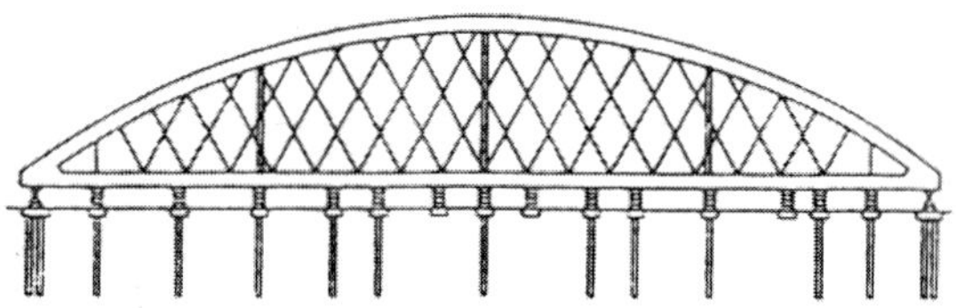

⑤ 대블록 바지선 탑재
· 3대의 FC를 이용하여 바지선에 탑재시킴

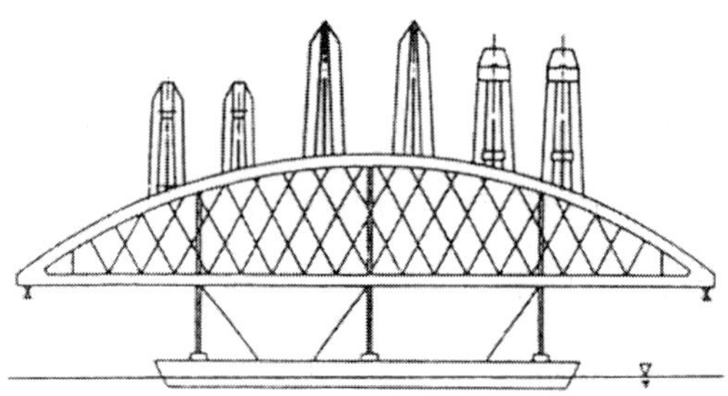

⑥ 현장가설(폰툰가설)
· 35000DWT대선 및 3기의 대선지주를 이용, 조위차 및 대선의 주수에 의해 가설

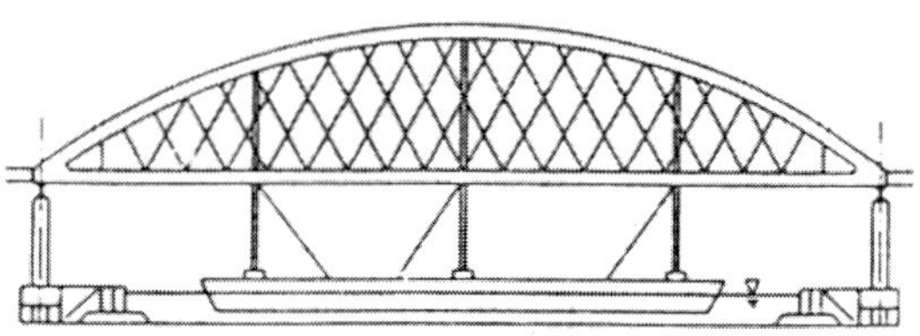

⑦ 가설지주철거, 브라켓부 가설

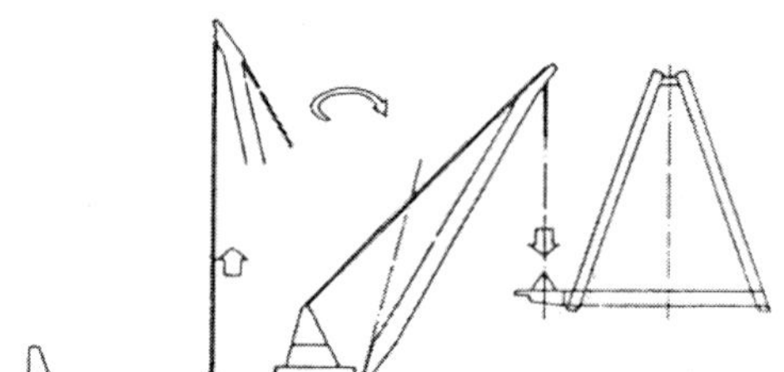

⑧ 마감재시공, 케이블장력 조정

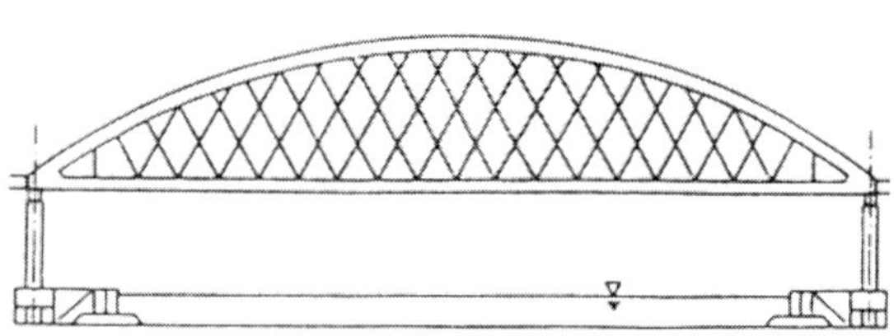

그림 8-2 시공단계별 개요도

⑧ 측면도로부는 본선가설완료 후 작업선을 이용하여 약 30tonf의 각 부재를 순차가설하였다.

8.2 가설단계의 구조검토

8.2.1 개 요

본교는 전례가 없는 대형 F/C 3대(4,100+3,600+3,500tonf)의 조합에 의해 대블록 일괄가설을 하기 때문에 상세설계에도 그 영향을 충분히 고려하였다. 상기의 3대 정격 최대 인양능력은 인양요령의 관점에서 보면 3,600tonf F/C를 3,500tonf F/C와 동일급으로 하여 11,100tonf로 정하고, 80%인 8,800tonf를 인양가능 최대중량으로 하였다. 계획 인양중량은 8,740tonf이므로, 인양가능 한계중량과 거의 같은 결과로 되었다.

8.2.2 F/C 3대 인양에 따른 평가요령

대블록 일괄 인양시에 F/C상호간의 기기특성, 와이어 윈치의 조작속도가 상이하므로 교량은 반드시 수평으로 각 F/C의 부하율이 균등히 들어올려 진다고는 볼 수 없다.

특히 본 교량 인양압출시에 적용한 3대는 양 측면에 배치한 3,600tonf, 3,500tonf F/C와 중앙에 배치한 4,100tonf F/C의 권양속도가 다르므로 교량설계에 지배적으로 있다고 판단되는 하중과 조합을 취하고 상세설계에 반영하였다. 아래에 그 하중조합을 나타내었다.

① 교축방향의 3대간에 연직하중분담 차이의 영향(그림 8-3)

- 각 F/C 인양능력비 동일한 경우(각 대선에 80% 균등부하)
- 중앙배치 F/C 부하율 100%, 양측 2대는 잔여량의 하중을 분담하는 경우
- 양측배치 F/C 부하율 100%, 중앙 F/C는 나머지 하중을 분담하는 경우

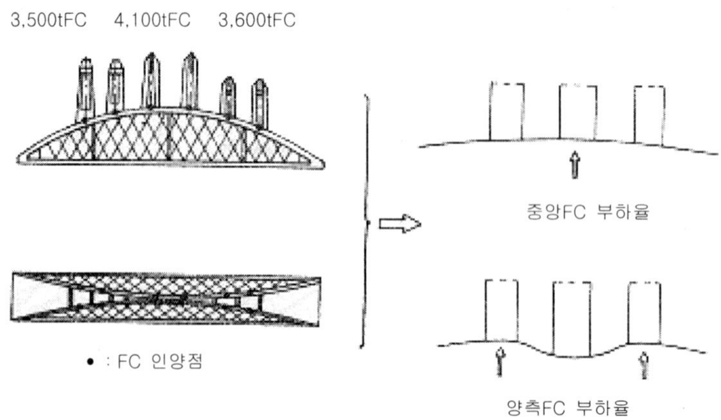

그림 8-3 F/C 3대 인양시의 부하개념

② 교축직각방향 F/C 전후 Hook간의 반력 변동차이 : ±5%

③ 교축방향 F/C 좌우 Hook간의 반력 변동차 : ±5%

④ 인양단계에서 전진·후퇴시의 대선간의 전·후 상대 위치 차이

- 중앙 F/C 인양중심을 교축직각 방향으로 ±1.0m 축이동된 경우

상기 4가지 경우에 대해 작업시 풍하중(V_{10}=8.0m/sec)을 그림 8-3의 'F/C 3대 인양시의 부하개념'과 조합하여 해석하였다.

다음에 부하율을 균등히 한 것을 기본으로 하여, ⑤에 나타낸 케이블길이 오차영향을 반영하였다.

⑤ 케이블길이 오차의 영향

- 제작오차 : $\triangle_1$ = ±5mm
- 케이블 무응력장의 계측오차 : $\triangle_2$ = $\pm L_o/20{,}000$ (L_o : 케이블길이)

이 경우의 케이블 n의 장력오차 $\triangle T_n$가 아치리브(주구단면)에 미치는 단면력은 입체모델 케이블 1본에 $\triangle T_n$의 오차를 주고, 본 계산을 전체 케이블(72본)에 대해서 하며, 각각의 위치에서의 단면력은 모두 독립된 것으로 생각하고 절대화를 취하는 것으로 하였다.

예를 들면 휨모멘트에 대해서는 아래식에서 오차영향을 평가하였다.

$$\mathrm{Mm, max, min} = \pm \sum_{n=1}^{36} |\mathrm{Mm, n}|$$

8.3 공장제작

본교는 특수형상을 가지고 있는 바스켓 핸들형 닐센로제교로서, 지상조립, 가설조건을 충분히 고려한 제작요령을 적용할 필요가 있다. 아치리브(주구)의 접합이 복잡하므로 중블록과 대블록 지상조립에서의 정밀도 확보를 고려해서 부재의 제작정밀도를 엄밀하게 설정하였다.

8.3.1 제작 캠버

바스켓 핸들형 아치교는 상·하현재에서 고정하중 처짐량이 차이가 나게 되고, 아치리브가 경사져 있기 때문에 제작캠버의 설정방법이 후공정에서 정밀도 관리 요령에 크게 영향을 주게 된다. 본교에서는 크게 다음의 2방향 캠버 설정 요령에 관해서 전체 7가지 경우에 대해 검토를 하였다.

① 고정하중 처짐값과 캠버를 설정하는 방법
   (완성시에 상·하현재가 동일한 면으로 된다.)

② 상·하현재의 캠버를 동일 평면내로 만드는 방법
   (완성시에 상·하현재는 동일평면에 있지 않는다.)

②의 방법은 바스켓 핸들형 닐센로제교의 캠버산정 방법으로서 과거에 많은 교량에서 적용된 요령이며 제작시 아치면이 하나의 평면으로 되기 때문에 제작이 용이한 점이 있으나 ⓐ 상부스트럿, 가로보 등의 길이가 완성단계의 치수와 일치하지 않고, ⓑ 케이블정착부에 각 꺽임이 발생하고, ⓒ 측면도로부 거더치수가 캠버 설정 요령에 대응하여 변화시키는 형상관리가 곤란한 것 등의 문제가 발생하고, 이후 공정의 정밀도 관리에 큰 영향을 준다고 생각할 수 있다. 따라서 본교에서는 ①의 방법을 적용하는 것으로 하고 각 블록도 고정하중 처짐에 맞추어 제작하고, 양 주구에서의 처짐, 비틀림은 상·하현재 제1블록(우각부 인접 블록)에서 맞춰나가는 요령으로 하였다. 그림 8-4에 본교의 캠버설정 요령을 나타내었다.

또 측면 도로부거더의 캠버는 가설공법을 고려해서 본선부, 측면도로부의 강재중량을 재하한 상태에서, 다시 말하면 본선일괄가설 후 측면 도로부 거더 전체를 개개로 가설한다는 상태로 전제하고 만드는 것으로 하였다. 그러므로 본선부와 측면 도로부의 접합부 캠버값이 다르고, 일체로 된 가조립, 지상조립은 할 수 없는 것으로 되었다.

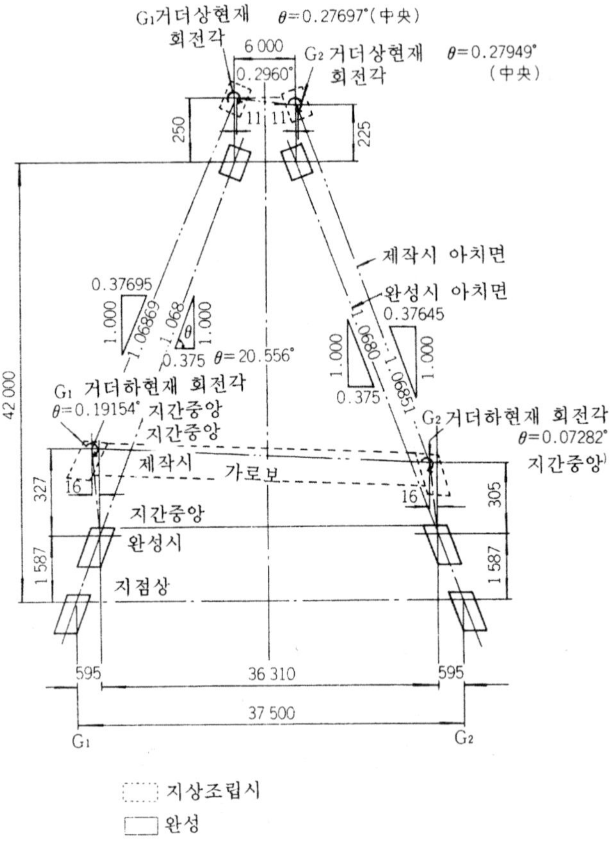

그림 8-4 캠버설정 요령

8.3.2 제 작

(1) 상현재(아치리브), 상부 스트럿의 제작

스트럿은 미관을 고려해서 원형 또는 타원형단면으로 하고 상현재의 2차 포물선 형상과의 접합부는 복잡하므로 다음의 제작요령을 적용하였다.

① 스트럿은 브라켓을 포함해서 일체로 제작하고, 연결 이음판의 볼트구멍을 천공한 후 이음위치에서 각 부재를 절단하였다.

② 상현재는 부재제작 후에 그 양단부를 기계절삭하고, 스트럿의 브라켓을 가접합하였다. 이 상태에서 G1측, G2측의 상현재를 임시연결하여 부재정밀도와 형상을 검증하였다.

(2) 하현재의 제작

하현재의 부재는 폭 2.35m, 거더높이 3.8m, 부재길이 8.5~15.0m로서, 단면형상은 평행사변형이다. 하현재의 부재정밀도가 지상조립시의 강바닥판 및 상현재 연결에 큰 영향을 미치므로 부재의 양단부를 기계절삭에 의해 가공하여 부재길이의 정밀도를 확보하였다.

또 G1거더 P110측의 우각부 웨브는 HT690강판을 사용하고 있으므로 부재제작에 앞서 용접시공시험을 실시하고 본 용접에 그 결과를 반영하였다.

8.4 지상조립

8.4.1 조립개요

지상조립에서의 작업순서를 그림 8-5에, 중블록 지상조립에서 분할도를 그림 8-6에 나타내었다. 중블록 지상조립은 JV 각사의 공장에서 단블록을 200~450tonf의 중블록(치수 : 71m×24m×4m)으로 지상조립하여 해상운송하고 대블록 지상조립장에서 1200t F/C를 사용해서 일체화시키는 공법을 적용하였다.

대블록 지상조립에서의 작업은 충분한 정밀도를 가지고 원활히 진행하기 위해 특히 유의한 항목은 아래와 같다.

① 중블록공구의 정밀도를 종래 관리기준의 1/2이 되도록 설정하였다.

② 중블록 지상조립장에서 조립형상계측 후 이음판의 볼트구멍 천공을 실시하여, 중블록간의 접합정밀도를 확보하였다.

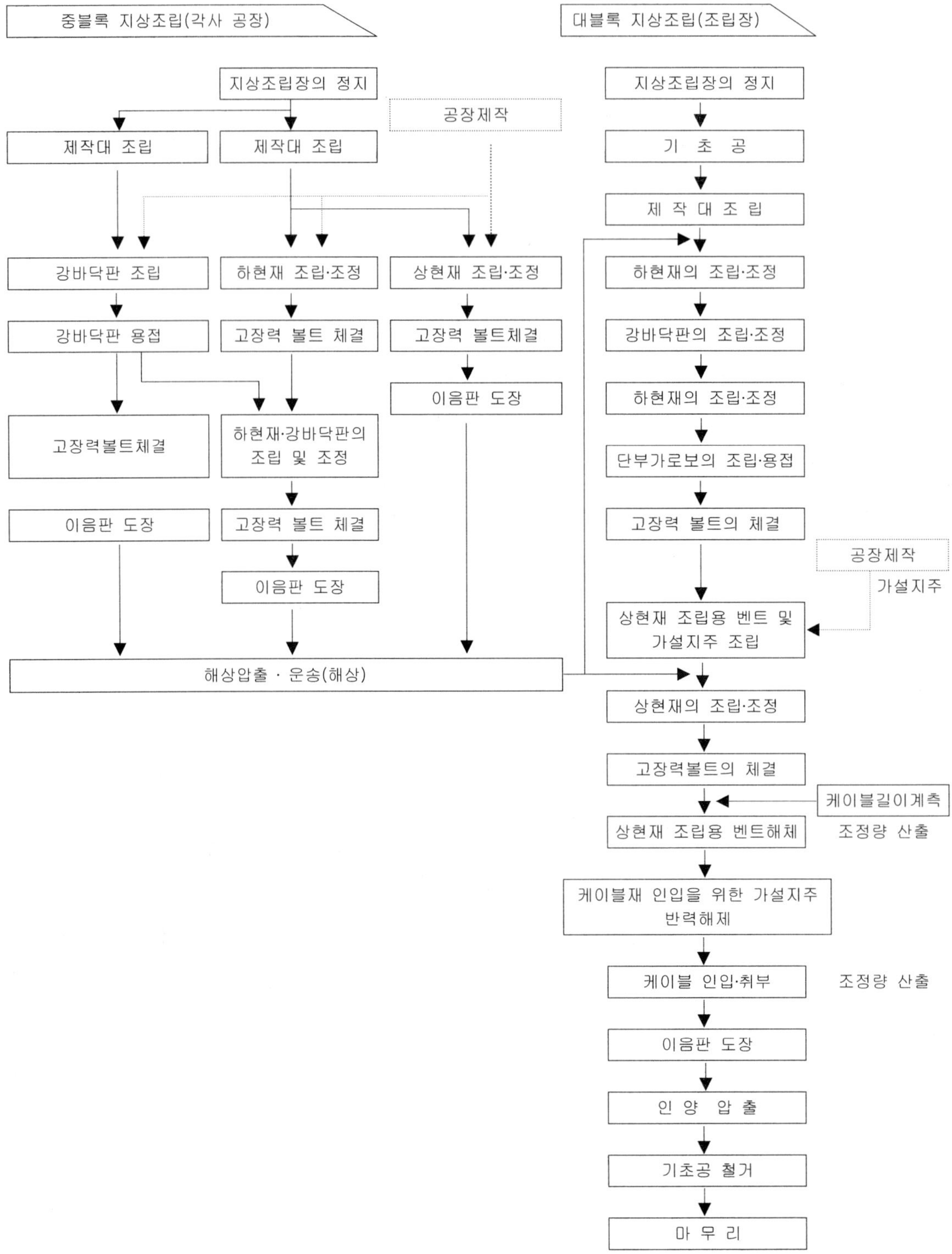

그림 8-5 지상조립 작업순서

③ 측면도로부 거더는 본선부와 제작 캠버계가 다르므로 본선과 분리하여 가조립을 하였다.

그러므로, 양자의 접합정밀도 확보를 위해 가조립 캠버값에 계산처짐을 부가시킨 시뮬레이션을 실시함과 동시에 본선측 볼트구멍 위치를 계측해서 측면도로부 거더의 볼트구멍 데이타에 반영했다. 대블록 지상조립은 1992년 7월부터 시작하였다. 지상조립장의 장소선정에 있어서는 JV구성회사, 공공용지 등 23개소를 구체적으로 검토하고, 최종적으로 다음의 조건을 만족하는 효고현 니시미야시의 갑자원 浜北안벽(동측)의 용지로 결정하였다.

① 대형 F/C 3대(4100, 3600, 3500tonf)에 의한 일괄인양이 가능한 안벽을 확보하고 있는 점

② 부지면적으로서 최소 300m×70m, 벤트 혹은 조립대 등의 기자재조립장, 임시적치장을 포함한다면 450m×70m의 넓이를 가지고 있는 점

③ 충분한 지내력을 가지고 있고 기초공의 설치가 가능하다는 점

8.4.2 제 작

지상조립은 다점 지지(하현재 : 26개소, 벤트 : 20개소, 가설지주 : 6개소)상태에서 실시하였다.

기초공은 교량구조물의 조립, 가설기자재의 해체단계를 고려한 입체해석에서 산출된 격점 반력을 가지고 설계하였다. 설계에 앞서서 지상조립장소의 지반강도를 조사하기 위해서 표준관입시험을 이용한 조사보링 및 평판재하시험을 하였다. 그 결과 주요 지지점(받침부, 하현재, 가설지주)은 말뚝기초로 하고, 벤트지지점 및 지점반력이 작아 케이슨 호안의 영향이 없다고 판단되는 지지점(23개소)은 콘크리트 구조의 직접기초 구조로 하였다.

8.4.3 지상조립 가설비공

(1) 하현재 받침대

하현재, 벤트, 가설지주의 지지점에는 보강리브가 부착된 H형강을 설치하고, 중블록 탑재시 가설 받침점 및 강바닥판 단판넬 지지점에는 파이프 받침대를 이용하여 총 685tonf의 지지대를 배치하였다. 또 하현재, 강바닥판의 지상조립에서 완료시의 캠버를 조정하기 위해 받침지지대위에 64대의 잭을 설치하였다.

(2) 상현재 지보공(Bent)

상현재 조립을 위해 그림 8-6에 표시한 12기(8조)의 벤트를 설치하였다. 또한, 상현재 탑재후의 캠버조정 및 벤트제거시 조정 플레이트(Shim Plate)철거를 위해 벤트위에는 잭 지지대를 배치하고 200tonf 잭 16대와 100tonf 잭 4대를 사용하였다.

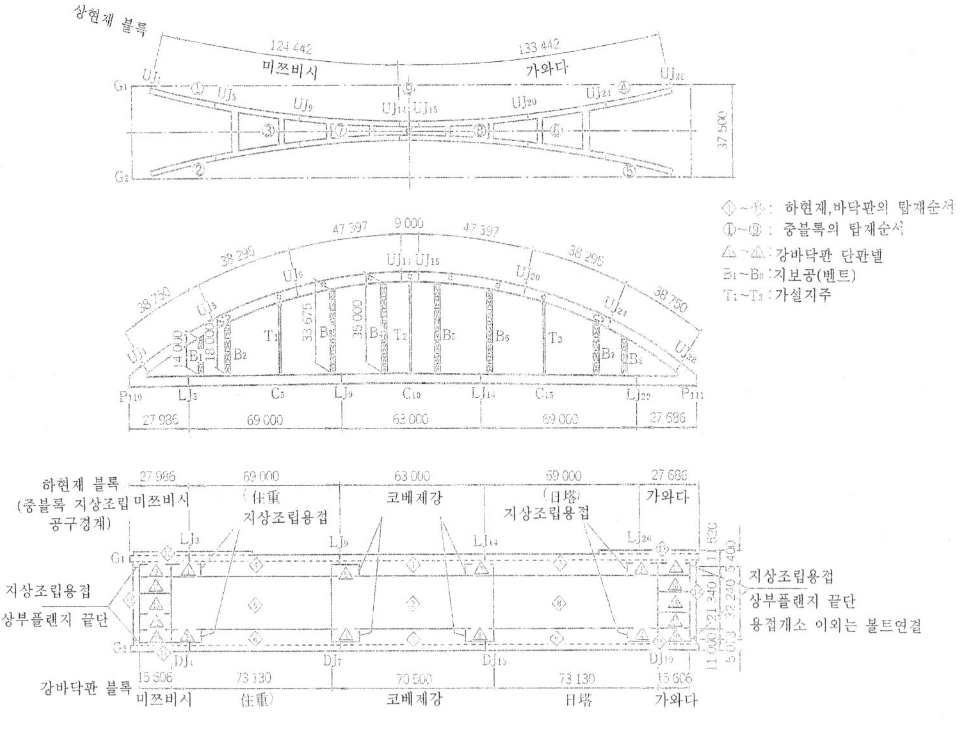

그림 8-6 중블록 분할 및 벤트의 배치

8.4.4 지상조립 요령과 조립의 정밀도

교량의 지상조립에는 가설지주를 포함하여 27개의 중블록과 18개의 단판넬 강바닥판으로 분할하고 22회의 해상운송을 실시하였다.

중블록의 탑재는 4-Hook의 1200tonf F/C를 사용하고, 1블록/1일을 기본사이클로 하였다. 그 결과 교량의 지상조립에서 하현재 및 강바닥판은 2개월, 상현재를 2개월에 조립하여 4개월에 완료하였다.

(1) 하현재, 강바닥판의 지상조립

대블록 지상조립 위치는 일괄인양시 F/C의 팔길이(작업반경)을 고려하여 결정하였다.

중블록의 탑재는 F/C에 의해 소정의 위치에 이동한 단계에서 기초 또는 지반상의 콘크리트 블록으로부터 Tir-Hole 등으로 연결하고 위치결정 및 조정을 하였다.

하현재, 강바닥판의 지상조립 완료후 단부 가로보 및 일부 강바닥판 단판넬의 현장용접 및 강바닥판 데크플레이트 연결부의 볼트구멍을 천공하고 다점지지상태에서 캠버를 확인한 후에 고장력볼트 체결을 하였다.

(2) 상현재의 지상조립

상현재는 양지점부로부터 중앙을 향해서 대칭으로 가설하고 마지막 크라운부의 블록을 끼워 넣어 폐합하였다(사진 8-1).

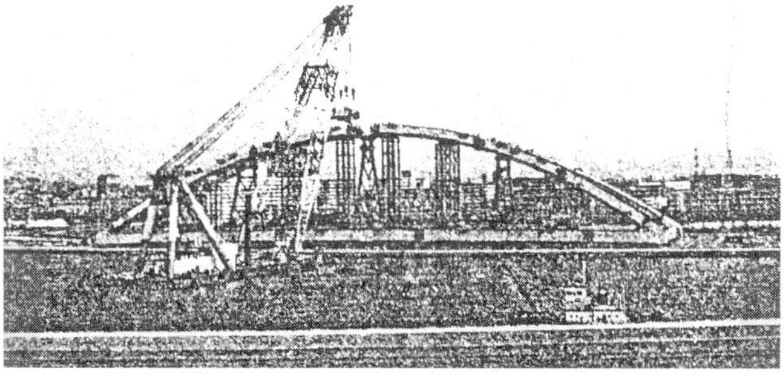

사진 8-1 아치리브의 폐합 전경

폐합부재의 제작은 하현재 우각부의 지상조립이 완료된 시점에서의 현장계측값과 공장에서의 중블록 조립 정밀도를 조합시킨 결과 원도에서의 치수대로 제작함과 아울러 본체블록 이음판부의 볼트구멍을 천공하였다.

그러나 폐합부재의 이음판 볼트구멍은 폐합 직전의 상현재 간격, 축력차이 등의 현장계측결과를 반영시키고 있다.

(3) 케이블 설치

케이블은 완성계지점 지지상태에서 길이 및 장력을 설정하고 있고, 지상조립장에서 케이블 설치가 용이하도록 벤트, 가설지주를 분리시키고 상현재가 아래로 처진 상태에서 설치하였다.

또한 본교의 인양압출시에 가설지주가 이격된 상태에서 일부 케이블 장력을 기대하고 실시하므로 지상조립시 케이블 길이 설정이 중요한 과제로 되었다.

따라서 상하현재의 케이블 정착간 거리를 온도변화가 작은 야간에 강재 테이프로서 직접 계측하고, 조정량 설정에 반영하였다.

케이블의 조정작업은 작업이 용이한 하현재 측에서 시행하는 구조로 하고 있고, 케이블설치에는 최대 약 10tonf의 긴장력을 도입하였다.

(4) 지상조립의 정밀도

지상조립에서의 정밀도관리는 중블록지상조립을 시행한 공장에서의 정밀도를 기준으로 해서 중블록 탑재시마다 기준선을 마킹하고 기준선을 목표로 한 탑재, 조정, 계측순서로 시공을 진행하였다. 중블록의 기준선과 지상조립장에서의 기준선과의 오차는 10mm를 관리목표로 하였다. 지상조립에서 완료시의 주요한 치수정밀도를 표 8-3에 나타내었고 결과는 지극히 양호한 것으로 검토되었다.

표 8-3 지상조립 완료시의 조립정밀도

(a) 지간장 (단위 : mm)

	① 설계치	② 실측시	② ~ ①	허용량	비 고
G_1	251 842	251 867	25	±35	
G_2	215 849	251 873	24	±35	

(b) 거더간격

	① 설계치	② 실측시	② ~ ①	허용량	비 고
P_{110}	39 896	39 909	13	±23	
C_5	38 432	38 440	8	±22	지간 1/4점
C_{10}	38 115	38 122	7	±22	지간 중앙
C_{15}	38 369	38 375	6	±22	지간 3/4점
P_{111}	39 896	39 903	7	±23	

(c) 주구높이(지간중앙 가설지주부)

	① 설계치	② 실측시	② ~ ①	허용량	비 고
T_{2-1}	44 044	44 051	7	±24	G1R측
T_{2-2}	43 314	43 319	5	±24	G1L측
T_{2-3}	43 299	34 303	4	±24	G2R측
T_{2-4}	44 021	44 030	9	±24	G2L측

8.5 해상운송 · 가설

8.5.1 해상운송 · 가설시 제반 검토사항

8.5.1.1 가설지주, 대선지주의 구조검토

가설 구조물인 가설지주 · 대선지주는 교량구조체를 대선에 탑재한 경우에 대선 및 주교량의 보강이 최소가 되도록 배치하였다.

(1) 가설지주

본교는 대선탑재 블록이 전례가 없는 대형규모이므로 대선의 종방향 휨강도, 전단강도 및 교량구조체의 경제적 설계, 형상유지 등의 관점에서 종합적인 검토를 실시하여 3기의 가설지주를 사용하였다.

가설지주 높이는 완성계 고정하중 상태에서 200mm의 유간이 발생하도록 가설지주 상부 유간량을 결정하고 대선탑재시에 지상조립 다점지지 높이가 되도록 가설지주 상부에서 Shim Plate를 조정하였다.

표 8-4에 각 단계별로 가설지주의 상부 유간량을 나타내었다.

표 8-4 가설지주 상부 유간량 변화(단위 : mm)

		C_5 (T_1)	C_{10} (T_2)	C_{15} (T_3)
지상조립 다점지지 상태 및 대선 탑재시	G_1	131	121	142
	G_2	126	113	133
케이블 설치시 (상현재 처짐 발생)	G_1	76	67	81
	G_2	80	63	82
완전 인양시	G_1	164	167	167
	G_2	234	230	238
대블록 가설 후	G_1	159	151	162
	G_2	203	218	208

(2) 대선지주

대선지주는 대선보강을 최소로 하기 위해 대선과의 접합구조를 검토하고 그림 8-7과 같이 분배거더 단부 다이아프램에 따라 선체 종방향격벽(L.BHD), 선측외판(Side Shell)에 힘이 직접 전달되는 구조로 하였다.

해당위치에 대해서는 별도의 FEM해석을 수행하고 세부구조의 안전성을 확인하였다. 대선지주 기초부와 대선과의 수평력은 단부 다이아프램 하부에 배치한 전단연결재와 분배거더 중앙부에 배치한 전단키로서 저항하는 구조로 하였다. 대선강도 교량구조체 보강 등을 한 후에 3기의 대선지주 중에 중앙대선 지주상부를 114mm 위로 올려서 반력의 균등화를 도모하였다. 대선지주 본체는 3기 모두 동일형상으로 하고, 중앙대선지주 상승량 및 종단·횡단경사는 대선지주 거더 위에 배치한 받침대 높이로 조정하였다.

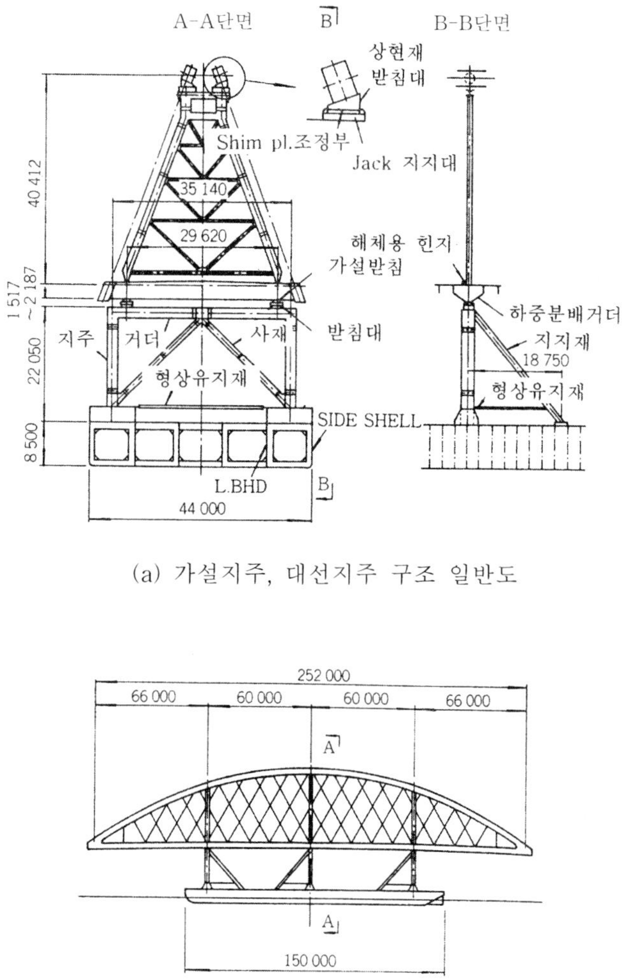

(a) 가설지주, 대선지주 구조 일반도

(b) 대선 선적 개요도

그림 8-7 가설지주, 대선지주의 배치

8.5.1.2 F/C Hook 반력변동에 관한 검토

(1) Hook 반력의 차이에 따른 교량본체의 영향평가

3대 F/C의 각 Hook반력에 50tonf의 반력변동을 주고 교량의 작용응력을 검증하였다.

그림 8-9에서 교량구조에 작용하는 응력중 가장 불리한 G2거더 SEC-6(3500tonf

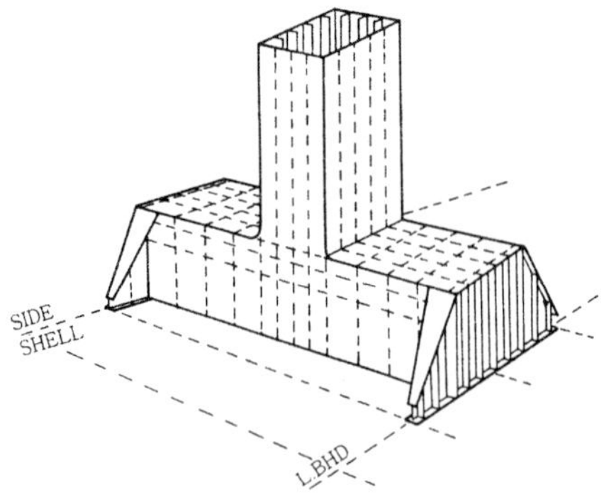

그림 8-8 대선과 대선지주의 접합구조

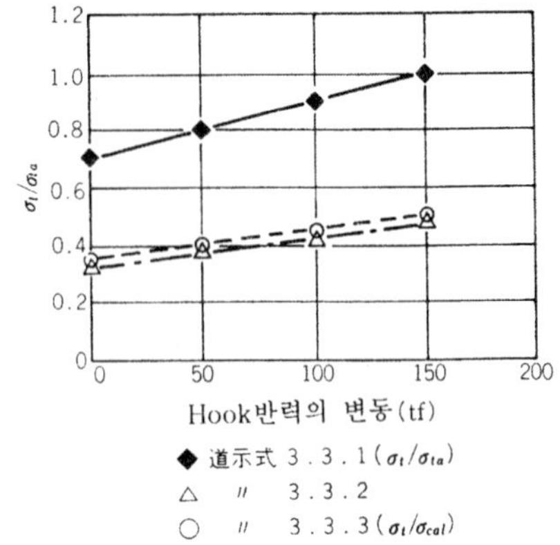

그림 8-9 Hook반력의 불균등과 응력관계

F/C중앙격점)에서 Hook반력의 불균등과 응력과의 관계를 나타내었다. 본 결과로부터 Hook반력의 불균등과 응력과는 선형관계를 가진다고 판단되고, 교량구조체 응력의 한계치를 ±150tonf으로 하였다.

또 바람·파랑 등의 영향을 고려하고 해당영향에 의한 변동폭을 ±50tonf으로 판단하여 관리한계치를 ±100tonf으로 설정하였다. 이것에 의한 인양 당일의 관리요령을 표 8-5에 나타내었다.

표 8-5 Hook 반력의 불균등에 따른 관리요령

Hook 반력차이	작 업 지 시 사 항
0~ 60tonf	문제없음(작업속행)
60~ 80tonf	Hook 반력 변동상황주시(경고지시)
80~100tonf	해당 F/C Hook반력 시정 지시
100tonf~	전체 F/C와이어감아올리기, 전·후진작업중지

(2) 파랑에 의한 Hook 반력 변동 검토

F/C 3대에 의한 인양작업에서 감고 내리기, 전진·후퇴시의 각 F/C Hook반력에 불균등하중이 발생하지 않도록 일원적인 관리를 할 필요가 있다. 각 F/C에 파랑요

동이 발생할 경우 그 변동이 비교적 단주기이므로 조정작업이 곤란한 것으로 판단된다. 따라서 각 F/C 파랑요동에 의한 변동분담반력(불균등하중)을 계산에 의해 추정하고 그 영향에 대해 검토하였다.

검토모델은 교량과 각 F/C를 각각 1개의 강체로 하고, 교량과 각 F/C의 와이어로프에 상당하는 부분에 스프링을 설치하여 연결하고 각 F/C의 역학적인 복원력을 고려하였다.

본 모델에 파랑외력을 작용시켜서 정상주파수 응답해(F/C의 6자유도 운동 ; Hook반력 변동)를 산정하였다. F/C에 작용하는 유체력은 선박의 파랑중 운동 계산법으로 다양하게 활용되는 스트립(Strip)법에 따랐다.

파랑조건은 '8.5.1.4'에 기술한 코베항 방파제내 발생파를 기초로 하여 유의파장(H1/3), 주기(T1/3)를 파라메터로 하고 각 F/C의 반담하중 변동에 따라 계산을 하였다.

주기파가 긴 경우에는 유의파고가 작아도 중앙 F/C의 하중변동이 큰 것을 알수있다.

4개의 Hook은 균등하게 하중을 분담할 수 없다고 생각하여, 변동하중의 1/2을 Hook반력의 불균형으로 보아 가산시키고 일괄인양시의 안전성을 검증하였다.

8.5.1.3 대선지주 반력 허용오차의 검토

교량본체를 대선으로 탑재시 카운터웨이트를 탑재하고, 교축 직각방향의 중심보정을 실시함과 아울러 중앙대선지주의 받침대를 들어올려서 전체 6곳의 반력이 균등해지도록 계획하였다.

받침대높이의 조정시 계측오차 거더·대선의 강성오차 등에 따라 받침대반력이 균등하지 않을 가능성이 있다.

따라서 사전에 반력오차의 허용범위를 검토하고 대선탑재시의 받침대 높이 및 반력계측관리에 반영하였다. 반력오차로서 고려한 항목은 다음과 같다.

① 해석시 고정하중과 최종실제중량(Counter Weight, 용접재, 비계중량포함)의 차이

② 중앙받침대를 ±30mm 강제변위시킨 받침대의 높이 오차

③ 가설지주 상단부를 ±15mm 강제변위시킨 받침대의 높이 오차

④ 주 구조에 발생하는 응력도와 허용응력의 차이

⑤ 가설지주, 대선지주에 발생하는 응력도와 허용응력의 차이

또 교량탑재시에는 2회에 나누어서 형상 및 반력관리를 실시하는 것으로 하고 본 관리값에 대해서도 같이 검토하였다.

① 본교는 측면 가설받침부로부터 탑재시키고 있으므로 측면 가받침 거치시의 중앙대선지주 위의 유간관리

② 대선지주에 70%하중이 전달된 단계에서 반력관리는 중앙대선지주 받침부에 1000tonf 잭 4개을 거치하고 필러 플레이트(Fillar Plate)조정이 가능하도록 계획하였다.

그림 8-10에서 F/C하중 70% 해제시의 대선지주 반력 관리도 및 실적을 나타내었다.

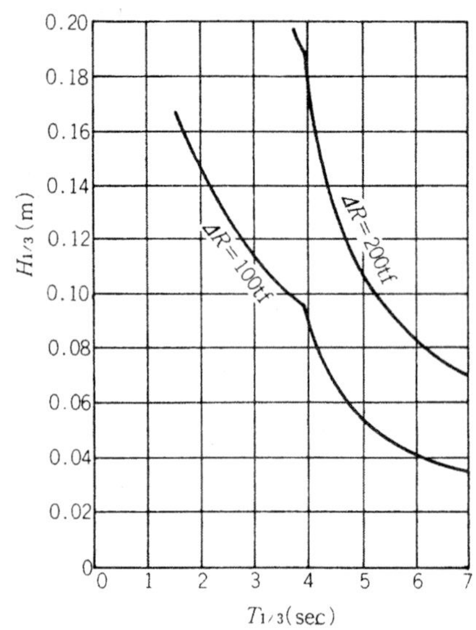

그림 8-10 파랑에 의한 4100t F/C 부하하중의 변동

8.5.1.4 대선계류시의 파랑·요동검토

운송시의 검토는 일반적으로 "해사검정협회 권고서" 등에 근거하여 실시하고 있으나 본교에서는 대선에 교량을 탑재한 상태에서 계류시의 안정을 조사하기 위해

기실적 관측자료 등에 기초하여 계류지점에서의 파랑, 요동검토를 별도로 시행하였다.

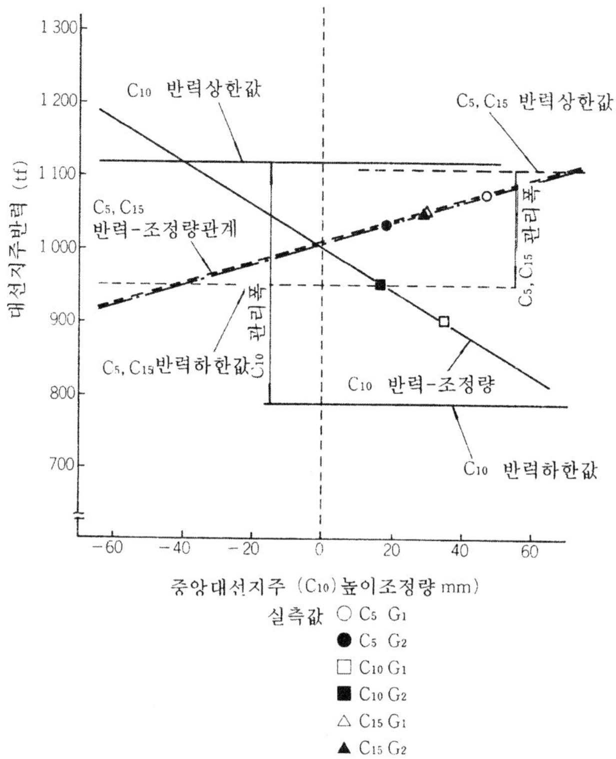

그림 8-11 F/C하중 70% 해제시 대선지주 반력관리

파랑조건으로서 다음의 3가지 경우를 고려하였다.

3가지의 해석결과를 표 8-6에 나타내었다.

① 코베항 정점 관측점에서 관측된 과거 15년간의 최대파를 코베항 방파제부(그림 8-12)에서의 입사파로 하여 설정하고 코베항 방파제에 의한 회절을 고려하여 C지점의 파특성을 추정하였다.

이 결과에 기초하여 니시노미야항 수로구의 방파제 및 안벽에 의한 회절, 반사를 고려한 항내파고 분석을 계산하고, 계류지점에서의 파랑조건을 추정한 방법

표 8-6 대선 계류지점에서의 파랑조건

해석 Case	입사파조건		계류지점 파랑조건	
	$H_{1/3}$(m)	$T_{1/3}$(sec)	파고비*	$H_{1/3}$(m)
①	1.6	5.9	0.06	0.10
②	2.0	6.1	0.06	0.12
③	1.1	3.1	0.44	0.48

注) *파고비 : 방파제,안벽 등의 영향에 의한 A점으로부터 입사파계류지점. 도달까지의 감쇄비율

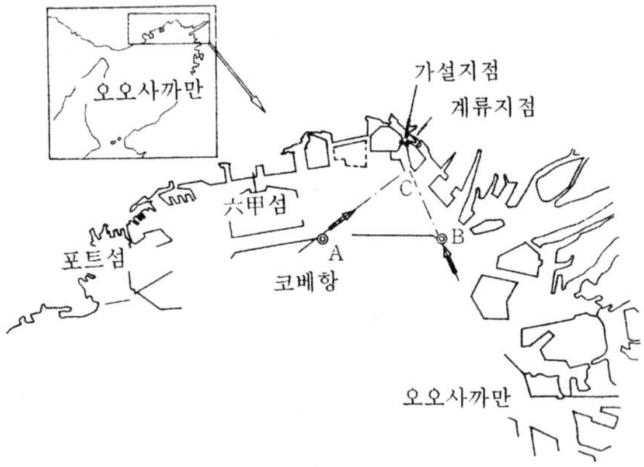

그림 8-12 계류 · 가설위치 현황도

② 오오사까만에 파랑이 발생하는 범위로 생각하여 V_{10}=26m/sec 작용시에 그림 8-12의 A지점에 발생하는 최대파를 산정하고 ①과 같이 계류위치에서의 파랑조건을 추정한 방법

③ 코베항 방파제 내를 파랑이 발생하는 범위로 고려하여 V_{10}=26m/sec 작용시에 계류지점에서 파랑조건을 추정하는 방법

본 결과를 이용해서 "해사검정협회 권고서"에 기초하여 교량구조체설계를 재검토한 결과, 교량은 충분히 안전측으로 설계되어 있고, 요동에 대해서도 문제가 없는 것으로 확인되었다.

8.5.2 인양압출

8.5.2.1 F/C 3대의 인양부하율 및 부대조건

교량의 대선가설을 위해 지상조립한 대블록을 "인양용량이 일본내 상위 3위"인 3대의 F/C에 의해 인양하고, 35000DWT대선에 탑재하였다. 그림 8-13, 표 8-7에서 각각 인양요령, 시간일정을 나타내었다. F/C 3대의 전체인양용량의 부하율은 100%로 설정하였으며 이러한 시공전제조건으로서 아래조건이 부대적으로 필요하다.

표 8-7 인양압출 시간일정

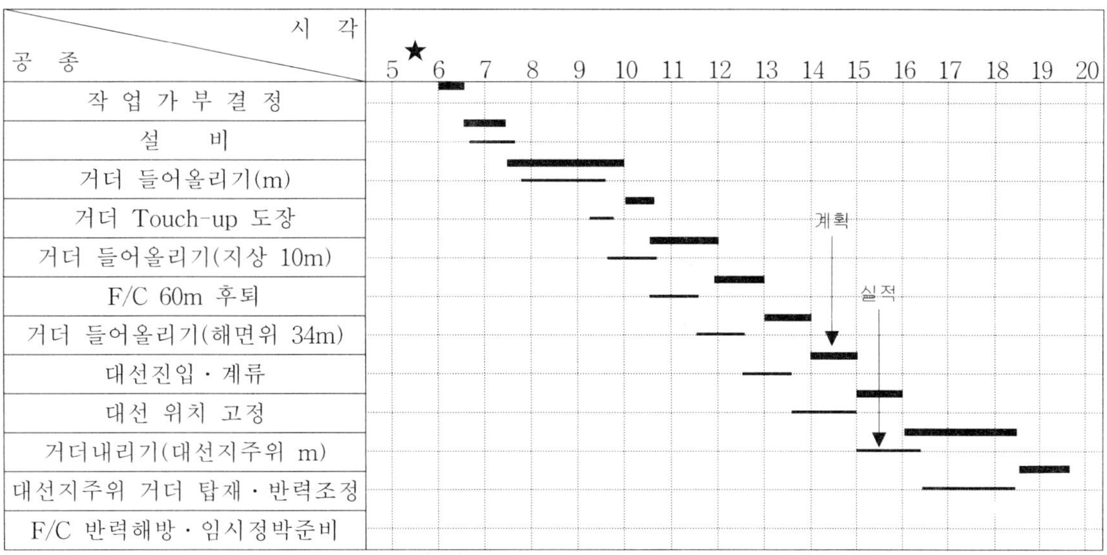

① 작업지역의 충분한 수심 및 F/C앵커 위치의 확보

② 「동시조절 시험인양」과 「동시조절 전진 · 후퇴시험」의 실시

③ F/C Hook하중을 일원화 관리하고, 신속히 지휘할 수 있는 시스템의 확립

④ 작업조건(V_{10}≦8m/sec, Hmax≦0.2m)의 확보

"①"에 대해서는 F/C 작업범위에 대해 약 47,000㎥의 준설을 함과 동시에 계류설비가 없는 후방 매립지내에서는 육상앵커를 매설하였다.

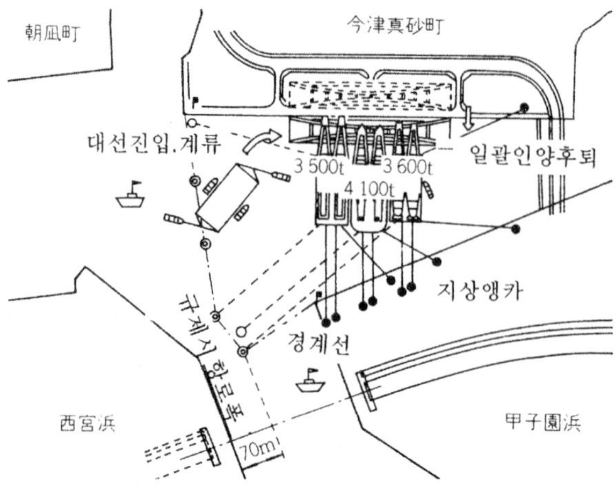

그림 8-13 인양요령

8.5.2.2 카운터웨이트에 의한 반력조정

본교는 횡방향의 좌우 아치의 강성, 중량의 불균형이 현저하므로 인양고리를 상현재에 배치해서 들어올릴때 각 F/C의 4 Hook중에 편측아치측의 Hook에 하중이 편기하게 되고 Hook 제한하중(F/C 인양능력의 1/4)에 따라서 결정되어 진다.

다시 말하면 인양 대블록은 편측 도로부거더를 제외한 경우에도 아치중심으로부터 약 1.3m 중심이 G1거더측으로 편심되어 있으므로 일본상위 3대의 F/C를 이용하여도 인양이 불가능하게 된다. 따라서 이 편심을 제거하여 Hook하중을 균형이 되도록 하기 위해 G2하현재 상면에 약 560tonf의 카운터웨이트(강판 : 1524×22×3048→694매)를 배치하는 것으로 했다.

이 결과 인양 Hook의 하중은 편측도로부 거더를 제외하고 가설지주 인양고리등을 포함해서 8,740tonf가 되어 세계최대를 기록하였다.

8.5.2.3 인양 모니터링 시스템(Minitoring System)

F/C 3대에 의한 인양요령은 F/C 인양속도가 중앙에 배치한 4100tonf F/C에 비해 양측의 3600tonf, 3500tonf F/C의 속도가 빠르므로 다음과 같이 하였다.

① 중앙의 4100tonf F/C가 선행해서 감아올리기

② 4100tonf F/C의 부하율이 90%가 된 시점에서 양측의 F/C도 감아올리기를 개시

③ 양측의 F/C부하율이 85%로 된 시점(이 경우 중앙 F/C의 부하율은 약 65%)에서 양측의 들어올리기를 중단

④ ①~③을 계속해서 반복

그러나 이러한 요령에 의한 경우에도 전체적으로는 정정구조계의 2대의 대선인양 때와는 다르고 3대의 대선인양은 1차 부정정의 인양구조계이므로 각 F/C의 부하오차가 다른 대선에는 민감한 영향을 미치게 되고, 한편으로 각 F/C의 탑승자는 서로 간에 다른 배의 하중부하상황을 알수 없고 자기 대선의 하중조정만 하기 때문에 타 대선의 Hook 하중에 악영향을 줄 가능성이 크다고 생각되었다. 따라서 F/C 3대의 Hook 하중을 실시간으로 일원관리해서 각 F/C에 지시하는 것이 불가피하게 되고, Hook 하중을 초기화하는 인양상황의 모니터링 시스템을 개발하였다. 그림8-14에 본 시스템의 개요를 나타내었다. 여기서 Hook하중 관리시스템은 각 F/C의 Hook하중을 전기적으로 입출력시키고 직류앰프를 분리해서 데이타-로그(Data-Logger)에 입력해서 AD변환시키고, 데이타신호를 PC처리함과 동시에 무선데이타를 본부 CRT상에 표시하였다.

(1) 대선지주 반력 · 양정관리시스템

교량의 대선 탑재시의 반력관리는 대선지주의 각 부재에 부착된 처짐게이지의 출력을 이용하였다. 또 교량의 인양단계 조건을 검토한 결과, 3대 인양시의 양측 F/C 부하하중에 100tonf정도의 차이가 발생한 경우, 교량의 양단변위차가 약 4m에 이르는 것으로 판명되어 이것을 제어하는 대책으로서 양정관리를 실시하였다.

양정계측은 다양한 검토결과 초음파를 이용하는 것으로 하고 교량의 받침부근 4개소에 초음파 센서를 설치하였다. 이것은 센서로부터 발신펄스와 수신펄스의 시간차이를 전기신호로 변환시키고 초음파 레벨계로서 전기출력하는 것으로 되고, 전기신호 입출력 이하는 대선지주 분력, 양정 모두 Hook하중과 마찬가지로 무선모델에 의한 데이터송신에 의해 계측값을 CRT표시하는 것으로 했다.

8.5.2.4 인양시공

6월 30일 인양당일은 장마전선이 정체되어 강한 비가 불규칙하게 내리는 악천후

였으나 일기예보에 따라 작업조건이 확보가 가능하다고 판단되어 인양작업을 결행하였다(사진 8-3).

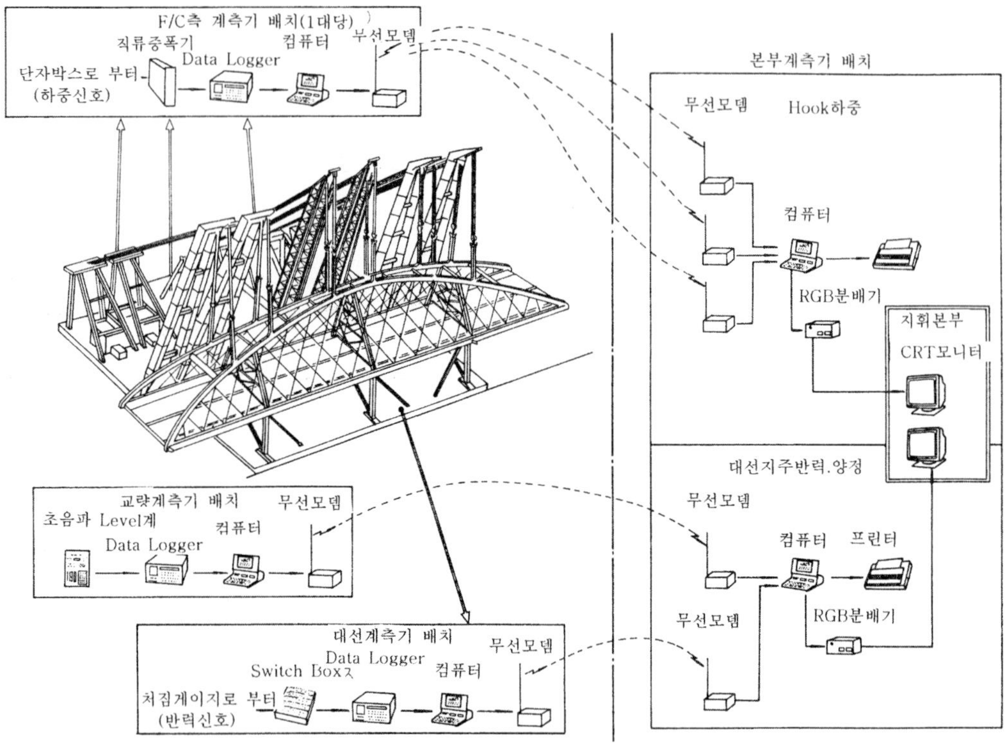

그림 8-14 모니터링 시스템 개요

사진 8-2 모니터링 표시화면의 사례

사진 8-3 인양전경

지상분리, F/C후퇴, 인양작업은 순조롭게 진행되었고, 이것은 앞서「동시조절 시험인양」,「동시조절 전진·후퇴시험」에 의한 탑승원 훈련은 물론, 인양상황에서 모니터링에 의한 Hook하중관리가 유효하게 작용했기 때문이다.

대선탑재를 위해 하강시의 F/C Hook 반력이 크게 불균형이 발생하였으나 이 경우에도 본 시스템에 따라 신속한 지시를 탑승자에게 내릴 수 있어, Hook 하중관리 시스템의 유효성을 개선시켰다. 대선지주로의 탑재시에 전술한 바대로 대선에 70% 하중이 옮겨진 단계에서 본 시스템을 이용하여 대선지주반력을 확인하고 반력조정 여부를 검토한 후 최종하강 작업을 실시하였다. 결과적으로 반력은 허용범위 이하이고, 중앙대선지주 상부의 잭조정은 필요하지 않았다. 인양중량은 계획값 8740tonf에 비해, 실제중량은 F/C hook하중, 대선지주반력, 대선탑재시 흘수변동의 3가지 방법에 따라 계측한 결과, 8640tonf(-1.1%)으로 측정되었다.

8.5.3 가 설

8.5.3.1 대선공법 적정성 검토

대선공법은 지상조립한 교량구조물을 소정높이의 운반대를 고정시킨 대선에 탑재한 후 만조시에 가설위치의 바로 위까지 대선을 운송시키고 조석의 간만과 대선 내부의 주수(Water Ballasting)를 이용해서 대선을 하강시키고, 교량을 교각받침에 가설하는 것이다. 인양시와 마찬가지로 대형 F/C에 의한 가설공법은 수로폐쇄가 5일 정도 필요로 하는 것에 비해 대선공법은 대략 1일만에 가설이 가능하다

이 공법은 가교장소가 요트등의 통과선박이 많은 관계로 인해 대단히 큰 장점이 된다.

(1) 조위에 의한 하강량과 시간계획

대선공법은 조위간만의 차를 이용하므로 만·간조시의 조위차가 가능한 큰 날짜를 선택하는 것이 바람직하다. 본교에서는 전체공정을 검토한 결과, 7월 초순 중 가장 조위차가 큰 5~7일을 가설일로 선정하였다.

표 8-8에 당일의 예상조위 및 시간계획을 표시하였고, 만조(오전 7시)와 간조(오

후 2시)의 조위차는 140cm이다.

이것에 대해서 대선진입 및 철수작업의 개시시작은 예측 불가능한 상황을 고려하여 만·간조시의 1시간정도 전으로 하고 이것으로부터 하강기준으로 되는 조위를 다음과 같이 설정하였다.

- 대선진입(대선횡이동 개시시) : CDL + 150cm
- 대선이탈(분리 이탈시) : CDL + 40cm

본교 대선가설에서 조석에 의한 자연하강량은 110cm로 하였다.

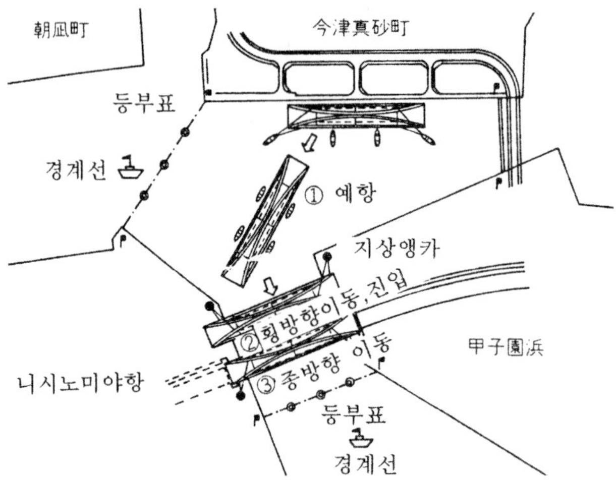

그림 8-15 대선가설요령

표 8-8 대선가설의 시간일정

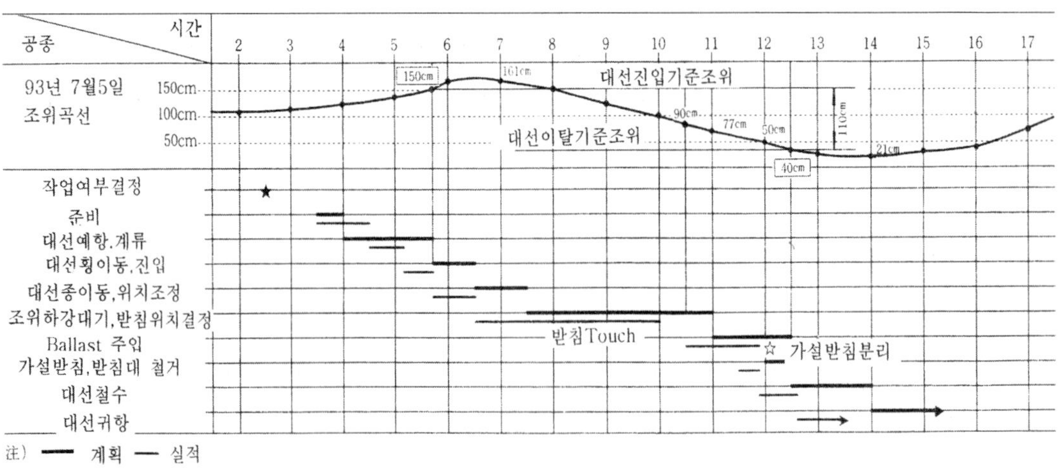

(2) 대선가설에 의한 소요하강량

본교에서 대선공법을 적용한 경우 필요한 대선의 전체하강량은 그림 8-16을 참조하여 다음과 같이 하였다.

① 대선진입시 교량과 교각의 여유고　: 60cm
② 교량가설 전·후의 교량처짐의 변화　: 51cm
③ 교량가설 전·후의 대선의 처짐변화　: 10cm
④ 대선 철수시 교량과 대선의 여유　: 60cm
⑤ 전체 소요 하강량(=①+②+③+④)　: 181cm

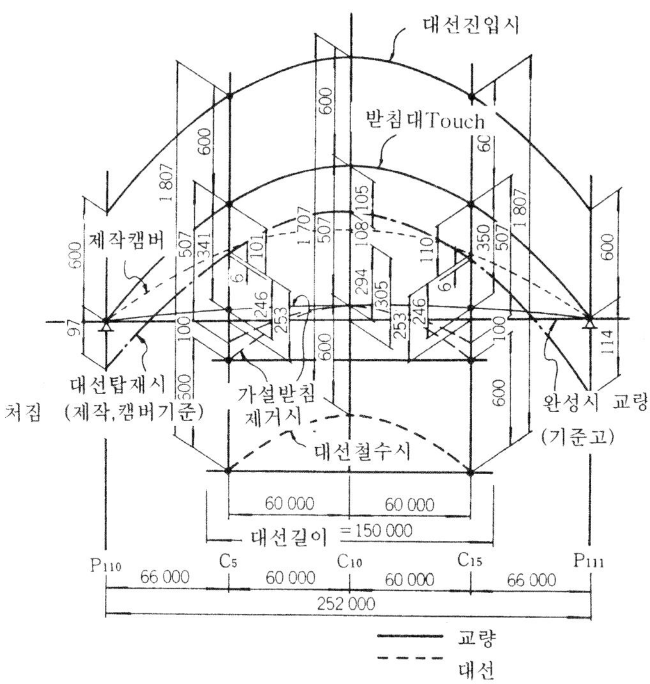

그림 8-16 대선가설시 교량-대선높이의 관계

그러나, 이것 외에도 교량가설에서 교량하중이 대선에서부터 교각으로 전달되려면 대선에 작용하고 있던 교량하중에 상당하는 부력이 대선에 상향작용하고 있으므로 이것을 고려할 필요가 있고, 실제의 소요하강량은 다음과 같이 된다.

⑥ 교량가설에 필요한 대선 부상량　: 135cm

⑦ 실제의 소요 총하강량(=⑤+⑥)　　: 316cm

여기서 대선진입시 및 철수시의 여유는 진입·철수에 필요한 최소한의 여유로서 예상조위와 실제조위와의 오차, 교량, 대선의 처짐오차 등을 고려해서 결정하였다.

(3) 주수(Water Ballast)에 의한 소요하강량

이상으로부터 주수에 의한 소요하강량은 조석에 의한 하강량을 제외하고 316cm -110cm = 206cm가 된다. 이것으로부터 소요 주수량을 개략 산정하면 13500tonf 정도가 되고 이 주수량은 35000DWT 대선의 탱크만으로는 용량이 약간 부족하게 되므로 대선중앙부에 배치한 일부 빈공간을 이용하는 것으로 해서 대응이 가능하게 때문에 본교에 대선공법을 적용하는 것으로 하였다.

주수에 의한 전체 소요하강량(대선의 소요흘수 변동)은 181-110=71cm로 된다.

8.5.3.2 주수설비의 검토 및 대선설비

표 8-8에 나타낸 시간계획에서 조위에 의한 하강시 10시 30분에 받침이 교각에 거치되었고, 그 후 접촉된 상태에서 11시까지 받침의 위치결정을 하였다.

다음에 대선철수는 대선벤트상단의 받침대 철거작업이 완료된 12시 30분부터 실시하였으므로 주수에 의한 대선하강작업은 11시부터 12시 30분까지 1.5시간동안 완료할 필요가 있었다.

다시 말하면, 본교의 대선가설에 있어서 제한되었던 1.5시간동안에 약 13500tonf의 해수를 주입하고 대선흘수를 3.0m에서 3.75m까지 하강이 필요로 하게 되어 그

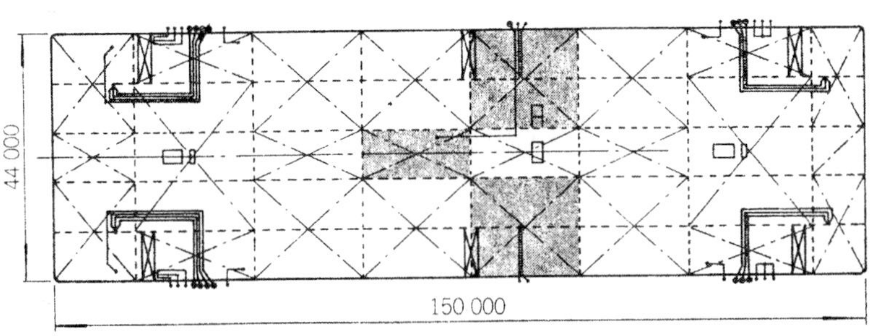

□ : Water Ballast Tank(35000t 대선자체 부속시설)

▒ :Void Space(가설용 Ballast탱크로서 사용)

그림 8-17 Ballast Tank 및 Ballast설비의 배치

림 8-17과 같이 총 35대의 수중펌프와 각 탱크 등의 배관설비공사를 실시하였다.

8.5.3.3 대선가설시공

저기압 통과 전후로 계속된 격심한 비바람도 대선예항을 개시한 시점부터 점차 조용해지고 공사는 예정에 맞춰 7월 5일 일찍부터 실시하였다. 당일의 조위는 계획 높이보다 약 20cm 높게 나타났다.

대선의 가설위치 진입시점의 받침과 교각과의 여유는 실제받침 위치 결정요령을 고려하여 거치기준으로 되는 P110 교각상의 G1측 고정받침이 최초로 교각에 접촉되도록 전날까지 대선의 주수(Water Ballast)에 의해 미세조정을 실시하였다.

예인선에 의한 항로부까지의 대선예항, 계류 와이어를 이용한 가교위치로의 진입 및 교각에서의 당기는 설비를 이용해서 받침의 위치조정을 순조롭게 진행하였으나 조석에 의한 하중이 9시경부터 굴곡이 발생하였고, 대선이 상하로 크게 요동하고 받침이 교각의 받침자리를 세게 타격하였다. 따라서 대선하강을 서둘러서 받침을 교각에 접촉시켜 요동을 제어하도록 약 3000tonf의 주수를 시행하였다.

요동이 일어났던 받침부터 순차적으로 교각에 설치한 받침위치의 고정고리 및 Jack에 의해 받침의 위치를 결정한 후 주수를 재개하였다. 상기의 방법으로서 교량 전체하중을 대선지주에서 교각으로 이동시키고 대선지주상부의 가설받침을 분리시킨 후 추가적으로 소정량까지 주수를 하여 가설을 완료하였다.

사진 8-4 가설전경

9
나다대교

코베항은 일본의 경제무역을 지원하는 국제무역항으로서 중요한 역할을 하고 경제성장과 함께 발전하였다. 취급하는 화물량도 1억 4천만톤으로 증가하고 있다. 항만간선도로는 보도섬에서부터 신항돌출제방을 경유해서 현재 건설중인 六甲섬에 이르는 고가 복층구조, 4차선의 연장 10.5㎞의 항만도로이다. 이중에서 7.3㎞는 공사를 완료하여 공용이 개시되었으며 노선입지의 성격상 항로를 고려해야 하므로 장대교가 요구되고 코베대교(322m), 六甲대교(400m) 등이 동시에 완성되었다.

본문에 소개하는 나다대교는 항만간선도로의 일환으로서 코베항 동부에서 제1공구, 제2공구의 수로에 가설되는 교량으로서, 강바닥판 닐센아치교 2련(동교 : 190m, 서교 : 180m)으로 되었다. 가교위치 주변은 많은 기업체가 입주해 있고, 소규모 선박의 운행이 많은 곳이므로 교각의 위치가 한정되고, 또 신속한 현지가설이 가능한 교량형식이 요구된다.

또, 기존 도로와의 연결관계로 인해 램프길이가 길어지고, 이러한 제약조건이 있기 때문에 교량 본선과 램프의 일체화, 조석 간만차와 대선내부로의 물 주입에 의한 '일괄가설공법'구조해석, 가설공법에 기술적으로도 주목되는 것이 있다.

9.1 기본계획

본교 주변에는 수로, 정박선박, 육상에는 공장들이 입주하고 있다. 또 서측에 접속된 램프를 본교와 구성 연결할 필요가 있으며, 기본계획상 엄격한 제약을 받고 있다.

이하, 하부공 위치의 결정, 상부공형식 선정에 대해서 기술하였다.

(1) 하부공(P_{50}, P_{51}, P_{52}) 위치의 결정

하기의 제약조건을 고려하여 하부공 위치를 결정하였다.

① 수로폭 80m 및 직경 160m의 선박회전 공간을 확보한다.

② 선박계류 해역을 넓게 한다.

③ 제강소의 중유탱크로부터 안전거리를 확보한다.

④ 기초시공시에 기설치된 호안에 나쁜 영향이 없어야 한다.

(2) 상부형식의 선정

본교는 하부교각의 위치 때문에 전체길이 370m(서교 : 190m, 동교 : 180m)의 2경간교량으로서 형식 검토를 하였다. 항만간선도로는 건설공간의 제약으로 인해 복층구조를 적용하고 있고, 그 일환으로서 건설하는 본교에 있어서도 당초에는 복층구조로 선형계획을 하였으나 상부구조에 접속되는 OFF-Ramp설계에 무리가 있으므로 단층구조로 변경하였다. 그 경우에도 상부램프가 본교까지 영향이 있으므로, 전체적으로는 일체구조로서 해결하였다고 볼 수 있다.

상부형식 선정에서는 구조적으로 다음의 조건을 중요시하였다.

① 램프의 본교부 영향에 의해 도로폭원이 18~30.5m로 변화하므로 교폭변화가 원활한 형식

② 선박통행의 장애가 되지 않도록 교각단면을 작게 할 수 있는 형식

③ 램프의 경제성을 위해 도로계획고를 낮게 하고, 형하공간을 크게 할 수 있는 형식

④ 해안선에 평행하게 가설되어 눈에 쉽게 띄므로 미려한 경관이 가능한 형식

⑤ 주위에 공장이 입지해 있고, 소형선박이 폭주하는 해상에 가설되므로 케이블 가설 설비와 해상벤트 등 대규모 설비를 필요로 하지 않는 공법으로서 해상을 이용하고 단시간에 일괄가설 가능한 형식

상기의 조건을 감안하여 2경간 연속 하로트러스, 2경간연속 사장교, 타이아치교 2련, 케이블보강 아치교 및 닐센아치교에 대해서 비교 검토를 하였다.

그 결과 강바닥판형 닐센아치교가 다른 형식과 비교해서 우수한 것으로 검토되었다.

9.2 상부공의 설계

9.2.1 개 요

본교는 일본최대(당시)의 강바닥판형 닐센아치교로서 특기사항으로는 On-off램프 구성에 의해 넓은 교폭을 가지고 대선일괄 가설방법이 있다. 아치리브는 내하력증강에 효과적인 바스켓 핸들형식을 적용하고, 또 첫 번째 스트럿위치를 높게 하여 통행공간을 넓히고, 이용자에게 압박감을 주지 않도록 배려하였다.

하현재는 2박스거더 강바닥판 형식으로 하고, 양측의 브라켓에 케이블재를 정착시켰다.

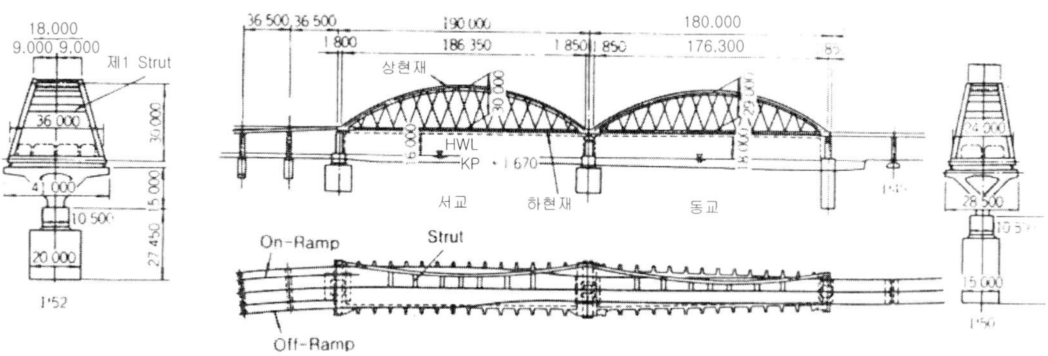

그림 9-1 나다대교의 일반도

표 9-1 나다대교의 주요제원

<table>
<tr><td>형 식</td><td>강바닥판 닐센아치교</td><td>온도하중</td><td colspan="5">동일구조물온도차 : 20℃, 온도변화 : ±30℃</td></tr>
<tr><td>교량등급</td><td>1등교</td><td>풍 하 중</td><td colspan="5">기본풍속 : V_{10}=45m/sec</td></tr>
<tr><td>지 간 장</td><td>186.35m, 176.3m</td><td>지점침하</td><td colspan="5">상대차 100㎜</td></tr>
<tr><td>유효폭원</td><td>30.5～18.0m</td><td>케이블장력오차</td><td colspan="5">고정하중 장력의 10%를 최대로 함</td></tr>
<tr><td>종단경사</td><td>1.5～1.0%</td><td>가설공법</td><td colspan="5">대선 일괄 가설 공법</td></tr>
<tr><td>횡단경사</td><td>1.5%</td><td rowspan="8">강 중
(tonf)</td><td colspan="3">구 분</td><td>서 교</td><td>동 교</td></tr>
<tr><td>바 닥 판</td><td>개리브강바닥판, 80㎜아스팔트 포장</td><td rowspan="6">주
구
조</td><td rowspan="3">강판
·
형강</td><td>SMA 58</td><td>2040</td><td>1560</td></tr>
<tr><td>주구간격</td><td>서교 : 36.0m, 동교 : 36.0～24.0m</td><td>SMA 50</td><td>1890</td><td>1420</td></tr>
<tr><td>아치라이즈</td><td>서교 : 30.0m, 동교 : 29.0m</td><td>SMA 41</td><td>130</td><td>110</td></tr>
<tr><td>아치경사각</td><td>73.3°</td><td colspan="2">볼 트</td><td>140</td><td>110</td></tr>
<tr><td>케이블경사각</td><td>70°</td><td colspan="2">로 프</td><td>110</td><td>80</td></tr>
<tr><td>케 이 블</td><td>Locked Coil Rope 88 φ, 80 φ</td><td colspan="2">합 계</td><td>4300</td><td>3280</td></tr>
<tr><td>지진하중</td><td>수평진도 k_h=0.28</td><td colspan="3">부속물</td><td colspan="2">780(앵커프레임, 받침 등)</td></tr>
</table>

바닥판은 다주병렬 가로보로서, 양단의 박스거더 비틀림강성이 하중분배기능을 담당하고 있다. 아치리브 기저부의 거더 단부에는 3-셀의 단부가로보를 배치하고, 가설시 해상크레인에 의해 들어올리는 것을 감안하고 장래 지점침하에 대비한 잭업 조정을 고려하여 설계하였다.

경사행거는 방식방법과 간결성, 시공성을 위해 LCR φ88(서교)과 φ80(동교)를 사용하였다.

주구의 해석은 미소변위이론에 의해 골조해석을 하고, 바닥틀은 격자구조해석으로 하였다. 하현재의 축력에 관한 유효폭은 평면모델에 의한 FEM해석 결과 30°분포로 가정하여 설계에 이용하고, 아치리브 기저부 부근의 응력분포는 거더단부의 입체 모델에 의해 FEM해석으로 검토하고 응력 집중부의 형상에 반영하였다.

하현재 브라켓의 케이블 정착부에도 FEM해석 결과로부터 응력집중계수를 산출하여 설계에 이용하였다.

최근 사장교에서 문제로 되고 있는 케이블의 피로는 교통량 조사에 기초하고 활하중과 풍하중에 관해서 검토하여 안전한 것으로 판단하였다.

9.2.2 설계조건

(1) 온도차이 하중

본교와 같은 넓은 폭원의 강바닥판교를 교각에 고정하는 경우, 상·하부구조의 온도차로서 교축직각방향으로 구속응력이 발생하는 것을 고려할 필요가 있다. '도로교시방서'에서는 동일구조물의 온도차를 15℃로 규정하고 있으나 각종 실측자료에 의해 그것을 초과하는 것이 있으므로 교량 상·하면에서 20℃, 일조부의 강바닥판교와 하부 교각과의 온도차를 30℃로 하였다. BS5400에서는 강바닥판교의 상·하면 온도차를 24℃로 하고 있다.

(2) 케이블의 장력오차

고정하중장력의 10%를 최대로 하며 교량거더에 발생하는 부가단면력을 고려한다. 그러나 제약조건으로서 오차장력으로 인한 아치리브간의 상대변위를 100㎜ 이내로 하였다.

(3) 지점침하

항만지구의 교량이고, 또 기초가 비교적 작기 때문에 장래에 대비하여 교각의 경사에 의한 지점침하 100㎜를 설계조건에 반영하였다.

(4) 가설조건

그림 9-2에서와 같이 조립장에서 FC 2대에 의해 교량을 인양하는 구조계①과 대선탑재후 운송되는 구조계②를 설계검토하고, 구조계①에서부터 ②로의 탑재과정에서 교량거더와 대선의 상대변위를 구속하지 않도록 대선지주위에 가동형 임시받침을 설치하였다. 구조계②에서 발생하는 케이블재의 이완은 장력을 '0'으로 하여 계산에 반영하였다.

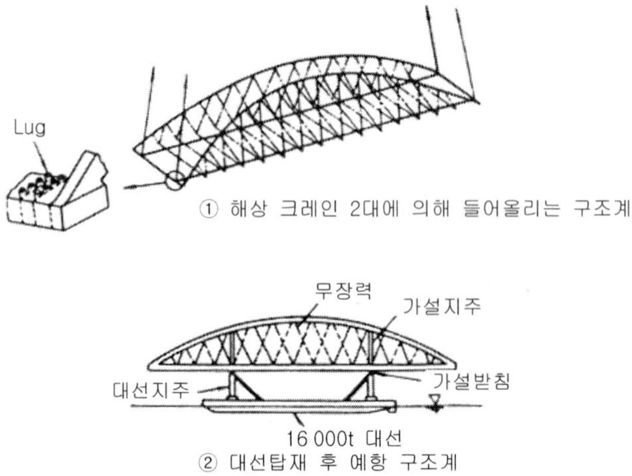

그림 9-2 교량의 가설조건

9.2.3 상현재

상현재의 유효좌굴장은 입체골조해석의 탄성좌굴모드를 참고하여 '도로교시방서 표-해 2.2.2'를 준용하였다. 단면설계에서 동·서교의 임시받침부근을 대선탑재상태에서 스트럿부는 풍하중에 의해 결정되며 기타부재는 서교에서 상시하중, 동교에서는 풍하중이 지배적이다. 또, 케이블이 경사로 교차하므로 발생하는 축편심의 영향은 미소하다.

9.2.4 하현재(강바닥판)

하현재는 주구기능으로서 데크플레이트와 세로보 및 24m 간격으로 배치한 2본의 주거더박스를 지지하고, 바닥틀 기능으로서 2.4m 간격의 다병렬 가로보와 13m 간격의 케이블, 브라켓을 지지하는 구조이다. 박스거더의 배치는 대선일괄가설의 임시받침위치(대선 및 대선지주와의 관련)와 바닥틀 기능으로서의 구조를 고려하여 결정하였다.

주구의 하현재 역할로서 아치리브 기저부의 웨브로부터 전달된 수평력이 강바닥판으로 분포되는 것을 평면모델로 FEM해석하였다. 그 결과 축응력의 유효폭분포를

30°로 하여 설계에 반영하였다.

휨모멘트의 유효폭은「도로교시방서」를 준용하고, 부재단면을 동·서교 모두 가설용 임시받침부근과 지간중앙의 박스거더의 강성으로서 다병렬 횡거더 서로간에 하중분배 시키는 것으로 하기 위해서 분배 가로보는 설치하지 않는다.

T하중에 의한 격자계산에서는 각 가로보에 균등한 모멘트가 작용하도록 가로보 중앙에 분배 세로보를 배치한 경우와 비교하고 하중분배에 거의 차이가 없다는 것을 확인하였다(그림 9-4).

바닥틀의 제작블록은 그림 9-5에서와 같이 강바닥판 판넬과 하부가로보에 상하분배하여 넓은 폭원의 강바닥판 시공정밀도를 향상 시키도록 하였다.

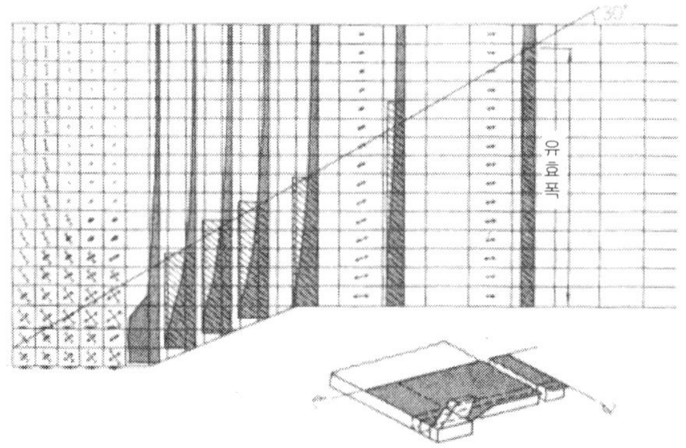

그림 9-3 강바닥판의 축응력도

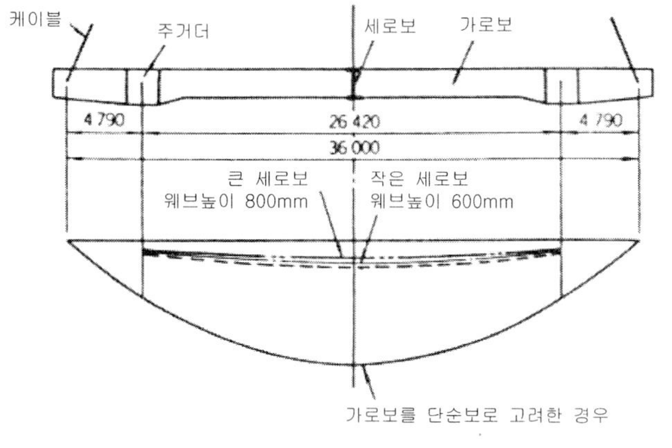

그림 9-4 세로보의 유무에 따른 가로보의 휨모멘트 비교

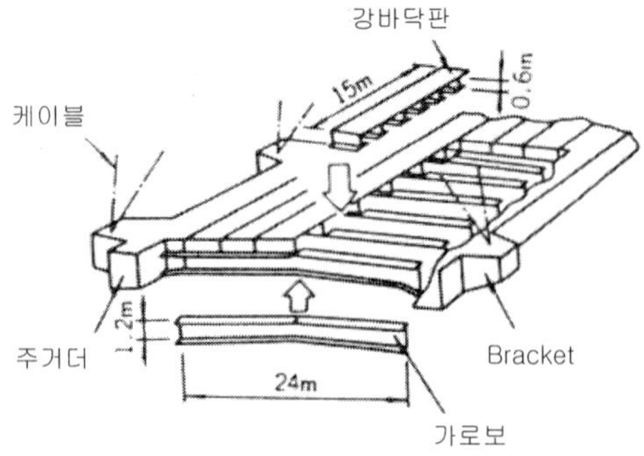

그림 9-5 강바닥판의 바닥틀 구성

9.2.5 거더단부

아치리브의 부재력은 기저부의 웨브부재를 통과하여서 연직성분은 받침으로, 수평력은 단부가로보로부터 하현재로 흘러가는 구조이다. 기저부부근의 강바닥판 축응력은 유효폭 성분을 30°, 전단응력유효폭 분포를 45°로 가정하였다. 단부가로보 단면은 해상크레인에 의해 교량의 인양과 장래 잭업조정이 가능한 구조로 설계하였다. 응력집중부를 조사하기 위해 입체모델로서 FEM해석을 하였다(그림 9-6).

하중조합으로서 아치리브 기저부의 웨브가 강바닥판과 접하는 응력집중부에 재하시킨 Case1(내측웨브의 최소원호부가 최대인장력을 받는 하중 Case)와 Case2(동일부위가 최대 압축력을 받는 하중 Case)가 채택되었다. 당초의 안에서는 Case1로서 허용응력을 약간(약100kgf/㎠) 초과 하였으므로 원호반경을 330㎜에서 440㎜로 증가시켜 대처하였다.

응력저감을 확인하기 위해 강바닥판부에서 고정으로 한 아치리브 웨브의 평면모델을 취하고 FEM해석으로 비교하였다.

입체모델과 구속조건이 차이가 있으므로 당초안과 동일형상의 캘리브레이셔용 모델을 사용하였다. 이 외에 FEM해석으로부터 아래의 결론을 얻었다.

① 아치리브의 단면력은 당초의 예상대로 대부분 웨브를 통과해서 강바닥판과 받침에 전달시키고, 플랜지까지의 흐름은 작다.

② 아치리브 웨브로부터 강바닥판에 흐르는 수평력의 유효폭 성분은 평면 모델해석으로부터 설계에 반영한 30°분포와 거의 일치하고 있다. 받침은 Pivot를 사

용하고, 교각과의 온도구속응력에 대처해서 가동받침의 횡수평력은 롤러를 거쳐 상부받침에서 직접 하부받침측벽에 전달되는 구조로 설계하였다(그림 9-7).

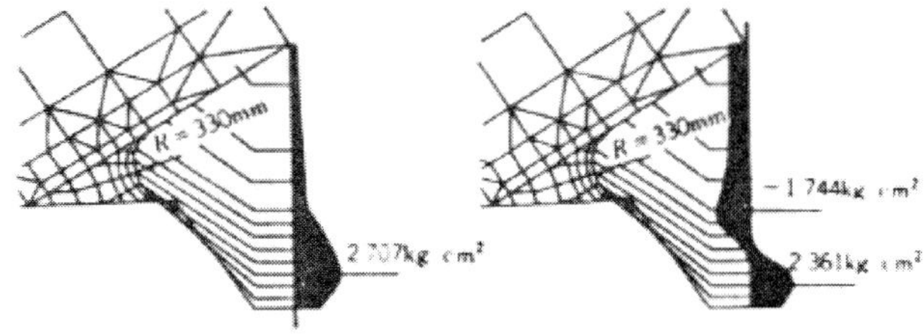

Case 1 하중 재하시 Case 2 하중 재하시

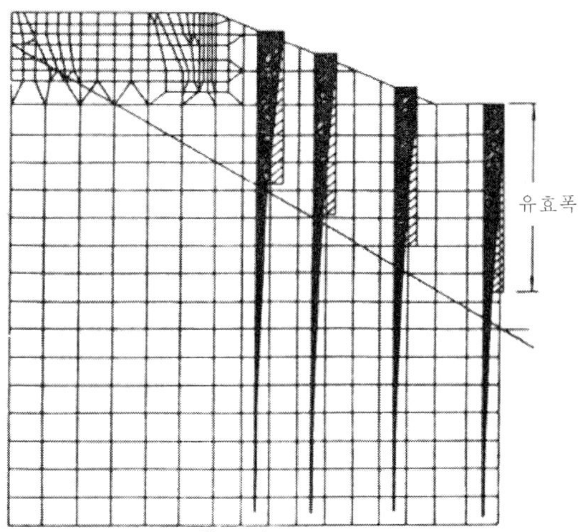

그림 9-6 아치리브 우각부의 FEM해석

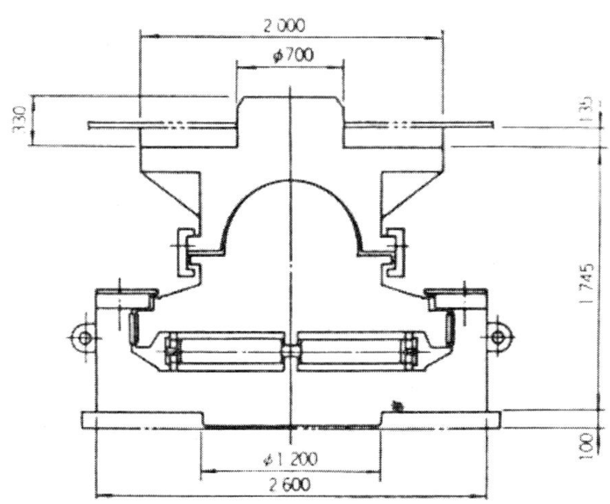

그림 9-7 가동받침의 개요

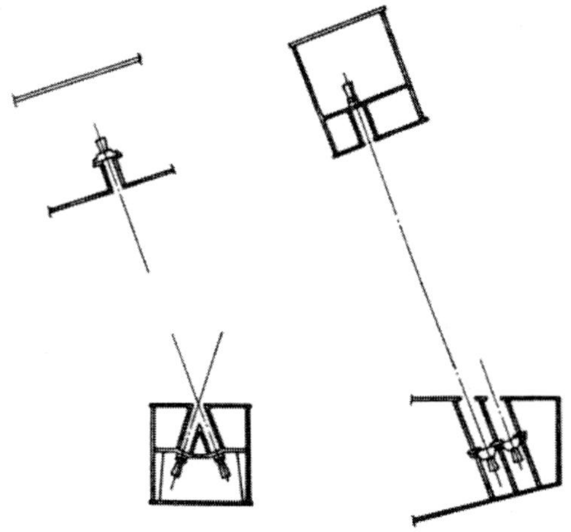

그림 9-8 케이블의 정착방법

9.2.5 케이블의 정착구조

케이블인 LCR의 설계에서 활하중에 의한 피로와 바람의 영향을 검토하였다. 활하중 빈도는 코베시 항만국「항만지구교통량조사」의 가교지점부근 데이터로서 100년분을 고려하면

① L하중 응력 빈도는 응력 진폭 27.7kgf/㎟로서 반복회수는 73×103(2회/일)

② 대형차량(TT-43)빈도는 응력진폭 3.0kgf/㎟로서 반복회수는 22×106

①, ②의 하중조합을 고려하여 S-N구배 파라메타 m=3.4로 가정하고 LCR의 피로내력을 2×106회에 14kgf/㎟로 하여 누적피해를 계산하면 안전측으로 되었다. DIN 1073의 피로조사에 따르면 0.5×(L하중 응력진폭)=13.9kgf/㎟로 되고, 규준의 최소허용치 15kgf/㎟도 만족하고 있다.

다음으로 풍하중에 의한 진동문제이다. 카르만(Karmann)진동은 1차 발산풍속이 1~4m/sec로서 지극히 저풍속이고, 가교지점의 풍속데이타로부터 풍속정상류는 생각하기 어렵다. 또 케이블 로프의 원형부정에서 생기는 갤로핑진동도 과거 LCR이 사용된 닐센교에서 보고되지 않았던 것을 생각해보면 독일의 사장교(게루프랜드교)에서 문제가 된 바람에 의한 진동과 부식을 유발하는 위험은 피할 수 있는 것으로 판단하였다.

케이블의 정착방식으로서 상·하현재 모두 교량구조에 내장한 좌금방식을 채택하였다(그림 9-8).

이것의 장점은 타형식에 비해서 케이블길이의 조정에 용이하여 피로에 강하고, 또 교량내부에 내장되므로 내식성과 미관에 우월하다는 것이다.

정착부의 방식방법으로서 고무패킹방식을 실험 검토 하였으나, 방수가 불충분하므로 코킹충진 방식을 채택하였다. 본 방식은 실내규모 실험과 완성후의 전체누수검사로 확인하였다.

케이블 브라켓과 내부정착거더는 평면모델로 나누어서 FEM해석을 하였다. 그 결과 정착거더 웨브의 전단응력 집중계수 1.5, 브라켓의 전단응력 유효폭 성분을 45°로 하여서 설계에 반영하였다. 또 케이블 브라켓의 웨브좌굴 안전율은 후좌굴 강도가 기대할 수 없는 구조이므로, '도로교시방서'의 안전율 규정식 $V_B=1.25+(0.30+0.15\phi)e^{-4.37}$을 적용하지 않고 $V_B=1.70$을 적용하였다.

9.3 가 설

9.3.1 가설개요

동서 2교는 가교지점의 앞바다에 있는 六甲섬에서 1983년 8월쯤 동시에 지상조립을 시작하였다.

다음해 1월에는 양교 모두 가설보강을 위한 가설지주를 포함하여 주구조의 조립을 종료하였고 도장, 부속첨가물 외에 인양재조정작업을 하였다.

대선 일괄가설에 사용하는 16,000DWT대선은 교량거더의 집중재하에 대한 보강을 종료한 후 3월초에 지상조립장에 접안시키고 교량거더를 소요의 높이에 적재하기 위해 대선지주의 설치, 각종의 장재 및 주입배수시험를 실시하였다.

그 이후 교량거더 탑재에 의한 선체의 휨내력부족을 보강하기 위해 2100tonf의 물을 중앙격벽실에 주입시키고 제반치수를 확인하여 본공사를 준비하였다.

3월 15일 서교의 대선탑재를 실시하였다. 가설재와 인접거더 가설용의 중기 등을 포함하여 약 4800tonf의 대블록이다. 3000tonf의 F/C 2대의 능력을 최대한 활용하기 위해 F/C Hook하중(4 Hook/대선당)의 균등화와 교량거더의 안전을 고려해서 지상에서 들어올리기 직전에 다지점 고리(32개 고리/교)의 응력계측을 여러 단계에 나누어서 실시하였다. 또한 인양과정 및 F/C이동과정에서 테이프계측에 의해 인양점의 상대높이 관리와 상대위치 관리를 하였다.

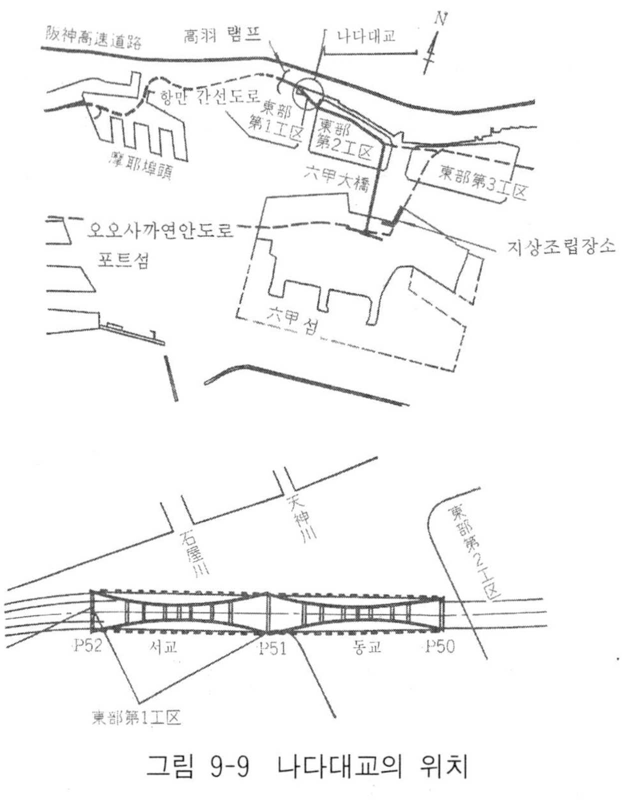

그림 9-9 나다대교의 위치

탑재직전에 대선 지주상단의 임시받침과 교량거더간의 간극을 누적계산해서 상호위치관계를 조정한 후 F/C Hook하중과 대선흘수를 계측하면서 탑재를 진행하고 대선의 안정과 불균등하중 방지에 만전을 기하였다.

또한 동시에 교량거더, 가설지주 및 대선지주의 응력과 임시받침활동량을 계측해서 설계계획과 실제교량과의 차이점을 확인하였다.

임시받침의 활동은 탑재과정에서 교량거더와 대선의 상호변형과 오차를 흡수하기 위해서 탑재완료 후에는 필러에 의해 고정받침으로 하였다. 한편 가설위치에서는 선행하여 설치된 받침의 위치를 지상조립에서의 교량치수로 미세 조정하고, 아울러 조위관측을 진행하였다.

가설예정일(3월 18일)의 전날, 저기압에 근접하고 순간풍속 25m/sec의 강풍이 불었으나 대선의 내풍안정조사의 기본풍속(27m/sec) 이하이므로 무사히 탑재할 수 있었다.

다음날 아침 가설위치까지 11.5km를 주예항선 1대, 보조예항선 4대의 선단으로서 항해하고, 주위에는 4대의 경계선을 배치하였다.

협소한 가설위치로 진입하기 위해 밧줄로서 교각에 정확한 위치를 확보하고 교각과 교량거더 양단을 와이어링크장치로서 미세조정하고, 오전 9시 18분 대선내부에 주수를 개시하였다.

주수직전 교량거더와 받침상부 가이드돌출부와의 여유(Clearance)는 계획은 0.5m로 하였으나 실제는 주수를 빠르게 하기 위해 0.85m로 하였다.

교량거더가 받침에 안착되기까지의 하강량 1.35m에 필요한 주수량은 약 3,900tonf, 대선지주의 하중을 강교각으로 이동시키고 동시에 대선의 분리 이탈을 위한 여유를 확보하기까지의 주수량은 약 9,300t이 되었다.

이러한 주수량에 의한 대선의 이론흘수변화는 2.3m이고, 주수개시때와 대선 철수시의 조위차는 0.7m이므로 대선하강에 대한 효과는 80%, 조위차에 의한 효과는 20%가 된다. 하강작업중에 대선흘수 및 교량거더와 받침간의 간격을 시시각각으로 계측해서 대선내부의 17개의 격실만으로 각 주수량을 조절하였다.

대선의 철수개시가 13시 14분으로서 하강작업은 4시간이 소요되었다.

서교 가설 3일후인 3월 21일에 동교를 대선에 탑재시키고 3월 24일에 일괄가설하였다. 동교는 아치간격이 36m에서 24m로 변화하는 비대칭교이므로, 대선의 격실에 Counter-Ballast 500tonf을 추가한 것 외에는 서교가설과 거의 동일하게 하였다. 일괄가설 후 가설지주의 철거, 케이블의 장력조정과 방수공, 신축이음장치와 기타 부속시설물의 거치조정을 하고 아스팔트포장을 하여 교량을 완성하였다.

위의 대선 일괄가설의 관리항목을 표 9-2에 나타내었다.

표 9-2 대선 일괄가설의 중점관리사항

공 사 내 용		중점관리항목	비 고
[I] 지상조립 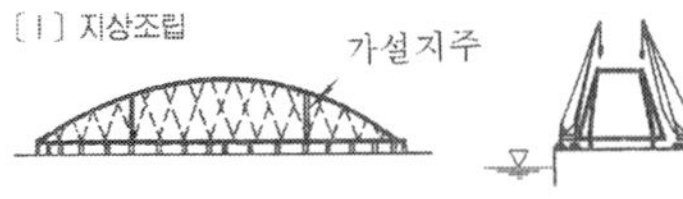		• 지상조립치수(특히 받침 및 가받침위치 계측)	• 정밀도확인과 현지기설치된 받침과 대선지주상단 받침과의 치수조정
		• 케이블 장력	• Sag영향을 고려한 설계장력의 확인
		• 가설지주의 설계와 프리스트레스	• 가설지주는 설치 및 철거가 용이한 구조 • 프리스트레스를 도입하여 운송시 강성증대
[II] 대선탑재 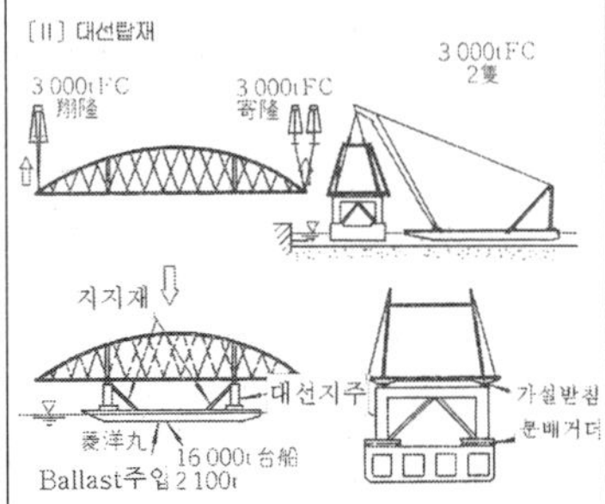	준비	• 대선지주의 설계(소정의 높이 확보 및 대선의 하중 분산)	• 교량거더의 집중반력을 유연한 구조의 대선에 하중분산을 위한 분배거더 배치
	준비	• 대선의 보강과 Ballast 주입	• 등분포재하설계된 대선에 집중하중이므로 균형하중으로 Ballast주입 및 전단내력과 국부좌굴방지
	준비	• 대선지주 탑재시의 형상(가받침위치 4점의 상대치수 및 높이)	
	인양	• 다점 인양고리의 하중분담(응력계측)	• F/C 훅크하중오차 Wire 및 활차효율 등에 의한 불균등력의 확인
	인양	• 인양시의 교량형상(4점에서의 상대높이와 F/C 2대의 상대위치)	• 교량의 비틀림 방지와 인양고리의 불균등하중 방지(Tape)계측
	탑재	• 탑재직전의 가받침과 교량의 간극 및 탑재과정의 F/C 훅하중과 대선흘수	• 탑재시의 대선안정과 불균등 하중의 방지
	탑재	• 가받침활동량과 대선지주 응력	• 가받침의 활동을 구속시키는 교량거더, 대선지주, 대선에 불규칙 응력을 발생시키는 위험
	탑재	• 교량과 가설지주의 응력	• 설계응력의 확인
[III] 운송 		• 대선의 안정(내풍안정,동요)	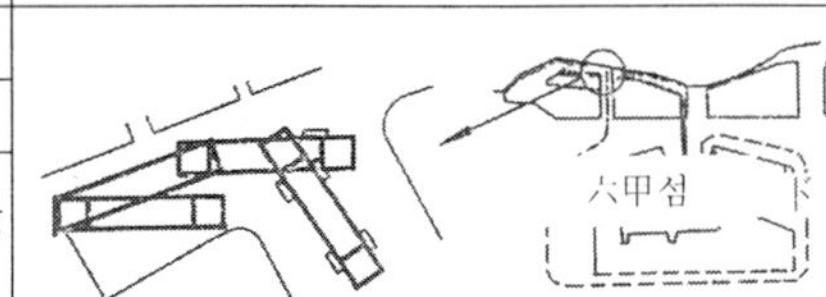
		• 좌초방지 및 수심측량	
		• 좁은 구간에서 미세이동(밧줄이용)	
[IV] 거치 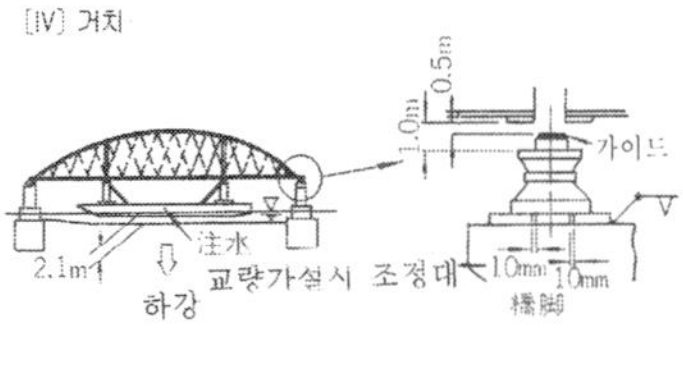	일괄가설	• 선행거치된 본받침의 위치나 교량거더 받침간의 치수	
	일괄가설	• 대선의 위치결정(육지밧줄→교각 와이어링크)	
	일괄가설	• 대선주수 하강(조위와 주수량, 교량거더와 받침의 간극, 해저면 여유)	
	일괄가설	• 대선의 철수	
	후공사	• 가설지주의 철거	• 기저부 힌지에서 회전에 의한 해체 철거
	후공사	• 케이블의 장력조절 및 방수공	

표 9-2 대선 일괄가설의 중점관리사항(계속)

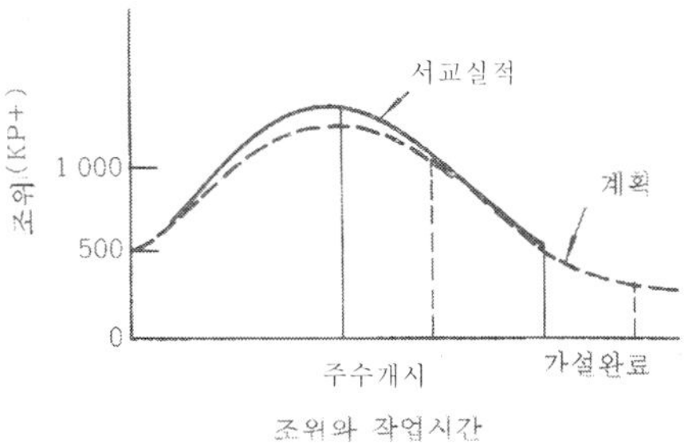

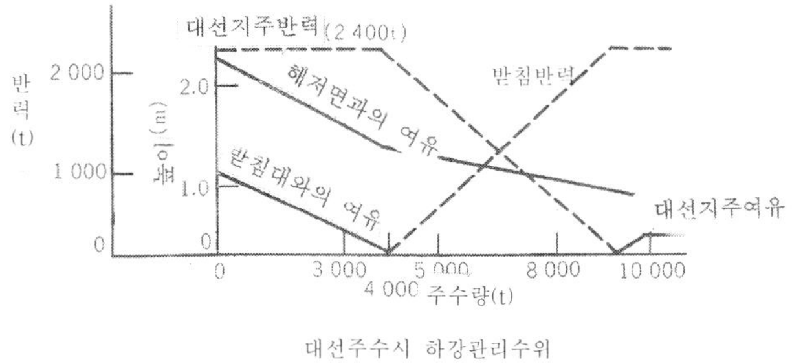

9.3.2 가설구조

(1) 인양고리

지상조립 후 3000tonf F/C 2대로 들어올렸다. 인양점은 32개소로서 양단부의 가로보에서 4개소로 하고 3000tonf F/C의 2개 Hook(750tonf×2)로 1개소 8개 인양점을 매달았다.

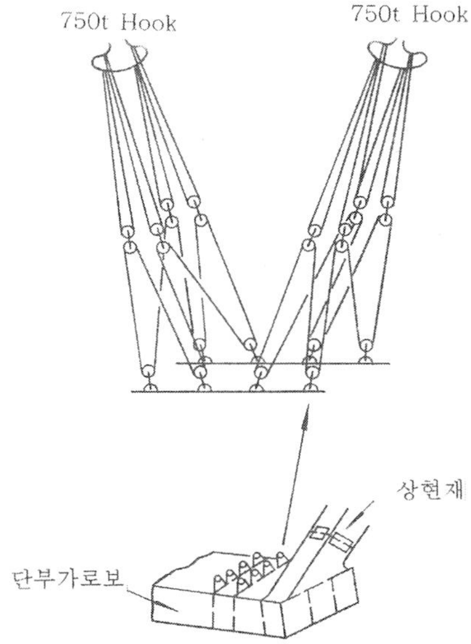

그림 9-10 인양고리의 배치와 와이어 배치

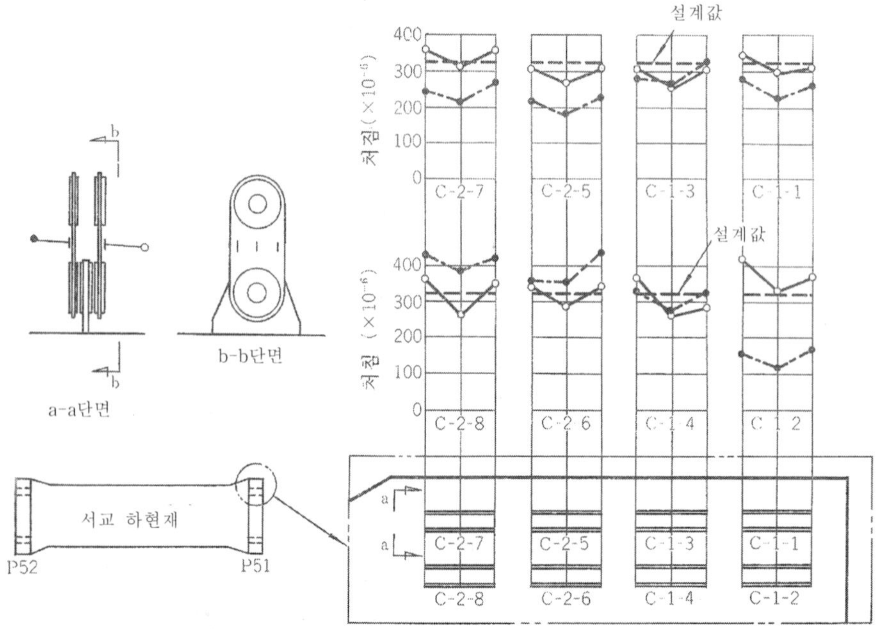

그림 9-11 인양고리의 응력측정값(서교)

인양점 1개의 설계반력을 다음식과 같이 설정하였다.

$$P = \frac{W}{n} \times \frac{\alpha_1 \times \alpha_2 \times \alpha_3}{\alpha_4}$$

P : 설계반력 W : 인양중량

n : 인양위치수 α_1 : 가설시 충격계수(α_1=1.2)

α_2 : 전체불균형계수(α_2=1.5) α_3 : 국부 불균형계수(α_3=1.5)

α_4 : 가설시 허용응력 할증계수(α_4=1.25)

여기서 인양과정에서 F/C Hook의 조임과 요동을 고려하여 인양각도 오차 $\Delta\Theta$ =±10°를 설계에 반영하였다. 인양고리의 하중분담을 실교량에서 확인하고 탑재작업의 만전을 기하기 위해 서교를 들어올릴 때는 변형게이지에 의한 응력계측을 하였다.

그 결과 그림 9-11과 같이 설계 가정이 거의 적정함을 알 수 있었다.

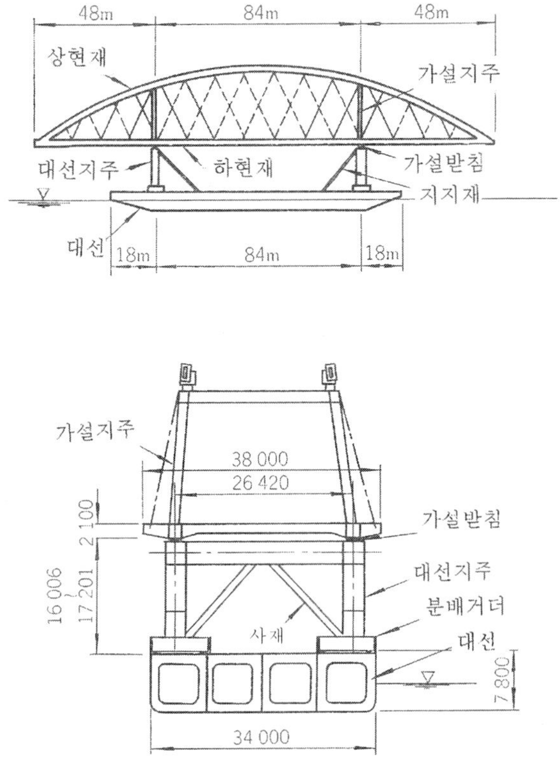

그림 9-12 바지선의 가설지주

(2) 가설지주

본교를 대선에 탑재할 때 사용할 대선의 크기와 대선보강과의 관련성 등에 따라 탑재지점 위치를 결정하고 가설지주, 대선지주와 같은 가설구조물을 배치하였다(그림 9-12).

가설지주는 가설시 교량거더를 보강해서 상현재 반력을 대선지주에 전달하는 역할을 하고, 대선지주는 교량거더를 완성시보다 약간 높은 위치로 유지시키고 교량거더 반력을 유연한 구조의 대선으로 분산전달하는 거동을 나타내게 된다.

가설지주는 교량의 지상조립 후 프리스트레스도입시와 F/C 2대에 의해 인양시, 탑재운송시, 가설완료시 등 각각의 상황을 고려해서 설계하였다.

다시 말하면

① 지상조립시에는 벤트의 일부가 되고, 높이 조정도 용이

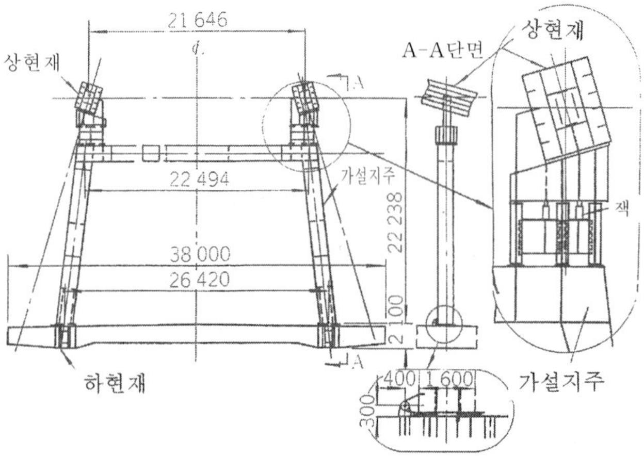

그림 9-13 가설지주의 구조(서교)

② 인양시에는 큰 부반력이 발생하지 않고

③ 탑재운송시 교량거더 강성을 확보

④ 가설완료시 해체·철거가 용이

를 배려하여 프리스트레스력을 결정하여 구조 설계하였다.

가설지주의 거치에는 교량의 지상조립과 동시에 강바닥판위에서 평면조립하고 기저부에 설치한 회전핀을 이용해서 회전거치하였다.

또 가설완료 후에는 회전핀을 이용해서 강바닥판위에 내려놓고 소블록으로 해체 후 반출, 철거하였다.

(3) 대선지주

대선지주는 다음 사항에 유의하여 설계하였다(그림 9-14).

① 대선은 얇은 판구조이기 때문에 내부보강을 실시하여도 1개소에서의 재하하중을 될 수 있는 한 제한하여 하중분산한다.

② 대선지주 본체는 단면력 형태에 의해 강한 구조가 되므로 대선으로의 하중재하는 유연한 분배거더를 설치한다.

③ 동·서 2교 모두 탑재가능한 구조로 한다.

사재는 대선지주의 문형라멘구조에 대한 횡방향 강성을 높이고 동교재하시의 지

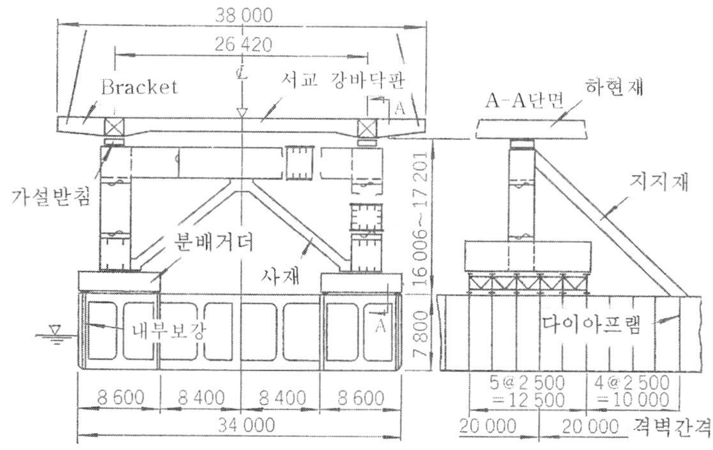

그림 9-14 대선지주의 구조

지재 역할도 고려하였다.

또 지지재는 교량탑재시의 가동 임시받침의 마찰에 의한 교축방향력 및 운송시 충돌 등의 충격력(0.3g를 가정)에 저항할 수 있도록 설계하였다.

교량본체와 대선지주의 사이에 배치한 가동 임시받침은 탑재과정에서 교량구조와 대선의 상호변형오차를 흡수할 수 있도록 하였다.

가동량의 설정은 다음사항을 배려하여 충분한 여유를 주었다.

i) 교량거더 임시받침 위치의 오차

ii) 대선에 탑재한 2개의 대선지주 가설받침 위치의 오차

iii) 매달은 상태에서 교량거더 하현재의 신축변형

iv) 탑재후의 교량거더 하현재 축소 변형

v) 교량거더 탑재에 의해 대선변형에 따라 대선지주위의 가설받침의 이동

가동 임시받침은 윤활재를 도포한 밀폐고무 받침구조로 하고 교량거더 탑재시의 변형, 오차등을 흡수후 쐐기 플레이트로서 고정시키고 운송 및 대선하강 가설단계까지 고정받침으로 하는 기능으로서 설계하였다.

또, 대선지주 분배거더와 대선간에도 가설용 임시받침을 배치하는 구조로 하여 악영향이 없도록 배려하였다.

9.3.3 대 선

(1) 사용대선의 안정성 검토

사용한 대선은 16,000DWT급의 특수대선으로서 길이 120m, 폭원 34m, 높이 7.8m, 주수용량 17600tonf, 최대 주수속도 3100tonf/h이며, 17개로 나누어진 격실에 자체적으로 조절해서 대선의 흘수 균형을 조정하는 것이 가능하다(그림 9-15).

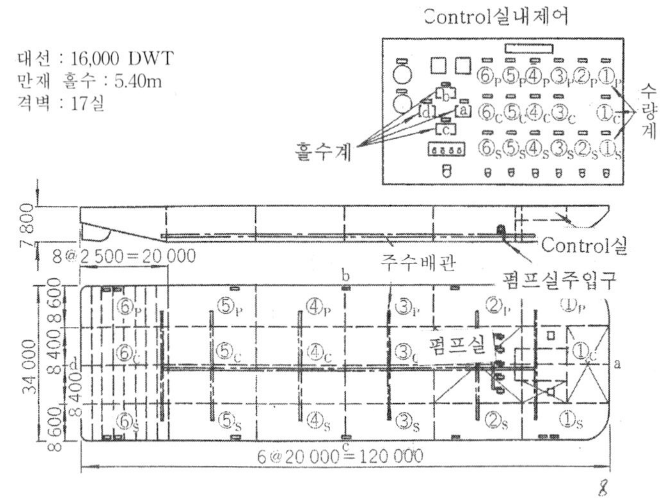

그림 9-15 대선개요

이것은 대선규모로서 일본최대이다.

교량거더를 대선에 탑재한 구조계의 안정계산을 하면

-횡방향 안정성 GVMT=16.26m

-종방향 안정성 GVML=305.44m

여기서 G_V : 전체중심

M_T : 횡방향 메타센터

M_L : 종방향 메타센터

로서 충분히 안정한 것으로 검토되었다.

또, 고유진동주기를 모형실험(축적 1/200)으로 하면 12sec정도로서 계산값 11.3sec와 부합된다. 그리고 가설지점부근의 연간 파고계측에서 파고 0.5m, 파장 50m, 파주기 5.7sec로 가정하여 대선의 흔들림을 계산하면 횡요동 1cm, 종요동 28cm를 얻음으로서 가설시 받침여유고(Clearance)에 반영하였다.

교량 탑재시로부터 예항거치까지 대단히 짧은 기간(3~4일)이므로 가설기간을 1년 비초과확률을 0.6으로 해서 가설시의 설계풍속을 설정하였다.

풍속의 재현기간

$$R = 1/(1-g^{1/T})$$
$$= 1/(1-0/6)$$
$$= 2.5년$$

R : 전체중심　　g : 횡방향 메타센터　　T : 종방향 메타센터

재현기대치의 강풍기록통계를 보면

$V_{2.5}$=19.5m/sec　　$V_{2.5}/V_{150}$=19.5/32=0.6

가설시의 기본풍속 = 설계시의 기본풍속×0.6

= 46m/sec×0.6=27m/sec

기본풍속 27m/sec에 의한 가설시 풍하중에 대해서 대선전체의 횡방향경사각(Θ)를 계산하고 허용경사각 0.8Θ_a와 비교하여 안전성을 확인하였다.

Θ=5°13′ < 0.8Θ_a=9°08′ ※Θ_a : 경사에 의해 수면에 도달하는 각도

서교가설 전날, 저기압이 근접하고 순간풍속 25m/sec의 강풍이 불었으나 문제는 없었다.

(2) 대선의 보강

대선의 보강은 선박설계와 교량설계의 상호관점에서 검토하여 결정하였다.

대선의 사전검토에 의해 선체의 녹을 조사한 결과, 설계단계에서는 일반부 1.5mm, 하중집중점에서는 안전측으로 2.5mm를 고려하는 것으로 하였다.

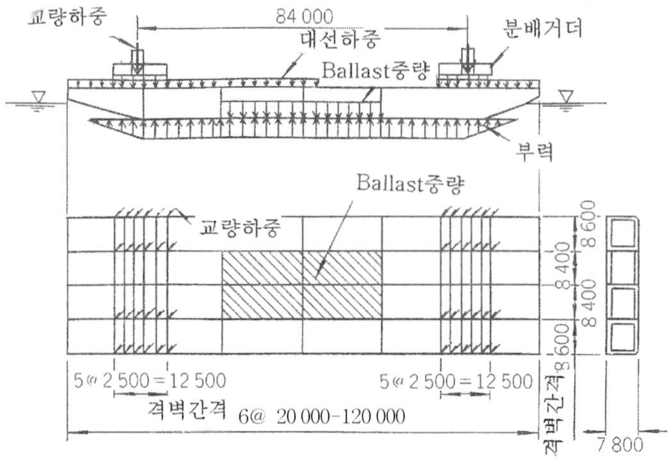

그림 9-16 대선의 격자해석 모델

대선은 등분포재하와 부력과의 균형을 고려하여 설계된 구조물이므로 본과업과 같이 대선지주로부터 집중하중을 받게 되면 선체중앙부의 휨강도부족, 재하점부근의 전단강도 부족과 함께 국부좌굴강도 부족이 발생하였다.

따라서 다음과 같이 보강대책을 실시하였다.

① 선체의 휨응력을 저감시키기 위해 중앙격실에 2100tonf의 Ballast를 주입

② 선체의 휨응력에 대한 좌굴방지 목적으로 중간 종방향 벽에 수평 보강 리브를 용접

③ 재하점부근의 중간 종방향 벽의 전단강도 부족에 대해서 보강판과 보강리브를 용접

④ 대선지주점 부근의 외벽과 중간 종방향 벽에 축압축 좌굴방지 목적으로 수직 보강리브를 용접

계산에 이용된 격자모델을 그림 9-16에 나타내었다. 이러한 보강설계도서와 대선 운항요령을 NK(일본해사협회)에 제출하고 승인 후 내부보강에 착수하였다.

9.4 교량의 응력과 변형

9.4.1 가설지주부의 잭업

지상조립상태에서 가설지주와 상·하현재를 고정시키고 교량을 인양하는 경우와 대선 주수에 의한 일괄가설 후에 가설지주와 상현재간에는 약 300tonf의 인장력이 발생한다.

이 인장력을 제거하고 가설완료 후 가설지주철거가 용이하게 되도록 하고 가설시의 교량 전체의 강성을 높이기 위해 상현재와 가설지주간에 필라플레이트를 삽입해서 교량전체에 프리스트레스를 도입하였다.

프리스트레스량의 크기가 교량응력에 미치는 영향을 조사하는 것과 동시에 케이블로프의 Sag와 장력오차 및 대선기둥지점 높이오차등의 영향을 조사하였다.

각 케이블재에 프리스트레스를 도입하여 교량강성을 증대시키는 검토도 실시하였으나 효과가 작은 것으로 검토되었다.

9.4.2 대선탑재시의 응력과 변형

교량거더, 특히 선행가설된 서교를 대선에 탑재할 경우, 하중을 여러단계로 나누어서 부재응력 측정을 실시하고 안전을 확인하면서 탑재작업을 진행하였다. 표 9-3에 측정항목 일람을 나타내었다.

표 9-3 응력의 측정항목

측정위치 / 항 목	서 교					동 교	
	인양고리	상현재	하현재	가설지주	대선지주 지지재	가설지주	대선지주 지지재
인양시	○	○	○	○	-	○	-
탑재시	-	○	○	○	○	○	○
운송시	-	-	-	-	○	-	○
가 설	-	-	-	-	○	-	○

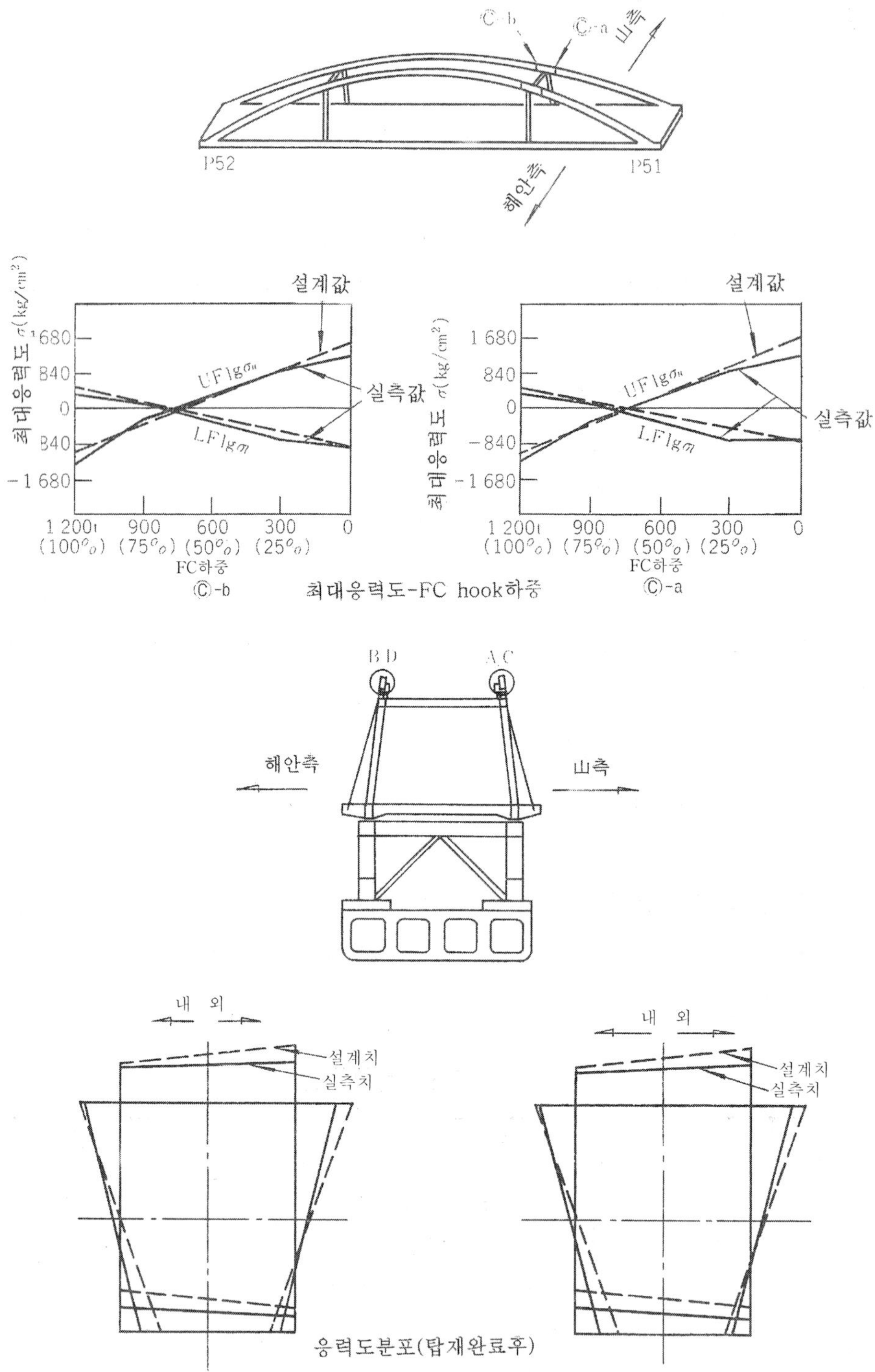

그림 9-17 대선탑재시의 서교 상현재의 응력도

가설지주 및 그 부근의 상하현재 실측응력은 계산치와 잘 일치하고, 설계계획과 실교량과의 적합성을 확인할 수 있었다.

응력측정결과의 예로서 상현재의 대선탑재과정의 최대응력도 변화와 탑재완료 후의 응력도 분포를 설계값과 비교하였다(그림 9-17).

그러나 응력기준(0점)은 지상조립을 해서 가설지주에 프리스트레스를 도입한 이후이다.

교량의 대선탑재시 대선지주 위의 가설받침이 활동하지 않으면 대선지주 및 대선

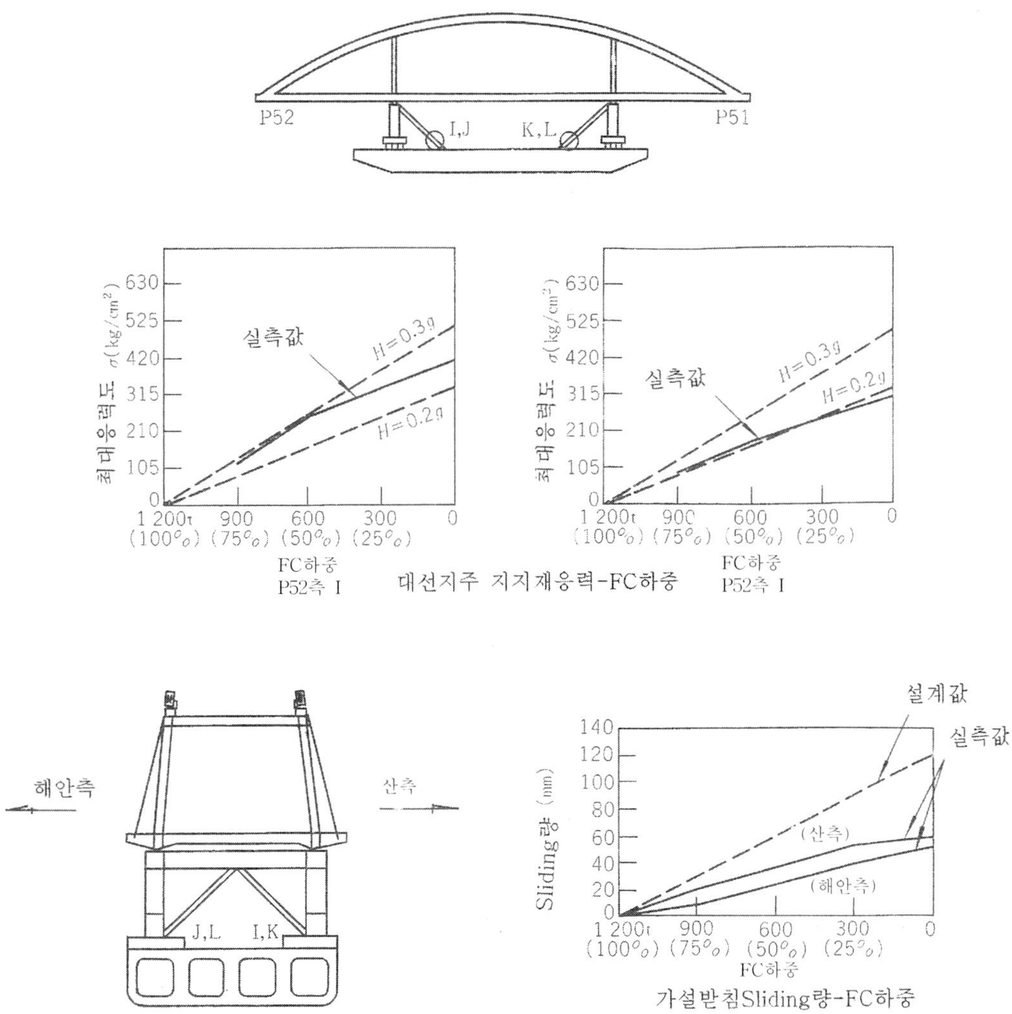

그림 9-18 가설받침의 활동과 대선지주 지지재의 응력(서교)

내부보강에 대해서 과대한 힘이 부하되는 것이 문제가 된다(최대 마찰계수 0.3으로 설계).

그러므로 가설받침의 활동면에서는 윤활재를 도포하고 마찰계수의 저감을 도모하였다.

서교 탑재시 활동면이 기대한 정도의 활동마찰력(계수 0.2~0.3)이 작용하고 대선 지주지지재에는 설계허용값에 근접하는 응력이 발생하였다(그림 9-18).

동교탑재시에는 윤활재의 종류를 변경시공하여 마찰계수를 저감하였다.(0.1 이하)

또 탑재시 하중이 F/C로부터 대선으로 전달되는 과정에서 하중전달 변화와 대선 흘수와의 관계를 그림 9-19에 나타내었다.

이러한 관리도는 탑재과정에서 하중 불균형등의 이상징후가 발생할 경우 흘수변화를 관리하는 것에 의해 발견하도록 한 것이다. 그 결과 동교의 일부로서 대선의 Pitching현상을 나타낸 것은 대체적으로 안정된 탑재라고 할 수 있다.

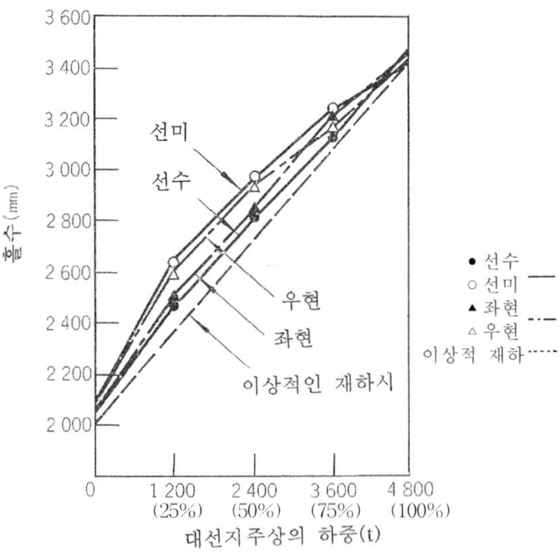

그림 9-19 대선적재시의 하중전달변화 및 흘수변화

9.4.3 가설단계의 변형과 여유(Clearance)

교량의 각 가설단계의 변형을 계산하고 그림 9-20, 각단계마다 실교량계측을 하

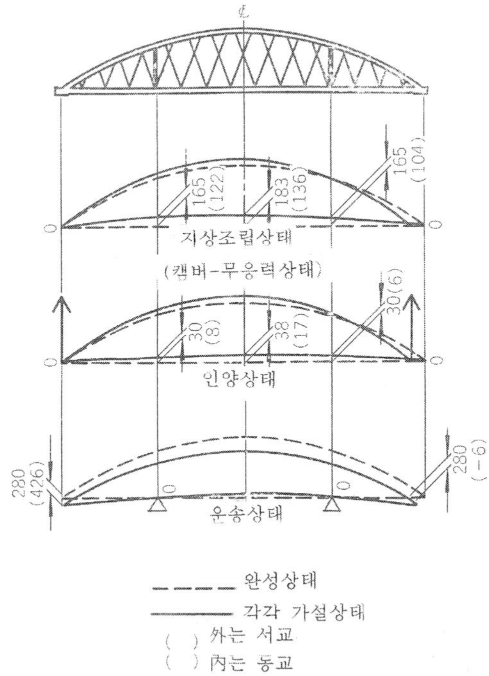

그림 9-20 가설단계별 교량변형

여 형상을 관리하였다. 특히 운송가설시의 거더선단부 대선지주 위치로 부터의 처짐은 일괄가설시의 교량거더와 기설치된 교각받침과의 여유(Clearance)에 중요한 부분이다.

따라서 대선지주의 높이 대선의 흘수, 대선과 해저면과의 여유(Clearance) 등의 검토를 하였다(그림 9-21).

여기서 가설직전의 교량거더와 받침과의 여유(Clearance)는「9.3.1」에 기술했던 검토를 참조하여 500mm로 정하였다. 산출근거는 다음과 같다.

- 대선 Trim 잔여량 : 100mm
- 대선 Heel 잔여량 : 50mm
- 요동에 대한 여유 상·하량 : 50mm
- 종방향 요동 : 280mm
- 횡방향 요동 : 10mm
- 기타 : 10mm

가설시 여유(Clearance) : 500mm

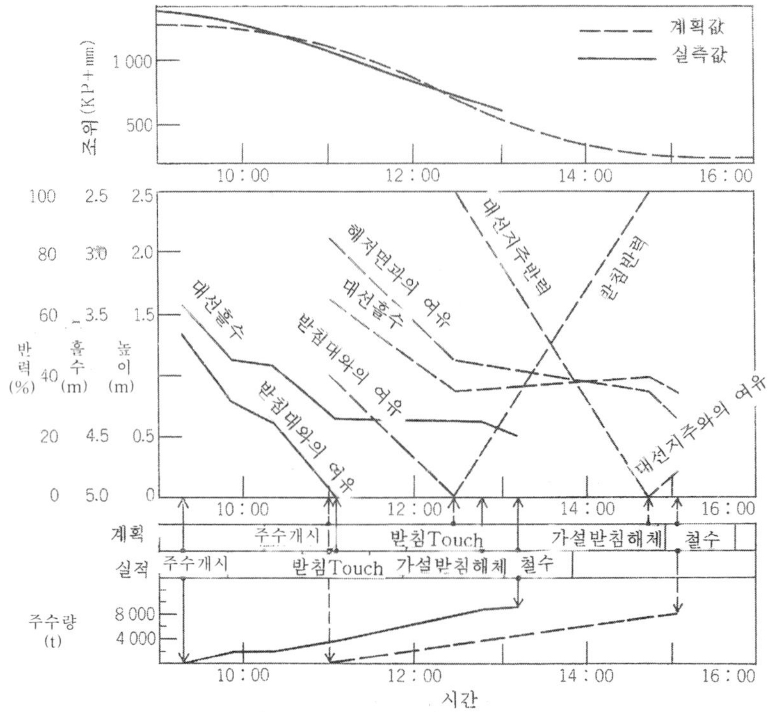

그림 9-21 대선 주수하강의 계획과 실적

여유(Clearance) 500mm는 해면수위 KP+1.0m의 경우를 기준으로 하였고, 실제적으로 조위와의 관계로 인해 서교는 850mm, 동교는 750mm로 하였다.

대선 주수 하강시의 대선흘수, 교량과 받침의 간극등 관리수치계획과 실적을 그림-21에 나타내었다.

9.4.4 케이블의 장력 조정

대선 일괄가설 종료 후에 강바닥판 위의 가설지주를 철거하면서 케이블의 장력조정을 실시하였다. 장력계측은 고유진동수 계측법에 의해 하였고, 사전의 예비실험에서 다음 사항을 확인한 후에 본계측에 들어갔다.

① 진동법과 잭에 의한 장력계측과의 비교

② 진동법에 의한 전체 로프계측의 가능성

③ 로프에 부착되는 가속도계의 위치와 설치수량

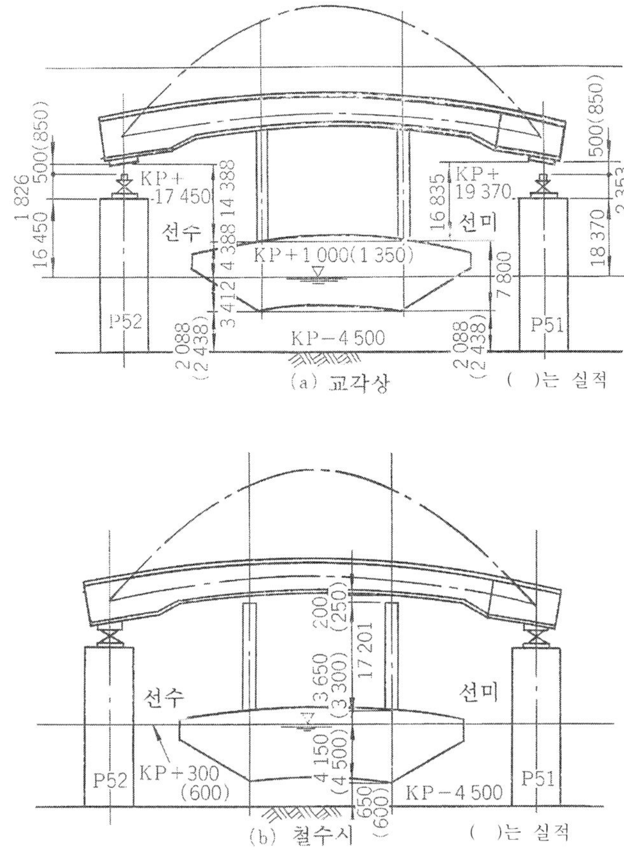

그림 9-22 대선의 일괄가설 계획

④ 로프 휨강성의 영향

결과로서

① 진동법과 Jack 관리는 잘 일치하고 있다.

② 짧은 로프도 고유진동수 계측이 가능하다.

③ 가속도계의 부착위치, 설치수량을 변화시켜서 계측하였고 결과적으로는 차이가 적고 1개소의 가속도계로서 충분하다.

④ LCR를 충실단면으로 한 경우의 강성을 I로 한 경우, 실제 로프의 환산 휨강성 I_{eg}=0.8I로 하면 실험치와 잘 일치하고 있다.

케이블의 장력조절은 오차 5%를 목표로 실시하였다.

10 아라까와교

10.1 교량개요

본교는 연장 146m 복층형식의 닐센로제아치교로서 구조제원은 표 10-1,. 일반도를 그림 10-2에 나타내었다.

본교의 특징은 다음과 같다.

① 복층식(Double-Deck)구조의 닐센계 로제교이다.

② 상부층 주행자의 시각적 압박감을 경감시키고, 주행성을 향상시키기 위해서 스트럿을 없애고 독립된 아치리브가 있는 구조로 하였다.

③ 교량구간 내에서 도로폭원이 변화하고 있으므로 양측 아치가 평행하지 않고, 교면은 사다리꼴 형상이다.

④ 교각방향이 하천의 유심방향으로 설치되고 있으므로 하류측의 아치와는 약 77도의 각도를 가지고 있다.

⑤ 아치형상은 원곡선으로서 라이즈는 32m로 하고 아치단면은 2.0~4.5m로 변화한다.

⑥ 케이블간격은 10m를 기본으로 하고, 상부의 보강거더에서 서로 교차할 수 있도록 68°의 일정각도로 기울기를 통일시키고 하층의 케이블은 상층 보강거더를 관통하고 있다.

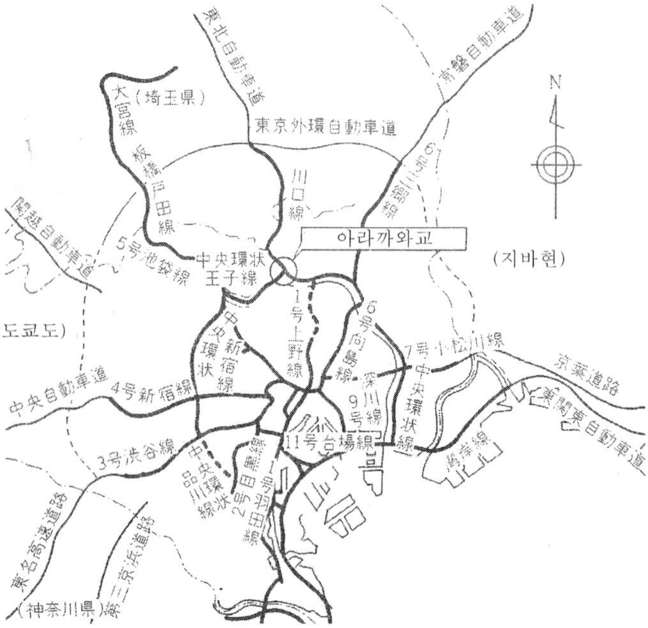

그림 10-1 아라까와 아치교의 위치

표 10-1 교량 제원

항목	제원
도로구분	제2종 2급, 설계속도 : 60km/h
교량규격	1등교(TL-20)
교량형식	복층형식의 닐센로제 아치교
연 장	146.207m
지 간 장	142.241m(상류측), 141.133m(하류측)
아치간격	21.909~26.481m
도로폭원	P_4측 : 16.756m(하층) P_5측 : 8.509m(A-Line)+8.266m(D-Line)
라 이 즈	32m(라이즈비 : 1/4.4)
케이블재	HiAm 앵커 케이블(∅7×37~73본)
강재중량	4,000tonf · 주구조 : 2,690, 케이블 : 50 · 부속시설 : 160, 강바닥판 : 1100
가설중량	3,350tonf(본구조체 : 2,900, 가설재 : 350)

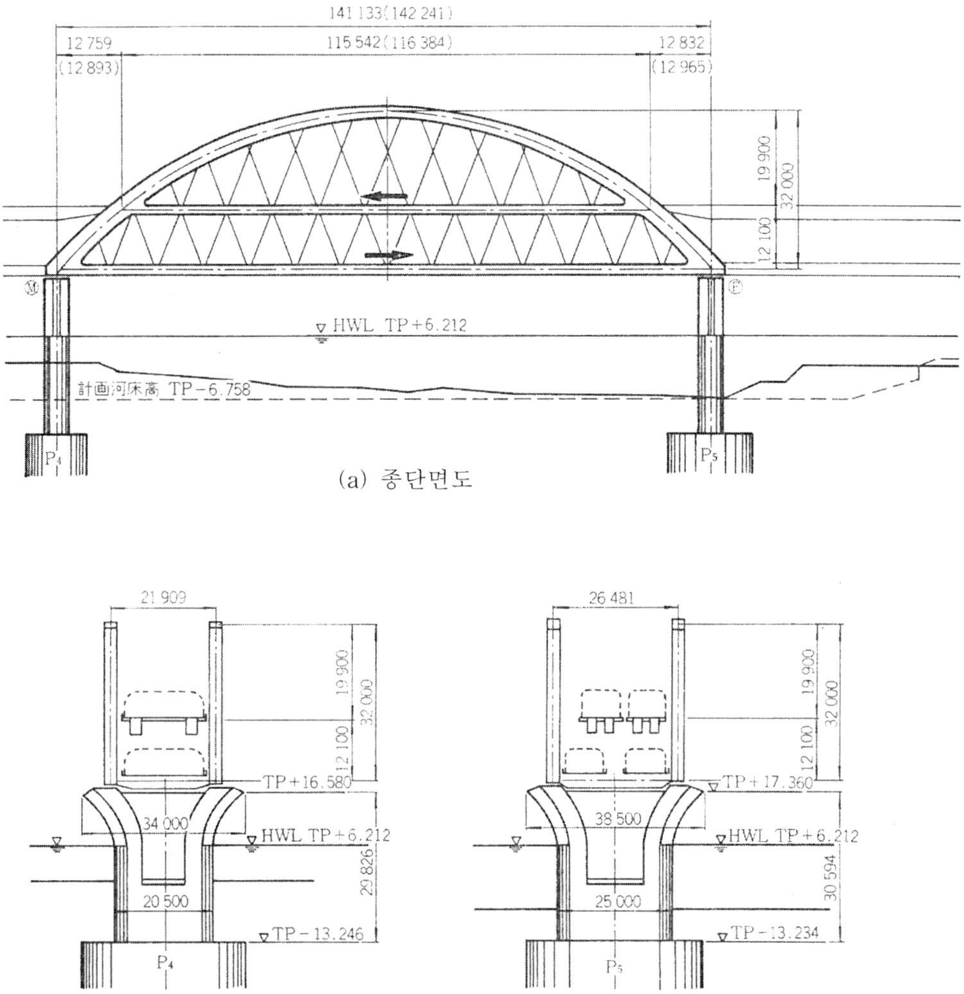

(b) P_4 횡단면도

(c) P_5 횡단면도

그림 10-2 아라까와교 일반도

10.2 가설공법의 선정

10.2.1 주변현황

본교가 횡단하는 아라강은 1급하천이므로 아래의 조건을 고려해서 가설공법 선정을 하였다.

① 공사기간은 11월부터 다음해 5월까지 갈수기간이다.

② 항로폭(최저 : 50m)를 확보한다.

③ 통과선박(40~60대/일)의 영향을 최대한 반영한다.

10.2.2 가설공법의 선정

앞의 조건을 고려하여 아래의 2개안을 비교 검토하였다.

(1) 대선에 의한 일괄가설공법

본 공법은 가교지점부근의 지상조립장에서 케이블을 포함한 구조체부분을 지상조립한 후 대선에 탑재하고, 가교지점까지 운송하여 일괄가설하게 되므로 일괄가설시에 10시간정도의 항로 폐쇄가 필요로 하게 된다.

(2) 케이블 가설공법

본공법은 각 교각에 철탑을 설치하고 케이블 크레인에 의해 아치리브를 들어올린 후 보강거더를 직접 매달게 하는 공법이다. 교각은 아치와 약 77도의 각도를 가지고 있으므로 가설용 문형철탑의 편측 기둥기초로서 하천내에 가대가 필요로 하게 되고 철탑을 지지하는 와이어를 철거하기 까지는 인접공구의 시공을 할 수 없는 문제가 있다.

게다가 가설작업이 1번 갈수기로서 종료할 수 없기 때문에 와이어 및 주앵커가 홍수기에도 존재하게 되므로 계획수위보다 상부면에 설치하는 것이 필요하다.

이상의 2개안에 대해 검토한 결과, 아래의 이유등에 의해「대선에 의한 일괄가설공법」을 적용하였다.

① 일괄가설공법은 케이블 가설공법에 비해 하천통과선박에 대한 영향이 적다.

② 일괄가설공법은 케이블 가설공법에 비해 공정이 짧다

③ 홍수기에서 작업을 고려하지 않는 경우 케이블 가설공법에서는 불안정한 구조계상태로서 태풍에 직면할 가능성이 있다.

10.3 가설공법의 개요

10.3.1 공법의 특징

본교의 '대선에 의한 일괄가설공법'은 폰-툰공법에 비해 다음 특징을 가지고 있다.

① 아라강 하구에서 가설지점구간의 기존교량 하부를 통과할 수 있는 항로한계가 항로폭(19.0m), 형하고(최대 : 4.0m)로 제한되어 사용가능한 대선은 2000DWT급(제원 : 50m×18m×3m)까지로 되고, 일괄가설중량 3350tonf을 고려한 검토결과 2000DWT급 대선을 4대 연결하여 사용하였다.

② 일괄가설시의 예항용 예인선(Tug-Boat)의 크기에도 제한이 있어, 750PS급이 최대로 되기 때문에 예인선을 10대 사용하였다.

③ 지상조립후 교량본체는 하천내에 약 74m 횡이동한후 약 13m 인양해서 대선에 탑재하였다.

④ 일괄가설에 대해는 조위차뿐만 아니라, 대선 내부로의 주수에 의해 흘수조정을 하고 교각위까지 잭업을 동시에 적용하였다.

⑤ 지상조립에서부터 일괄가설까지의 작업을 1회의 갈수기(7개월)내에 종료하였다.

10.4 지상조립

지상조립에서는 가설지점 상류 약 1km에 있는 아라강 좌안하천부를 이용하여 다점지지 상태에서 조립하였다. 지상조립에 앞서 지반개량을 하고, 벤트기초로 하였다.

기초는 벤트해체시에 큰 반력이 발생하고 횡방향 이동시에도 지점이 되는 양단지점부는 강관말뚝(Ø600), 그 이외의 벤트위치는 H형강 말뚝(H-400)으로 하고, 말뚝두부는 콘크리트 기초로 하였다. 기초상단고는 고수부지 지반고와 같게 하여 홍수

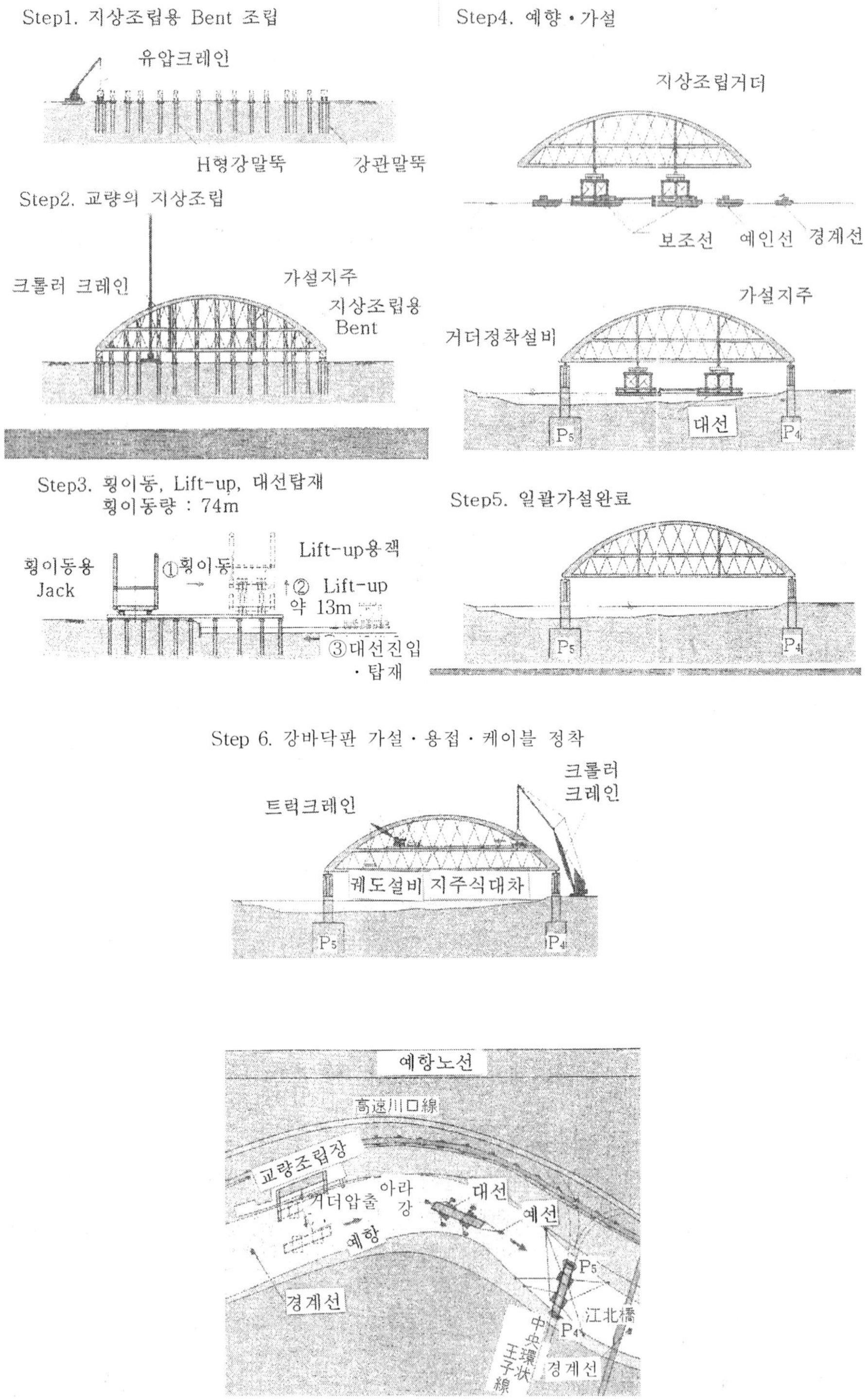
Step1. 지상조립용 Bent 조립
유압크레인
H형강말뚝
강관말뚝
Step2. 교량의 지상조립
크롤러 크레인
가설지주
지상조립용 Bent
Step3. 횡이동, Lift-up, 대선탑재
횡이동량 : 74m
횡이동용 Jack
①횡이동
② Lift-up 약 13m
Lift-up용잭
③대선진입 · 탑재
Step4. 예항 · 가설
지상조립거더
보조선
예인선
경계선
가설지주
거더정착설비
대선
P5
P4
Step5. 일괄가설완료
P5
P4
Step 6. 강바닥판 가설 · 용접 · 케이블 정착
트럭크레인
크롤러 크레인
궤도설비
지주식대차
P5
P4
예항노선
高速川口線
교량조립장
거더압출
아라 강
대선
예선
예항
경계선
P5
P4
江北橋
中央環状王子線
경계선

그림 10-3 시공 순서도

기에도 존치하였다.

본교 제작시 각각의 부재는 수상운송을 하고, 각 제작공장에서부터 대선에 의해 도쿄항까지 운반한 후, 항내에서 싣고 아라강을 따라 역으로 올라가서 현지까지 수송하였다. 시공기간이 갈수기로 한정되어 있으므로 지상조립에서는 하층부 주거더, 아치리브 순서로 하고, 강바닥판은 다음의 갈수기에 가설하는 것으로 하였다. 지상조립시 각 단계에서 아치리브(주구)면의 평판도, 평면대각 길이, 캠버등의 측정을 하고, 가조립시의 검사성적과 비교하였다. 지상조립 현황은 사진 10-1에 나타내었다.

아치리브폐합 후 케이블 설치를 하였다.

본교케이블은 상층주거더용, 하층주거더용이 각각 독립한 상태이고, 어느것이든 아치리브에 정착된다. 케이블의 길이 및 장력은 완성계 지점지지상태로 설정되고 있으므로 다점지지상태에서 장력을 도입하였다.

그 후 대선탑재상태, 가설완료 후 지점 지지상태로 구조계가 변화하는 것에 따라 케이블의 허용장력을 만족하지 않는 상태가 되는 것을 생각해 볼수 있다.

그러므로 가조립시에는 케이블 장력을 「설계길이+가조립시 정착점간의 거리오차」로 해서 설치하는 것으로 했다. 장력조절은 강바닥판의 가설, 용접완료 후에 하는 것으로 했다.

사진 10-1 지상조립 전경

본교의 가조립에서는 부분적으로 평면조립을 하고 있으므로 각각의 가조립시 실측 데이터에 기초해서 전체구조의 시뮬레이션을 하고 정착점간 거리를 산출하였다.

케이블은 풀어 놓은 상태로 유지해서 윈치 및 유압크레인을 이용하여 인출, 인양 및 아치리브내부로 인입설치를 하였다.

10.5 주요설비

10.5.1 횡방향 이동설비(그림 10-4)

강관말뚝기초(육상부 : Ø600, 하천부 : Ø700)위에 거더높이 약 2m의 I-거더를 배치하고 그위에 미끌림이 되는 극후 H강을 격자로 올려 사용하였다.

또 거더받침점 최하단에는 저면부에 테프론판을 펼쳐서 윤활유를 도포하고 연직슬라이드 잭(용량 : 200tonf, 4지점× 8대)을 설치하여서 상부공의 반력을 조정하였다. 구동장치로서 수평잭(용량 : 50tonf, 4지점×4대)를 사용하였다.

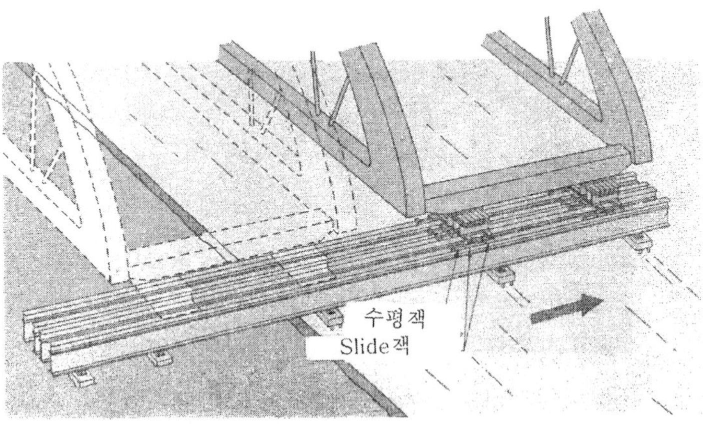

그림 10-4 횡방향 이동 개요도

10.5.2 Lift-up 장치(그림 10-5)

횡이동 후 대선에 탑재할 높이를 확보하기 위해 약 13m정도의 Lift-up이 필요하였다. Lift-up방법으로서는 전용잭을 사용하는 방법과「유압잭+보조설비」를 사용하는 방법이 있다.

전용잭을 사용하는 방법은 'Lift-up설비의 지상조립을 한다는 것'과 '조립・해체가 매우 짧다는 것' '대선탑재작업을 1일 안에 종료할수 있다는 것'의 장점이 있고,「유압잭+보조설비」방법은 조립・해체기간이 앞서의 방법보다 비교적 길고, 대선탑재까지는 5일정도가 예상되므로 작업도중 불안정한 상태에서 수일간 존치하게 된다.

이상의 검토로부터 전용잭을 사용하는 것으로 하였다.

Lift-up장치는 횡방향 이동용 기초말뚝과 동일직경의 강관말뚝위에 높이 약 20m의 기둥을 설치해서 Lift-up 잭(용량 : 200tonf, 4지점×6대)을 설치하고 교량본체의 하층단 가로보를 인양하는 구조로 하였다.

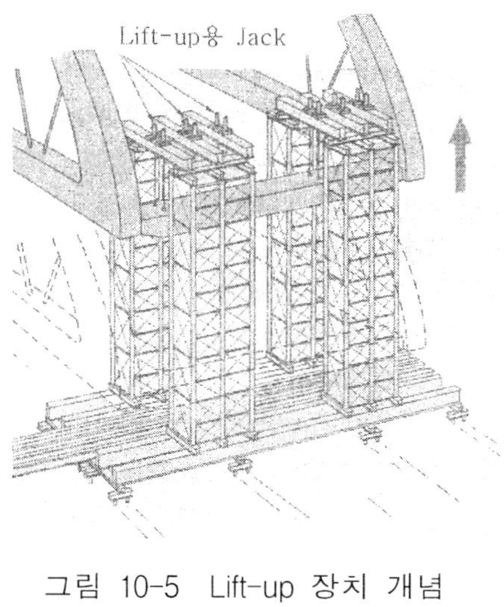

그림 10-5 Lift-up 장치 개념

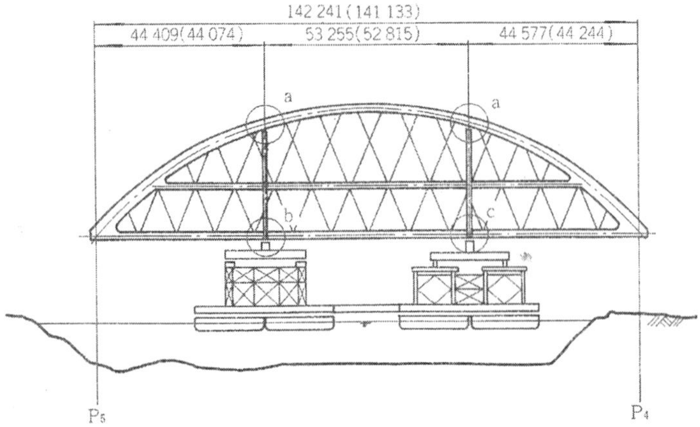

(a) 대선 탑재 종단면도

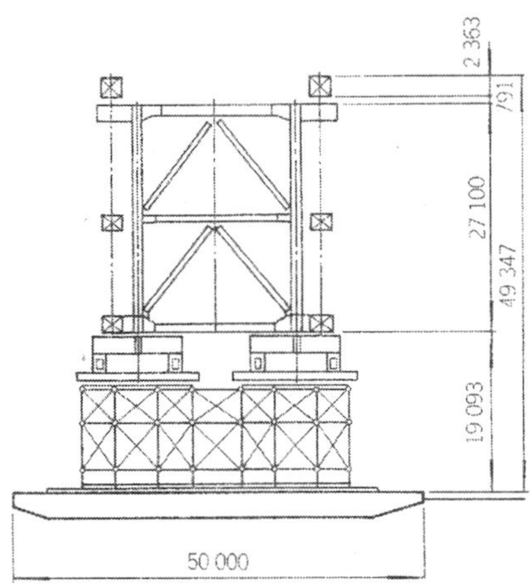

(b) 대선 탑재 횡단면도

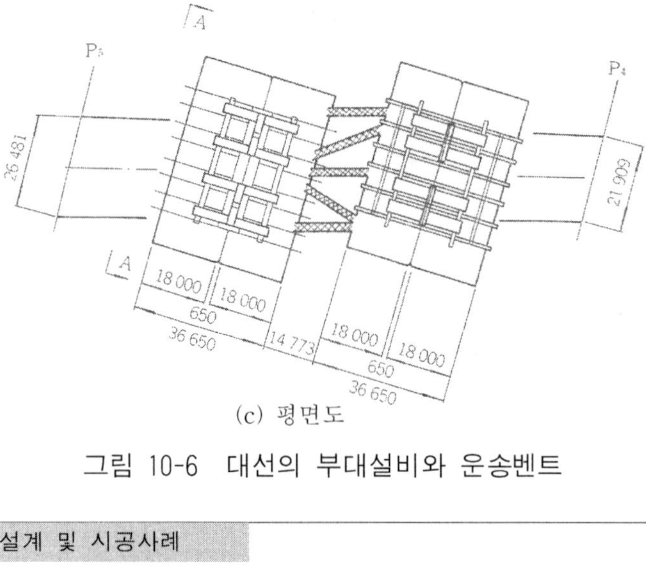

(c) 평면도

그림 10-6 대선의 부대설비와 운송벤트

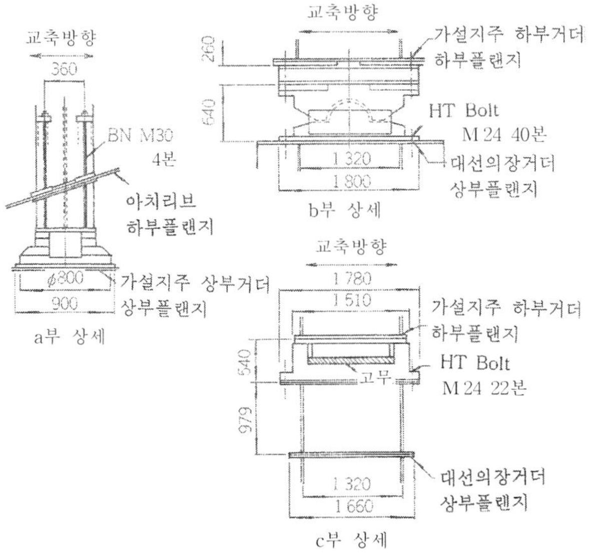

(d) 주요 부재 상세도

그림 10-6 대선의 부대설비와 운송벤트(계속)

10.5.3 대선의 부대설비(그림 10-6)

기 시공된 교각보다 높은 위치에 교량을 실어서 가설지점까지 예항해야 하므로 대선상에 약 20m의 운송벤트를 조립하였다. 대선탑재시와 일괄가설시에 구조계가 다르고, 대선의 운송벤트와 교량과의 접속부에서 수평변위와 회전변위가 발생하므로 임시받침을 설치해서 변위를 흡수하였다. 또 4대의 대선연결방법은 우선 2대의 대선 갑판위를 거더높이 약 2m의 I거더로서 연결하고, 그 위에 운송벤트를 조립함으로 인해 2대의 대선을 일체화시켰으며, 다음에 2대의 대선간에는 간격유지재(H-900)를 트러스 상태로 배치시켜 연결하였다.

10.5.4 가설지주

대선 탑재시의 반력을 아치리브에 압축력으로서 전달시키므로 가설지점 위치에 박스형 단면의 가설지주를 설치하였다. 가설지주는 하층 주거더와 강결되어 있고,

상층거더와는 연결되지 않으므로 아치리브와는 임시받침으로 지지되고, 앵커볼트로서 고정하였다.

10.6 가 설

10.6.1 횡이동

지상조립완료후 캠버조정, 고장력볼트의 체결을 하고, 하층 주거더용 벤트의 하중을 제거하였다. 횡이동은 양단지점을 슬라이드잭으로서 지지하고, 횡이동용 궤도위를 수평잭에 의해 74m 수평이동 시켰다. 1 사이클의 개념을 그림 10-7에 나타내었다. 1 사이클(600mm)에 약 10분 소요되므로 1일 약 25m 횡이동을 하고, 3일에 걸쳐 시행하였다.

횡이동용거더의 기초는 앞에서 기술한 바와 같이 강관말뚝을 사용하였고, 기초말뚝의 부등침하를 고려해서 슬라이드잭의 반력을 실시간으로 확인할 수 있도록 PC를 이용해서 반력관리를 하고 교량의 불균등하중을 제한하였다.

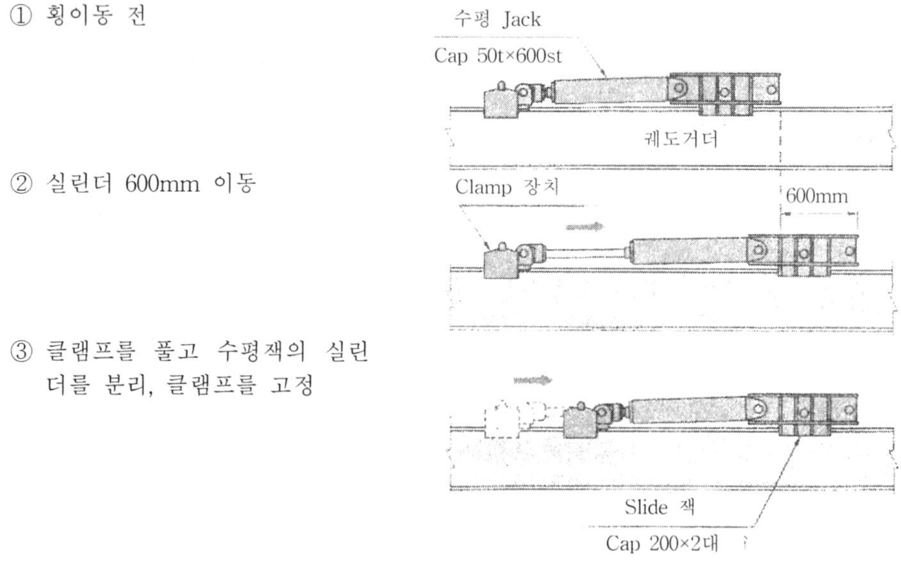

그림 10-7 횡이동 시스템의 개념

10.6.2 Lift-up · 대선탑재

Lift-up용의 전용잭은 그림 10-8과 같다.

Jack의 인양점은 교량구조체의 구조적 제약때문에 단부가로보로 하고 있으므로 아치면(주구)은 캔틸레버상태로 되고, 잭 수량이 24대로 많기 때문에 잭인양점을 지점으로 한 입체해석을 하여 반력을 확인하고 그 값의 120%를 관리치로 설정하였다.

실제 Lift-up시에는 잭반력 · 스트로크(Stroke) · 교량상승량을 PC컴퓨터로서 화면을 표시해서 관리하고, 교량 안전성을 확인하였다. Lift-up 종료 후 대선 4대를 이동하여 교량하면으로 진입을 하고 가설지주 하면의 임시받침 위치가 일치하도록 대선 위치의 미세조정을 하여 고정시키고 Jack-Down해서 대선으로 하중을 이동시켰다. Lift-up · 대선탑재 상황을 사진 10-2에 나타내었다.

대선탑재 후 대선의 진출에 지장이 되는 Lift-up설비의 해체를 실시하고 일괄가설 준비를 하였다.

사진 10-2 Lift-up, 대선탑재 전경

10.6.3 일괄가설

본교가설은 4대의 대선을 연결해서 사용하는 폰-툰공법으로서 종래까지 행하여져 왔던 1대의 대선에 의한 공법과 다르므로 거동이 명확하게 되어 있지 않다.

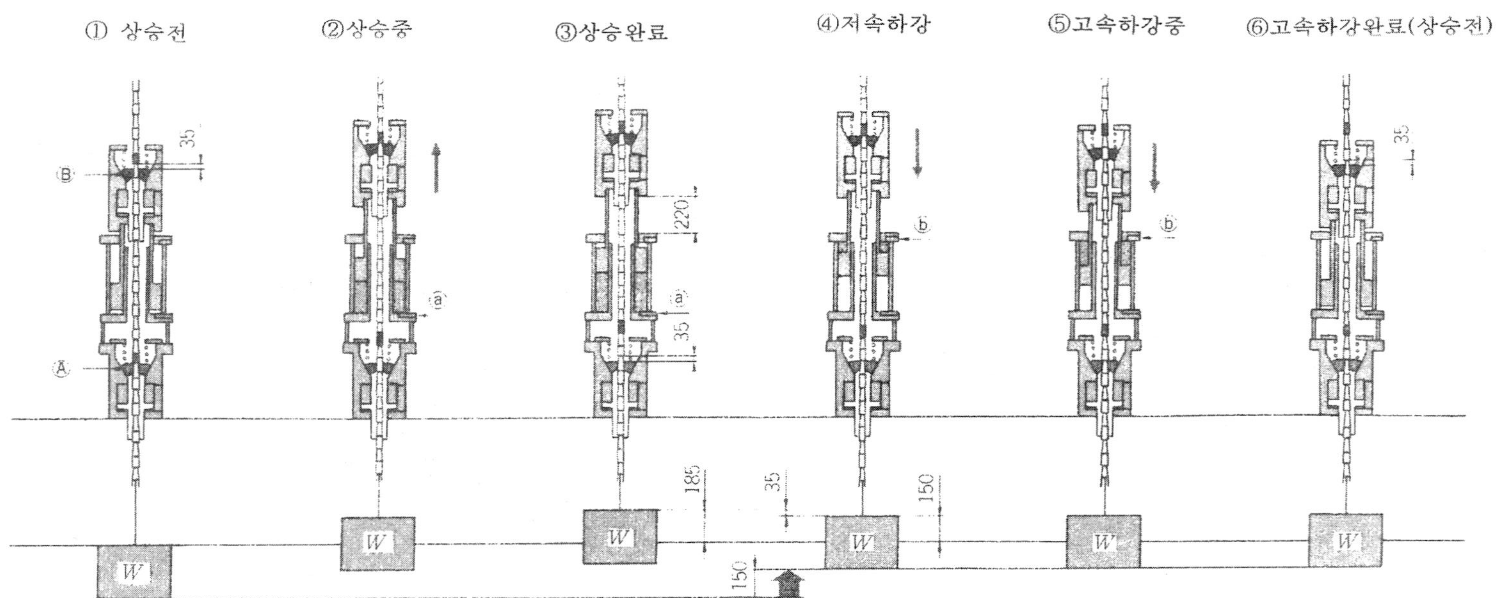

① 상승전
1)피스톤상승전
2)하중은 Ⓐ둘레 걸려져있다.

②상승중
1)ⓐ에 송유함에 의해 피스톤이 35mm늘어나고 Ⓑ둘레는 Rod에 물려서 상승한다.
2)하중은 Ⓑ둘레로 변환한다.

③상승완료
1)Strong end 220mm까지 늘어난 상태
2)Ⓐ둘레에는 1단하의 Rod step을 건너뛰어 35mm 아래위치에 있다.

④저속하강
1)ⓑ에 송유해서 저속 하강시킨다.
2)하중은Ⓐ주변으로 변환한다.
3)W는 150mm 상승한 것이 된다.

⑤고속하강중
1)저속하강이 완료되고 고속하강으로 전환된다.

⑥고속하강완료(상승전)
1)Ⓑ둘레에는 1단하의 Rod step을 지나서 35mm 아래위치에 있다.
2)1작동이 완료되고 1)과 같은 상태로 된다.

그림 10-8 Life-up 시스템의 개요

따라서 가설에 앞서 그림 10-9에 있는 순서도에 따라서 대선의 안정성 검토를 하였다.

그 결과는 표 10-2와 같다.

본교의 가설지점은 아라강의 하구로부터 약 17km 상류에 위치하고 있으므로 조석오차에 유의하였고 2월초부터 3월초의 1개월간에 걸쳐 조위·유속관측을 실시하

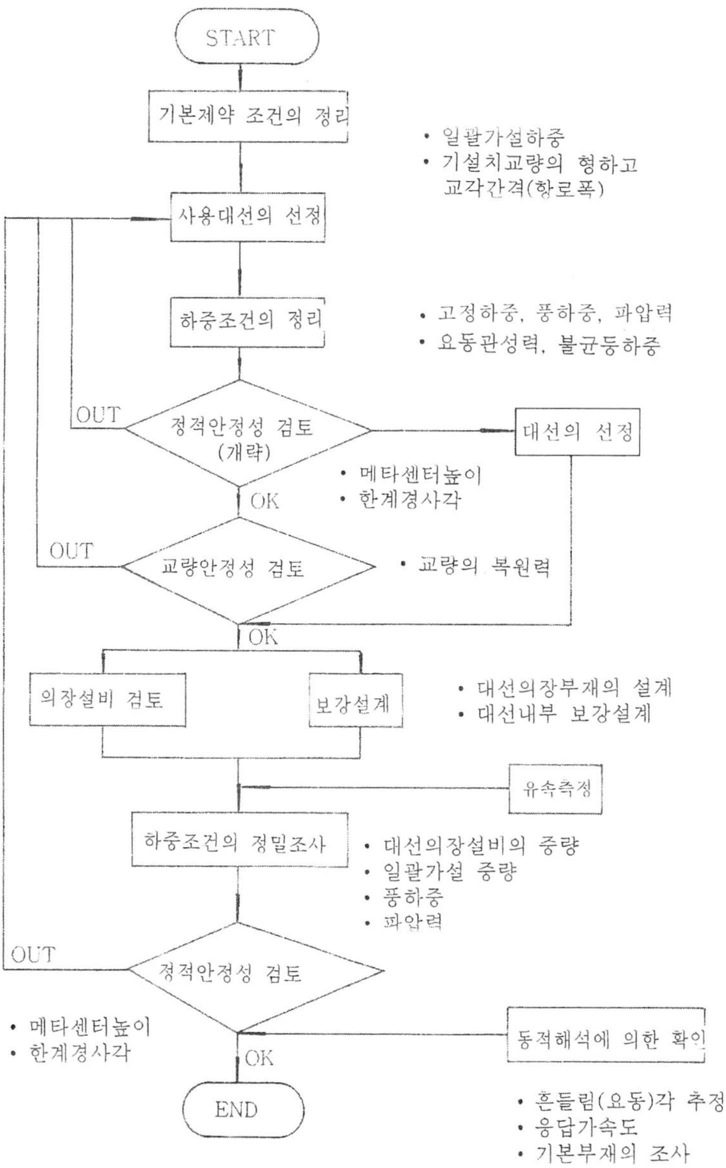

그림 10-9 대선 안정성검토 순서도

표 10-2 대선 안정성의 검토 결과

(1) 정적 안정성	
① 메타센터 높이 > 0	O.K
② 한계경사각에 대한 복원 > 바람에 의한 경사우력	O.K
③ 운송시 파압에 의한 경사각 < 한계경사각	O.K
(2) 동해석	
① 요동각도 Rolling(교측) 1.19°	
Pitching(교축직각) 0.62°	
② 응답가속도	
Rolling(교축) 0.128 > 설계계산 요동관성력= 0.1*1	
(*1 : 대선간 Space를 15%의 축력으로 설계)	O.K
Pitching(교축직각) 0.067 < 설계계산요동관성력=0.1	O.K
(3) 유속측정	
Vmax=0.5m/sec=1knot<가정유속 4knot	O.K
(4) 대선의 부대설비 설계	
① 거더'1'~기둥 각부재	
요동관성력 0.1 > 요동해석결과 0.67	O.K
파압력 예항속도 4knot > 유속측정 1knot	O.K
풍하중(V10× $\sqrt{1.5}$)/2 = 26.3m/sec	O.K
② 거더'6' 파랑에 의한 단면력 설계	
파랑에 의한 전단력의 Bolt 설계	O.K
③ Space *1보다 연직하중의 15%축력의 설계	O.K
(5) 교량 부재력의 조사	
대선간의 상대경사각 0.62°로서	
각 부재 합성응력조사	O.K

였으며, 그 데이터를 이용하여 가설당일의 조위변화를 추정하였다.

그 결과 조위차 만으로는 가설이 거의 어렵다고 판단되어 교각거치는 조위차 외에도 교각에서의 잭업, 대선의 주수조정을 혼용하였다.

Ballast조정에 있어 사용하는 대선이 작고, 강도의 문제 때문에 교각에서의 반력이 전체 반력의 1/2에 도달하는 시점에서 각각의 조정량을 산출하였다.

산출결과로부터 조위차에 의해 42m, 잭업에 의해 45m, Ballast조정에 의해 34m (P_4측) 및 56m(P_5측)의 조정을 하는 것으로 하였다(표 10-3).

상기와 같은 검토를 거쳐 93년 4월 14일에 일괄가설을 실시하였다.

당일은 가설지점부근의 아라강을 약 10시간동안 항로폐쇄를 하고, 예정된 15 : 00

사진 10-3 아치교의 운송 전경

표 10-3 Ballast 조정량 산정결과

구 분		P4	P5
거더중량		1,497tonf	1,780tonf
반력해제에 따른 흘수변화량 거더변형 대선이탈시의 여유량		0.83m 0.08m 0.30m	0.99m 0.14m 0.30m
합 계	A	1.21m	1.43m
잭업량 조위변화	B C	-0.45m -0.42m	-0.45m -0.42m
Ballast 조정량 (주수량)	D	0.34m (612tonf)	0.56m (1,008tonf)

※ D=A-(B-C)

시에 항로폐쇄를 해제하였다. 가설당일의 조석추정치와 실측치의 비교 및 시간계획을 그림 10-10에 나타내었고 운송전경을 사진 10-3에 각각 나타내었다.

10.7 가설공정

지상조립에서부터 일괄가설 및 가설비 해체까지의 실시공정을 표 10-4에 나타내었다.

92년 11월에 가설준비를 착수하여 지상조립은 93년 3월까지 5개월에 걸쳐 시행하였으며 횡이동과 Lift-up단계를 거쳐 93년 4월 14일에 가설을 완료하였다.

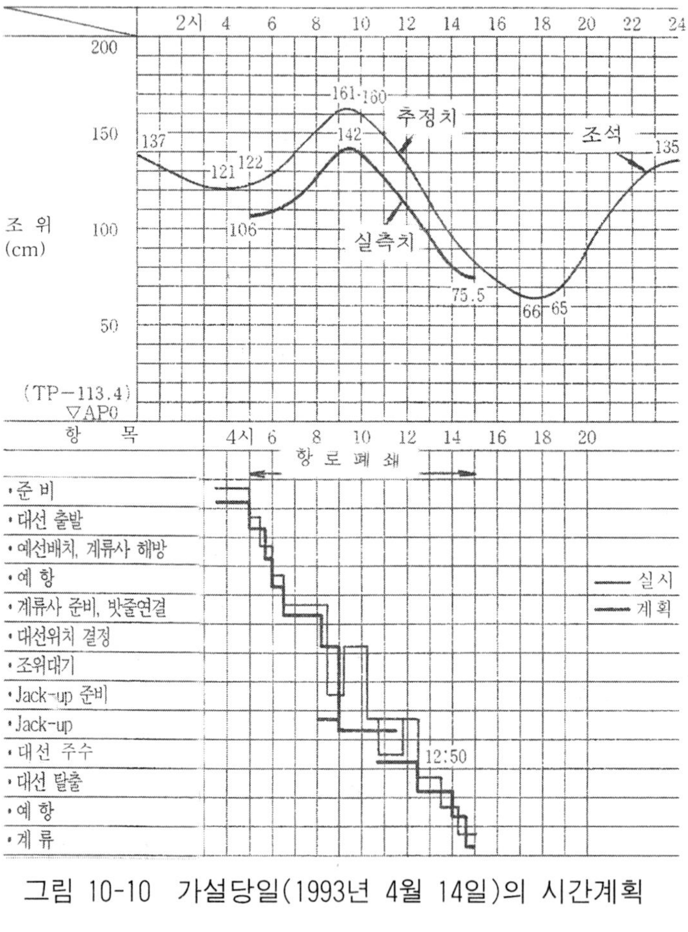

그림 10-10 가설당일(1993년 4월 14일)의 시간계획

표 10-4 실 시 공 정

년 월 / 공 종	92년		93년									
	11	12	1	2	3	4	5	6	7	8	9	10
준 비 공												
지 상 조 립 공												
횡이동 가시설 설치공										횡이동 : 3/24~26		
Lift-up 설비공										Lift-up : 4/6		
대선의 부대시설												
일 괄 가 설								4/14				

갈 수 기

11
와레이와교

1985년 3월에 준공한 본교는 연장 75m, 폭원 3m의 중로식 닐센로제거더교 보행자 전용 교량이다. 가설위치는 도심에서 약 50km 떨어진 자연공원의 중심에 있는 곳으로서 하천에 연한 캠프장, 보트장 등이 있는 하천공간을 배경으로 하고 있다.

이러한 환경장소에 가설되는 교량이기 때문에 지역주민이 공용으로 이용하는 것은 물론이고, 주변의 경관과 조화시켜서 관광지의 상징성을 나타낼 수 있는 형식으로서, 바스켓 핸들형 중로식 닐센로제거더교가 채택되었다.

이 형식은 보행자 전용교로서는 당시에 일본에서 실적이 적은 구조였었나.

11.1 설계개요

와레이와교는 자연을 즐기기 위해 사람들이 모여드는 하천 바로 위 15m를 횡단하기 때문에 주변에서의 경관은 물론 휴식하는 사람들의 시선이 집중되는 구조물이므로 세부구조에 대해 미관을 고려하여 설계하였다.

이하에 설계시 고려하였던 특징에 대해서 기술한다.

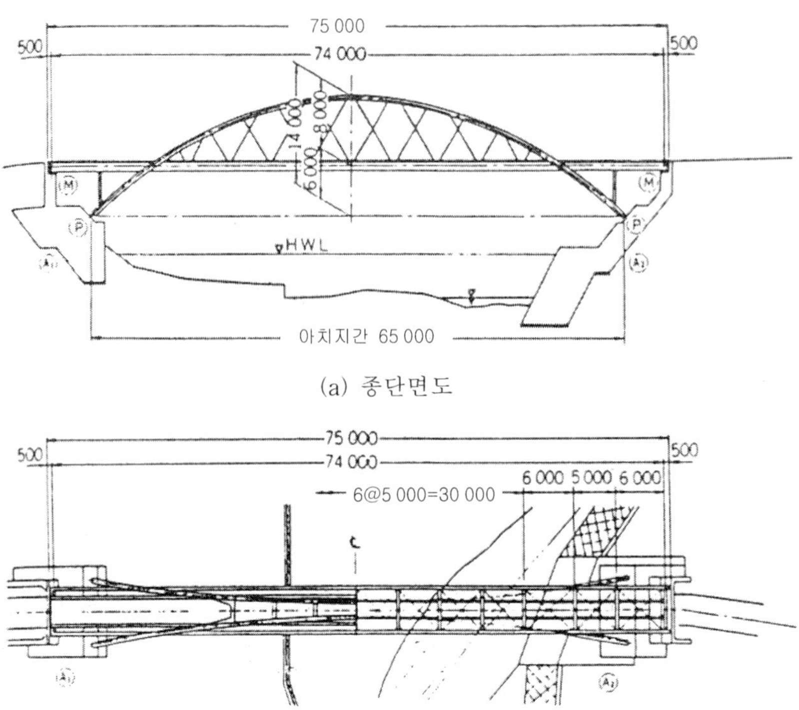

(a) 종단면도

(b) 횡단면도

(c) 평면도

그림 11-1 와레이와교 일반도

(1) 아치리브

① 강관의 적용

강관구조는 외관적으로 대단히 경쾌하고 부재의 곡선형상으로 인해 보는 사람으로 하여금 개방감, 편안한 분위기를 주기 때문에 본교 가설시점의 환경조건으로는 최적인 것으로 생각되어 채택되었다.

② 접합부

부재의 접합은 미관을 고려하여 용접접합을 고려하였다. 본교의 경우 직경이 600㎜이기 때문에 용접시공상 일반적인 형식의 다이아프램설치는 극히 곤란하게 된다.

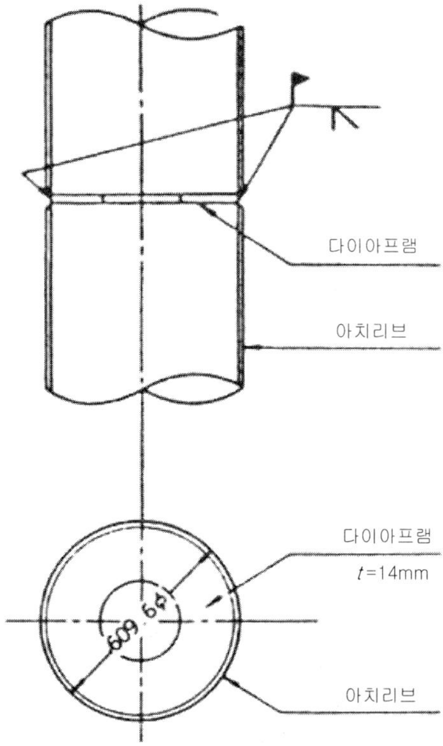

그림 11-2 용접접합부의 구조

따라서 강관의 형상유지 및 강성확보등의 목적을 위해 그림 11-2에 나타난 바와 같이 Back Plate를 붙인 다이아프램을 접합부에 설치하였다.

(2) 보강거더

단면력이 작으므로 I형단면으로 하였으며 외측면은 미관을 고려하여 장식용판을 부착하였다.

(3) 케이블

① 재 료

나선형 로프, Lock Coil, Prehalf Parallel Wire의 각 부재에 대해서 비교검토한 결과 케이블에 작용하는 축력이 작으므로 경제성을 고려하여 나선형 로프를 채택하였다.

② 압축력의 처리

케이블에 발생하는 압축력의 처리를 위해 여러 방안을 검토하였으며, 본교의 경우는 보도교로서 고정하중이 작고, 압축력 발생을 해소하는 것이 매우 곤란하기 때문에 케이블에 프리스트레스를 도입하는 방법을 적용하였다.

(4) 기 둥

① 기둥재료의 선정

아치리브를 강관구조로 했기 때문에 미관적인 조화를 최우선으로 고려하여 강관을 적용했다.

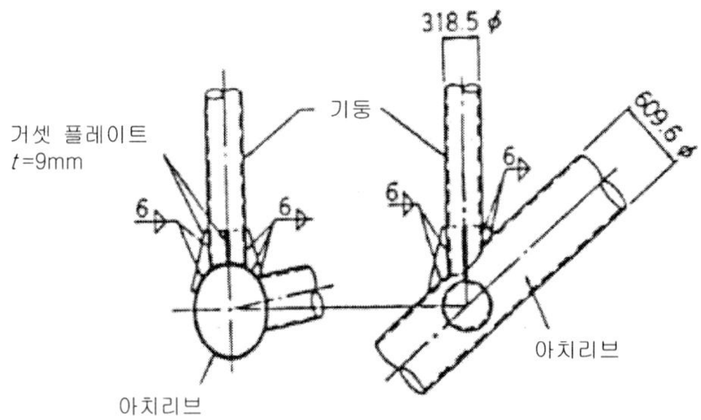

그림 11-3 기둥의 격점구조

② 기둥의 격점구조

통상 기둥에 강관을 사용하여도 카르만(Karmann)와류에 기인하는 진동에 의해 격점구조부의 피로가 문제로 된다. 그러나 본교의 경우는 기둥이 짧고, 기둥의 진동수도 크므로 거의 문제가 없다. 따라서 시공성(현장용접), 미관, 방식성을 고려하여 아리치브 접합부는 그림 11-3과 같은 고정식의 격점구조로 하였다.

③ 케이블의 배치

케이블의 배치에는 싱글와렌 방식과 더블와렌 방식이 있다. 본교의 경우는 미관을 우선적으로 고려하여 그림 11-1에 표시한 바와 같이 더블와렌 방식을 적용하였다.

(5) 아치리브와 보강거더의 교차부

① 교차부의 형식

중로식 아치교에서 아치리브와 보강거더를 강결구조로 한 사례는 다수 볼 수 있으며 아치리브와 보강거더를 동일면상에서 강결구조로 한 형식, 즉 중로식 닐센로제거더는 과거의 예가 없으며, 본교가 일본에서는 최초가 된다.

본교에 이러한 형식을 적용한 이유는 다음과 같다.

i) 미관적으로 닐센형식이 최적으로 평가되었다.

ii) 아치리브와 보강거더를 동일면에 배치하는 것에 의해 미관적으로 유리한 구조가 된다.

iii) 면외방향에 구속(스프링지점으로 됨)을 받으므로 면외방향으로의 좌굴안정성이 증대된다.

iv) 부정정차수가 증가하여 진동에 대해 유리한 거동을 나타낸다.

② 교차부의 구조

용접시공에서 발생하는 문제점을 최소화시키기 위해서 교차부의 파이프 내부는 보강거더로부터 전달되는 축력에 견딜 수 있는 다이아프램을 배치만 하는 간단한 구조로 하였다.

③ 케이블의 정착구조

닐센형식의 교량에서는 케이블의 정착방법이 가장 중요하고 어려운 공종이다. 미관적으로 복잡한 정착부는 주구단면 내에 들어가는 것이 좋다. 본교의 경우에는 주구단면이 작으므로 곤란해진다. 따라서 그림 11-5와 같은 구조로 하였다.

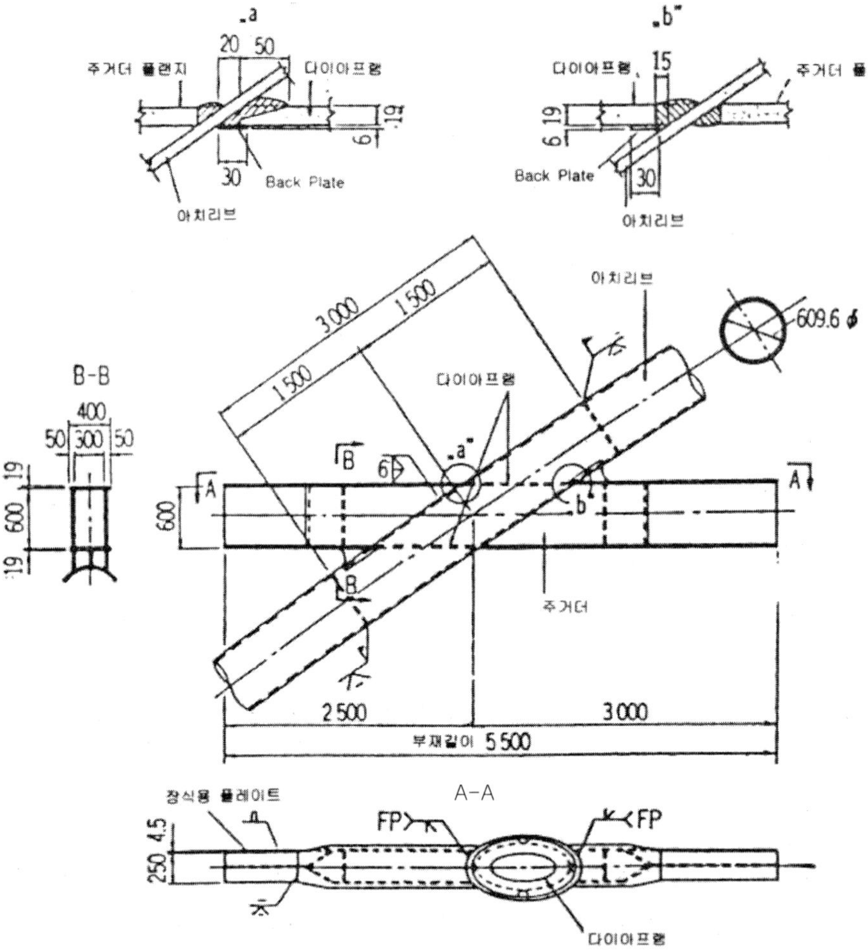

그림 11-4 교차부의 구조상세

11.2 시공개요

11.2.1 공사개요

- 공사기간 : 1984. 6. 20 ~ 1985. 3. 20
- 사 업 비 : 1억3천만엔(주변 정비공사 포함)
- 형 식 : 중로식 닐센로제교
- 교량규격 : 보도교
- 교량연장 : 75m
- 유효폭원 : 3m
- 강재중량 : 85.876tonf (380kgf/m²)

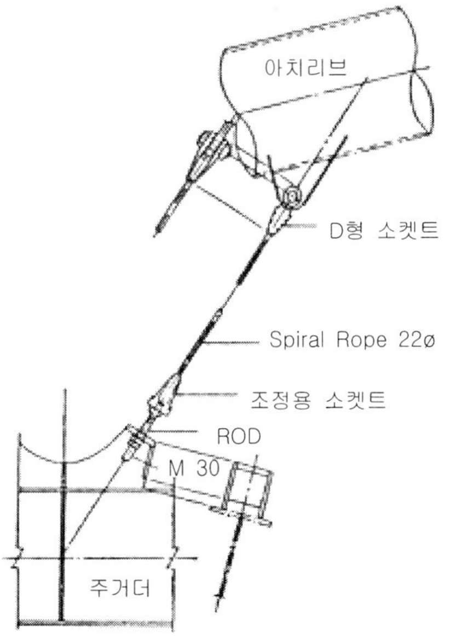

그림 11-5 케이블의 정착구조

11.2.2 시공공정

그림 11-6에 상부공사의 실제공정을 나타내었다.

현장공사는 갈수기시공을 위해 짧은 공기중에서 대부분의 공종이 Critical path가 되므로, 각각 공종의 공사일정을 준수하는데 노력하였다.

이러한 결과로 가설·용접·케이블의 장력조정등은 예정에 맞춰 진행하였으나, 도장공사만은 눈·비에 의해 공정의 지연이 발생하였다. 그러나 기타작업이 연속해서 순조로웠기 때문에 공기내에 준공하는 것이 가능하였다.

11.2.3 공장제작

그림 11-7에 공장제작의 작업순서를 나타내고, 작업시 특히 유의할 점에 대해 기술한다.

(1) 강관의 휨가공

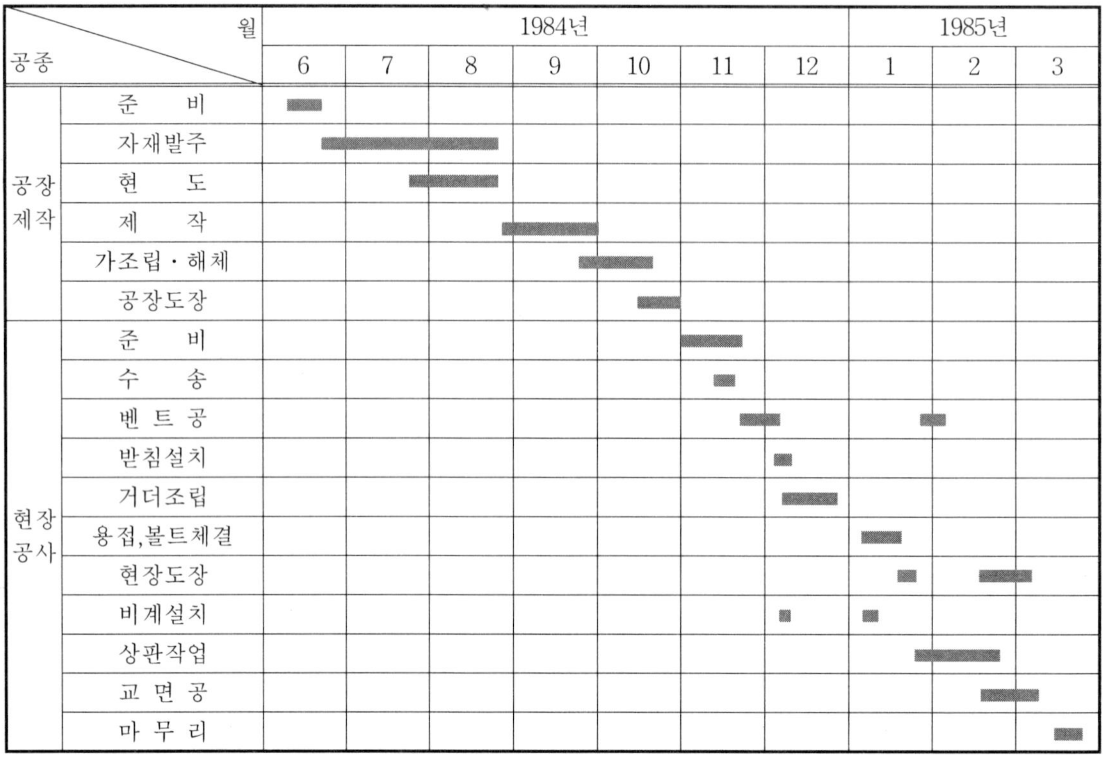

그림 11-6 상부공 실시공정

다음과 같은 특징을 가지며, 고주파 벤딩에 의해 가공하였다.

ⅰ) 두께감소율 및 타원변화율이 극히 작아지도록 가공할 수 있었다.

ⅱ) 치수 정밀도가 높다.

ⅲ) 휨가공부의 내·외면 상태가 양호하다.

ⅳ) 유황등에 의한 재질변화가 없다.

(2) 교차부의 제작

교차부의 제작에서 양호한 용접결과를 확보할 수 있도록 가붙임-용접의 방법, 순서를 검토하고 그림 11-8에 의한 순서에 따라 실시하였다.

(3) 가조립

본교의 가조립은 주구의 상류측, 하류측 2회를 평면 조립하고 전체의 입체 조립을 실시하였으며 치수정밀도 확보에 매진하였다.

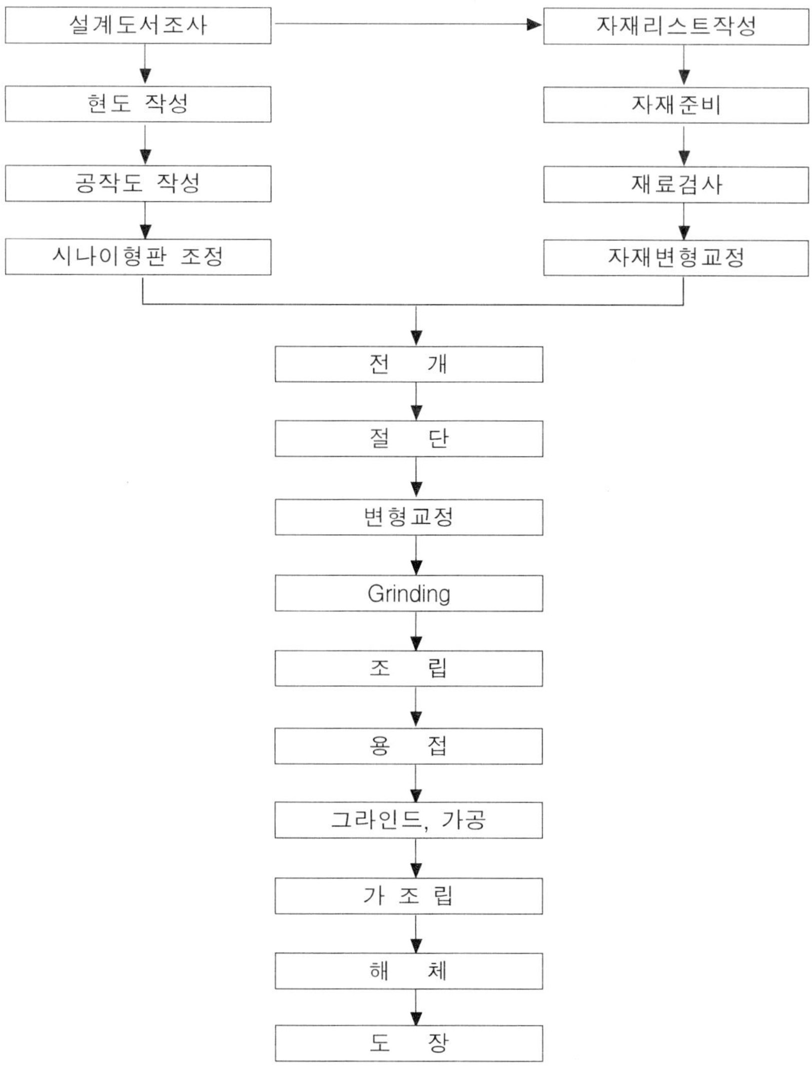

그림 11-7 공장제작 작업순서

11.2.4 현장공사

(1) 가설공법의 선정

현장은 공사용기계, 공사 차량등을 하천 부지내로 반입하는 것이 가능하므로 하천부지내에 공사용도로, 작업장은 비교적 용이하게 시공할 수 있었다. 또 동절기 갈수기시공을 하므로 용수유출에 따른 사고의 위험도 없다. 따라서 가설공법으로서는 가장 경제적인 '크롤러크레인에 의한 벤트공법'을 적용하였다.

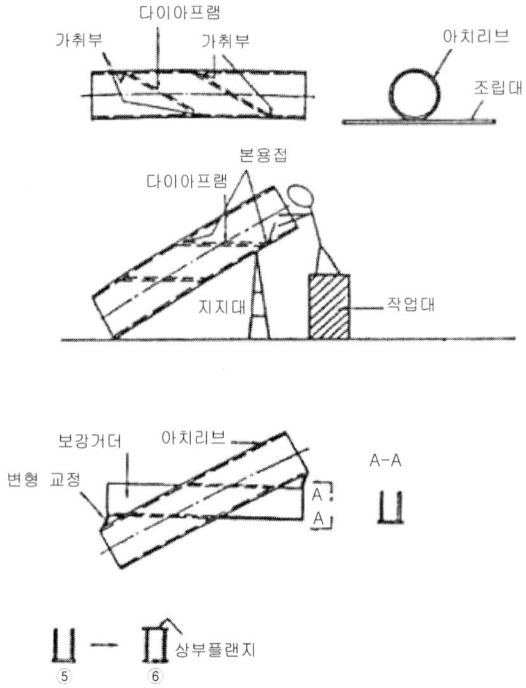

① 조립대에서 전개
② ①상태에서 가접합
③ 다이아프램이 수평이 되도록 부재를 배치하고 이 상태에서 본용접
④ 부재를 역회전하여 ③과 동일한 작업
⑤ 조립대에서 주거더를 가접합
⑥ ⑤의 상태에서 본용접을 한 후 상부플랜지를 최종적으로 용접

그림 11-8 교차부의 용접순서

(2) 가설개요3256

작업은 우선 정지작업을 하지 않고, 복공판을 벤트기초로서 사용하고, 그 위에 H형강의 새들을 조립하여 가설주탑을 설치하였다. 그 후에 공사거더를 가설하고 보강거더의 임시설비를 시공하였다. 가설순서는 그림 11-9에 나타낸 바와 같이 보강거더, 아치리브 모두 상·하류측 부재를 하천부지내에서 조립 연결하고 50tonf의 크롤러크레인에 의해 순차적으로 블록을 가설하였다.

아치리브의 폐합은 임시지주 위에서 잭 조작에 의해 높이조정을 시행한 후에 하였다. 그 후 보강거더 및 아치리브를 가조립 검사단계에서의 치수와 맞도록 조정(캠버조정)하고 용접 및 고장력볼트의 체결 작업을 실시하였다.

용접공사는 숙련공에 의해 수동용접작업을 하고, 용접 종료 후 외관검사 및 37.5% 구간(규정은 30%이상)의 개소에 대해서 초음파 탐상검사를 행하였다.

용접검사 완료 후 보강거더를 잭업하고 그 상태에서 케이블을 설치한 후 보강거더를 잭다운 시켜서 케이블에 프리스트레스를 도입하였으며 제1회의 케이블 장력측정, 조정을 실시하였다. 그 후에 임시지주, 공사거더, 벤트등을 철거하고 바닥판공사, 교면포장공사를 행하고 최종적으로 케이블의 장력측정, 조정을 행하였다.

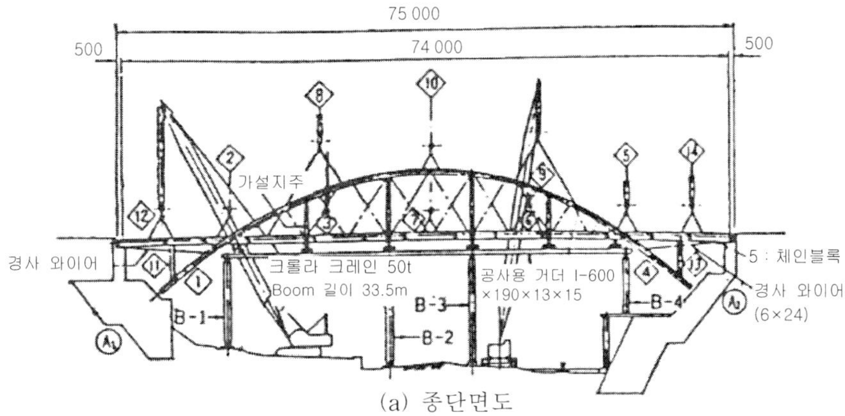

(a) 종단면도

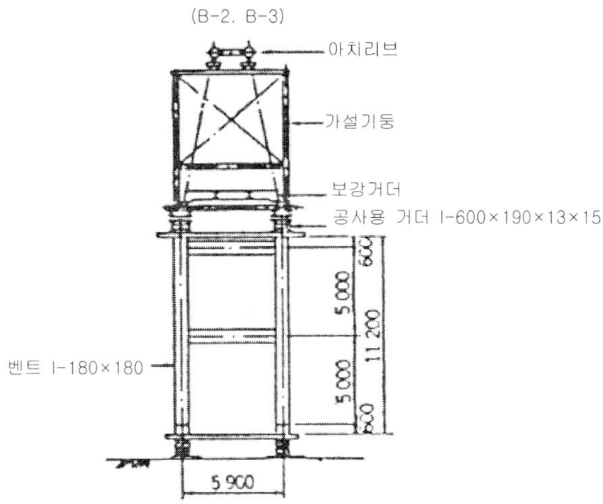

(b) 횡단면도

그림 11-9 가설 요령도

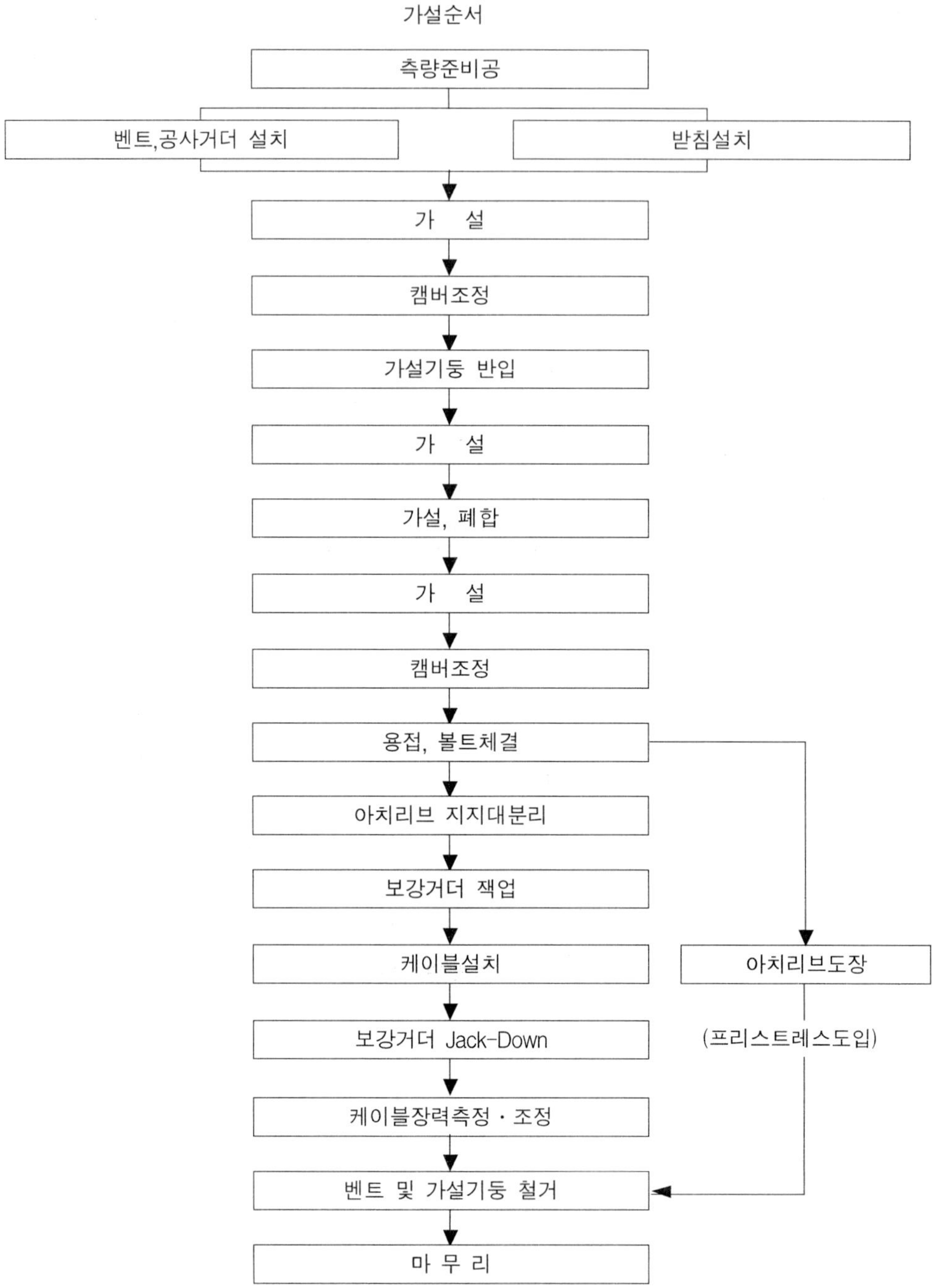

(c) 가설순서도

그림 11-9 가설 요령도(계속)

(3) 케이블의 장력측정 및 조정

케이블의 장력측정, 조정순서를 그림 11-11에 나타내었다.

케이블의 장력측정은 큰 나무망치를 이용하여 케이블에 진동을 주고, 그 경우의 케이블 고유진동수를 이용해서 케이블 장력산정식에 따라 구해진 진동법에 의해 하였다. 우선 상류측 2본의 케이블에서 그림 11-10과 같은 방법으로 캘리브레이션(인장력 측정)을 행하고 케이블의 고유진동수를 이용해서 구했던 산정장력과 실측장력과의 관계를 구하고, 이것에 의해 각 케이블의 장력을 측정하였다. 이 결과 상류측-No.1, 5, 14, 18 하류측-No.4, 7, 10, 12, 18의 10본 케이블장력이 허용치(설계치 ±0.8tonf)를 초과하고 있다.

따라서 대부분의 케이블장력이 허용치이내가 되도록 최적화프로그램을 이용해서 케이블장력의 조정을 하였다.

케이블장력의 조정작업은 하현재측의 소켓부 너트를 회전시켜서 케이블길이를 조정하였으며, 그 양을 측정하는 방법으로 하였다.

그림 11-12에 최종 조정후의 케이블 장력 측정결과를 나타내었으며, 이것으로 볼 때 대부분의 케이블에서 허용값보다 작은 것을 확인하였기 때문에 교면의 마감작업 등을 하여 공사를 완료하였다.

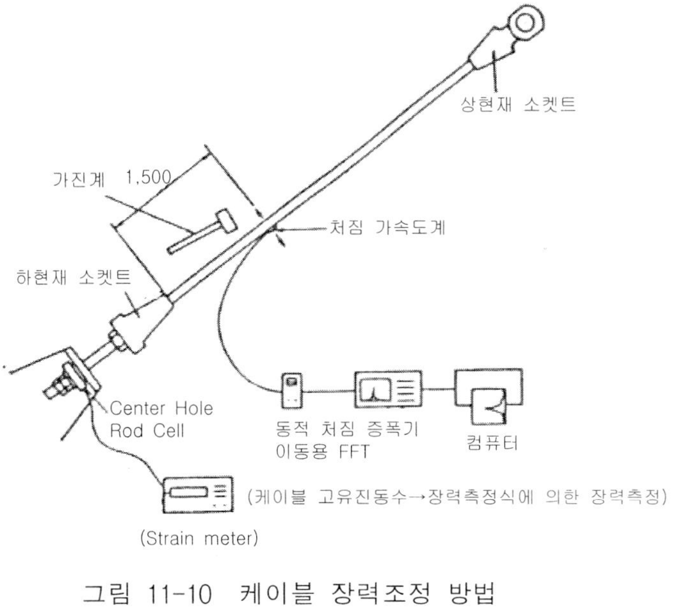

그림 11-10 케이블 장력조정 방법

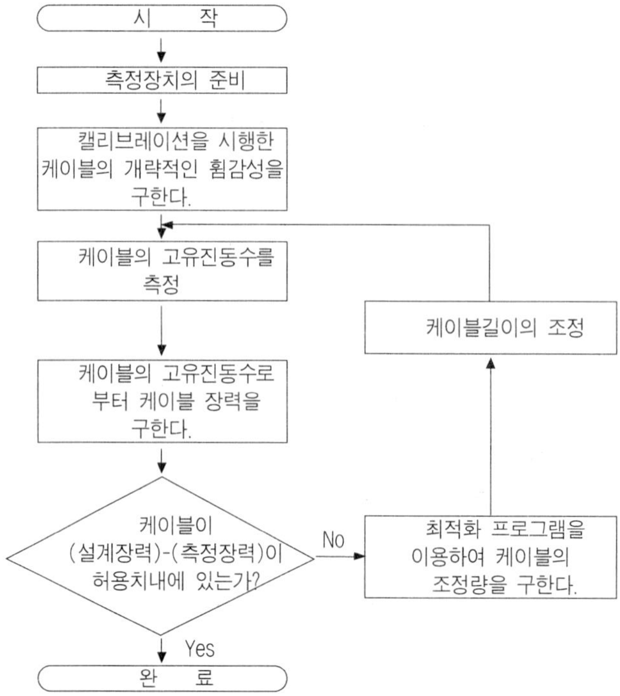

그림 11-11 케이블의 장력측정 및 조정순서

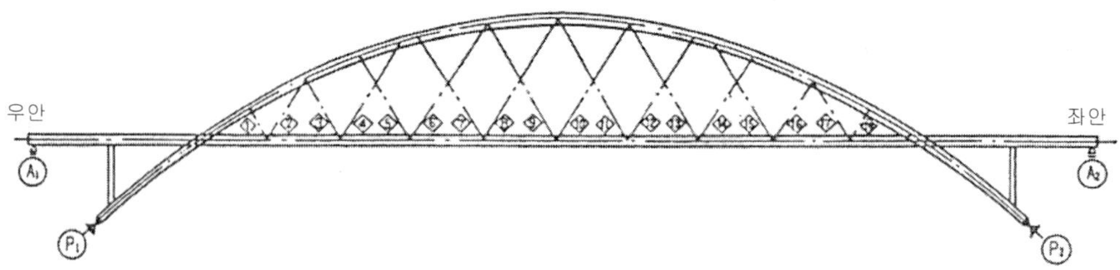

케이블번호		1	2	3	4	5	6	7	8	9	10	11	12	13	14	15	16	17	18
케이블길이		1.149	3.061	3.428	6.256	5.342	7.731	6.832	8.122	7.853	7.856	8.122	6.832	7.731	5.342	6.256	3.428	3.061	1.149
설계장력(tf)		3.92	7.29	4.42	5.54	4.44	3.99	4.31	4.16	4.14	4.14	4.16	4.31	3.99	4.44	5.54	4.42	7.29	3.92
상류측	측정진동수(Hz)	65.75	29.60	21.50	11.88	12.05	8.50	9.20	8.05	7.75	7.65	8.20	9.00	83.80	12.05	11.40	20.90	29.40	65.25
	측정장력(tf)	4.37	7.47	4.91	5.16	3.82	4.05	3.68	4.02	3.47	3.38	4.17	3.52	4.35	3.82	4.75	4.63	7.37	4.30
	오차(tf)	+0.45	+0.18	+0.49	-0.38	-0.62	+0.06	-0.63	-0.14	-0.67	-0.79	+0.01	-0.79	+0.36	-0.62	-0.79	+0.21	+0.08	+0.38
하류측	측정진동수(Hz)	65.63	29.30	19.90	11.55	12.10	7.75	9.05	7.90	8.03	7.98	8.55	9.20	8.00	12.20	11.40	20.50	29.20	66.25
	측정장력(tf)	4.35	7.32	4.18	4.88	3.85	3.56	3.58	3.87	3.73	3.68	4.51	3.68	3.58	3.92	4.75	4.45	7.27	4.45
	오차(tf)	+0.43	+0.03	-0.24	-0.66	-0.59	-0.63	-0.75	-0.29	-0.42	-0.46	+0.38	-0.63	-0.41	-0.52	-0.79	+0.03	-0.02	+0.53

그림 11-12 케이블의 장력조정 결과

12
아키대교

1. 위　　치 : 히로시마
2. 발 주 처 : Hiroshima Perfecture
3. 설 계 자 : Hiroshima Perfecture, 미쯔비시 중공업, Fukken co., Ltd
4. 시 공 자 : 미쯔비시 중공업, Fujita-Gumi Co., Ltd
5. 교량규격 : 2등교
6. 형　　식 : 닐센형 로제교(1련)+강합성 단순교(6련)
7. 연　　장 : 364.8m(닐센아치교 지간장은 111.15m)
8. 폭　　원 : 6.0m
9. 강재중량 : 458tonf (사용강종 : SS41, SM50)
10. 접합방법 : 공장 : 용접,　　현장 : 리벳접합
11. 도　　장 : A3-141, 도장공정 3회
12. 바 닥 판 : RC(콘크리트 : 589㎥, 철근 : 86tonf)
13. 포　　장 : 밀립식 아스팔트 포장 5cm
14. 가설방법 : 케이블 가설공법(아치리브, 사재), 하현재 설치는 사재케이블을 이용
15. 공사기간 : 1964년 7월 ~ 1968년 3월(일본 최초)
16. 공 사 비 : 상부공 1억5천만엔, 하부공 1억7,500만엔

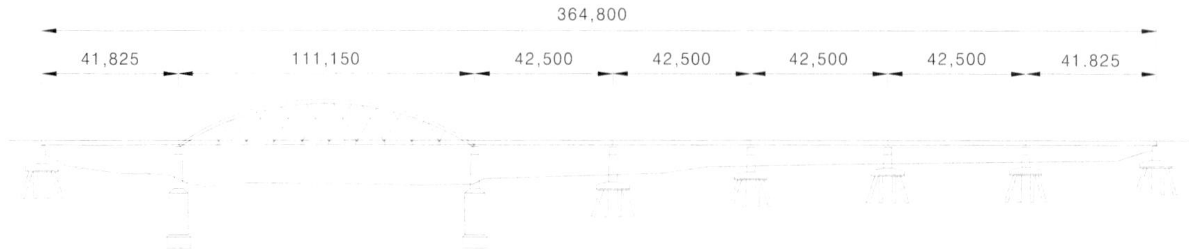

그림 12-1 아키대교 일반도

본교는 일본에서 최초로 건설된 닐센형 로제거더교로서 계획, 설계, 시공의 각 단계에 고도의 기술이 요구되고 미관적으로도 우수한 작품이다. 우선 본교의 계획단계에서 닐센형교량의 역학적 특성을 나타낼 수 있는 여러 가지 모형실험과 함께 구조해석 계산이 행하여 졌다. 그 결과 일반적인 랭거교, 로제교와는 달리 케이블을 경사로 배치함에 의해 하중이 분산되어서 아치리브에 전달된다는 점, 트러스작용 등에 의해 아치리브에 휨모멘트의 집중이 일어나고 전체적으로는 휨모멘트가 현저하게 감소된다는 점, 케이블재는 인장력만은 받는 배치가 가능하기 때문에 로프 등의 압축 비저항 부재가 사용가능하다는 점, 케이블재에 로프 등의 비교적 탄성계수가 낮은 부재를 사용하여도 전체적인 강성은 크고 처짐도 일반 로제형식에 비해 1/2정도로서 동적특성이 좋은 것을 확인하였다.

이러한 특성은 교량 완성 후에 실시한 재하시험, 가진동 실험에서 확인되었다.

설계에서 종래까지는 하지 않던 응력법과 전단력의 영향을 고려한 변형법에 따라 전자계산기에 의한 정밀계산이 행하여졌다. 경사케이블재에는 φ38mm의 LCR(C형)을 사용하고, 케이블재에도 상시에 인장력만 작용하는 배치 및 경사각을 선정하였다. 아치부의 가설은 종래 케이블가설공법과는 다르게 우선 아치리브를 가설폐합하고, 여기에 케이블재를 이용하면서 하현재를 설치하였다. 일반적으로 부정정차수가 높은 구조물에서는 완성된 시점에서의 응력상태가 불명확하게 되기 쉽다. 본교에서는 가설에 앞서 각 단계에서 케이블재에 도입 될 장력은 가설순서와는 완전히 반대로 완성된 형태에서 축차적으로 해체하면서 각 단계에서 힘의 균형을 생각하면서 변형법을 교묘하게 이용한 정밀계산에 의해 구하게 되고, 설계에서의 케이블 인장력 도입에 성공하였다. 케이블장력은 로프의 진동수와 관계를 사용해서 응력계측법에 의해 검증하였다.

13
미토우교

1. 위　　치 : 도쿄
2. 발 주 처 : 도쿄시
3. 설 계 자 : Nikken Consultants Inc., Nihon Kohan Co., Ltd
4. 시 공 자 : Nihon Kohan Co., Ltd & Nihon Kohan Construction Co., Ltd
5. 교량규격 : 1등교
6. 연　　장 : 132.3m(지간장 : 130.0m)
7. 폭　　원 : 9.5m
8. 강재중량 : 458tonf(SS41, SM41A, SM50A, B)
9. 접합방법 : 공장 : 용접,　　현장 : 고장력볼트, 리벳
10. 도　　장 : 하도 : 아연 단청 페인트 1종, 2종
    중도 · 상도 : 장유성 프탈산 수지도료, 알루미늄페인트
11. 바 닥 판 : 콘크리트
12. 포　　장 : 아스팔트콘크리트 포장(두께5㎝)
13. 가설방법 : 케이블 가설공법
14. 공사기간 : 1968년 5월 ~ 1970년 3월(상부공)
15. 공 사 비 : 상부공 1억4,800만엔

본교는 상·하현재를 분리한 외적부정정 구조의 닐센형의 로제거더교로서 아치는 박스단면이며 주구면은 수평면에서 72°28′의 각도로 경사지고, 주구간격은 14.0m에서 2.0m로 변한다. 주구간의 연결은 비렌디일 구조로서 스트럿은 박스단면이며, 아치축선은 포물선, 라이즈 19m, 아치받침은 구면받침이다. 하현재는 4개의 보강거더가 병렬로 격자보강되어 있고 직접 철근콘크리트 바닥판을 지지한다. 케이블은 PWS(Parallel Wire Strand)로서 60°의 각도로서 이중와렌식으로 배치되고 있다.

보강거더는 종방향 양단에 수평 스프링을 가지고, 교축방향으로 구속된 반고정식이며 양 지점에서 롤러받침을 가진다.

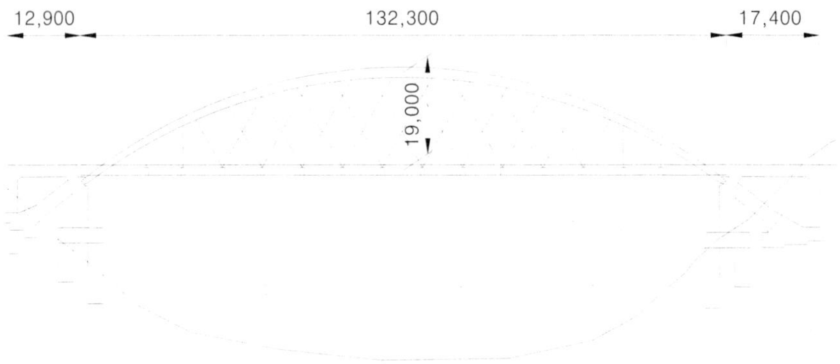

그림 13-1 미토우교 일반도

가설방법은 케이블 가설공법과 Lifting공법을 이용하여 아치를 폐합하고 가로보를 대선에 의해 호수 위로 운반하고 아치에서 연직으로 내린 임시케이블로서 설치한다. 보강거더는 임시케이블에 매달린 가로보에 끼워 넣는다. 이 경우에 임시케이블로서 가로보 및 보강거더를 100mm 위로 들어올리며 경사 케이블을 삽입시키고 내려놓아 가설을 완료하였다.

케이블앵커에는 PC앵커를 사용하였다.

본교의 공사와 병행하여서 횡거더 단부의 실물응력 측정시험 및 1/15 축척모형에 의해 재하시험이 시행되었다.

또, 바닥슬래브 콘크리트의 타설 완료 후에 정적재하 시험 및 동적재하 시험을 하였다.

14
야나이주교

1. 위　　치 : 후쿠시마
2. 발 주 처 : 후쿠시마 현
3. 설계자 및 시공자 : 일본강관(주)
4. 교량규격 : 1등교
5. 연　　장 : 183.0m(지간분할 : 11.9+154.0+11.9)
6. 폭　　원 : 10.0m
7. 강재중량 : 796.0t(SS41, SM41A, SM50A, B)
8. 접합방법 : 공장 : 용접,　　현장 : 고장력볼트
9. 도　　장 : 장유성 프탈산 조합페인트
10. 바 닥 판 : RC19cm(콘크리트 : 460㎥, 철근 : 84t)
11. 포　　장 : 아스팔트 5cm
12. 가설방법 : Cable Erection 공법
13. 공사기간 : 1969년 11월 ~ 1971년 10월
14. 공 사 비 : 2억5,400만엔

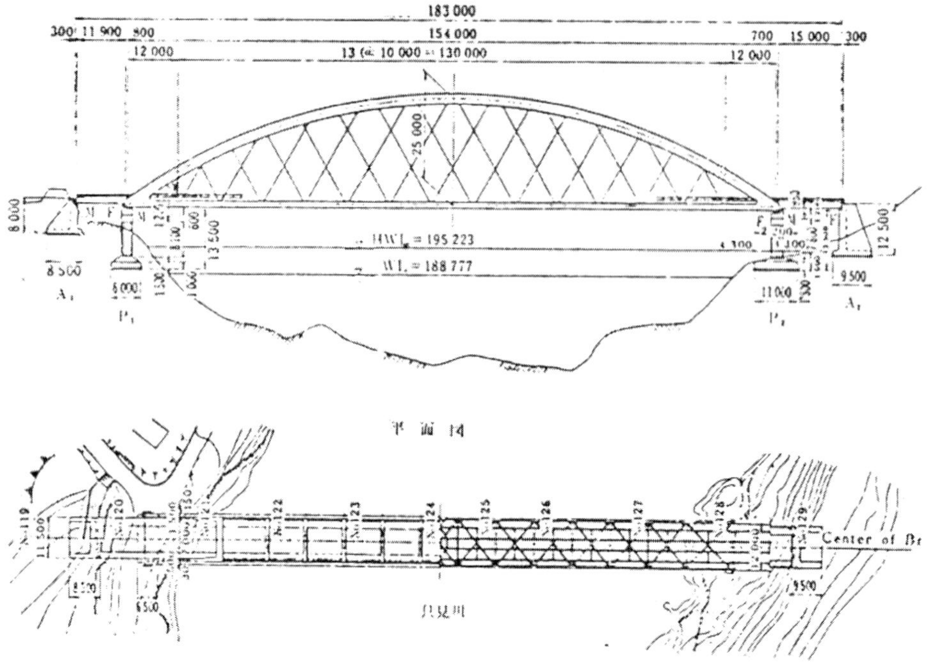

그림 14-1 야나이주교 일반도

본교는 국도 252호선 개량공사의 일환으로서 가설되었으며 야나이주 온천을 사행하는 폭이 좁은 도로로서 근래에 증가하는 교통량 및 적설지역이기 때문에 동절기 원활한 교통흐름이 불가능하다. 따라서 야나이주교와 端光寺橋(야나이주교와 동일형식, 연장 : 148.5m, 폭원 : 10.0m)를 신설하여 야나이주 온천 거리를 통과하도록 하였다.

야나이주교의 가설위치는 발전소에 의해 수심이 깊은 부분으로서 교량계획고에서 하상최심부까지의 고저차는 약 37m, 하상은 암반까지 상시수심이 약 26m, 수면폭이 132m이다.

교량형식선정에서 상시 수심부를 1경간으로 통과하는 방안으로서 3가지 형식, 수중에 교각을 설치하는 방안으로서 4가지 형식을 선정하고, 구조 · 시공 · 경제성 · 미관등에 대해서 검토한 결과 지간장 154m의 닐센계 로제거더를 본교의 주교량부에 채택하였다.

본교의 특징은 케이블재를 경사로 배치한 것으로서, 이것에 의해 일반적인 하로

아치와는 달리 하중이 분산되어 아치에 전달된다는 점, Transaction이 일어나는 것 등에 의해 아치에 휨모멘트가 집중되고 전체적으로 휨모멘트가 감소되는 등의 이점이 생간다. 처짐은 1/2554이며 동적특성도 대단히 좋고 진동은 작다.

이상으로부터 실교재하시험, 주행시험, 진동시험, 상시 미진동 측정에 의해 구조해석법의 타당성 및 안전성을 확인하였다.

가설공법은 케이블가설 공법이 적용되고, 아치리브 폐합시의 작업을 용이하게 하기 위해 우안측 타워를 기울어짐이 가능한 구조로 하고, 앵커블록에 근접하여 실린더 블록을 설치하고 조정하였다.

아치리브 폐합후의 발생하는 가설시 수평력(565tonf)은 잭과 수평반력대를 교대에 설치하여 받도록 하였다. 케이블의 장력은 아치리브 박스내부에서 잭(Center-Hole-Jack)을 이용해서 도입하고, 재하시험에서 확인하였다.

또 케이블에는 인장력에 대해서만 유효하게 거동하도록 설계되어 있으므로 슬래브 콘크리트타설에서 타설 도중에 압축력이 작용하지 않는가를 면밀히 확인하면서 타설하였다.

제 III 편
서강대교의 설계 및 시공
Design and Construction of Seogang Arch Bridges

1
서강대교 개요

1.1 실시설계

1.1.1 교량개요

(1) 형식

본 교량의 형식은 Nielsen Lohse Arch교로서, 가장 두드러진 구조 특성은 행거부재를 케이블을 경사지게 배치한 것을 들 수 있다. 그리고 외적으로는 정정, 내적으로는 고차부정정구조물이다. 일반적인 아치교(특히 케이블이 연직으로 배치된 아치교량)와 비교할 때 강성이 매우 커서 구조물의 처짐 및 단면력이 상당히 감소한다. 또한 하로형식이면서도 케이블이 측방시계에 아무런 방해도 주지 않아 보는 이로 하여금 탁 트인 느낌을 줌은 물론이고, 경관적인 측면에서 매우 우아한 교량 형식이다. 따라서 중규모 경간(120~250m)을 갖는 교량의 계획에 최적의 형식으로 사용되고 있다.

(2) 구조 및 제원

① 구조개요

본교의 일반도 그림 1-1에서 알 수 있듯이, 아치리브를 연직면에서 교량 중심으로 약 26.5° 정도 경사지게 배치하였다. 이에 따라 아치리브의 간격은 교량 양측 시점부에서 34m, 크라운부에서는 4m로 설계하였다. 이것은 경관적인 배려와 아울러 횡방향 내하력 형상을 도모하고자 한 것이다. 일반적으로 아치의 높이는 지간에 대한 비로써 1/6~1/7 정도를 적용하고 있다. 본교의 경우 '도로폭원이 넓어 각각의 아치리브가 견디어 내야 하는 하중이 크다는 점'과 '경관적 요소를 갖고 계획했다는 점' 등을 고려하여 높이를 30m(지간에 대한 비 1/5)로 보통의 경우보다 조금 높게 설정하였다.

교량등급	1등교(설계속도 : 80km/hr)	설계하중	DB-24, DL-24
아치높이	30m(아치라이즈 : 1/5)	바닥판 형식	강바닥판
아치간격	하단부 : 34.0m, 크라운부 : 4.0m	아치 경사각	26° 33 ′ 54 ″
케이블 간격	12.0m	케이블 단면	강연선 19-φ15.7mm, 22-φ15.7mm
케이블 경사	60°	아치형상	바스켓 핸들형식

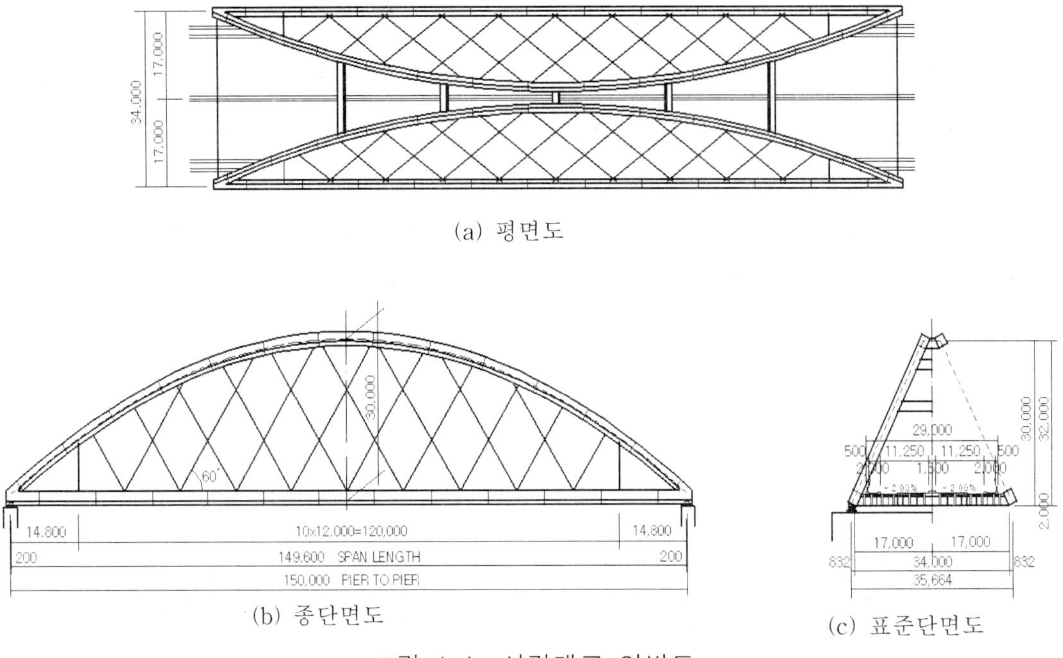

(a) 평면도

(b) 종단면도

(c) 표준단면도

그림 1-1 서강대교 일반도

케이블의 경사각은 연직투영면상에서 60°, 간격은 12m로 배치하였으며 단부에 위치한 케이블은 압축이 발생하지 않도록 연직으로 배치하였다. 또한 바스켓 핸들형으로 설계함으로써 횡방향 내하력이 크게 증대되어 아치리브의 횡방향 보강을 위해 일반적으로 사용되고 있는 브레이싱 대신에 비렌디일 형식의 스트럿을 배치하였고, 경관적인 면을 고려하여 케이블의 본수를 최소로 설계하였다.

바닥판은 강바닥판으로 하고, 박스거더와 합성구조가 되는 형식을 적용함으로써 경제성을 고려하였다.

(3) 닐센아치교의 구조적 특징

㉠ 닐센아치의 구조적인 특성은 로제아치 형식의 교량에서 연직재를 사재(케이블, 로프)로 변경하여 데크, 리브 등의 부재 단면을 크게 하고 접합점을 강결로 처리하여 아치 부재가 휨모멘트, 전단력 등을 부담할 수 있도록 한 고차부정정 구조물이다.

㉡ 일반적으로 닐센아치교는 장지간의 교량에 유리하며 데크 및 아치리브가 조화를 이루어 경관미가 있을 뿐만 아니라 케이블의 트러스작용에 의해 휨모멘트가 감소되고 풍하중과 좌굴에 대해 더욱 안전하게 된다.

㉢ 상·하현재의 축방향력은 연직재를 가진 아치교의 축방향력과 큰 차이가 없으며 축방향력에서 영향선 종거는 닐센아치쪽이 약간 크지만 설계용 축방향력은 큰 차이가 없다.

㉣ 상·하현재의 휨모멘트는 일반아치교와 비교하면 대폭 감소한다. 따라서 축방향력이 지배적이 되어 경제적인 단면이 얻어진다.

㉤ 사재의 간격, 경사각을 적당하게 선정하면 사재는 인장력만 고려해서 설계할 수 있다. 따라서 사재로서 통행자의 시야를 방해하지 않는 케이블 등의 순수 인장재를 사용할 수 있다. 단부사재에 작은 압축력이 발생하는 경우에는 단면을 I형, 파이프, 박스형 등의 부재를 사용하는 것이 바람직하다.

㉥ 휨모멘트와 마찬가지로 닐센아치의 최대처짐은 일반 아치교와 비교해서 대단히 적다. 또한 일반 아치교에서는 면적이 거의 일정한 정·부의 영향면을 가지지만 닐센아치교에서는 정의 영향면만이 있다. 이것은 사재가 아치교의 전

단 변형에 크게 기여하기 때문에 닐센아치교는 이동 하중에 의한 처짐 변동이 작은 구조물이다.

1.1.2 주요 부재의 설계

(1) 설계하중

① 하중 종류

종별	하		중	특 기 사 항
주하중	고 정 하 중	D	고 정 하 중	강재자중, 케이블, 본선부속물
			고 정 하 중	포장, 중앙분리대, 방호책, 적설하중
	활 하 중	L		DB-24, DL-24
	충 격	I		I=20/(50+L)=0.100
	프리스트레스	P.S		(*)설계시는 고려치 않음
부하중	온 도 변 화	T	표준승강	-20℃~50℃
			상·하현재	+15℃
			강바닥판 온도차	±15℃
	풍 하 중	W		V_d=55m/sec
	지 진 하 중	EQ		K_h=0.06(교축방향, 교축직각방향)
특수하중	지 점 이 동	SD		지점부등침하 30mm(대각방향)
	가 설 오 차	EE	케이블 장력오차	10%의 케이블 장력오차 고려
	방 음 벽	D_{S1}		W_{d1}=0.2 tonf/m
	검 사 로	D_{S2}		W_{d2}=0.6 tonf/m ($D_{S2}+D_{S3}$)
	부 속 물	D_{S3}		

② 하중조합

조합 Case	하 중 조 합	할증계수	조합 Case	하 중 조 합	할증계수
1	$D_1 + L_1$	1.00	5	$D_1 + W + T_{30}$	1.35
2	$D_1 + L_1 + T_{30}$	1.15	6	$D_1 + L_1 + W_1 + T_{30}$	1.35
3	W	1.20	7	D_1 + EQ	1.50
4	D_1 + W	1.25	8	$D_1 + L_1 + W_1$	1.25

(2) 설계 FLOW CHART

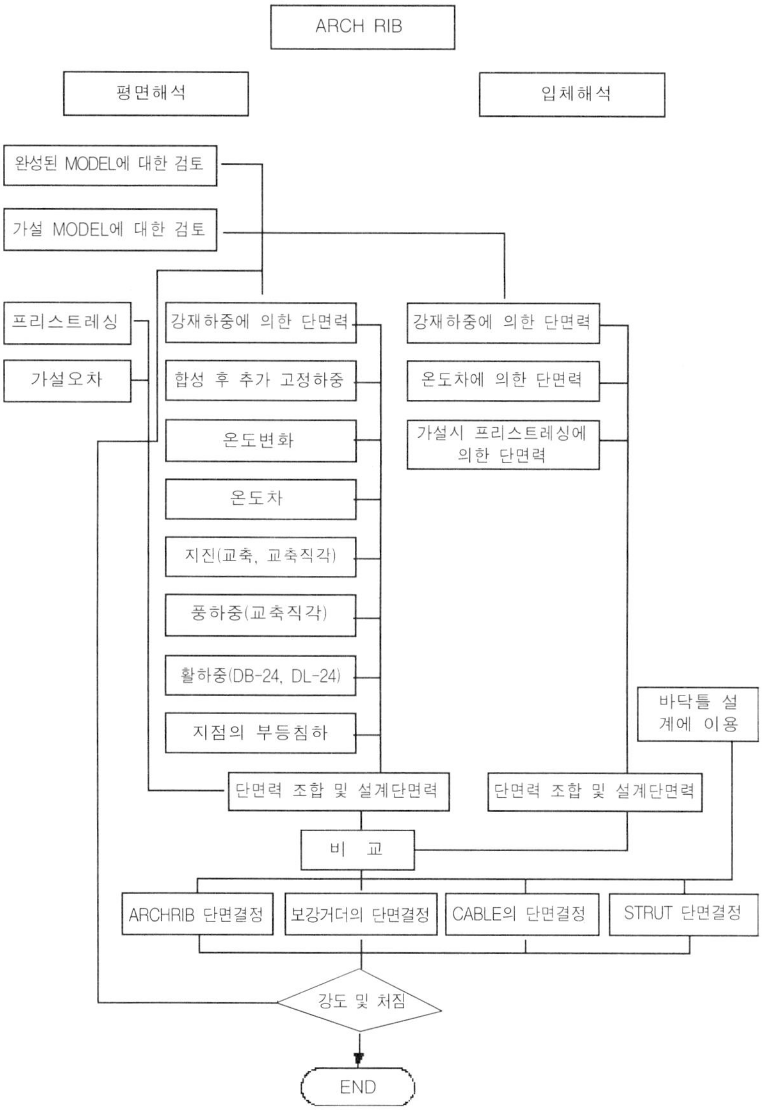

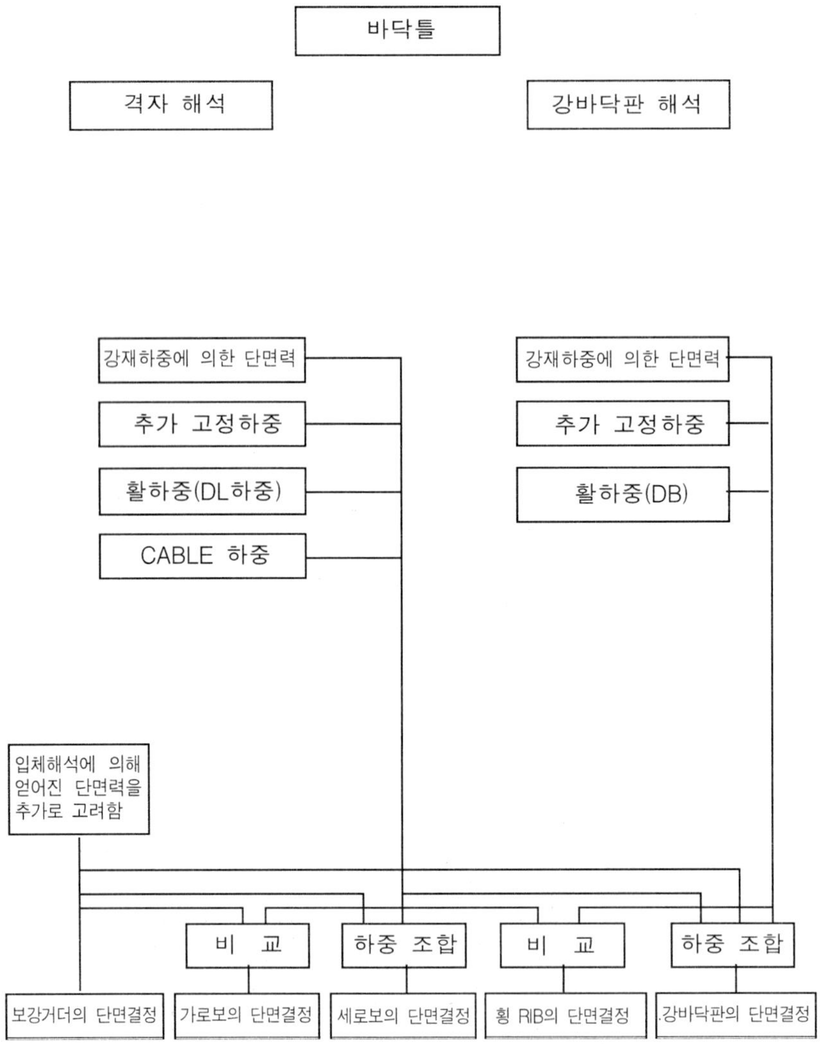

(3) 강바닥판의 설계

도로교의 바닥판은 콘크리트바닥판으로 많이 설계되고 있다. 그러나 지간이 길고 보강거더 높이가 제한되어 있는 교량의 설계에는 강바닥판이 이용되는 경우가 많다. 강바닥판을 사용하는 경우, 고정하중이 경감되므로 단면력이 감소되고 강바닥판을 주부재의 일부로 거동하도록 설계할 수 있으므로(그림 1-2) 구조물의 내하력의 증진을 도모할 수 있다는 특징을 가지고 있다.

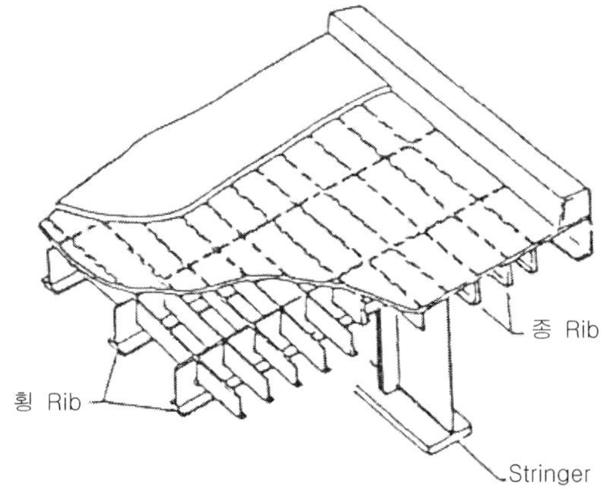

그림 1-2 강바닥판의 구조예

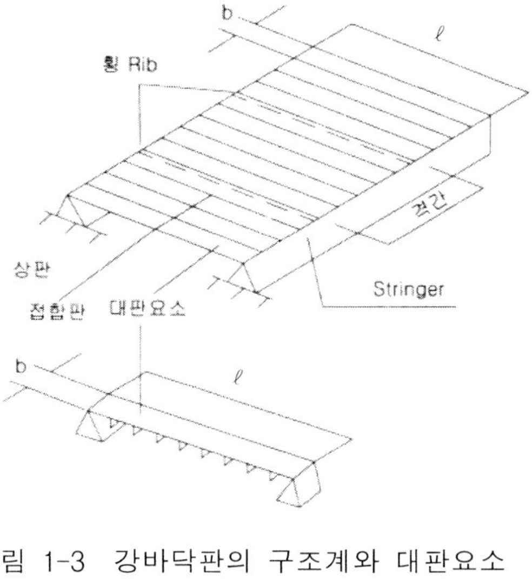

그림 1-3 강바닥판의 구조계와 대판요소

강바닥판의 구성은 위의 그림에서 나타난 바와 같이 데크 플레이트, 세로리브 그리고 가로리브로 이루어진다. 데크 플레이트는 세로리브와 가로리브에 의해 지지되는 짧은 사각형 판으로써 윤하중을 직접 받게 된다.

이러한 강바닥판의 해석 이론에는 크게 다음의 3가지로 나누어진다.

i) 직교이방성판 이론

ii) 격자 이론

iii) 유한 대판법 이론

본 설계에서는 세로리브의 강성을 고려하여 데크 플레이트를 직교이방성판으로 모델링한 대판요소와 가로리브의 영향을 합성한 역학 모델인 유한대판법(Finite Strip Method) 이론을 채택하였다.

그림1-3은 두개의 세로보로 단순지지되고 있는 강바닥판의 구조계를 보여주고 있다.

본교의 강바닥판 설계는 세로보의 간격을 지간(7.74m)으로 하고, 중간지점부(b=12.0m) 및 단지점부(b=13.8m) 두 가지 경우에 대해 계산을 실시한다.

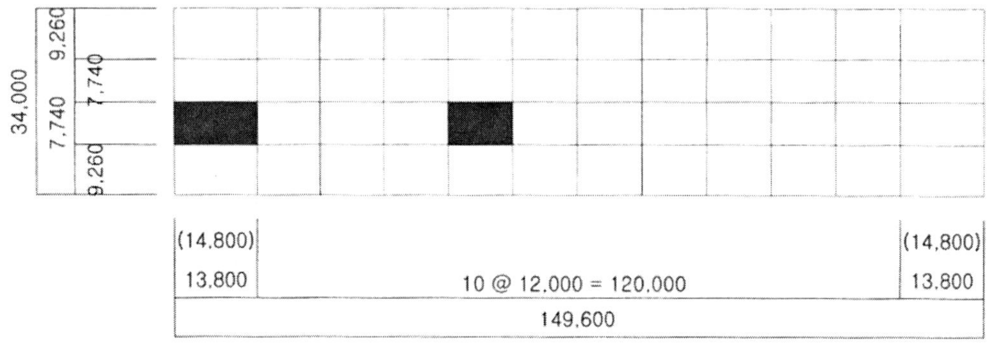

그림 1-4 강바닥판 검토구간

활하중의 재하는

세로리브 ... Mmax, Mmin, Me/4, 피로, 변위

가로리브 ... Mmax, Smax, S1(세로리브 지점부 전단력최대시), 변위 등

9가지 경우를 고려하며, 설계대상 부재가 최대로 불리하게 되는 윤하중 재하위치를 시산으로 구한다.

① 세로보

세로보의 단면력 산출은 가로보를 지점으로 하는 단순보로 단면력을 구한 다음, 도로교 시방서 7.3의 규정에 따라 연속거더로 설계한다.

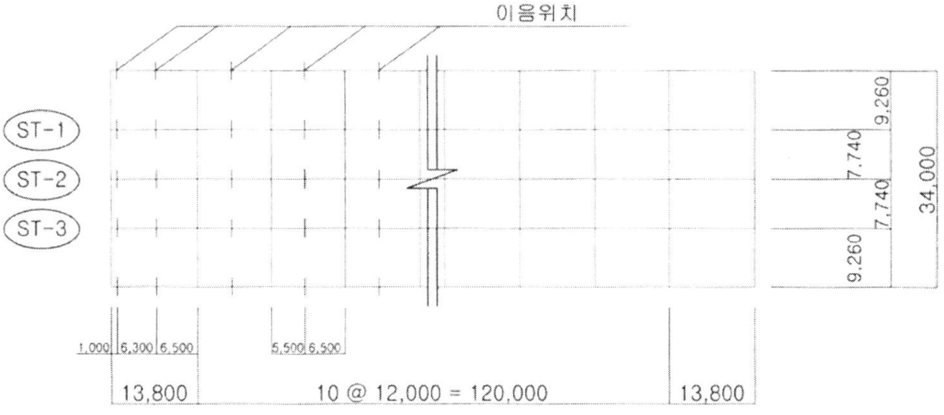

그림 1-5 세로보 및 가로보의 배치

② 단부 가로보

단부 가로보는 단순지간으로 구해진 단면력(L=34.0m)에 3차원 입체해석을 통해 얻어진 축방향력(인장력)을 합성하여 M, N을 받는 박스형 단면으로 설계한다.

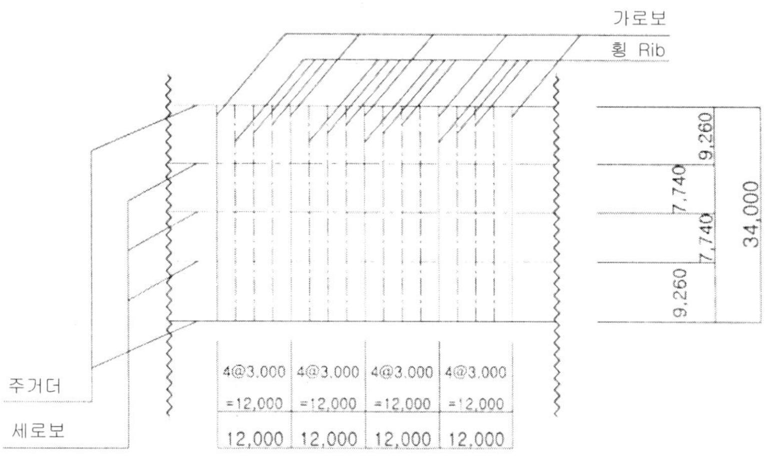

그림 1-6 강바닥판의 격자해석 모델

③ 가로보

중간부의 가로보(간격 12.0m)는 3개의 세로보와 교차되고 있다. 또한 가로보 사이에는 가로리브가 3개(4@3.0m=12.0m) 배치되어 있다. 그리고 양단의 지지는 비틀림 강성을 갖고 있는 보강거더와 케이블에 의해 탄성지지 되어 있는 구조적 특성을 가지고 있다.

따라서 가로보 사이의 하중은 세로보와 가로리브를 통하여 가로보에 전달된다. 이상의 특징을 만족하는 해석방법으로 격자형 이론을 사용하였다. 또한 경사진 아치리브로 인한 케이블의 축력을 고려하기 위하여, 3차원 해석을 통해서 얻어진 축력도 함께 작용시켰다.

해석 모델은 4개의 가로보를 갖는 패널(4×12.0m=48.0m)을 대상으로 설계대상 위치에 있는 2개의 패널에 DB-24 하중을 재하하였다. 또한 가로보 사이에 가로리브를 배치하였고, 세로리브도 하중의 분배에 영향을 미치는 것으로 판단하여 세로리브의 강성도 고려하였다. 단, 세로리브 전체(52EA)를 고려한 격자해석은 무의미하므로, 3개의 세로리브를 1개로 보고 구조해석을 실시하였다.

지점조건은 가로보 양단이 케이블에 의해 탄성지지 되어 있는 것으로 처리하였고, 탄성지점의 강성은 평면해석에 의해서 산출된 가로보 위치에 단위하중(100tonf)을 재하하였을 때의 처짐으로부터 산출한다.(E=100tonf/δm)

활하중은 DB-24와 DL-24를 비교하여, 큰 단면력을 유발시키는 하중을 가지고 단면 설계에 사용하였다. 또 고정하중 가운데 가로보의 자중은 별도로 단순형으로 고려하여 산출하였다.

(4) 주구(아치리브 및 보강거더)의 설계

① 구조해석 프로그램

- 명　　칭 : "SPACER/STATICS"로써 '(주)일본전자계산'에서 개발하여 현재 일본에서 가장 널리 사용되고 있는 3차원 입체 해석 프로그램
- 특　　징 : 도로교 활하중의 영향선을 고려한 재하가 가능
  지점 조건의 자유 선택이 가능
  케이블 부재 등 다수의 재질을 사용한 복합 구조물의 해석이 가능
- 사용실적 : 일본 기츠기와교(경간 구성이 95m+305m+95m로 된 연속교)
  일본 신하마데라교(연장 : 254m, 폭원 25.5m)

② 구조해석의 개요

해석모델은 미소변형이론에 근거를 둔 입체골조해석에 의해서 모든 하중 상태(연직하중, 지점부등침하, 바람, 지진 등의 횡하중)에 대해서 단면력을 산출하였다.

입체골조해석에 사용되는 골조선으로는 아치리브의 경우 웨브중심측의 격점을 연결하는 선으로 하고, 보강거더에 대해서는 강바닥판을 포함한 단면의 중립축 위치로서 보강거더(H=2.5m)의 웨브상단에서 h=0.6m 위치로 가정하였다.

단, 입체해석 모델에서 지점의 교축방향 지지조건은

P8측(가동받침) : 2점 모두 가동
P9측(고정받침) : 1점 고정, 1점 가동이고,

그리고 교축직각방향 수평하중 작용시에는 고정받침에 교축방향 수평반력(우력모멘트)이 발생하지 않도록 하였다.

한편 강바닥판이 전체적인 구조물 거동에 어떠한 영향을 미치는지를 판단할 필요가 있다. 따라서 2개의 보강거더와 가로보 사이는 트러스를 사용하여 강바닥판의 전단강성이 반영될 수 있도록 모델링하였다.

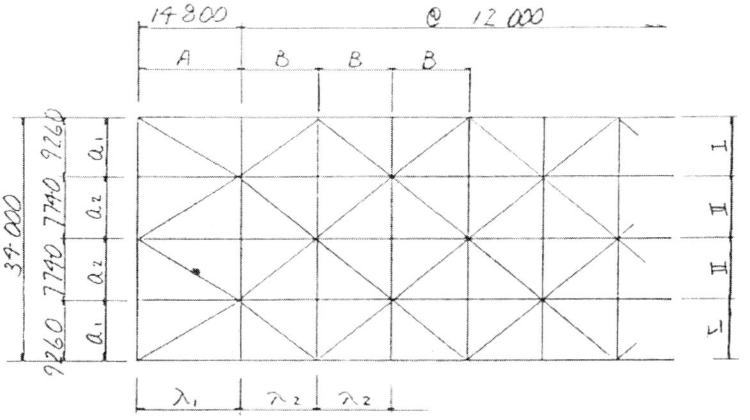

그림 1-7 바닥판의 모델링

환산 트러스의 단면적은 아래의 식에 따라 계산하였다.

$$Ad = \frac{d^3}{\frac{E}{G} \cdot \frac{a}{te}}$$

여기서, Ad : 환산트러스 단면적

d : 사재길이

te : 데크플레이트 두께

a : 가로보 간격

λ : 세로보 간격

E/G : 탄성계수

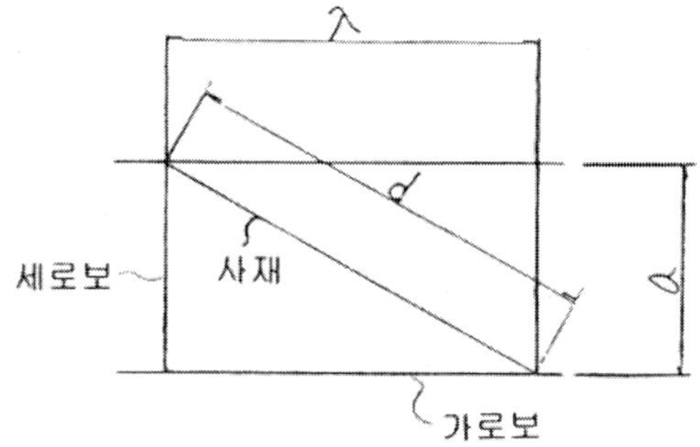

③ 부재 설계시 유효좌굴장의 산정

아치리브
- 면내좌굴장 : 케이블 간격의 2배
- 면외좌굴장 : 스트럿 간격

주거더
- 면내좌굴장 : 케이블 간격의 2배
- 면외좌굴장 : 가로보 간격

- 일본 닐센아치교의 유효좌굴장 비교(아치구간)

교 량 명	면 내 좌 굴 장	면 외 좌 굴 장
서 강 대 교	케이블 간격 2배	스트럿 간격
Tatsumi	케이블 간격 2배	스트럿 간격
Kizugawa	케이블 간격	스트럿 간격
Nakajima River	케이블 간격	스트럿 간격의 70%
Kanjakigawa	케이블 간격 2배	스트럿 간격
Shin-Hamadera	케이블 간격	스트럿 간격의 70%

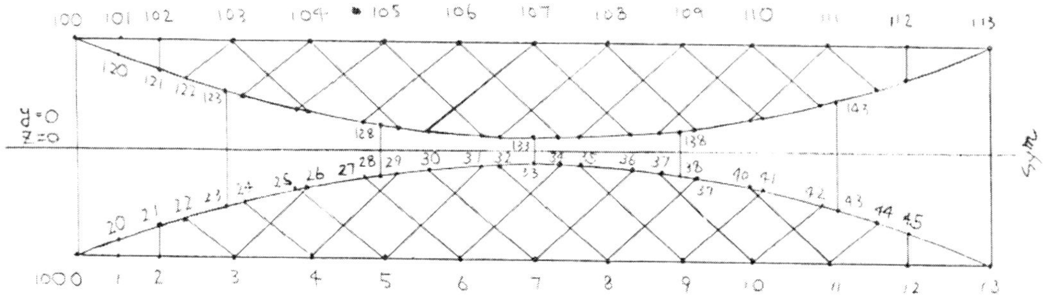

그림 1-8 모델링도

ARCH RIB-Fx

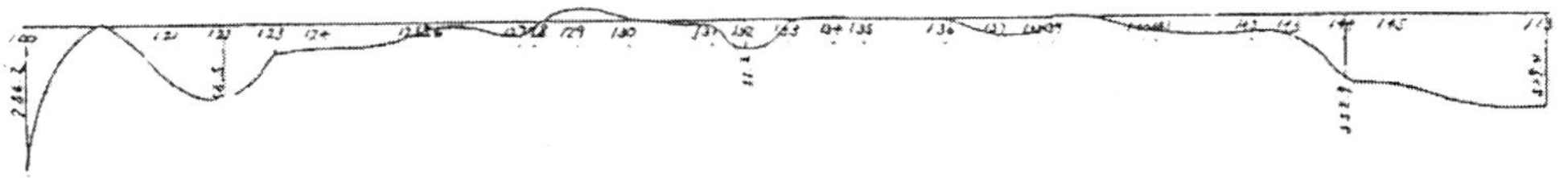

ARCH RIB-My

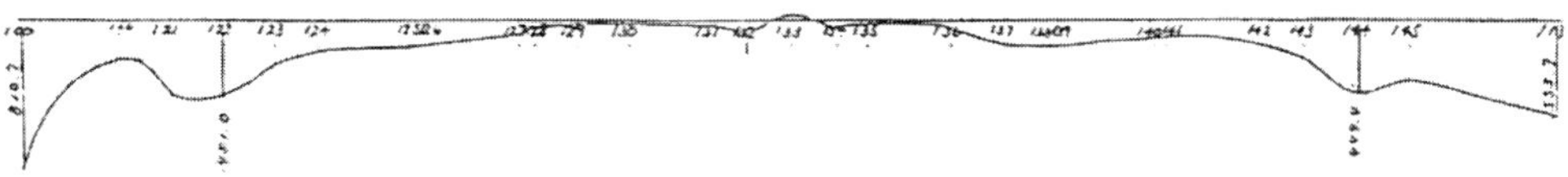

ARCH RIB-Mz

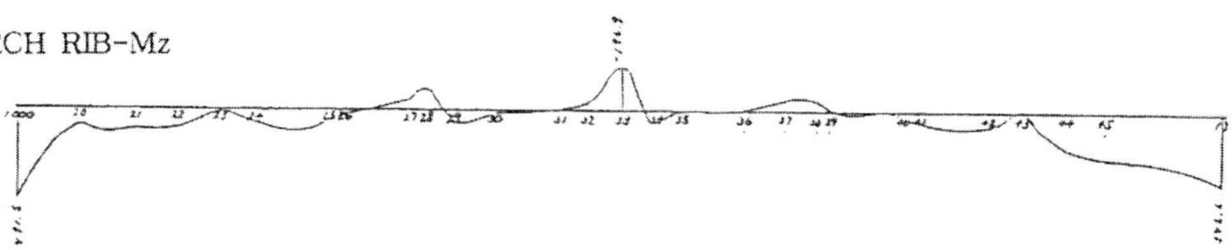

그림 1-9 아치리브의 단면력도

주거더 -Fx

주거더 -My

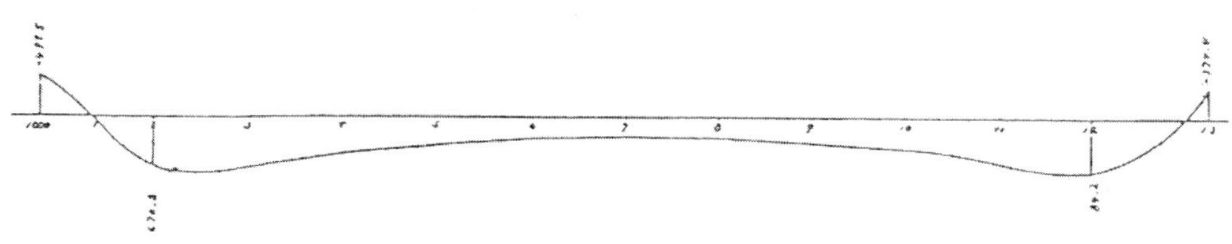

그림 1-10 보강거더의 단면력도

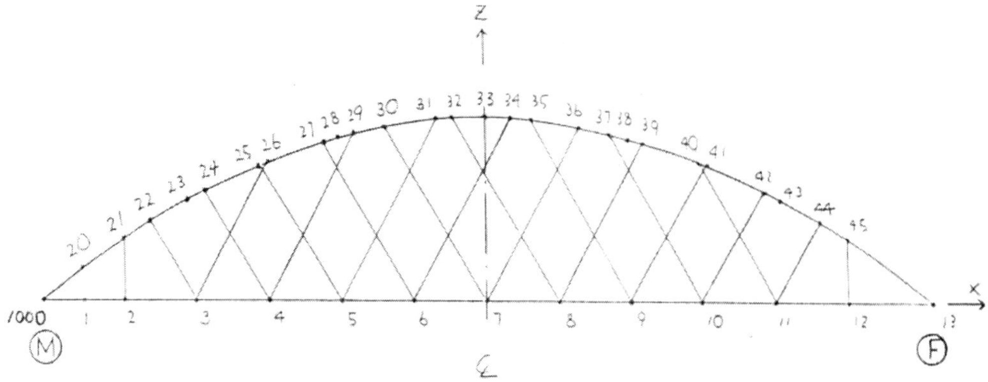

(a) 모델링도

	1000	1	2	3	4	5	6	7	8	9	10	11	12	13
D_1	0.0	-19.1	-38.4	-61.7	-75.1	-81.5	-83.9	-84.5	-83.9	-81.5	-75.4	-62.6	-39.8	0.0
D_2	0.0	-17.2	-35.4	-57.0	-69.2	-75.1	-77.3	-77.8	-77.3	-75.1	-69.4	-57.6	-36.4	0.0
TOTAL	0.0	-36.3	-73.8	-188.7	-144.3	-156.6	-161.2	-162.3	-161.2	-156.6	-144.8	-120.2	-76.2	0.0

(b) 보강거더의 처짐량

	1000	22	24	25	27	30	31	33	35	37	39	41	42	44	13
D_1	0.0	-36.3	-43.1	-46.0	-45.2	-43.9	-43.1	-42.5	-43.2	-44.5	-45.3	-46.1	-43.1	-36.7	0.0
D_2	0.0	-30.1	-34.9	-36.8	-35.9	-34.5	-33.7	-33.1	-33.7	-35.2	-36.0	-36.9	-34.9	-30.4	0.0
TOTAL	0.0	-66.4	-78.0	-82.8	-81.1	-78.4	-76.8	-75.6	-76.9	-79.7	-81.3	-83.0	-78.0	-67.1	0.0

(c) 아치리브의 처짐량

※ NOTE : 1. 단위는 mm
2. D1은 1차 고정하중
3. D2는 2차 고정하중

그림 1-11 처 짐

(5) 케이블의 설계

3차원 입체 해석에 의해서 산출되는 각 케이블의 최대 장력은 아래의 그림과 같다.

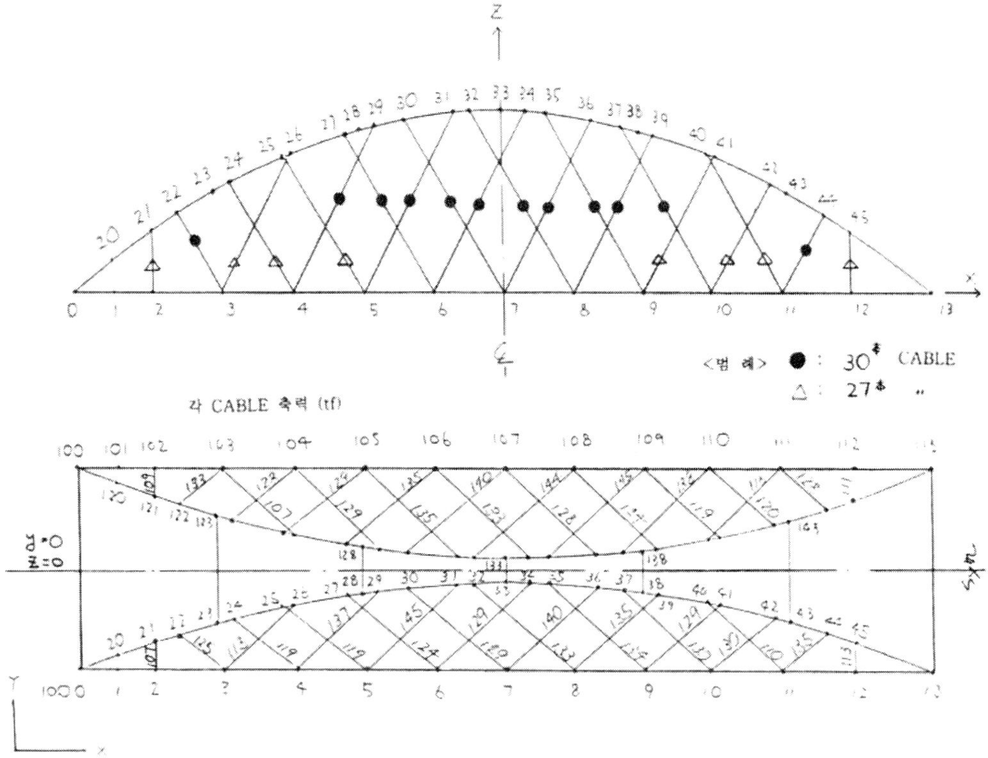

그림 1-12 케이블의 최대장력

케이블은 원설계시 장력조절이 불가능하고 방청문제로 인해 표 1-1과 같이 설계 변경을 하게 되었다.

표 1-1 케이블시스템의 변경

	원 설 계	변 경 설 계
케이블	Bear Strand ϕ12.7mm	Unbonded Strand ϕ15.7mm
케이블 구성	ø12.7×30	ø15.7×22
	ø12.7×27	ø15.7×19
그라우팅	시멘트 몰탈 그라우팅	비그라우팅
HDPE	ø124	ø140
	ø140	ø160
정착구	일반 P.C용 정착구로써 장력 조정 불가	너트를 이용해서 장력조절 가능한 정착구
정착구 그라우팅	시멘트 몰탈 그라우팅	왁스 주입

1.1.3 부대공의 설계

(1) 도장

당초의 원설계는 외부에 염화고무계, 내부는 역청질계로 설계되었으나 효과적인 내구성 증대를 위해 아래와 같이 도장 사양을 설계변경하였다.

표 1-2 외부 도장사양

<table>
<tr><th colspan="2" rowspan="2">도장 부분</th><th rowspan="2">도장사양</th><th colspan="2">당 초 원 안</th><th colspan="2">변 경 안</th><th rowspan="2">비 고</th></tr>
<tr><th>도료종류</th><th>건조막 두께 μm</th><th>도료종류</th><th>건조막 두께 μm</th></tr>
<tr><td rowspan="9">폭로 외부 7,301㎡</td><td rowspan="5">아치 리브 3,621㎡</td><td>하도</td><td>용제형 무기징크계 (갈바니 IZ180N)</td><td>50</td><td>용제형 무기징크계 (갈바니 IZ180N)</td><td>75(공장)</td><td>일본사양 C-3, C-4와 동일</td></tr>
<tr><td>중도</td><td>염화고무계 (코라버 H.R RH546)</td><td>60</td><td>에폭시계 (EH 6270)</td><td>100(공장)</td><td>일본사양 C-3, C-4는 에폭시계 120μm</td></tr>
<tr><td rowspan="2">상도</td><td rowspan="2">염화고무계 (코나버 에나멜 RT546)</td><td rowspan="2">30×2회 =60</td><td>자연건조형 불소수지도료 (YJ558-018479)</td><td>20×2회= 40(공장현장 각1회)</td><td>일본사양 C-3, C-4는 불소수지계55μm</td></tr>
<tr><td>자연건조형 불소도료 (YJ558-투명)</td><td>20 (현장)</td><td>적황색 계통 안료의 특성상 선택</td></tr>
<tr><td>소계</td><td></td><td>170</td><td></td><td>235</td><td></td></tr>
<tr><td rowspan="4">보강거더 3,680</td><td>하도</td><td>용제형 무기징크계 (갈바니 IZ180N)</td><td>50</td><td>용제형 무기징크계 (갈바니 IZ180N)</td><td>75 (공장)</td><td>일본사양 C-3, C-4와 동일</td></tr>
<tr><td>중도</td><td>염화고무계 (코라버 H.R RH546)</td><td>60</td><td>에폭시계 (EH 6270)</td><td>100 (공장)</td><td>일본사양 C-3, C-4는 에폭시계 120μm</td></tr>
<tr><td>상도</td><td>염화고무계 (코나버 에나멜 RT546)</td><td>30×2회 =60</td><td>자연건조형 불소수지도료 (YJ558-018479)</td><td>20×2회= 40(공장현장 각1회)</td><td>일본사양 C-3, C-4는 불소수지계55μm</td></tr>
<tr><td>소계</td><td></td><td>170</td><td></td><td>215</td><td></td></tr>
</table>

표 1-2 외부 도장사양(계속)

도장 부분	도장사양	당초원안		변경안		비 고
		도료종류	건조막 두께 μm	도료종류	건조막 두께 μm	
비폭로 외부 (강바닥판 하면, 가로보, 세로보) 도장면적 : 13,910㎡	하도	용제형 무기징크계 (갈바니 IZ180N)	50	용제형 무기징크계 (갈바니 IZ180N)	75	일본사양 C-3, C-4와 동일
	중도	염화고무계 (코라버 H.R RH546)	60	-	-	-
	상도	염화고무계 (코라버 에나멜 RT546)	30×2회=60	에폭시계 (EH 6270)	100	일본사양 C-3, C-4는 에폭시계 120μm
	소계		170		175	
무기징크페인트 1회도장 마감부분 (데크플레이트 상부) 도장면적 : 5,036㎡	하도	-	-	용제형 무기징크계 (갈바니 IZ180N)	75	-
	소계				75	

주 : 3회 도장 SYSTEM에서는 하 · 중 · 상도로 표시

2회 도장 SYSTEM에서는 하 · 상도로 표시

표 1-3 내부의 도장사양

도장 부분	도장사양	당초원안		변경안		비 고
		도료종류	건조막 두께 μm	도료종류	건조막 두께 μm	
아치리브 보강거더 내부 도장면적 : 10,596㎡	하도	용제형 무기징크계 (갈바니 IZ180N)	75	당초안과 동일함		
	상도	역청질계 (콘타르 BH153)	75			
	소계		150			
무기징크페인트 1회도장 마감부분 (U-RIB 내부 도장포함) 도장면적 : 3,135㎡	하도	-	-	용제형 무기징크계 (갈바니 IZ180N)	75	
	소계				75	

주 : 2회 도장시스템에서는 하도 · 상도로 표시

(2) 받침

① 받침의 형식 — Pier No.8 이동단 : Pivot and Roller형
　　　　　　　　　Pier No.9 고정단 : Pivot형

② 받침의 최대반력 — 고정하중반력 : 1,000tonf
　　　　　　　　　　활하중반력 : 350tonf

③ 설계수평진도(지진시) Kh=0.06

④ 받침의 재질 : MnSc1A

⑤ 도장 : 하도 - 무기징크계(75μm)
　　　　중도 - 에폭시계(125μm)
　　　　상도- 폴리우레탄계(50μm)

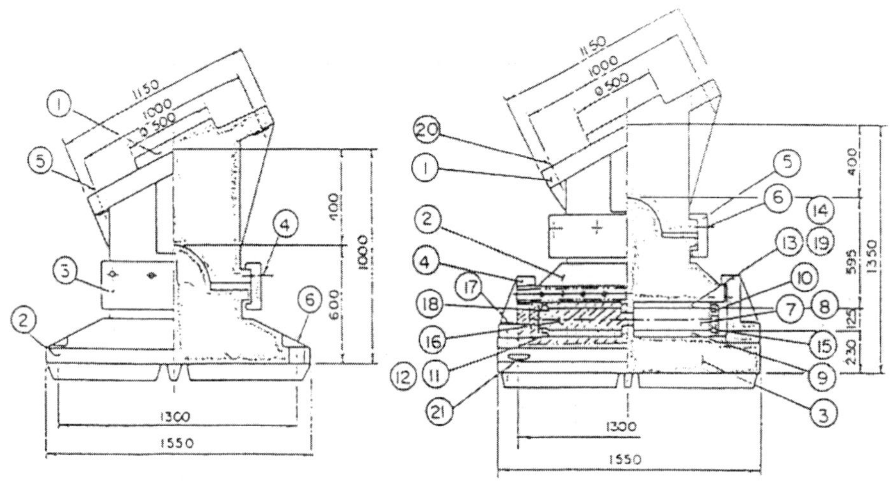

(a) 고정단　　　　(b) 가동단

그림 1-13 받침 일반도

2

강교제작

2.1 제작개요

(1) 제작수량

부 재 명		강 종	강재수량(tonf)	비 고
강바닥판	데크플레이트	SWS 400	565	T=12mm
	세로리브(U-rib)	SWS 400	230	$320\times260\times6^{T}$
	세로리브(Bulb Plate)	SWS 400	30	
	가로리브	SWS 400	99	
	세로보(Stringer)	SWS 400	85	
	가로보(Cross-Beam)	SWS 490Y	51	
	단부가로보(End Cross Beam)	SWS 490Y	191	
소 계			1,251	
아치 (주구)	아치리브	SWS 490Y	535	
	보강거더	SWS 490Y	366	
	스트럿	SWS 490Y	30	
소 계			931	단위면적당 502kg/㎡
총 계			2,182	

(2) 제작현황

- 제작장소 : 현대건설 철구사업본부 인천공장
- 강교감리 : (사)한국선급
- 제작자문 : 일본 마쯔오공업
- 제작기간 : 1995년 1월~1996년 2월

2.2 제작공정

표 2-1 제작 공정 실적표

항 목		수 량 (tonf)	1995년						1996년		
			7	8	9	10	11	12	1	2	3
본교	데 크 ("A" 부분)	651		제 작			가조립검사(11/11)	도 장		도장완료(1/24)	
	데 크 ("B" 부분)	600					제 작		가조립 검사(1/20) 도 장	도장완료(2/16)	
	보강거더	366		제 작		10/.25					
	아치리브	535			9/.20		제 작	12/.20	가조립	가조립 검사(2/11) 도 장	도장완료(3/15)
	스트럿	30									
합 계		2,182					제 작		도 장	도장완료(1/10)	
가시설물	LOAD-OUT GIRDER	819									
	LIFTING TOWER	공장 : 93									
		현장 : 340									
	운송벤트	현장 : 720									
	"A" FRAME	320									
	아치벤트	현장 : 50									
	SKID SHOE JACK SUPPORT	75									
	BARGE TIE	40									
합 계		2,457									

2.3 강교제작 흐름도

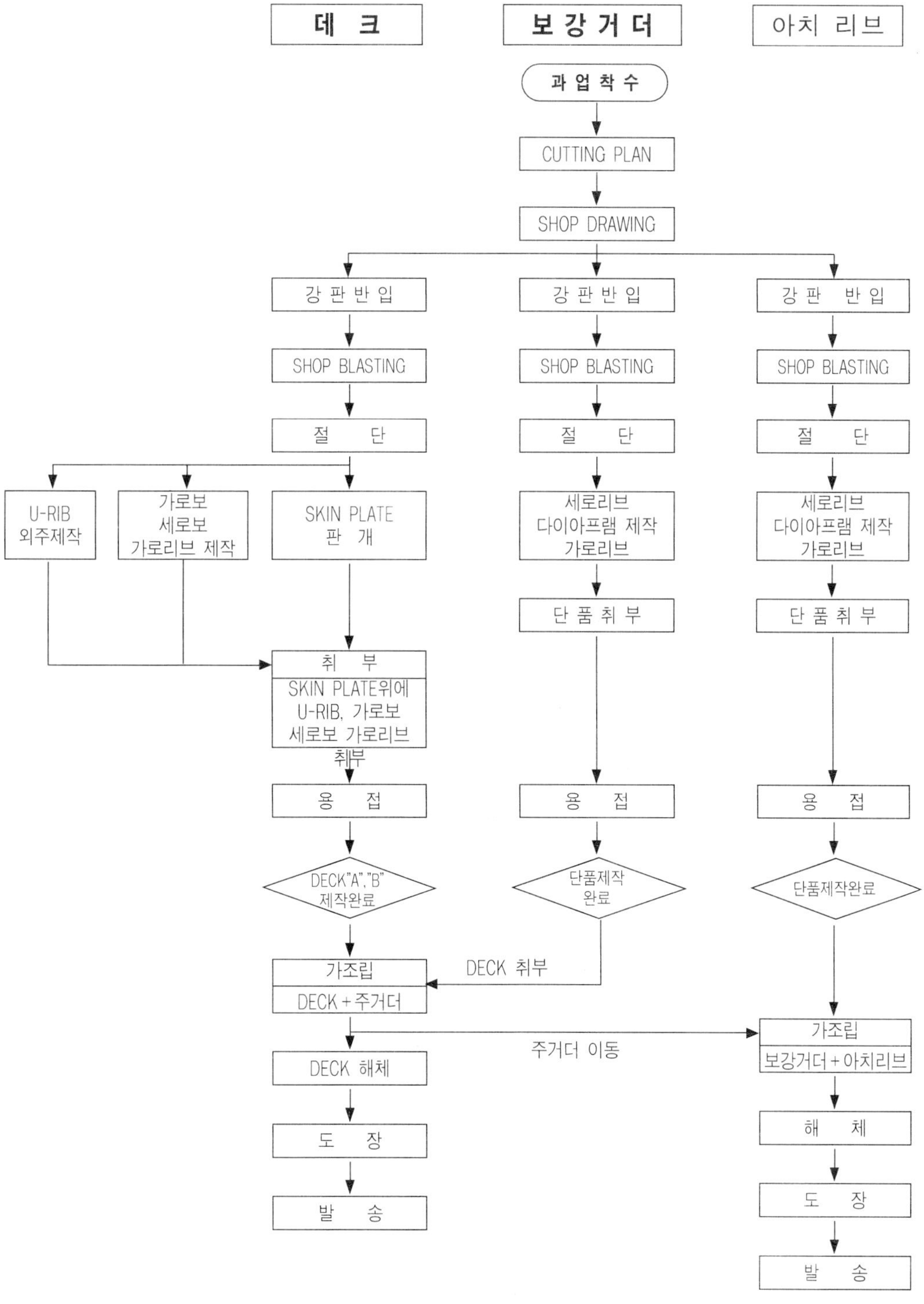

데 크
보 강 거 더
아치 리브
과 업 착 수
CUTTING PLAN
SHOP DRAWING
강 판 반 입
강 판 반 입
강 판 반 입
SHOP BLASTING
SHOP BLASTING
SHOP BLASTING
절 단
절 단
절 단
U-RIB 외주제작
가로보 세로보 가로리브 제작
SKIN PLATE 판 개
세로리브 다이아프램 제작 가로리브
세로리브 다이아프램 제작 가로리브
단 품 취 부
단 품 취 부
취 부
SKIN PLATE위에 U-RIB, 가로보 세로보 가로리브 취부
용 접
용 접
용 접
DECK"A","B" 제작완료
단품제작 완료
단품제작완료
가조립
DECK+주거더
DECK 취부
주거더 이동
가조립
보강거더+아치리브
DECK 해체
해 체
도 장
도 장
발 송
발 송

2.4 제작 시공도(SHOP DRAWING)의 작성

널센아치교는 아치리브 및 하부의 보강거더 박스가 3차원 형상을 가지고 있기 때문에 처짐의 방향도 3차원 방향으로 발생한다. 따라서 Shop Drawing 작성시 Y방향(교축직각방향) 및 Z방향(연직방향)의 캠버를 합성하여 국부좌표 방향의 캠버로 환산하였다.

(아래의 그림은 Arch 정점에서의 캠버 산출예를 나타내었다.)

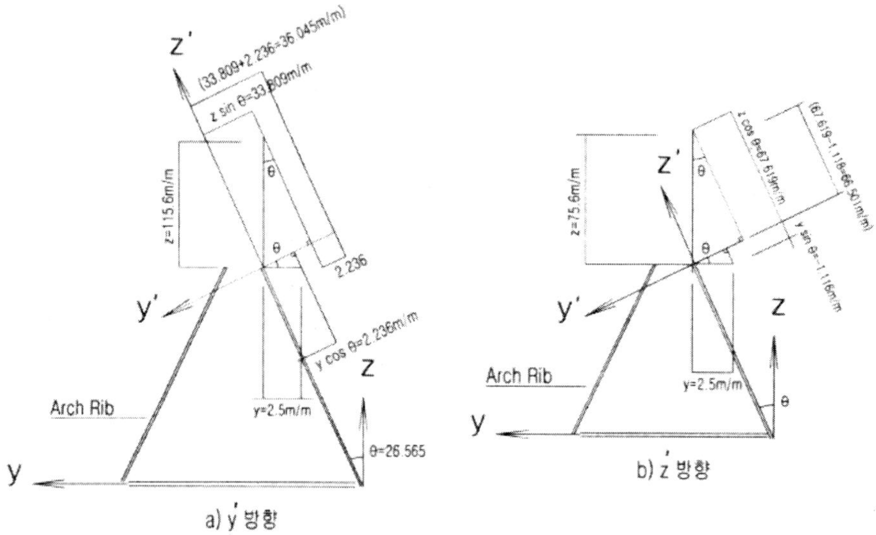

그림 2-1 캠버 산출(예)

Y', Z' 방향의 캠버값 산출

⇩

Lagrange interpolation method 최적화 곡선 방정식을 구한다.

⇩

절점의 세분화(X방향으로 15cm에서 30cm 간격)

⇩

세분화된 절점에서 캠버가 고려된 Y', Z' 값을 구한다.

⇩

단위부재(12m~13m)별로 국부좌표를 전체좌표에서 환산

⇩

CAD SYSTEM에 의해 대각선거리, 케이블 지점의 거리 산출

그림 2-2 아치의 시공도 작성 흐름도

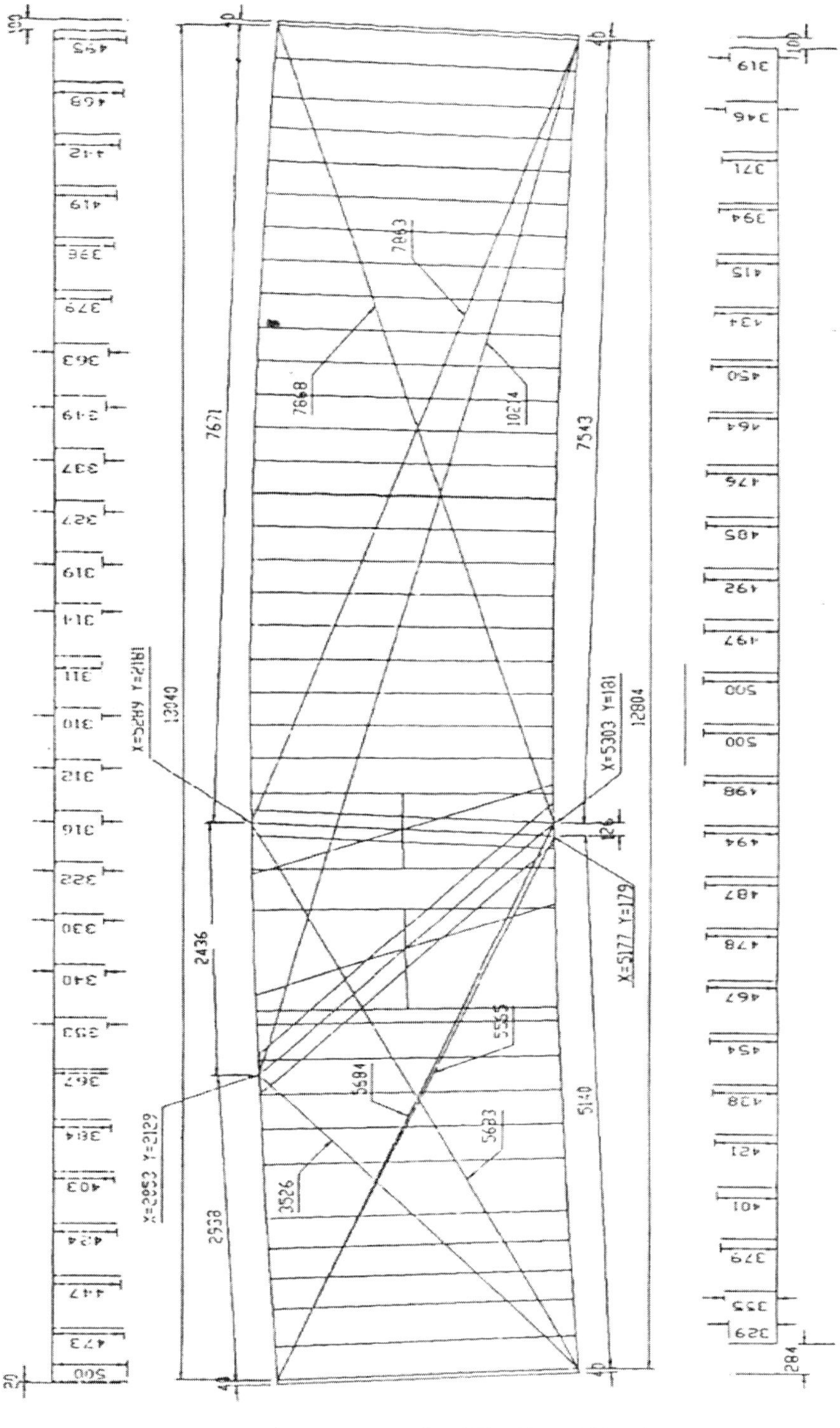

그림 2-3 CAD에 의한 현도작성 예

특히 단품부재에서 케이블의 각도 및 정확한 위치를 표기하는 것은 매우 중요한 것으로 미세한 오차만 발생해도 상·하 연결되는 케이블의 각도가 빗나갈 우려가 있다.

따라서 다음 그림 2-3과 같이 Cad System에 의해 부재 단품내에서 연관치수를 최대한 표기토록 하였다.

2.5 CUTTING PLAN

닐센아치강교의 제작을 위해 투입된 강판의 총수량은 1,042장(2,391tonf : 할증포함)으로 포항제철에서 생산·반입되었다.

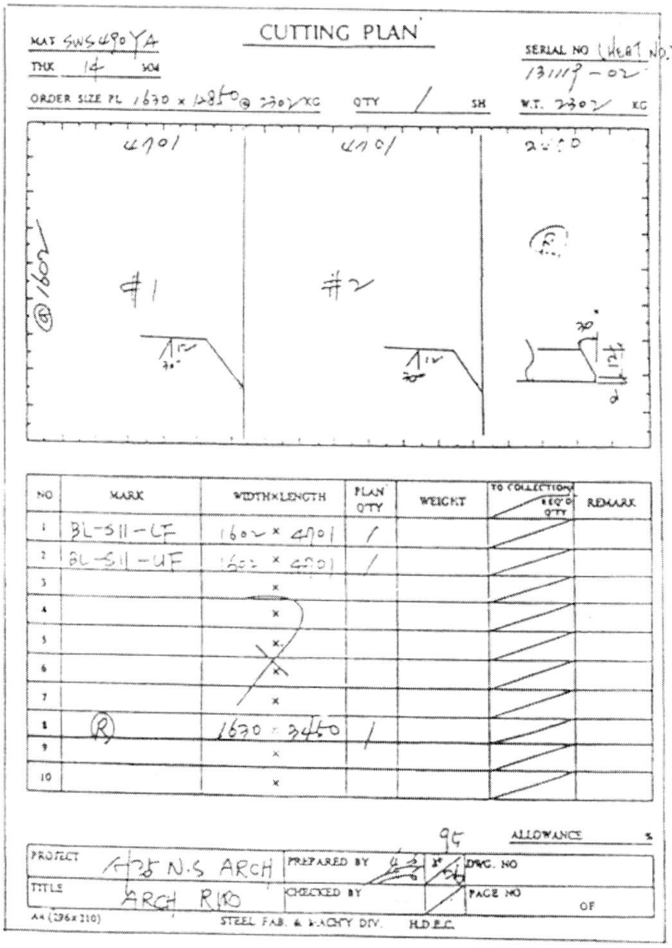

그림 2-4 Cutting Plan 작성 예

모든 강판에 대해서는 그림 2-4와 같이 Cutting Plan을 작성하였으며 작성시에는 주응력 방향과 압연방향이 일치되도록 하고 수량의 최적화에 주안점을 두었다.

2.6 전처리

모든 강판에 대해서는 자재 투입 전에 전처리 작업(Sa $2\frac{1}{2}$ 이상)을 행하여 매일 2회(오전 · 오후) 검사를 시행하였다.

전처리 등급	적 용 시 방	비 고
Sa $2\frac{1}{2}$(Shot Blast)	SIS 055900	표 면 처 리

- 사용도료 : IZ 182E(고려화학)
  최소 15μm이상
- 강판자재를 반입한 후 여러 가지 문제가 발생되어 시일이 다소 경과된 상태에서 전처리를 시행하게 되었다. 그러므로 일반적인 Shot Blast에 의해서는 적정 조도를 확보하기는 어려웠다. 이에 대한 대처방안으로 Shop Blast의 강판이동 속도를 느리게 조절하였고, 하나의 강판에 대해 4~5회 Shop Blast를 하여 Sa $2\frac{1}{2}$ 조도를 형성하였다.

2.7 강바닥판의 제작

(1) 제작개요

닐센아치교 강바닥판은 166EA의 데크 플레이트가 고장력볼트 연결에 의해 하나의 판을 형성하도록 되어 있다.

1개의 데크플레이트 크기는 대개 3.0m×12.0m로서 종방향으로 배치되어 있으며,

U-rib, 세로보, 가로리브, 가로보가 부착되어 있다.

이러한 강바닥판에 대한 일본, 미국, 서구유럽에서의 통상적인 제작방법은 공장내에서 1개의 데크플레이트에 세로·가로리브, 보를 우선 용접하고 가조립시에 전체 데크플레이트를 볼트에 의해 연결시키는 방법을 택한다.

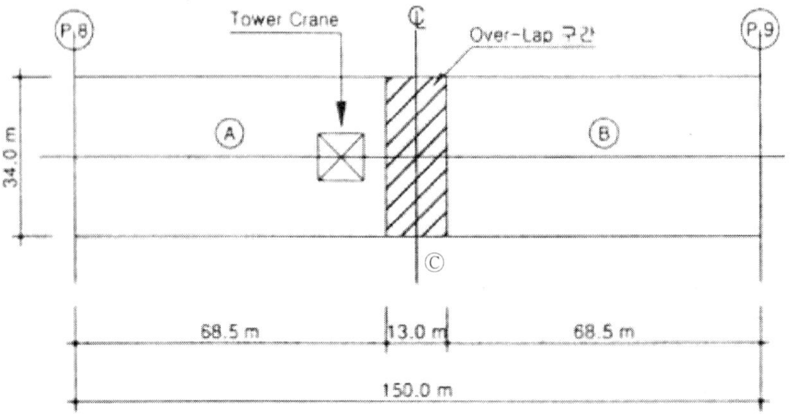

그림 2-5 Deck Plate의 제작구분

상기 방법을 택할 경우는 강바닥판 제작에 대한 충분한 경험을 가져야 한다. 용접에 의해 부재의 길이와 폭방향의 수축량을 사전에 고려할 수 있고, 용접에 의한 데크의 휨변형을 감안해야만 각종 리브, 보의 연직도를 맞출 수 있기 때문이다.

그러나 경험 및 관련 자료가 거의 전무한 실정이므로 단위부재별 제작은 할 수 없었고 전체 데크플레이트를 전개한 상태에서 구속하여 각종 리브, 보를 취부한 후 용접하는 방법을 고안하여 제작하였다.

조립순서 : i) A+C 구간에 대한 제작

ii) C 구간에 대한 180° 회전(중심선 기준으로 좌표관리)

iii) B 구간에 대한 제작

정 반 설 치 : 캠버 고려

↓

Deck PL 12mm 전개 : 역방향

↓

Pin, 가볼트에 의해 Deck Plate 연결

↓

부 재 취 부

i) 단부 가로보
ii) U-rib
iii) 가로리브
iv) 세로보
v) 중간 가로보
순서로 취부

: 역방향으로 취부하고 취부 후에 웨브, 하부플랜지를 가볼트, 핀으로 고정시킨다.

↓

용접(순서는 취부의 역순)

↓

전체 치수 검사

↓

보도부 양단측의 Deck Plate에서 치수보정

양단측의 Deck Plate는 치수보정된 값으로 최종 절단하고 설치한다.

그림 2-6 Deck Plate의 제작순서도

(2) U-rib의 제작 및 용접

① 제작

국내에서는 강바닥판 제작실적이 거의 없고 U-rib의 제작실적도 거의 없는 상태였다. 제작공장에서는 12m~13m 길이로 설계된 U-rib에 대해 3m~4m 길이로 6mm 강판을 Press에 의해 가공하여 이를 맞대기용접으로 처리할 계획으로 초기에 일부가 제작되었다.

그러나 맞대기용접부가 무수히 발생하면 이는 강재 피로발생 요인이 증대하고 교량의 내구년수가 짧아지게 된다.

일본의 시방서에서는 U-rib의 맞대기용접에 대해서는 비파괴검사시 1급을 요구하고 있고, 용접시 변형으로 인해 정확한 형상확보가 어렵다고 명시되어 있다.

따라서 기 제작된 U-rib는 폐기 처분하고 당시 U-rib를 생산하고 있는 포항의 "대릉산업"으로부터 전량 구매하였다.

- 개요 : 열연코일을 Roll성형기에 의하여 연속적으로 생산되는 U자형 Rib로서 이는 가로보, 가로리브와 용접함에 의해 격자구조를 형성하고 하중의 분배에 유리한 세로리브이다. 제작길이는 6m~15m까지 필요한 길이대로 제작이 가능하다.

- U-rib의 특징
  - 강바닥판의 하중을 경감시킬 수 있어 경제적이다.
  - 강성이 크고 하중분배성이 좋아 리브사이의 거리를 크게 할 수 있다.
  - 연속적으로 성형기에 의하여 생산되기 때문에 형상이 안정된다.
  - 열연코일을 사용하므로 재질이 균일하다.
  - 연속적으로 성형할 수 있어 절단길이를 임의로 할 수 있다.
  - 강도가 높아 조립, 용접이 용이하다.
  - 외관이 미려하다.

- U-rib의 제작허용오차

구 분		허 용 오 차
폭	A	±3.0mm
	B	±1.5mm
높 이	H_1, H_2	±2.0mm, 단, H1-H2=2.0mm
길 이		+0.5%,
Twist		길이의 0.2% 이하
두 께	t	JIS G 3193에 의한다. 단, 교량 등 특수한 경우는 -5%로 한다.

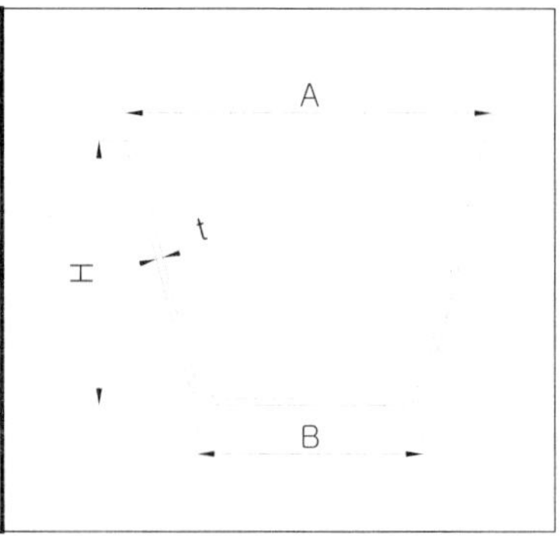

그림 2-7 U-rib의 제작허용오차

② 용접

그림 2-8 U-rib와 Deck Plate의 용접상세

- 원설계에는 U-rib와 Deck Plate(12mm)가 필렛 용접으로 설계되었다. 그러나 이러한 용접은 U-rib 내측에 노치(Notch)가 발생되고 균열발생의 요인이 된다.
- 균열사례 • 참조자료 : 1. 강상판의 피로(일본토목학회)

  2. REPAIR AND REHABILITATION. 55장(PIERRE MEHUE저)

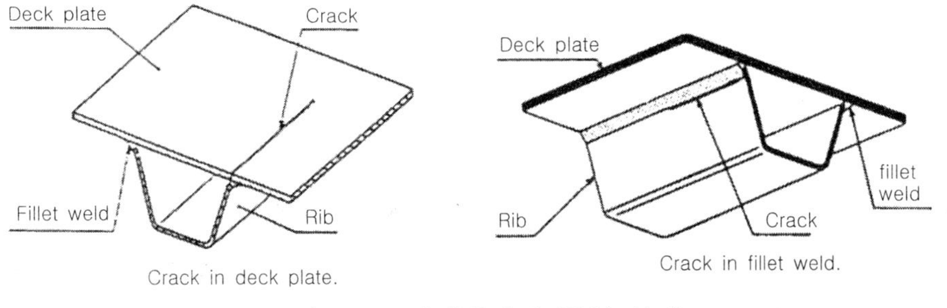

그림 2-9 강바닥판의 균열 사례

따라서 일본의 조다이사(長大社)에 검토의뢰한 결과 "6mm 두께 중에서 최소한 4mm는 용접용입이 되어야 한다"는 의견에 따라 그림 2-8과 같이 4mm는 개선하고, 개선각은 30° 로 하였다.

상기 방법에 의해 용접시공을 행하였으며 개요는 다음과 같다.

- 용접시공시험

용 접 봉 : SF-71(현대종합금속), 1.2ø

용접방법 : FCAW(Flux Chord Arc Welding)

용접자세 : 1F

차폐가스 : CO_2

용입확인방법 : 용접단면절단후 용입깊이 측정

- 용접시공시험에서 4mm 용입이 만족하게 이루어졌기 때문에 이에 준한 WPS에 따라 용접작업에 임하였다.
- 개선점 : 일본의 경우에는 Submerged Arc Welding(SAW)에 의해 필렛 용접법으로 전류 및 용접속도 등의 조절하여 별도의 개선(Bevel)없이 4mm 용입시킬 수 있는 기술 및 용접기를 가지고 있으나 국내에서는 이에 대한 경험이 없으므로 개발이 필요한 실정이다.

특히 6mm, 8mm 두께의 U-rib를 개선한 후 용접함으로 인해 U-rib의 웨브면에 변형이 발생하고, 이러한 변형은 가로리브, 가로보와의 연결시 간극이 발생하므로 우수한 용접상태를 확보하기가 어렵다.

그러나 SAW 용접법은 이동용 Zig 또는 자동용접설비가 필요하고, 따라서 Deck Plate를 단품상태로 공장내에서 제작해야 한다. (1)의 제작개요에서 언급한 바와 같이 용접에 따른 수축량의 예측자료가 미비함으로 인해 일괄제작을 해야 하는 바 용접법만 개발해서는 사용할 수 없고, 2가지 사항을 동시에 개선해야 하는 실정이다.

☞최근의 기술발전 : 상기본문의 기술내용은 1994년-1995년의 강바닥판 초기의 제작방법이며 1996년경의 광안대교 강바닥판 제작단계부터 한층 진일보한 제작방법이 적용되었다. 데크플레이트와 U-rib의 용접부는 개선 후 두께의 75%이상을 용입하였으며 공장의 SHOP내에서 각각의 블록을 제작한 후 가조립하는 방법을 적용하고 있다. 90년대 중반이후로 강바닥판의 적용이 본격화되고 있으며 2006년 현재 50여개 이상의 교량(시공중인 교량 포함)시공경험을 통하여 초기단계의 문제점을 해결하고 안정단계에 접어들었다고 볼 수 있다.

사진 2-1 U-rib의 용접

(3) 강바닥판 하부 T-형강 제작

강바닥판에는 U-rib 외에 가로보, 가로리브, 세로보가 격자형태로 부착되는데, 각각의 부재는 공장내에서 절단, 취부, 용접과정을 거친 후 Deck에 취부된다. 각 부재의 제작방법은 다음과 같다.

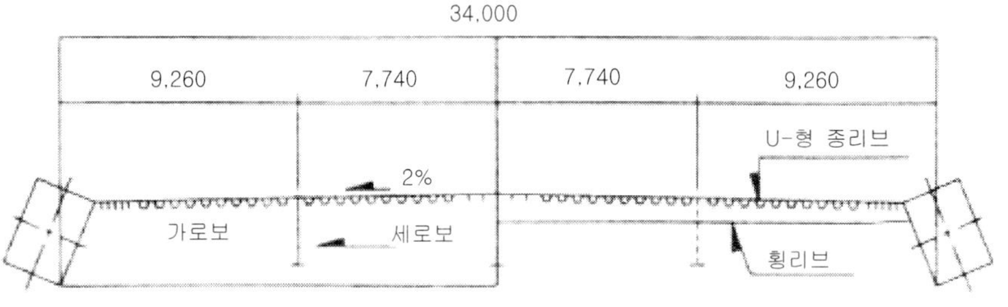

그림 2-10 강바닥판 횡단면도

① 가로보(중간, 단부)의 제작

- 재질 : SWS 490Y
- 두께 : 웨브 - 단부측은 11^{T}, 중앙부는 10^{T}
  하부플랜지 - 단부측 18^{T}에서 중앙부 38^{T}까지 단면변화
- 높이 : 2.2m~2.5m

그림 2-11 가로보의 제작순서도

② 가로리브의 제작

- 재질 : SWS 400
- 두께 : 웨브 - 9^T, 중앙부는 10^T
  하부플랜지 - 19^T
- 높이 : 0.6m

그림 2-12 가로리브의 제작순서도

(4) 강바닥판의 조립

공장내부에서 제작된 가로보, 가로리브, 세로보, 세로리브 및 구매자재인 U-rib는 공장 조립장에 전개된 12mm Deck Plate 위에 앞에서 언급된 순서에 준해 취부된다.

각 부재간의 용접사양은 아래와 같다.

① 각 부재간의 연결용접

표 2-2 부재간의 용접 방법

구 분	용 접
중간 Cross Beam Web - Deck Plate	양면 Fillet, 각장 6mm
중간 Cross Beam Web - U rib	양면 Fillet, 각장 6mm
중간 Cross Beam Web - Stringer	양면 Fillet, 각장 6mm
단부 Cross Beam Web - Deck Plate	부분용입용접+양면 Fillet, 6mm
단부 Cross Beam Web - Stringer	양면 Fillet, 각장 6mm
Stringer-Deck Plate	양면 Fillet, 각장 6mm
Stringer-가로리브	양면 Fillet, 각장 6mm
가로리브-Deck Plate	양면 Fillet, 각장 6mm
가로리브-U rib	양면 Fillet, 각장 6mm

상기의 부재들은 조립장에 있는 타워크레인(30tonf), 지게차, 유압 크레인에 의해 정해진 위치에 취부된다.

② 취부시 중요관리사항

i) U-rib의 종방향선형은 직선을 이루고 있는가?

ii) U-rib와 가로보, U-rib와 가로리브의 용접연결부에서 간극이 발생하거나, 삽입이 원활히 이루어지는가?

iii) U-rib와 Deck Plate 사이에 간극이 발생하지는 않는가?

iv) 가로보 웨브간의 볼트연결부가 연직을 이루고 있고 간극이 허용범위 이내인가? (횡방향 캠버가 고려)

v) 가로보의 웨브와 세로보의 웨브연결부에서 간극이 허용범위 이내인가?

vi) 가로리브와 세로보의 연결부에서 간극이 발생하지는 않는가?

vii) 보도측의 Deck 경사가 -2%에서 +2.85%로 변하는 곳에서 가로리브, 가로보가 Deck Plate와 간극이 발생하지 않는가?

이상과 같은 사항은 세심한 치수관리를 하지 않으면 오차가 발생되는 항목이며, 실제작업시에도 많은 오차가 발생하였다. 특히 단부 가로보, 중간 가로보, 세로보 등과 같이 웨브의 높이가 큰 부재는 Deck Plate와 용접시에 연직도가 크게 변하였고, 따라서 부재 끝단을 절단하는 방법에 의해 정확한 취부를 할 수 있었다. 필요에 따라서는 부재의 길이를 여유를 주어 취부 전 치수확인을 한 후 사전절단하는 방법도 시행하였다.

③ U-rib의 변형교정

U-rib의 웨브와 가로리브, 가로보 웨브간에 발생된 간극에 대해서는 그림 2-13에 나타난 바와 같이 변형교정을 하여 용접전에 간극발생이 없도록 하였다.

④ 용접

용접장소가 공장 조립장에서 시행되므로 이동식 소형 방풍막를 제작하여, 용접부의 품질향상에 만전을 기하였다.

모든 용접은 반자동용접인 FCAW에 의해 작업하였으며 특히 용접공은 K.R 상주감리원의 검사에 의해 기량이 우수한 용접사만을 투입하였다.

취부시에 모든 부재간에는 가붙임용접 또는 가볼트, Drift Pin에 의해 구속을 시키고 취부검사를 하였으며, 먼저 취부검사가 완료된 구간에 대해서는 용접을 시행하였다.

다음은 용접시에 주요 기술적인 사항을 정리하였다.

i) U-rib 이음부의 시공

U-rib 내부는 Shop Primer만 도포되며 이음부에 있는 다이아프램에 의해서 완전히 밀폐가 되고, 이음부의 70cm 구간은 두께가 8mm의 U-rib로 시공된다.

CASE 1. 가로리브 또는 가로보가 U-Rib에 들어가지 않는 경우

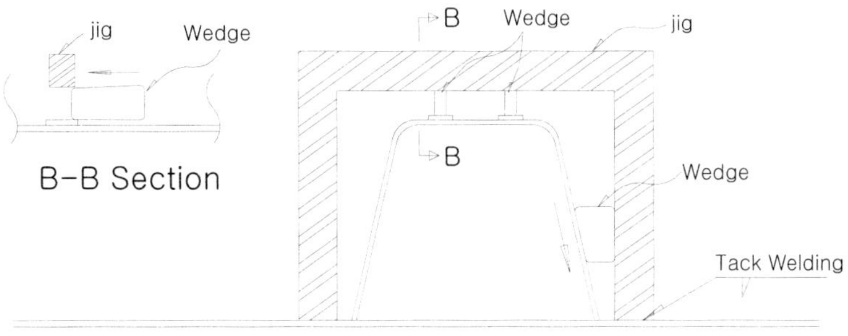

CASE 2. 가로리브 또는 가로보의 Block-out이 U-Rib보다 클 경우

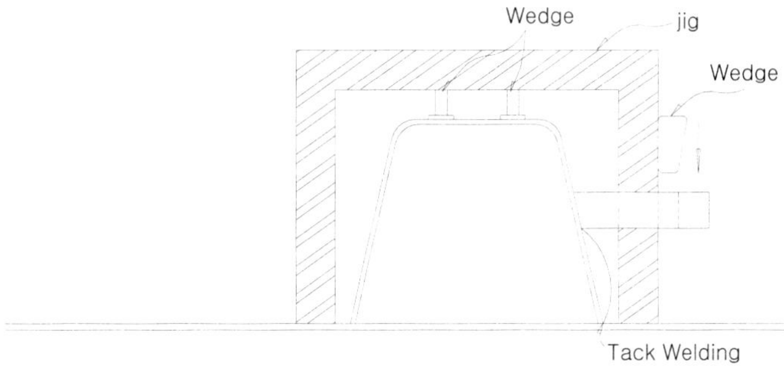

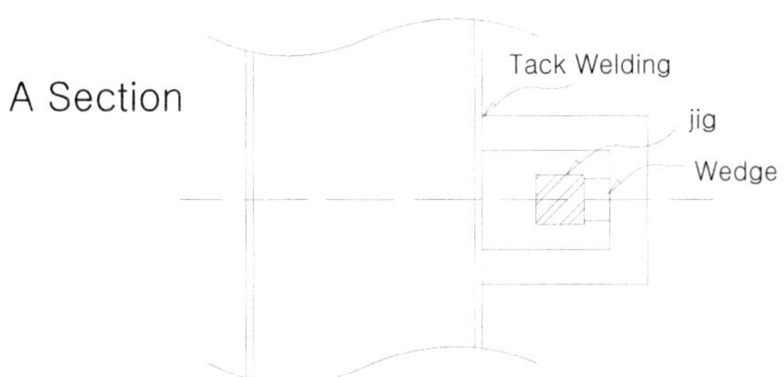

그림 2-13 U-rib의 변형교정방법

8mm U-rib의 내·외부면은 데크하단부의 도장 사양과 동일하다.

다음은 U-rib 단부 제작방법으로서 이 구간은 정밀한 시공이 필요한 곳으로

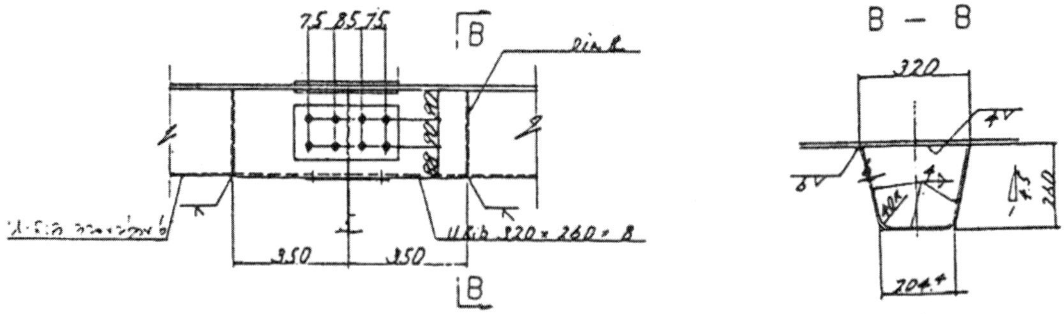

그림 2-14 U-rib 이음상세

시공순서는 다음과 같다.

• U-rib 연결부의 시공순서

 8^T U-rib와 6^T U-rib의 맞댄 용접

 용접부 비파괴 검사

 U-rib와 다이아프램 취부 및 용접

 데크플레이트에 U-rib 취부 및 용접

 데크플레이트와 다이아프램의 일면 용접(필렛 용접)

제작시에 특히 정밀한 시공이 필요한 곳은 6^T U-rib와 8^T U-rib가 용접될 때 단면 형상이 일정해야 우수한 용접을 할 수 있으므로 U-rib 제작시 정밀한 치수관리가 필요하고, U-rib와 다이아프램이 접촉되는 곡선부분에서 틈새가 발생하지 않도록 치수관리를 해야 하며 U-rib의 용접부 내측은 그라인딩처리를 하여 평탄하게 하여야 한다.

ii) 단부 가로보의 조립 및 용접순서

그림 2-15와 같이 단부 가로보를 설치하기 전에 U-rib 및 Backing Trough가 설치되어야 한다.

이는 단부 가로보의 웨브에 있는 스티프너와 공간적으로 간섭되기 때문이다. 따라서 데크 플레이트위에 먼저 Backing Trough를 마킹된 위치에 가용접으로서 고정시킨다.

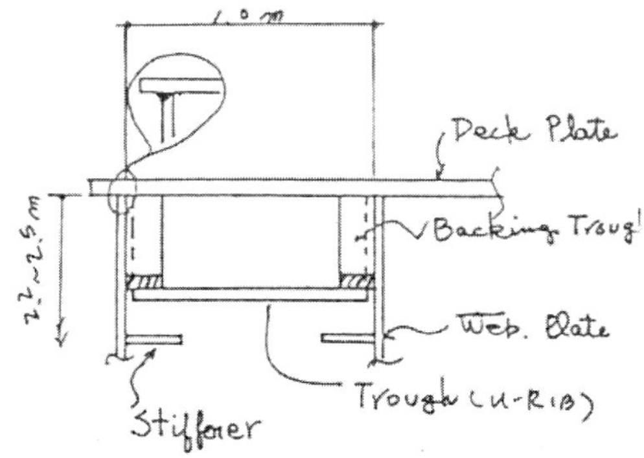

그림 2-15 단부 가로보에서의 U-rib 시공

다음에 0.99m 길이의 U-rib를 Backing Trough 위에 올려놓은 상태로 두고 단부 가로보를 취부시킨다. 취부시에 U-rib는 약간의 이동조립을 하면서 단부 가로보를 끼워놓고, U-rib와 웨브부재와의 용접을 하였다.

iii) 단부 가로보의 웨브와 데크플레이트의 용접은 ii)항의 원인으로 인해 연속용접은 불가능하다.

원설계에서 두 개의 부재간에는 6mm 필렛용접을 양면에 하도록 되어 있으나, 실제적으로는 단부 가로보의 내부에 있는 U-rib로 인해 내측에는 연속적인 용접을 할 수 없다.

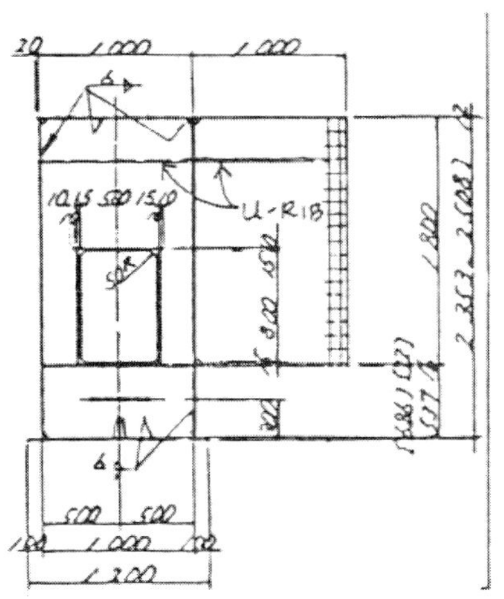

그림 2-16 단부 가로보의 단면

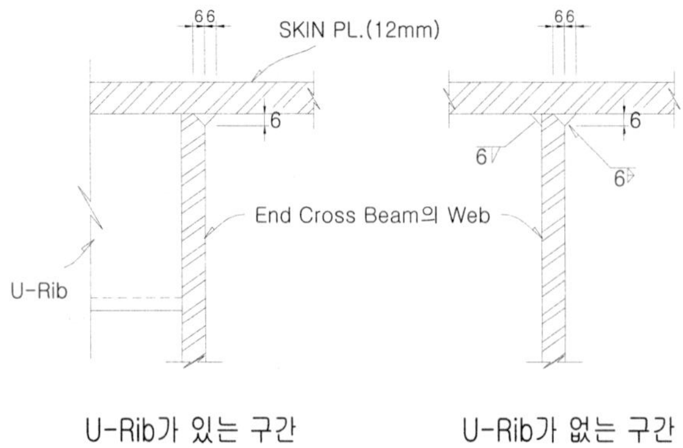

그림 2-17 단부 가로보의 웨브와 데크플레이트의 용접

즉 U-rib 구간은 U-rib와 단부 가로보의 웨브간에는 용접이 되어도 데크플레이트와 웨브간의 용접은 될 수 없다. 따라서 자문감리의 검토에 따라 부분용입용접으로 하여 그림 2-17와 같이 변경시행하였다.

2.8 주구의 제작

(1) 제작개요

- 부재구성
  - 아치리브 : 26개의 박스(폭 : 1.6m, 높이 : 2.0m)
  - 보강거더 : 26개의 박스(폭 : 1.6m, 높이 : 2.5m)
  - 스 트 럿 : 5개의 박스(폭 : 1.1m, 높이 : 1.3m)
- 닐센아치교의 주구 중에서 아치리브는 곡률반경이 매우 큰 형태로서 이루어져 있으며, 아치리브와 보강거더가 교차되는 우각부에서는 국부적으로 큰 응력이 작용한다.

또한 사재로 사용되는 케이블의 지지점 부근에는 반복응력으로 인해 높은 피로도가 발생할 수가 있다. 케이블도 정확한 각도로 시공이 되어야 하므로 아치리브, 보강거더박스 내부에 있는 보강 스티프너, 채널의 각도, 위치를 정확히 검사하지 않으면 안된다. 따라서 상기와 같은 주요관리항목에 준해서 엄격한 치수관리, 용접관리를 시행하였다.

(2) 박스제작 순서도

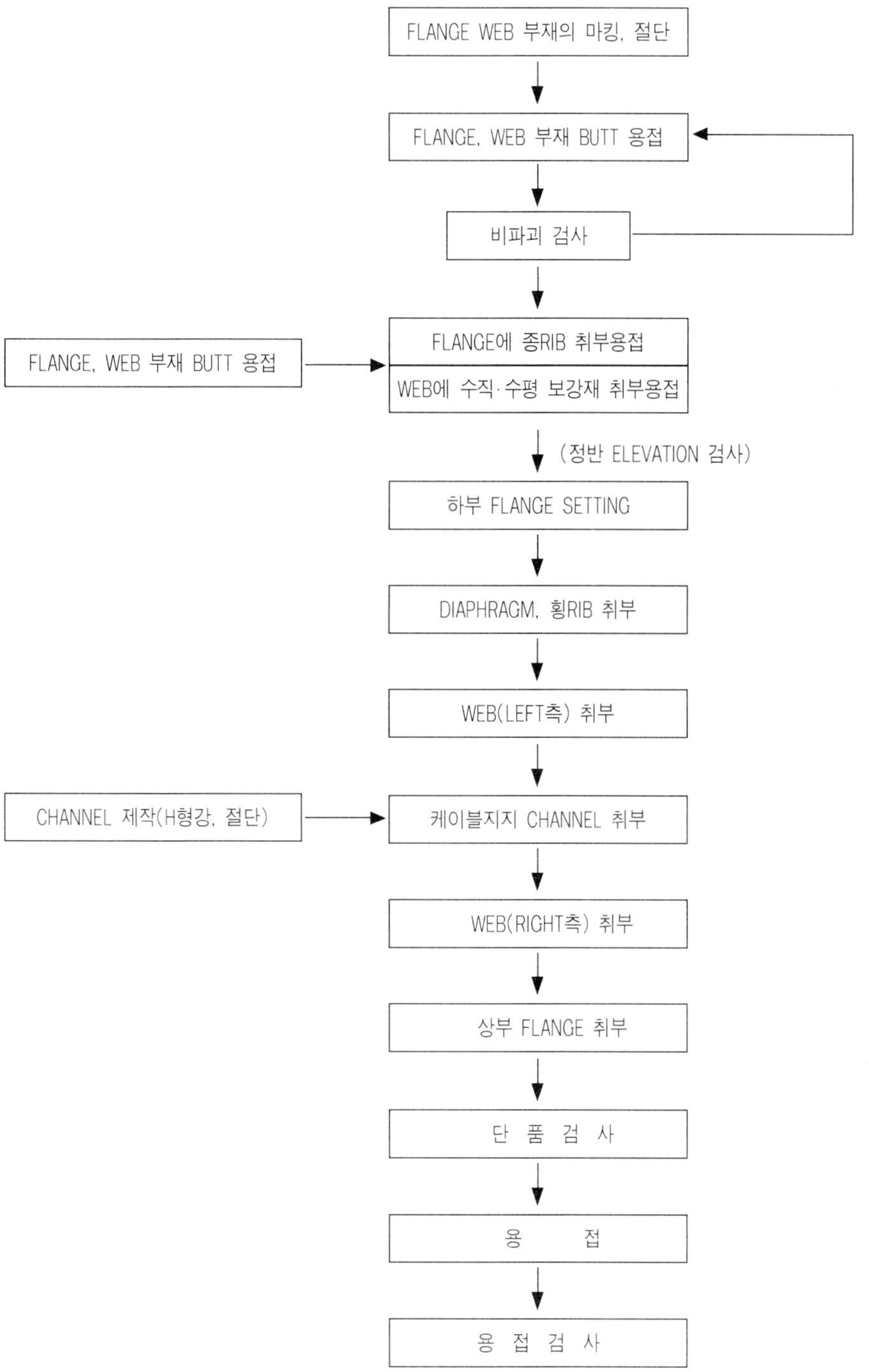
FLANGE WEB 부재의 마킹, 절단
FLANGE, WEB 부재 BUTT 용접
비파괴 검사
FLANGE, WEB 부재 BUTT 용접
FLANGE에 종RIB 취부용접
WEB에 수직·수평 보강재 취부용접
(정반 ELEVATION 검사)
하부 FLANGE SETTING
DIAPHRAGM, 횡RIB 취부
WEB(LEFT측) 취부
CHANNEL 제작(H형강, 절단)
케이블지지 CHANNEL 취부
WEB(RIGHT측) 취부
상부 FLANGE 취부
단 품 검 사
용 접
용 접 검 사

(3) 부재의 제작

① 박스의 취부

아치리브는 포물선 형태이므로 플랜지, 세로리브는 단품상태에서도 곡선형태를 나타낸다. 따라서 하부플랜지를을 셋팅하기 전에 L-형강으로 구성된 정반 4조를 준비하여 셋팅하였으며 곡률이 작은 박스부터 제작을 시행하여 곡률이 큰 박스 순으로 제작하였다. 이러한 방법은 정반을 절단하면서 높이를 조정할 수 있기 때문이다.

특히 닐센아치교의 박스는 완성시에 경사형태를 이루고, 케이블 지지형태이기 때문에 일반적인 박스거더보다 다이아프램이 많이 설치된다. 그러므로 취부시 다이아프램은 세로리브, 수평보강재가 교차되는 부분 등 다이아프램이 절단된 곳에서 틈새가 발생될 가능성이 많으므로 보다 정밀한 절단 및 리브 취부를 해야 한다.

② 케이블 지지 채널의 시공

케이블 정착구를 지지하고, 이 하중을 박스의 웨브로 전달하는 채널은 웨브에 부착되어 있는 보강 스티프너와 고장력볼트에 의해 연결된다.

원설계에는 채널이 [-565×120×14×22(SWS 490Y)로 되어 있으나, 이 단면은 강판을 용접에 의해 만들어야 하는 빌트업(Built-up)부재이다.

따라서 시공의 편리를 위해 기성 H-형강 제품의 한쪽 플랜지를 절단한 후 절단면은 그라인딩하여 사용하였으며, 부재의 단면성능은 원설계의 단면강성을 충족한다.

채널의 시공은 한쪽 웨브가 취부된 상태에서 설치를 해야 한다. 웨브의 내측면거리가 1,500mm이고 채널의 길이가 1,460mm이므로, 양측 웨브의 취부 또는 상부플랜지가 취부된 이후에는 박스내부에서 회전이 되지 않으므로 설치가 불가능하고, 더구나 채널의 중량이 130kgf 정도이므로 박스내부에서의 이동설치가 더욱 어렵다.

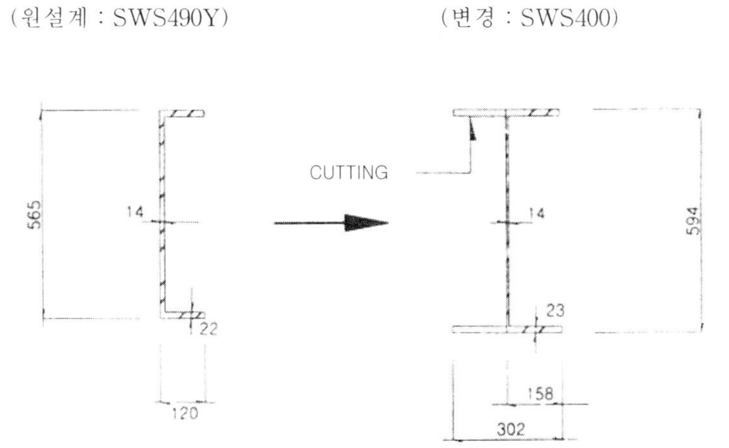

그림 2-18 Channel의 단면 변경

③ 채널을 지지하는 보강스티프너의 시공

박스의 웨브와 채널을 연결하는 보강스티프너는 케이블의 축력을 웨브에서 분포시켜 주면서 축력을 받게 된다. 그러므로 웨브에 부착된 수평보강재와 교차되는 곳에서 힘의 전달이 연속적으로 이루어지기 위해서는 스캘럽이 없어야 하므로, 아래의 그림 2-19와 같이 15mm 모따기를 하고 설치가 완료된 후에 용접으로 메운다.

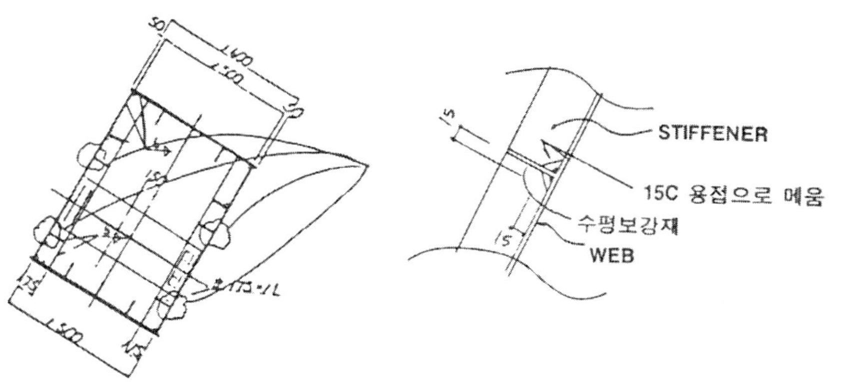

그림 2-19 보강스티프너 용접상세

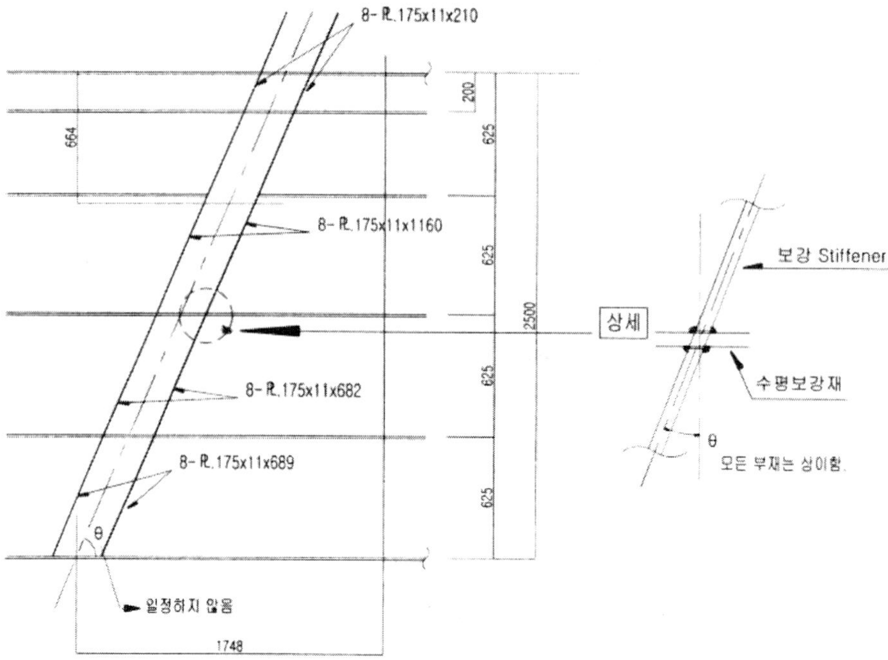

그림 2-20 보강스티프너의 길이 산출

보강스티프너는 웨브에 부착되어 있는 수평보강재 사이에서 용접으로 연결되고, 특히 아치리브 구간에서는 아치 자체가 포물선 형태를 이루기 때문에 수평보강재 사이의 정확한 플레이트 길이를 산출하여 절단하는 것도 매우 중요한 관리항목이다.

공사초기단계에서 다소 관리가 소홀한 상태에서 취부한 곳은 틈새가 발생하거나 수평보강재 사이로 끼워지지 않는 경우가 있었다. 따라서 현도장에서 1:1 축척의 현도를 작성하여 정확한 보강스티프너의 길이를 산출하였고, 끝단부에서의 면처리 각도까지 산출하여 틈새가 발생하지 않도록 하여 우수한 용접품질을 확보할 수 있었다.

④ 우각부(아치리브와 보강거더의 교차부) 박스의 제작

우각부 박스는 받침에 하중을 전달해주며, 이에 따른 반력으로 인해 높은 응력이 작용하고, 보강거더 상부플랜지와 아치리브의 하부플랜지가 교차되는 주변에는 매우 높은 응력이 작용함을 알 수 있다. 또한 박스의 단부 스티프너에도 큰 반력이 작용하고 있으므로 전체적으로 용접의 건전성이 반드시 확보되어야 하는 구간이나, 그림 2-21에서 보듯이 다이아프램이 많고, 보강거더의 상부플랜지가 아치리브 내부까지 연장되기 때문에 적절한 용접 상세, 취부 및 용접순서를 취하지 않으면 안된다.

그림 2-21에 있는 5번 상세는 이러한 응력전달을 원활히 하기 위해 변경된 용접 상세이며, 우각부의 내측교차되는 곳의 곡선반경도 300R에서 400R로 변경시행하였다.

아치리브와 연결되는 브라켙 부분에서는 각도에 대한 제작검사를 철저히 하여 아치리브의 누적오차가 최대한 없도록 하였다. 그림 2-21의 단부박스 조립순서는 상기와 같은 사항을 반영하여 시행된 과정이며, 이에 준해서 완벽한 제작을 할 수 있었다.

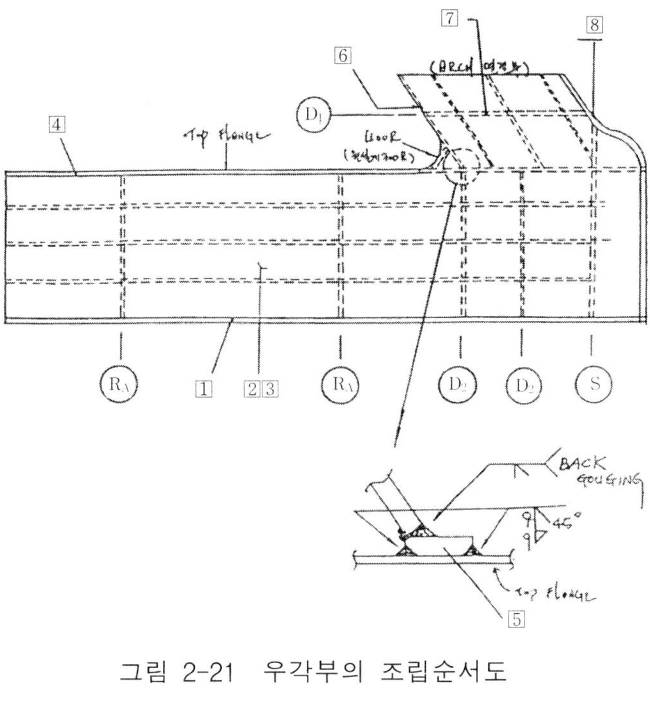

그림 2-21 우각부의 조립순서도

* 조립순서

1 ~ 하부플랜지를 정반위에 올려놓는다. 다이아프램을 세운다(취부)

[2][3] : 양측의 웨브를 세우고 가고정한다.

[4] : 상부플랜지를 덮는다. 이때 조립이 원활하도록 웨브를 벌려둔다.

[5] : 상세부 PL30^T 철판을 개선한 후 부착한다.

[6] : 아치부의 하부플랜지를 절단된 웨브면에 맞추어 취부한다. 상세부분의 용접을 실시한다.

[7] : 다이아프램 D_1 Type을 취부한다.

[8] : 단부의 휨가공된 강판을 최종취부하고 칫수검사후 용접한다.
(조립전에 개구부는 가공완료한다.)

2.9 가조립

닐센아치교의 가조립은 일괄가조립, 부분 블록 가조립으로 나눌 수 있으며 일본에서는 특별한 경우 외에는 전체 가조립을 시행하고 있다. 이는 일본공장의 가조립장이 한국의 공장에 비해 넓고 인양설비가 완벽하며 가조립공정을 중요시하기 때문이다. 본 서강대교는 가조립방법에 대해 수많은 토의와 검토를 하였으며 공장설비, 조립장 확보, 공기 등으로 인해 부분 블록 가조립을 시행했지만, 결과적으로는 아주 우수한 제작이 되었음이 현장조립시 확인되었다.

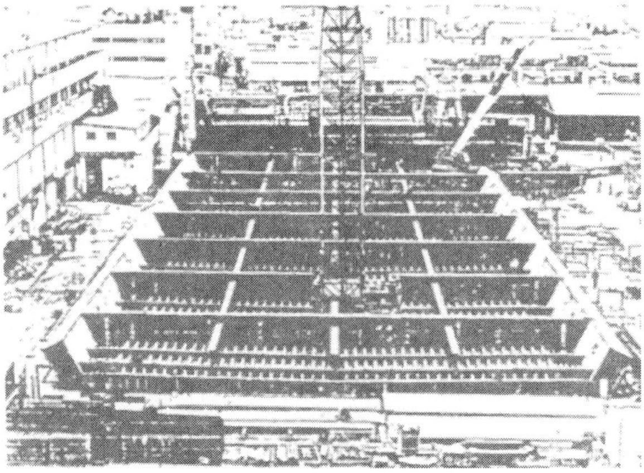

사진 2-2 강바닥판 구간의 가조립 전경

가조립방법은 그림 2-22와 같이 강바닥판과 아치리브를 분리하였지만 보강거더 박스를 중간매개체(Parameter)로 하였다.

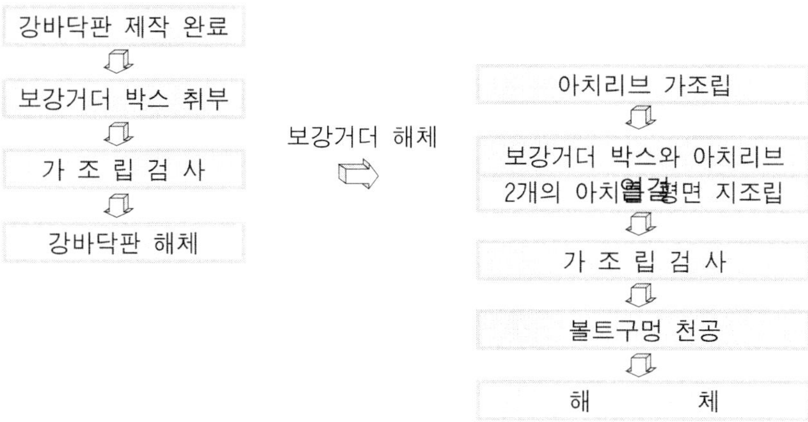

그림 2-22 가조립 순서도

(1) 강바닥판의 가조립

① 개요

강바닥판의 가조립은 용접이 완료된 이후 측면부에 보강거더 박스를 역으로 취부한 상태에서 그림 2-5에서 나타낸대로 A+C구간, B+C구간을 분리하여 가조립을 시행했다.

보강거더를 취부하여 가조립을 하게 된 이유는 다음과 같다.

i) 보강거더 박스내의 다이아프램과 가로보의 위치가 일치하는가?

ii) 보강거더 박스와 가로보, 가로리브의 용접부에서 간극유무, 각도가 일치하는가?

iii) 보강거더 박스의 상부플랜지와 데크플레이트 높이가 일치하고 맞댄 용접부의 루트(Root) 및 간극이 설계와 일치하는가?

실제로 보강거더 박스를 설계폭 및 설계각도로 취부한 결과는 가로보, 가로리브와의 간극이 0~10mm까지 발생했으며, 경사도 일치하지 않은 상태였다.

일부구간은 가로보의 절단이 필요한 구간도 발생하였다. 따라서 그림 2-23에 나타난 것과 같이 용접상세를 수정하여 작업하였으며 100% U·T 검사에 의해 용접의 건전성 확인을 하였다.(현장조립단계에서 용접시행)

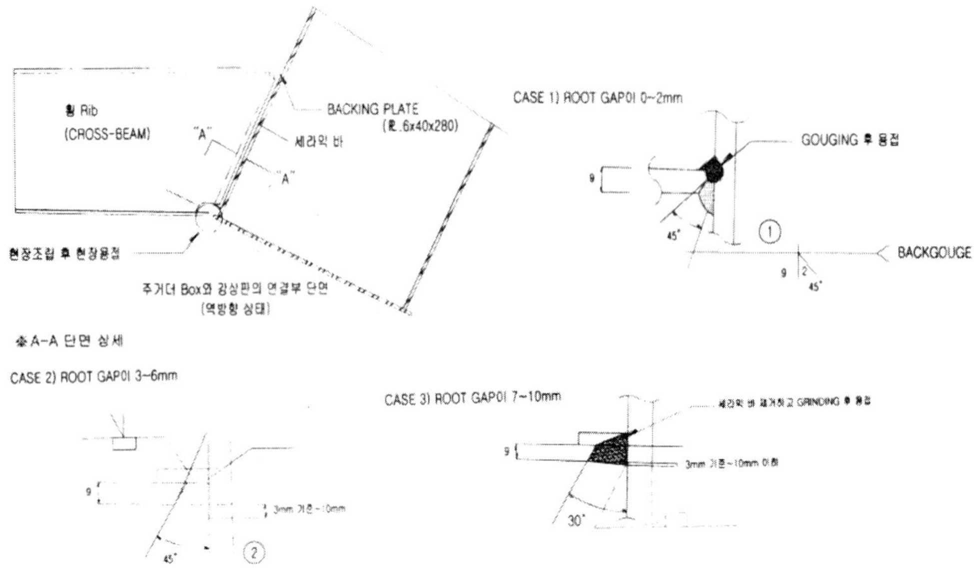

그림 2-23 보강거더 박스와 강바닥판의 간극처리방법

② 가조립검사

가조립검사는 최대한 오차를 작게 하기 위해 대기온도와 강재온도가 동일한 새벽에 하였다. 사용장비는 광파기 2대를 사용하여 상호 비교하였으며, 측정항목은

i) 종방향거리

ii) 가로보에서의 횡방향거리

iii) 높이(Elevation, 세로보와 가로보의 교차부)

iv) 보강거더 박스 측면 각도

v) 전체 블록의 대각선거리

로서, A+C구간은 1995년 11월 11일, B+C구간은 1996년 1월 20일에 시행했다.

A+C구간 종방향길이 검사시에 56mm, 44mm 짧게 제작이 된 것을 확인한 바, 이는 용접시에 전체길이 축소에 따른 것으로 판단되었고, B+C구간 제작시에 오차를 보정하여 최종적으로 +4, -16의 오차가 발생되었으며 이는 허용범위 ±25mm 보다 작은 값임을 확인하였다.

아울러 타항목에 대한 검사도 허용범위(가조립정도기준 참조) 이내에 있음을 확인할 수 있었다.

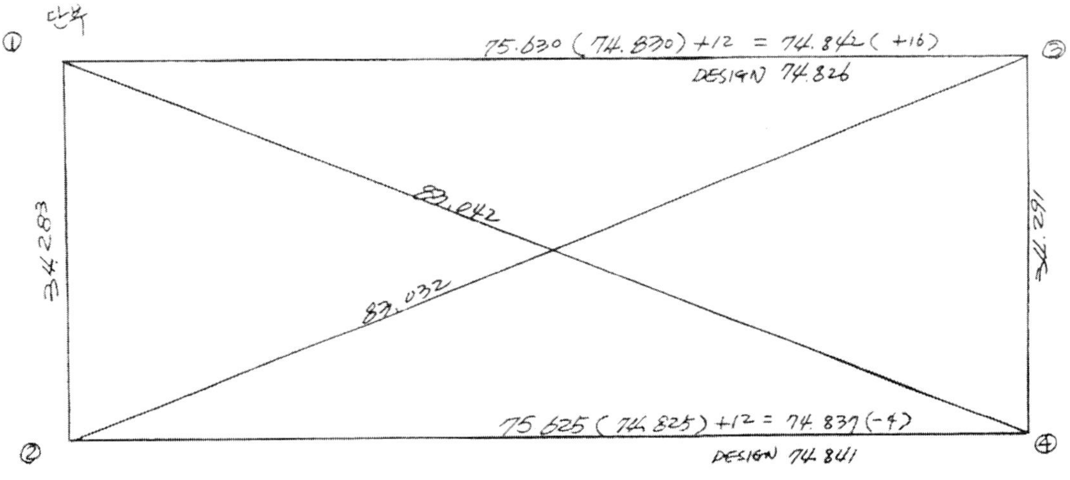

그림 2-24 가조립 검사 결과

(2) 주구의 가조립

강바닥판 가조립검사가 완료된 후 보강거더 박스는 아치리브와 함께 연결하여 평면 지조립을 실시하였다. 보강거더 박스와 아치리브는 동일한 각도(연직방향으로 26.565°)로 이루어져 있기 때문에 1개의 평면상태로 전개가 가능하며 지상에 1.0m 높이의 정반을 설치하여 150m 전체길이로 가조립을 시행하였다.

공장내의 가조립장이 협소한 관계로 인해 1.5km 떨어진 인천 북항에서 2개의 주구를 동일방향으로 설치, 가조립검사를 하였다.

가조립검사의 측정항목은

i) 보강거더 박스의 종방향길이

ii) 아치리브의 높이

iii) 스트럿($ST_1 \sim ST_5$) 위치의 X, Y좌표(Y방향 캠버 포함)

iv) 보강거더의 Y방향 캠버

v) 아치리브, 보강거더의 교축직각방향(Z방향) 캠버이다.

vi) 케이블 거리 실측

상기항목에서 가장 중요한 사항은 iii), iv)항으로서 스트럿의 위치가 2개의 아치리브에서 동일한 좌표값을 가져야 현장조립시에 스트럿를 직선으로 설치할 수 있는 것이다.

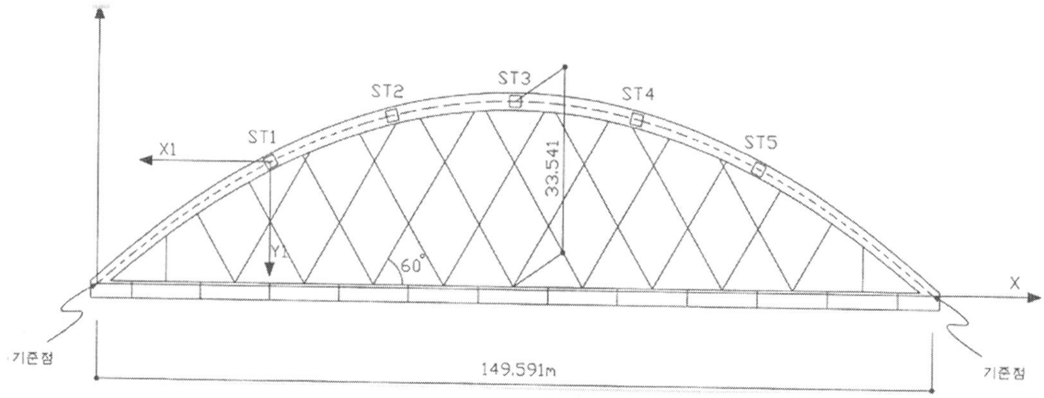

그림 2-25 주구의 가조립 평면도

더구나 스트럿 위치에서 아치리브 내부에는 다이아프램으로 보강되어 있으므로 평면좌표에서 오차만큼 스트럿은 뒤틀린 상태로 현장조립 될 수 밖에 없는 실정이다.

본교는 수차례의 수정작업을 통하여 오차축소를 위해 노력하였으며, ST_5 위치에서 최대 22mm의 X방향 오차가 발생하였다.

또한 케이블의 거리실측(아치리브와 보강거더의 거리)은 장차 현장조립단계에서 케이블 거치하기 전에 설계길이와 비교하는 차원에서 시행하려고 하였으나 아치가 폐합된 상태에서는 길이에 대한 온도보정방법이 없어서 측정한 자료를 제대로 활용할 수 없었던 것은 아쉬운 점이었다.

데크플레이트는 보강거더에 가붙임용접만 하고 현장에서 용접시행할 예정이며, 가로보, 가로리브는 공장에서 완전용접된 상태이다. 아울러 2개의 아치는 주간작업시 햇볕의 영향이 동일하도록 하기 위해 같은 방향으로 설치하였음을 참조했으면 한다.

표 2-3 가조립의 허용오차 기준(일본 강도로교 시방서 및 동해설 참조)

NO.	항 목	가조립 정밀도기준			
		조 건	허용오차(mm)		
1	지간장	L:전장 또는 지간	±(10+L/10)		E1, E2 ±2.0 S ±18.3 L1, L2 ±3.0 L2 ±17.7
2	주형의 중심간 거리	B:설계중심간거리(m)	±4 ±(3+B/2)	B≤2 B>2	WU, WL ±8.0
3	웨브높이	H:설계웨브높이(m)	±4	1.0<H≤2.0	H ±4
4	주형의 연직도	H:설계웨브높이(m)	±3+H/1000		V 4.2
5	플랜지 폭	B:플랜지 폭(m)	±3	0.5<H≤1.0	BU ±3
6	웨브의 평면도	H:설계웨브(mm)	H/250		4.8
7	플랜지의 평면도	W:플랜지 폭(mm)	W/150		6.0
8	주구의 솟음	L:지간장(m)	-5~25	80<H≤200	-5 ~ 25
9	주구의 직진도	L:축선장(m)	5+L/5	L≤100	21.8
10	주구와 교량단부의 평행도와 그 차이				10
11	현장접속부의 틈새				5
12	지간거리	L:지간장(m)	±(10+L/10)		L ±17.7
13	플랜지 폭	B:플랜지 폭(m)	±3	0.5<H≤1.0	BU ±3
14	웨브높이	H:설계웨브높이(mm)	±4	1.0<H≤2.0	H ±4
15	주구의 조립높이	H:주구의 조립높이(m)	±(2.5+H/2)	H>5	±6.4 ±7.8
16	주구의 직진도	L:축선의 길이(m)	5+L/5	L≤100	20.6
17	웨브의 평면도	H:설계웨브높이(mm)	H/250		4.8
18	플랜지의 평면도	W:플랜지 폭(m)	W/150		6
19	현장접속부의 틈새				5
20	신축장치	길이(m) 높이 Finger의 유격 편심(높이)	-5~10	L≤10	-5 ~ 10 ±2.0 ±2.0 ±2.0

사진 2-3 아치 주구의 가조립 전경

2.10 도장

(1) 도장사양 변경개요

도장설계변경에 대해서 1.3절에서 사양을 기술한 바 있으며, 여기서는 먼저 변경경위에 대해 설명하고자 한다.

아치리브의 외부도장을 불소수지로 변경된 이유는 아치의 높이가 30m로서 유지관리를 위해서는 반드시 고소작업을 해야 하는 등 재도장 작업이 용이하지 않으므로 일반적인 염화고무계 도료에서 내구연한이 15~20년 이상인 불소수지로 변경하게 되었다.

불소수지계는 국내토목분야에서는 시공이 전무한 상태이나 일본 강도로교 도장시방서에 C-3, C-4 계열로 일반화되어 있고, 장대교량 등에 많이 사용된 실적이 있다.

강바닥판 하부도 원설계에는 염화고무계로 설계되어 있었으나 아스콘 포설시 강재 주변온도가 180℃까지 상승한다. 따라서 염화고무계는 부적당한 도료로서 300℃ 이상의 내열성을 가지고 있는 에폭시 수지계(고려화학 EH6270)로 변경하였는데, 햇볕에 노출되지 않고, 도시미관상 색조의 유지가 불필요한 부분이므로 방수, 내염성이 우수한 에폭시 수지계를 채택 시공하였다.

(2) 도장의 품질관리

본교에 적용된 도장시방이 아무리 우수하더라도 적절한 품질관리에 의해 도포되지 않으면 안된다. 특히 제작공장은 도장장의 설비가 취약하고 타공사와 연관되어 과다 물량상태였으며, 본교 도장시기가 11월 하순에서 2월 하순까지이므로 온도가 낮고 습도가 낮은 조건이었다.

이러한 상황을 극복하기 위해 인천 철골공장 내에 닐센아치교 전용 도장장(Painting Shop) 3개동을 추가 신설하고, 내부에 열풍기를 상시 가동하여 최적의 도장작업 조건을 유지하도록 하였다.

본교 도장시 품질관리를 했던 주요 내용은

i) 투입되는 모든 도료에 대한 화학성분시험(샘플 채취)

ii) 준 나금속 블라스트 세정(Sa $2\frac{1}{2}$)

iii) 에폭시 계열의 중도 도장전에 IZ180N(하도) 완전경화 확인

iv) 도막두께 시험

v) 부착력시험이 있다.

① 준 나금속 블라스트 세정

무기징크계 도료는 강재와 화학적인 결합에 의해 부착되기 때문에 하도만 완벽히 되어도 상당한 방식효과를 가져올 수 있다.

본교는 전처리단계에서 충분한 조도를 확보하고, Shop Primer를 도포하였기 때문에 도장단계에서의 블라스트 세정은 원활히 이루어졌으나 '94년 12월에 감리원이 투입되기 전에 단품조립한 보강거더 박스 3개는 조도확보를 위해 보다 많은 노력을 기울여야 했다.

② 하도의 경화 확인

본교의 하도로 사용되는 IZ180N는 완전 경화한 후에 중도(에폭시계)가 시공되어야 도장의 품질을 보증할 수 있다.

사진 2-4 도장장(Painting Shop)에서 양생 전경

그러므로 도료 메이커인 고려화학의 추천에 의해 아래와 같은 방법에 의해 경화 시험 및 도장작업을 시행하였다.

IZ180N 도장 후 후속도장 실시방안

(1) 하도 도막의 후속도장 가능한 경화정도 : Min, Rating 3(Mek Test)
(첨부 요약시험방법 및 ASTM D4752 규격 참조)

(2) 하도(IZ180N) 도장 후 후속도장 가능한 최소 재도장 간격
- 5℃ 이상 24시간
- 5℃~0℃ 3일
- 0℃ 이하 5일

(3) 동절기 작업시 하도 재도장 간격 단축방안
- 도장장내에서 5℃ 이상으로 기온을 승온
- 저습도 조건(50% 이하) 보완대책 : 도장 24시간 후 물을 분무하여 24시간 건조후 후속도장

(4) 중·상도 에폭시 도장시 Pin-hole 및 Popping 방지대책 Mist Coat 실시

Inorgainc Zinc 도료 경화 측정 시험 방법

(1) Solvent Rubbing Test 방법

Step 1	용제를 솜이나 천에 적신다.
Step 2	힘을 가하여 용재가 묻은 솜을 왕복으로 문지른다.
Step 3	문질렀을 경우 소지가 보일 때까지 혹은 50회 문지른다.
Step 4	판정한다.

(2) 판정 방법

등급	도막 마모율(%)	현 상	ASTM D4752 Resistance Rating
None	0	솜에 Zinc가 전혀 묻지 않는다.	5
Trace	0-5	도막의 문지른 부위에 윤이 나며 솜에 Zinc가 소량 묻는다.	4
Light	5-15	약간의 도막이 녹으며 솜에 Zinc가 소량 묻는다.	3
Moderate	15-35	도막이 녹는 현상이 뚜렷하며 다수 많은 Zinc가 솜에 묻는다.	2
Heavy	35 이상	50회 문질렀을 경우 소지는 보이지 않으나 도막이 많이 녹아남.	1
Total	100	50회 문지르기 전에 도막이 녹아 소지가 보이며 도막이 쉽게 녹음.	0

③ 도막두께 시험

본교의 도막두께 측정 확인방법은 아래와 같다.

박스 부분(아치, 보강거더, 스트럿) : 1개의 면에 대해 10 Point 측정

강바닥판 부분(단품) : 강바닥판 상면에 대해 10 Point 측정
U-rib 상면에 대해 10 Point 측정
가로리브 상면에 대해 10 Point 측정
세로보 상면에 대해 10 Point 측정
가로보 상면에 대해 10 Point 측정

하도, 중도, 상도의 각 단계마다 도장두께 합계값을 기준으로 하였다.

관리기준

- 도막두께 측정치(10점)의 평균치가 표준두께(합계)의 90% 이상으로 한다.
- 도막두께 측정치(10점)의 최소값이 표준두께(합계)의 70% 이상으로 한다.
- 도막두께 측정치(10점)의 표준편차가 표준두께(합계)의 20%를 초과하지 않아야 한다.
- 불합격한 경우는 재측정하여 당초의 측정값과 합산하여 계산할 결과를 관리기준과 비교해서 만족되면 합격한 것으로 한다.
- 재차 불합격시에는 최상층 도료를 추가 도포해서 측정한다.

④ 부착력 시험

데크 하단의 에폭시계(EH6270)에 대해서 부착력시험을 하였다. 이는 공장의 도장공정을 전반적으로 검증하기 위한 것으로 현장에 출하된 제품에 대해 제품의 경화상태 및 도막의 성능을 비교하기 위한 목적이다.

NIELSEN ARCH교 부착력 시험 보고서

1. 제목 : 도막 부착력 시험

2. 시험목적 : 기 도장되어 현장에 출하된 제품의 경화상태 및 도막의 성능을 비교

3. 시험방법

   1) 시험부위 : 여의도 고수부지 현장입고되어 조립중인 데크플레이트중 감리단에서 선정한 부분을 기준함.(각 소지당 3곳 부착시험)

      * 도장사양 : IZ180N(75㎛)/EH6270(100㎛)

   2) 시험기준 : ASTM D4514 (STANDRD TEST METHOD FOR PULL-OFF

STRENGTH OF COATINGS USING PORTABLE ADHESION TESTERS)

3) 시험진행공정 : ('95.1.17일-1.24일)

소지표면 청소 → FIXTURE부착 → 경화(7일간) → 부착력 시험
(사포이용) (에폭시 본드 사용)

4) 시험입회자 : 감리단(KR), 현대건설, 고려화학

4. 시험결과

1) 시험기기 : ELOMETER MODEL 106 ADHESION TESTER

2) 시험부위별 결과

(단위 : Lb/in^2)

No.	시험부위	후속도장간격 (IZ180N/EH6270)	시험결과	KCC 관리기준 (EH6270기준)	비 고
1	DP-011	24시간	400, 400, 350	MIN.213	접착제 박리/도막양호
2	SK-DP-04	24시간	450, 400, 600		〃
3	SK-DP-02	24시간	600, 400, 300		〃

5. 의견

1) 현장시험 결과 도막의 부착력은 우수한 수준으로서 접착제의 계면에서 탈락되므로 실제 도막의 부착력은 상기의 결과보다 더 높은 수준임.

2) 무기 ZINC 하도인 IZ180N의 후속도장간격에 따른 비교이며, 기 출하된 부분은 전반적으로 도막의 경화상태 및 부착력이 우수한 것으로 판단됩니다.

3
현장조립 및 가설

3.1 조립 및 가설공법의 변경

3.1.1 원설계 가설공법

원설계에서 고려된 가설방법은 가설벤트에 의한 지지가설법, 임시교각을 교각주변에 설치하고 케이블을 통해 부재를 이동가설하는 방법, 대형 수상 크레인을 통해 일괄로 가설하는 방법 중에서, 한강의 여러 가지 여건으로 인해 가설벤트에 의한 지지가설법을 선택하였다.

가설벤트에 의한 시공순서는 아래와 같이 계획되었다.

① 수상 기초파일 항타
② 수상 기초파일 상단 강바닥판 하부벤트 가설(6기)
③ 하부벤트 사이로 강바닥판 지지트러스 가설
④ 강바닥판 가설 (바지선위에 크레인을 탑재하여 가설)
⑤ 강바닥판 위에 아치리브 가설벤트 설치
⑥ 아치리브 가설
⑦ 케이블 설치

상기방법에 의해 소요되는 강재수량은

• 하부 가설벤트 : 3,525tonf
• 강바닥판 지지트러스 : 2,408tonf
• 아치리브 가설벤트 : 966tonf

강재량 합계 ≒ 6,900tonf

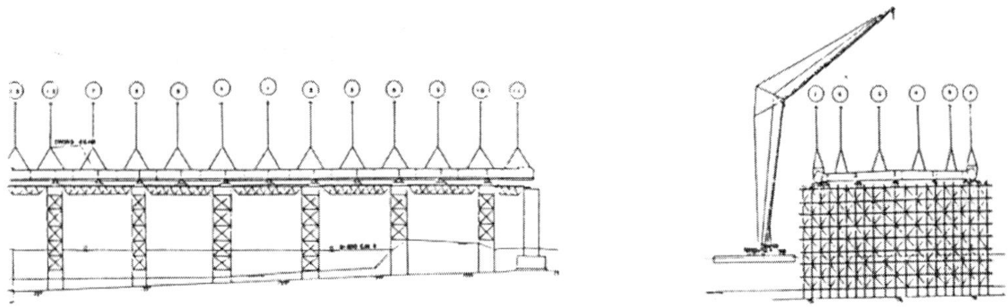

(a) 벤트조립

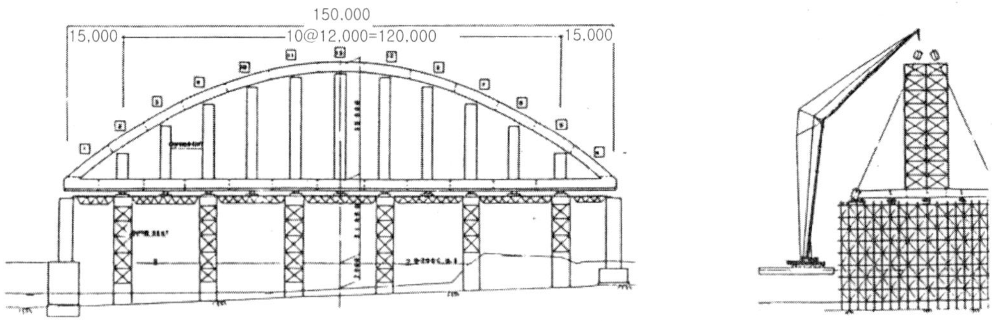

(b) 아치조립

그림 3-1 가설개요도(원설계)

3.1.2 변경공법

(1) 변경공법 개요

인접한 한강고수부지에서 닐센아치 강교를 조립하여 수상으로 압출시켜 바지선에 탑재한 후 설치교각 위치에 예인선으로 운송, 거치시키는 방법으로 이를 대선식 일괄가설공법이라 한다.

(2) 공법변경 원인

① 원설계는 수상에서 고소작업을 해야하므로 작업안전성이 저하되고 이로 인해 품질이 저하될 우려가 높다.

② 가설기간 2년동안 홍수로 인해 구조적 안전성이 저하된다.

③ 밤섬 북측은 유심부로서 하저면에서 암반까지의 지층두께가 2~3m이므로 수상 기초파일의 적정근입심도를 확보하기 힘들다.

④ 밤섬주변에서의 작업이 많아지므로 인해 소음발생이 많고 따라서 철새보호 등 민원제기가 우려된다.

⑤ 원설계는 과다한 가시설 강재가 소요되므로 보다 경제적인 공법을 선택하기 위함이다.(원설계 : 6,900tonf, 변경 : 2,737tonf)

표 3-1 가설강재 중량

(단위 : tonf)

가 시 설 물											
상부아치벤트	A-Frame	운송용벤트	바지선연결Frame	Lifting System		Loadout System				제작장 H-Pile (H300, 48본)	소계
				Tower	Box	Loadout Lifting Girder	Box Beam	Skid Shoe	강관Pile (Ø508) 68본		
50	320	720	40	240	193	580	239	75	210	70	2,737

(3) 공법 변경과정

대선식 일괄가설공법으로 변경하기 위해서 공정단계별로 닐센아치자체에 대한 구조검토 및 Load-out Girder, Lifting Tower, 운송용 벤트등의 가설구조에 대해 구조검토를 하였다. 닐센아치 본교는 운송벤트에 탑재시의 지점조건이 공용시의 지점조건과 상이하게 되므로 운송벤트에서의 지점조건으로 구조해석을 하고 각 부재별 안전성검토, 케이블에 대해 장력을 확인하였다.

아울러 운송시에 전체구조물(본교, 운송벤트, "A" Frame, 바지선)에 대해 동적해석 및 수조풍동실험을 하여 안전성을 검증하였다.

또한 2,880tonf의 교량을 수상으로 Load-out 및 Lifting-Up하기 위해서 Load-out

Girder, Lifting Up Girder, 수상 Pile, Lifting 지지Tower, Load-out Jack, Lifting Jack에 대한 계획 및 구조설계를 수행하였다.

수상에서의 운송을 위해서 바지선 4대(폭 : 20m, 길이 : 30m, 높이 : 3m)를 별도로 설계, 제작하였고 운송 및 거치전 계류시 예인선(Tug Boat) 용량 산정, 앵커 용량, 윈치 용량, 거치시 윈치 사용계획을 작성하였다.

상기의 전체가설계획을 '현대건설 기술연구소'가 작성하였으며, 바지선 설계는 '서울대 공학연구소'가 주관하였고, 1994년 8월에 서울시 건설기술심의 및 중앙건설기술 심의를 열어 공법변경을 확정했다. 시공순서 및 단계별 작업개요도를 다음에 나타내었다.

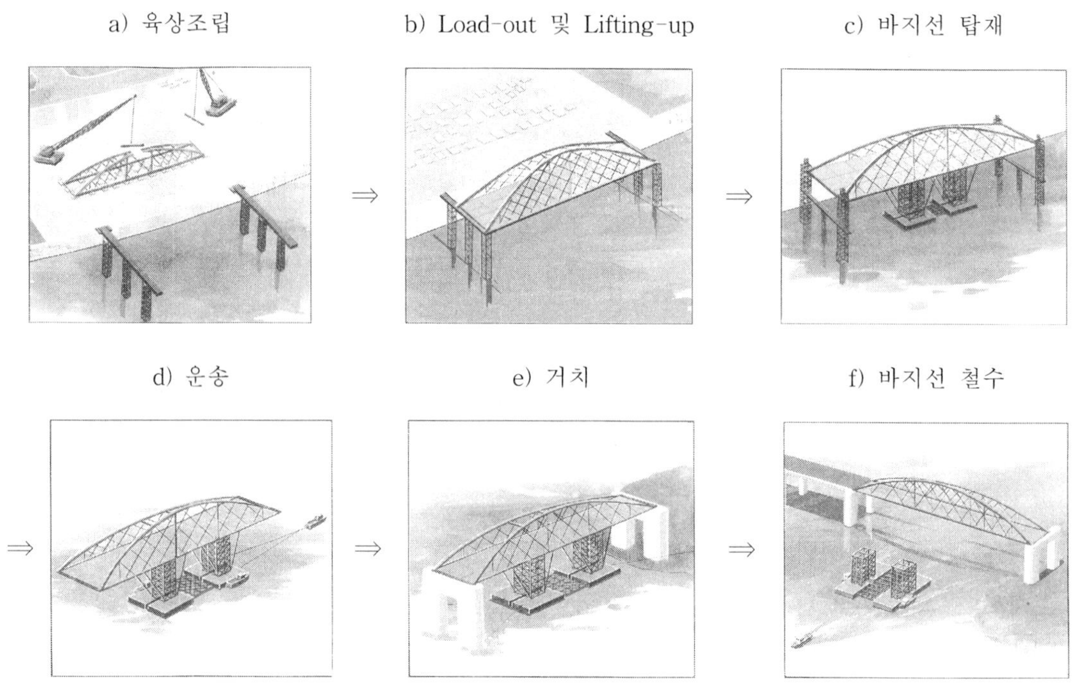

그림 3-2 단계별 작업개요도

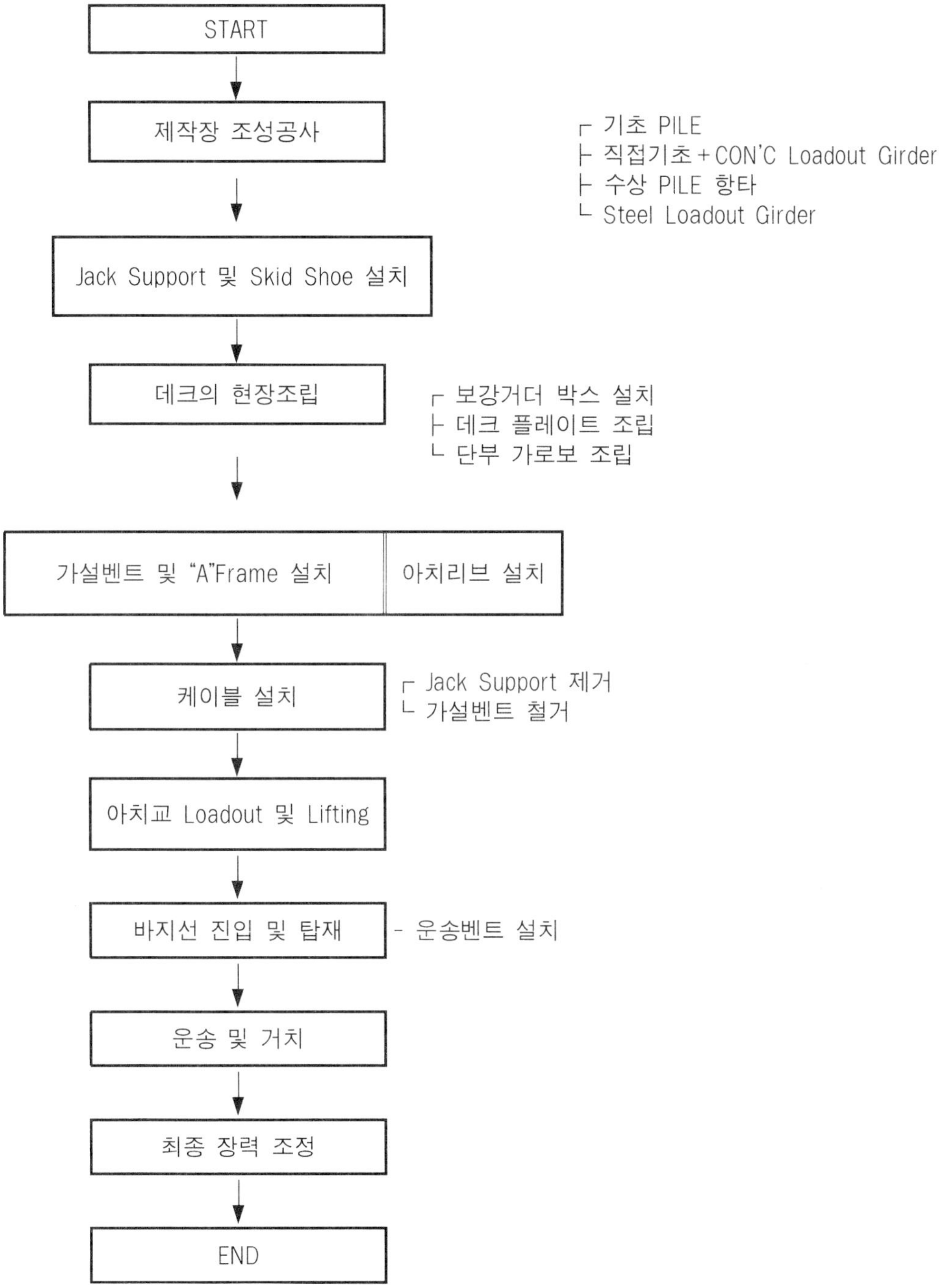

그림 3-3 닐센아치교의 시공순서도

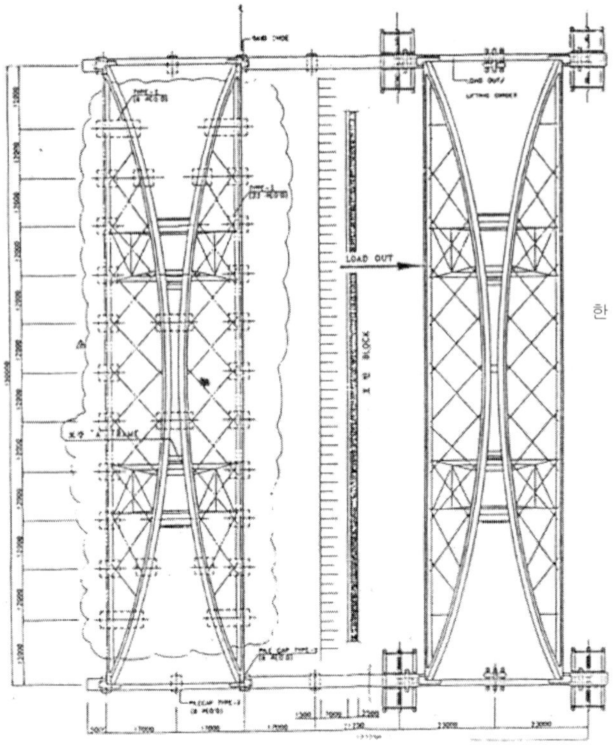

a) 제작 및 수상으로 Load-out

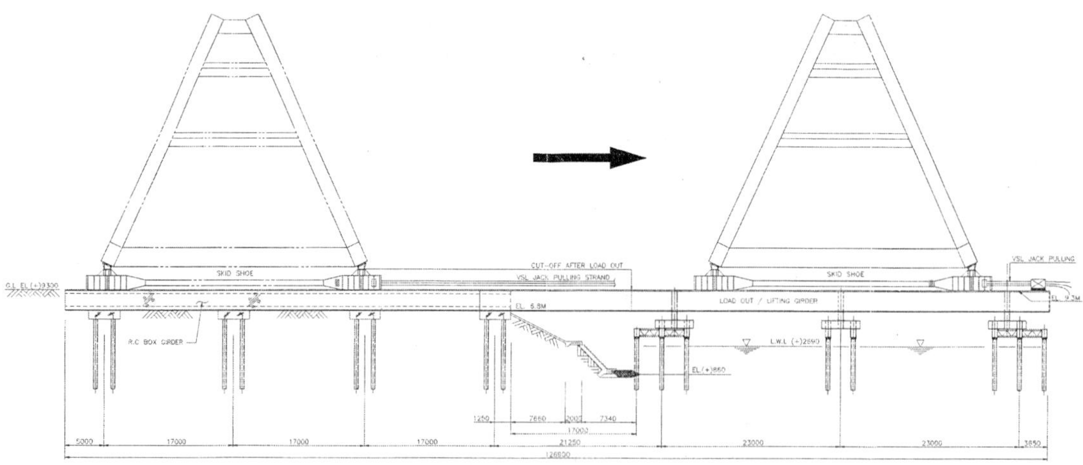

b) Load-Out 종단면도

그림 3-4 단계별 시공 순서도

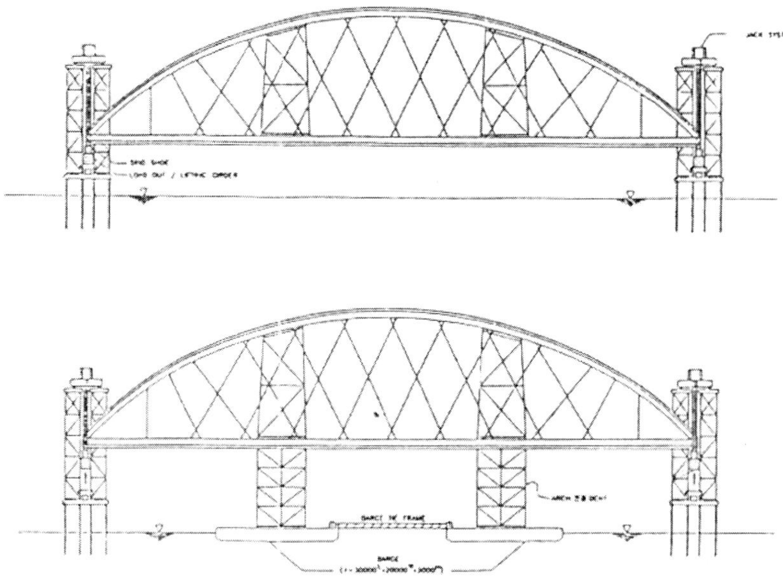

c) Jack-up 및 바지선 탑재

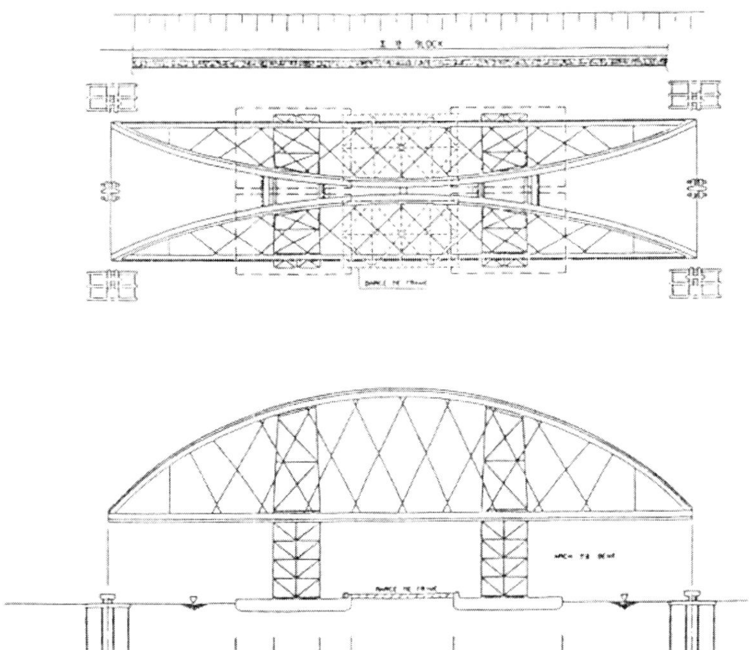

d) Jack-up Platform의 해체

그림 3-4 단계별 시공 순서도(계속)

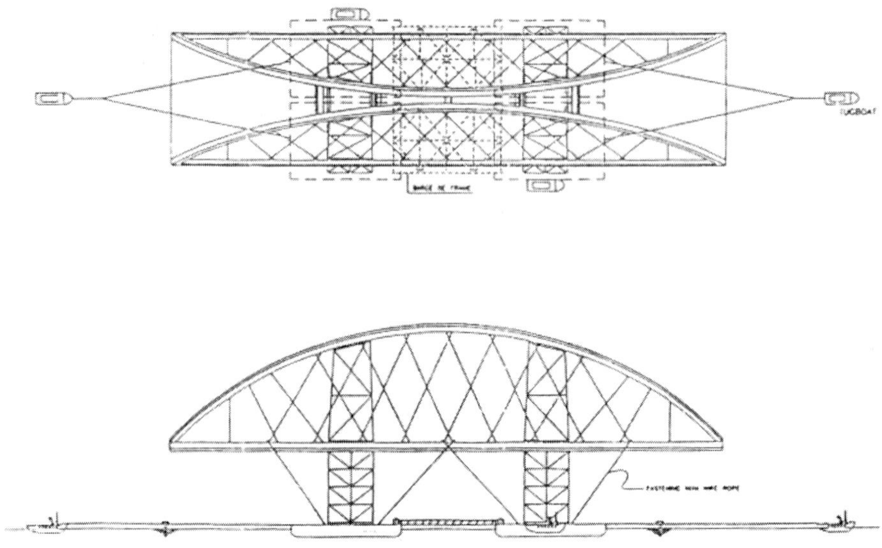

e) 운송

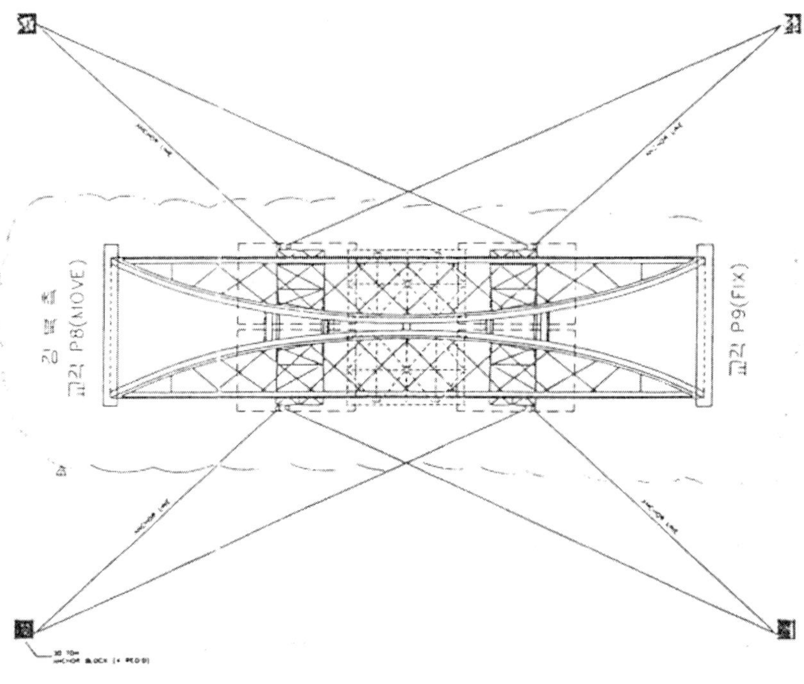

f) Position 및 거치

그림 3-4 단계별 시공 순서도(계속)

3.1.3 가설 운송시의 동해석

운송중의 해석은 닐센 아치, 운송용 벤트, 바지선에 대해서 개별적으로 구조해석을 수행하고 작용하중의 적정성 분석과 파랑, 풍하중 재하단계에서의 Motion Response, Stability 검토 등의 동적해석을 수행하였다.

해석순서는 먼저 'Moses' 프로그램을 사용하여 Barge Motion을 구하고 SACS에 이를 입력시켜 응력검토를 한다.

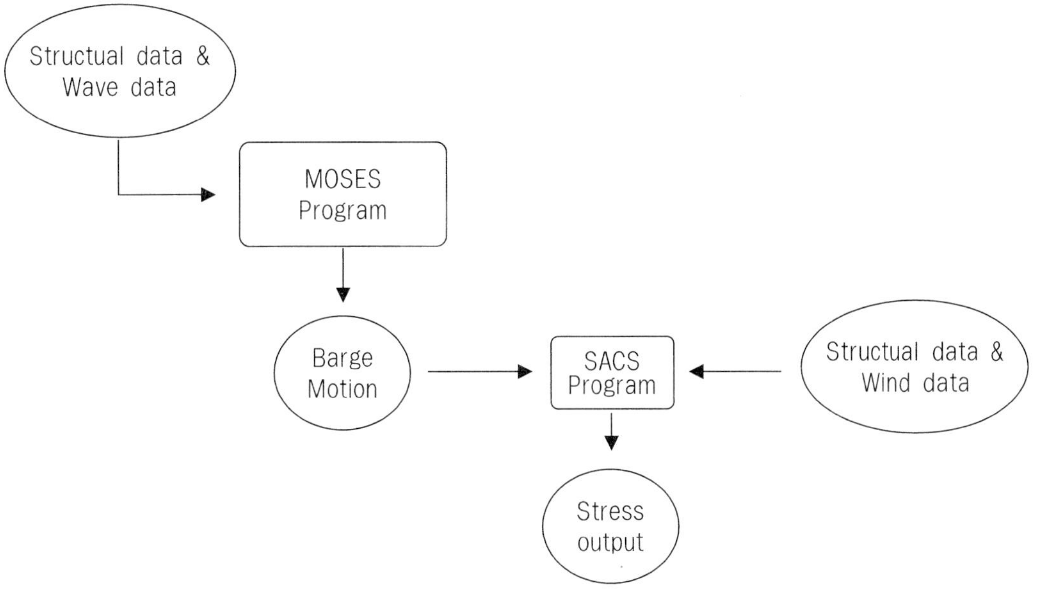

그림 3-5 동해석 흐름도

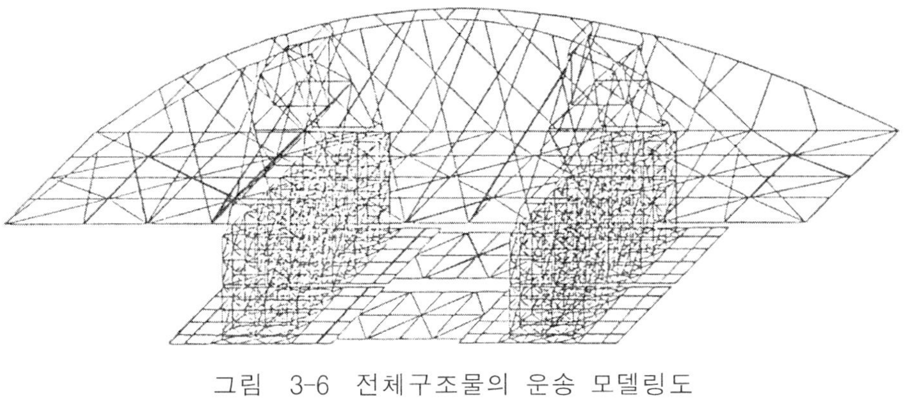

그림 3-6 전체구조물의 운송 모델링도

(1) 사용 프로그램

MOSES(Multi Operational Structural Engineering Simulation) :울트라머린사가 개발한 프로그램으로서 해상환경을 입력하여 시뮬레이션을 할 수 있다.

SACS : 미국 EDI사 개발, 해양 강구조물 설계해석 전용 프로그램이다.

(2) 환경하중 : BRETSCHNEIDER 도표 참조

풍속 : 15m/s

파고 : 1m

주기 : 4sec

진행방향 : 0°, 45°, 90°

(3) 모델링

1대의 바지선에 대한 동적해석이 아니라, 4대의 바지선중에서 2대를 운송용 벤트로 강결시키고 벤트로 연결한 바지선을 Tie-Frame으로 힌지 연결한 특수한 경우의 3차원 동적해석이다.

(4) 해석결과 요약

Rollong 각도(종축) = 0.615°(Heading 90°)

Pitch 종축(횡축) = 0.1°(Heading 90°)

Max, Unity Check : 벤트의 기둥 → 0.933°(Heading 45°, Time 1sec)

벤트의 사재 → 0.892°(Heading 0°, Time 1sec)

정적 경사해석(Rolling 10°, Pictch 3.5°)의 U.C값 0.98보다 적다.

(5) 바지선의 안전성검토

교축에 대해 20°까지 경사가 발생하여도 전도되지 않는다.(수조풍동 실험과 일치함을 확인함)

BM = I/V = (30×2×41.53) / (12×4630) = 77m

GM = KM-KG = KB+BM-KG = 0.965+77-20 = 58m > 0 O.K

(6) 운송해석 절차

① Radii of gyration

a) $Kx = (Ix/m)^{1/2}$ Ix = 질량 관성모멘트

b) Kato Eq.

$Kx^2 = B^2 f[CbCu+1.1Cu(1-Cb)(H/dm-2.2)+(H/B)^2]$

B=수면하 최대폭

선종계수 f=0.2

방형계수 Cb=ΣW(rLbdm)

상갑판 투영 면적계수 = Cu

대선 Depth = H

Draft = dm

c) DnV Rule

Kx = 0.39B Ky = 0.39L

② Rolling Period, Pitching Period

Let) GM=h

운동방정식 ΣM=Ip Θ

Ip = 질량 관성 Moment

Θ= 각가속도

Ip Θ+ Wh Θ= 0

natural Frequency $\omega = \sqrt{Wh/Ip}$

$\omega = \sqrt{mgh/(mkx^2)} = \sqrt{gh}/kx$

Period T = 2π/w

$Tr = 2.01kx / \sqrt{GMt}$

$Tr = 2.01ky / \sqrt{GMt}$

$Tr = 2.01 \times 25 / \sqrt{58} = 6.6$ sec

③ Rolling Angle, Pitching Angle

a) 선박 복원성 규정(input period. GM)

$$\Theta r=\sqrt{138.5 rS/N}$$

$$r = 0.23 + 0.360G/d = 3.6$$

$$OG = KG - draft = 18.07M$$

$$S = P - QTr = 0.155-0.013Tr = 0.0692$$

감쇄계수 $N=\frac{nLd}{\Sigma W.GMt.Tr^2}[\, l^3\times\frac{1+d^2}{4l^2}+\frac{fB^4}{64d}\,]=0.67$

$$\Theta r=\sqrt{138.5\times3.6\times0.0692/0.67}=7.2^\circ$$

b) DnV rule(input B, L)

$$\Theta r = 50C / (B+75)=50\times1.1/(41.5+75)=0.472RAD=27^\circ$$

$$\Theta p = 0.2a_0 / Cb$$

c) Kanjakigawa교의 경우 파주기, 파경사, 진동주기에 관한 식으로 구함.

④ Roll Acceleration, Pitch Acceleration

a) $a = rw^2\Theta_{max} = \frac{4\pi^2}{T^2}\Theta_{max}$

$$=(\frac{4\pi^2}{gT^2}\frac{\Theta}{57.3}+\sin\Theta)\times g$$

if) $\Theta r=7.2^\circ$ $a=0.45g$

$\Theta r=0.615^\circ$ $a=0.04g$

표 3-2 기존 교량 설계 동요가속도 비교

		Rolling Angle(°)	Pitching Angle(°)	Rolling Accel	Pitching Accel	Heaving Accel
Aragawa		1.19	0.62	0.128g	0.067g	0.1g
Kanjakigawa		0.5	0.9	0.01g	0.102g	-
Seo-kang	정적경사해석 (10°, 3.5°)	-	-	0.17g	0.06g	0.15g
	MOSES	0.615	0.1	0.04g	0.02g	0.1g

b) I.M.C.O(Inter-goverment Maritime Consultative Organization)

길이 50m 이상의 선체에 적용

North Atlantic에서 확률 10^{-8}

3.1.4 아치-바지 시스템 수조 및 풍동실험

바지에 의해 아치교를 운반시 아치-바지 시스템의 안정성 문제는 중요한 검토 사항이다. 앞장에서는 해석적 방법으로 정적 및 동적 안정성을 검토하였으며 본장에서는 아치-바지 시스템의 모형을 제작하여 실험적 방법으로 그의 안정성을 검토하고자 한다.

풍하중 및 수상운송을 묘사하기 위해서 풍동실험기 단부에 수조를 연결하여 수조에 아치 및 바지선 모형을 띄우고 풍동을 가동시켜 실험을 수행하였다. 우선 축소된 모형의 구조특성을 조사하여 설계풍속내에서 안정성에 영향을 주는 진동현상이 발생하는가 또는 전도현상이 발생하는가를 검토하였다. 또한 유사시 아치의 제어가 불가능하게 되었을 경우, 바람에 의해 어느 정도의 속도로 유하되는가를 측정하고 이로부터 운송에 필요한 예인선의 용량을 간접적으로 측정하였다. 마지막으로 인위적인 하중에 대하여 벤트에서 아치가 전도되는 각도를 측정하였다.

사진 3-1 아치-바지 시스템 수조 및 풍동 실험

(1) 실험모형의 구조적 특성

모형제작시 실제 구조물과 상사된 구조특성은 질량과 부력, 그리고 교축방향을 회전축으로 하는 회전운동의 진동수이다. 각 구조특성을 결정하는 상사법칙은 다음과 같으며 이에 따른 모형의 구조특성은 표 3-3과 같다.

① 축소율 : L=1/150

② 질 량 : M=1/150

③ 진동수 : $F=150^{1/2}$

④ 주 기 : $T=1/150^{1/2}$

⑤ 풍 속 : $U=1/150^{1/2}$

표 3-3 모형의 구조특성

<table>
<tr><th>구 분</th><th colspan="2">실제 구조물</th><th>요 구 치</th><th>실 험 치</th><th>오 차</th></tr>
<tr><td>축소율</td><td colspan="3">1/150</td><td></td><td></td></tr>
<tr><td>구조물의 제원</td><td colspan="2">1</td><td>1/150</td><td>1/150</td><td>-</td></tr>
<tr><td rowspan="4">질량</td><td>아치리브
(A-FRAME 포함)</td><td>2400t</td><td>711g</td><td>713g</td><td>+0.2%</td></tr>
<tr><td>운송벤트</td><td>275t×2</td><td>163g</td><td rowspan="3">528g</td><td rowspan="3">-0.5%</td></tr>
<tr><td>바지선</td><td>300t×2</td><td>356g</td></tr>
<tr><td>TIE-FRAME</td><td>20t×2</td><td>12g</td></tr>
<tr><td>고유 진동수
(PITCHING)</td><td colspan="2"></td><td>1.84Hz</td><td>1.813Hz</td><td>-1.5%</td></tr>
</table>

(2) 실험 결과 및 고찰

아치-바지 시스템의 모형 실험을 통하여 바람에 대한 그 구조의 안정성을 확인하였으며 기타 공기력 계수, 견인시 필요한 예인선의 용량 등 해석에 필요한 기본자료를 얻을 수 있었다. 실험항목 및 그에 대한 결과를 정리하면 다음과 같다.

① 바지 모형의 부력 검토결과 수치 해석치와의 오차는 최대 4.1%로서 일련의 실험결과에 대한 신뢰성은 충분하다.

② 운송시에 아치-바지 시스템에 작용하는 공기력은 다음과 같다.

이 값은 시방서에서 정한 공기력의 51%가 되는데 이는 시방서에서는 부압이 작용하는 부재를 무시하고 일률적으로 정압이 작용한다고 가정하여 안전측으로 하기 때문이다.

- 교축 직각방향의 공기력: $F(t)=0.1156 \times V^2$
- 교축 방향의 공기력 : $F(t)=0.0625 \times V^2$

③ 정적변위를 제외한 진동변위는 교축 직각방향의 바람에 대해 아치 정상부에서
- 풍속 10㎧ → 약 15㎜
- 풍속 20㎧ → 약 45㎜
- 풍속 30㎧ → 약 135㎜ 이다.

④ 교축 직각방향의 바람에 대한 아치 정상부의 시간 평균적인 정적변위는
- 풍속 18㎧ → 약 7㎜
- 풍속 30㎧ → 약 42㎜
- 풍속 43㎧ → 약 69㎜ 이다.

⑤ 아치-바지 시스템이 Rolling Motion 방향으로 20도 기울어져도 아치-바지 시스템은 전도되지 않는다.

⑥ 바람에 대한 아치-바지 시스템의 유하속도는 다음과 관계가 있으며 이 관계로부터 수상운송에 필요한 견인력을 간접적으로 예측할 수 있다. 아래 식으로부터 계산하면 운송속도가 0.6㎧일 경우 각각 17.69tonf, 10.45tonf의 견인력이 필요하게 된다.
- 교축 직각방향의 풍하중에 대하여
  풍속 U(㎧) = 9.113 × 유하속도(㎧) + 6.9
- 교축 방향의 풍하중에 대하여
  풍속 U(㎧) = 8.876 × 유하속도(㎧) + 6.7

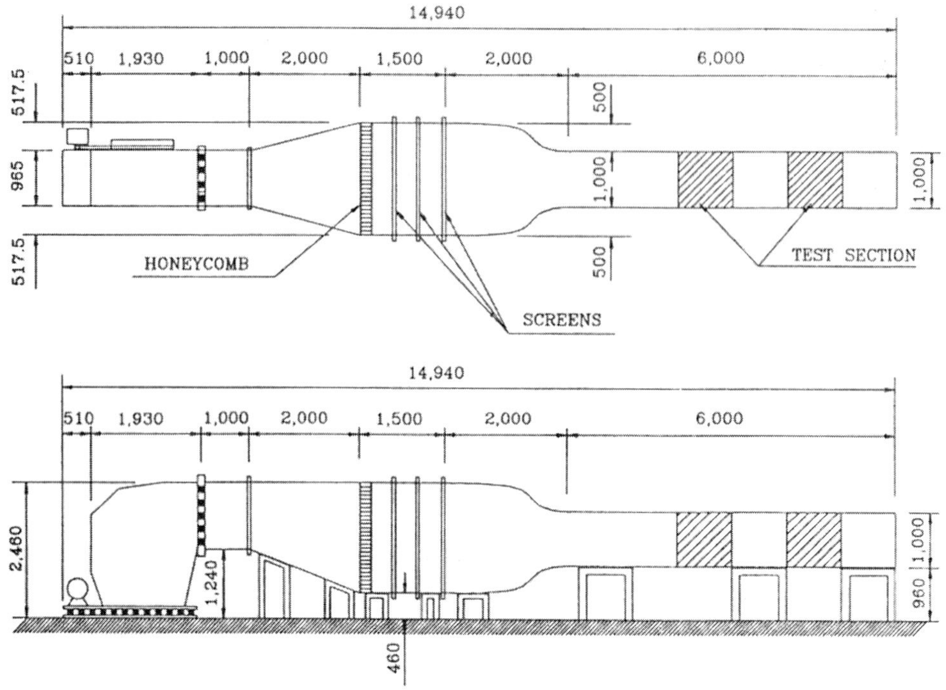

그림 3-7 풍동실험 개요도

3.2 현장조립

3.2.1 조립장 조성

(1) 위치 : 한강고수부지(서강대교 강남하류측)

(2) 구조 :
- 단부 가로보 하단의 Con'c Loadout-Girder
  : H-형강 Pile(근입장≒20m)군을 지지점으로 하는 연속보 형태로서 3.0m × 2.5m의 중공형 콘크리트 박스단면
- 보강거더지지 구조
  : 가로보가 교차되는 지점에 역 T형의 직접기초를 시공하고 강재새들을 설치함.

─아치 가설용지지 벤트의 기초

: 역 T형의 직접기초를 지지벤트와 동일 연직선상에 있는 가로보의 하단에 시공

─정반설치

: 모든 가로보 하단에 L-형강과 H형강을 조합시킨 정반을 지표상에 설치

(3) 설계 풍하중 : 최대풍속 31m/sec을 고려함.(제작기간을 6개월로 가정)

(4) 지반의 허용지지력 : 21tf/㎡(Terzaghi공식의 이용)

(5) 설계시의 주요 고려 사항

① 조립장을 수상측으로 최대한 근접시키되, 수상측의 여유공간에 350tonf 크레인이 작업할 수 있는 공간을 확보하고, 아치리브 박스를 조립 할 수 있도록 하였다.

② 조립중에 침하가 발생하지 않도록 구조물을 설계하였다.

③ 아치리브 조립시 각 단계마다 작용 연작하중을 구하여 최대하중을 산출하였다.

④ 가로보의 지지정반은 높이조정이 가능한 구조로 하였다.

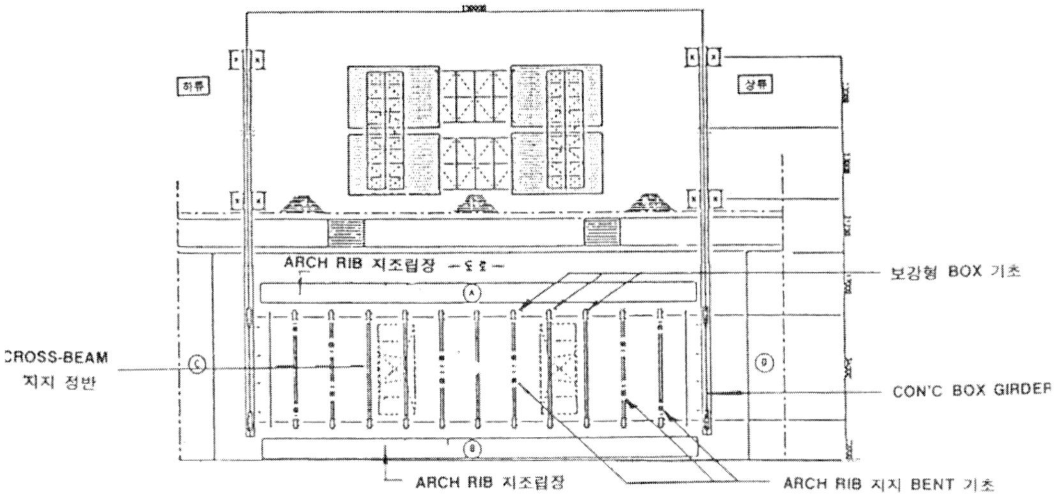

그림 3-8 현장조립장 배치도

표 3-4 조립 및 가설실적 공정표

	'95.11월	12월	'96.1월	2월	3월	4월	5월	6월	
강바닥판 정반설치	═══	═══							
강바닥판 조립			═══	═══					
보강거더 박스 조립					═══				
조립검사					□				
볼트 본체결					═══	═══			
아치 벤트 가설						═══			
아치리브 설치						═══	═══		
케이블 설치							═══		
LOAD-OUT								(5월30일)	
LIFTING-UP								(6월8일)	
운송								(6월11일)	
거치								(6월12일)	

3.2.2 강바닥판 및 보강거더 박스의 조립

통상적으로 일본에서 사용되고 있는 일괄가설공법도 호안 내측에서 전체조립을 하게 되는데, 보강거더 박스를 캠버가 고려된 설계높이 상태에서 조립하고 중앙부측으로 강바닥판을 연결해 나가는 방법이다.

볼트체결은 Drift Pin 또는 코팅된 일반볼트를 사용해서 1차 조립하고 그 이후 치수, 캠버 등의 조립검사를 한 다음 고장력 볼트를 체결해 나가는 것이 원칙적인 방법이다.

그러나 본교의 경우는 공장에서 강바닥판이 먼저 제작되고 보강거더 박스는 아치리브와 다시 한번 가조립을 시행하기 때문에 강바닥판의 데크가 먼저 현장에 반입

될 수밖에 없었으며, 제한된 기간으로 인해 데크부를 우선 조립했다.

제작순서는 다음과 같다.

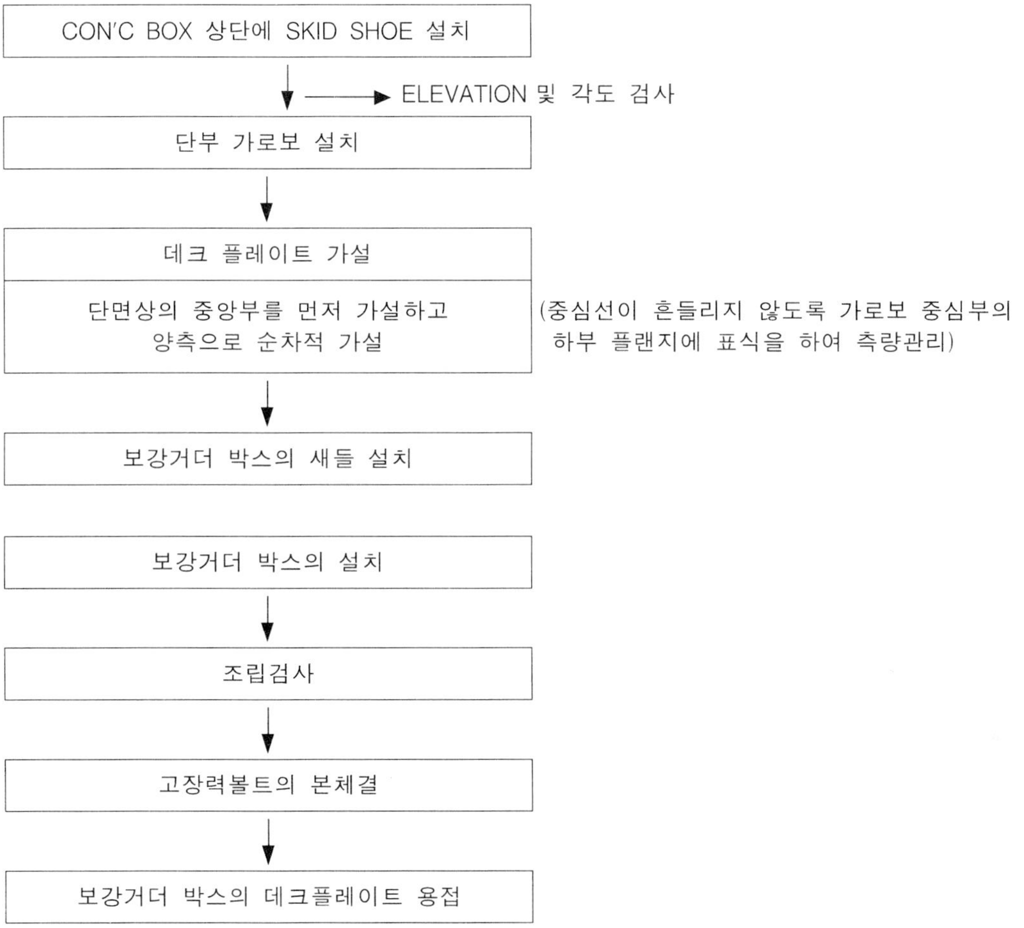

그림 3-9 강바닥판의 조립순서도

(1) Skid Shoe 설치

Skid Shoe의 역할은

① 조립시에 단부 가로보를 지지하고,

② 전체조립 완료후 모든 정반을 제거했을 때 공용단계의 지점조건과 동일한 상태에서 지지점이 된다.

③ Skid Shoe 하단에는 Hard Wood가 부착되어 있어 Load-out할 때 윤활재를 도포하여 미끌림역할을 한다.

④ Load-out할때에 발생되는 인장력에 저항한다.

(2) 강바닥판의 설치

- 단부 가로보 : 6개의 블록(중량 : 2.72~19.64tonf)
- 데크 플레이트 : 143개의 블록(중량 : 13.57~3.84tonf)
- 사용 크레인 : 150tonf

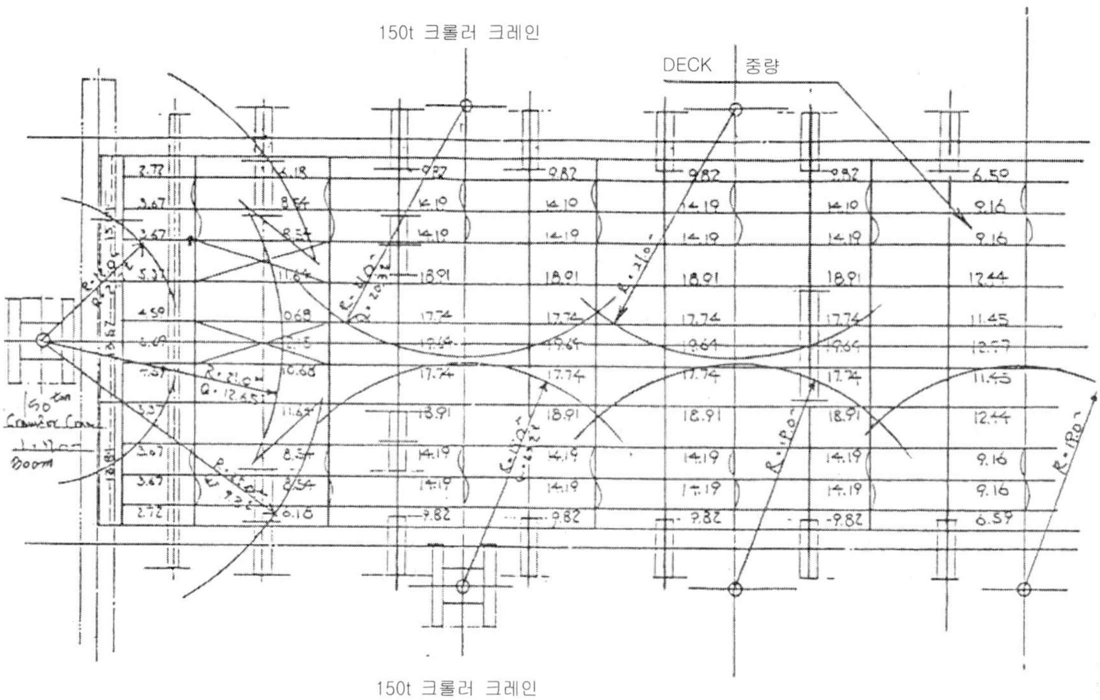

그림 3-10 크레인 양중 계획도

사진 3-2 강바닥판 조립 전경

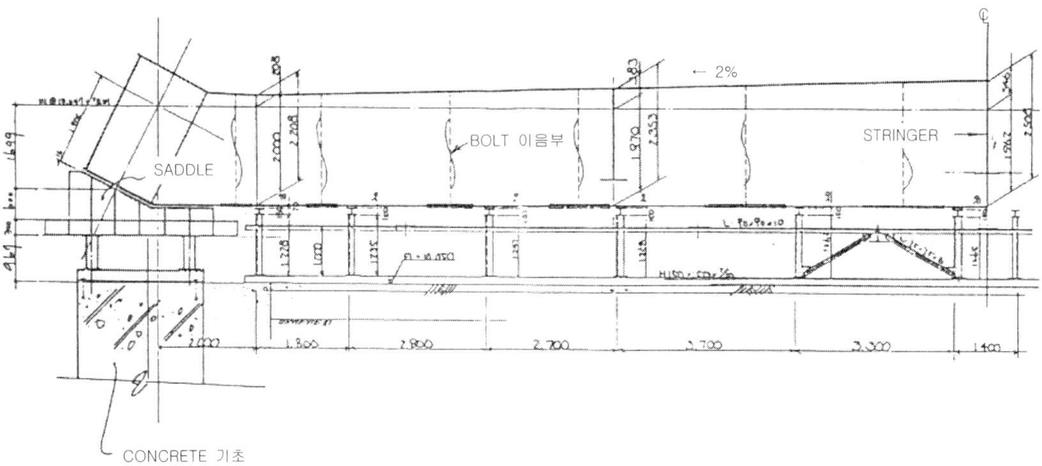

그림 3-11 강바닥판 조립 주단면도

(3) 보강거더 박스와 데크 플레이트의 용접

보강거더 박스의 상부플랜지와 데크 플레이트의 용접은 공장용접을 하도록 원설계에 반영되어 있었다. 데크 플레이트는 가로리브 및 가로보의 상부플랜지 역할을 하여, 강바닥판의 하중을 보강거더 박스로 전달한다.

만약 공장내에서 단위부재를 제작한다면 상기 부위는 공장용접을 할 수 있으나,

본교는 역방향으로 제작하여 박스를 취부하였기 때문에 공장 가조립시에는 취부만 하고 현장용접을 할 수밖에 없었다. 용접상세도에 나타난 바와 같이 간극은 5~10㎜가 불규칙하게 발생하고, 5㎜미만의 단차도 있기 때문에 고난도의 용접을 해야만 했다.

용접순서는

i) 상부 Tig 용접 1-Pass

ii) 상부에서 잔여용접은 SMAW

iii) Back Gouging(배면 그라인딩)

iv) 하부에서 SMAW에 의한 용접

v) 비파괴(R.T) 검사

vi) 용접부 주변의 고장력볼트 체결

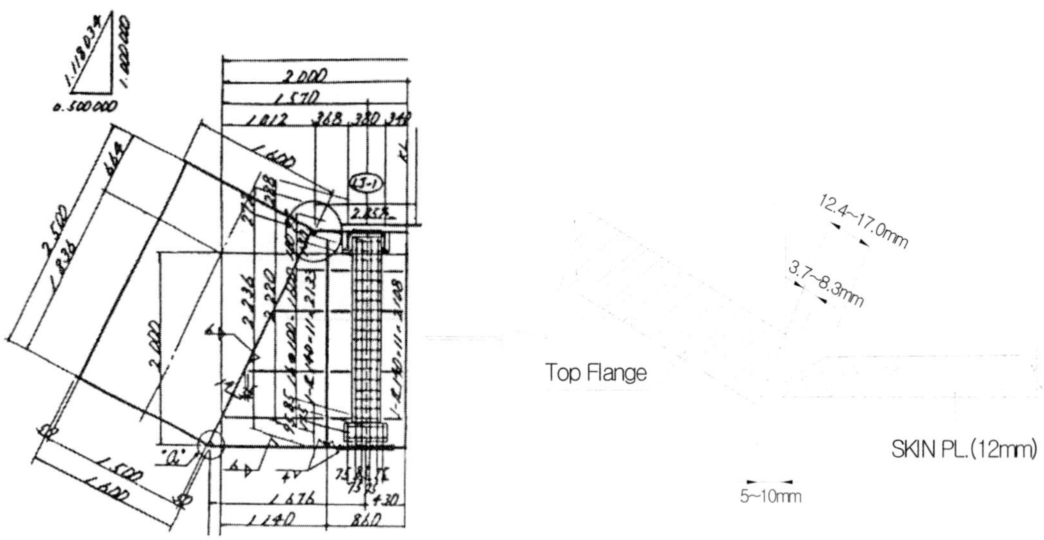

그림 3-12 보강거더와 데크 플레이트의 용접상세

① 시험용접 및 열영향 범위 확인시험

- 목적
  - 용접상세에 대한 작업성을 검토하고 현장용접에 따른 도장의 열손상(Burn Damage)를 방지하기 위해 미도장(No Painting)구간의 결정

- 데크 플레이트의 변형량 확인

• 시편 크기

- 길이 ; 3.1m　- 데크 플레이트의 폭 : 0.55m
- 보강거더 상부플랜지 : 0.35m

• 용접 자세 : 현장용접과 동일

• 용접 방법 : 하부에 세라믹봉(Ceramic Bar)를 부착하고 FCAW에 의해 3-회 용접

• 시험결과 :

i) 용접부로부터 25㎜구간은 미도장(No Painting)

용접부로부터 150㎜구간은 하도만 실시.(도료 공급업체인 고려화학에서 제공한 도료별 내열성을 비교함)

ii) 하부에 세라믹봉(Ceramic Bar) 부착은 비이드형상이 다소 불량하고 R.T검사에 의해 불합격할 가능성이 많으므로 용접방법 변경

iii) 데크플레이트 하단에 부착된 과다한 보강재로 인해 변형량 확인불가

② 현장 용접

• 용접연장 : 150m×2=300m　용접기간 : '96년 3.20～4.10

용 접 기 : 고성능 용접기 8대

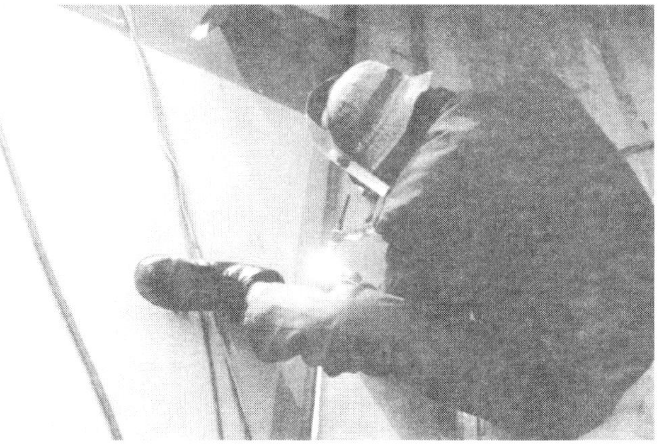

사진 3-3　강바닥판의 현장용접(Tig 용접)

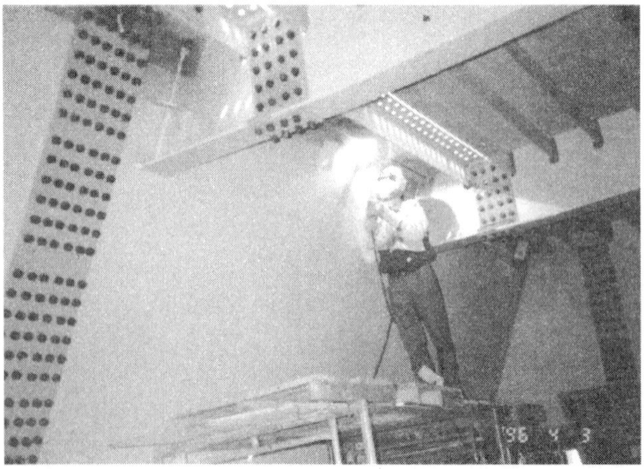

사진 3-4 강바닥판 하면에서의 Back-Gouging 작업

- R.T 검사 : 이음당(12~13m) 4장의 RT(KS B 0845, 3급)를 촬영하고 불합격이면 좌・우로 1매 추가촬영. 불합격일 경우 3m전폭에 대해 검사를 실시함.

3.2.3 아치리브의 조립

(1) 조립 순서도

박스 조립

↓

우각부 박스의 조립

박스의 각도, 박스 상호간의 거리조정, 높이 미세조정

↓

벤트 설치

↓

①, ①′ 박스 가설

↓

"A" Frame 설치

↓

②, ②′ 박스 가설

↓

③ 박스 가설(폐합)

아치리브 NO.	중량(tonf)	아치리브 NO.	중량(tonf)
A_1, A_{13}	26.7	A_5, A_9	22.5
A_2, A_{12}	21.9	A_6, A_8	22.6
A_3, A_{11}	21.2	A_7	21.0
A_4, A_{10}	21.4		

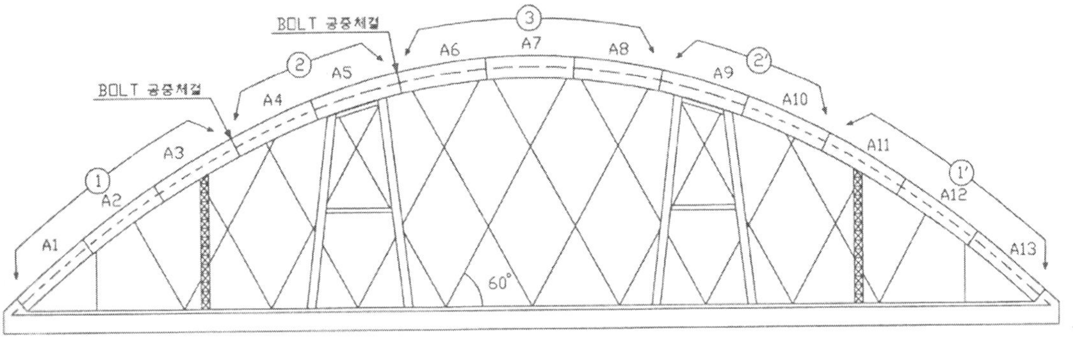

그림 3-13 아치리브의 조립순서

(2) 작업개요

원설계는 아치리브 각 블록마다 가설벤트를 설치하여 가설하는 방법이다. 이는 가설시마다 고공에서 많은 볼트 체결작업을 해야 하므로 작업성이 나쁘고 품질확보에도 어려움이 있다.

그러므로 지상에서 2세그, 3세그씩 우선 조립하여 형상에 대한 검사를 하고 볼트 본체결, 볼트 도장, 케이블 정착구까지 설치 한 후에 대형 크레인을 이용하여 양중하는 것으로 변경하였다. 이로 인해 가설벤트 물량의 축소, 크레인 작업의 감소를 가져오고, 최종 아치 폐합시 박스를 끼워 넣을 수 있는 각도를 보다 넓게 확보함으로 인해 원활하게 가설할 수 있었다.

특히 운송중에 기둥역할을 하는 “A″ Frame을 아치리브 조립시에도 활용할 수 있도록 하였으며, 가설벤트는 “K”자 형태로 설치하여 수평강성을 확보하였다.

가설벤트 상단과 “A″ Frame 상단에는 잭(100tonf)을 삽입할 수 있는 공간을 확보하여 캠버가 고려된 설계좌표에 설치될 수 있도록 미세조정을 하였다.

사진 3-5 아치리브의 육상조립 전경

(3) 가설 실적 공정표

	4월 15	16	17	18	19	20	21	22	23	24	25	26	27	28	29	30	5월 1	2
$2A_1$~$2A_3$	—																	
$1A_1$~$1A_3$		—																
″A″ Frame(P8측)					—													
$2A_4$, $2A_5$								—										
$1A_4$, $1A_5$									—									
AA_{11}~AA_{13}										—								
$2A_{11}$~$2A_{13}$										—								
″A″ Frame(P9측)													—					
$2A_9$, $2A_{10}$														—				
$1A_9$, $1A_{10}$														—				
$2A_6$~$2A_8$																우천	—	
$1A_6$~$1A_8$																	우천	—

(4) 아치리브의 양중

아치리브를 지상에서 2~3세그로 조립하여 양중함으로 인해 1회의 양중무게가 6

0~70tonf에 이르며, 강바닥판의 폭원(34m)이 넓고 아치가설 높이(30m)가 높기 때문에 인양 하기 전에 적정한 양중계획을 작성하여 시공하였다.

i) Lifting Lug의 구조검토 (용접, 전단)

ii) Lifting Lug의 위치에 대한 적정성 검토

iii) Shackle의 용량검토

iv) 와이어의 안전도 검토

v) 크레인의 안전도 검토

vi) 크레인의 지지점에 대한 지내력 검토 등이다.

ii)항에서의 Lifting Lug에 대한 위치 검토사항은 아치리브가 연직방향에서 26.565° 경사를 이루기 때문에 양중시에 자동적으로 설계각도를 이룰 수 있는 양중위치를 계산해야만 했다.

그러나 실제작업시에는 계산된 양중위치에 준해서 인양을 하였으나 정확한 각도를 유지하기는 어려웠으며, 따라서 1대의 추가 크레인 또는 체인블록에 의해 미세 각도를 조정할 수 있었다.

사진 3-6 아치리브의 가설전경

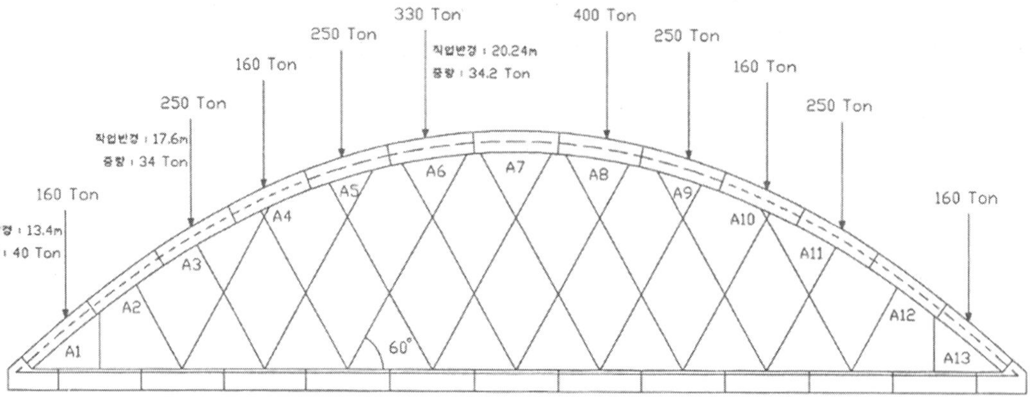

그림 3-14 아치리브 가설시의 크레인 용량

(5) ″A″ Frame(운송 가설지주)의 가설

″A″ Frame은 아치리브의 조립시에 가설벤트의 역할도 하지만 운송시에는 운송벤트와 동일 연직선상에 위치하여, 축하중을 받는 기둥역할을 하게 된다. 따라서 경사진 기둥의 단면이 1.0m×1.0m의 박스형이며, 아치리브와 보강거더 박스의 지지부는 브라켓을 돌출시켜 케이블과 간섭이 되지 않도록 하였다.

가설방법은 사진 3-7과 같이 좌·우측으로 분할하여 지상에서 조립하고, 2개를 양측에서 동시에 양중시켜 놓고 경사를 주게 된다.

사진 3-7 ″A″ FRAME의 설치전경

설계경사가 되었을 때 150tonf 크레인에 의해 브레이싱 및 가로보를 2개의 Frame에 연결시켜 구조물을 완성시켰다.

1개의 Frame 중량은 70tonf이고 작업반경이 길기 때문에 크레인용량을 감안하여 안전시공이 되도록 하였다.

그러나 상기의 "A" Frame 형태는 아치리브가 3차원 곡선이기 때문에 브라켙 부분의 제작 및 설치시 치수관리가 매우 어려웠다.

초기 계획단계에서 좀더 연구가 있었더라면, 보다 간단한 상세에 의해 제작도 쉽고, 중량도 절감하며 안전한 시공을 할 수 있었다는 아쉬움을 느꼈다.

(6) 아치리브 크라운부의 폐합

아치리브의 크라운부를 정확히 조립·설치하는 것은 아치교 조립의 백미로서 제작정확도를 검증할 수 있다.

본교는 A_5구간, A_9구간을 조립완료한 후에 박스 끝단부 4개소의 상대거리와 동일 각도를 확인하고 지상에 조립된 폐합박스의 거리를 확인하였다.

차이가 발생된 길이는 벤트와 "A" Frame 상단에 100tonf의 잭을 설치하여 미세 조정을 하고 3㎜범위 이내로 오차를 조정하였다.

가설시에는 크라운부의 박스중량, 크레인의 작업반경 및 Boom길이를 기준으로 할 때 350tonf 이상의 대형크레인이 필요하나 수도권일원에 등록된 350tonf이상의 크레인이 3대에 불과한 실정이었으며 작업에 투입된 크레인용량이 330tonf, 400tonf으로서 안전율이 거의 없는 실정이었다.

따라서 각도의 미세조정용으로 투입된 150tonf 크레인도 10~20tonf중량을 분담하도록 하여 무사히 가설할 수 있었다.

박스의 폐합시에는 별도의 가이드 빔을 설치하지 않고 내측의 웨브이음판, 하부 플랜지를 먼저 가체결하고, 스플라이스를 가이드로 이용하여 정위치에 셋팅볼트의 체결을 개시하였으며, 이때 반대측에도 접합부 볼트구멍과 스플라이스 구멍의 위치를 비교한 바, 일치됨을 확인할 수 있었다.

표 3-5 시간대별 작업내용

$2A_6$ ~ $2A_8$		$1A_6$ ~ $1A_8$	
시 간	작 업 내 용	시 간	작 업 내 용
08:00~10:00	크레인 정위치 확보	08 : 00 ~ 09 : 30	크레인 정위치 확보
10:00~11:00	데크상단으로 박스를 1차적으로 이동	09 : 30 ~ 12 : 00	아치에 작업비계 설치 및 P9측 "A" Frame 상단에 잭 삽입하여 50m/m를 JACK-UP
11:00~12:00	BOOM에 의한 작업반경 실측		
13:00~15:00	아치에 작업비계 설치	13 : 00	LIFTING 개시
15:00~16:00	LIFTING을 실시하여 16:00에 볼트 체결개시	14 : 30 ~ 17 : 00	$1A_5$~$1A_6$ 연결부에 볼트 체결개시
18:00	$2A_8$과 $2A_9$ 연결부에 볼트 체결개시	17 : 00 ~ 19 : 00	$1A_8$~$1A_9$ 연결부에 볼트 체결개시
20:30	볼트 체결 완료	19 : 00 ~ 21 : 00	TORQUE 도입 완료
22:30	TORQUE 도입 완료		

사진 3-8 아치리브 폐합전경

① Lifting 중량의 산정

- 아치 - $1A_7$: 22.6tonf

  $1A_8$: 21.0tonf

  $1A_9$: 22.6tonf

• Bearing Plate : 0.25tonf×6EA=1.5ton
• 정착구 : 0.12tonf×6EA=0.7ton
계 : 68.4tonf
◎ 크레인 1대에 작용하는 하중 : 34.2tonf

② 인양용량 검토

[R(작업반경)= 20.24m
Boom 길이 = 46.9m] 에서 36.5tonf Lifting이 가능함

(7) 스트럿의 시공

가조립단계에서 두 개의 아치리브의 스트럿위치가 상호간에 다소 오차가 발생하였으나, 현장 가설조립 단계에서 잭조정에 의해 3㎜ 이내로 오차를 줄였다.

가설방법은 다음의 2가지가 있는데 첫번째는 아치리브에 스트럿의 브라켙을 공장용접하고 현장가설시에는 볼트체결만 하는 방법이 있고 두번째는 지상에서 볼트체결 및 도장을 완전히 끝내고 양중하여 아치리브에 직접 용접할 수 있도록 하는 방법이다.

아치리브 조립시 아치 가설과 동시에 스트럿을 설치하여 횡방향에 대한 변위의 구속을 하여야 하나 본교는 "A" Frame(운송용 임시지주)의 강성이 매우 크기 때문에 아치 폐합 완료 후에 벤트를 제거한 상태에서 스트럿을 설치하였다.

첫번째 방법은 오차가 전혀 없어야 볼트체결이 원활하게 될 수 있기 때문에 당현장에서는 두번째 방법을 선택하였다.

지상에서 볼트체결 및 도장을 한 후에 아치리브간의 거리와 스트럿의 거리를 상호비교하여 용접부의 간극을 3㎜ 이내로 조정했다.

상기의 용접은 상향자세 및 입향상태에서 행해지기 때문에 어려운 용접이나 U.T 전폭검사에 의해 건전성을 확보하였다.

3.2.4 고장력 볼트의 체결

강바닥판부분은 조립시에 먼저 가체결을 하고 조립이 완료된 후에 본체결을 시행

하였고, 아치리브부분은 가설시에 100%의 Torque를 도입하였다.

강바닥판부분은 가체결을 한 후 약 2개월이 소요된 뒤에 Torque 도입을 하였기 때문에 볼트 나사부에 빗물이 침투하여 녹이 발생할 우려가 있었으며 비닐로 밀봉하여 물이 침투하지 않도록 하였다.

강바닥판에서의 볼트방향은 너트를 데크하부측으로 설치하였는데, 너트가 상부에 설치될 경우에는 포장면에서 내구성이 저하할 수 있다.

작업성에서는 하단에 너트가 있는 경우에 Nut Runner 또는 임팩트 렌치로서 상향작업을 해야하고, U-rib내부에서 Torque 도입을 해야 하는 구간도 있기 때문에 작업성이 다소 저하된다.

Torque 도입은 1차로 임팩트 렌치에 의해 설계값의 약 60%를 조이고 최종적으로 임팩트렌치로 100% Torgue 도입을 하고 검사를 실시하였다.

다음은 본교 볼트검사에 대한 요령을 기술하였다.

① Torgue 산출

- T=K · D · N

  K : Torque계수(0.6) : 볼트 Mill Sheet에 의해서 조정할 것.
  D : 22m/m
  N : 20.5×1.1=22.55tonf

- T=0.16×22×22.55=79.4kgf·cm(표준값)

  1차 체결 : 임팩트 렌치 (60%를 표준)
  2차 체결 : 임팩트 렌치 또는 Nut-Runner(잔여 40% 도입)

② 검사

i) 사내검사

: Q.C 요원중에서 1명을 전담하여 Nut-Runner 체결 작업시 상시 입회하였다.

: 작업원은 Nut-Runner에 의해 2차 Torque 도입이 완료되었을 경우에 반드시 마킹

ii) 입회검사

: 체결된 볼트의 10% 검사(전일 작업한 것은 반드시 다음날까지 검사 완료 할 것.)

: 표준편차 6% 이하로 한다.

가) 설정 Torque 보다 10% 이상인 볼트는 교체할 것.

나) 설정 Torque의 -10% 이하인 볼트는 추가 Torque를 도입하고,

다) 추가 Torque가 도입되지 않는 볼트는 교체할 것.

라) 그룹의 검사 볼트중에서 가), 다)항에 해당하는 5% 이상일 경우는 전면 검사

③ 금매김(2차 도입전)에 의한 Torque관리 부위

i) 보강거더 J_1, J_2, J_{11}, J_{12}(안전율이 작은 위치)의 상·하플랜지 및 웨브

ii) 보강거더 J_7(부재연장한 부분)의 상·하플랜지,웨브 및 J_7의 세로보

iii) 모든 가로보의 하부플랜지(LJ_5, LJ_6, LJ_7, LJ_8)

iv) 케이블지지 채널부재(Channel)

v) Lifting Girder의 $207BG_1$~$212BG_1$, $212BG_1$~$213BG_1$의 하부플랜지

④ 용접과 볼트의 체결순서

• 「도로교시방서 15.4.5 고장력볼트」 항에 근거하여 볼트와 용접이 겸용되는 부위는 용접을 먼저 하도록 기술되어 있으므로 아래에 대해서 시방서대로 할 것.

- 해당부위 : 스트럿

  데크의 보강거더 용접부위

• 사용된 볼트수량 : 약 15만개(M22, F10T)

• 볼트부의 도장 : 검사가 끝난 볼트에 대해서는 현장에서 Sand Blasting에 의해 Sa $2\frac{1}{2}$의 조도를 확인하고 도장을 하였다. 박스내부의 케이블지지 채널 연결볼트는 모래로 인한 분진이 정착구 주변에 침투할 우려가 있기 때문에 그라인딩 처리를 하였다.

• 금매김 : 볼트를 1차 체결후 볼트 나사부, 너트의 와셔, 스플라이스에 일직선으로 표기를 하고, 2차 체결을 한다.

2차 체결 후에는 볼트 나사부, 너트의 와셔, 스플라이스에 그대로 일직선을 유지하고 있는가를 확인하는 방법으로서 상기의 상태가 유지되지 않으면 볼트를 교환하여 재체결을 하였다.

적용구간은 검사요령에 나타난바와 같이 안전율이 적은 구간과 중요 연결부위만 채택하였다.

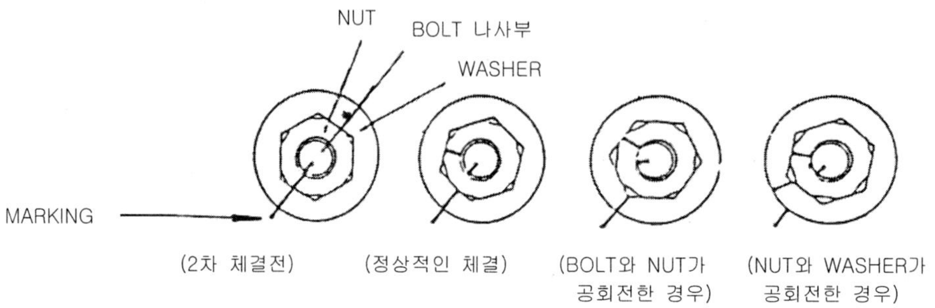

그림 3-15 볼트체결 관리요령도

3.3 케이블 설치

3.3.1 개 요

닐센아치교 케이블의 설치특징은 조립시 다지점 무응력상태 즉, 캠버 형상을 그대로 유지하고 있는 상태에서 케이블을 가설하기 때문에 프리스트레싱을 하지 않고 실측한 케이블간의 거리를 기초로 “길이개념”으로 설치한다.

프리스트레싱이 없다는 의미는 보다 정확한 의미로 해석하면 장력이 ‘0’이 아니라 케이블 자중에 의한 처짐을 방지하기 위해 최소의 장력은 도입된다는 것이다.

본교의 경우 1본당 10tonf정도이다.

조립용 가설지지대를 제거하면 설계캠버만큼 처짐이 발생하면서 자연적으로 케이블에 설계장력이 도입된다. 만일 조립용 가설지지대가 있는 다점지지상태에서 케이블 설치시 최종상태의 설계장력만큼 케이블을 프리스트레싱을 하면 가설지지대를 제거 후 처짐량이 적어 많은 캠버오차가 발생하고 아울러 케이블에 장력 오차가 발생한다.

닐센아치교에서 케이블은 거더의 고정하중 및 활하중을 아치리브로 전달하여 궁극적으로 아치 지지점의 압축력으로 전환시키는 수동적 기능과 거더의 종선을 유지시켜 주는 능동적인 기능을 수행한다.

이와 같이 케이블로 매달은 형태의 구조는 다음과 같은 몇가지 문제점에 유의하여야 한다.

i) 설계장력 도입시에 캠버 및 각 부재의 위치(좌표)가 일치하기 위해서는 부재 및 조립이 고도로 정밀하게 이루어져야 한다.

ii) 진동 및 반복하중에 의한 피로가 케이블 및 정착구에 집중되므로 이에 대한 검토가 충분히 이루어져야 한다.

iii) 제작과 조립에 따른 오차를 배제할 수는 없으므로 장력의 보정이 요구되며 이를 위해서는 케이블의 장력과 길이를 정확히 계측해야 할 필요가 있다.

iv) 대선식 일괄가설공법으로 시공될 서강대교 닐센 아치는 조립 및 가설단계에서 지점 조건 및 캠버가 변화하며 이에 따라 전체 구조계가 변화하므로 장력 도입시 정밀한 구조해석에 의해 초기장력 도입량이 계산되어야 하며 장력 보정시에도 같은 방법으로 장력 조정량이 계산되어야 한다.

3.3.2 사용재료

(1) 케이블

케이블 선정시 기본적으로 고려해야 할 사항으로는 케이블의 정적강도, 방청능력, 온도변형 저항능력, 피로강도, 가설시간 및 가설의 용의성, 설치비등이 있다. 여기서 방청능력은 최근에 세계적으로 케이블 가설교량의 부식피해가 발견되면서 이에 대한 다중 방청방식이 개발되었기 때문에 케이블의 자유장(Free Length)구간은 방청이 신뢰할 만하나 소켓삽입부의 방청처리는 아직도 신중하게 고려하여야 한다. 본교에 사용된 케이블로는 고려제강이 개발한 0.6″Unbonded P.C강연선을 국내 최초로 사용하였다.

이는 아연도 P.C 강연선(Steel Strand)에 방식을 목적으로 하는 윤활재를 가압도포한 후 Polyethylene Resin Sheath로 하여 파이프형태의 구조로 되어 있다.

케이블은 고품질의 윤활재를 고압으로 압입시키고 고밀도 폴리에틸렌을 사용하여 연속압출가공법에 의한 피복이 동시에 되므로 충진율이 매우 높아져 시공중이거나 시공 후에도 우수한 내구성과 완전한 내식성을 갖게 된다.

특히 아연도 케이블은 아연의 용융점이 350℃ 이상으로서 나선 케이블에 부착할 때 20~30% 정도의 강도저하가 될 수 있으나 수년간의 실험 끝에 이를 극복하였으며 케이블에 대한 피로시험(Fatigue Test)을 EMPA(스위스 연방연구소)에서 시행하여 합격한 결과를 확인할 수 있었다.

고밀도 폴리에틸렌관의 압착공정

참고자료

0.6″ 아연도금 P.C STRAND TEST REPORT

- ▶ 시험기간 : EMPA(재료시험 및 연구를 위한 스위스 연방연구소)
- ▶ 시험의뢰처 : VSL LDT. TECHNICAL CENTRE EUROPE
- ▶ 시료종류 : 0.6″아연도금 P.C STRAND 18개(15.7㎜ PC STRAND)
- ▶ 제조처 : 고려제강주식회사

▶ 시험의뢰항목 : TENSILE, ELONGATION, WEIGHT OF ZINC COATING, ONE-PIN-TEST FATIGUE TEST

▶ 접수일자 : 1994년 6월 5일

▶ 시험완료일자 : 1994년 7월 28일

▶ 시험결과

1. TENSILE AND ELONGATION TEST(인장과 신율시험)

구분 / 시험항목	단위	BS 5896 SPEC CLASS 2	시험결과		평가방법
			NO 1	NO 2	
절단하중	KN(kg)	265이상(27025)	284(28960)	278(28350)	합격
항복하중(0.01%)	KN(kg)	225(23760)	262(26715)	245(24980)	합격
인장강도	N/㎟ (kg/㎟)	1770 (180)	1932 (192)	1891 (193)	합격
신　율	%	3.5	4.2	4.6	합격
탄성계수	KN/㎟ ($kg/㎟ \times 10^4$)	185~205	190 (1.94×10^4)	197 (2.01×10^4)	합격

2. WEIGHT OF ZINC COATING(아연부착량)

(단위 : g/㎡)

NO 1	358	NO 5	371
NO 2	349	NO 6	334
NO 3	350	NO 7	326
NO 4	370		

3. ON-PIN-TEST

- 적용규격 : F19 1987/1 또는 EN 10138-6 "DEFLECTED TENSILE TEST"
- 시료의 특성 : 단면적 150㎟, 파단시 신율 4.4%, 절단하중 281KN
- 시험결과 : ON-PIN-TEST는 2회 실시하였으며
  ON-PIN-TEST의 평균값은 81.9%이다. → EMPA의 규격(75%)에 합격

4. FATIGUE TEST(피로시험)

1) TEST(BS 5896 APPENDIX B.2)

- 피로회수규격 : 2백만 CYCLE
- 응력상한규격 : σ_u=1498N/㎟(F_U=224.8KN=0.8×281KN)

- 응력하한규격 : σ_l=1303N/㎟(F_ℓ=195.55KN)
- 응력범위 : $\Delta\sigma$=195N/㎟

2) TEST(VSL SPEC)

- 피로회수규격 : 2백만 CYCLE
- 응력상한규격 : σ_u=843N/㎟(F_U=126.45KN=0.45×281KN)
- 응력하한규격 : σ_l=583N/㎟(F_ℓ=87.45KN)
- 응력범위 : $\Delta\sigma$=260N/㎟

3) TEST 결과

: 2개의 STRAND는 2백만 사이클 후 외관에 순상이 없었다.

(2) 정착구

정착구는 크게 소켓방식과 포스트텐셔닝 방식으로 나눌 수 있다.

소켓방식은 원추형의 소켓 내부공간에 스트랜드와 충진재를 고착시켜 소켓재의 Hoop Tension 저항에 의해 인장력을 저항하는 방식이며 포스트텐셔닝 방식은 각각의 스트랜드를 쐐기판에 물려서 케이블의 인장력을 쐐기판에 전달시키는 방식이다. 정착구가 소켓방식인 경우에는 캠버에 상관없이 목표 케이블 길이에 맞추어 제작된 케이블-소켓 세트를 가설하므로 초기 장력은 인위 캠버의 제거(Jack Support 제거)와 동시에 자연히 도입된다. 그러나 정착구가 쐐기형인 경우에는 초기장력이 목표값에 도달하도록 당겨주어야 하므로 이를 위한 인원, 장비 및 시간이 소요된다.

본교에 사용된 시스템은 강연선를 쐐기에 의해 정착구에 고정시키는 쐐기방식으로서 제품은 Freyssinet(프랑스) 제품이다.

제품의 특징은 장래에 케이블의 장력조정을 할 수 있도록 보강거더측에 너트를 두고 회전을 통해서 장력의 추가 또는 감소를 시킬 수 있고, 정착구에는 왁스를 주입하는 방식을 하며 자유장에는 어떠한 주입도 하지 않는다.

보강거더 박스로부터 3m 높이 구간은 Anti-Vandalism을 설치하여 차량충격에 대한 보호 또는 인위적 손상을 방지하도록 하였다.

(3) 외부 쉬스관

대림산업제품으로 ϕ140×4.3^{T}와 ϕ160×4.9^{T}의 두 종류를 사용하였다.

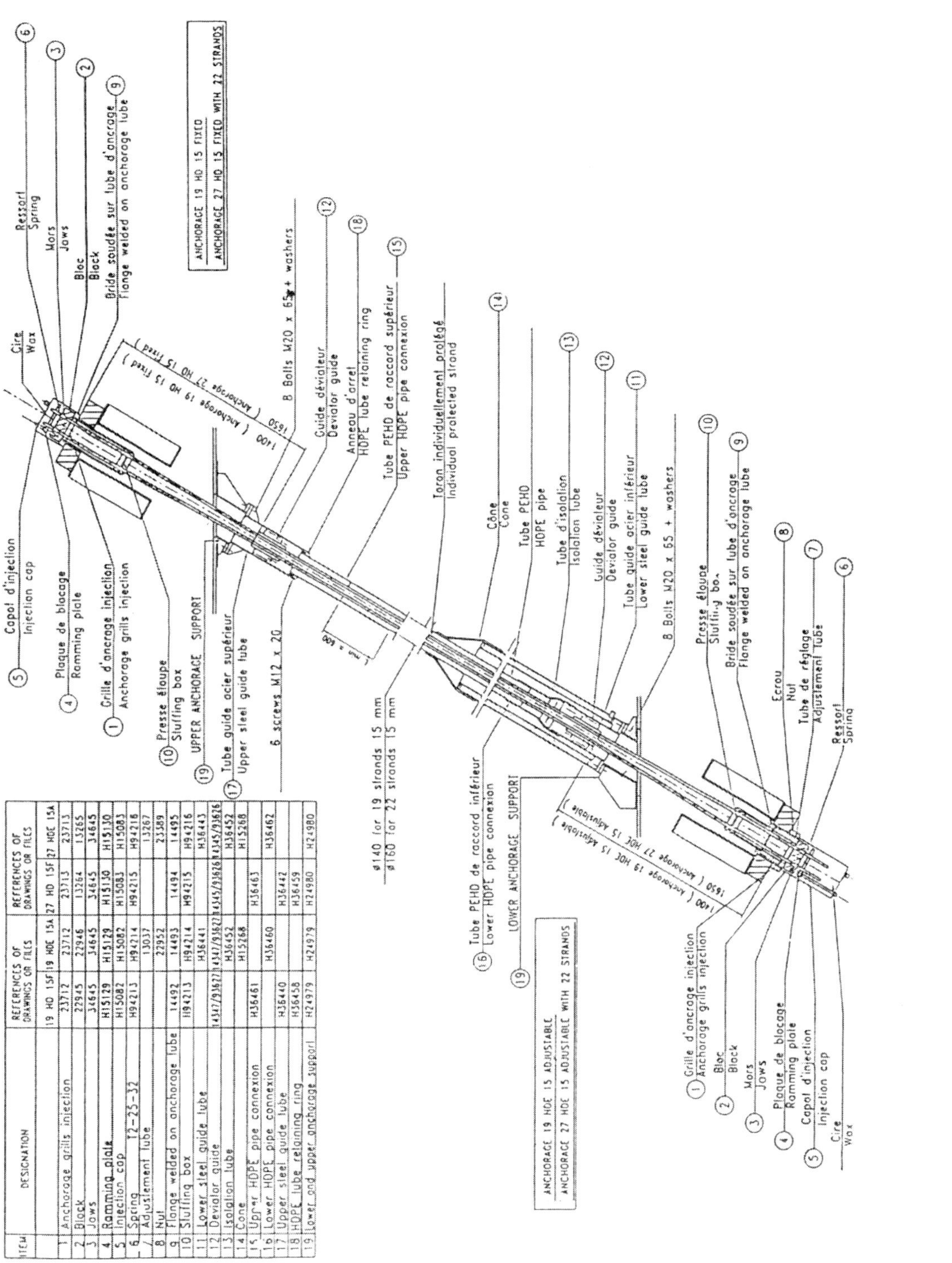

ITEM	DESIGNATION	19 HD 15F	19 HDE 15A	27 HD 15F	27 HDE 15A
1	Anchorage grills injection	23712	23712	23713	23713
2	Block	22945	22946	13264	13265
3	Jaws	34645	34645	34645	34645
4	Ramming plate	H15129	H15129	H15130	H15130
5	Injection cap	H15082	H15082	H15083	H15083
6	Spring 12-25-32	H94213	H94214	H94215	H94216
7	Adjustement tube		13037		13267
8	Nut		22952		23589
9	Flange welded on anchorage tube	14492	14493	14494	14495
10	Stuffing box	H94213	H94214	H94215	H94216
11	Lower steel guide tube		H36441		H36443
12	Deviator guide	14347/93627	14347/93627	14345/93626	14345/93626
13	Isolation tube		H36452		H36452
14	Cone		H15268		H15268
15	Upper HDPE pipe connexion	H36461		H36463	
16	Lower HDPE pipe connexion		H36460		H36462
17	Upper steel guide tube	H36440		H36442	
18	HDPE tube retaining ring	H36458		H36459	
19	Lower and upper anchorage support	H24979	H24979	H24980	H24980

그림 3-16 케이블 상세도

3.3.3 시공단계별 응력의 변화

표 3-6과 같이 시공단계별로 각 케이블 길이의 변화에 의해서 케이블에 도입되는 장력을 나타내고 있다. 그림 3-18에서 제2단계는 케이블을 설치하고 Jack Support를 제거한 상태에서 아치자중에 의한 변위와 장력을 표시하고 있다. 제3단계는 아치를 바지에 탑재하였을 때의 아치변위 및 케이블 장력을 표시하고 있는데 아치의 모든 하중이 "A" Frame을 통하여 지지점인 운송벤트에 전달되므로 전체케이블 중에서 일부분에만 장력이 작용한다. 제5단계는 아치를 교각에 설치한 후 "A" Frame을 제거하였을 때의 케이블 장력을, 그리고 제6단계는 2차 고정하중을 작용시켰을 때의 장력을 표시하고 있다.

마지막 제7단계는 활하중을 작용시켰을 때의 아치형상변화 및 케이블 장력을 표시하고 있다. 이때 케이블에 작용하는 최대장력은 145tonf이 된다.

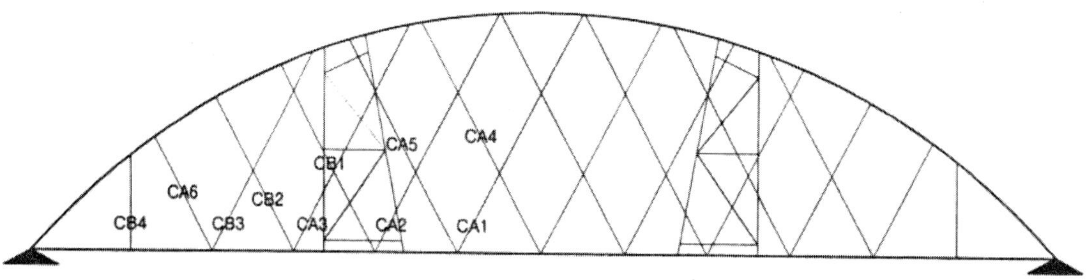

그림 3-17 케이블 배치도

A=30×98.71㎟=0.3×10^{-2}㎡, ω=30kg/m, Θ=63°

Change of Cable Length

$$\Delta\ell = T\ell/(2.0\times10^{7}\times0.3\times10^{-2}) = 0.17\times10^{-4}\,T\ell\ (t\ m)$$

Cable Sag

$$fc = \omega\ell^{2}\cos\Theta/(8T) = 0.03\times\cos63\times\ell^{2}/(8\times T) = 0.0017\,\ell^{2}/T(t\ m)$$

Stress Range for Live-load

$\Delta\sigma$ =35TON(=1200kg/㎠)

(1) <Original shape> <Deformed shape>

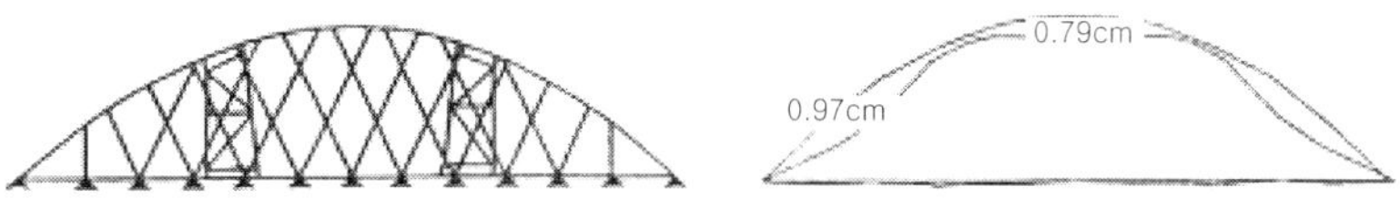

Step 1 → Before removing jack supports at yard

(2)

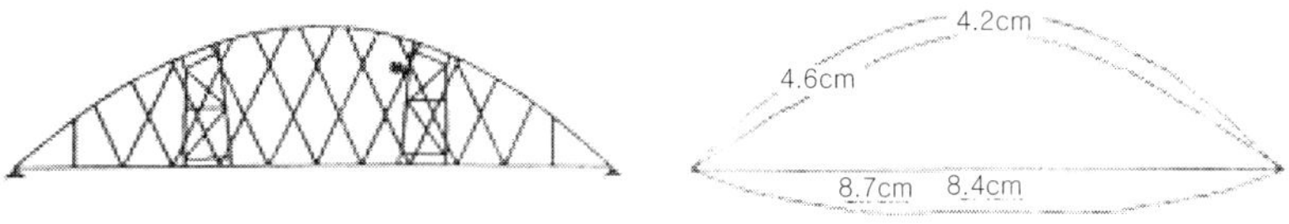

Step 2 → after removing jack supports before loadout

(3)

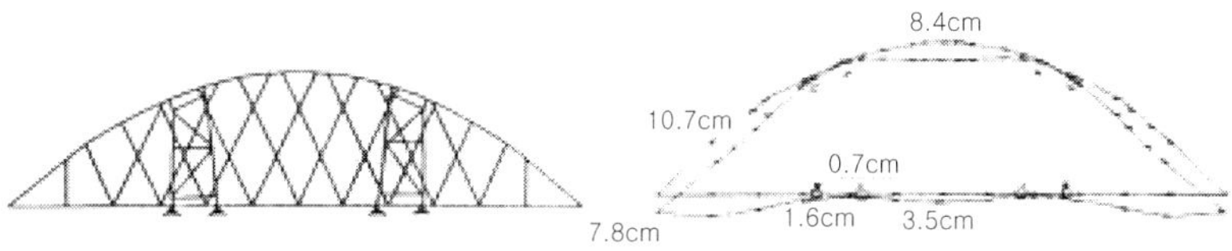

Step 3 → After on barges

(4)=(2)

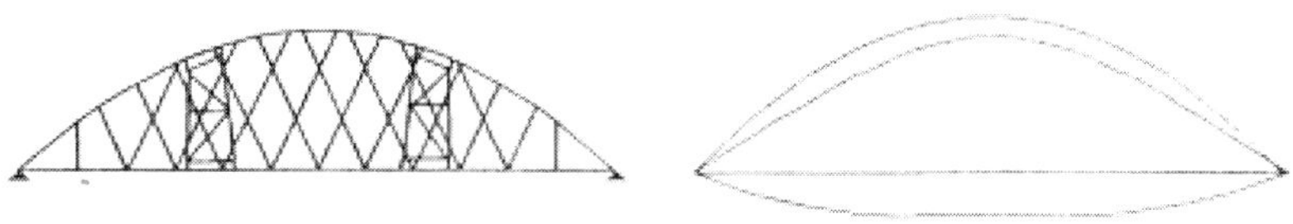

Step 4 =Step 2 → After on piers before removing A-frame

(5)

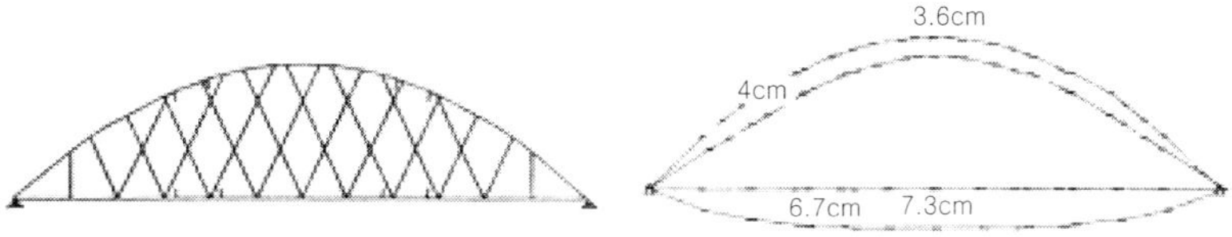

Step 5 → After removing A-frame

(6)

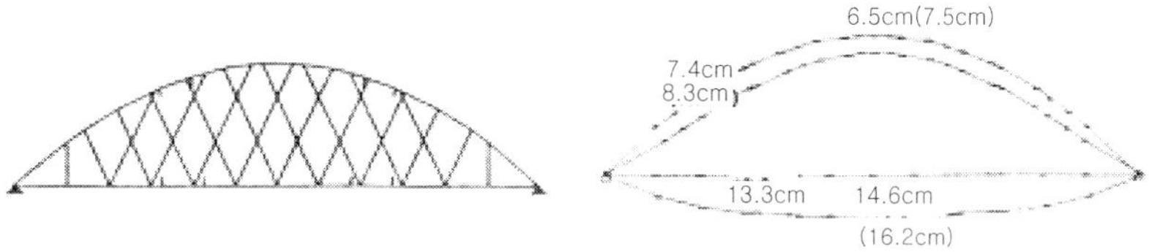

Step 6 → After super-imposed load at final step

Step 7 → After live-load at final step

그림 3-18 단계별 변경 형상

표 3-6 시공단계별 케이블 장력의 변화

Cable	CHANGE OF CABLE FORCE(TON)					CHANGE OF CABLE LENGTH(CM)				SAG(CM)		Cable length (m)	NO. strand
	(2)=(4)	(3)	(5)	(6)	*Max.	(2)=(4)	(3)	(5)	(6)	(2)	(6)		
CB4	38.3	0	35.8	80.1	113	0.7	-	0.7	1.5	-	-	10.96	27
CA6	48.6	0	40.6	89.6	135	1.3	-	1.1	2.5	0.92	0.50	16.253	30
CB3	35.7	47.9	33.3	72.5	116	1.7	2.3	1.6	3.5	2.82 (2.85)	1.88	28.319	27
CB2	50.9	0	38.4	85.8	130	1.9	-	1.5	3.3	1.69	1.00	22.487	27
CA3	48.6	0	39.1	84.2	138	2.8	-	2.2	4.8	4.00	2.31	33.824	30
CB1	48.3	0	36.4	80.9	129	2.3	-	1.7	3.8	2.72	1.62	27.802	24
CA2	51.2	0	40.2	86.8	145	3.2	-	2.5	5.4	4.4	2.59	36.353	330
CA5	44.3	17.8	37.1	82.2	135	2.4	1.0	2.0	4.5	3.94 (9.8)	2.12	32.058	30
CA1	46.9	0	39.6	86.4	144	2.9	-	2.5	5.4	4.86	2.64	36.615	30
CA4	43.4	0	39.7	84.2	140	2.6	-	2.4	5.0	4.82	2.48	35.075	30

*Max : dead + live + wind + temperature + seismic + joint settlement

3.3.4 케이블의 설치

(1) 작업 순서도

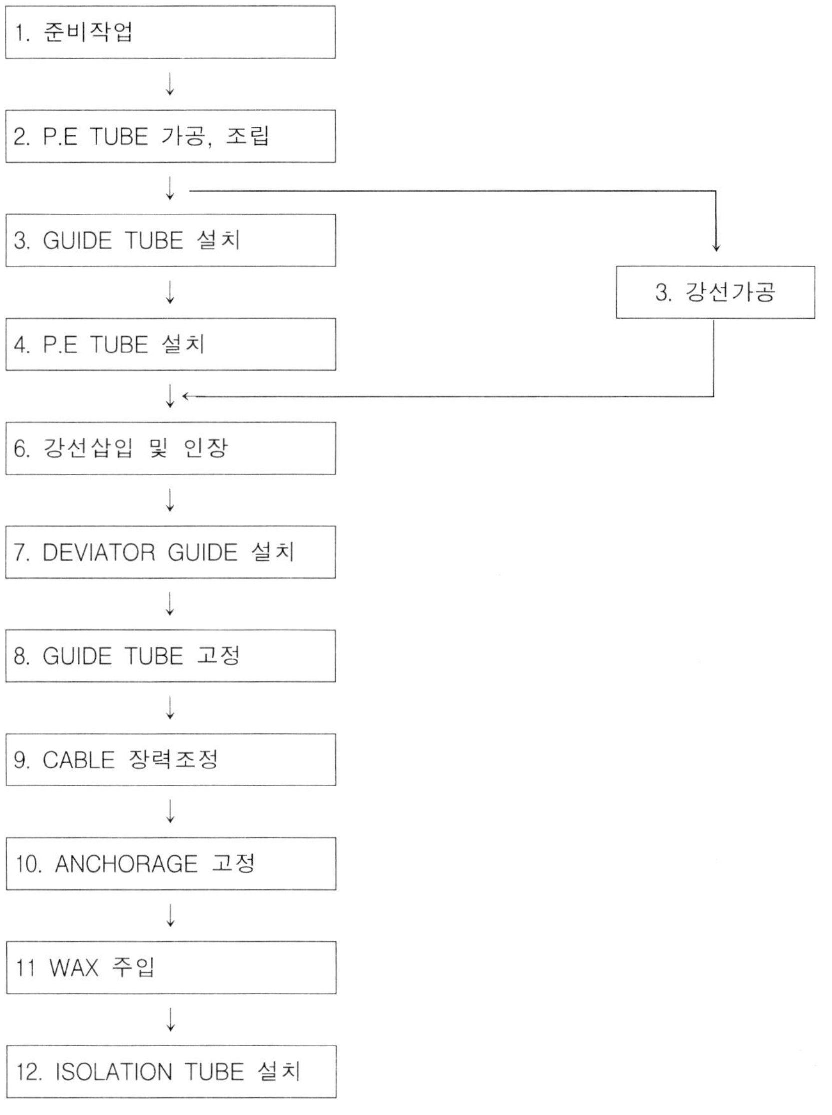

그림 3-19 케이블 시공순서도

(2) 단계별 작업방법

① PE Tube 가공조립 및 Guide Tube 설치

i) PE Tube 용접기를 데크상부에 설치

ii) PE Tube(L=6.0m) 2개의 접착부위를 수평으로 맞추어 평활한 면이 나오도록 절단한다.

iii) 절단된 2개의 PE Tube를 용접기에 넣어서 용접한다. 동일한 순서로 소정의 길이만큼 용접한다.

iv) 기 제작된 Collar를 PE Tube에 설치한다.

v) 상부 PE Tube Connection을 이용하여 상부 Guide Tube를 설치한다. (Connection Pipe는 내경이 PE-Pipe의 외경 이상을 사용)

vi) 하부 Connection을 이용하여 하부 Guide를 고정시킨다.

vii) 와이어로 하부 Guide Tube와 하부 Collar를 고정시킨다.

viii) 와이어로 상부 Collar에 설치하여 PE Tube를 들어올릴 준비를 한다.

		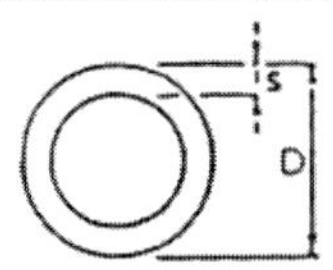	D	140	160
			s	4,4	5,0
			cm^2	18,73	24,33
BEAD FORMING	1	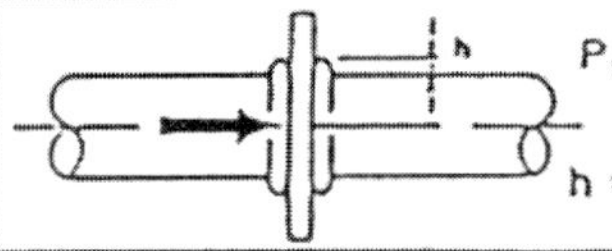	P_1/Bar	4,5	6
			h =mm.	0,5	1,0
HEATING	2	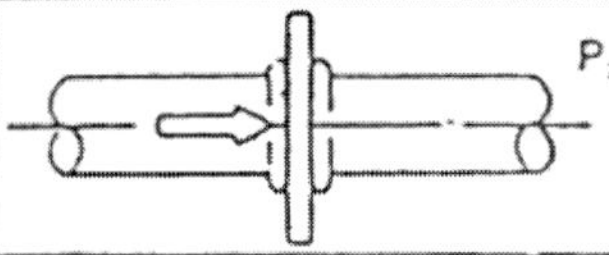	P_2/Bar	0,4	0,6
			sec.	68	80
REMOVING	3	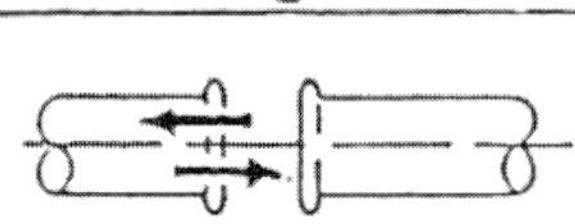	sec.	5	4
WELDING	4	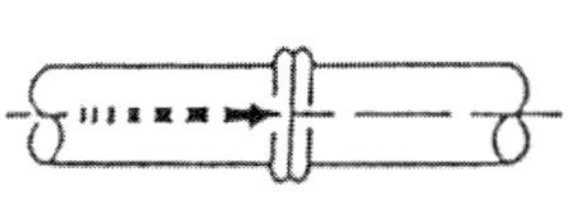	sec.	6	5
COOLING	5	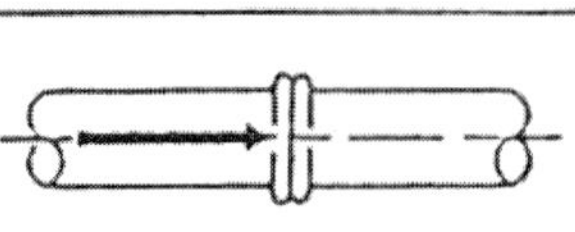	Bar	4,5	6
			min	6	7

그림 3-20 HDPE관 용접요령

② 강선가공

ⅰ) 준비작업에서와 같은 작업대에 절단기를 설치한다.

ⅱ) 설계 및 측량에서 확정된 길이만큼 긴 케이블순으로 절단한다.

ⅲ) 상·하부 정착위치에 고정하기 위하여 아래 그림과 같은 길이만큼 피복을 벗겨낸다.

: Peeling 도구사용

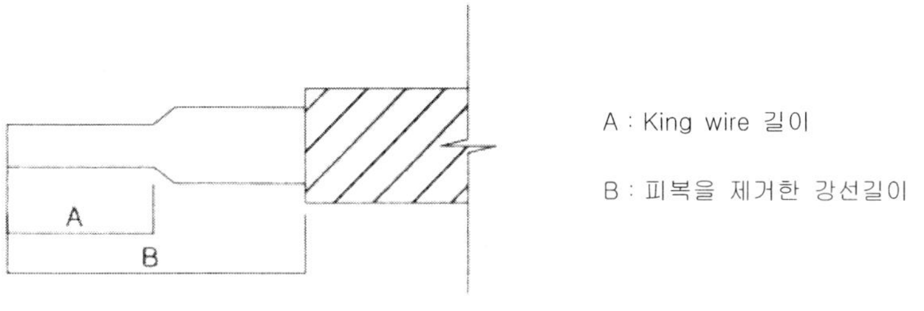

· 19HDE 15F : A=80m/m, B=245m/m · 22HDE 15F : A=80m/m, B=255m/m

· 19HDE 15R : A=80m/m, B=965m/m · 22HDE 5R : A=80m/m, B=965m/m

그림 3-21 강선의 가공

ⅳ) King Wire를 제작한다.(그림 3-21 참조)

: 1 strand에 7가닥의 강연선중 6가닥을 잘라내고 한가닥만 남겨둔다.

ⅴ) 강선에 길이 확인을 위한 눈금을 표시한다.

: 상부 1~2개소, 하부 1~2개소

ⅵ) 데크상부로 운반하여 삽입할 준비를 한다.

③ PE-Tube설치

ⅰ) 정착구(Arch) 주변에 작업대를 설치한다.

ⅱ) PE-Tube를 아치의 플랜지에서 60㎝거리까지 들어올린다.

ⅲ) PE-Tube의 상부Collar와 아치리브 플랜지의 홀을 이용하여 플랜지에서 60㎝ 떨어진 높이에 Tube를 고정시킨다.

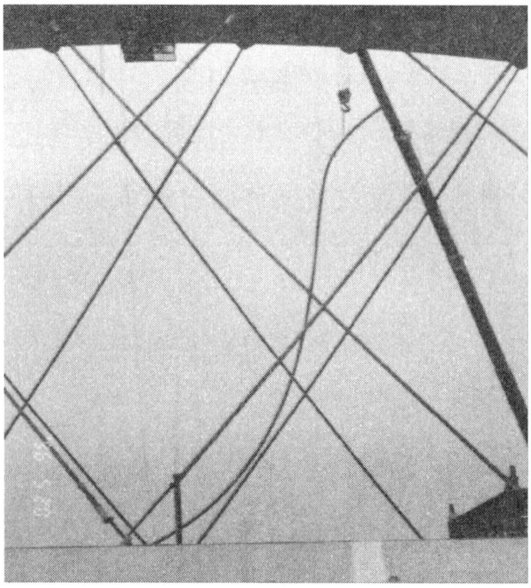

사진 3-9 크레인에 의한 케이블 쉬스관 설치

④ 강선삽입 및 인장

i) 아치내부의 정착구에서 Guide를 통하여 Coupler가 부착된 Guide Wire를 내린다.

ii) 기 가공된 강연선의 상부측 King Wire와 커플러를 이용하여 Guide Wire를 연결시킨다.

iii) 상부에 끌어올리고 하부에서 밀어올려서 고정 정착구에 확정된 길이만큼 끌어올려서 쐐기를 이용하여 고정시킨다.

iv) 데크상부에서 Guide Tube를 이용하여 위와 같은 방법으로 끌어내린다.

v) 정해진 길이만큼 Mono Strand Jack을 이용하여 인장한 후에 쐐기로 고정시킨다.

vi) 같은 방법으로 전체의 강연선을 삽입 및 인장한다.

vii) 아치에 설치된 작업대에서 Coupler 및 Guide Wire를 올리고 내리는 작업을 각각의 강선 삽입시마다 시행한다.

⑤ Guide Tube의 고정

i) Deviator Guide를 설치한다.

ii) Collar를 이용하여 C/R로 들어올린다.

iii) PE-Tube를 들어올려서 Guide Tube의 플랜지와 아치내부의 플랜지를 접합시킨 후 볼트로 고정시킨다.

iv) 하부 Guide Tude를 끌어내려서 데크상부의 플랜지와 Guide Tube의 플랜지를 접합시킨 후 볼트로 고정시킨다.

⑥ 같은 방법으로 40개소의 케이블을 설치한다.

사진 3-10 정착구와 케이블이 설치된 상태

3.3.5 장력관리

케이블 설치시는 일반적으로 케이블의 설계장력만큼 프리스트레싱하여 설치하나 본교의 경우 자중에 의한 최소의 장력만 도입되므로 설치시 장력관리에 어려움이 있다.

사진 3-11 Deviator Guide 및 Collar의 설치장면

설계길이 개념(케이블 정착점간의 실측거리)으로 강연선를 절단하여 Iso-tensioning이 되도록 케이블내의 모든 강연선이 동일한 여유장(Overlength)이 될 때까지 체인블록(Chain Block)을 사용하여 설치했다.

강연선 설치시의 장비는 처음에는 Monostrand Jack을 사용하려고 계획했으나 1-Strand의 장력이 1tonf정도여서 작업성을 고려하여 체인블록으로 변경 시행하였다.

표 3-7 최초 설치시의 장력 및 처짐(Sag)

Cable No.	최초 1-Strand 설치시		1-Cable 설치시(19, 22가닥)	
	장 력(tonf)	Sag(㎜)	장 력(tonf)	Sag(㎜)
1	0.7	125	3.2	85
2	1.0	198	6.1	123
3	1.1	365	7.8	236
4	1.0	284	6.5	183
5	1.3	453	9.5	308
6	1.1	353	8.4	212
7	1.3	501	8.1	410
8	1.2	425	10.3	258
9	1.3	508	7.9	426
10	1.3	478	8.8	354

* 실제 케이블 정착점간의 거리 계측시 아치리브에 약간의 변형이 발생하므로 케이블길이 오차에 대한 캠버와 장력의 영향값을 예측하고 실측캠버와 비교함.

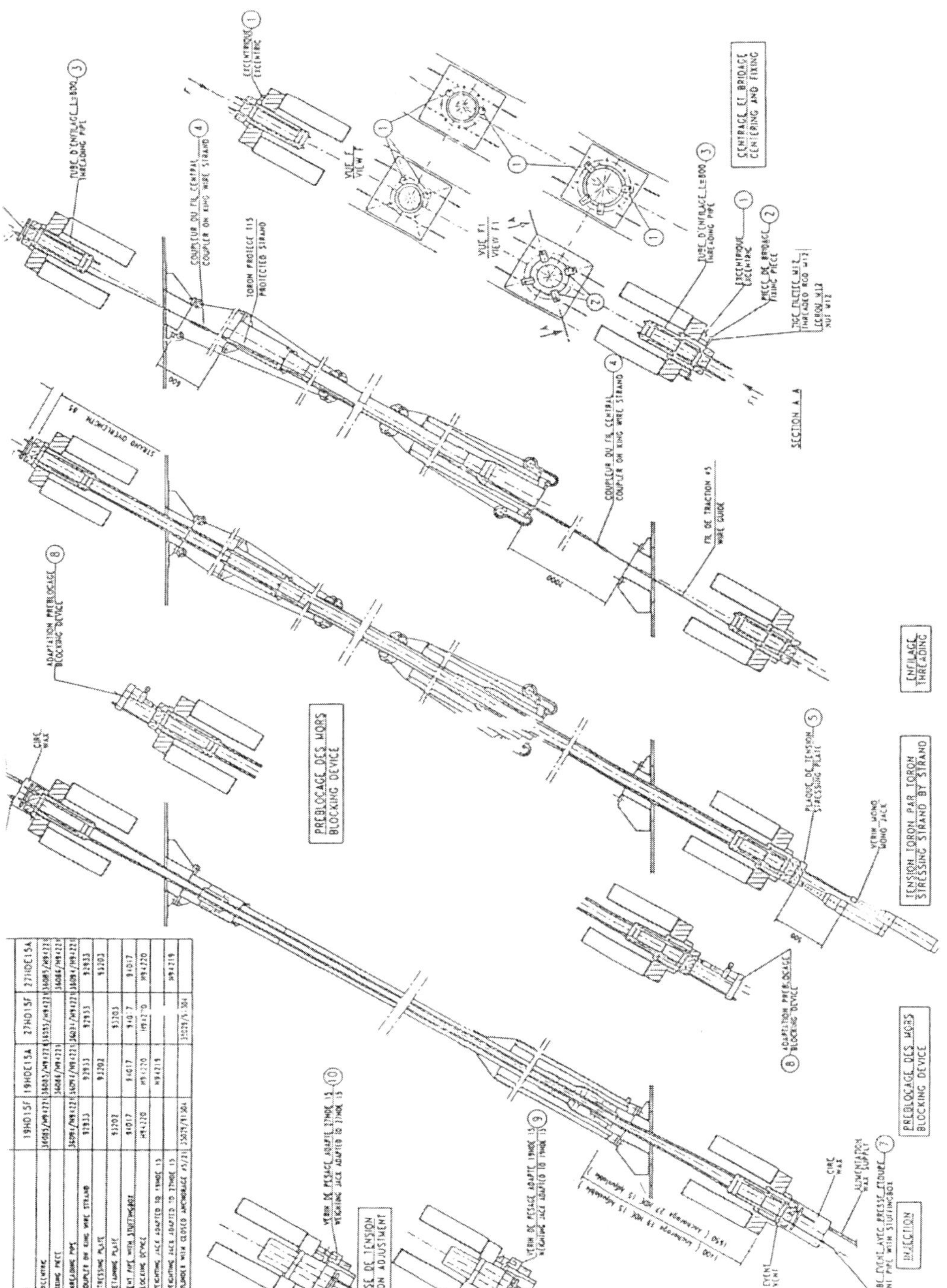

그림 3-22 케이블 설치 개요도

표 3-8 보강거더 박스 중앙부의 캠버

(단위 : ㎜)

구 분	1차 고정하중	2차 고정하중	계
원설계값	84	78	162
수정설계값	75	66	140
조립, 설치값	-	-	145(1)
실측값	85(2)	-	-
케이블 길이 오차 고려시 예측값	67	-	-

* 1차 고정하중 상태의 실측 상향캠버 : (1)-(2)=145-85=60㎜
* 프리스트레싱효과를 검사하기 위해 다음의 경우에 대해 장력과 캠버예측값을 계산함.
  Case Ⅰ : 수정설계값(무응력상태 케이블 정착점간 거리로 케이블 설치시, No Prestressing)
  Case Ⅱ : Case Ⅰ에서 처짐에 의한 케이블 길이 오차 고려시
  Case Ⅲ : 최소 1-Strand당 1tonf, 1Cable당 22tonf(19tonf)씩 프리스트레싱할 때(가설순서는 단부에서 지간 중앙으로 가설)
* Case Ⅲ는 쐐기의 이탈을 방지하고 직선을 유지하기 위해 Freyssinet에서 제안.

표 3-9 1차 고정하중(강재자중) 재하시의 장력

(단위 : mm)

Cable No.	Case Ⅰ	Case Ⅱ	오차 %	Case Ⅲ	오차 %
1	36	46	28	48	33
2	48	58	21	65	35
3	35	30	14	32	9
4	41	41	0	48	17
5	46	44	4	40	13
6	37	35	5	32	14
7	46	48	4	47	2
8	42	39	7	32	24
9	44	47	7	55	25
10	43	42	2	45	5

표 3-10 1차 고정하중 재하시의 처짐

(단위 : mm)

Distance(m)	Case I	Case Ⅱ	Difference	Case Ⅲ	Difference
-74.8	0(0)	0	0	0	0
-60	37(33)	34	3	28	9
-48	58(52)	53	5	40	18
-36	69(61)	62	7	46	23
-24	73(65)	66	7	48	25
-12	74(66)	67	7	47	27
0	74(66)	67	7	46	28
12	74(66)	67	7	47	27
24	73(65)	66	7	48	25
36	69(61)	62	7	46	23
48	58(52)	53	5	40	18
60	37(33)	34	3	28	9
74.8	0(0)	0	0	0	0

결론적으로

① 1케이블당 22tonf의 프리스트레싱을 도입시 장력의 경우 전체 케이블 개수의 70%가 관리 한계값인 10%이상의 오차를 가진다. 처짐의 경우는 28mm오차를 가진다.

② 공장 가조립시 Case I 를 실측하여 사용할 수도 있으나 가조립시 시간적 제약과, 현장 조립시 설치오차가 포함될 수 있기 때문에, 본교의 경우 현장조립시의 실측데이타 Case Ⅱ로 실시공하였다.

③ 실측캠버가 예측값보다 큰 이유는 강성과 고정하중 계산오차를 최소화 했다고 가정하면, 케이블의 탄성계수, 케이블의 설치길이 오차, 자중에 의한 최소장력 부근에서 케이블의 비선형성 등에 기인한 것으로 추정된다.

④ 2차 고정하중 재하 후 보강거더 박스의 캠버오차가 10~20mm로 예상되고, 장력의 경우는 단부쪽의 길이가 짧은 몇 개의 케이블을 제외하고는 관리 한계치 내에 있을 것으로 추정되며, 최적 장력조절용 프로그램을 사용하여 1~2회 정도로 조정이 완료될 것으로 기대한다.

3.4 Load-out 및 Lifting-up

육상고수부지에서 제작이 완료된 닐센아치교는 가로보하단의 정반, 보강거더 박스를 지지하고 있는 Jack Support를 교량의 중심부에서 양단측으로 해체하면서 완성시의 구조계로 변환하게 된다.

이러한 과정에서 케이블에는 추가 장력이 도입되고 강교부재에는 처음으로 응력이 작용하게 되는 것이다.

이때 데크의 처짐량을 검사한 결과 설계치와 거의 일치됨을 알 수 있었으며, 데크의 처짐량이 아치리브의 처짐량보다 크기 때문에 ″A″ Frame 상단에서의 아치리브 접합부에는 미소한 간극이 발생하며, 바지선에 탑재되기 전까지 ″A″ Frame은 단순히 추가하중으로만 작용하게 된다.

이 절에서는 닐센아치교를 수상으로 밀어내고, 이를 다시 Lifting하여 바지선에 탑재 시키는 과정에 대해 기술하였다.

3.4.1 Load-out

(1) 개요

완성시의 지점조건으로 되어 있기 때문에 지점 4개소에는 큰 반력이 작용하게 된다.

지지점의 Sole Plate 하단에는 Skid Shoe가 놓여있고 Skid Shoe 하단에는 Hard Wood(:일명, Apitong)가 부착되어 콘크리트 박스거더 상단에 있는 강판에 도포된 윤활재에 의해 수상으로 78.25m 이동하게 된다.

이때 이동시 사용되는 잭은 Load-out Girder 끝단에 고정식 앵커가 위치하게 되고 아치교 5m전방에 잭이 설치되어 Pulling 하면서 전진하는 방식이다.(그림 3-4(b) 참조)

Load-out시의 중량은 ″A″ Frame Skid Shoe를 포함하여 2800tonf이며, 마찰계수를 15%로 하여 소요견인력은 420tonf이 된다.

(2) 잭(Jack)

• 영국 P.S.C社 싱가폴지사의 제품으로 용량이 290tonf인 잭을 2대 사용하였다.
• 견인가능속도 : 12~20m/hour
• Power Pack : L4/15E(동일한 속도조절이 가능)
• 케 이 블 : ϕ18(절단하중 38tonf) 19가닥
• Stroke : 450㎜
• 중 량 : 3.1tonf

(3) 시간대별 작업상황('96년 5월 30일)

시 간	작 업 내 용	비 고
11:45	압출개시	
12:00	3.14m 압출	
14:20	30m 압출	
16:00	50m 압출하고 중지 (수평유압 잭을 설치하여 횡방향으로 미소이동)	고정단 앵커와 가동단 앵커가 일직선이 되지 못하여 횡방향으로 미소이동
17:00~20:00	압출 재개하였으나 마찰력 증가하여 후방에 유압 잭을 설치하여 압출	
20:30~23:30	야간에 윤활재의 점성이 낮아져 마찰력이 40~50%에 도달. 유압잭을 이용하여 P.S.C 장비와 함께 압출 완료	

(4) 문제점

① Skid Shoe 지점부에 과대한 반력이 작용함으로 인해 Hard Wood와 콘크리트 박스거더 상부의 강판 사이에 윤활재 충진이 원활하게 되지 못하고, 윤활재를 밀면서 전진하는 형상이 목격되었다.

② 고품질의 실리콘재질의 윤활재를 사용했어야 하나, 사전에 대비하지 못해서 야간의 기온하강에 따라 윤활재의 점성이 낮아지므로 인해 작용 마찰력이 설계 마찰력보다 매우 높게 나왔다.

③ 잭에 의한 이동시는 1 Stroke마다 정지했다가 이동하기 때문에 정지마찰계수를 고려해야 했으나 사전에 대비하지 못하였다.

• 정상적인 압출시 마찰계수

Start 단계 : 0.17
Moving 단계 : 0.1

④ Pulling 위치가 보강거더높이 정도로 낮기 때문에 아치리브 크라운부에서 이동에 따른 충격으로 인해 진동이 발생하였고 특히 수평 유압잭에 의한 이동시에는 충격이 발생하여 진동이 매우 크게 일어났으며, Load-out Girder 하단의 수상파일에도 수평변위가 관측되었다.

사진 3-12 Load-out 전경

(5) 개선점

Sliding면은 점성이 우수한 실리콘재질의 윤활재를 사용하여 압출하거나 롤러를 이용하여 마찰력을 최대한 줄여야 하고 Pulling 장비는 윈치를 이용하여 연속적으로 Load-out 할 수 있도록 개선해야 한다.

3.4.2 Lifting-up

(1) 개요

Load-out Girder를 지지점으로 하여 압출된 교량은 바지선에 탑재할 수 있도록 14.05m를 들어올려야 하며, Load-out Girder로 이용했던 수상부위의 강재박스는 절단을 하여 Lifting 작업시에 거더역할을 하면서 일체로 양중된다.

이때 Lifting Jack은 Lifting 지지Tower 상단에 고정되고 Dead Anchor는 Lifting Girder의 하부플랜지에 고정시킨다.

Lifting이 완료되면 강북 물양장에 계류되어 있던 바지선(운송벤트 탑재)을 강남측으로 예인선에 의해 이동되고, 윈치에 의해 정위치로 안착하게 된다.

운송벤트 상단의 새들에 셋팅하기 위해서 교량을 1.6m 하강시켜야 하며 새들과 교량이 연결된 이후에도 하중지지점이 운송벤트 및 바지선으로 이동되기 위해서는 바지선이 1m정도 침수되어야 했다.

하중 전달이 완전히 끝나면 바지선의 흘수심이 설계값과 동일한지를 비교하였고, Lifting Girder와 Skid Shoe는 양중전의 위치로 내려놓게 된다. 또한 노출된 우각부의 Sole Plate에는 받침의 상단부분을 미리 결합하여 거치시 교각위에 설치된 받침의 하부부분과 접합될 수 있도록 하였다.

(2) 잭

- P.S.C社 제품으로 L-600(560tonf) 8대를 각 Tower에 2대씩 설치
- Lifting 중량 : 3,000tonf
- 양중가능속도 : 3.5m/hour
- Power Pack : L4/15E(4대가 동일한 속도조절이 가능)

• 케 이 블 : φ18㎜ 37가닥
• Stroke : 450m/m
• 잭 중 량 : 4.05tonf

사진 3-13 Lifting 잭의 설치전경

(3) Lifting Tower 구조

1개의 Tower에는 2개의 벤트블록으로 형성되어 상단에서 박스거더로 연결되어 있고, 2개의 벤트블록 사이로 Lifting Girder(폭 : 2.5m)가 양중될 수 있도록 3m거리를 두고 있다.

1개의 벤트블록은 6개의 H-형강(300×300×10×15)으로 이루어지고 H-150×150으로 브레이싱을 하였다.

Tower의 기초는 각 기둥부에 $\phi 508.8 \times 16^T$의 강관으로 수상파일(68기)을 항타했으며 근입장은 13~20m 범위이다.

Tower 설계시 고려된 설계최대풍속은 25m/sec이다.

그러나 수상파일 항타작업은 바지선에서 유압해머로 타입을 하기 때문에 정확한 연직도를 확보하기 힘들고 상부 Tower의 H-형강 기둥과의 편차(최대 20㎝)도 발생하였으며 강관 연결부의 용접에 대한 건전성확보도 해야 한다.

따라서 최대 140tonf에 저항해야 하는 수상파일의 안전도를 검증하기 위해 동재하시험을 시행하여 만족할만한 결과를 얻었다.

(4) Lifting Girder

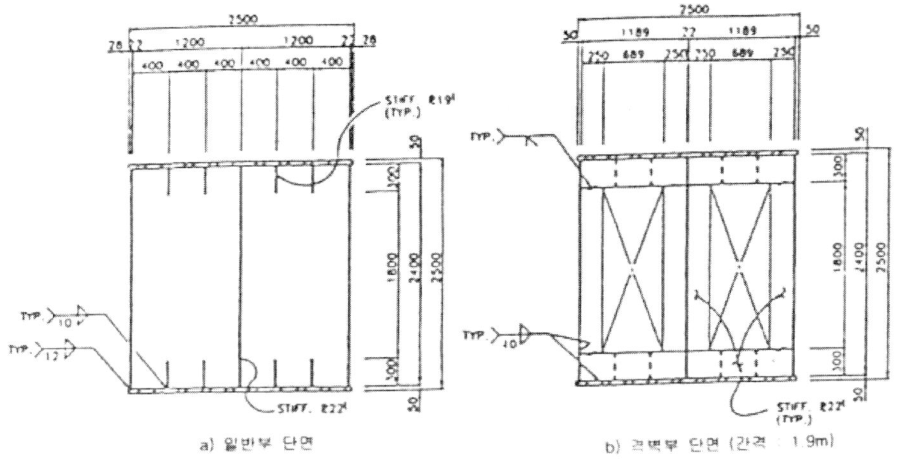

그림 3-23 Lifting Girder의 단면

- Lifting Girder의 길이 : 56.7m
- Lifting Girder의 연결 :
  상부플랜지웨브는 Load-out시에 Sliding을 위해 용접접합. 웨브 및 하부플랜지는 고장력볼트 접합
- 강재재료 : SS400
- 주요관리사항

사진 3-14 Lifting-Up 전경

i) 용접부 U.T 검사시에 50㎜모재 플랜지에 라미네이션이 검출되어 Gouging을 하고 용접봉을 녹여서 부재단면을 유지함.

ii) Lifting시에 최대설계처짐량은 12.4㎝로서 실제 작업시 거의 근접한 처짐을 확인할 수 있었음.

(5) 시간대별 작업실적표('96년 6월 8일)

시 간	작 업 내 용	비 고
07:00	Lifting 개시	
14:20	14.05m Lifting 완료	
14:30~15:30	강북에서 강남으로 바지선 이동	
15:30~18:00	윈치 작동에 의해 정위치 셋팅	
18:00~20:30	닐센아치교를 1.6m 하강하여 새들과 접촉됨	
21:30	운송벤트로 하중전달이 완전히 이루어지고 바지선의 흘수심 확인	
21:30~22:40	Sole Plate에 받침의 상부부분 부착	
22:40~명일 02:40	Lifting Girder를 원위치로 하강	

사진 3-16 운송벤트가 탑재된 바지선의 진입 전경

(6) 계측관리

Lifting 작업시 Tower와 수상파일에 대해서는 아래의 그림과 같은 지점에 변형게이지를 설치하여 안전한 작업이 될 수 있도록 계측관리를 하였으며 관리 기준 및 측정된 응력값은 다음과 같다.

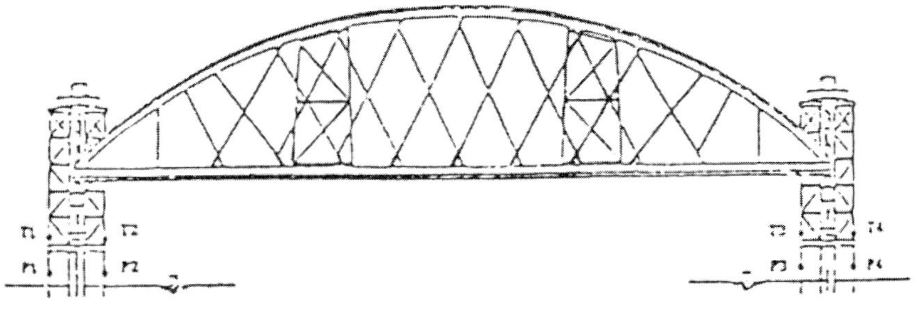

(a) 계측기 배치도

계측위치	응력관리치(kgf/㎠)			계측치 (kgf/㎠)
	압 축	강축 휨	약축 휨	
T1	1,417	1,582	1,762	548.1
T2	〃	〃	〃	514.5
T3	〃	〃	〃	346.5
T4	〃	〃	〃	1,142.4
T5	〃	〃	〃	1589.1
T6	〃	〃	〃	407.4
T7	〃	〃	〃	684.6
T8	〃	〃	〃	363.3

(b) Lifting Tower 응력계측

계측위치	응력관리치(kgf/㎠)		계측치 (kgf/㎠)
	압 축	약축 휨	
P1	1291	1798	29.4
P2	〃	〃	35.7
P3	〃	〃	42
P4	〃	〃	197.4
P5	〃	〃	98.7
P6	〃	〃	157.5
P7	〃	〃	65.1
P8	〃	〃	142.8

(c) 수중파일의 응력계측

그림 3-26 계측결과표

3.5 운송 및 교각거치

3.5.1 개 요

대선식 일괄가설공법에 의해 운송 및 거치된 본교는 비교적 시행사례가 적은 가설공법이다. 일본은 5천톤급의 바지선이 많고 대형의 수상크레인도 많이 보유하고 있기 때문에 해상환경에서도 안전하게 가설할 수 있으나 서강대교는 바지선 4대를 연결하고 윈치작동에 의해 교각 진입을 하며 바지선 내부에 물을 주입함에 의해 가라앉히는 방법을 택했기 때문에 많은 기술관리가 필요하고 기상상태도 좋은 시기를 선택하여야 했다.

물론 설계시는 최악의 조건을 고려했지만 완벽하게 거치하기에는 어려운 공법이었다. 주예인선은 한강에서 가장 큰 배인 740HP을 동원하였고 앵커선(Anchor Boat)도 한강에서 가장 성능이 우수한 배를 투입하였다.

작업의 순서 및 개요는 아래와 같다.

i) 강남에서 닐센아치교를 탑재한 바지선의 수상이동 (윈치작동)
ii) 예인선에 의해 1.5㎞ 운송
iii) 거치교각 상류측에 계류
iv) 윈치작동에 의해 교각위치로 진입
v) 바지선내에 물을 주입하여 바지선을 하강(지점변화)
vi) 운송벤트의 상단 새들 철거 (바지선의 철수를 위해 통과높이 확보)
vii) 바지선 철수

3.5.2 운송설비 및 설계

(1) 운송 바지선의 구성

전 교량을 탑재할 수 있는 대형바지선은 한강으로 반입이 불가능하므로 한강고수부지에서 제작이 가능한 크기를 고려하여 1500DWT 바지선 4대를 특수제작하였다.

폭 20m, 길이 30m, 깊이 3m의 바지선 4대를 종방향으로는 Tie Frame을 Pin

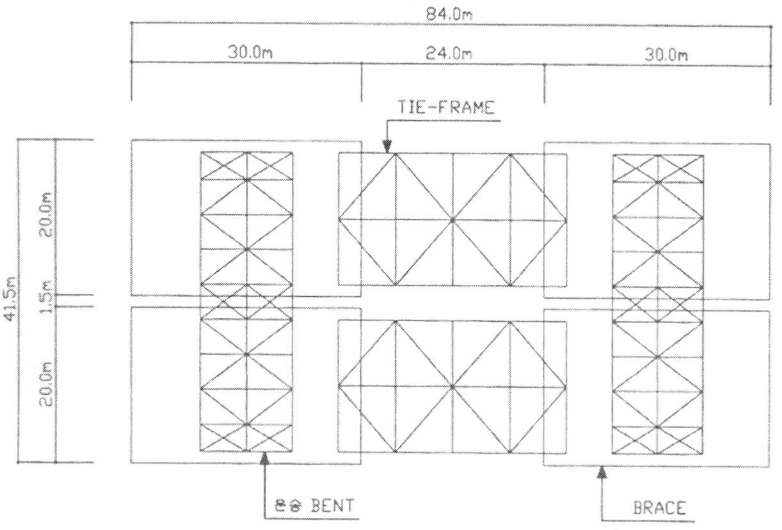

그림 3-25 바지선과 운송벤트의 구성도

Joint로 연결하고 횡방향으로는 운송벤트의 강성을 이용하여 강결된 상태로 아치 교량을 탑재하도록 계획하였다. 바지선과 운송 벤트의 구성은 그림 3-25와 같다.

(2) 운송 바지선의 설계

아치교를 운반하는데 있어서 크기가 길이 150m, 폭 34m, 높이 32m인 거대 구조물이고 설치위치가 한강 밤섬 근처이므로 해당지역의 수심 및 예인선의 규모를 고려하여 30m×20m×3m 크기의 바지선 4대을 연결하여 사용하기로 하였다. 바지 상판에는 운송벤트를 교각높이보다 약간 높게 설치하여 아치를 탑재하므로 아치교 자중은 운송벤트를 통하여 바지 상판에 집중하중이 전달된다. 따라서 이러한 하중에 대해 바지구조의 응력 및 좌굴에 대한 검토가 필요하다.

측면 풍하중에 의해 바지가 기울어지는 각도는 0.115도로 상당히 작고 따라서 최대 수심변화량은 정수면에 대하여 4.2㎝가 된다. 이로 인한 수직력의 변화는 각 바지에 대하여 12.9tonf이다. 정면 풍하중에 의한 바지의 최대 연직 상대변위는 정수면에 대하여 0.51㎝가 된다. 이로 인한 수직력의 변화는 각 바지에 대하여 3.05tonf이다.

측면 풍하중에 대하여 바지는 강체운동을 하므로 바지의 경사(0.002radian)로 인한 바지상판의 운송벤트에 작용하는 수평력은 연직하중(2,780tonf)의 0.2%로 5.6tonf이고 풍하중에 의한 수평하중 25.4tonf과 합하여 31.0tonf이 된다. 벤트를 통하여 1개의 바지에 전달되는 수평하중은 7.75tonf이 된다. 따라서 1개의 바지에 작용하는 수평하중은 연직하중의 0.9%로서 아주 작고 또한 벤트의 지지점을 통하여 상판에 분산되어 전달되므로 바지 구조검토시에는 고려하지 않는다.

바지는 선저, 선측, 갑판, 격벽구조는 판구조로 되어있고 판을 보강하고 좌굴을 방지하기 위하여 판구조를 T형강과 L형강으로 보강하고 있다. 따라서 바지구조를 해석함에 있어 판은 판요소를 사용하고 보강거더는 보요소를 사용하여 모델링 하였으며 아치구조는 단순히 하중으로 처리하고 아치-바지 시스템이 종방향 및 횡방향 대칭성을 고려하여 1/4만 모델링 하였다. 표 3-11은 판 및 보강재에 대한 제원을 나타낸다. 바지모델링 및 응력해석에 대해서는 그림 3-26에 나타나 있고 판 및 보강재에 대한 최대 응력은 표 3-12, 그리고 임계좌굴응력은 표 3-14에 표시되어 있다. 표 3-12, 13로부터 판 및 보강재에 대한 최대응력은 허용응력 내에 있고 또한 임계좌굴응력보다 작음을 알 수 있다.

표 3-11 판 및 보강재에 대한 제원

구 조	갑 판	선 저	선 측	격 벽
판두께	12㎜	12㎜	9㎜	9㎜
보강재	T248×199×9×14t L90×90×9t	T250×200×10×16t L90×90×9t	T200×200×8×13t L90×90×9t	T200×200×8×13t L90×90×9t L50×50×5t

표 3-12 판 및 보강재에 대한 최대응력 검토(kgf/㎠)

구 조	갑판구조		선저구조		선측구조		격벽구조	
압축, 인장응력	상판	보강재	하판	보강재	선측판	보강재	격벽판	보강재
	-285.3	-326.8	115.0	929.5	-156.8	200.6	-254.8	-434.6
전단응력	121.1	34.6	48.3	145.2	76.2	5.0	158.1	16.5

표 3-13 판 및 보강재에 대한 임계좌굴응력(kgf/㎠)

구 조	상판 및 하판	선측판	격벽판	상판 및 하판 보강재	선측판 및 격벽판 보강재
압 축	1885	1194	1134	775	1744
전 단	817	385	220	-	-

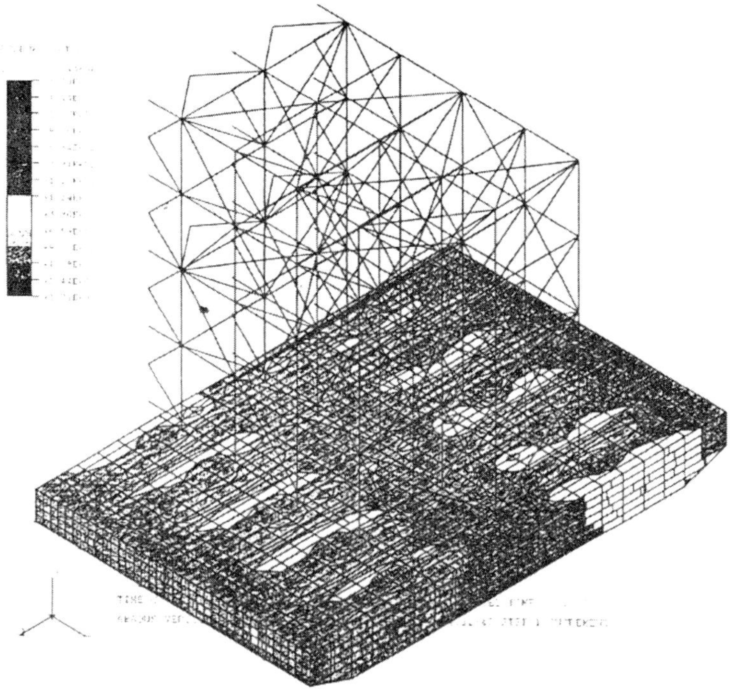

(a) Barge 상판에 대한 전단응력 분포

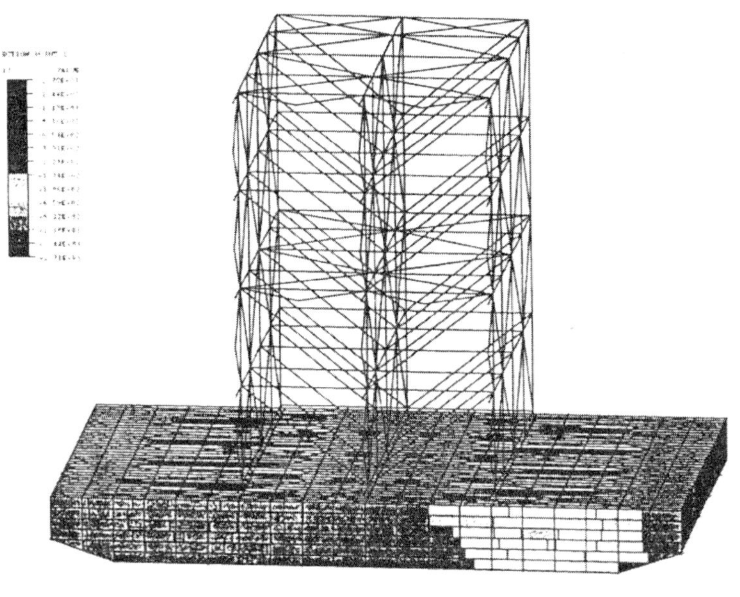

(b) Barge 선측판에 대한 전단응력 분포

그림 3-26 바지선의 응력분포

(3) 계류해석

① 예인선의 용량산정

설계풍속 : 15m/s(정박시)
9m/s(운송시, 진입시)

운송속도 : 1.2Knot(0.6m/s) ← Tug 용량 계산시

조류속도 : 1.2Knot(0.6m/s) ← Anchor 계산시

파 고 : 1m

-통상 구조물의 강도계산시는 Gust Wind Speed를 사용하고 Stability, Mooring 계산시는 Sustained Wind Speed를 사용한다. 당 현장에서 실측한 '95년 3월~6월 중의 풍속데이타를 분석하여 15m/s로 하였다.

가설기간 10일 기준(일본, 혼슈-시코쿠 연락교 공단의 설계기준)으로 기본풍속은 9m/s이고 설계풍속은 15m/s이다.

-풍하중 계산

$$Ra = 0.5\rho A v^2 C_A$$
$$(\rho = 0.125 kg s^2 / m^4)$$

구 분	Ca	측 면		정 면	
		An(㎡)	Ra(tonf)	An	Ra
아치리브	2.0	825	$0.1031v^2$	330	$0.0413v^2$
케이블	0.7	157	$0.0046v^2$	157	$0.0046v^2$
보강거더 박스	1.6	441	$0.044v^2$	170	$0.017v^2$
A-Frame	2.0	156	$0.02v^2$	156	$0.02v^2$
상부구조물 풍하중집계	-	$0.1717v^2$		$0.0829v^2$	
	v=15m/s	38.6tonf		18.7tonf	
바지선	1.2	60	$0.0045v^2$	80	$0.006v^2$
운송벤트	1.9	81	$0.0096v^2$	324	$0.0385v^2$
전체 풍하중	-	$0.1858v^2$		$0.127v^2$	
	v=9m/s	15tonf		10tonf	
	v=15m/s	42tonf		29tonf	
	수조풍동 실험결과	$0.156v^2$		$0.0625v^2$	

- 측면 유압저항

$$Rs = \frac{1}{2}\rho v^2 C_d A_s \sin^2\alpha, \quad \sin^2\alpha = 0.4(\text{대선}), 1(FC)$$

$$= 0.5\times102\times0.6^2\times1.2\times30\times2\times2\times0.4 = 1058kgf$$

- 측면 파압력

$$R_w = \frac{1}{2}(1+\alpha)\rho_s, \quad g\, h^2{}_a B \sin^2\beta v(kg)$$

$$\alpha = 5\sqrt{F} = 5\sqrt{\frac{v}{\sqrt{gL}}} = 5\sqrt{\frac{0.6}{\sqrt{9.8\times40}}} = 0.8704$$

$$\rho_2 = 104.6kg\sec^2/m^4$$

$$g = 9.8m/\sec^2$$

$$h_a = \frac{H}{2} = \frac{0.5}{2} = 0.25(m)$$

$$B = 30m\times2 = 60m, \quad \Theta = 0^\circ$$

$$\sin^2\beta = 0.4$$

$$v = 0.6m/\sec$$

$$RW = 842kgf$$

- 마찰저항

$$Rf = 0.3048 f_s V^{1.825}(kg)$$

$$f = 0.1392 + \frac{0.258}{2.68+L} = 0.1392\frac{0.258}{2.68+40} = 0.1452$$

$$V = 0.6(m/\sec) = \frac{0.6}{0.514} = 0.2(Knot)$$

$$s = 2400\ m^2$$

$$Rf = 0.3028\times0.1542\times2400\times1.2^{1.825} = 148(kg)$$

- 전체 저항력

i) V=9m/s R=15+1.058+0.842+0.148=17tonf

유효마력 EHP = Rv/75=17×10^3×0.6/75=136HP

제동마력 BHP = EHP/0.45 = 300HP

ii) v=15m/s R=38.6+1.058+0.842+0.148=41tonf

유효마력 EHP=Rv/75=41×10^3×0.6/75=328HP

제동마력 BHP = EHP/0.45 = 729HP

→ Main Tug = 780HP > 729HP

총사용 Tug = 780+480+370+280(Anchoring)=1910HP

② Winch Anchor의 설계

i) Winch 검토

- Anchor Line 각도 = 40°
- 1Anchor 설계하중 = R/(2×cos40°)=41/(2×cos40°)=27tonf

  사용 와이어로프 ϕ40(6×37), 절단하중 87tonf

  SF=87/27=3.22(O.K)
- Winch 검토

  Winding Speed = 3.5m/sec

  Winding Load = 15tonf > 11tonf

  * 9m/s시, 1Anchor 설계하중

  = R/(2×cos40°)=17(2×cos40°)=11tonf

  정박시 제동하중 = 30tonf > 27tonf O.K

ii) Anchor 구조검토

하저면과 Anchor Line 경사 = 5°

Soil Type = Loose Silt

ϕ=20°, $\gamma sat=1.6/m^3$, $\gamma sub=0.6tonf/m^3$

• Conctete Block Type

Height = 2.5m, Width = 2.5m, Length=4m

4m 지중 매설

Vc=2.5×2.5×4=25㎥

Block Weight Wc = 25×2.35=59tonf

수중 Block Weight Wc′=1.35×25=34tonf

Concrete Bolck에 대한 작용력

연직력 Pv=27sin5°=2.35tonf

수평력 Ph=27cos5°=27tonf

- 부상에 대한 안정성

ΣW=Ws+Wc′=2.5×4×1.5×0.6+34=43ton

SF=43/23.5=18 > 1.2 O.K

- 활동에 대한 안정성

* 토압

$$P_A = \frac{\gamma'(h^2{}_2 - h^2{}_1)B}{2}\tan^2(45+\phi/2)$$

$$= 0.5\times 0.6\times(4^{2-1.5^2})\times 4\times\tan^2(45+20/2) = 34\text{ton}$$

* 저면 마찰력 (Soil과 저면의 마찰계수)

$$P_F = \mu(\Sigma W - Pv) = 0.4\times(43-2.35) = 16\text{ton}$$

* 총수평저항력

$$\Sigma Hr = P_A + P_F = 34 + 16 = 50\text{ton}$$

$$SF = \Sigma Hr/Ph = 50/27 = 1.85 > 1.5 \quad O.K$$

• Steel Sea Anchor(참조: 일본교량 건설협회 강교 해상 가설공사 Manual)

- Anchor 파지력

사용 Sea Anchor = 7ton, Chain=40m

P=KaWs+KcWch

Anchor 파지력 계수 Ka=4

Anchor 수중중량 Ws=(7.85-1)×7ton/7.85=6.1ton

Chain 파지력 계수 Kc=2

Anchor 수중중량 Wch=(7.85-1)×(0.06×40)/7.85=2.1ton

P=4×6.1+2×2.1=28.6ton > 27ton O.K

이상의 검토결과로 Concrete Block Anchor로 시공할 경우 하저면에서 4m 굴착하여 중량의 콘크리트를 매설해야 하므로 시공성과 경제성을 고려하여 Steel Sea Anchor를 채택하여 시공함.

* Sea Anchor 설치시는 Anchor를 높이 들어 자중으로 낙하시켜 하저에 정착이 되도록 하고 Tug-Boat로서 Wire의 장력방향으로 최대한 견인하여 Anchor의 정착여부를 확인했다.

3.5.3 운송

닐센아치교가 탑재된 바지선을 윈치에 의해 70m 수상으로 이동시킨 후에 예인선에 연결하여 한강본류를 횡단 1.5㎞를 예인한 후, 정박장에 거치시키고 윈치에 의해 교각사이의 정위치까지 진입시켜서 탑재된 교량을 거치시켰다.

운송을 시행한 날짜는 6월 11일로서 바람이 거의 없는 새벽에 시행했다.

풍속은 0.2m/sec정도로 교량구조물은 평형을 유지한 상태로 운송되었다.

시간대별 진행사항은

- 윈치에 의한 70m 전방이동 : 04:00~05:20
- 바지선 운송 : 05:20~06:40
- 회전 및 앵커설치 : 06:40~08:00

운송시의 예인선 배치는 740마력의 주예인선과 500, 350마력의 보조예인선을 사용하였다.

탑재된 상태에서 수상으로 이동시 예인선에 의해 이동시키도록 계획되었으나 예행연습시 예인선만으로는 미세한 위치조정이 불가능하다고 판단하였으며 안전성을 고려하여 윈치조작에 거치하는 것으로 변경시행하였다.

그림 3-27은 수상이동시 윈치조작요령과 운송경로를 나타내었다.

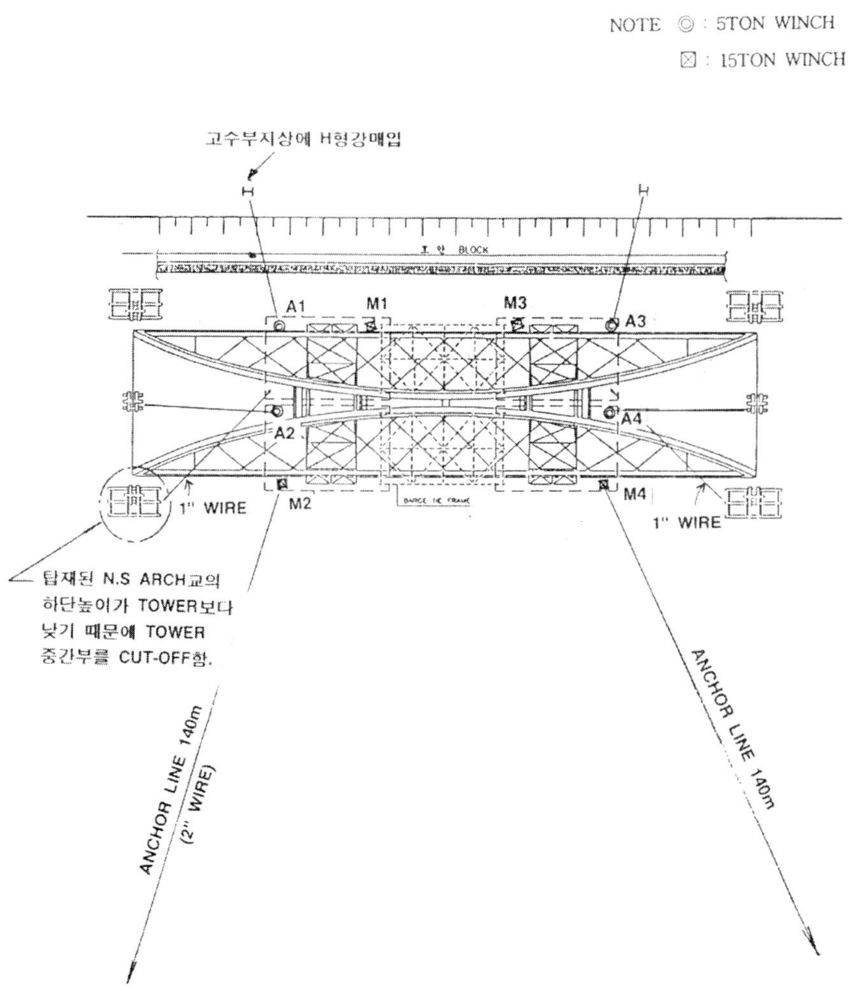

<작동순서>

1. 동측으로 20m 이동
   (A_2, M_2 Winch Pulling을 하고 A_3, A_1, M_4, Winch는 풀어준다.)
2. 북측으로 70m 이동
   (A_1, A_3 Winch는 풀어주고 M_2, M_4 Winch는 Pulling을 한다.
   이때 A2, A4 Winch는 좌 · 우 이동을 방지할 정도로 감고 있다가 40m 이동시 와이어 연결을 끊는다.
3. 예인선 연결

그림 3-27 윈치조작에 의한 수상이동

사진 3-16 예인선에 의한 닐센아치의 운송 전경

3.5.4 거치

(1) 교각에 하부 받침 설치

닐센아치교가 제작장에서 조립완료된 후 지지구조물을 제거하면 완성계 구조계로 변한다. 이때 교량 Sole Plate가 있는 곳의 위치를 광파기로 측량하여 대각거리, 교축방향거리, 교축직각방향의 거리를 기준으로 하여 교각상의 하부 받침 위치를 결정하게 된다.

물론 측량할 때의 온도를 계산에 반영하고 거치시의 예상온도를 가정하여 위치를 결정하게 된다.

그러나 측정오차, 온도의 변화등 예측하지 못한 결과로 인해 상·하부 받침의 정확한 일치가 안 될 수도 있기 때문에 하부 받침은 몰탈그라우팅을 하지 않고 H형강 위에 거치시키고 H형강과 하부 받침의 저판사이에 슬라이딩재를 삽입하여 오차 발생시 수평 잭을 사용할 수 있도록 하였다.

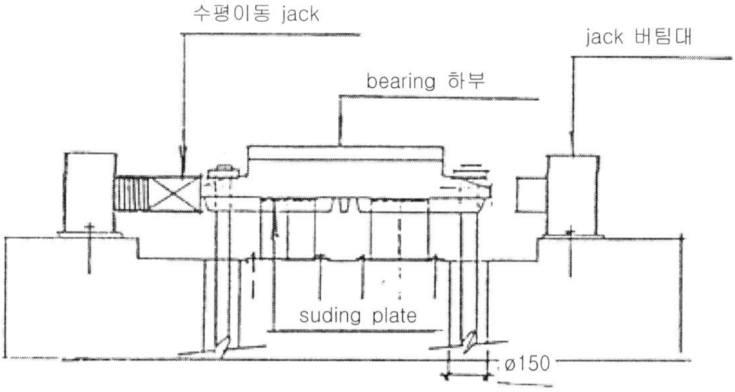

그림 3-28 받침의 미세조정장치

(2) 거치

'닐센아치교'라는 국내최초의 교량을 제작하고, '대선식 일괄가설방법'이라는 국내최초의 가설공법을 도입함으로 인해 많은 시행착오를 겪고, 예상공정을 정확히 맞추기가 힘들었다.

따라서 D-day(거치날짜)도 오래전에 결정되어 이에 따른 가설계획이 수립되어야 하나, 5월초가 되어서야 6월에 가설할 수 있다는 확신이 생겼으며 한강의 수위차가 적은 6월 9일 ~ 6월 12일(조금 시기)중에 거치하기로 최종 결정되었다.

최초의 거치계획은 조수 간만차와 Water Ballasting으로 서서히 침수시키면서 받침을 결합할 예정이었으나 설치시 작업시간의 불확실성으로 인해 간만의 차가 적을 때를 택하였다.

6월 11일 운송된 교량은 수위가 낮음으로 인해 Position "A" 상태로 1일간 계류를 시켰다.

계류는 이미 하저에 설치되어 있는 Steel Anchor와 교각에 로프를 연결하는 방법으로 아래의 순서에 준해 이루어졌다.

i) 운송 및 회전을 하여 "A" 위치로 서서히 이동

ii) 강변도시고속도로의 교각과 로프 연결

iii) Anchor Boat에 의해 상류측 7tonf 앵커와 연결

iv) Position "A"에 정지

v) M_1, M_3 윈치의 와이어를 하류측의 5tonf, 10tonf 앵커와 연결, 이때 Anchor Boat는 최대한의 속력으로 앵커에 접근하여 연결

vi) A_1~A_4 윈치 와이어를 교각 No.8, 9에 연결

vii) 예인선의 와이어를 느슨하게 한다.

하루밤을 계류시킨 6월 12일 05:20분에 수위가 높아짐에 따라 진입을 시도하였다.

날씨는 전날과 마찬가지로 풍속이 0.2m/s 정도로 탑재된 닐센아치교의 흔들림은 전혀 없었다.

윈치조작공 및 총지휘자는 해상의 대형구조물 가설에 오랜 경험을 가진 팀으로서 매우 숙달된 상태였으며, 총지휘자는 교각 No.9 상부에서 모든 윈치조작공 및 배수펌프관리자에게 작업을 지시하였다.

Positoin "A"에서 "B"로 이동시에 전체구조물의 중량이 약 4800tonf에 이르기 때문에 예상이동경로를 약간만 벗어나도 가속도가 발생할 수 있고, 이로 인해 인접한 교량(PSC 박스거더교, 강합성 박스거더교)가 충돌할 수 있는 어려운 작업이었다.

"B"위치로의 전방이동은 M_1~M_4 윈치에 의해 조작되고 받침 위치의 정확한 셋팅은 A_1~A_4 윈치에 의해 조작되었으며 1시간 30분의 윈치조작에 의해 4개의 받침위치가 일치된다는 것을 확인할 수 있었다.

04:00 - 05:20 (80분) 진입준비

05:20 - 06:50 (90분) 수위 2.95m에서 진입하여 3.05m까지 수위상승

06:50 - 08:15 (85분) 받침의 정위치 확보

08:15 - 09:50 (95분) 반력이동 및 거치완료

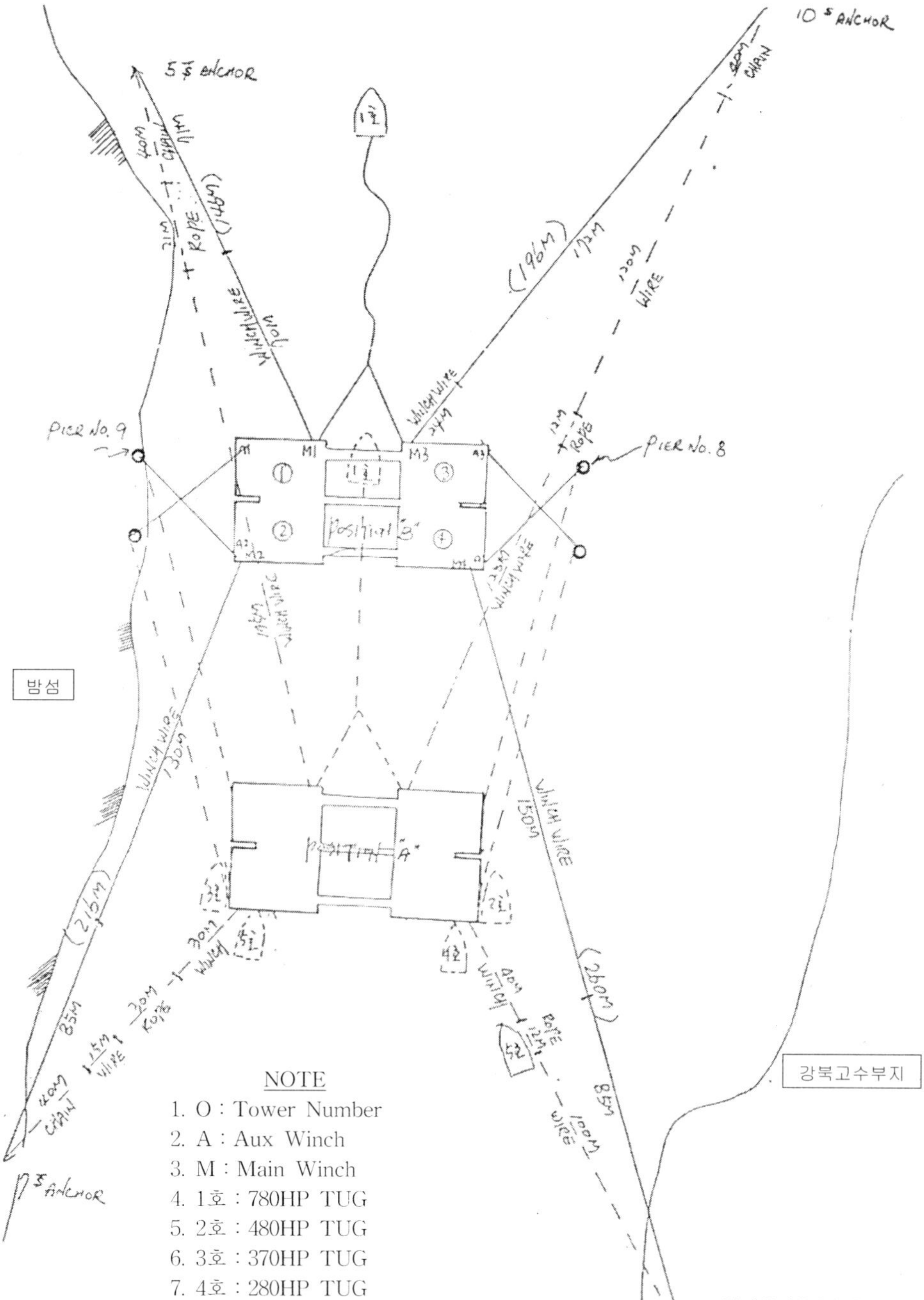

그림 3-29 예인선 및 윈치조작 배치도

사진 3-17 교각 사이로 진입중인 닐센 아치교

09:50 - 12:30 (160분) 새들 해체

12:30 - 14:30 (120분) 바지선 철수

(3) 설치여유고 관리

교각 No.8, 9에는 하부받침을 그림 3-30과 같이 상부받침 접합부의 최상단을 EL+21.332 높이로 설치하였다.

또한 강남측에서 닐센아치교를 탑재한 상태에서 부착된 상부 받침의 하단높이를 측량한 결과는 다음과 같다.

측량시의 수위는 EL+2.9m였으며 정수상태였기 때문에 흔들림이 전혀 없었다.

받침 위치	ELEVATION
P8 - 1	EL+21.445
P8 - 2	EL+21.386
P9 - 1	EL+21.404
P9 - 2	EL+21.325

※ 최대편차가 12㎝ 발생함.

상기의 데이타로 볼 때 수위가 EL+2.9m에서 가설한다면 교각 No.8에서는 16㎜의 여유가 있고 교각 No.9에서는 3㎜의 여유만 있는 상태였었다.

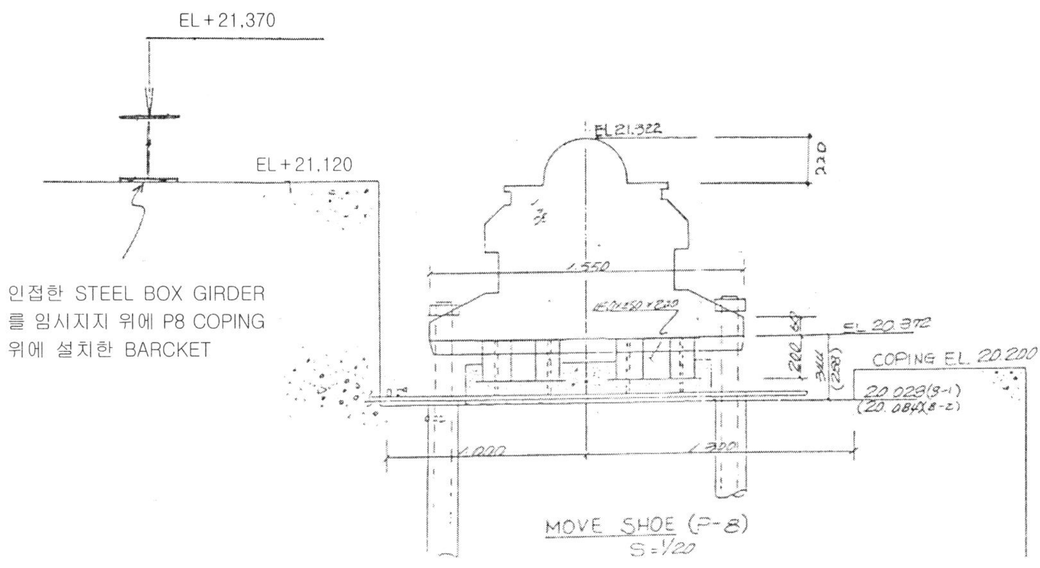

그림 3-30 교각에 기 설치된 하부받침 상세도

그러나 본 현장에서는 3년간에 걸쳐 서강대교의 수위변화를 매일 관찰하여 왔기 때문에 그림 3-31과 같이 예상수위표를 작성할 수 있었다.(서강대교는 서해의 밀물, 썰물 영향범위임)

6월 10일의 수위표를 보면 EL+2.85m가 최대 수위이나 9일에 내린 비로 인하여 최고수위 EL+3.1m까지 올라갔다.

따라서 앞장의 높이(Elevation) 비교표와 같이 수위가 EL+3.0m만 되면 P-8측에서는 +26㎜의 여유가 있고, P-9측에서는 +13㎜의 여유를 가지고 진입할 수 있다고 판단되어 6월 11일 운송을 하여 거치하려고 하였으나 한강수위는 예상수위인 EL+2.88m 밖에 올라오지 않았다. 즉 비로 인한 수위상승효과는 1일간만 영향을 주었다. 따라서 1일을 교각상류측에 계류시켜놓고 12일 오전에 최고수위가 3.05m까지 올라가기 때문에 기다려야 했으며, 6월 12일 새벽 5시 20분 수위가 2.95m에 도달했을 때 교각 No.8에서 21㎜여유고, 교각 No.9에서는 8㎜의 여유고를 가지면서 교각 위를 통과할 수 있었다.

사진 3-18 교각이 설치된 받침과 닐센아치 받침의 연결 장면

(4) 바지선 내부의 주수

바지선 내부의 배수파이프는 바지선 바닥에서 700㎜위에 위치하므로 바지선의 내부수위가 700㎜가 될 때까지 전체 격실의 내부수위가 같지 않고 또한 비대칭 편심을 가질 경우, 바지선의 경사 비틀림이 예상되므로 이를 방지하기 위해 격벽의 아랫면에 구멍을 뚫어 전체 방을 통하게 만들었으며 중앙통제실에 수위계를 설치하여 수시로 각 바지선 내부의 수위를 확인하면서 바지선이 기울지 않도록 하였다. 통수구멍은 바지선의 안전을 위해 작업 후 원래의 기능으로 복원시켰다.

최초의 바지선 주수계획은 전체 방에 모두 주수하려고 했으나, 각 바지선의 상판위에 탑재된 적재물(Tie Frame, 윈치, 발전기)로 인해 바지선 이탈시 경사가 예상되므로 이에 대비해 외곽부의 경사진 방을 제외한 부분에 주수하였다.

실제 바지선 이탈시 바지선의 평형을 유지하는데 큰 역할을 하였다.

당초 계획시 바지선의 흘수 2.05m, 수위가 EL+2.95m에서 15㎝의 상·하부 받침간 여유가 예상되었으나 실제의 평균여유고는 50㎜에 불과했는데, 그 이유는 각 바지선을 흘수심에서 편차가 발생한바, Tie Frame이 중앙에 있고 각종 윈치, 발전기 등의 위치가 편심을 유발하게 되었다.

따라서 상부받침 접촉부분의 높이도 12㎝의 편차가 있음을 확인할 수 있었다.

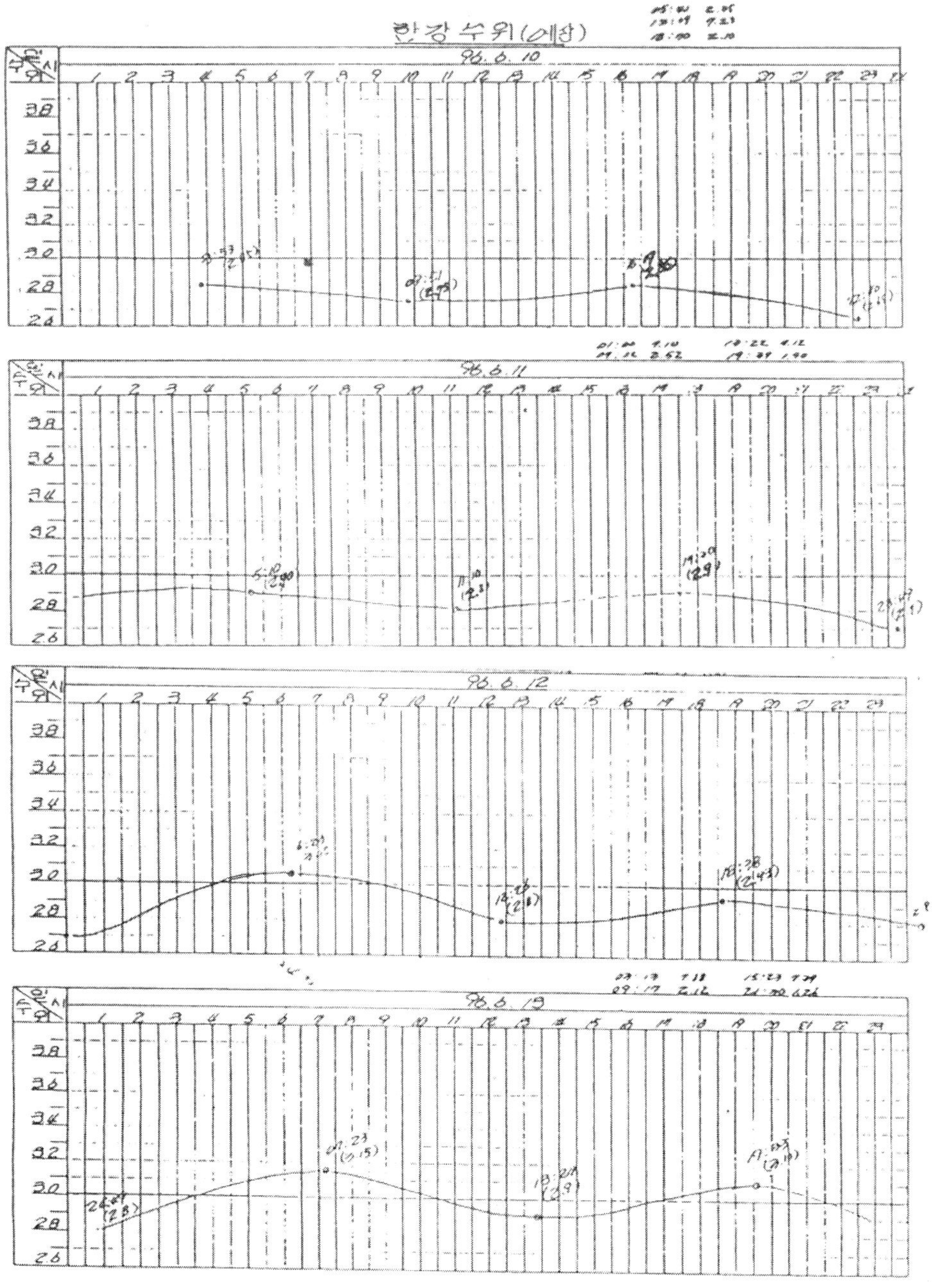

그림 3-31 가설지점의 시간대별 예상수위

또 다른 이유는 계획단계에서의 여유고 산출시 운송벤트 탑재상태에서 아치교 끝단의(우각부)의 처짐은 고려되었지만 중앙부의 캠버는 계산에서 제외되었다.

사진 3-19 운송벤트의 새들 제거

즉, 교량은 종방향으로 수평상태가 아니고 중앙부에 캠버가 있는 상태이기 때문에 캠버+우각부 처짐을 동시에 반영하고 여유고를 계산했어야 했다.

표 3-14 바지선의 Ballasting 산정

	Water Ballast (cm)	주수량 (tonf)	바지선 내부수위 (cm)	바지선 외부수위 (cm)	바지선 침수량 (cm)	수두차 (m)	FLOW		0.35*FLOW	
							유량 (m^3/s)	시간 (min)	유량 (m^3/s)	시간 (min)
초기상태	0	0	0	205	-	1.35	-	-	-	-
받침 하강	30	180	40	235	30	1.5	0.383	10	0.288	14
받침 연결	20	120	66	255	50	1.75	0.414	5	0.310	6
반력 이동시	130	780	238	270	65	1.1	0.328	40	0.246	53
바지선 철수시	5	30	245	275	70	0.3	0.171	3	0.129	4
계	185	1110	-	-	70	-	-	60	-	80

* 실제 받침과의 연결단계까지 주수시간이 85분이나 소요되었는데 그 이유는 바지선의 내부수위와 평형을 확인하면서 바지선의 경사가 발생하지 않도록 천천히 주수하였기 때문에 예상시간보다 많이 소요되었다.

3.6 원격계측 시스템

3.6.1 원격계측 시스템

(1) 시스켐 개발 목적 및 개요

서강대교 원격계측 시스템은 서강대교 닐센아치교 구간을 대선식 일괄가설 공법으로서 한강을 통하여 운반중에 가설구조물의 계측결과를 육상으로 전송할 목적으로 개발되었다. 이 원격계측 시스템은 계측장소에 위치한 원격 Station과 계측된 데이터를 받아 저장하며 필요한 모니터링을 수행하는 Local Station으로 구성되어 있다. 원격 Station과 Local Station사이의 데이터 전송을 위하여 무선모뎀이 사용되어 시스템 개발이 이루어졌다. 원격 Station은 각종 센서들이 연결된 데이터로서, 전송용 컴퓨터, AD Convertor 및 무선모뎀으로 구성되어 있으며, Local Station은 무선모뎀 및 컴퓨터로 구성되어 있다.

본 원격계측 시스템은 수상 운반 가설이나 지하터널 등의 계측시 사람이 접근하지 않고서 원격계측지의 계측결과를 받아볼 수 있으며 원격 컴퓨터를 콘트롤하여 여러 가지 작업을 수행할 수 있다. 그러므로 수상운반 등과 같이 계측라인의 가설이 불가능하거나 작업자가 계측을 위하여 계속 접근하기 위험한 장소의 계측을 수행하기에 적합한 장점을 가지고 있다.

(2) 시스템 구성

① 시스템 구성 개요

서강대교 원격계측은 시스템은 그림 3-32에서 보이는 바와 같이 수상바지에 위치한 원격Station과 육상에 위치하여 계측된 데이터를 받아 저장하며 필요한 모니터링을 수행하는 Local Station으로 구성되어 있다. 원격 Station과 Local Station 사이에 무선모뎀을 통한 데이터전송이 이루어 졌다. 특히, 본 무선모뎀이 사용되어 Local Station측에서 콘트롤이 가능하도록 시스템 개발이 이루어졌다. 원격 Station은 "A" Frame에 부착된 Strain Gauge 센서들이 연결된 데이터로서, 전송용 컴퓨터, AD Convertor 및 무선모뎀으로 구성되어 있으며, Local Station은 무선모뎀 및 모니터링용 노트북 컴퓨터로 구성되어 있다.

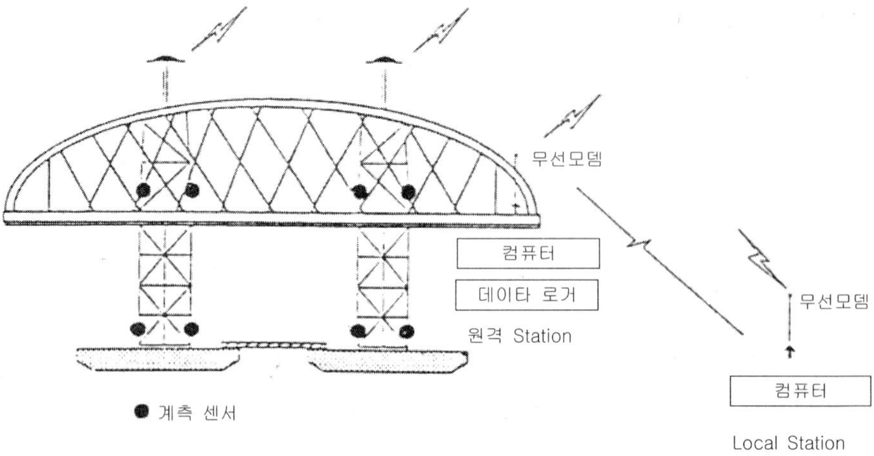

그림 3-32 서강대교 대선식 일괄가설 원격모니터링 시스템

② 계측 데이터 전송 방법 개요

원격 데이터 시스템을 이용한 계측데이터의 전송은 그림 3-33에 보이는 바와 같이 각 센서들에서 계측된 아날로그 데이터는 데이터 로거에 모여져서 증폭되어 A/D Convertor로 전송된다. A/D Convertor는 아날로그 데이터를 디지털로 변환

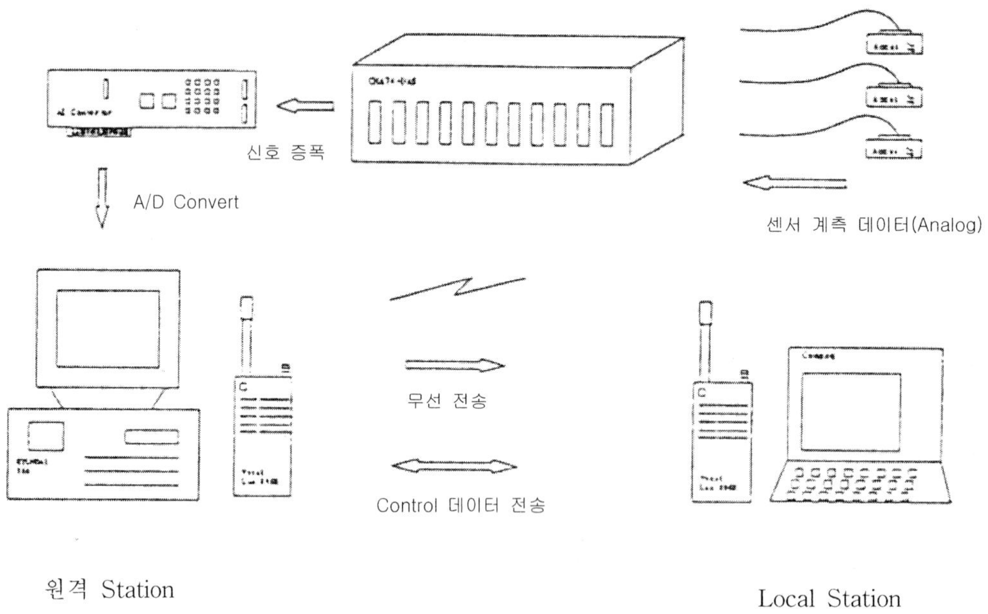

그림 3-33 원격 데이터 전송 구성도

하여 원격Station 컴퓨터에 데이터를 저장한다. 저장된 데이터는 RS-232 포트에 연결된 무선 모뎀을 통하여 Local Station으로 전송된다.

Local Station은 무선모뎀을 통하여 전송된 데이터를 저장하며 원격 Station 컴퓨터를 콘트롤 할 수 있다.

(3) 서강대교 현장 적용사례

본 원격계측 시스템은 서강대교 닐센아치구간의 운반시 그림 3-34와 같이 임시벤트부분에 설치된 변형게이지의 계측 데이터를 육상부에 설치된 Local Station으로 보내는 작업을 완수하였다. 원격 Station은 운반용 바지선위에 설치하였으며 8개 Channel로 구성된 하나의 Block을 1초 간격으로 계측하였다.

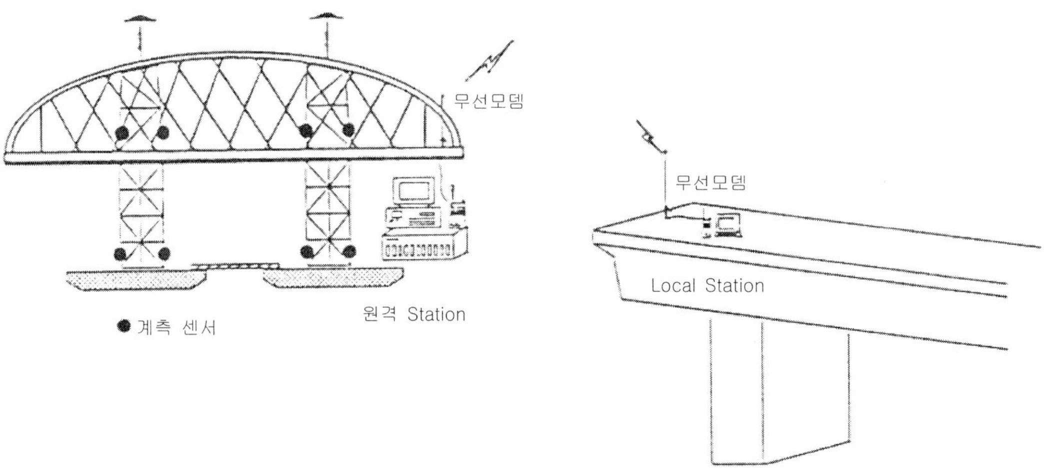

그림 3-34 서강대교 원격계측 시스템 구성도

실제 현장에서 설치하여 계측을 수행하면서 몇가지 개선점과 문제점을 발견하였다. 먼저, 수상운반 바지위에 설치된 원격 Station은 발전기에서 공급되는 전원을 사용하는 관계로 반드시 AVR을 거친 전원을 사용하여야 한다. 현장 적용시 전원공급 문제를 확실히 점검해야 할 필요가 있었다. 또한 무선통신에서도 몇 가지 문제점을 발견할 수 있었다. 운반용 가설벤트는 상당량의 강구조물로 이루어져 있어 전파방해가 상당히 발생하였다. 전파안테나의 위치에 따라 방향의 크기가 달라지므로

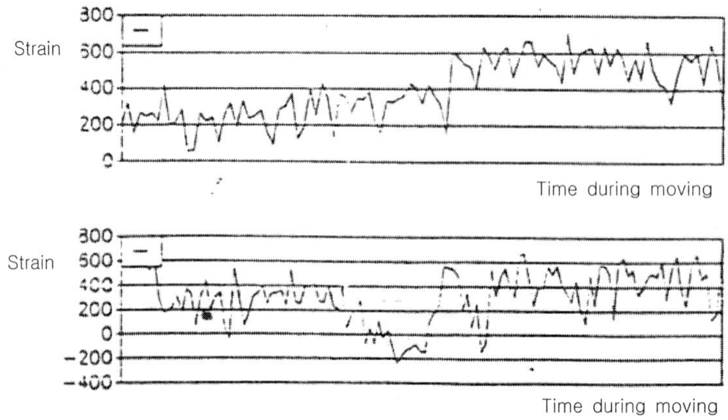

그림 3-35 Local Strain에서 받은 Strain Data

사전에 최소의 전파 방해를 받는 위치에 설치해야 함을 알 수 있었다. 그림 3-35의 데이터는 운송도중 Local Station에서 받은 Strain 데이터이다.

(4) 응력 및 변위계측관리

대선식 일괄가설공법은 아치교를 고수부지에서 조립완성하여 설치지역까지 바지를 이용하여 일괄가설하는 동적 시공법으로서 아치교를 Load-out하여 바지선에 의해 교각까지 운송하는 도중에 발생할 수 있는 아치교-바지 시스템의 상대변위 및 동적하중 등에 대하여 구조물 주요부재가 허용응력 내에 있는가를 모니터링 함으로써 시공안전을 확보하였다. 계측사항 및 계측관리치는 표 3-15와 같다.

(5) 향후 응용분야 및 전망

본 원격계측 시스템은 원격 Station과 Local Station간의 데이터 전송 및 원격 컴퓨터의 무선 콘트롤이 가능한 특징을 가지고 있어 터널, 교량과 같이 사람이 자주 출입하기 곤란한 곳에 계측시스템으로서 효과적으로 응용될 수 있다. 원격 Station은 전원만 계속 공급되어 가동상태에 있으면 Local Station은 on/off되어도 다시 통신이 자동적으로 연결되어 조정이 가능하므로 계속적인 데이타계측 뿐만 아니라, 단속적인 일상점검 등의 응용분야에도 활용할 수 있다. 향후 무선모뎀의 전송

표 3-15 계측 항목 및 계측관리치

계측항목	계측점	계측기간	계측내용	응력관리치(kgf/㎠)
아치 응력계측	아치리브 4개소 거더 4개소	아치를 리프팅하여 교각 위에 설치시	아치 운송 및 설치시 주요 부재(아치리브 및 거더)의 응력을 모니터링 한다.	아치리브 압축:1846, 휨:2203 거더 압축:1294, 휨:2202
바지 변위계측	바지 위 3개소	아치를 바지 위에 탑재 및 운송시	아치를 바지위에 탑재하여 운송시 바지의 기울기 변화 상태를 모니터링	
A-FRAME 응력계측	기둥하부 8개소	아치를 리프팅하여 바지벤트에 탑재시	아치 운송 및 설치시 응력상태 모니터링	압축:1322, 휨:1438
TOWER 응력계측	타워기둥 하부 8개소	아치를 리프팅하여 바지벤트에 탑재시	아치 리프팅시 아치하중 및 풍하중에 의한 타워의 응력상태를 모니터링	압축:1417 휨(강축):1582 휨(약축):1762
수중파일 응력계측	파일 상부 8개소	아치를 바지벤트에 탑재하여 교각위에 설치시	아치 리프팅시 아치하중, 풍하중 및 유속에 의한 수중파일의 응력상태를 모니터링	압축:1291, 휨:1798
바지벤트 응력계측	기둥 상부 8개소 기둥 하부 8개소	아치를 운송하여 교각위에 설치시	아치 탑재시 아치하중의 균등분배를 확인하고 운송 및 교각 위 설치시 응력상태를 모니터링	기둥상부 압축:1213, 휨:1581 기둥 하부 압축:1423, 휨:1581
GPS측량	시간별 위치측량 4개소		아치 운송 및 설치시 시간대별로 현재위치를 모니터링하여 정확하게 교각에 설치하도록 한다.	

능력이 더욱 개선되면 더 많은 데이터를 실시간에 원격으로 계측 할 수 있으리라 기대된다.

3.6.2 인공위성(GPS) 측량

GPS(Global Positioning System)란 인공위성에서 방송하는 전파를 수신하여 위치를 측정하는 장비로서, 구조물 설치시 구조물이 현재 위치를 파악하여 목표점에 정확히 거치시키는데 응용될 수 있다. 본 장비를 서강대교 닐센아치 구조물을 교각위에 거치시 사용하였다.

사용장비로는 미국 Trimble社의 GPS수신기 3대를 사용하였고, 라디오 모뎀과 해상전용 소프트웨어를 이용하여 실시각 분석처리(Real Time Kinematic)를 하였다. 위성신호의 수신장애를 피하기 위하여 GPS안테나를 아치 상단에 설치하였다.(그림 3-36) 150m, 70m 안테나 케이블을 사용하여 바지선위에서 위성신호를 관측할 수 있었다. 위성신호의 감소를 막기 위하여 안테나 케이블 40m마다 증폭기(Amplifier)를 설치하였다. 지속적인 전원공급을 위하여 바지선위의 이동국에서는 발전기를 사용하였고, 배터리를 이용하여 기준국에 전원을 공급하였다.

거치 준비 작업으로서 기준점 및 받침의 위치(Target) 측정을 하였다. GPS를 기준점과 남측 교각(P9)의 받침위치 2점(그림 3-37의 03, 04)에 설치하여 좌표를 얻었다. 이때 기준국(C-2)의 WGS84(지구좌표계) 위치는 아래와 같다.

LAT 37° 32′ 00.51637″ N

LON 126° 55′ 06.04796″ E

HGT 32.839

그림 3-37 받침위치 값은, 기준국의 좌표를 False Northing '0', False Easting '0'으로한 위치값이며 01, 02 좌표는 현장여건상 접근이 불가능하여 GPS 측정을 하지 못하여 03, 04 사대거리로부터 유도하였다.

설치 안테나 위치 및 받침(Offset Point)위치 측량은 광파기를 사용하여 아치 상단에 설치된 안테나와 4점의 받침위치간 상대거리를 측량하였고, 그 값은 그림 3-38과 같다.

거치시 실시각으로 구조물의 현재위치를 나타내는 것이 GPS의 장점이다. 그림 3-39는 아치를 적재한 바지선의 운송 궤적을 나타내주고 있으며, 그림 3-38은 앵커링을 한 후 교각으로의 접근시 미세한 움직임을 보여주고 있다. 길이방향으로의 공간 확보를 위하여 P.8 북단의 강박스거더의 일부를 제거하였다. 6월 12일 아침 5시 17분 재시도하여 최대여유고 44㎝(실제 받침의 상단높이 19.5㎝를 고려하여 24.5㎝의 여유고)를 가지고 거치하여 7시 2분부터 Water Ballasting에 의하여 아치를 받침위치에 안착시켰다.

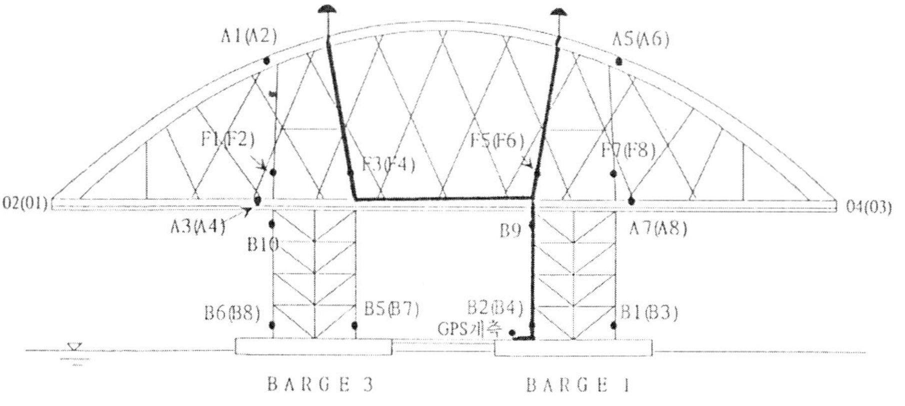

그림 3-36 GPS 안테나 설치위치

최종 거치 후 03의 Bearing 위치와 받침위치(Offset Point)는 아래와 같다.

Bearing 위치	받침위치
37° 32 ′ 26.719 Lat 126° 55 ′ 39.7162 Long	37° 32 ′ 26.710 Lat 126° 55 ′ 39.717 Long
807.617 N 826.529 E	807.590 N 826.550 E

실제 Bearing 위치와 받침위치 사이의 거리는 34㎜의 차이가 나타났다. 이와 같은 오차는 사전 준비작업에서 생길 수 있는 것으로서, 안테나와 받침위치 사이의 상대거리 측량에서 생긴 오차는 결과에 그대로 누적됨을 유의하여야 한다.

구조물 거치에 대한 GPS 장비의 적용성을 확인할 수 있었다. 해상에서의 구조물 거치에 본 GPS 장비의 큰 장점이 있다고 사료된다.

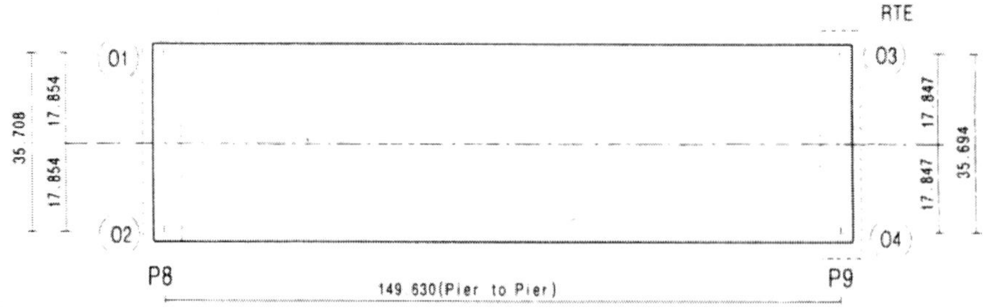

01 N940.011
E896.250

02 N956.630
E864.624

03 N807.617
E826.529
h44.331

04 N824.230
E794.916
h44.333

그림 3-37 Bearing 위치 좌표

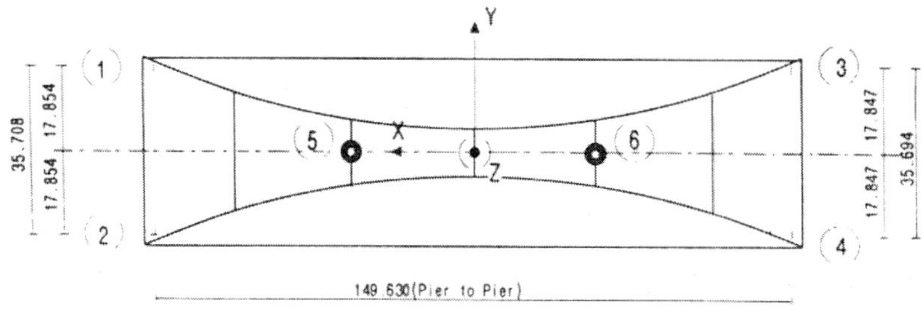

1 (74.815,17.854)
2 (74.815,-17.854)
3 (-74.815,17.847)
4 (-74.815,-17.847)
5 (24.687,0) Elevation from 3 30.448 :Antenna position P1
6 (-24.631,0.017) Elevation from 3 30.404 :Antenna position P2

그림 3-38 안테나 및 받침 상대위치

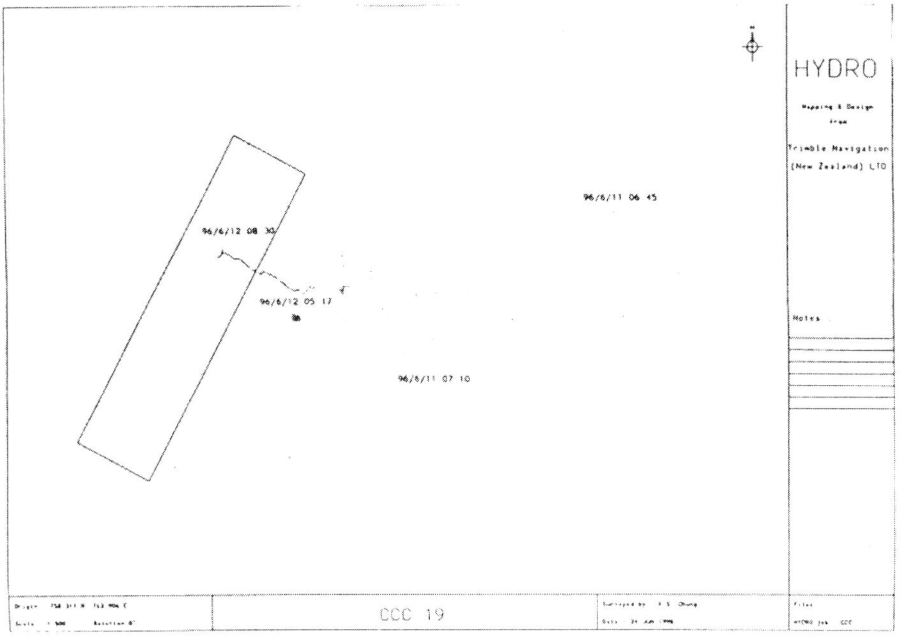

그림 3-39 아치교의 정밀거치

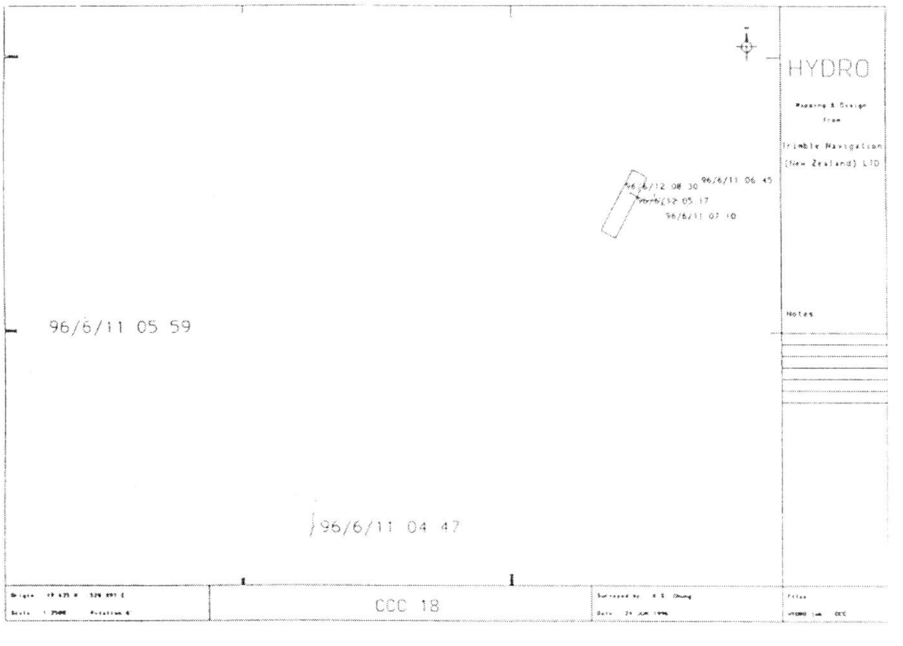

그림 3-40 바지선의 시간대별 운송궤적

4
케이블의 장력 조정

4.1 장력조절의 개요

케이블의 장력이 잭에 의해 측정되면 목표장력(단계별 설계치를 의미함)과의 오차분석을 실시하여 조정여부를 판단한다(오차의 허용치는 목표장력 10% 이내로 함). 장력조정이 필요하다고 판단되면 보정할 장력값에 대응하는 조정길이의 계산이 필요하다. 각 케이블은 거더와 연계되어 거동하므로 조정길이는 비선형 민감도해석을 통하여 결정되어야 한다. 민감도 분석을 통하여 연계된 케이블계수의 영향계수 행렬을 구하면 다음 식에서 조정길이를 산출할 수 있다. 케이블 조정길이 작업이 끝나면 다시 잭에 의해 각 케이블에 도입된 장력을 측정하여 오차가 허용치 이내에 있는가를 확인한다.

다음식은 설계장력과 실제장력의 차이(보정장력)부터 조정길이를 구하는 식이다. 이 식에서 n은 케이블 총 수량, T_i는 i번째 케이블에 도입된 장력, $\triangle T_i$는 추가할 장력값, $\triangle L_i$는 조정길이를 나타낸다.

$$
\begin{pmatrix} \triangle T_1 \\ \triangle T_2 \\ \cdots \\ \triangle T_n \end{pmatrix} = \begin{pmatrix} \frac{\partial T_1}{\partial l_1} & \frac{\partial T_1}{\partial l_2} & \cdots & \frac{\partial T_1}{\partial l_n} \\ \frac{\partial T_2}{\partial l_1} & \frac{\partial T_2}{\partial l_2} & \cdots & \frac{\partial T_2}{\partial l_n} \\ \cdots & \cdots & & \cdots \\ \frac{\partial T_n}{\partial l_1} & \frac{\partial T_n}{\partial l_2} & \cdots & \frac{\partial T_n}{\partial l_n} \end{pmatrix} \begin{pmatrix} \triangle l_1 \\ \triangle l_2 \\ \cdots \\ \triangle l_n \end{pmatrix}
$$

보정장력 영향계수행렬 조정길이

본교의 장력조정은 데크에 설치되어 있던 “A″ Frame(운송용 임시지주)를 철거하고 1차 고정하중(강재자중) 상태에서 장력측정 및 조정을 시행하였다.

장력조정 프로그램은 현대건설 기술연구소가 개발한 SI PROGRAM(사장교 장력조정에 주로 이용)에 의해 장력 조절 및 캠버를 동시에 관리토록 하였다.

장력의 측정은 진동법으로 시행하려 하였으나, HDPE관 내부는 공극이 있는 상태이고, 1-Strand에 대해서도 진동을 독립적으로 주었으나 파장이 거의 감지되지 않을 정도로 매우 미소하여 진동법에 의한 측정은 할 수 없었다.

따라서 사진 4-2와 같이 정착구 나사선에 둥근 원반형의 플레이트를 끼우고 이를 반력대로 이용하여 4개(30tonf)의 소형 유압잭을 설치하여 유압공급시 조정너트가 지지 프레이트에서 분리될 때의 값이 장력값이 되는 것이다.

통상 일본에서도 장력조절의 시행회수가 3~4회에 이르고 있는 실정이며 본교의 경우도 3회에 걸쳐 10% 오차 이내로 조정을 완료했는데, 2차 측정시에도 최소 89%, 최대 126%로 오차의 분포가 크게 나타났다. 그 이유는 아치강교가 주간에 온도경사가 부재별로 심하기 때문에 오차가 크다고 판단되어 온도경사가 없는 야간에(10월 15일~10월 16일) 장력을 재측정하였다. 장력프로그램에서 온도변화에 대해서는 보정을 할 수 없으며 3차 장력조정(장력조정시에는 온도경사와 무관함)을 주간에 시행하고 3차 장력 측정을 야간에 시행하여 목표오차 10% 이내로 조정을 완료했다.

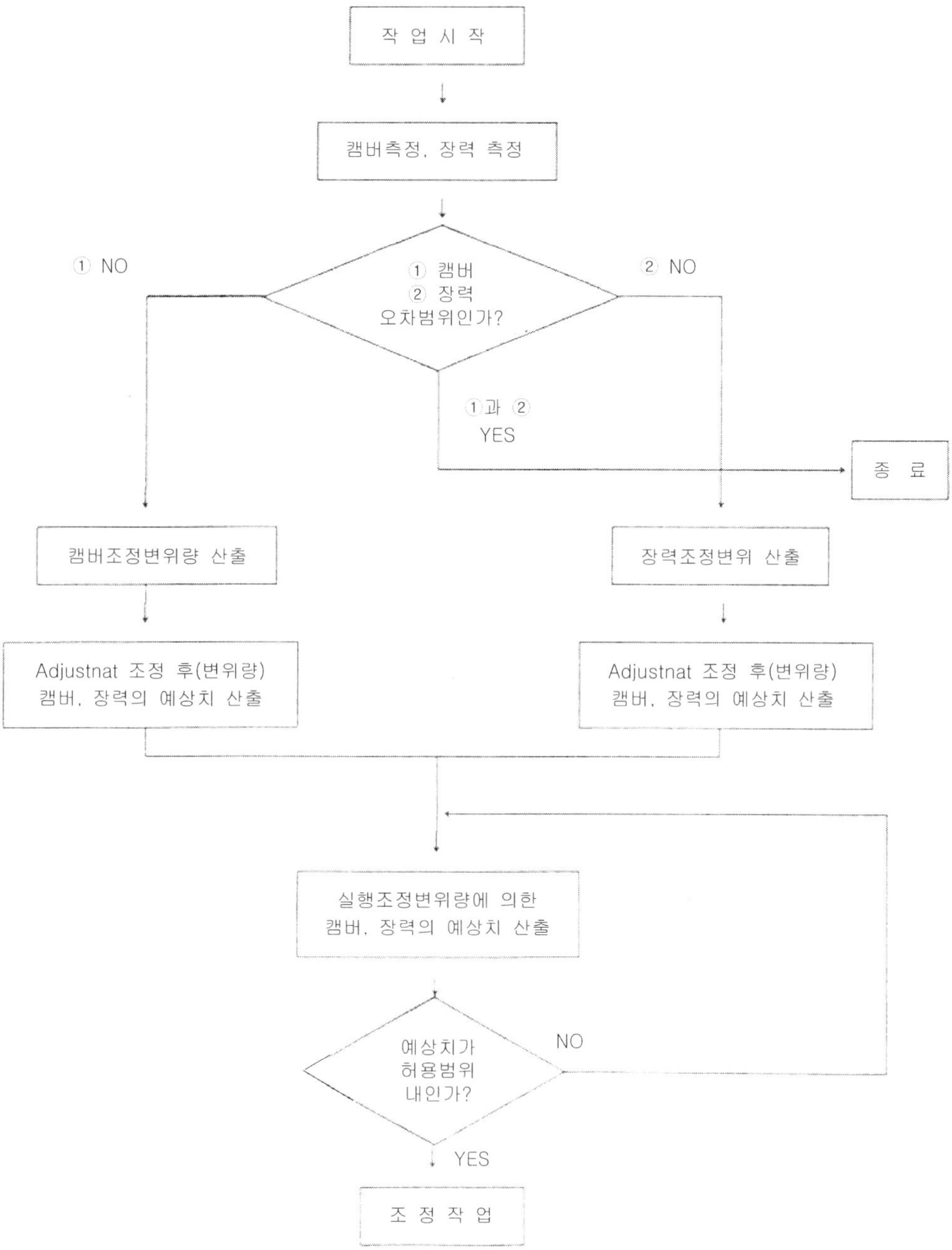

그림 4-1 케이블 장력관리 흐름도

4.2 장력조정 요령

(1) 장력측정 시공순서

i) 정착구에 나사식으로 된 Chair를 회전하여 결합시킨다.

ii) 4개의 Flat Jack(30tonf)을 Bearing Plate와 Chair 사이에 밀착되도록 설치한다.

iii) Hand Pumping

iv) 조정너트가 Bearing Plate와 분리될 때에 장력게이지의 눈금을 확인하여 장력측정을 한다.(이때 미세한 장력측정을 위해 너트가 회전되는지를 계속 확인하면서 유압을 서서히 증가시킴)

(2) 장력조정 시공순서

i) 정착구에 나사식으로 된 Chair를 회전하여 결합시킨다.

ii) 4개의 Flat Jack(30tonf)을 Bearing Plate와 Chair 사이에 밀착되도록 설치한다.

iii) Hand Pumping

iv) Releasing : 조정너트를 Bearing Plate와 5mm 분리될 때까지 유압을 공급하고, 그 후 계산량 만큼 조정너트를 돌려 후퇴시키고, Jack을 풀어 조정너트와 Bearing Plate를 밀착시킨다.

Stressing : 조정너트를 조정계산량 +5mm만큼 Bearing Plate와 분리시키고 조정너트를 계산량 만큼 전진회전시킨다. 다음에 Jack에 풀어 조정너트와 Bearing Plate를 밀착시킨다.

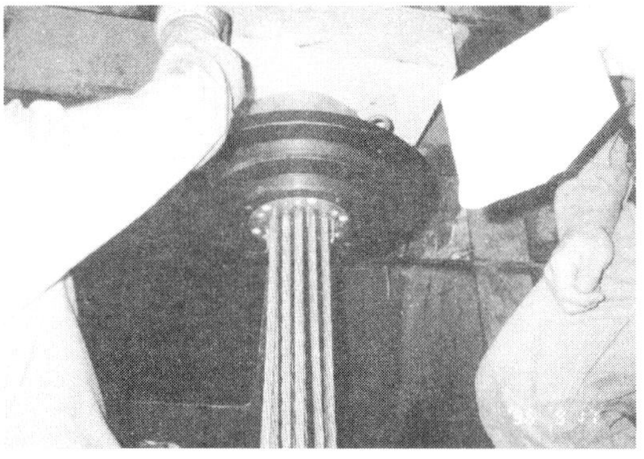

사진 4-1 장력조정 Jack의 베어링 설치

사진 4-2 장력조정 Jack

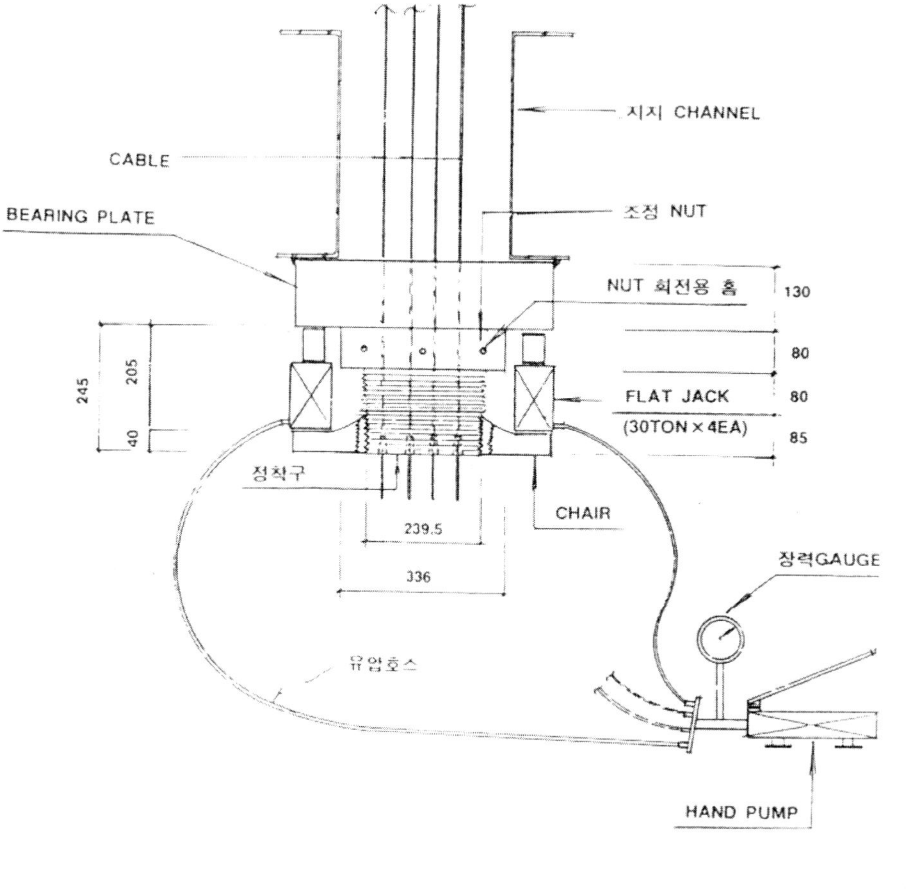

그림 4-2 장력조정 시공 개요도

4.3 장력조절 경과사항

장력조정 및 측정일				1차 '96. 9. 13~9. 23			
Cable No	규 격	설 계 치		보정량	측 정 장 력		오차
		F(tonf)	P(kgf/㎠)	(mm)	F(tonf)	P(kgf/㎠)	%
1	19 HD 15	36.3	205	4	37.1	210	102
2	〃	35.9	203	4	38	215	106
3	22 HD 15	47.7	270		49.5	280	104
4	〃	46.2	261	12	49.5	280	107
5	19 HD 15	41.2	233	-9	45.4	257	110
6	22 HD 15	46.0	260	-7	36.2	205	78.7
7	19 HD 15	37.9	214	-10	37.1	210	97.9
8	22 HD 15	43.8	248	9	43.3	245	98.9
9	〃	42.6	241	-12	42.4	240	99.5
10	〃	43.5	246		42.4	240	97.5
11	〃	43.5	246	8	44.2	250	101.6
12	〃	42.6	241	3	38.9	220	91.3
13	〃	43.8	248	5	43.3	245	98.9
14	19 HD 15	37.9	214	-9	42.4	240	112
15	22 HD 15	46.0	260	22	43.3	245	94
16	19 HD 15	41.2	233		45.9	260	111.4
17	22 HD 15	46.2	261	26	47.7	270	103.2
18	〃	47.7	270		56.5	320	118.4
19	19 HD 15	35.9	203	19	37.1	210	143.2
20	〃	36.3	205	2	14.1	80	38.8
21	19 HD 15	26.3	205	4	42.4	240	116.8
22	〃	35.9	203	9	37.1	210	103
23	22 HD 15	47.7	270	-10	47.7	270	100
24	〃	46.2	261	16	49.5	280	107
25	19 HD 15	41.2	233	-4	38.9	220	94
26	22 HD 15	46.0	260	11	45.9	260	99.8
27	19 HD 15	37.9	214	7	41.5	235	109
28	22 HD 15	43.8	248		47.7	270	109
29	〃	42.6	241	-4	44.2	250	104
30	〃	43.5	246	-12	44.2	250	102
31	〃	43.5	246	-7	36.2	205	83
32	〃	42.6	241	-33	38.9	220	91
33	〃	43.8	248	6	30	170	68
34	19 HD 15	37.9	214	-19	38.9	220	103
35	22 HD 15	46.0	260		49.5	280	108
36	19 HD 15	41.2	233	-8	42.4	240	103
37	22 HD 15	46.2	261		46.8	265	101
38	〃	47.7	270	16	49.5	280	104
39	19 HD 15	35.0	203	5	35.3	200	98
40	〃	36.3	205	5	33.6	190	93

장력조정 및 측정일				2차							
				'96. 10. 1~10. 7				'96. 10. 15~10. 16(야간)			
Cable No	규 격	설 계 치		보정량	측 정 장 력		오차	보정량	측 정 장 력		오차
		F (tonf)	P (kgf/cm²)	(mm)	F (tonf)	P (kgf/cm²)	%	(mm)	F (tonf)	P (kgf/cm²)	%
1	19 HD 15	36.3	205		38.9	220	107		40.6	230	112
2	〃	35.9	203		40.6	230	113		42.4	240	118
3	22 HD 15	47.7	270		51.2	290	107		54.8	310	115
4	〃	46.2	261		45.9	260	100		49.5	280	107
5	19 HD 15	41.2	233	-2	44.2	250	107		43.3	245	105
6	22 HD 15	46.0	260	8	45.9	260	100		46.8	265	102
7	19 HD 15	37.9	214		40.6	230	107		39.8	225	105
8	22 HD 15	43.8	248		44.2	250	101		43.3	245	99
9	〃	42.6	241		49.5	280	116		42.4	240	100
10	〃	43.5	246		42.4	240	97.6		42.4	240	97
11	〃	43.5	246		44.2	250	102		44.2	250	102
12	〃	42.6	241		49.5	280	116		45.9	260	108
13	〃	43.8	248		38.9	220	89		44.2	250	101
14	19 HD 15	37.9	214	-8	42.4	240	112		38.0	215	100
15	22 HD 15	46.0	260		49.5	280	108		49.5	280	108
16	19 HD 15	41.2	233	-11	46.8	265	114		38.9	220	94
17	22 HD 15	46.2	261		56.5	320	122		56.5	320	122
18	〃	47.7	270	-11	50.4	285	106		45.1	255	95
19	19 HD 15	35.9	203	-4	44.2	250	123		45.9	260	128
20	〃	36.3	205	-10	42.4	240	117		38.9	220	107
21	19 HD 15	26.3	205	-7	24.7	140	68		26.5	150	131
22	〃	35.9	203		44.2	250	123		47.7	270	133
23	22 HD 15	47.7	270	7	60.1	340	126		58.3	330	122
24	〃	46.2	261		49.5	280	107		53.0	300	115
25	19 HD 15	41.2	233	5	42.4	240	103		40.6	230	99
26	22 HD 15	46.0	260		45.1	255	98		48.6	275	106
27	19 HD 15	37.9	214		37.1	210	98		38.9	220	103
28	22 HD 15	43.8	248		50.4	285	115		51.2	290	117
29	〃	42.6	241		42.4	240	100		38.9	220	91
30	〃	43.5	246		47.7	270	110		45.9	260	106
31	〃	43.5	246	9	44.2	250	102		44.2	250	102
32	〃	42.6	241	4	47.7	270	112		40.6	230	95
33	〃	43.8	248	14	44.2	250	101		44.2	250	101
34	19 HD 15	37.9	214		44.2	250	117		38.0	215	100
35	22 HD 15	46.0	260		47.7	270	104		45.9	260	100
36	19 HD 15	41.2	233		45.9	260	111		41.5	235	101
37	22 HD 15	46.2	261		51.2	290	111		53.0	300	115
38	〃	47.7	270		49.5	280	104		47.7	270	100
39	19 HD 15	35.0	203		45.1	255	126		44.2	250	123
40	〃	36.3	205		40.6	230	112		438.9	220	107

				3차							
장력조정 및 측정일				'96. 10. 23~10. 25(야간)				'96. 10. 26~10. 27(야간)			
Cable No	규 격	설 계 치		보정량	측 정 장 력		오차	보정량	측 정 장 력		오차
		F (tonf)	P (kgf/㎠)	(mm)	F (tonf)	P (kgf/㎠)	%	(mm)	F (tonf)	P (kgf/㎠)	%
1	19 HD 15	36.3	205	-6.5	35.3	200	97		35.3	200	97
2	〃	35.9	203	-12	36.2	205	101		36.2	205	101
3	22 HD 15	47.7	270	-10.5	49.5	280	104		49.5	280	104
4	〃	46.2	261	-8	47.7	270	103		47.7	270	103
5	19 HD 15	41.2	233	-10	40.6	230	99		40.6	230	99
6	22 HD 15	46.0	260	-3	50.4	285	110		50.4	285	110
7	19 HD 15	37.9	214	-6	38.9	220	103		38.9	220	103
8	22 HD 15	43.8	248		47.7	270	109		47.7	270	109
9	〃	42.6	241		45.9	260	108		45.9	260	108
10	〃	43.5	246		47.7	270	110		47.7	270	110
11	〃	43.5	246		45.1	255	104		45.9	260	106
12	〃	42.6	241	-3	47.7	270	112	-1	45.1	255	106
13	〃	43.8	248		49.5	280	113	-2	45.1	255	103
14	19 HD 15	37.9	214	-1	42.4	240	112		41.5	235	109.6
15	22 HD 15	46.0	260	-6	47.7	270	104		47.7	270	104
16	19 HD 15	41.2	233		44.2	250	107		44.2	250	107
17	22 HD 15	46.2	261	-13	45.9	260	99		45.9	260	99
18	〃	47.7	270		51.2	290	107		51.2	290	107
19	19 HD 15	35.9	203	-11	33.6	190	94		33.6	190	94
20	〃	36.3	205	-1	36.2	205	100		36.2	205	100
21	19 HD 15	26.3	205	-1.5	38.9	220	97		35.3	200	97
22	〃	35.9	203	-16	35.3	200	98		35.3	200	98
23	22 HD 15	47.7	270	-10.5	54.8	310	115	-2	49.5	280	104
24	〃	46.2	261	-15	47.7	270	103		47.7	270	103
25	19 HD 15	41.2	233	-9	42.4	240	103		42.4	240	103
26	22 HD 15	46.0	260	-10	49.5	280	108		49.5	280	108
27	19 HD 15	37.9	214	-7	38.0	215	100		40.6	230	107
28	22 HD 15	43.8	248	-10	45.9	260	105		45.9	260	105
29	〃	42.6	241		47.7	270	112	-3	44.2	250	104
30	〃	43.5	246	-4	45.9	260	106		45.9	260	106
31	〃	43.5	246		44.2	250	102		44.2	250	102
32	〃	42.6	241		44.2	250	105		44.2	250	105
33	〃	43.8	248		45.1	255	103		45.1	255	103
34	19 HD 15	37.9	214		39.8	225	105		39.8	225	105
35	22 HD 15	46.0	260	-3	49.5	280	108		49.5	280	108
36	19 HD 15	41.2	233		43.3	245	105		43.3	245	105
37	22 HD 15	46.2	261	-9	47.7	270	103		47.7	270	103
38	〃	47.7	270		51.2	290	107		41.2	290	107
39	19 HD 15	35.0	203	9	35.3	200	98		35.3	200	98
40	〃	36.3	205	-1	35.3	200	97		35.3	200	97

5
방수공

5.1 강바닥판 방수의 특징

강바닥판은 콘크리트 바닥판에 비해

① 변형량이 크고 복원속도가 빠르며

② 주행하중에 의해 정부(+ · −) 휨모멘트의 교차반복이 계속되는 등, 활하중에 의해 받는 영향이 크며

③ 온도변형의 영향이 크고

④ 특히 강바닥판 상면에 "빗물"의 침투에 의한 녹의 발생으로 강바닥판이 부식작용을 일으키지 않도록 포장설계와 방수층에 특히 유의해야 한다.

5.2 방수사양의 선정

강바닥판 방수의 특징에 준해 강바닥판 교량실적이 많은 일본 · 유럽에서 널리 사용되는 2가지 제품에 대해 표 5-1과 같이 비교하여 가격은 다소 고가이지만 보다 품질이 우수하다고 판단된 영국 STIRRING LLOYD사 제품을 선택 시공하였다.

표 5-1 방수사양의 비교

항 목	일본 니치레키 제품		영국 STIRRING LLOYD 제품	비 고
	평 탄 부 분	이음판 · 보도부		
1. 방수공의 구성	(쉬트계방수)	(도막계방수)	(도막계방수)	
1-1. 접착층	강바닥판용 아스팔트 고무계 용제형 : 카치코트(CATI-COAT) S-도포량 : 0.4ℓ/m²	평탄부와 동일	강바닥판용프라이마 징크포스페이트기 방청프라이마 ZEDS84-도포량 : 50μm	영국제품은 기도포된 징크리치프라이마로 대체가능, 별도 시공 필요없음.
1-2. 방수층	① 아스팔트 방수쉬트 첨부용 아스팔트 : 검팔트(GUM-PHALT) B-도포량 : 1.17kg/m² ② 아스팔트 방수쉬트 러버솔리드 Ⅱ형 두께 : 1.9mm	아스팔트계 도막계 방수재 : 세로실 SS-B (SERO-SEAL) (SERO-SEAL) 도포량 : SPLICE부 : 3.0kg/m² 평탄부 : 1.20kg/m²	메타아크릴수지계 도막계 방수재 : 일리미네이터 HM (ELIMINATOR)- 도포량 : 두께 1.5mm×2회=3mm	
1-3. TACK COAT	필요없음		합성메타아크릴- 레이트접착제 - TACK COAT No.2 - 도포량 : 두께 50μm	
2. 비교 2-1. 시공성	① 평탄부는 쉬트계, 이음판, 보도부는 도막계로 시공이 복잡함. ② 양생시간은 접착제가 1~2시간 소요되고 도막계방수는 0.5~1시간 소요됨. ③ 5℃ 이상의 기온에 시공이 가능함.		① 평탄부와 이음판 보도부가 모두 도막제로 같으며 스프레이 방법으로 시공이 용이함. ② 도막방수재의 양생시간이 15분으로 시공이 빠름. ② -10℃~40℃에서 시공이 용이함.	
2-2. 물리적 특성 1) 강바닥판과 포장의 접착강도	14kg/cm² 이상		일리미네이터 HM의 강바닥판 접착강도 : 70kg/cm² 이상 포장과 접착강도 : 29kg/cm² 이상으로 보다 우수함.	

표 5-1 방수사양의 비교(계속)

항 목	일본 니치레키 제품		영국 STIRRING LLOYD 제품	비 고
	평 탄 부 분	이음판 · 보도부		
2) 인장강도	① 도막계 방수재 : 5.1kg/㎠ SELO-SEALSS-B ② 쉬트계 방수재 : 17.2kgf/㎠(폭방향) Rubber-Solid Ⅱ		90kg/㎠ (훨씬 우수함)	
3) 파단신율	① 도막계 SS-B : 592% ② 쉬트계 R · S Ⅱ : 68%		125%	
3. 기타			내충격성, 골재에 대한 내구성과 내마모성이 상호비교자료가 없으나 보다 우수하다고 생각됨.	
4. 시공사례	1989년 4월~1993년 9월(4, 5년) 사이의 시공실적은 서강대교 NIELSEN ARCH교 규모이상인 아라까와 2.3.4교등 6개 교량이 있음.		Bosporous 해협교량 등 다수	
5. 공사비	194,186,000원 (40,591원/㎡)		336,588,911원 (70,357원/㎡)	

5.3 시공

① 강바닥판의 청소 및 접착력 시험

- IZ-180N(무기징크계) 75μm 도포된 강바닥판은 모든 이물질을 깨끗이 청소해야 하며
- 도장이 손상된 부위는 반드시 재도장을 하여 경화시켜야 한다.
- 청소가 끝난 강바닥판에 부착력시험(Dully Test)을 하여 20kgf/㎠이상이 되어야 한다.

② 방수멤브레인 엘리미네이터의 시공

- 엘리미네이터는 스터링로이드사의 승인을 받은 시공업체만이 시공을 할 수 있다.
- 멤브레인 시공 후 즉시 표면의 먼지나 이물질을 깨끗이 청소해주고 건조시켜준다.

- 엘리미네이터는 2개 액상성분(A제, B제)과 분말경화제로 구성된다. 시공전에 분말경화제를 B성분 액상에 첨가한 후 저속교반기를 이용하여 충분히 교반해 준다.
- A제, B제 및 경화제를 혼합한 후 제조사에서 승인한 2액형 스프레이 장비를 이용하여 시공해 주어야 한다. 스프레이 장비는 AB제의 구성비율이 자동으로 기계내부에서 이루어질 수 있어야 한다. 스프레이 압력과 노즐규격은 제조사의 추천에 따라 선택 사용해야 한다.
- 스프레이시공은 대기 및 표면온도가 -10도에서 +40도 사이인 경우에 가능하나 이 범위밖의 조건에서는 제조사의 자문을 받아야 한다.
- 도포는 일정한 방식으로 해 주어야 하고 도막두께는 매 10㎡마다 작업자가 확인해야 한다. 승인도막두께보다 얇은 부위는 즉시 재도포해 주어야 한다.
- 1회 도포 표준 습도막두께는 1.5mm가 되야 한다.
- 첫도포의 색상은 황색이고 2차 도막색상은 백색으로 한다. 황색도막이 초기경화하면 육안검사를 하고 결함이 발견되면 스프레이나 브러쉬 혹은 미장칼을 이용 보수해준다.
- 2차 도포는 1차 도막에 먼지나 이물질을 제거해준 뒤 표면위에 직접 도포해준다.
- 2차 도포가능 최소 대기시간은 표 5-2와 같다.

표 5-2 2차 도포 최소 대기시간

대기온도(℃)	2차 도포(분)	텍코트	포장(분)
20	30	30	60
10	45	45	90
0	60	60	180

- 엘리미네이터의 도막은 최소 2mm이상 시공해 주어야 한다.

③ 시공 연결이음

- 시공연결 이음부의 각도막 겹침넓이는 최소 50mm이상 되어야 한다. 필요한 경우 연결이음 작업전에 이물질들을 솔벤트로 깨끗이 닦아낸 후 시공해준다.

사진 5-1 분말경화제와 B제와의 교반

사진 5-2 텍코트의 시공전경

- 겹침부위 표면에 텍코트가 묻지 않도록 주의해 주어야 한다.

④ 텍코트 시공

- 경화된 백색도막은 텍코트를 시공하기 전에 정확히 검사를 하여 필요시 보수해 주어야 한다.
- 스터링로이드의 텍코트 No.2는 방수도막이 완전경화한 후 시공해준다.
- 텍코트는 로라, 브러쉬, 스프레이를 이용하여 0.1-0.2kgf/㎡을 기준도포량으로 시공해준다.

• 방수도막층이 겹치게 되는 부위는 텍코트를 해주지 말아야 하고 이 부위는 테이프나 나무판을 이용하여 표시를 해주고 텍코트가 묻지 않도록 해주어야 한다.

⑤ 팻칭 및 보수

• 미처리된 곳이나 도막이 손상된 부위는 팻칭보수방법으로 간단히 방수성능을 완벽하게 복원시킬 수 있다. 손상부의 단단한 물질은 잘라내주고 솔벤트 No.1이나 No.3을 묻힌 걸레로 최소 100mm 넓이 이상의 주위를 닦아준다. 필요시 프라이머를 다시 해주고 엘리미네이터나 엘리미네이터 HG를 시공한다. 이때 기존도막과는 100mm이상 겹치도록 시공해 주어야 한다.

■가설단계별 주요공정 사진

(대선식 일괄가설공법)

① 한강고수부지에 조립용 가설벤트 설치

② 보강거더 및 하부 강바닥판 조립

③ 양단부에서 아치리브의 조립

④ 아치 크라운부 폐합가설

⑤ 케이블 설치

⑥ 조립완료 전경

⑦ 압출용 지지거더 및 인양용 Jack Tower 설치

⑧ 조립된 교량을 하상으로 압출

⑨ 압출 완료 전경

⑩ 바지선 위에 운송용 가설벤트 조립

⑪ 교량의 Lifting 개시

⑫ Lifting이 완료된 전경

⑬ 운송벤트가 설치된 바지선의 이동

⑭ 교량하부로 바지선 진입

⑮ 바지선 탑재 전경(1)

⑯ 바지선 탑재 전경(2)

⑰ 운송 전 Jack Tower의 철거

⑱ 운송 착수

⑲ 한강상의 운송전경

⑳ 가설위치 근접단계에서 방향전환

㉑ 바지선이 교각사이로 진입

㉒ 거치 완료 전경 (1)

㉓ 거치 완료 전경 (2)

㉔ 거치 완료 전경 (3)

제 Ⅳ 편 국내의 닐센아치교 사례

Nielsen Arch Bridges of Korea

1 저도 연육교

1.1 교량개요

본교는 국도2호선 마산시 합포구 우산동에서 구산면 구복리 저도까지 연결되는 시도 6호선에 가설된 연육교로서 도로는 남해안 관광일주도로 노선으로 지정되어 있다.

기존교량은 폭 5.0m의 트러스교로서 노후화로 인해 안전에 다소 문제가 있고, 또한 교폭이 협소하여 차량통행이 불편하므로 저도와 구복리간 원활한 육상통행과 물자수송로의 확보로 균형있는 발전을 도모하고 지역주민과 관광객의 편의를 위해 확장가설하게 되었다.

표 1-1 공사개요

공사위치	경남 마산시 구산면 저도	공사기간	2002.7.29 ~ 2004.12.31
교량형식	하로 V각 닐센강아치교	교량제원	지간 : 182m, 폭원 : 13m
통과하중	DB-24	공 사 비	143억원
시 행 청	마산시	시공사/설계사	삼부토건 / 건화엔지니어링
강교제작사	삼성중공업	케이블시공사	케이블텍(PWS Type)

1.1.1 현황

마산, 진해의 대표적인 해양관광단지(구산관광단지)로 해양관광도로와 유람선이 운행하는 곳이다. 해상부는 완만한 U형 해협부, 육상부는 비교적 급경사지로서 해상부의 수심은 1.0m~9.6m이고, 교량과 수면과의 평균높이는 15.4m이다. 도로의 평면선형은 직선, 종단선형은 -0.5%, 사각은 90°로 되어 있다. 기반암층은 경암으로 이루어져 있으며 심도는 시점부에서 G.L-3.6m, 종점부에서 G.L-5.0m이고, 해안부는 직접 노출되어 있다. 해상부는 해군선박의 통과를 고려하여 항로한계(폭 : 130m, 높이 : 9.6m)를 만족할 수 있도록 하였다.

1.1.2 교량계획

본교는 전구간을 단경간으로 처리할 수 있고 항로한계를 확보할 수 있는 형식으로서 하로형 아치를 우선적으로 선택하였다. 관광단지의 경관미 고려를 위해 사재가 케이블로 구성되는 본교는 경간의 중앙부에 V각 사재를 둔 국내최초의 닐센 아치교이다. 원경에서의 조형미가 V각으로 인해 세련되고, 통과선박에 대해서는 시인성을 증진시키는 효과가 있다. 아치리브는 수평면에서 77.7749°로 경사진 바스켓 핸들형으로 하여 경관적 측면을 고려함과 동시에 횡방향 내하력의 증대를 도모하였다. 보강거더와 아치리브는 박스거더 단면으로 된 로제형 아치교이며, 바닥판은 강바닥판 구조이다.

아치라이즈는 30.0m로서 아치지간과 라이즈비는 1 : 6이다.

표 1-2 주요 교량제원

<table>
<tr><th colspan="2">항 목</th><th>주요제원</th><th colspan="2">항 목</th><th>주요제원</th></tr>
<tr><td colspan="2" rowspan="2">지간장
(받침간 거리)</td><td rowspan="2">182.0m
(180.0m)</td><td rowspan="6">케이블</td><td>경사각</td><td>60.0</td></tr>
<tr><td>배치간격</td><td>20.0m</td></tr>
<tr><td colspan="2">라이즈</td><td>30.0m</td><td>규 격</td><td>NEW-PWS</td></tr>
<tr><td colspan="2">라이즈비</td><td>1/6</td><td>본 수</td><td>28본</td></tr>
<tr><td rowspan="2">주구
간격</td><td>단 부</td><td>16.0m</td><td rowspan="2">단 면</td><td rowspan="2">7mm×55개, 7mm×85개</td></tr>
<tr><td>크라운부</td><td>3.0m</td></tr>
<tr><td colspan="2">아치리브 경사</td><td>77.7749°</td><td colspan="2">가설공법</td><td>F/C에 의한 일괄가설</td></tr>
<tr><td colspan="2">스트럿(Strut)</td><td>7EA</td><td colspan="2">강재중량</td><td>771kgf/m²</td></tr>
</table>

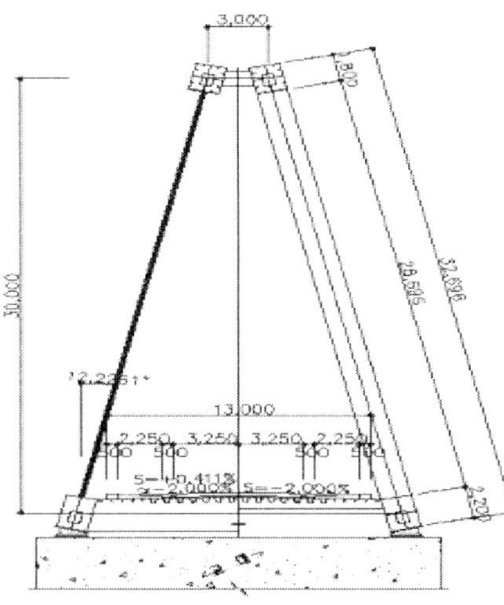

(a) 상부구조 횡단면도

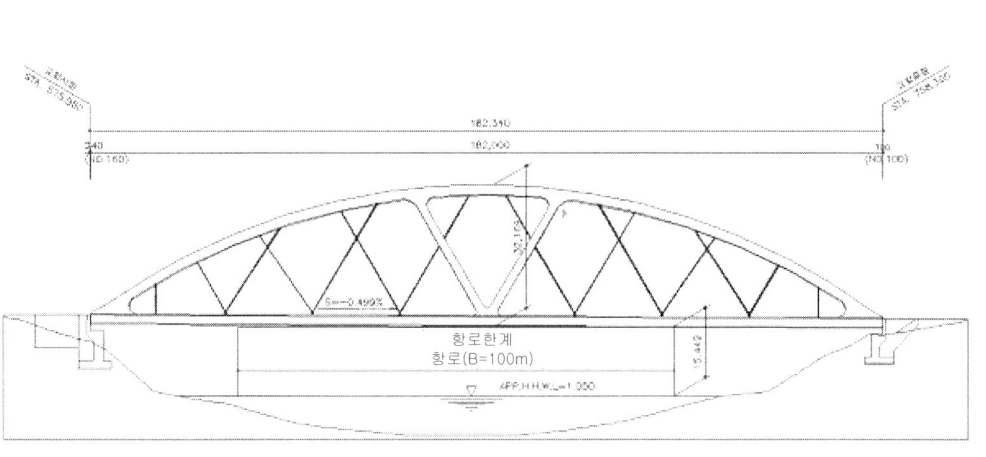

(b) 교량 종단면도

그림 1-1 저도연육교 일반도

1.2 설계

1.2.1 예비설계

V각 닐센아치교 특성을 분석하기 위하여 V각 닐센아치교와 일반적인 닐센아치교

에 대해 예비해석을 수행하여 구조 효율성 및 동적거동을 비교평가하였다.

표 1-3과 같이 V각 닐센아치교의 경우는 V각으로 인해 전단력과 휨모멘트가 일반 닐센아치교에 비하여 크게 감소하므로서 축력에 지배되는 구조가 되며, 케이블의 장력도 크게 감소하는 경향을 나타낸다.

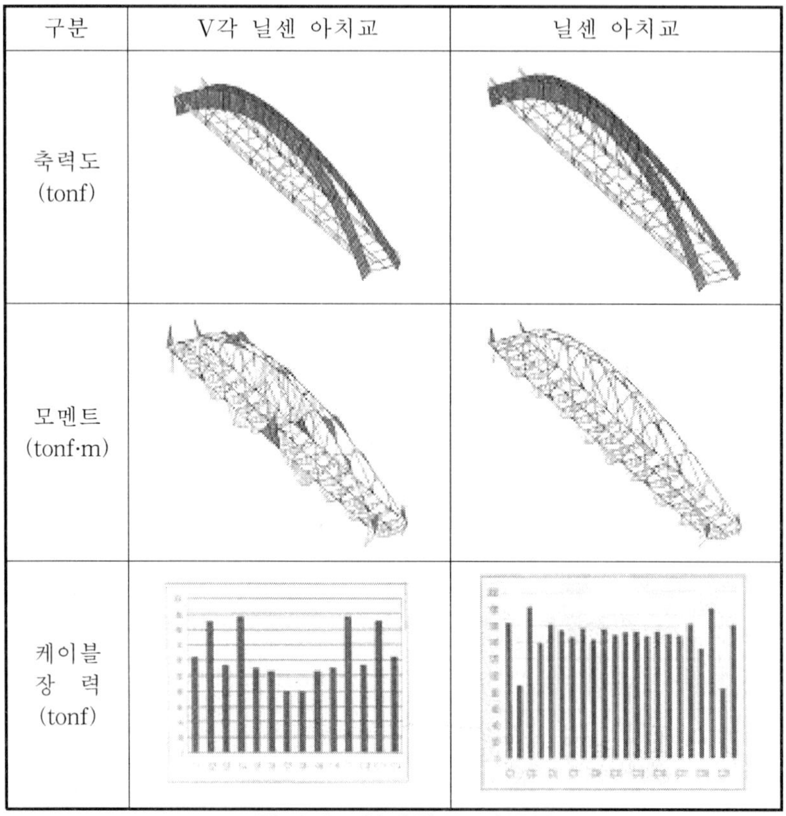

그림 1-2 부재력도 비교도

표 1-3 형식별 최대단면력의 비교

구분		V각 닐센아치교	닐센아치교
아치리브	Mz(tf · m)	732.90	973.95
	My(tf · m)	-770.08	-779.98
	P (tf)	1425.80	2392.99
보강거더	Mz(tf · m)	631.30	801.237
	My(tf · m)	628.70	707.386
	P (tf)	-970.20	-1713.50
	주기(sec)	1.43	1.25

1.2.2 주구조의 설계

(1) 해석개요

- 본 교량은 바스켓 핸들(Basket Handle) 형식의 로제형 닐센아치(Nielsen Arch) 교량으로서 아치리브의 횡방향 경사에 의한 구조적 특성과 풍하중에 의한 횡방향 거동특성 및 지진하중에 의한 동적거동 특성을 명확히 파악하기 위해 3차원 해석을 수행하였다.
- 아치리브는 수평축에 대해 77.7749°만큼 기울어 있어 2차원 평면해석을 적용하기 어려우므로, 아치리브는 아치축선을 중심으로 모델링하여 스트럿과 연결부, 케이블의 정착위치, 현장이음부 및 절점간의 각변화 등을 고려하여 절점을 분할하였다. 아치리브는 축방향 압축력이 작용하는 부재이며 면내, 면외 휨모멘트 및 전단력 뿐만 아니라 비틀림 모멘트를 겸해 받는 부재로 모델링 하였다.
- 닐센아치교의 바닥판은 세로리브와 가로리브로 구성된 강바닥판 형식으로 강바닥판에 의한 고정하중의 분배효과와 동시에 이동활하중에 의한 강바닥판의 횡방향 하중분배 효과를 고려할 수 있도록 3차원 격자해석 모델(3-D Grid model)을 적용하였다. 즉, 보강거더 및 세로보(Stringer)와 가로보(Cross beam)를 격자형태로 서로 연결하고 또한, 강바닥판의 원활한 하중분배효과를 고려하기 위해 세로리브와 가로리브를 격자로 모델링하였다.
- 세로리브는 강성이 매우 작아 개개의 리브를 모델링하는 것은 의미가 없으므로 보도측(개단면)과 차도측(폐합단면)으로 구분하여 보도측의 개단면을 하나의 세로리브로 모델링하고 차도측의 폐단면을 하나의 세로리브로 모델링하여 고정하중의 하중분배와 이동활하중에 의한 횡방향 분배효과를 극대화하고자 하였다.
- 보강거더의 휨모멘트를 감소시켜 주고 처짐을 억제시켜주며 탄성지점 역할을 하는 경사케이블(Cable)은 축방향 인장력만 발생하며 휨모멘트는 발생하지 않으므로 케이블 부재의 축방향 강성만 고려하였다.
- 본 교량은 내적으로는 고차부정정구조이나 외적으로는 정정구조이며, 종방향으로 시점측은 이동힌지, 종점측은 고정으로 하였으며 횡방향으로는 한쪽 고정, 타단롤러의 외적구속조건을 고려하였다.

(2) 작용하중

- 활하중 : DB-24, DL-24
- 보도군집하중 : 300kgf/㎡
- 설계풍속 : 40m/sec
- 온도변화하중 : ±35°C
- 온도차이하중(아치리브와 보강거더의 온도차) : ±15°C
- 지점침하 : 30mm

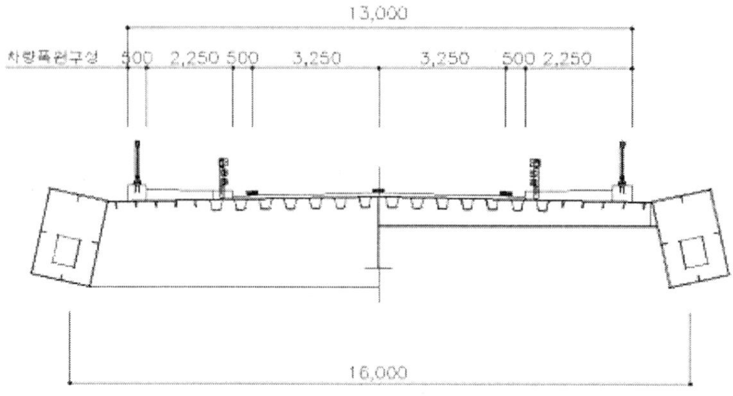

그림 1-3 바닥판 횡단면도

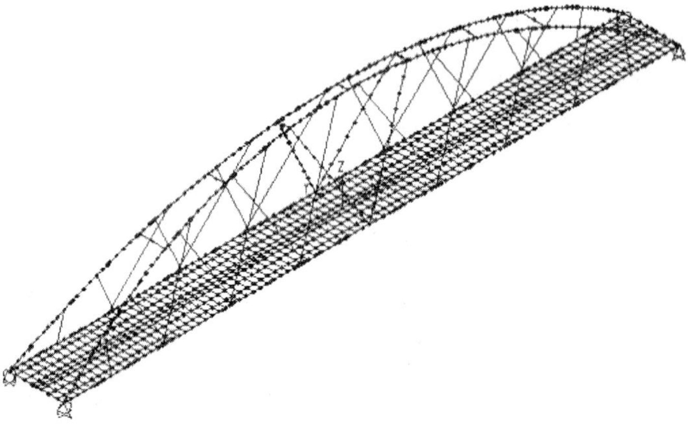

그림 1-4 상부아치구조 해석모델링도

(3) 주요부재의 단면력

구 분	단 면 력 도
축 력 도 (tonf)	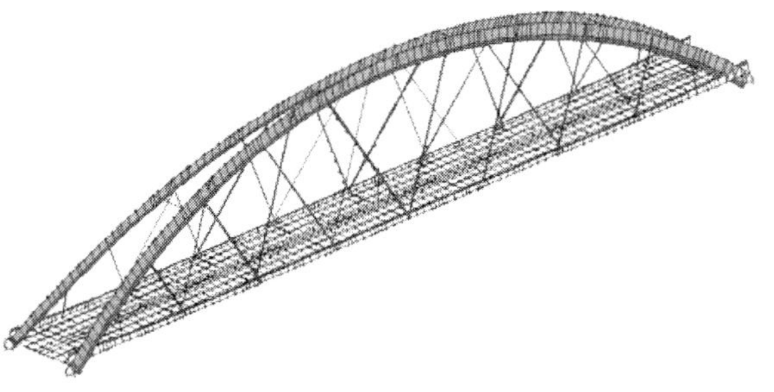 A=1213.559(보강거더) A=1620.235(아치리브)
모멘트도 (tonf · m)	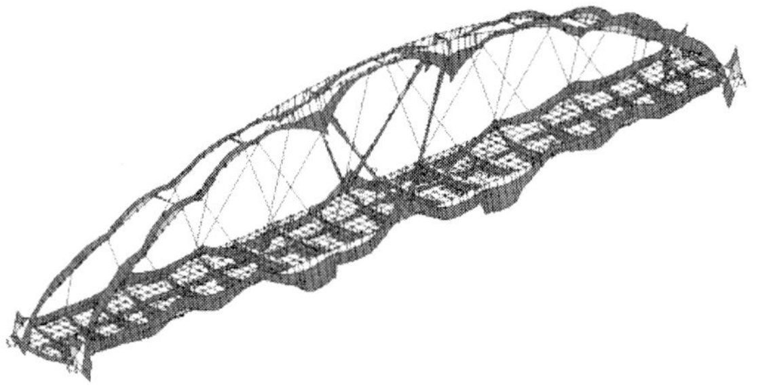 M=718.46(보강거더) M=847.733(아치리브)

그림 1-5 상부 아치구조 단면력도

(4) 응력검토

① 주구단면

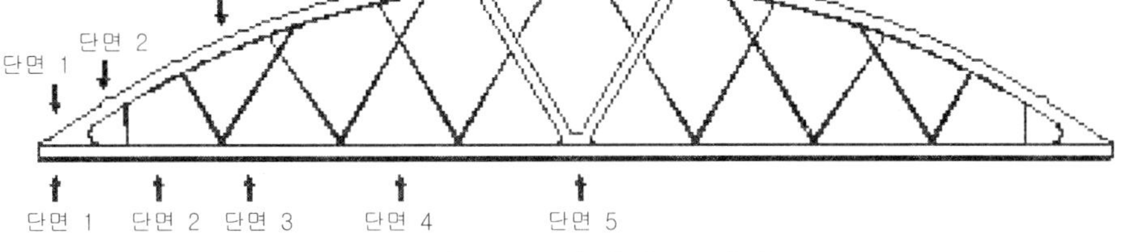

그림 1-6 단면검토 위치

표 1-4 부재별 유효좌굴길이의 산정

부재		유효좌굴길이
아치 리브	면내	케이블간격의 2배
	면외	스트럿 간격
보강 거더	면내	케이블간격의 2배
	면외	가로보 간격

표 1-5 주요단면의 응력 검토 결과

검토위치		단면크기(m)	플레이트 두께(mm)			작용응력(kgf/cm²)	허용응력(kgf/cm²)
			상부플랜지	하부플랜지	웨브		
보강거더	단면 1	1.6×2.2	22	22	22	1605.4	2100
	단면 2	1.6×2.2	14	14	14	1184.7	2100
	단면 3	1.6×2.2	12	12	12	1346.1	2100
	단면 4	1.6×2.2	12	12	12	1675.6	2100
	단면 5	1.6×2.2	12	12	12	1385.3	2100
아치리브	단면 1	1.6×1.8	28	28	28	1733.8	2100
	단면 2	1.6×1.8	20	20	20	1689.5	2100
	단면 3	1.6×1.8	18	18	18	1678.5	2100

② 케이블

3차원 해석에 의해 공용단계에서 케이블 절단에 따른 장력을 산출하여 케이블의 안정성을 검토하였다. 사용된 케이블은 NEW-PWS로서 Ø7mm 소선으로 구성되었으며 55가닥, 85가닥의 2종류가 적용되었다. 케이블에 대한 주요제원은 표 1-7과 같다.

표 1-6 케이블의 응력 검토 결과

구 분	단면적(cm²)	인장강도 (kgf/cm²)	허용응력(kgf/cm²)		허용장력(tonf)	
			공용시	교체시	공용시	교체시
ø 7mm×55본	21.17	18,000	5,142	6,428	108.2	136.1
ø 7mm×85본	32.71	18,000	5,142	6,428	168.2	210.3

케이블의 허용장력은 인장강도의 1/3.5을 적용하였으며 교체시는 공용시에 비해 25%의 할증을 적용하였다(PTI, 1993. 8 참조).

케이블 단면 설계시 하중조합은 주구설계와 동일하게 하고, 케이블 설치시 장력 오차등을 고려하여 주하중에 대해 10%할증을 적용하였다.

표 1-7 케이블 단면설계시의 하중조합

하중조합 Case	하 중 조 합	비 고
1	1.1×(D+SD)+L1	D : 고정하중 SD : 지점침하 L1 : 활하중(충격계수고려) T : 온도하중 W : 풍하중
2	1.1×(D+SD)+L1+T	
3	1.1×(D+SD)+L1+W/2	
4	1.1×(D+SD)+L1+W	
5	1.1×(D+SD)+L1+T+W/2	
6	1.1×(D+SD)+L1+T+W	

케이블에 대한 응력검토 결과는 표 1-8과 같으며 공용시 및 케이블 교체시에 적정 안전율을 확보하고 있다.

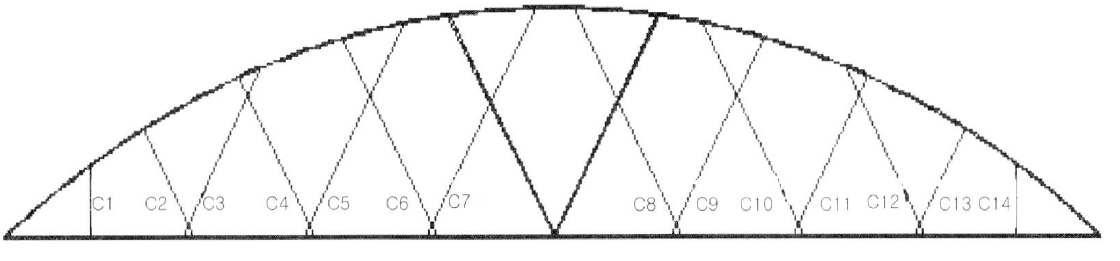

그림 1-7 케이블 모델링도

표 1-8 케이블의 장력검토

케이블 번호	단면	공용시 장력			교체시 장력		
		최대장력 (tonf)	허용장력 (tonf)	판정	최대장력 (tonf)	허용장력 (tonf)	판정
C1	∅7×85	97.82	168.29	O.K	182.04	210.357	O.K
C2	∅7×85	105.05	168.29	O.K	181.25	210.357	O.K
C3	∅7×55	91.27	108.86	O.K	104.54	136.072	O.K
C4	∅7×85	160.42	168.29	O.K	177.45	210.357	O.K
C5	∅7×55	95.13	108.86	O.K	107.63	136.072	O.K
C6	∅7×55	98.70	108.86	O.K	124.51	136.072	O.K
C7	∅7×55	71.37	108.86	O.K	81.52	136.072	O.K

1.2.3 좌굴 안정성 검토

(1) 면내좌굴

검토방법은 "강구조 편람" 제4권에 준해 아치에 등분포 하중이 만재된 경우에 발생하는 수평력에 대해 한계수평력과 비교하였다.

- 한계수평력(Hcr)=$\alpha \dfrac{EIz}{L^2}$ = 27124.948 tonf
  - I_Z : 아치부재의 평균단면 2차 모멘트(면내방향)
  - I_A : 보강거더의 평균단면 2차 모멘트(면내방향)
  - L : 아치지간(180m)
  - f : 아치라이즈(30m)
- 수평력(보강거더의 축력 : H) = 1089.466 tonf
- Hcr > H 이므로 O.K

(2) 면외좌굴

도로교설계기준과 '강구조 편람'에 준해 면외좌굴을 검토하였다. 지간과 아치라이즈비가 약 6이상이고, 주구간격비가 20이하의 아치교에서는 일반적으로 면외좌굴의 조사는 필요하지 않으며, 본교는 아치의 지간-라이즈비가 6 이므로 면외좌굴을 검토하였다.

- 한계수평력(Hcr)=$\alpha \dfrac{EIz}{L^2}$ = 202848.323 tonf
  - r : 면외좌굴에 대한 좌굴계수(30)
  - Iz : $I_A + Ag(b/s)^2$
  - L : 아치지간(180m)

- 수평력(H) = 1089.466 tonf
- Hcr/2 > H 이므로 O.K

1.2.4 응력집중부의 FEM 해석

(1) 해석개요

부재의 교차부 및 하중집중부는 응력의 흐름이 복잡하고 국부적으로 응력이 집중되는 부분으로서 본교는 일반적인 아치교의 응력집중부 뿐만 아니라 케이블 정착부 및 V각 교차부에 대해 상세해석을 수행하였다.

(2) 해석결과

① 아치리브와 보강거더의 교차우각부

본 위치는 아치리브의 압축력과 보강거더의 인장력이 교차하는 구간이면서 교차각은 작으므로 응력이 급변하고 받침부의 연직반력이 국부적으로 크게 작용하며 웨브에 있는 점검구로 인해 응력집중부가 발생한다.

점검구 주변부와 지점보강재 하단에서 최대응력이 발생하나 허용응력 범위에 있다.

② 아치리브와 V각의 교차부

본 구간은 아치리브의 압축력과 V각의 인장력이 교차하고 교차부의 각도가 90°이하로서 국부응력이 급변할 수 있는 구간이다.

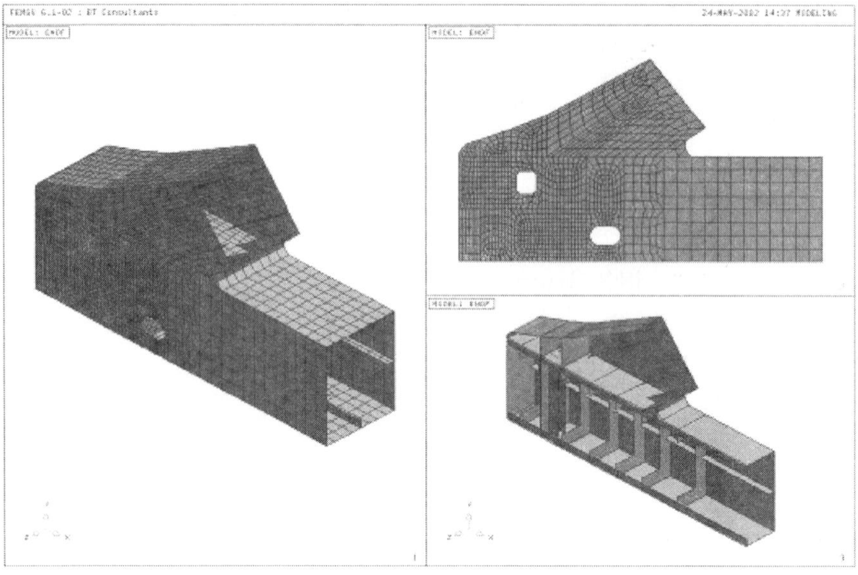

그림 1-8 아치리브와 보강거더의 교차우각부 FEM 해석결과

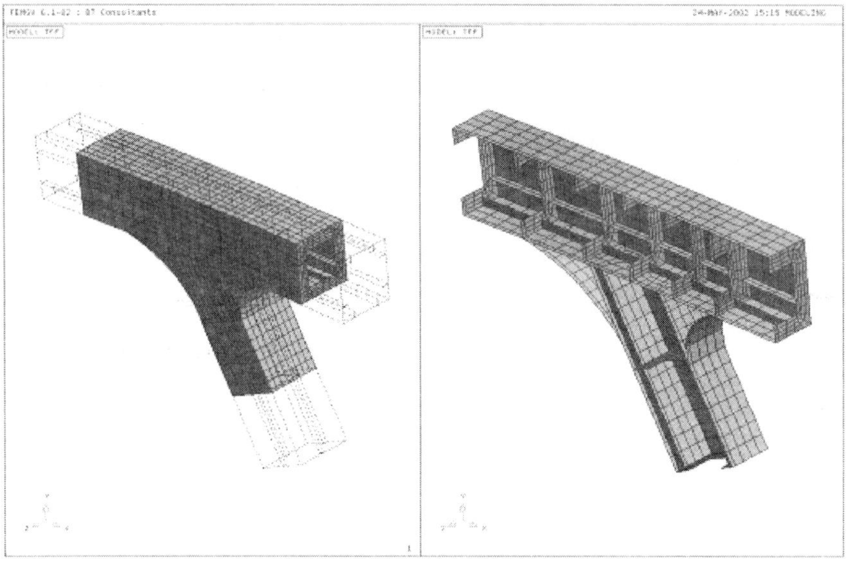

그림 1-9 아치리브와 V각의 교차부 FEM 해석 결과

해석결과 최대응력은 내측교차부로서 840kgf/㎠를 나타내고 있다.

③ 보강거더와 V각의 교차부

본 구간은 V각 프레임이 경간중앙의 보강거더 처짐을 제어하며 V각 프레임에 발생하는 인장력이 보강거더에 집중되는 곳이다.

최대응력 발생부위는 V각 프레임과 Round보강부로서 1,400~1,500kgf/㎠의 범위를 나타내고 있다.

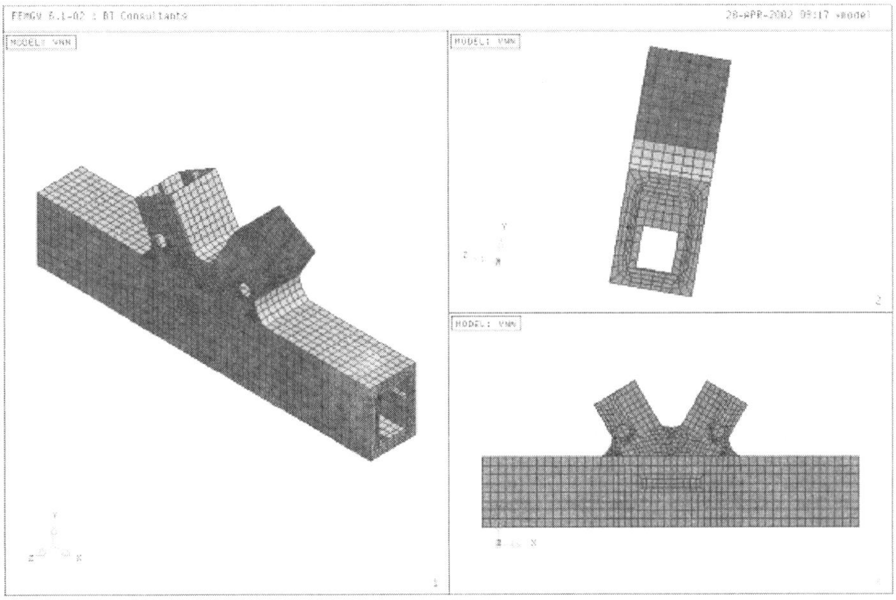

그림 1-10 보강거더와 V각의 교차부 FEM 해석 결과

④ 케이블 정착부

본 검토 대상은 케이블의 장력이 보강거더에 전달되는 부위로 케이블 장력이 직접적으로 전달되는 케이블 정착장치, 보강거더의 웨브 플레이트 등에 대한 검토가 요구되는 부분이다.

응력 교란부의 검토를 위해서 보강거더 상부플랜지 플레이트의 케이블 관통구, 웨브플레이트의 작업구 등을 실제 모델링하였고, 케이블 정착장치인 채널연결재, 채널보강재, 정착판 등을 모델링 하여 케이블 정착장치의 안전성 검토를 하였다.

해석결과 최대응력은 정착부의 채널연결재, 플랜지의 케이블 관통구 부분으로서 1,600~1,700kgf/㎠의 범위를 나타내고 있다.

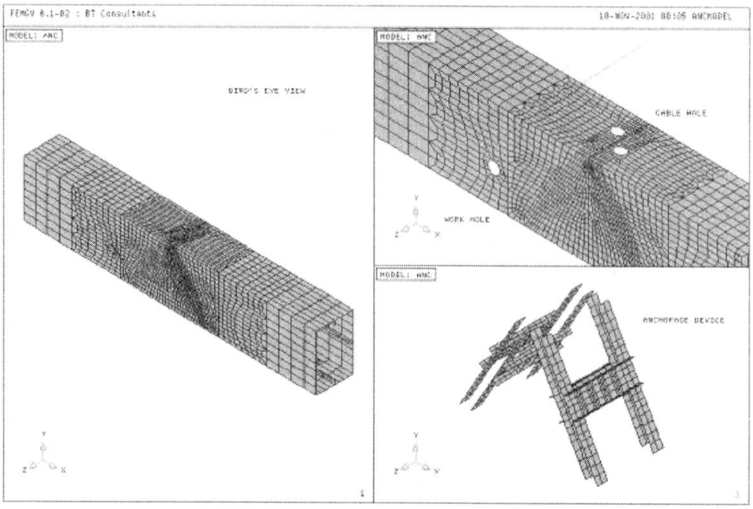

그림 1-11 케이블 정착부 FEM 해석 결과

1.3 가설시공

본교의 강재중량은 1,824tonf으로서 거제도의 삼성중공업에서 제작조립 완료 후에 3,000tonf의 해상크레인을 이용하여 인양,운송(해상거리:25km)하는 일괄가설 공법을 채택하였다.

강교제작기간은 2003.5.15~2004.2.16이며 2004년 2월 28일에 거치완료하였다. 거치완료 후 케이블의 장력 조절을 하였으며 3회의 장력 조절을 거쳐 오차를 3% 이하로 시공완료하였다.

사진 1-1 해상크레인에 의한 해상운송전경

사진 1-2 가설위치로의 접근 전경

사진 1-3 교각거치단계 전경

사진 1-4 보강거더의 받침거치 전경

사진 1-5 저도연육교 조감전경(우측에 '구'저도연육교가 위치)

사진 1-6 V각이 강조된 아름다운 아치 야경

사진 1-7 바스켓 핸들형의 아치 전경

사진 1-8 해양관광단지내의 미려한 아치 전경

■ 단계별 시공전경

강교제작 - 강교제작공장 內

강교제작 - 강교제작공장 內

강교제작 - 강교제작공장 內

강교조립 - 삼성중공업

강교조립 - 삼성중공업

강교조립 - 삼성중공업

강교조립 - 삼성중공업

강교조립 - 삼성중공업

케이블 현장 반입

케이블 현장 반입

긴장단 소켓

고정단 소켓

케이블 전개 준비

케이블 전개

케이블 전개

케이블 전개

케이블 인상

케이블 인상

보강형 측 케이블 인입(설치)

보강형 측 케이블 인입(설치)

보강형 측 케이블 인입(설치)

보강형 측 케이블 인입(설치)

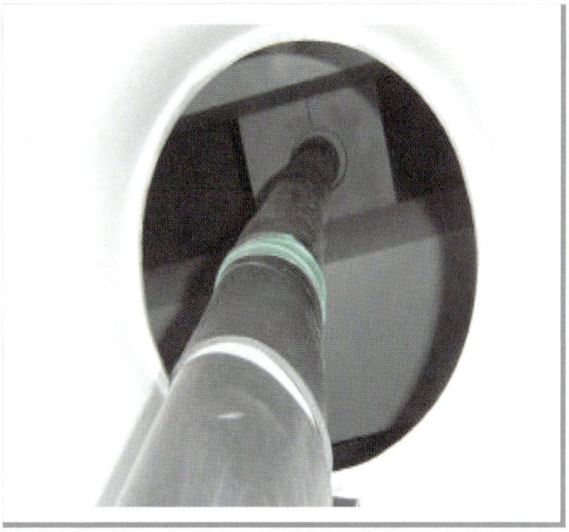

아치측 케이블 인입(설치)

아치측 케이블 인입(설치)

아치측 케이블 설치(정착구)

케이블 설치

케이블 설치

케이블 설치

케이블 설치

장력 조정용 Shim Plate

장력 조정용 유압잭

장력 조정

장력 조정용 Shim Plate 설치

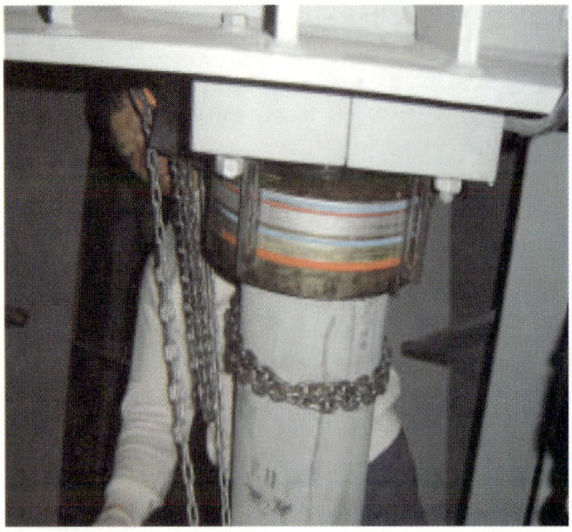

장력 조정 완료(Shim Plate설치 완료)

장력 측정용 가속도계(진동법 적용)

장력 측정(케이블 가진)

아치교 대블럭 현장운반준비(F/T 인양)

아치교 대블럭 현장운반(F/T 인양)

F/T를 이용하여 교량현장 운반

F/T를 이용하여 교량현장 운반

현장 거치 완료

현장 거치 완료

최종 장력 조정 후 케이블 커버 설치(보강형 측)

최종 장력 조정 후 케이블 커버 설치(아치측)

교량 시공 완료 후 전경

2
압해대교

2.1 교량개요

본교는 전라남도 목포시 산정2동에서 신안군 압해면 신장리를 연결하는 연륙교로서 국가지원 지방도 60호선의 구간에 위치한다.

압해대교의 연장은 1,420m이며 유심부인 주항로 구간에 3개의 아치가 각각 95m, 165m, 95m의 단경간교로 설계되었다.

공사는 2000년 8월에 착공하여 현재는 하부교각시공을 완료한 단계이다. 교량의 종단면도 및 주요설계제원은 그림 2-1, 표 2-1과 같다.

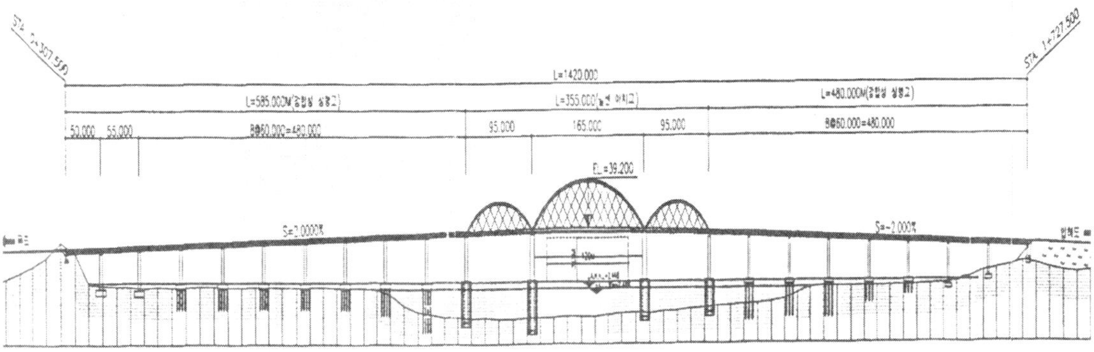

그림 2-1 교량종단면도

표 2-1 공사개요

표준활하중	DB-24, DL-24	교량폭원	19.5m(왕복4차로)
설계속도	80km/hr	지간구성	95m+165m+95m
평면선형	직 선	항로한계 (A·H·H·W기준)	폭:120m, 높이:30m
종단선형	+2%~-2%		(1000tonf 선박)
시공사	금호건설	설계사	유신코퍼레이션
강교제작사	고려개발 철구사업소	케이블시공사	후레시네코리아

2.2 교량구조

주경간의 아치는 지간 165m, 라이즈가 33m, 측경간의 아치는 지간95m, 라이즈가 19m로서 아치-라이즈는 1:5로 되어 있다.

아치주구는 내측으로 18.435°기울어진 바스켓 핸들형으로서 조형, 미관을 증진시키고, 수평하중에 대한 저항내력을 향상 시키도록 하였다.

바닥판은 콘크리트구조로서 경제성 및 유지관리가 용이하도록 하였다.

그림 2-2 및 표 2-2는 교량의 일반구조 및 주요구조 제원을 나타내었다.

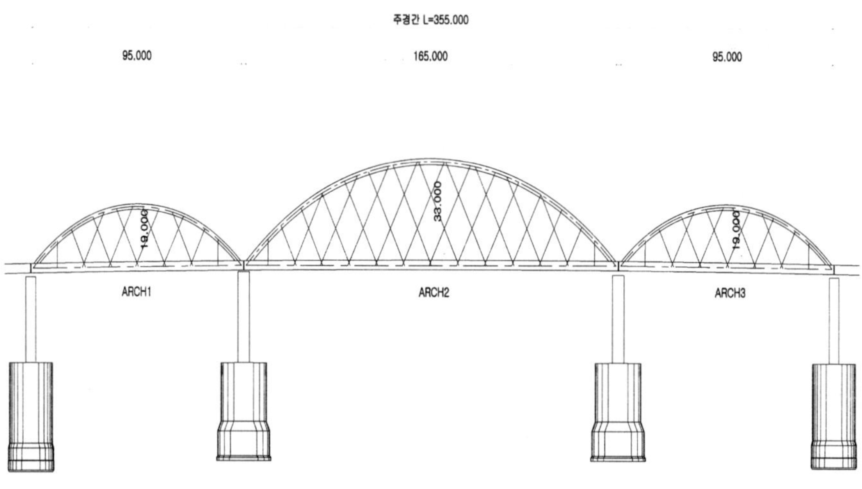

(a) 교량 종단면도

그림 2-2 압해대교의 일반도

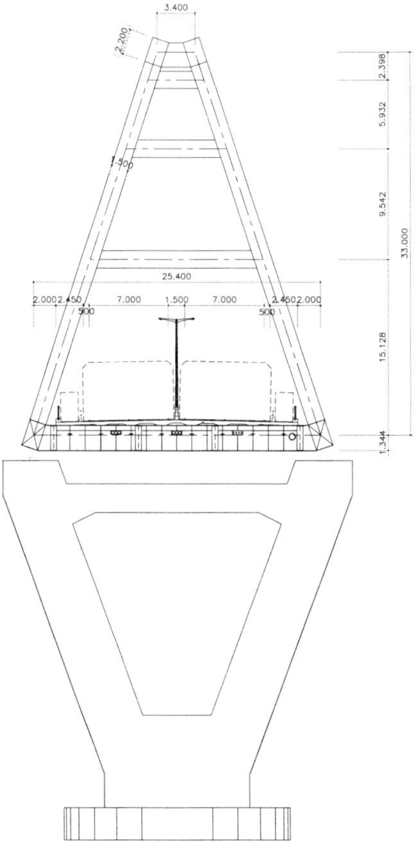

ARCH 2교(L=165m)

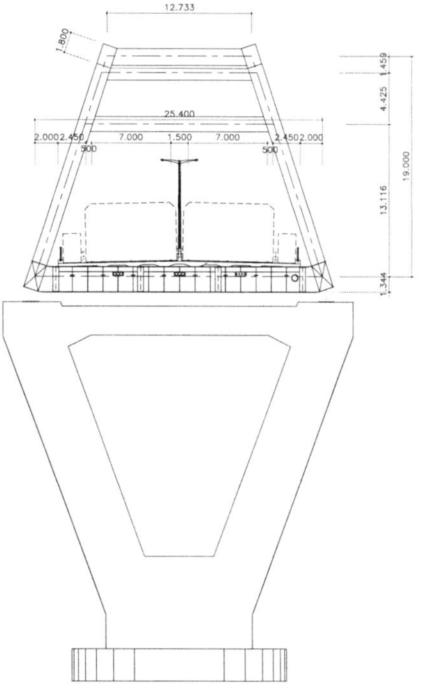

ARCH 1, 3교(L=95m)

(b) 교량 횡단면도

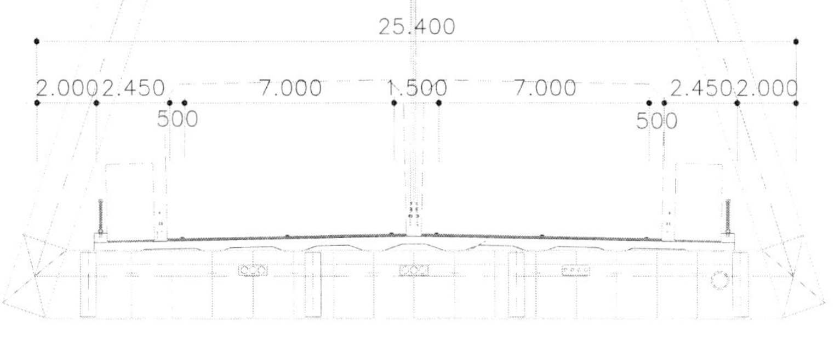

(c) 바닥판 횡단면도

그림 2-2 압해대교의 일반도(계속)

표 2-2 주요구조제원

구 분		ARCH 1	ARCH 2	ARCH 3	비 고
경간장		95m	165m	95m	$\Sigma L=355m$
아치라이즈		19m	33m	19m	R/L=1/5
주구 간격	받침부	25.4m	25.4m	25.4m	도로폭=21.4m
	아치크라운	12.734m	3.4m	12.734m	
주구경사각		18.435°	18.435°	18.435°	$\tan^{-1}(1/3)$
케이블 제원	배치방법	경사각 : 61°, 간격 : 12m			
	본수	24본	48본	24본	
	사용규격	∅15.7mm×12, ∅15.7mm×19	∅15.7mm×12, ∅15.7mm×19	∅15.7mm×12, ∅15.7mm×19	Parallel strands
스트럿 제원	본수	5본	7본	5본	
	크기(B×H)	1.3×1.3~0.8×0.8	1.7×1.3~1.0×1.0	1.3×1.3~0.8×0.8	
주구단면 크기 (B×H)	보강거더	1.3m×2.3m	1.3m×2.3m	1.3m×2.3m	
	아치리브	1.3m×1.8m	1.3m×2.2m	1.3m×1.8m	
가로보	단부(BOX형)	1.0m×2.15m	1.2m×2.15m	1.0m×2.15m	
	중간부(I형)	0.6m×2.15m	0.6m×2.15m	0.6m×2.15m	
세로보(I형)		300×760	300×760	300×760	간격 : 6m
횡브레이싱(I형)		250×250	250×250	250×250	간격 : 2.7m
강재중량		1,100tonf (594kgf/m²)	2,300tonf (715kgf/m²)	1,100tonf (594kgf/m²)	

2.3 설계

(1) 설계하중

고정하중, 활하중, 풍하중 외에 온도하중은 전체구조의 온도변화에 대해 ±35°C,

아치리브와 보강거더의 온도차는 ±15°C, 주구조와 케이블의 온도차는 ±10°C를 고려하였다.

(2) 유효좌굴길이

아치리브와 보강거더의 허용응력을 산출하기 위한 부재별 유효좌굴길이는 다음과 같다.

- 보강거더
  - 면내 : 케이블 간격의 2배
  - 면외 : 가로보 간격
- 아치리브
  - 면내 : 케이블 간격의 2배
  - 면외 : 스트럿 간격

(3) 케이블 설계

케이블의 장력산정은 3차원해석 모델로부터 사용시, 케이블 절단 및 교체시 , 피로유발 최대 및 최소시로 구분하여 산출하였다.

최외측 수직케이블을 제외하고 모든 케이블은 ∅15.7mm×19본으로 구성되어 있으며 발생장력은 130.0tonf~180.7tonf 범위이다. 허용장력은 230.8tonf으로서 적정안전율을 확보하고 있다.

(4) 바닥판 설계

본교의 바닥판은 현장타설 콘크리트슬래브이며 슬래브는 가로보(Cross Beam)와 세로보(Stringer)로 구성된 격자구조로서 지지되고 있다.

슬래브 바닥판은 2.7m간격으로 설치된 세로보를 지점으로 하여 일방향 슬래브로 검토되었다.

(5) 처짐검토

활하중작용에 의한 보강거더의 처짐은 지간장이 165m인 닐센아치교에서 보강거더 중앙부 연직처짐이 31mm로서 허용처짐 275mm(L/600)보다 작게 발생함을 확인하였다.

3
백야대교

여수와 고흥간 연륙, 연도교 사업의 첫시발점으로 시공된 백야대교는 여수시 화정면 백야리에서 화양면 안포리를 연결하는 연장 325m, 폭 12m의 교량이다.

교량의 지간구성은 시점부의 접속교 - 96m(육상가설, 강합성 박스거더교), 중앙부의 닐센아치교(183m), 종점부의 접속교 - 46m(해상가설, 강합성 박스거더교)로 되어있다.

닐센아치교는 국내에서 최초로 적용된 String-Bow Type의 아치형상이며 지간은 183m로서 국내 최대규모이다. 행거에 적용된 케이블은 PWS 7mm-55, 85, 109 가닥이며 케이블의 장력 조절은 5%의 오차 이내로 설치되었다(허용오차:10%).

사진 3-1 백야대교 가설전경

사진 3-2 백야대교 조감전경

사진 3-3 주행자가 바라본 교량전경

전체중량 1,830tonf의 아치는 공장에서 제작, 조립 완료 후 바지선에 의해 가설위치까지 운반되고 대형해상 크레인에 의해 일괄 거치하는 공법을 적용하였다. (공사기간 : 2000.6 ~ 2005.5)

표 3-1 설계 및 시공참여 현황

시 공 사	삼부토건	설 계 사	동명기술공단
강교제작사	삼성중공업	케이블시공사	케이블텍

【단계별 가설공정 사진】

자료제공 : 케이블텍

전 경

벤트가 설치되고, 강교제작 및 조립이 완료된 모습

전 경

거제도 삼성중공업에 반입된 케이블 총 30EA
케이블 규정에 따라 일정 직경이상의 나무 롤로 감겨서 반입됨

① 케이블 릴 설치

케이블 전개를 위해서 턴테이블식 언릴에 케이블릴 설치

② 케이블 전개

케이블을 전개하기 위해 언릴러를 이용하여, 릴을 천천히 풀면서
25톤 크레인을 이용하여 공중으로 케이블을 인양

③ 전개된 케이블

인양된 케이블을 내려서, 교량한쪽에 전개해 놓는다.

④ 케이블 인양

전개된 케이블을 케이블 전체를 공중으로 인양한다.

⑤ 하부측 소켓 인입

인양된 케이블을 내리면서, 소켓을 하부측 파이프로 통과시킨다.
이때 케이블이 손상되지 않도록 조심한다.

⑥ 아치측 소켓 인입

아치리브의 파이프내로 소켓을 끌어올린다.

⑦ 아치측 소켓 정착

아치리브측 정착단에서는 베어링플레이트를 설치하고 베어링플레이트를 고정한다.

⑧ 케이블 설치 완료

위의 작업을 반복하여, 30개 케이블의 설치를 완료한다.

⑨ 베어링 플레이트 준비

하부 소켓에 정착될 베어링 플레이트를 케이블 직경에 맞추어 분류한다.

⑩ 심 플레이트 준비

⑩

레이저 거리측정기 및 계산에 의해 산정된 두께 만큼 각 케이블에 삽입되어야 할 심플레이트를 준비한다.

⑪ 하부 소켓 정착

램체어와 유압잭, 텐션로드을 이용하여 케이블을 당긴 다음, 베어링플레이트와 심플레이트를 설치한다.

⑫ 하부 소켓 정착 완료

하부 소켓이 정착 완료된 모습으로, 파이프와 소켓중간에 베어링플레이트, 심플레이트이 설치되어있다. 텐션로드를 연결하는 부싱을 설치했던 소켓하단은 소켓뚜껑으로 막게 된다.

⑬ 케이블 가설 완료

위의 작업을 반복하여 하부 소켓의 정착을 완료하여 케이블 가설을 완료한다. 느슨했던 케이블이 직선으로 변하게 된다.

⑭ 아치 인양

3000톤 해상크레인에서 64개의 와이어를 아치리브 중앙부 1/3구간에 설치된 Connection Plate에 연결하여 인양을 시작한다.

⑮ 아치 인양

해상 크레인은 아치를 인양한 후 바다쪽으로 후진한 후 아치를 선적할 바지선을 향해 이동한다.

⑯ 바지에 아치 선적

현장으로 아치를 이동시킬 바지선 위에 아치를 선적한 후 풍랑에 흔들리지 않도록 고정하고, 예인선으로 바지선을 인도한다. 해상크레인도 현장으로 이동한다.

⑰ 아치교 가설전의 현장

아치교가 가설될 백야대교는 미리 교량받침을 설치해 놓는 상태이며, 해상 크레인이 진입할 수 있도록 수심 측량을 하여 진입로를 표시하여 놓는다.

⑱ 바지선 및 해상크레인 현장 도착

거제도 삼성중공업을 떠난 바지선과 해상크레인은 도중 기상악화로 인해 각각 2.0일과 2.5일에 걸친 항해를 거쳐 현장에 도착하였다.

⑲ 아치교 인양 준비

해상크레인은 와이어를 주변에 고정시켜 해상에 정지된 상태로 아치교 인양을 위해 아치교의 Connection Plate와 와이어를 연결하는 작업을 시작한다.

⑳ 아치교 인양 및 설치

해상크레인은 조심스레 아치교를 인양한 후 천천히 정확한 위치에 아치교를 하강시킨다.

㉑ Sole Plate설치

아치교를 하강하다 멈추고, 아치교에 가용접한
솔플레이트를 정확한 위치에 설치한다.

㉒ 접속교 설치

또 다른 바지선에 선적되어온 접속B교도 일괄가설공법을 통해 가설한다.

㉓ 접속교 설치

접속교를 하강하면서 교량받침위치에 정확히 위치시킨다.

㉔ 설치 완료 된 전경

강상판형식의 아치교와 강합성형식의 접속교가 2일만에 일괄 가설완료되었다.

㉕ 아치교 하부 전경

일괄가설공법이었기 때문에, 전선 파이프및 기타 공용파이프와
안전점검차와 레일이 미리 설치되어 가설되었다.

㉖ 장력 계측

장력 재조정을 위하여 아스팔트포장과 난간이
설치된 상태에서 장력측정을 실시하였다.

㉗ 작업대 설치

장력측정과 목표장력과의 오차를 계산하여, 재조정할 심량을 결정한 후 각 케이블의 심량조정을 위해 작업대를 설치하였다. 작업대의 이동은 11톤 카고 크레인에 의한다.

㉘ 램체어 설치

작업대를 보강형에 고정하고 부싱을 소켓에 끼운 다음 유압잭이 정착된 램체어를 11톤 카고를 이용하여 보강형에 장착하고 부싱과 텐션로드를 연결한다.

㉙ 램체어 설치

작업대를 보강형에 고정하고 부싱을 소켓에 끼운 다음 유압잭이
정착된 램체어를 11톤 카고를 이용하여 보강형에 장착하고
부싱과 텐션로드를 연결하고 심량을 조정한다.

㉚ 소켓 및 심플레이트 도장

케이블 조정완료 후 징크도장을 실시한다. 그리고 모든 케이블
조정완료 후 교량과 동일한 색으로 상도 도장을 하였다.

㉛ 하부 케이블 커버 설치
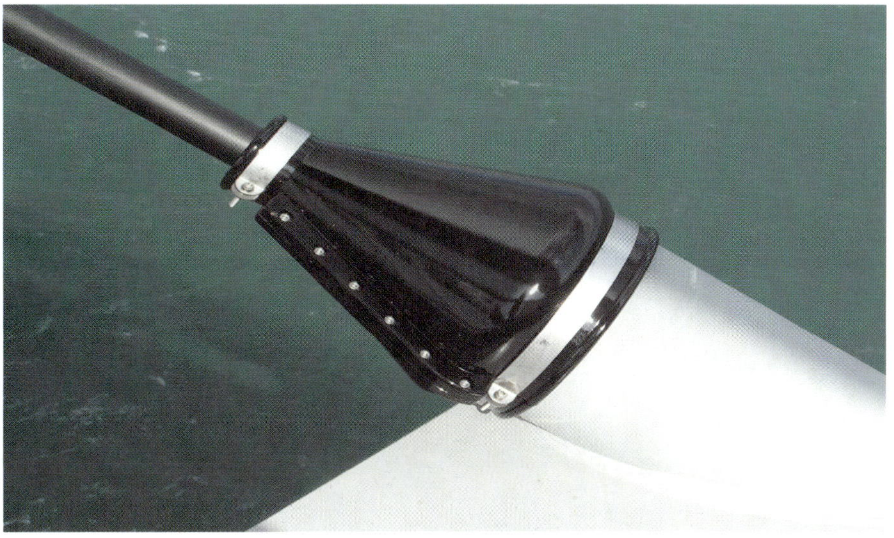
케이블과 파이프 사이에는 공간이 존재함으로 비나 먼지 등이 침투하여 부식을 발생시킬 수 있음으로 이를 방지하고, 미관을 위해 케이블 커버를 설치한다. 이때 너트나 링은 스텐인레스제품으로 사용한다.

㉜ 상부 케이블 커버 설치

케이블과 파이프 사이에는 공간이 존재함으로 비나 먼지 등이 침투하여 부식을 발생시킬 수 있음으로 이를 방지하고, 미관을 위해 케이블 커버를 설치한다. 이때 너트나 링은 스텐인레스제품으로 사용한다.

교량 전경 1

작업 중 전경으로 케이블 커버가 설치되기 전이다. 백야도측에서 바라본 모습이다. 작업 중이라 케이블 보호를 위한 비닐이 제거되진 않았다.

교량 전경 2

백야도측 선착장에서 바라본 모습

4 탄금대교

4.1 교량개요

탄금대교는 충주시의 탄금호를 횡단하는 교량으로서 「가금-칠금간 도로확장 및 포장공사」의 일부 구간이 되며 기존의 탄금대교를 대체하게 된다.

본교는 세계 최초의 리플(물결)타입의 3경간 연속 닐센아치를 적용한 것이 주요 특징으로 볼 수 있다.

2004년 대안입찰에 의해 설계되었으며 2005년에 착공하여 2010년에 준공될 예정이다(시공사 : SK건설, 설계사 : 건화엔지니어링).

전체교량연장은 580.0m이며 시점접속교 155.0m(45.0+2@55.0m), 종점접속교 155.0m (2@55.0m+45.0m)는 강합성 박스거더교로 되어 있고, 주교량은 72.5+125.0+72.5m의 3경간 연속 닐센아치교로 구성되어 있다.

교량폭원은 4차로 21.5m이며 양측으로 보도부가 1.5m씩 설치하였다.

4.2 구조계획

그림 4-1의 b) 평면도에서와 같이 아치리브는 크라운부가 내측으로 경사진 바스

켓 핸들형이고 P4, P5 중간지점부에서는 Round형태의 아치를 설치하여 전체교량외관은 3차원형태로 변화하는 미려한 조형물이다.

아치라이즈는 중앙부 아치가 높이 19.2m, 측면아치가 높이 11.5m로서 아치-라이즈비는 1/5.2이며 아치리브를 연결하는 스트럿은 비렌디일 형태로 하여 간결단순하게 처리하였다.

케이블의 배치는 중앙부아치가 더블와렌, 측면아치는 싱글와렌구조이다.

케이블재질은 공장완성형 케이블로서 현장시공이 간편한 PWS(Parallel Wire Strand)이다.

바닥판은 가로보(I형 + 박스형)와 세로보로 구성된 격자구조위에 철근콘크리트 슬래브를 두었다.

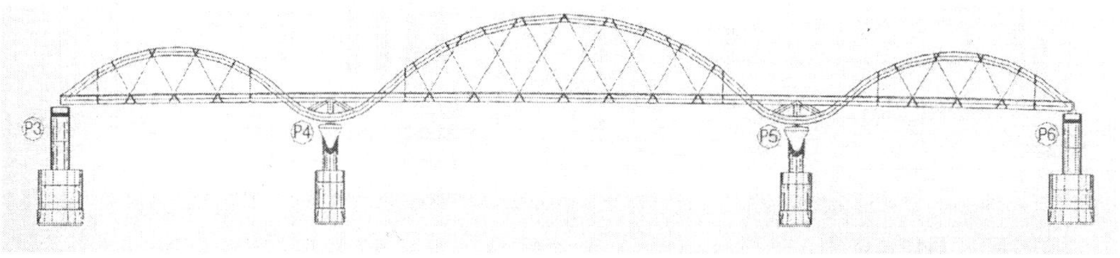

(a) 종단면도

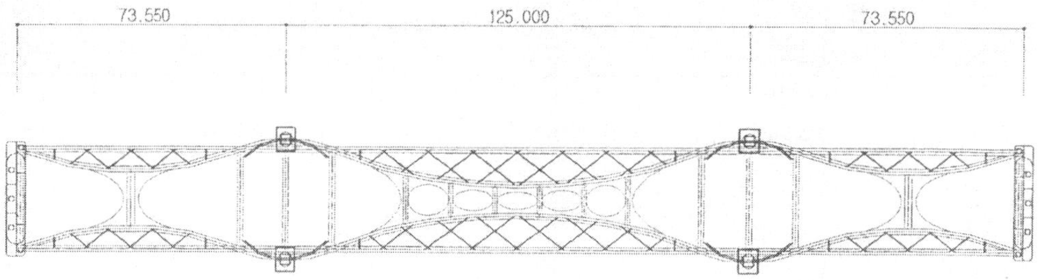

(b) 평면도

그림 4-1 탄금대교 일반도

4.3 구조검토

아치리브 박스단면은 1.4m×2.0m, 보강거더 박스단면은 1.4m×2.2m로서 보강거더의 최대응력은 1,869kgf/㎠(위치:아치리브 교차부)이며, 허용응력은 2,100kgf/㎠(SM520)이다.

케이블은 PWS∅7mm×73EA, PWS∅7mm×109EA, PWS∅7mm×121EA의 3종류를 케이블 장력에 따라 적용하였다. 최대장력은 181.8tonf이며 허용장력은 215.2tonf이다.

좌굴-고유치해석에 의해 아치리브의 안정성을 분석하였으며 하중조합에 따라 21~25정도의 좌굴계수를 나타내고 있다.

활하중에 의한 최대처짐은 4.283cm로서 허용처짐량 20.8cm보다 작으므로 사용성을 적절히 확보하고 있다.

4.4 가설계획

본교는 탄금호(유속:0.7m/sec, 수심:5~7m)에 설치되는 교량으로서 수심이 낮은 내륙지역이기 때문에 대규모의 건설장비 운용이 불가하므로 수상에 가설벤트를 설치하고 소블록으로 분할하여 가설하는 공법을 적용하게 된다.

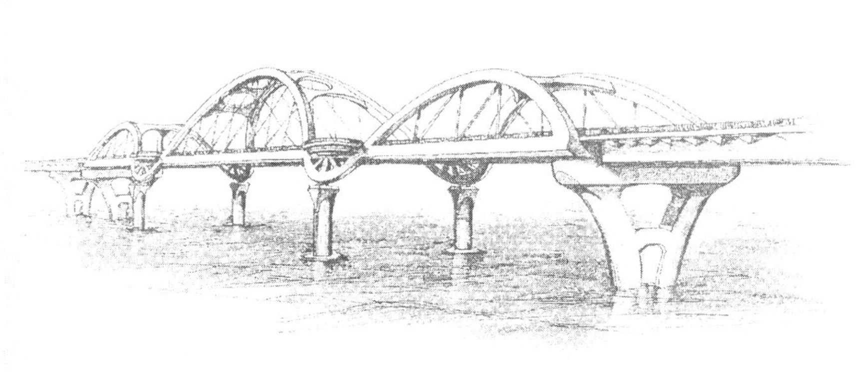

그림 4-2 탄금대교 예상전경 스케치

5
남도대교

본교는 전남 구례와 경남 하동 사이를 가로지르는 섬진강을 횡단하는 교량이다. 두 지방의 인적, 물적 교류 및 지역화합의 촉진, 교통의 편익을 도모하고자 가설된 교량이다.

전체교량 연장은 359m이며 측경간에는 85m지간의 콘크리트 상로아치가 위치하고, 중앙부에는 160m지간의 닐센아치교가 가설되었다.

교량폭원은 양측보도(1.5m) 및 2차로를 포함하여 13.5m로 구성되어 있다.

아치리브는 바스켓 핸들형, 케이블은 와렌구조이며 케이블 재질은 평형스트랜드 및 쐐기형 정착구를 적용하였다.

케이블 0.6″-7연선-19EA 및 0.6″-7연선-22EA 두종류가 적용되었고 케이블의 장력은 최소 69tonf에서 최대 113tonf이다.

바닥판은 8mm두께의 U-RIB와 14mm의 데크플레이트로 구성된 강바닥판 구조이며 연결은 용접이음을 적용하였다.

전체 강재중량은 1,588tonf으로서 단위면적당 735kgf/㎡의 강재가 소요되었다.

본교는 그림 5-2와 같이 수상에 가설벤트를 설치하여 데크부를 가설조립하고 2단계로 데크 위에 아치벤트를 설치하여 아치리브를 크레인에 의해 설치하였다.

본교는 부가적인 고정하중의 변경에 의해 케이블장력과 교량의 종단선형을 일치시키는 과정에서 다소의 어려움이 있었다.

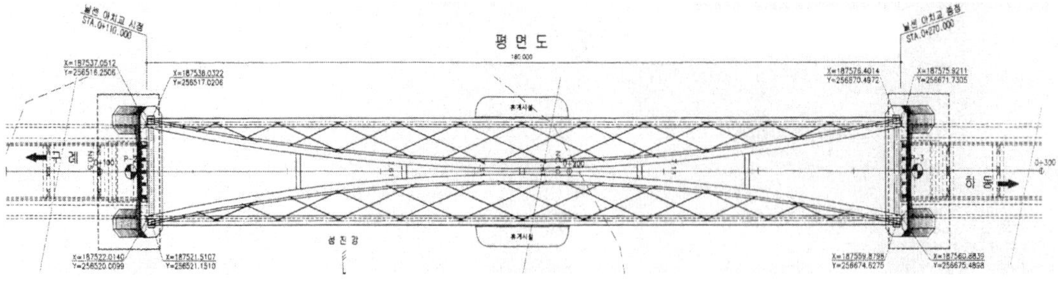

(a) 평면도

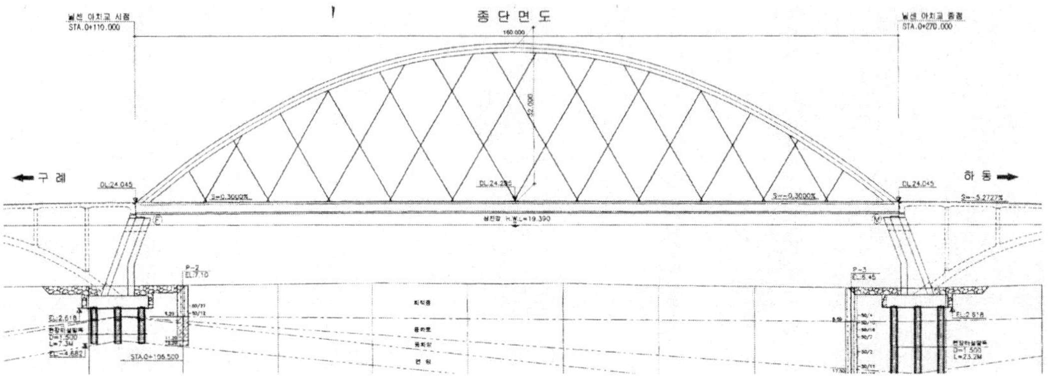

(b) 평면도

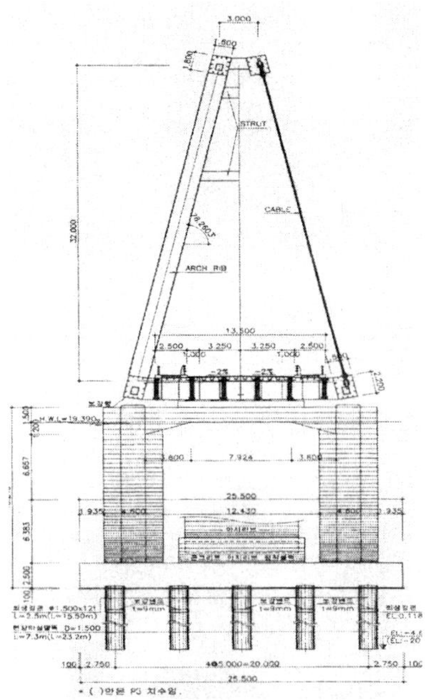

(c) 횡단면도

그림 5-1 남도대교 일반도

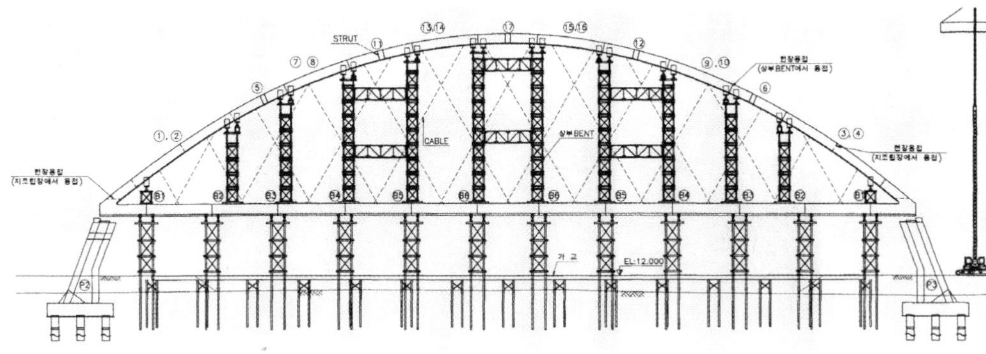

(a) 가설벤트 배치도

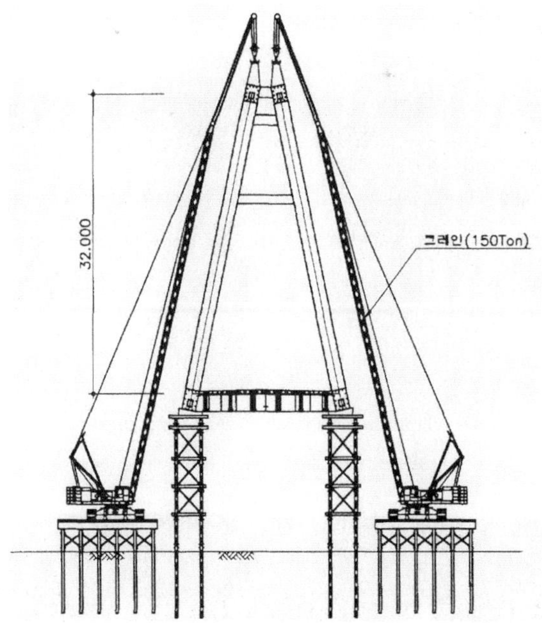

(b) 크레인 시공개요도

그림 5-2 가설개요도

표 5-1 시공 및 설계 참여 현황

시 공 사	금광기업	설 계 사	삼보기술단
강교제작사	현대스틸산업	케이블시공사	후레시네코리아

본교는 2001년에 착공하여 2003년에 개통하였다.

(a) 섬진강을 가로지르는 아치교 전경

(b) Basket Handle형 아치의 날렵한 전경

(c) 2003년 개통시 영·호남 주민의 다리밟기 전경(5000명)

사진 5-1 남도대교의 주요 전경

본교는 2001년에 착공하여 2003년에 개통하였다.(사진 5-1)

(a) 아치리브 가설벤트 설치 전경

(b) 아치리브 폐합 전경

사진 5-2 남도대교 가설 전경

6 공단교

6.1 교량개요

본교는 경부고속도로 남구미 IC ~ 공단동 유수지간 도로에 위치하는 기존의 공단교가 협소하고 노후화된 교량으로서 경부고속도로 진,출입 차량 및 구미국가 산업단지 연결간선 도로망을 확포장함에 따라 기존 공단교를 철거하고 신설하는 교량으로 교통소통에 원활을 기하는데 그 목적이 있다.

신설 공단교의 연장은 69.0m로서 폭원은 왕복 6차로이며 양측으로 보도부가 3.0m씩 설치된 전체폭원 35.0m의 교량이다. 교량형식은 케이블을 이용한 삼각 하로아치교로서 단경간교로 설계되었다(설계사 : 청석엔지니어링).

교량의 종단면도 및 주요설계제원은 그림 6-1, 표 6-1과 같다.

표 6-1 주요설계제원

표준활하중	DB-24, DL-24	교량폭원	35m(왕복6차로)
설계속도	60km/hr	지간구성	69.0m
평면선형	직 선	형하고 (광평천)	홍수위: EL=24.6m
종단선형	-0.3%		낙동강역류고: EL=31.76m

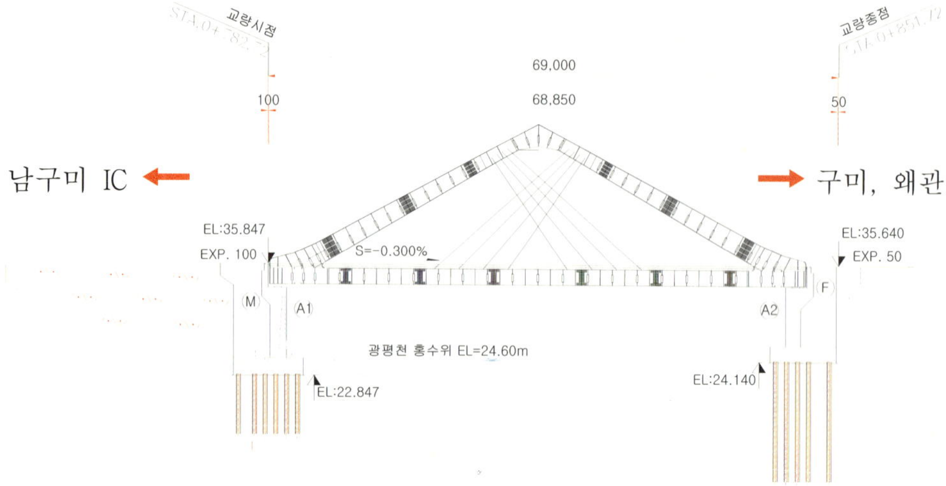

그림 6-1 교량 종단면도

6.2 교량구조

본 교량의 상부구조는 사재를 격자의 케이블로 처리한 닐센형 하로아치교로서 아치부재는 경관을 고려하여 삼각형상으로 계획하였으며 아치라이즈는 18.0m로 계획하였다.

삼각형상의 아치는 인접한 위치의 금오산의 힘찬 기상을 모티브로 하여 경관설계를 한 것이다. 보강거더는 상부플랜지의 폭원이 1.5m, 높이는 1.8m로 계획하였다.

계획된 교량의 예상전경은 그림 6-2와 같다.

그림 6-2 공단교의 예상전경

6.3 케이블 설계

케이블 직경은 가능한 한 작고 케이블 진동시 교차되는 케이블이 간섭이 되지 않도록 계획하였으며, 케이블 설치시는 장력도입이 없는 무응력 상태로 가설되도록 계획하였다.

케이블은 정착구를 포함한 전체의 케이블을 공장제작하여 완벽한 품질관리가 가능하고 부식방지 성능이 뛰어난 평행와이어 케이블(PWS)을 적용하였다.

케이블 단면 구성은 그림 6-3과 같다.

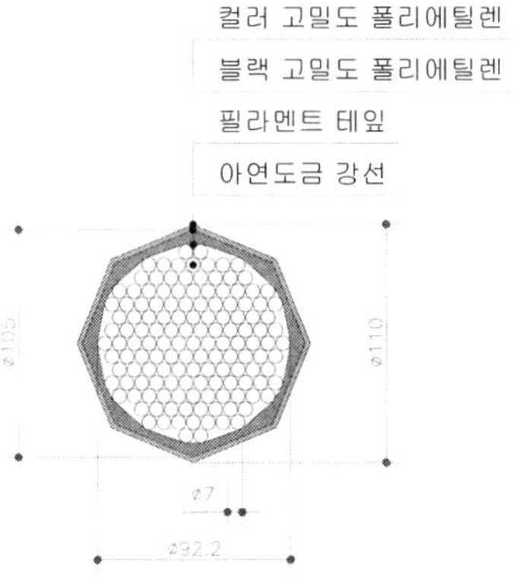

그림 6-3 케이블 횡단면도

- 케이블 종류 : ∅7 X 139
- 단위중량 : 44.8 kgf/m
- 단 면 적 : 5,349 mm^2
- 파단하중 : 910.6 tonf
- 탄성계수 : 20,000 kgf/mm^2

【저자소개】

최인덕(崔仁悳)
- 한양대학교 토목공학과 졸업
- (현)청석엔지니어링 전무
- 주요설계실적
  강변도시고속도로(PSM공법), 서울교 확장
  양화대교 확장, 운암대교, 만경강교
  한남-동호간 강변북로(아치라멘교)
  만경강교, 마곡대교, 황룡교

이원철(李沅哲)
- 경북대학교 토목공학과 졸업
- 한양대학교 공학대학원 졸업(석사)
- (현)청석엔지니어링 상무
- 토목구조기술사
- 주요설계실적
  서강대교, 한남대교 확장, 굴포교
  마곡대교, 녹산대교, 조종천1교

닐센아치교의 설계 및 시공 정가 48,000원

2006년 8월 10일 인쇄
2006년 8월 30일 발행

편 저 : 최인덕 · 이원철
발행인 : 황 광 문
발행처 : 반 석 기 술

주 소 : 서울특별시 영등포구 신길동 2735
등 록 : 2002년 12월 10일 No.13-13485호
TEL : (대)848-1002
FAX : 848-1020

ISBN : 89-92312-10-5 (93530)